U0427306

山东省海洋砂矿资源与采矿环境影响预评价研究

SHANDONG SHENG HAIYANG SHAKUANG ZIYUAN YU CAIKUANG HUANJING YINGXIANG YUPINGJIA YANJIU

曹艳玲　高明波　常洪华　仇晓华　李志民　高继雷
江海洋　范振华　王　威　吴　波　于晓霞　冯启伟　著

内容简介

本专著简述了海砂开采的历史和国内外海砂利用情况，按砂矿空间展布规律将山东省海洋砂矿划分为7个成矿区：莱（州）-招（远）滨海砂金成矿区，龙（口）-荣（成）滨海石英砂（玻璃用砂、型砂）成矿区，荣（成）-日（照）滨海锆石、铁砂成矿区，莱（州）-日（照）滨海建筑用砂、锆石复合砂矿成矿区，东营黄河口周围贝壳成矿区，长山列岛球石成矿区，山东省浅海海域砂矿成矿区。全书进行了山东省海洋砂矿采矿环境影响预评价，简述了83个矿区的位置、规模、成因等情况，将山东省海洋砂矿分为具有工业价值的锆石、建筑用砂、石英砂（玻璃用砂、型砂）、贝壳、球石、砂金、铁砂矿7种，并划分了采矿的建议禁采区、限采区和可采区。

本书图文结合，图件清晰美观，文字简明扼要，可为相关部门下一步对海砂的开发利用提供参考。

图书在版编目（CIP）数据

山东省海洋砂矿资源与采矿环境影响预评价研究/曹艳玲等著. —武汉：中国地质大学出版社，2022.3
ISBN 978-7-5625-5234-5

Ⅰ.①山…
Ⅱ.①曹…
Ⅲ.①海域-砂-矿产资源-研究-山东
Ⅳ.①P619.22

中国版本图书馆CIP数据核字（2022）第041371号

山东省海洋砂矿资源与采矿环境影响预评价研究 曹艳玲 高明波 常洪华 **等著**

责任编辑：方 焱 选题策划：毕克成 张 旭 段 勇 责任校对：张咏梅

出版发行：中国地质大学出版社（武汉市洪山区鲁磨路388号） 邮编：430074
电 话：（027）67883511 传 真：（027）67883580 E-mail：cbb@cug.edu.cn
经 销：全国新华书店 http://cugp.cug.edu.cn

开本：880毫米×1 230毫米 1/16 字数：800千字 印张：25.25
版次：2022年4月第1版 印次：2022年4月第1次印刷
印刷：武汉中远印务有限公司

ISBN 978-7-5625-5234-5 定价：349.00元

山东省第一地质矿产勘查院
山东省地矿局富铁矿找矿与资源评价重点实验室
山东省富铁矿勘查技术开发工程实验室

前　言

随着经济发展、人口增加，建筑用砂量迅速增加，陆上砂矿资源量已经逐渐不能满足建筑用砂的需求，向海洋寻找砂矿资源是未来的趋势。

山东省海岸线全长3345km，居全国沿海各省、自治区、直辖市海岸线长度的第二位，占全国大陆海岸线的1/6，海砂资源丰富，其海洋砂矿类型以海积砂矿为主，其次为混合堆积砂矿，多数矿床以共生、伴生矿的形式存在。本专著按砂矿空间展布规律将山东省砂矿划分为7个成矿区：莱（州）-招（远）滨海砂金成矿区，龙（口）-荣（成）滨海石英砂（玻璃用砂、型砂）成矿区，荣（成）-日（照）滨海锆石、铁砂成矿区，莱（州）-日（照）滨海建筑用砂、锆石复合砂矿成矿区，东营黄河口周围贝壳成矿区，长山列岛球石成矿区，山东省浅海海域砂矿成矿区。全书对目前山东省已有海洋砂矿进行了研究，分析了砂矿的种类、位置、资源量，开展了砂矿开采环境影响预评价，其结果可作为海洋管理部门编制浅海砂矿开发利用规划的依据，为合理利用海洋自然资源提供重要参考。

《山东省海洋砂矿资源与采矿环境影响预评价研究》共分11章。第一章由江海洋编写，第二章由范振华编写，第三章由冯启伟编写，第四章由王兆忠编写，第五章由仇晓华编写，第六章由高继雷编写，第七章至第十章由曹艳玲、方长青编写，第十一章由高明波、常洪华编写。钻孔资料由方长青、高继雷、王兆忠提供，遥感资料由王兆忠、孙思涵提供，地质资料由高继雷、万伟杰、刘倩然提供，水文资料由王威、刘连、管宏梓提供，测量资料由仇晓华、李佳提供，化验数据由李洁、孙爽、荆路提供及校核，图件编辑和文字排版由于晓霞、季年华完成，全书由曹艳玲、高明波、常洪华统撰定稿。

王在鹏、邢学忠、胡秩嘉、于进先、张保健、张来恩、尹素芳等同志在书中所涉及的多项工作里投入了大量精力，对该书的成稿有着巨大的帮助，在此表示由衷的感谢。由于作者水平有限，本书难免存在疏漏和不足之处，敬请读者批评指正。

著　者

2021年3月

目录

第一章　绪言……(1)
第一节　山东省自然地理及经济概况……(1)
一、位置与交通……(1)
二、地形地貌……(1)
三、气象水文……(2)
第二节　国内外海砂资源概况……(2)
第三节　国内外海砂开发情况……(3)
第四节　山东省以往海洋工作研究程度……(4)
一、滨海固体矿产资源勘查和开发利用……(5)
二、海洋综合调查……(7)
三、海洋污染调查……(8)
四、海洋生物调查……(9)
五、海流、波浪、潮汐研究……(10)
六、海洋地球物理测量……(11)
七、海洋钻探……(12)
八、底质调查……(13)
第五节　海洋砂矿资源量勘探的必要性和背景……(14)
一、开发海洋矿产资源是人类生存的必然要求和发展趋势……(14)
二、山东发展海洋经济条件得天独厚……(14)
三、开发海洋资源必须与环境效益相协调……(15)
第二章　区域地质特征……(17)
第一节　区域地质概况……(17)
一、地层……(17)
二、岩浆活动……(22)
三、构造……(26)
第二节　区域矿产资源概况……(30)
第三章　水文、气象、地形地貌及地质特征……(32)
第一节　气象概况……(32)
一、海区风向的一般特征……(32)
二、风浪……(33)
三、涌浪……(43)
第二节　近海流场……(44)
一、环流……(46)
二、水团……(47)
三、潮流……(48)

四、余流 …… (51)
五、深底层流系 …… (56)
六、海冰 …… (56)
第三节 海岸与海底地貌特征 …… (56)
一、海湾 …… (56)
二、海岸及潮间带地形地貌 …… (58)
三、水下岸坡地貌 …… (64)
四、陆架地貌 …… (68)
五、海底地形地貌 …… (70)
第四节 近浅海沉积分区 …… (73)
第五节 新构造 …… (75)
第六节 滨、浅海海砂矿概况 …… (76)
一、滨海砂矿 …… (76)
二、浅海砂矿 …… (76)
第七节 海底沉积物特征 …… (78)
一、底质类型分布概况 …… (79)
二、海砂沉积物的特征 …… (82)
三、底质沉积物的矿物特征 …… (86)
四、底质沉积物的化学特征 …… (87)
第八节 近海沉积的岩芯记录和浅地层 …… (89)
一、岩芯记录 …… (89)
二、浅地层 …… (92)
第四章 浅海区地球物理及遥感特征 …… (94)
第一节 调查区及邻域磁场特征 …… (94)
一、调查区及邻域磁场分区 …… (94)
二、调查区及邻域磁场特征 …… (94)
第二节 调查区浅地层及其声学反射特征 …… (96)
一、渤海浅地层 …… (96)
二、北黄海浅地层 …… (97)
三、南黄海浅地层 …… (98)
第三节 近海海域地震波场特征 …… (102)
一、地震波场概述 …… (102)
二、地震波场分区特征和地质解释 …… (103)
第四节 调查区及邻域遥感解译 …… (107)
一、浅海砂矿遥感图像处理与信息提取 …… (108)
二、遥感图像解译 …… (108)
三、浅海砂矿解译标志 …… (109)
四、砂矿遥感影像特征 …… (110)
五、浅海砂矿分区解译 …… (113)
六、海岸线的变迁 …… (124)
七、渤海、黄海非污染悬浮泥砂分析 …… (128)
第五章 山东省滨、浅海砂矿总论 …… (130)
第一节 概况 …… (130)

第二节 成矿区的划分…………………………………………………………………………（130）
第三节 矿产类型…………………………………………………………………………（136）
一、浅海砂矿 ………………………………………………………………………（136）
二、滨海砂矿 ………………………………………………………………………（137）
三、其他矿产 ………………………………………………………………………（143）
第四节 砂矿类型…………………………………………………………………………（145）
一、工业分类 ………………………………………………………………………（145）
二、成因及地貌形态分类 …………………………………………………………（145）
第五节 浅海砂矿的基本特征……………………………………………………………（148）
一、含矿层位特征 …………………………………………………………………（148）
二、矿层特征 ………………………………………………………………………（149）
三、矿体分布特征 …………………………………………………………………（150）
四、矿砂特征 ………………………………………………………………………（150）
五、浅海砂矿特征 …………………………………………………………………（152）
第六章 山东省滨、浅海砂矿成矿规律及成矿远景评价 ……………………………（166）
第一节 砂矿的补给方式及物源分区……………………………………………………（166）
一、原生源类型及补给方式 ………………………………………………………（166）
二、物源分区 ………………………………………………………………………（167）
第二节 海岸类型对砂矿的控制…………………………………………………………（168）
一、成矿最有利海岸 ………………………………………………………………（168）
二、成矿较有利海岸 ………………………………………………………………（169）
三、可能成矿海岸 …………………………………………………………………（169）
四、成矿不利海岸 …………………………………………………………………（169）
第三节 砂矿粒度特征与砂矿富集关系…………………………………………………（169）
一、锆石 ……………………………………………………………………………（170）
二、石英砂矿 ………………………………………………………………………（170）
三、地貌对砂矿控制和类型 ………………………………………………………（170）
第四节 构造运动和海平面变化对砂矿的控制…………………………………………（173）
第五节 洋面变化对砂矿的控制…………………………………………………………（174）
一、海进海退的方向性对砂矿成矿阶段的控制 …………………………………（174）
二、海侵海退层位与成矿期 ………………………………………………………（175）
三、空间位置对砂矿分布规律的控制 ……………………………………………（175）
第六节 成矿作用及富集规律……………………………………………………………（176）
一、地层对石英砂矿形成的控制作用 ……………………………………………（177）
二、花岗质岩石对石英砂矿形成的控制作用 ……………………………………（178）
三、构造、地貌及气候条件对石英砂矿形成的控制作用…………………………（178）
第七节 山东省滨、浅海砂矿资源潜力远景评价 ………………………………………（179）
一、北黄海滨海石英砂矿成矿远景区 ……………………………………………（180）
二、南黄海滨海重矿物砂矿成矿远景区 …………………………………………（180）
三、成矿区的划分 …………………………………………………………………（180）
第七章 海洋资源自然现状及海洋功能区划……………………………………………（182）
第一节 自然景观地貌……………………………………………………………………（182）
一、日照市毗邻海域 ………………………………………………………………（182）

二、山东半岛南部海域 …………………………………………………………………………… (184)
三、山东半岛东北部海域 ………………………………………………………………………… (188)
四、庙岛群岛附近海域 …………………………………………………………………………… (190)
五、黄河口与山东半岛北部海域 ……………………………………………………………… (191)
第二节 海洋环境质量现状……………………………………………………………………… (196)
一、生态现状 ……………………………………………………………………………………… (196)
二、海水质量现状 ………………………………………………………………………………… (198)
三、底质类型及海底沉积物质量现状 ………………………………………………………… (243)
第三节 开发利用现状及环境敏感目标……………………………………………………… (249)
一、日照毗邻海域砂矿开发利用现状及环境敏感目标 …………………………………… (249)
二、山东半岛南部海域砂矿开发利用现状及环境敏感目标 ……………………………… (251)
三、山东半岛东北部海域砂矿开发利用现状及环境敏感目标 …………………………… (263)
四、庙岛群岛附近海域砂矿开发利用现状及环境敏感目标 ……………………………… (266)
五、黄河口与山东半岛北部海域砂矿开发利用现状及环境敏感目标 …………………… (266)
第四节 主要鱼类产卵场范围及产卵期……………………………………………………… (271)
一、产卵场范围 …………………………………………………………………………………… (271)
二、产卵期 ………………………………………………………………………………………… (271)
第五节 山东省海洋功能区划概况…………………………………………………………… (273)
一、区划范围 ……………………………………………………………………………………… (273)
二、功能区划分 …………………………………………………………………………………… (273)
第八章 海洋环境现状与主要地质灾害概述……………………………………………… (278)
第一节 浅海海洋环境现状综述……………………………………………………………… (279)
一、海水质量状况概述 …………………………………………………………………………… (279)
二、海水污染现状 ………………………………………………………………………………… (279)
三、底质中的主要污染物 ………………………………………………………………………… (280)
第二节 海洋地质灾害及危害………………………………………………………………… (280)
一、海平面上升 …………………………………………………………………………………… (280)
二、海岸侵蚀 ……………………………………………………………………………………… (284)
三、海(咸)水入侵 ………………………………………………………………………………… (286)
四、河口与海湾淤积 ……………………………………………………………………………… (288)
五、风暴潮 ………………………………………………………………………………………… (288)
六、海冰 …………………………………………………………………………………………… (291)
七、地震 …………………………………………………………………………………………… (292)
第三节 海洋环境敏感区的划分……………………………………………………………… (297)
第九章 浅海砂矿开采海洋环境影响预测与评价………………………………………… (302)
第一节 浅海砂矿开采对海洋环境影响后果及程度分析…………………………………… (302)
一、破坏海洋生态环境 …………………………………………………………………………… (303)
二、侵蚀海岸地貌 ………………………………………………………………………………… (303)
三、影响海上航行安全 …………………………………………………………………………… (304)
四、科学开采海砂,减少海洋环境影响………………………………………………………… (304)
第二节 环境影响预测评价模型的建立……………………………………………………… (305)
一、环境影响预测评价方法的比较与选择 …………………………………………………… (306)
二、模型建立依据 ………………………………………………………………………………… (306)

第三节　浅海砂矿开采对海洋环境影响的预测与评价 …… (307)
一、浅海砂矿开采对海洋水文动力环境的影响 …… (307)
二、浅海砂矿开采对泥砂冲淤及岸滩稳定的影响预测评价 …… (309)
三、浅海砂矿开采对海洋水质的影响预测评价 …… (313)
四、浅海砂矿开采对海洋沉积物环境的影响预测评价 …… (314)
五、浅海砂矿开采对海洋生态环境的影响预测评价 …… (315)
第四节　浅海砂矿开采分区海洋影响预测与评价 …… (318)
一、日照市毗邻海域浅海砂矿开采环境影响预评价 …… (318)
二、山东半岛南部海域浅海砂矿开采环境影响预评价 …… (328)
三、山东半岛东北部海域浅海砂矿开采环境影响预评价 …… (332)
四、庙岛群岛附近海域浅海砂矿开采环境影响预评价 …… (353)
第十章　浅海砂矿的保护和开发利用规划建议 …… (360)
第一节　开发利用建议依据 …… (360)
第二节　浅海海砂的合理开发利用规划建议 …… (364)
一、建议禁止开采区 …… (365)
二、建议限制开采区 …… (374)
三、建议可开采区 …… (375)
第三节　浅海砂矿开采对海洋环境的主要影响 …… (379)
一、浅海砂矿开采对海洋环境的影响概述 …… (379)
二、浅海砂矿开采用海风险性分析 …… (380)
三、浅海砂矿开采对水质环境的影响 …… (380)
四、浅海砂矿开采对水文动力环境的影响 …… (381)
五、浅海砂矿开采对冲淤环境的影响 …… (381)
六、异常情况预测及应急对策 …… (382)
第四节　浅海砂矿开采用海对利益相关者的影响分析 …… (382)
第五节　浅海砂矿开采预防或减轻不良影响的措施 …… (383)
一、采砂作业防污措施 …… (383)
二、船舶碰撞风险防范 …… (384)
三、溢油污染事故的风险防范 …… (384)
四、溢油污染控制措施 …… (385)
五、施工船舶防污措施 …… (385)
六、采砂期的生态环境保护 …… (386)
第十一章　结论与建议 …… (387)
第一节　结论 …… (387)
第二节　存在的问题及建议 …… (387)
主要参考文献 …… (389)

第一章 绪 言

第一节 山东省自然地理及经济概况

一、位置与交通

山东省位于中国东部沿海、黄河下游，东经 114°47.5′—122°42.3′、北纬 34°22.9′—38°24.01′之间。境域包括半岛和内陆两部分，山东半岛突出于渤海、黄海之中，同辽东半岛遥相对峙；内陆部分自北而南与河北、河南、安徽、江苏 4 省接壤。全境南北最长 420 多千米，东西最宽 700 多千米，总面积 $15.8\times10^4 km^2$，约占中国总面积的 1.64%。

山东是中国交通较为发达的省份之一，山东交通主要形式为航空、铁路和公路，其次还有海运、内河水运等。济南、青岛、烟台、威海、潍坊、济宁等城市设有机场，其中济南、青岛、烟台机场为国际口岸。山东开辟航线 176 条，通达 44 个城市和地区，其中国际航线 14 条，通达日本、韩国、新加坡、泰国、俄罗斯以及中国的香港与澳门。山东铁路以京沪、胶济线为主体，与京九、菏兖石两线形成两纵、两横铁路干线，营业里程 2793km，设有站点 319 个，日客运量为 12.5 万人次。山东公路里程 57 271km，其中高速公路和一级公路为 2101km。山东拥有港口 25 个，202 个泊位，其中万吨级泊位 54 个。

二、地形地貌

山东半岛大部是起伏和缓、谷宽坡缓的波状丘陵，为鲁东丘陵区；西北部是黄河冲积而成的平原，是华北平原的一部分，为鲁西北平原区。本次工作的浅海为毗邻山东半岛的渤海和北黄海。渤海位于东经 117°33′—122°08′和北纬 37°07′—40°56′之间，东面以辽东半岛的老铁山岬经庙岛至山东半岛北端的蓬莱岬的连线与黄海分界。毗邻渤海的主要是潍坊市的寒亭区、昌邑市、寿光市，东营市的东营区、河口区、垦利县，威海市的环翠区、高新区、乳山市、文登市、荣成市，烟台市的福山区、芝罘区、莱山区、牟平区、蓬莱市、长岛县、龙口市、招远市、莱州市、海阳市、莱阳市，青岛市的黄岛区、市南区、四方区、崂山区、李沧区、城阳区、胶州市、即墨市，日照市的岚山区、东港区，滨州市的沾化县、无棣县。从地貌形态上看，渤海是黄海伸入内陆的一个大海湾，其中包括渤海湾和莱州湾。渤海底部地形平缓，海底地势大体上是从渤海湾和莱州湾向中央海盆和东部的渤海海峡倾斜。在渤海底部分布着规模不大的丘状地和深洼地。

三、气象水文

山东的气候属暖温带季风气候类型。降水集中，雨热同季，春秋短暂，冬夏较长。年平均气温11～14℃，全省气温地区差异东西大于南北。全年无霜期由东北沿海向西南递增，鲁北和胶东一般为180d，鲁西南地区可达220d。山东省光照资源充足，光照时数年均2290～2890h，年平均降水量550～950mm，由东南向西北递减。降水季节分布很不均衡，全年降水量有60%～70%集中于夏季。

山东省毗邻的海域有渤海和黄海，以蓬莱—长岛—庙岛群岛一线为界，以西为渤海，以东为黄海。

注入渤海的河流有黄河、马颊河、漳卫新河、徒骇河、小清河、潍河、胶莱河等，年径流总量约$570\times10^{8}m^{3}$。四周陆地多属平原区，渤海在中纬度季风区的边缘，以渤海海峡与黄海相通，故气温的年较差和日较差变化都很显著。渤海冬季多偏北风，夏季多偏南风，春秋两季为过渡状态，依季节更迭而变。降水主要集中在7—9月份，在洪水期间河流携带大量泥砂入海。渤海的潮流，以不规则的半日潮为主。海流进入和流出的总趋势是：黄海海水主要从渤海海峡北部的老铁山水道进入，从渤海海峡南部的几条水道流出。

山东省毗邻的黄海南起北纬35°05′，北至北纬39°50′，西起东经119°20′，东至东经126°50′。它与东海的分界线是从江苏省的启东角向东直到朝鲜半岛附近的济州岛的连线。习惯上以山东半岛东端成山角至朝鲜半岛的长山串连线以北的海域称北黄海，以南的海域称南黄海。从地质构造上说，南黄海介于胶辽地块、郯庐断裂和闽浙地块之间，由两个走向NEE的大型中生代—新生代盆地所组成。黄海面积约$40\times10^{4}km^{2}$，平均水深44m。

黄海海岸，除从江苏灌云县至长江口一段为粉砂淤泥质海岸外，其余岸段均为基岩砂砾质海岸。岸线曲折，多深水港湾。黄海西岸的主要海[illegible]有芝罘湾（湾内有烟台港，注入的河流有大沽夹河）、胶州湾（湾内有著名的青岛港，注入的河流有大沽[illegible]）、海州湾（湾内有连云港，注入的河流有新沭河、蔷薇河等）。

第二节　国内外海砂资源概况

海洋砂矿，即海砂，主要是在海洋水动力等因素的作用之下，具有工业价值的重矿物在有利于富集的海底地貌部位形成的一种固体矿产资源。据重矿物所处的成矿区域可分为滨海（岸）砂矿和浅海砂矿（曹雪晴等，2007；仝长亮等，2018）。滨海（岸）砂矿，就是在滨海、海岸形成的砂矿，位于海岸至现今海面低潮线以上范围内形成的砂矿；浅海砂矿指现今海面低潮线以下至水深约200m范围以内形成的砂矿。我国已调查发现具有远景的矿种主要有石英砂、锆英石、金红石、钛铁矿、白钛石、独居石、磷钇矿、磷铝铈矿、磁铁矿、石榴石、砂金、建筑用砂等（潘燕俊等，2017）。海砂是海洋主要矿产资源之一，同时也是一种重要的海洋生态环境要素，它与海水、岩石、生物以及地形、地貌等要素一起维持着海洋生态的平衡（王鹏，2010）。

海洋砂矿主要分布于各大洲的沿海近岸大陆架区。近几十年来，随着各国对矿产资源需求的增长，砂矿成为商业价值极高的资源之一。一些沿海国家如美国、日本、澳大利亚、俄罗斯、加拿大等都有海洋砂矿分布。目前各国主要开采的是滨海地带的矿床，但随着采矿技术的逐步改进，水下采矿的方法也有所进步。砂矿的主要开发对象有金、铂、锡、钛、钽、锆、金刚石等，例如，斯里兰卡和印度滨海地带赋存有大量的锆石、钛铁矿砂矿，而泰国、印度尼西亚蕴藏有锡砂矿，日本和加拿大蕴藏着磁铁矿砂矿，这些国家的矿床都极具开发前景。1990年美国菲尔莫尔与埃尔尼撰写了《海洋矿产资源》一书，着重论述了海洋砂矿资源的分布。滨海及陆架砂矿资源按工业矿物分为金属和非金属重矿物砂矿、磁铁矿-钛磁铁矿、金刚石、金、铂、锡、琥珀、石英砂、砾石、贝壳等多种类型(孙振娟,2010)。

第三节　国内外海砂开发情况

重矿物砂矿包括锆石、金红石、钛铁矿和独居石等。这种类型是海洋砂矿中分布最广、开发最多的一种类型。目前世界上从事这类砂矿开采的有澳大利亚、印度、斯里兰卡、美国、塞内加尔、毛里塔尼亚,以及南非和欧洲部分沿海国家,其中印度、澳大利亚、新西兰、巴西、美国产量最多。印度是钛铁矿重要的生产和出口国。印度西海岸的钛铁矿有 1×10^8t,独居石有 1500×10^4t,占世界的40%~45%,钛铁矿年产量达$(45\sim50)\times10^4$t。在北美洲,美国有几个滨外海域如阿拉斯加西沃德半岛的南岸,南加利福尼亚、墨西哥湾沿岸和佛罗里达东北部等大西洋沿岸海域含有大量钛铁矿。美国年产钛铁矿$(20\sim25)\times10^4$t,金红石 5000t,独居石 2500t。加拿大纽芬兰东北部南岸也有一些钛砂矿。

从事磁铁矿和钛磁铁矿开采的有日本、新西兰、德国、加拿大、挪威等国家。日本的铁矿产量中有1/5来源于滨海砂矿,磁铁矿砂矿储量有 1.6×10^8t,生产的最大水深为60~90m。新西兰钛铁矿储量为$(1000\sim2000)\times10^4$t。

锡砂矿是具有重要商业价值的海洋砂矿,分布于美国、泰国、马来西亚、印度尼西亚等国家。泰国、印度尼西亚和马来西亚,是世界上海洋锡砂矿的主要产地,这三个国家1977年的开采量占世界锡矿产产量的60%,其中马来西亚占36%,印度尼西亚占13%,泰国占11%。马来西亚的船采效率比泰国、印度尼西亚的都高。

金刚石砂矿主要产在非洲南部的纳米比亚、利比里亚、南非、安哥拉等国家和地区。南非奥兰治河河口两侧的奥兰杰蒙德和沙梅斯海湾之间的沿海地带是主要的富集区。纳米比亚是金刚石砂矿的主要生产国,每年产 180×10^4Ct(克拉,1克拉=0.2g),水下采矿开始于19世纪60年代。纳米比亚在1965年开采金刚石 21.9×10^4Ct,最多时每昼夜开采超过 $20\,000\times10^4$Ct,利比里亚次之,每年产 10×10^4Ct。

铂砂矿和砂金矿分布较广,许多国家在大陆架区能提取、回收铂砂矿和砂金矿,如美国、加拿大、俄罗斯、澳大利亚等国家,但美国和俄罗斯的砂金矿更有商业价值。美国是最主要的铂砂矿开采国,其铂砂矿大多分布在阿拉斯加的白令海沿岸。1985年,一家美国公司用400万美元购买了一艘14层楼高的"比马"号船来采砂金矿,并计划每年产金900kg。1792—1977年,美国在俄勒冈州和阿拉斯加州沿海采砂金矿364多吨,并已延伸到10m水深的浅海区。

目前开采滨海琥珀砂矿的有俄罗斯、德国、新西兰、波兰和非洲北岸等国家和地区,俄罗斯在东波罗的海开采最早。另外,北冰洋沿岸的伯朝拉河口、库页岛等都有滨海琥珀砂矿的分布。

独居石和磷钇石为稀土矿物,铌铁石和钽铁石为稀有矿物,多伴生在其他矿床中,主要作为副产品在采重矿物砂矿时或从锡矿渣中回收。1977年国外从锡矿渣中回收了铌150多吨,泰国的钽90%都来自锡矿渣。

近年来,随着海洋开发的深入和陆域砂土资源的管控,建筑用海砂(包括填料用砂)的开发和利用得到了更多的关注。目前世界上开采建筑用海砂的国家主要有美国、日本、加拿大、英国。1995年日本建筑用海砂产量为 5800×10^4t,日本在生产范围上能达到水深45~50m的浅海区,英国能达到水深35m以内,主要是由于这些国家拥有广阔的海域,开采技术也比较先进,并且特别重视海洋资源的利用(孙振娟,2010)。

2016年,海南省在前期工作的基础上,实施了"海南岛北部海砂资源调查评价"项目,首次对琼州海峡的海砂资源进行了系统勘查,并通过地球物理、地质取样和钻探等手段,查明了琼州海峡特别是东口浅滩区的海砂分布、沉积厚度、海砂质量等情况,探获建筑用海砂资源量约 $19\times10^8\text{m}^3$,控制厚度达15m,其物探指示的资源潜力可达 $90\times10^8\text{m}^3$。此次探获的海砂质量较好,能够较好地满足周边海域重大海洋工程建设的需求(仝长亮等,2020)。

2020年5月,广东省自然资源厅印发了《广东省海砂开采三年行动计划(2020—2022年)》,提出自2020年起连续3年组织海砂资源市场化出让,每年向市场投放约10片海域(6000～7000)$\times 10^4 m^3$的海砂资源。

第四节　山东省以往海洋工作研究程度

调查取得第一手资料,是分析研究和开发利用的基础。山东省海洋工作者进行过许多开创性的海洋调查,对全国的海洋普查有很大的推动作用。

1949年以前,山东省浅海区的地质工作几乎处于空白状态。1949年以后,我国海洋和环境地质取得了迅猛发展,许多地勘单位和研究机构相继开展了海洋矿产、环境调查研究。

1957年,冶金部华东地质分局山东普查大队对荣成到胶南岸段的锆石砂矿进行调查,包括大、小海滩60个。地质部山东办事处(现为山东省地质矿产勘查开发局)也对上述地区进行了锆石矿普查,在山东沿岸找到了一批具有工业价值的滨海砂矿床。

1958—1960年,国家科学技术委员会领导对我国浅海海域进行了大规模海洋综合调查,并编写了全国海洋综合调查报告,初步奠定了我国海洋地质工作的基础。20世纪60年代,主要是开展局部性的调查研究,逐步编写完成了我国大部分海域的海洋综合调查报告和海洋地质研究报告。

1959年,在荣成石岛建成了中国第一个滨海砂矿厂,即荣成石岛锆矿,开采该区的锆石、石榴石、金红石等砂矿。该矿设计年产量为1000t,1982年锆石精砂实际年产量约为164t。

1963—1965年,山东海洋学院对胶南海滨锆石矿进行调研,撰写出论述该区锆石矿矿床特征及富集规律的论文。

20世纪70年代,先后完成了《南黄海岛屿地质调查报告》《北黄海(辽宁、山东)岛屿地质调查报告》《黄海沉积物报告》《南黄海北部石油污染调查报告》《渤海湾西岸中更新世以来古生态、古气候、古地理》及《近岸高能环境》等报告。

20世纪80年代先后完成《渤海湾西岸全新世海岸线变迁》《黄东海地质》《南黄海西部海底地貌沉积物图集说明书》《渤海地质》《黄海地质》《山东省滨海带和海涂资料综合调查》等报告和中美南黄海环流和沉积动力学联合调查研究、渤海湾东部滨海水域砂金调查评价项目等。

1983—1985年,地质矿产部海洋地质研究所滨海砂矿科研组,收集已有调查资料,并在山东刁龙嘴—龙口等局部地区进行过第四纪地质地貌填图、测深、浅钻等项工作。在此基础上,按工业类型、成因类型描述出山东沿海各种砂矿的特征,并划分出成矿远景区。

进入20世纪90年代以来,正式出版了《中国海区及邻域地质地球物理列图》《论沿海地区减灾与发展》;先后开展了渤海及黄海油气盆地调查、中国海域1∶100万区域地质填图、我国专属经济区和大陆架勘测、南黄海地质地球物理综合调查研究等。此外,山东省第一地质矿产勘查院先后完成了山东省胶东半岛近海矿产资源调查(潮间带滨海砂矿部分)、荣成桑沟湾外浅海砂矿普查及海洋环境影响评价、海阳千里岩海域海砂普查及环境影响评价、山东省烟台市长岛县庙岛南部A区海砂勘查及海域使用可行性论证等一批海洋矿产及环境地质调查。

至2003年底,海岸带调查发现有重要经济价值的矿产73种,矿产地716处,其中黄金、石油、天然气、菱镁矿、滑石、卤水、钼、石墨、石棉、蛇纹岩、花岗石、煤炭、锆石、石英砂及建筑用砂等,是山东省海岸带具有优势的资源,尤其是黄金和石油资源,在国内具有举足轻重的地位。

一、滨海固体矿产资源勘查和开发利用

对滨海砂矿的开采利用，远在古代就有“沙里淘金”的记载和经验总结。1939年，杨杰等研究青岛-荣成地质构造，这不仅是对胶东半岛地质系统调查的开始，也是中国海岸地质和滨海砂矿调查研究的开端。20世纪30—40年代，日本学者为配合日本军国主义侵略战争的需要，对山东省进行了地质调查。1943年日本人小出作次郎在胶东北部，发现海滨黑砂中含有锆石。

1949年前，中国的地质技术力量极其薄弱，虽有个别地质学者对砂矿作过一些调查，但报道甚少。中华人民共和国成立后，1950—1952年华东工业部矿产勘测队谢家荣、刘国昌、赵家骧、郭文魁、严坤元和张寿常等先后组成勘测队在荣成、海阳、莒县和平度县等地进行了较为系统的地质调查工作。

1951年，司幼东对青岛滨海砂矿进行研究，指出在滨海地区可能存在稀有元素矿床和其他砂矿，并著文《青岛海滨砂中含稀有元素矿物之初步研究》。

1956年，冶金部地质局华东分局山东普查大队对山东半岛沿海北自荣成成山角，南至青岛、胶南等地进行锆石砂矿普查，编写了《山东沿海锆石砂矿床1957年普查初步总结》。同年，地质部山东办事处滨海地质队也在荣成至胶南滨海一带进行以寻找锆石为主的砂矿普查，编写了普查报告。

1957年，北京石油勘察设计院应山东盐务部门邀请，对莱州湾滨海原羊口盐田第四纪地下卤水资源(其盐度比正常海水高3～6倍)进行了勘探，提供了丰富的卤水资源。

1959年，山东省地质局检查了青岛、即墨、胶县和胶南沿海锆石砂矿点26处，编写了《青-胶滨海锆石砂矿普查报告》。同年山东省冶金局第五勘探队对胶南-日照锆石进行调查，编写了《日照锆石矿点调查报告》。

1960年，青岛地质队编写了《青岛地区沿海铁矿砂调查报告》，山东省冶金局第五勘探队编写了《日照石臼所铁矿普查报告》《白沙滩、风城的铁砂矿、锆石、钛铁矿勘探总结报告》和《山东半岛沿海稀有金属砂矿床》。

1960年以来，山东省地质局第六地质队长期对叼龙咀—三山岛附近区域进行岩金矿的普查勘探工作，取得了较丰富的地质资料及可供借鉴的规律性认识。

1962年，山东省地质局第二地质队提交了《荣成黄山地区金红石砂矿普查简报》。

1963年，山东省建材局五〇三队在山东半岛北部进行石英砂矿普查，编写了《山东半岛北部沿海一带石英砂矿初步找矿地质报告书》。同年，山东省冶金局第三勘探队提交《山东石岛锆石矿详细勘探总结补充报告》。

1964年，山东机械工业厅设计研究所对山东省沿海重点大型砂矿进行调查并提交了报告。

1964—1965年及1975—1976年，建筑工程部非金属矿地质公司华东分公司五〇三队先后对荣成旭口石英砂矿区进行勘探和补充勘探，提交了《山东省荣成县旭口石英砂矿矿区地质勘探报告》和《山东省荣成县旭口石英砂矿矿区补充地质勘探报告》，查清了矿区石英砂矿及矿层特征，查明石英砂矿资源储量2046×10^4t(均为经济的基础储量)，为一大型矿床。

1966年后的10年间，滨海砂矿调查几乎停顿。1967—1968年，山东省地质局八〇五队在完成蓬莱、烟台、青岛等地区1∶20万区域调查的同时，对滨海砂矿矿点进行了部分评价工作。

1967年，石油工业部用国产平台在渤海西部钻成第一口海洋石油探井“海一井”，并开采出了原油。1972年后，使用“渤海1号”“渤海2号”等自升式钻井平台进行石油钻探，到1980年中日联合勘探开发前，共钻井114口，其中探井99口，生产井15口，共发现海四、埕北、石臼坨3个油田，证实11个含油气构造。据此，于1974年把渤海建为国家第一个海上石油生产基地，年产量约10多万吨。据初步勘测估

计，渤海区石油地质储量为(4～10)×10^8t。渤海盆地面积约7.3×10^4km^2，它是胜利、大港等油田向海延伸的部分，生油层厚度2730～3200m，生油层面积约24 000km^2。

1971年，山东省地质局第六地质队提交了《三山岛金矿区补充资料说明书》；1977年，该队对诸流河砂金矿进行评价，提交了《诸流河砂金矿地质普查报告》。

1979年以来，随着国民经济建设的发展和海洋开发，滨海砂矿的调查研究重新开始，山东省地质局所属地质队、地质部海洋地质研究所组织了专门力量从事此项调查研究工作，在收集前人资料的基础上，结合实地调查提交了《山东半岛滨海砂矿成矿条件及成矿远景区划图说明书》及有关图件(1∶50万)。

1980—1984年，由山东省海岸带海涂资源综合调查办公室组织有关单位对海岸进行调查的过程中，对部分砂矿点进行了调查。1982年，山东省地质局第八地质队对日照、石臼所至岚山头建筑用砂进行普查并提交评价报告。

1983年与英国签订联合勘探石油合同后，于同年用“渤海10号”钻井平台钻成“6-HA井”，深度3907m，发现石油。初步勘探表明黄海石油地质储量为(2～3)×10^8t。

1988年12月，由山东省地质局第四地质队提交，第四地质队三工区第二普查组编写完成《山东省潍河口-三山岛滨海岸砂金普查地质报告》，普查范围为东经119°50′00″—119°57′30″、北纬37°20′00″—37°25′00″，西起叼龙咀，东至三山岛，面积约50km^2。普查工作持续两年半，投入砂钻工作量2 114.62m，施工钻孔82个，砂金分析样品2183件，但找矿效果不甚理想。

1993—2000年，山东省地矿局先后安排山东省第一地质矿产勘查院、山东省第三地质矿产勘查院、山东省第六地质矿产勘查院、山东省区域地质调查研究院等单位完成了半岛沿海1∶5万区域地质调查工作。

1995年，山东省第三地质矿产勘查院完成了《烟台牟平区云溪石英砂矿勘探地质报告》。

1997—2000年，山东省第一地质矿产勘查院，完成了地质矿产部海洋办公室委托的“胶东半岛近海矿产资源调查”工作，工作区域仅限于滨海砂矿，2000年提交了《山东省胶东半岛近海矿产资源调查报告》。在滨海沙滩施工钻孔78个，新圈定锆石7个矿区、15个矿体，新增锆石储量(334)39 677.1t；圈定建筑用砂矿体19个、铸型用砂矿体1个，共求得储量(334)106 980.9×10^4t。新发现贝壳矿体1个，求得储量(334)667 663.7t，并新发现了荣成市碌对岛、即墨市傕诏等地段的滨海砂金矿化线索。

1998年，山东省第一地质矿产勘查院完成了荣成市黑泥湾东部海域海砂勘查，探求出D+E级海砂储量2521×10^4m^3。

1998年，山东省地矿局第二水文地质工程大队，完成了“山东省黄河三角洲贝壳资源普查”，提交了报告，求得贝壳储量87.85×10^4t。

1999年，山东省地矿局第二水文地质队，提交了《山东省黄河三角洲(东营市)贝壳资源普查报告》。

1999年，山东省第一地质矿产勘查院与青岛海洋大学海岸带研究中心共同投入海洋物探浅地层剖面测量56km，钻孔3个，采集了各种测试样品43件，提交了《海阳市千里岩海域Ⅲ-1海砂矿地质普查报告》，国土资源部以“国土资函〔1999〕573号文”批准海砂储量(122b)711×10^4m^3，远景资源量(333)1044×10^4m^3。

2001年，山东省第一地质矿产勘查院提交了《山东省烟台市长岛县庙岛南部A区海砂勘查报告》，国土资源部以“国土资认储字〔2001〕128号”批准D+E级海砂储量1 989 976m^3。

2003年，山东鲁地海洋地质勘测院为双岛清淤，对双岛大桥北的淤砂进行了勘查，编写了《山东省威海市双岛渔船避风港航道清淤采砂勘查报告》。

2006年5月—2008年7月，龙口矿业集团委托山东省第一地质矿产勘查院勘探龙口北皂煤矿北部海域煤炭资源，完成三维地震勘探17.99km^2，钻探施工7个钻孔，进尺2 046.69m，提交了《山东省黄县煤田北皂煤矿海域扩大区补充勘探报告》，探获煤炭保有资源储量 14 160.0×10^4 t、油页岩资源储量 7 108.8×10^4 t。

2006—2008 年，龙口矿业集团委托山东省第一地质矿产勘查院，完成梁家煤矿西海域勘查，提交了《山东省黄县煤田梁家煤矿扩大区（西海域）煤炭详查报告》，探获煤炭资源储量 5 374.1×10^4 t。

2007 年，中国地质调查局完成了黄海成山头近海海砂及相关资源潜力调查，完成浅地层剖面测量 1668km、多波束测量 456km、旁侧声呐测量 483km、水深测量 1668km、地质浅钻 4 口、总进尺 167m、海底柱状样 76 个站位、海底表层样 40 个站位，获取了黄海成山头海域的海洋地质、地球物理和水动力等方面的最新调查资料。初步查明了南黄海北部泥质楔状沉积体的空间分布特征，指出由西向东、由北向南其沉积厚度逐渐减小，在桑沟湾外海域发现了中小型潮流沙脊，其宽度约 1000m，上部为分选较差的中粗砂，下部粒度较细，厚度 5～16m。

2010 年，山东省第一地质矿产勘查院根据成矿地质规律发现了莱州市三山岛北部海域特大型金矿，2014 年提交了《山东省莱州市三山岛北部海域金矿普查报告》，提交金金属量 64 319kg，平均品位5.71g/t。

二、海洋综合调查

20 世纪 50 年代，山东省海洋地质工作者利用近海海洋调查所获的水深和底质资料，开展了山东近海地貌、沉积物组成和分布的研究，所得成果直接用于生产。

1958 年 9 月—1960 年 12 月进行了中国近海海域综合调查，这是中华人民共和国第一次大规模的全国性海洋综合调查，参加调查的科技人员共 600 余人。这次调查的目的在于：通过对中国近海系统进行全面的综合调查，编绘海洋学图集、图志；编写调查报告、学术论文；制定海洋资源开发方案，建立海洋水文气象预报、渔情预报系统，为国防和海上交通建设提供海洋环境基础资料。1964 年据此出版了《全国海洋综合调查资料》共 10 册，《全国海洋综合调查图集》共 14 册。通过这次调查，第一次取得了中国近海一年以上的系统海洋资料，初步了解了中国近海海洋水文、化学、生物、地质等要素的基本特征和变化规律，为进一步进行海洋科学研究和开发利用海洋打下了基础，其中有山东近海地质、地貌资料。

1960 年，北京地质学院在叼龙咀—三山岛附近区域进行了 1∶20 万区调工作，对沿海第四纪沉积物按时代及成因类型进行了划分。

1960—1965 年，地质部第五物探大队在渤海进行石油普查时，对该海域进行了水深、沉积物、重力、航空磁力和地震等多项测量。这些调查研究为深入了解山东沿海地貌、地质的基本特征以及基底构造提供了重要的基础资料。

1961—1964 年，中国科学院海洋研究所在渤海进行了 502 个点的地质观测，测量了海底地形，并获取了 280 个底质样品。

1968—1974 年，地质部海洋地质调查局对黄海进行寻找石油的海上地球物理调查时，也对东经 123°以西的区域进行了水深及沉积物调查，经过多年分析研究，于 1983 年出版了《南黄海西部海底地貌沉积物图集》。

1975 年，国家海洋局第一海洋研究所完成渤海海峡 1∶10 万比例尺的海底地形、海底浅地层、底质和磁力调查。

1976—1977 年，国家海洋局第一海洋研究所在黄海 24×10^4 km^2 的海域进行了 1∶100 万沉积物调查，获取 684 个站的表层样和 94 个站的柱状样，并在黄海发现了泥炭层、土壤层等。对样品进行室内分析和研究后，编绘出比例尺分别为 1∶100 万、1∶250 万和 1∶350 万的一套图件。圈定了各种底质类型的分布范围，论述了 7 万年来黄海的海面变化、沉积环境和古地理演变，并初步建立起黄海 7 万年来的沉积模式。此项调查结果经整理后，于1978年出版了《黄海沉积调查报告》和以1：100万的底质图为主的附图一册。此后，于1979—1980年又对黄海作了补充取样，最长柱样达6m。以上主要研究成果由刘敏厚编纂成专著《黄海第四纪沉积》。

1977年，国家地质总局第三海洋地质大队对北黄海岛屿进行了地质调查，填制了1：20万岛屿地质图，测定岛屿岩石磁化率和密度，调查了岛屿矿产，1978年出版了《北黄海岛屿地质调查报告》。

1981—1982年，山东海洋学院进行了黄海调查，断面包括山东沿海，发现了钙质结核(前人误认为砾石)、铁质结核、高镁方解石结核及黄海海绿石等。

1982—1987年，中国地质科学院水文地质环境地质研究所和中国地质调查局青岛海洋地质研究所合作完成了中华人民共和国及其毗邻海区第四纪地质图(1：250万)及说明书。

1985年，青岛海洋大学对渤海湾及黄河口进行了沉积动力学调查。该研究对正确认识黄河口的沉积作用，评价该区海底稳定性和灾害地质环境有一定作用。

2002—2013年，中国地质调查局青岛海洋地质研究所完成了1：100万南通幅、大连幅海洋区域地质调查，提交了1：100万海底地形图、地貌图、第四纪地质图、构造地质图、环境地质图、矿产资源图、自由空间重力异常图、布格重力异常图、磁力(ΔT)异常图和磁力(ΔT)异常剖面平面图10种基础系列图件。

2006年6月—2010年6月，中国地质调查局青岛海洋地质研究所完成了黄河三角洲滨海湿地系统综合地质调查与评价，调查了黄河三角洲滨海地质演化过程水环境、沉积环境以及植被分布特征，研究了滨海地质作用对三角洲湿地中的水、沉积物来源和成因控制，调查了人类活动带来的污染和工程地质作用及其对滨海湿地系统的影响，综合评价了黄河三角洲湿地系统功能现状及演化趋势，探索了生态修复和人与湿地和谐共建的途径，提交了图集和项目成果报告。

三、海洋污染调查

海岸和近海工程的增多、浅海石油资源的开发以及沿海城镇工业生产的发展，使得海洋环境质量明显下降，污染日趋严重，生态平衡受到破坏。自20世纪60年代开始，中国科学院海洋研究所及国家海洋局第一海洋研究所，先后开展了一些放射性元素测定研究工作。

1972年，根据国务院"国发〔1972〕46号文"和卫生部"军管会〔1972〕47号文"的精神，在卫生部组织领导下，环渤海三省一市组成调查协作组，统一规划，分工负责，1972—1973年对渤海及北黄海部分海域首次进行了海洋污染调查，也称为第一次污染基线调查。通过调查，初步认为渤海受到石油污染，由于城镇建设和工农业的发展，大量的废弃物与污水排入海洋，许多有毒、有害物质跟随入海，使海洋环境受到不同程度的污染，破坏了海洋生态环境，影响了海洋开发利用，甚至威胁到人类的安全。因此开展海洋污染调查，了解海洋污染的状况，成为海洋环境保护的基础性工作。这次污染基线调查由卫生、水产、科研和大专院校共129个单位的264名科技人员参加，组成11个调查队，动用13艘各种调查船，设13条主要断面、210多个测站。调查主要项目包括：水文气象，常规水质指标，水质中的石油、酚、氰、汞、铬、砷的含量，底质和生物体中的砷、汞的含量，以及浮游生物、底栖生物和潮间带生物的生态调查。在局部区域还进行了有机农药、合成洗涤剂、放射性物质的检测。调查结果表明，石油是渤海最普遍的污染物，检出率在80%以上；局部海域其他有害物质的污染较严重；浮游生物、底栖生物生态调查未见明显异常现象，但在局部区域出现耐污、宜污的生物种类，并发现大量牡蛎、毛蚶等死体。根据这次污染调查结果，编写了39篇专题调查报告，出版了《渤海及黄海北部沿岸海域污染调查报告汇编》。

1972年的首次海洋污染调查获得的资料和经验，为以后开展其他海区和更大规模的污染调查创造了条件、提供了方法与经验，并且也为预防和治理海洋环境污染提供了对比资料。

1973年第一次全国环保会议之后，国家海洋局东北海洋工作站和沿海省市环保部门分别于1974年11月，1975年4月、6月进行了包括山东半岛北部沿岸在内的渤海海区的水质、生物、底质、水文的多学科综合调查。调查证明渤海湾和莱州湾主要受石油污染，其污染范围和程度超过渤海其他海区；歧口—黄河口—蓬莱一线附近海水中石油浓度超过中国海水水质标准一倍至几十倍。

根据上述两次调查，编写出《渤海及黄海北部沿岸海域污染调查报告汇编(1972—1973)》《渤海污染调查报告》和《渤海污染调查图集(1974—1975)》等调查成果。1974年国务院批准了《防止沿岸水域污染暂行规定》，这是我国第一个防止海洋污染的法规，从而使我国的海洋环境保护工作有法可依，并开始纳入国民经济发展计划。

1976年国家海洋局和山东等4省市共同制订了1976年渤海污染调查任务实施计划，于1976年5月(枯水期)、8月(丰水期)对渤海进行了两次较大规模的污染综合调查。这两次调查的内容为水文、气象、水质、底质、生物等，后编写出《渤海污染调查报告(1976)》。报告中指出，渤海湾、莱州湾(水质、底质)石油污染最严重，特别是毗邻胜利油田和大港油田的沿岸海区石油污染有明显发展趋势；渤海湾西部沿岸和莱州湾南部沿岸硫化物较高，有的在200mg/L以上；其他有害物质在该海区则未见异常。

1977年，国家海洋局牵头组织了有关海洋、科研、教育、卫生等部门共22个单位，对水质、底质、生物体中近80种污染物(包括重金属、石油烃、有机氯农药、放射性核素)的测试方法进行了较全面的验证，制定出中国统一的海洋污染调查方法，出版了《海洋污染调查暂行规范》。为适应全面污染监测工作需要，1984年初，国家海洋局又组织一些单位验证和编写了《海洋污染调查暂行规范》的补充规定。同年5月份进行了审定，1985年出版。

1977—1978年，山东海洋学院对胶州湾的河口污染区水体和底质中石油、重金属及有机氯农药等进行了调查，首次提供了各水域系统污染实测资料。自1980年开始，国家海洋局北海分局执行胶州湾和石臼所至石岛近海的水质、底质污染监测，从1983年3月1日国家《海洋环境保护法》生效后，开始对胶州湾污染进行巡航监视。

自20世纪70年代末开始，中国科学院海洋研究所就对山东沿海水域生物体内的重金属含量进行测定。1978—1982年，完成渤、黄海污染调查，并进行了经济动物幼体的致毒试验。其中林庆礼等完成的"渤、黄海污染对水产资源影响的研究"，获1984年农牧渔业部科技进步二等奖；邹景忠等完成的"京津地区污染规律和环境质量研究"，获1985年国家科技进步二等奖。

1981—1984年，中国科学院海洋研究所等单位进行了"山东海岸范围内的水体、底质及生物体中的有机及无机污染物"调查。

1982年，国家海洋局北海分局、第一海洋研究所、黄海水产研究所等单位开展了国内首次黄海污染现状综合调查。

从1983年5月开始，国家海洋局北海分局利用红外线扫描仪、多光谱相机等航空遥感设备，对黄海、渤海海域及山东沿岸的龙口、烟台、威海、石岛、胶州湾、石臼所等重点水域和港湾的船舶、平台，进行航空执法监视，这是国内遥感飞机首次进行航空遥感执法飞行。

四、海洋生物调查

20世纪30年代国立北平研究院动物研究所的科技人员就曾对山东烟台、青岛海区的许多动物，如鱼类、软体动物、棘皮动物、甲壳动物及海蜘蛛等，进行了一些调查研究。特别是1935年该所与青岛市政府联合组成了胶州湾海产动物调查团，对胶州湾内外各类海洋动物进行了调查。由张玺领导的这个调查团在黄岛发现了柱头虫，从此中国在教学上不用再购置国外标本；他还在青岛近海发现了文昌鱼。关于这次海洋动物考查，先后发表的论文及撰写的报告有将近100万字。

1949年以后，中国科学院海洋研究所着手对中国的海藻、软体动物、甲壳动物、棘皮动物等进行调查，其后又逐渐开展了鱼类、原生动物、多毛环节动物、腔肠动物、海绵动物、苔藓动物、毛颚动物及原索动物等的调查。30多年的时间内，在山东海岸带和广大海区（包括岛屿）进行了多次采集调查，获得了大批动植物标本资料。其中主要的海洋调查有1958—1959年的全国海洋综合调查，20世纪50—60年代的烟台鲐鱼场调查、金星号船渤海与北黄海调查、黄河口小黄鱼场调查、中苏合作的胶州湾及芝罘湾调查等，对潮间带广大海域的生物种类组成、分布进行了调查，为动植物分类和区系研究积累了丰富的标本资料。至1985年，已经基本了解了山东省海洋动植物的种类、组成、分布、生态和资源情况，掌握了主要经济生物赖以生存和发展的环境条件，为合理开发利用海洋生物资源提供了科学依据。

1995年6月，国家海洋局、地质矿产部、农业部、国家科学技术委员会向国务院上报“关于在我国专属经济区、大陆架开展精密勘测的请示”，获国务院批准成为国家专项，即“专属经济区和大陆架勘测专项”（简称“126专项”）。这次勘测的主要任务是对我国黄海、东海、南海专属经济区和大陆架进行海洋测绘，开展地形地貌以及生物资源、矿产资源和海洋环境等方面的基础调查与专项研究，这是我国1949年以来第二次大规模的海域基础调查。

2004—2009年，国家海洋局组织开展了“我国近海海洋综合调查与评价专项”（简称“908专项”）工作，是国家海洋局为贯彻“实施海洋开发”的战略部署，促进我国海洋经济持续快速发展，针对我国近海海域综合调查程度和基本状况认识度比较低的情况而设置的专项，投入专项经费19.8亿元，并于2003年9月获得国务院批准。项目的总体目标是：突出发展海洋经济主题，立足于为国家决策服务，为经济建设服务，为海洋管理服务。“908专项”设立了海洋生物及生态调查内容，调查区包括内水、领海和领海以外部分海域，海洋生物及生态调查包括叶绿素a、初级生产力、海洋微生物、浮游生物、底栖生物、药用海洋生物等内容，调查航次为春夏秋冬4个季节，先后编制和出版了《我国近海海洋生物与生态调查研究报告》《中国海洋生物物种多样性》《中国海洋生物图集》等报告和专著。调查结果表明，我国海洋生物的时空分布呈现明显的规律性，与历史调查资料相比，大型底栖生物分布、潮间带种类数量、暖水种类空间发生了明显的变化。“908专项”海洋生物生态调查成果在学术研究方面更新了对我国近岸生物生态现状及变化发展趋势的认识，在合理开发海洋生物资源和有效保护海洋生态方面提供了重要依据。

此外，2009年以来，由于海洋工程建设需要进行海洋环境评价，先后在各海域完成海洋生物调查237站次。

五、海流、波浪、潮汐研究

山东省对于海流的调查研究始于20世纪50年代。

1954—1956年，中国科学院海洋研究所在浅海调查方法研究中，已正式观测海流。同期，山东海洋学院组织了海上同步观测，海流是其主要测定参数之一。中国科学院海洋研究所管秉贤对近海主要流系、沿岸流系和外海流系、黑潮的流速结构、流量变化等均作过研究，从中发现“南海暖流”。景振华提出“大洋风生环流理论”，并将此推广到三维空间，给出了流速的普遍解析解，用于在给定的风应力及动力高度条件下，计算其流速分布等。1966年景振华发表了专著《海流原理》。

20世纪60年代以来，文圣常开创的海浪理论及其在海岸工程上的应用、海浪数值预报、海浪的折射和绕射等方面的研究，均取得重要成果。其中1979—1980年国家海洋局第一海洋研究所黄培基关于“沙子口波浪站的建设及浅水海浪要素、波压力观测研究”，获1981年国家海洋局科技成果二等奖；1984年山东海洋学院等单位编写的《港口工程技术规范：海港水文》，获1985年国家科技进步二等奖；中国科学院海洋研究所郑大钧等1984年研制的“CB型垂线测波仪”，获1985年中国科学院重大科技成果二等奖。

青岛海军气象台郑文振于20世纪50年代中期，成功地做出了11个分潮的潮汐分析和预报。陈宗镛于1959年按1年的潮汐资料给出了60个分潮的分析和预报，提高了预报精度。1958—1960年方国洪给出了准调和潮流分析方法，这一方法的精度优于英国海军部的方法，后被编入国家海洋调查规范。陆架海潮汐理论、预报方法及中国近海潮流大面预报，获1978年全国科学大会奖。

20世纪60年代中期，陈宗镛根据湍流理论给出潮流铅直分布的一种解析表达式，还提出黄、渤海潮波系统偏向中国大陆一侧的理论模式。方国洪给出圆流系统的分布和潮汐摩擦的非线性效应。1964年在中国近海潮波报告中，给出了山东近海的潮波分布。

1977年，冯士筰提出浅海潮波空间问题的非线性模型。此外，还有人就海洋对引潮力的反应和协振潮的共振问题做出了有意义的探讨。潮汐分析方面提出了j、v模型，响应分析，天文-气象分潮分析等，均取得了好的效果。在平均海平面方面，采用5种滤波公式分析沿海42个验潮站900多年的平均海平面，得出中国大陆沿海海平面呈南高北低的态势，高低之差为(70±10)cm。汤恩祥、周天华等确定出“1985年国家高程基准”，业经国务院批准全国采用。“1985年国家高程基准和用流体动力水准联测海南岛高程的研究”，获国家教育委员会科技进步一等奖。随着潮水的涨落，若遇温带气旋或冷峰过境，羊角沟一带有时会出现风暴潮。有关超浅海风暴潮理论及数值预报模型的提出及其在渤海风暴潮中的应用研究获得重要成果，其中秦曾灏、冯士筰、孙文心关于“浅海风暴潮动力机制及其预报方法的研究”，获1982年国家自然科学三等奖；冯士筰编写的关于风暴潮理论的专著《风暴潮导论》，获1982年全国优秀科技图书一等奖。刘凤树等的“8114号台风浪潮基本特性及其变化规律”研究，获1983年中国科学院重大科技成果二等奖。

近年来，随大量海岸工程建设需要和计算机的广泛应用，山东省近岸浅海积累了大量的海流、波浪、潮汐测量数据，其研究已从定性转变为数值模拟与实测数据相验证的定量分析研究。

六、海洋地球物理测量

1959年，地质部第五物探大队以找石油为目标在渤海首次进行地球物理调查。同年，地质部航空磁力测量大队对整个渤海及邻近海域，进行首次海上航空磁力测量，完成测线总长约17 944km。

1960—1965年，地质部第五物探大队在渤海进行试验工作，对渤海海域进行了水深、沉积物、重力、航空磁力和地震等项测量。这些调查研究为深入了解渤海地貌、地质的基本特征以及基底地质构造提供了重要的基础资料。

1961年，中国科学院海洋研究所对黄海进行了以科学研究为目的的地球物理测量，主要是地震测量。调查结果表明，可将南黄海划分为北、中和南三区，分别是与陆地相邻的苏鲁地块、苏北坳陷和上海-南通块断带的海上延续部分。1967年，国家海洋局用“东方红”调查船对山东半岛外海水域进行了地震测量。

1965年，石油工业部海洋石油勘探局，对渤海进行了更详细的地球物理测量。至1982年，经地质部和石油部门多次以找油为目标的调查，发现渤海盆地是在黄骅坳陷、济阳坳陷、渤中坳陷、下辽河坳陷和埕宁隆起的区域地质背景上，发育着10个隆起带、3个复式构造带和14个凹陷，渤海盆地堆积着厚度为4000～7000m的新生代沉积层，为发现渤海的油气田奠定了基础。

1968年10月，地质部第一海洋地质调查大队(原地质部第五物探大队)进行了以找油为目的的黄海地球物理测量。对黄海(包括山东成山头以南的广大海域)所进行的地球物理调查，于1974年完成，其中人工地震测线29 828km，海洋磁力测线32 785km，海洋重力测点6039个，测深剖面8936km。1974年，地质部航空磁力测量大队又对黄海$17.3\times10^4km^2$海域进行了航空磁测，测线长31 935km。这些调查证实，黄海盆地为一有含油远景的重要沉积盆地，白垩系和新生代沉积层厚4～5km，由千里岩隆起、北部坳陷、中部隆起、南部坳陷和勿南沙隆起5个构造单元组成。

1977—1980年，国家海洋局北海分局、第一海洋研究所等单位完成了东经129°以西、北纬26°30′—34°海区的1∶100万地球物理调查。

1986—1989年，中国科学院海洋研究所和中国地质调查局青岛海洋地质研究所完成了黄海的浅地层剖面测量，获得大面积地层结构的多种信息，包括古海岸线、古河道断面、古三角洲沉积结构分布等。

2006年，山东省第一地质矿产勘查院在开展龙口北皂煤矿、梁家煤矿的海域煤田勘探时，完成了近海二维地震52.09km、物理点5092点、三维地震26.87km²、物理点25 611个。

2014年，中国地质调查局青岛海洋地质研究所完成渤海海峡浅水区多道地震测量，完成24道地震测量1 127.9km，同步单波束水深测量1 127.9km。

海洋地球物理海底探测技术的迅猛发展推动了地球科学的进展，高精度的导航定位技术是实现海底高精度探测的基础。高精度的导航定位包括水面船只和水下探测系统的精确定位。现代水面船只定位依赖于以全球卫星定位技术为主的导航定位系统；水下定位系统主要发展有超短基线定位系统(USBL)、短基线定位系统(SBL)和长基线定位系统(LBL)等。海洋重力测量系统的主体技术得到改进，陀螺稳定平台广泛采用光纤陀螺技术，开发出改正交叉耦合效应的新技术，系统实现数字化控制，卫星测高技术引入海洋重力测量领域，海洋地磁测量发展出光泵式测量技术、多分量测量技术和梯度测量技术，近数十年快速发展起来的海底声学探测技术有多波束测深技术、声呐侧扫技术和浅层剖面测量技术等。这些技术已经在当代海底科学研究、海底资源勘查、海洋工程和海洋开发等方面发挥出极其重要的作用。

七、海洋钻探

海洋钻探装备是随着中国海洋石油勘探工作的开展而逐步发展起来的。1970年，开始了双体钻外船"勘探一号"的改装设计和建造，1974年正式投入作业施工，先后在中国南海、黄海施工石油普查井10口，完成了它的历史使命。

1974年4月，引进"勘探2号"自升式钻井平台，钻深达6000m，工作水深90m。1984年起，由地质矿产部海洋地质调查局装备设计室与上海船厂、六机部七〇八所配合协作，自行设计制造半潜式平台"勘探三号"，于1984年6月顺利建成。平台最大钻深6000m，工作水深200m，工作排水量2.199 1×10^4t，长度91m，宽度为71m，高度100m。海底取样机和海洋工程地质钻探装备也陆续制成。1981年，回转式和震动式海底取样钻机先后研制成功，填补了中国海底取样的空白。海洋地质调查局装备研究室1984年研制成功第一艘工程取样钻井船"勘407号"，工作水深可达100m，实际取样深度50m，取样直径73mm，在中国东海试钻成功。这是中国用自己研制的设备首次在海底取得工程地质资料。

以科研为目的的海洋钻探于1980年在渤海进行。1980—1984年，在海上施工浅钻452孔，其中1980年10月在渤海中部水深27m处施工了一口编号为BC-1孔的钻井，实际钻进240.5m，取芯156.85m。1983—1984年，地质部海洋地质研究所在三山岛附近施工了编号为ZK4、ZK5、ZK6的3个孔，并见到了砂金颗粒。1985年，山东海洋学院河口海岸带研究所在黄河口拦门沙、烂泥塘、清水沟等处，用冲击钻与回旋钻相结合钻孔6个，总进尺42.28m。石臼港用于码头勘探、胶州湾为查清底质和基岩埋深，施工探井20多孔。秦蕴珊等的"渤海勘探工程地质的调查研究"，获1978年中国科学院重大科技成果奖。

1980—1985年，中国科学院海洋研究所等对渤海BC-1孔的岩芯进行粒度、古地磁测量，^{14}C测年，有孔虫、介形类、海陆相软体动物群和孢粉等项分析工作。根据生物化石的分析，全套地层代表20万年以来的产物，共包括七期海相地层和介于其间的陆相层。该孔岩芯的研究对了解渤海自中更新世以来的演化过程，以及恢复渤海的古地理变化、海侵海退过程、海面变动和岸线变迁等，均有重要意义。该所秦蕴珊等根据他们对渤海的调查和地质矿产部、石油部的地球物理测量资料撰写的《渤海地质》,获1985年中国科学院重大科技成果二等奖。杨光复等1980年研制的"光电法泥沙颗粒分析及光电颗粒分析仪",获1981年水利部科技成果二等奖。张君元等1983—1984年研制的"CH-1型重力活塞取样管",获1984年中国科学院重大科技成果二等奖。

1986年9月,龙口矿务局委托中国地质调查局青岛海洋地质研究所在龙口市西部距岸线3km的浅海上,施工了国内第一口勘探海底煤田的钻井。

2006年4月—2007年5月,龙口煤电有限公司为寻找新的煤炭资源,委托山东省第一地质矿查勘查院进行龙口市梁家矿区西海域煤矿详查工作。施工海域钻探4个钻孔,完成工程量584.77m,综合测井481.00m。

2006年5月—2008年7月,为了给北皂海域煤炭资源开发和生产提供依据,龙口煤电有限公司委托山东省第一地质矿产勘查院进行黄县煤田北皂煤矿海域扩大区补充勘探。共施工海域钻探孔7个,进尺2 046.69m、测井2 029.40m。

2006—2011年,山东省第一地质矿产勘查院为进行山东省莱州市三山岛北部海域和朱由西部金矿勘查,先后施工海域钻孔9个,钻探进尺5 661.12m。

八、底质调查

通过海洋底质调查所收集的海底、底质、重力场等资料,可为国防、航海、渔业和各项水下工程等提供基础资料。阐明海底矿产资源赋存的可能性及其分布规律,划定远景区,供进一步调查或研究,也可为海洋地质科学基础理论的研究积累基本资料。

1949年前,一些外国学者对中国近海(包括山东近海)作过一些零星调查。20世纪20年代日本渔船取过黄海底质样品。1932年日本河田学夫调查了黄海、渤海底质。1948年美国谢帕德编绘过中国陆架沉积物分布图。

1949年后,全国开始了大规模海洋底质调查,1958—1960年,全国海洋普查包括了底质项目;1961—1964年,中国科学院海洋研究所对渤海进行了1∶100万底质调查;1965年地质部海洋地质研究所对渤海进行了1∶100万底质调查;1976—1978年,国家海洋局第一海洋研究所对黄海东经124°(南黄海东经124°30′)以西、北纬34°以北进行了1∶100万底质调查,1975年国家海洋局第一海洋研究所对渤海海峡进行了1∶10万底质调查。

1972—1979年,地质部海洋地质调查局对南黄海东经123°以西进行了1∶50万地貌底质调查。这些调查均有文字报告,编绘了底质图件。

1977年,国家海洋局第一海洋研究所完成了东经124°以西、北纬34°以北海域的1∶100万底质调查,取得表层样品684个、柱状样品94个,完成现场沉积物化学测定900个,获得了大量的水深资料。调查中第一次发现泥炭层和测得距今1.2万年的古地磁反极性事例。这对研究黄海的沉积环境、古地磁演变和建立黄海晚更新世以来的沉积模式等具有重要意义。根据对调查资料的分析,编绘了一套43幅图件,圈定了各种底质类型的分布范围,对比了沉积层序,论述了7万年以来的气候变化引起的黄海海平面波动和沉积环境及古地理演变。初步建立了黄海7万年以来的沉积模式,并探讨了物质来源及沉积过程中的主要控制因素。

2004—2009年,国家海洋局组织开展了"我国近海海洋综合调查与评价"专项工作,共开展沉积物表层采样21 786站次,在其"我国近海海洋底质调查研究"课题中对所获资料进行了综合分析研究,最终完成《中国近海海洋底质调查研究报告》《中国近海海洋底质调查研究数据集》《中国近海海洋底质图集》。

第五节　海洋砂矿资源量勘探的必要性和背景

一、开发海洋矿产资源是人类生存的必然要求和发展趋势

地壳浅部矿产资源的不断枯竭，必然使得矿业向尚未实现开发或开发程度较低的新领域进军（方长青等，2002）。海洋中不仅存在着维持人类生存所必需的生物资源，而且蕴藏着丰富的矿产资源（谢和平，2002）。全国海洋资源综合评定显示，山东的砂矿资源、浅海、港址、盐田、旅游和滩涂的丰度指数居全国首位。21世纪是海洋的世纪，而山东省是一个海洋大省，海洋矿产资源丰富，海洋产业必将成为山东省经济腾飞的支撑点。隶属山东省的内水、领海及经济专属区海域已开发利用的矿产资源有石油、天然气、砂矿、盐类、煤等。具有潜在开发价值的矿产资源有天然气水合物、金属硫化物、海水中所含的金属等。海底世界蕴藏着丰富的矿产资源，尤以滨、浅海砂矿和深海沉积矿最为丰富。在滨、浅海砂矿中，主要矿种有建筑用砂、石英砂、贝壳砂、锆石、钛铁矿、金红石等。据统计，世界上有95%的锆石、90%的金刚石、80%的独居石来自滨海砂矿。山东省近浅海砂矿是仅次于油气的第二大近浅海矿产，具有很大的经济价值，该类砂矿开采方便，选矿技术简单，投资小，是开发最早的海底矿产资源之一。在陆上矿产资源日趋减少、枯竭的情况下，开发利用海洋矿产资源显得尤为重要。

除了一般的砂矿概念外，砂、砾本身就是重要建筑材料。滨海砂矿最为大宗的是建筑用砂和砾石。随着经济发展、人口增加，建筑用砂量也迅速增加。英国、日本、美国、加拿大等国家早已大量开采海岸和陆架的建筑用砂，采砂作业水深已达80多米。21世纪以来，世界每年开采海滨建筑用砂和砾石的价值，都在百亿美元以上。山东省是一个经济发展中的大省，建筑用砂呈急剧增长态势。据统计，山东省年建筑用砂需求量约为3×10^8t，若1/3来自海洋，则年需海砂1×10^8t。山东省陆架砂体分布面积约为670km^2，海砂资源量可达160×10^8t，为满足建筑用砂需求提供了资源条件。

山东省滨、浅海砂矿类型以海积砂矿为主，其次为混合堆积砂矿。多数矿床以共生、伴生矿的形式存在。不少重砂矿产的含量达到或接近工业品位，适合开采。

二、山东发展海洋经济条件得天独厚

山东省位于我国东部偏北沿海，濒临渤海和黄海，沿海分布有滨州、东营、潍坊、烟台、威海、青岛和日照7个地级市，与辽东半岛、朝鲜半岛、日本列岛隔海相望，陆地面积约$15\times10^4$$km^2$，毗邻海域与陆地面积相当。山东省海域空间资源总面积约为$15.95\times10^4$$km^2$，海岸线北至与河北省交界的漳卫新河口，南至与江苏省交界的绣针河口，以蓬莱角为界，向西属于渤海海域，向东属于黄海海域，全长3345km，居全国沿海各省、自治区、直辖市海岸线长度的第二位，占全国大陆海岸线的1/6。山东省面积排在前三位的海湾依次为莱州湾（6215km^2）、胶州湾（509km^2）和套子湾（183km^2）。大潮高潮时500km^2以上的海岛有326个，总面积136km^2，岛岸线总长度737km，其中基岩岛235个，面积101.6km^2，沙岛91个，面积34.4km^2，多分布于渤海海峡及其以东的黄海沿岸，少数分布于莱州湾。

山东省沿海地区人口4500万人，占山东省总人口的47%，是山东省较发达地区，沿海地区的经济发展取决于沿海的地理优势。近海海域占渤海和黄海总面积的37%，滩涂面积占全国的15%。山东省沿海地区自然资源十分丰富，经济较发达，其滩涂、浅海、港址、盐田、旅游和砂矿资源的丰度指数居全国首位，海岸产品和海洋产业产值在全国名列前茅。

现已探明山东各类滨海砂矿和矿点83个,包括建筑用砂矿床、石英砂矿床、锆石矿床、砂金矿床、贝壳矿床、球石矿床。山东沿海风力资源丰富,是全国风能资源最丰富的地区之一,有效风能密度600～200kW·h/m^2,可利用面积13 700km^2,可装机容量400×10^4kW,远景发电量100×10^8kW·h。山东海上风能具有风速高、静风期少、风电效率高的特点,开发潜力巨大。

山东省近海渔场面积15×$10^4$$km^2$,其中—20m以内浅海2.9×$10^4$$km^2$,滩涂3200$km^2$,渔场广阔。山东沿海有七大渔场:渤海湾、莱州湾、烟威、石岛、青海、海州湾、连青石渔场,发展海洋经济具有得天独厚的条件。山东省渔业产量、产值多年保持全国首位,是中国渔业第一大省。有海水鱼、虾260多种,其中主要经济鱼类40多种,经济贝类20多种,经济藻类10余种,海参、鲍鱼、海胆、大菱鲆、对虾等名贵海产品全国闻名,扇贝、贻贝、海带、蛤等产品产量居全国首位。有淡水鱼、虾70多种,其中鳜鱼、毛蟹、银鱼、甲鱼、泰山赤鳞鱼等珍稀水产品10多种,还有苦江草、芡实、菱角等水生植物100余种。山东省有渔港200多处,渔船修造厂144处,机动渔船5万多艘。有国际鲜销渔船140多艘,运销水产品能力20 000多吨,年创汇5600多万美元。有沿海市7个,渔业乡镇79个,渔业人口近200万人,渔业企业1500多家,冷库1000多座,冷藏能力34×10^4t/次,年加工水产品能力达320多万吨。加工产品品种众多,仅国家级名牌产品就达40多种,占全国渔业系统名牌产品总数的1/3以上。有专业水产品批发市场50多处。

另外,山东省是全国四大海盐产地之一,丰富的地下卤水资源为山东盐业、盐化工业的发展提供了得天独厚的条件。此外,山东省还有可供养殖的内陆水域面积26.7×$10^4$$hm^2$,淡水植物40多种,淡水鱼虾类70多种,其中主要经济鱼虾类20多种。

山东省城镇化程度高、人口密度大,尤其在建设"海上山东"经济发展战略的带动下,近浅海水产养殖得到了突飞猛进的发展,经济效益不断提高。目前,山东省海洋产业产值已占到全省地区生产总值的20%,占到全国海洋总产值的近20%,初步探索形成了具有山东特色的海洋强省建设新模式、新路径。同时,工农业也不断向高科技、集约化发展,海洋化工、水产品加工、采矿冶金、机械制造、纺织、建筑、航运等行业,通过优化配置,逐步成为规模型、效益型的支柱产业。山东省沿海地区自然资源丰富,区位优势明显,科学技术发展水平也很高,交通便利、电力充裕、通信方便、劳动力充足,进行矿产等各种自然资源开发利用的外部建设条件优越。

1988年,山东省科学技术委员会提出"科技兴海"战略;1991年起,山东省委、省政府和省人大先后做出决定、决议,将建设"海上山东"列为重大跨世纪工程,"八五"期间海洋经济得到了长足发展。"十三五"以来,在山东省委、省政府的坚强领导下,全省上下深入学习贯彻习近平总书记关于山东要更加注重经略海洋的重要指示精神,坚持陆海统筹,科学推进海洋资源开发,加快构建完善的现代海洋产业体系,海洋经济综合实力显著增强。5年来,山东省海洋经济综合实力继续稳居全国前列。2019年,实现海洋生产总值1.46万亿元,占全国海洋生产总值的比例达到16.3%,继续居全国第二位,同比增长9%,占山东省地区生产总值的比例由2015年的19.7%提高到2019年的20.5%。2019年底,山东省海洋生物医药产业、海洋盐业、海洋电力业、海洋交通运输业等5个产业规模跻身全国第一位。

三、开发海洋资源必须与环境效益相协调

国内外开发海洋砂矿的历史经验教训证明,必须重视海洋生态环境保护与建设,走产业化发展、生活富裕、生态优化的可持续发展之路,才能保证海洋经济健康稳定、可持续发展。

开发矿产资源尤其是开发海洋矿产资源必须坚持"在保护中开发、在开发中保护,资源开发和节约并举,把节约放在首位,努力提高资源利用率",坚持资源效益和环境效益相统一(柳永刚等,2004)。在注重矿产资源开发经济效益的同时,注重矿山生态环境保护,执行环境保护制度,发展绿色矿业。把矿山开发对生态环境的影响降至最低程度,预防矿山次生地质灾害的发生。对已造成的矿山生态环境破

坏，采取有效措施予以恢复治理，建设无废料矿山和“绿色矿山”，实现经济效益、社会效益和环境效益的协调发展。

山东省海滩多为砂质海滩，浅海砂矿储量巨大，海岸带为全国著名的金矿、油气和砂矿集中开发区。滨海带又是海洋工业、农业、渔业、航运、旅游以及军事利用等较集中的区域，以往滨海带以及浅海地质研究程度较低(尤其是高潮线以下矿产资源研究程度极低)，各种资源之间开发利用的矛盾极为突出。在山东省，浅海砂矿是海域中仅次于油气的第二大矿产资源。海砂是海岸带及浅海最重要的环境载体之一，无规划地开采海砂，将会给海洋环境带来难以恢复的危害。浅海砂矿不仅是建筑用砂的重要来源，而且许多地段还赋存有丰富的锆石、金、金红石等稀有、贵重金属矿产。

建筑用砂是现代建设必不可少且不可再生的矿产资源，随着经济建设的发展，建筑用砂的用量急剧增大。2013 年对山东半岛 11 个县市的调查统计显示，山东省的建筑用砂资源已接近枯竭，陆地建筑用砂资源将在 5～8 年内全部采完，大规模地使用海砂替代河砂将成为不可避免的事实，但不规范开采海砂产生的海洋环境问题及造成的灾害损失是巨大的，采砂引起的生态环境问题已经成为严重制约某些地区经济发展的瓶颈，如不及时采取有效措施加以遏制，将会对山东省的基础建设乃至国民经济的发展产生巨大的影响和制约。

沿海及近海地区属于环境脆弱区，是地质灾害较严重的地区之一，灾害种类多，发生频率高，影响面大，具突发性和严重危害性等特点，这些地质灾害严重威胁着人民的生命和财产安全，妨碍着工农业等经济建设。1949 年以来，山东省由于各种海洋地质灾害造成的年经济损失达数亿元。为保障“海上山东”经济发展战略的顺利实施，必须进行山东省浅海砂矿调查以及采矿环境影响的预评价，提出海砂保护和开发利用规划。国务院对山东省海洋功能区划的批复也指出“要采取有力措施，加强对填海、围海及开采海砂等用海活动的管理，防止对海域、海岛和海岸的破坏性利用”。

第二章　区域地质特征

山东省地处华北东部，东临渤海、黄海，紧邻太平洋，大地构造位置处于华北陆块东缘和扬子陆块北缘交会部位，其浅海及邻区构造域由东亚大陆构造域、东亚大陆边缘构造域和西太平洋构造域三大单元组成（尹延鸿等，2008）。山东省海域及其邻区陆域在地质历史上长期处于陆块结合部位，构造活动剧烈，在大地构造分区上划属为欧亚板块一级构造单元，包含华北-狼林陆块、苏鲁-临津江造山带、扬子-京畿陆块3个二级构造单元（王明健等，2020）。

山东省海域主要为渤海和黄海，它们的主体是中国大陆向海洋的自然延伸，海洋类型为陆缘海，其海底全部是大陆架。渤海海域包括渤海湾盆地、胶辽隆起区，黄海海域主要包括北黄海盆地、苏鲁-临津江造山带和南黄海盆地，后者又可进一步分为南黄海北部盆地、中部隆起、南黄海南部盆地（图2-1），苏鲁-临津江造山带属于秦岭-大别-苏鲁-临津江构造隆起带的东部，其形成是扬子陆块与华北陆块在二叠纪末和三叠纪初发生碰撞后向下俯冲所致。山东陆区为典型的陆壳，板块俯冲加剧了地壳破坏，由陆向海地壳逐渐减薄，中生代燕山运动以来，华北东部构造由挤压向伸展转折，构造体制从印支期末的华北陆块与扬子陆块拼贴增生向区域伸展断陷转变，受盆地裂陷和郯庐断裂走滑等多期活动影响，苏鲁-临津江造山带向北发生偏移，渤海海域和黄海海域地壳发生轻微破坏，海域内各个盆地经历了复杂的构造-沉积演化过程，地层具有明显差异性特征，厚度普遍在30km左右。山东浅海及相邻陆域处于海洋与陆地的交界处，是海陆相互作用、相互影响的场所。

山东省基于区域地质构造背景发展起来的现代海岸地貌是从全新世海侵以后逐渐形成的，相邻陆域的中生代—新生代地层及海域盆地基底和沉积盖层为滨海砂矿提供成矿物质来源，全新世沉积以后的沉积作用、物质搬运是构成滨海砂矿的成矿基础。因此，通过区域地质特征、海域及相邻陆域沉积演化过程和地层发育特征，尤其是第四系的分析研究，有助于全面了解山东省滨海砂矿的成矿作用和成矿规律。

第一节　区域地质概况

一、地层

结合构造分区，参考中国东部海域及相邻陆域综合地层分区方案（王明健等，2020），研究区海域及相邻陆域属欧亚地层大区，对应上述华北-狼林陆块、苏鲁-临津江造山带、扬子-京畿陆块3个二级构造单元的地层区为：华北-狼林地层区（Ⅰ）、秦祁昆地层区（Ⅱ）、扬子-京畿地层区（Ⅲ），分别发育渤海盆地、北黄海盆地、南黄海盆地，均由结晶基底及其上覆沉积盖层组成，其三级地层分区对应关系为：渤海海域主体位于华北地层分区，北黄海海域主要分布在辽东地层分区，南黄海海域主要属于下扬子地层分区（表2-1）。

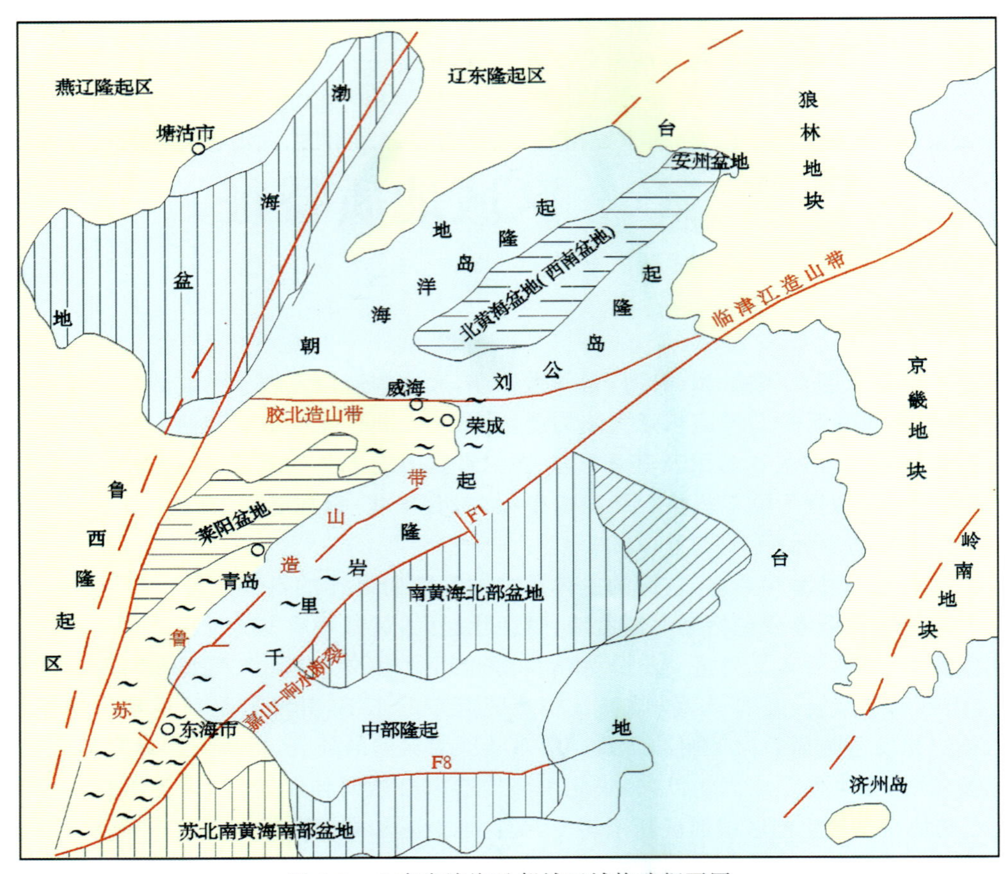

图 2-1 山东省浅海及邻域区域构造纲要图

表 2-1 山东省海域及相邻陆域综合地层分区

构造分区		地层分区		
一级	二级	一级	二级	三级
欧亚板块（大陆）	华北-狼林陆块	欧亚地层大区	华北-狼林地层区（Ⅰ）	燕辽地层分区
				华北地层分区（渤海）
				鲁西地层分区
				鲁东地层分区
				辽东地层分区（北黄海）
				狼林地层分区
	苏鲁-临津江造山带		秦祁昆地层区（Ⅱ）	苏鲁地层分区
				临津江地层分区
	扬子-京畿陆块		扬子-京畿地层区（Ⅲ）	下扬子地层分区（南黄海）
				京畿地层分区

（一）渤海地层概况

渤海是深入中国大陆的近封闭型浅海，属中国内海，全部位于大陆架上，其南、北、西三面环陆，东面以北起辽东半岛南端的老铁山角，南至山东半岛北端的蓬莱角一线，而位于中间的庙岛群岛，既是渤海、黄海两大海域的分界线，又是渤海湾盆地与北黄海盆地两大沉积盆地的分界线。

庙岛群岛地处中朝地块胶辽隆起区，基底由新太古代—古元古代岩石组成，庙岛群岛出露地层主要为新元古界蓬莱群，为一套浅变质岩系，主要由石英岩、石英砂岩组成，因海蚀作用形成了千姿百态的独特地质地貌景观。

渤海及相邻陆域主体属于华北地层分区，但也部分涉及燕辽、鲁西、鲁东和辽东 4 个相邻的地层分区：

(1)渤海周边陆域三叠系在基岩露头区分布零星，侏罗系、白垩系较发育，主要见燕辽地层分区的门头沟群、后城群，鲁西地层分区的坊子组、三台组及大盛群，鲁东地层分区的莱阳群、青山群、王氏群等，华北平原地层分区的刘家沟组、和尚沟组等，沉积物多以火山-陆源碎屑岩为主。

(2)渤海湾盆地是在中朝地块基底之上发育的新生代裂谷型断陷盆地，盆地内地层层序完整，包括太古宇—古元古界、新元古界、下古生界寒武系—奥陶系、上古生界石炭系—二叠系、中生界侏罗系—白垩系、新生界古近系、新近系和第四系。太古宇基底以片岩—角闪岩相变质岩系为主，局部潜断隆由元古宙的花岗岩和变质岩组成。上覆寒武纪—奥陶纪海相碳酸盐岩、石炭纪—二叠纪海陆交互相碎屑岩夹碳酸盐岩，侏罗纪—白垩纪夹火山岩的陆源碎屑岩。新生代后沉积环境发生了巨大变化，华北地层分区的沉积中心集中在渤海湾盆地区域，自下而上划分为孔店组红色碎屑岩，沙河街组湖相暗色泥质岩系，以及东营组沼泽相—河流相沉积物，其中东营组最富集油，为渤海主要含油岩系。新近系馆陶组、明化镇组在华北平原地层分区分布广泛，馆陶组底部为砾岩，下部为灰白色砂砾岩；明化镇组为河流相—湖沼相沉积物。渤海盆地地层综合柱状图详见图 2-2。

(二)黄海地层概况

山东省黄海海域主要包括中朝地块北黄海盆地和扬子地块南黄海北部盆地，黄海地层与东部海域“三盆一隆”构造演化密切相关。

1. 北黄海盆地地层

北黄海盆地位于北纬 37°47′—39°02′之间，西界东经 121°50′，为叠置在中朝地块上的中生代—新生代盆地，基底为太古宙—古元古代变质岩系，沉积盖层主要由上侏罗统—下白垩统、始新统、渐新统、新近系构成，盆地向东与朝鲜西海相通，面积约 15 000km^2。

北黄海盆地的基底主要由前寒武纪混合岩、片麻岩、结晶片岩、大理岩、石英岩等变质岩组成，包括胶辽的鞍山群、胶东岩群、粉子山群、辽河群、蓬莱群和朝鲜的狼林群、黄海群以及祥原群等。其上覆零星的早古生代地层，在此基础上形成中生代、新生代的沉积。

据近年来中国航磁和综合物探资料，北黄海的地质情况与辽东半岛和胶东半岛的情况相似，沉积盖层不发育，仅有中生代、新生代孤立小盆地分布于隆起构造背景上。由于北黄海是一个新生的海盆，新近纪早期和中期还同胶辽连成一体，新近纪末才开始解体下沉被海水淹没接收沉积，虽新近纪和第四纪沉积广泛分布，但厚度不大，古近纪沉积分布零星、厚度小，北黄海古老基底的埋藏深度可能较浅。盆地内地层详见图 2-3。

2. 南黄海北部盆地地层

南黄海北部盆地(北部坳陷)位于东经 120°30′—125°30′、北纬 34°50′—37°00′之间，为晚白垩世以来发育的断坳盆地，包含元古宇和古生界双重基底，盖层为以白垩纪—古近纪陆相河湖环境为主的地层，面积约 51 000km^2。

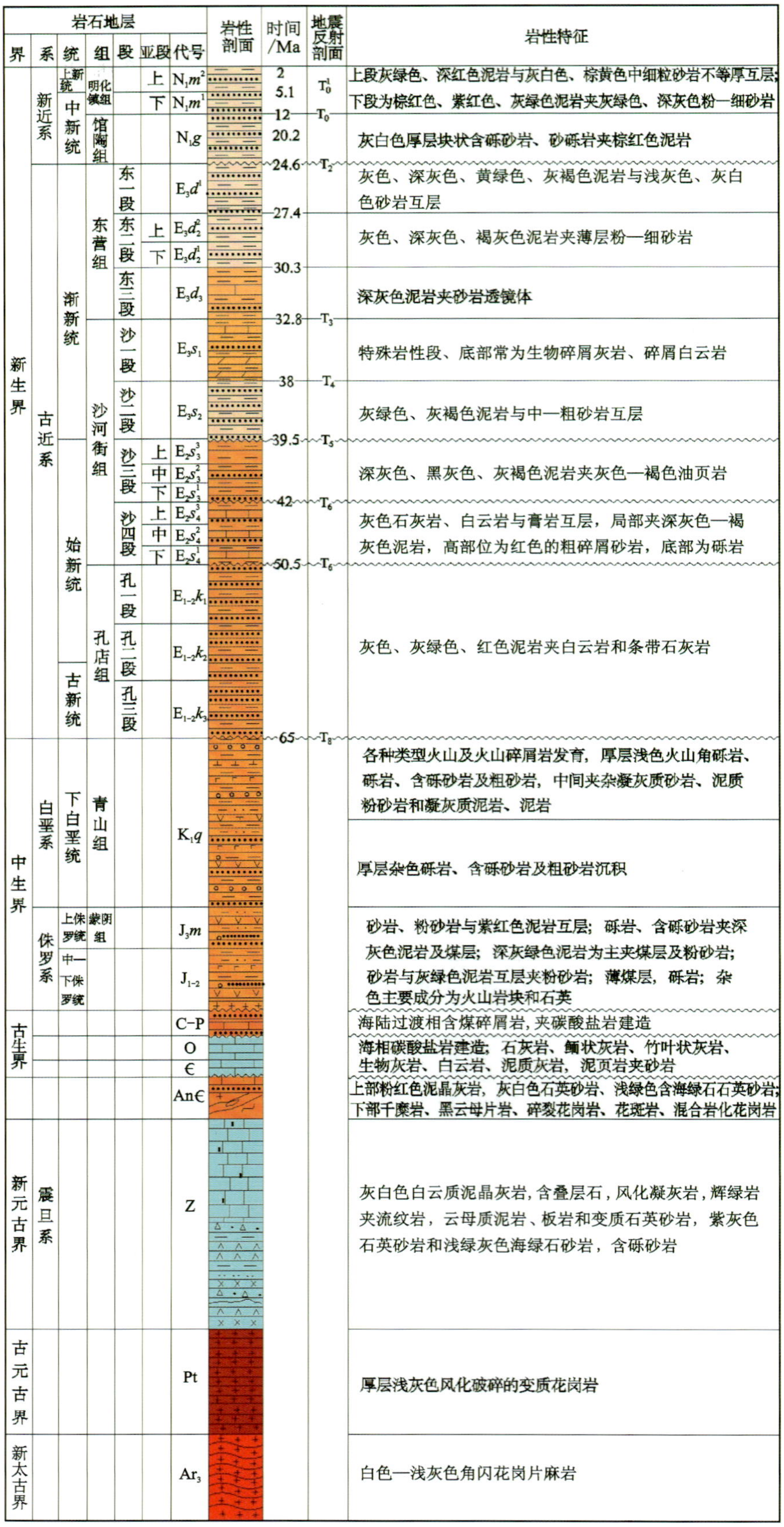

岩石地层							岩性剖面	时间/Ma	地震反射剖面	岩性特征
界	系	统	组	段	亚段	代号				
新生界	新近系	上新统	明化镇组		上	N_1m^2		2	T_0^1	上段灰绿色、深红色泥岩与灰白色、棕黄色中细粒砂岩不等厚互层;
		中新统			下	N_1m^1		5.1		下段为棕红色、紫红色、灰绿色泥岩夹灰绿色、深灰色粉—细砂岩
			馆陶组			N_1g		12 20.2	T_0	灰白色厚层块状含砾砂岩、砂砾岩夹棕红色泥岩
	古近系	渐新统	东营组	东一段		E_3d^1		24.6	T_2	灰色、深灰色、黄绿色、灰褐色泥岩与浅灰色、灰白色砂岩互层
				东二段	上	$E_3d_2^2$		27.4		灰色、深灰色、褐灰色泥岩夹薄层粉—细砂岩
					下	$E_3d_2^1$				
				东三段		E_3d_3		30.3		深灰色泥岩夹砂岩透镜体
			沙河街组	沙一段		E_3s_1		32.8	T_3	特殊岩性段、底部常为生物碎屑灰岩、碎屑白云岩
				沙二段		E_3s_2		38	T_4	灰绿色、灰褐色泥岩与中—粗砂岩互层
		始新统		沙三段	上	$E_2s_3^3$		39.5	T_5	深灰色、黑灰色、灰褐色泥岩夹灰色—褐色油页岩
					中	$E_2s_3^2$				
					下	$E_2s_3^1$				
				沙四段	上	$E_2s_4^3$		42	T_6	灰色石灰岩、白云岩与膏岩互层，局部夹深灰色—褐灰色泥岩，高部位为红色的粗碎屑砂岩，底部为砾岩
					中	$E_2s_4^2$				
					下	$E_2s_4^1$				
			孔店组	孔一段		$E_{1-2}k_1$		50.5	T_6	灰色、灰绿色、红色泥岩夹白云岩和条带石灰岩
				孔二段		$E_{1-2}k_2$				
		古新统		孔三段		$E_{1-2}k_3$				
中生界	白垩系	下白垩统	青山组			K_1q		65	T_8	各种类型火山及火山碎屑岩发育，厚层浅色火山角砾岩、砾岩、含砾砂岩及粗砂岩，中间夹杂凝灰质砂岩、泥质粉砂岩和凝灰质泥岩、泥岩
										厚层杂色砾岩、含砾砂岩及粗砂岩沉积
	侏罗系	上侏罗统	蒙阴组			J_3m				砂岩、粉砂岩与紫红色泥岩互层；砾岩、含砾砂岩夹深灰色泥岩及煤层；深灰绿色泥岩为主夹煤层及粉砂岩；砂岩与灰绿色泥岩互层夹粉砂岩；薄煤层，砾岩；杂色主要成分为火山岩块和石英
		中—下侏罗统				J_{1-2}				
古生界						C—P				海陆过渡相含煤碎屑岩，夹碳酸盐岩建造
						O				海相碳酸盐岩建造；石灰岩、鲕状灰岩、竹叶状灰岩、生物灰岩、白云岩、泥质灰岩，泥页岩夹砂岩
						∈				
						An∈				上部粉红色泥晶灰岩，灰白色石英砂岩、浅绿色含海绿石石英砂岩；下部千糜岩、黑云母片岩、碎裂花岗岩、花斑岩、混合岩化花岗岩
新元古界	震旦系					Z				灰白色白云质泥晶灰岩，含叠层石，风化凝灰岩，辉绿岩夹流纹岩，云母质泥岩、板岩和变质石英砂岩，紫灰色石英砂岩和浅绿灰色海绿石砂岩，含砾砂岩
古元古界						Pt				厚层浅灰色风化破碎的变质花岗岩
新太古界						Ar_3				白色—浅灰色角闪花岗片麻岩

图 2-2　渤海盆地地层综合柱状图

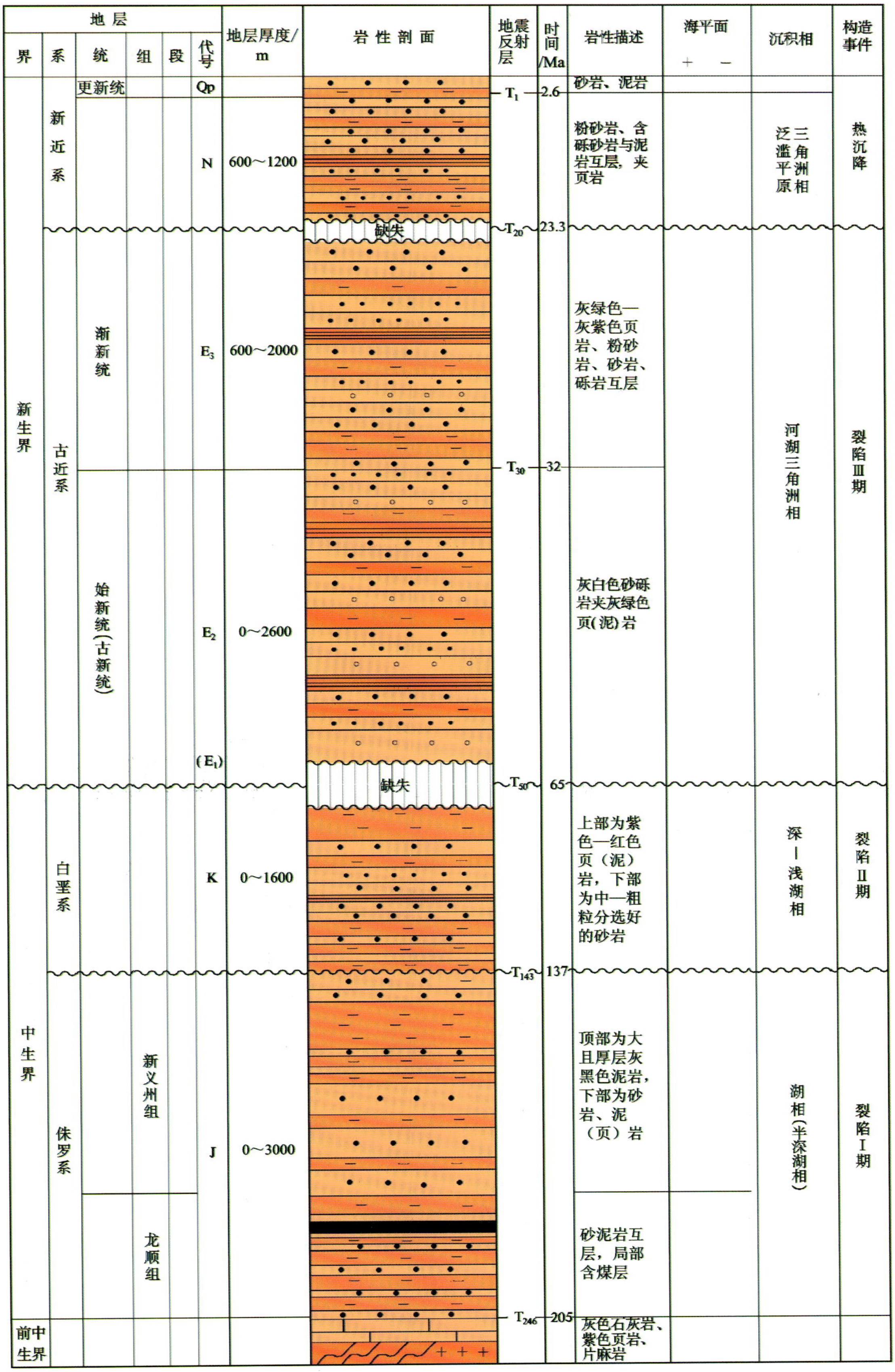

地层 界	系	统	组	段	代号	地层厚度/m	岩性剖面	地震反射层	时间/Ma	岩性描述	海平面 + −	沉积相	构造事件
新生界	新近系	更新统			Qp			T1	2.6	砂岩、泥岩			热沉降
					N	600～1200				粉砂岩、含砾砂岩与泥岩互层，夹页岩		泛滥平原三角洲相	
							缺失	T20	23.3				
	古近系	渐新统			E_3	600～2000				灰绿色—灰紫色页岩、粉砂岩、砂岩、砾岩互层		河湖三角洲相	裂陷Ⅲ期
								T30	32				
		始新统(古新统)			E_2 (E1)	0～2600				灰白色砂砾岩夹灰绿色页(泥)岩			
							缺失	T50	65				
中生界	白垩系				K	0～1600				上部为紫色—红色页（泥）岩，下部为中—粗粒分选好的砂岩		深—浅湖相	裂陷Ⅱ期
								T143	137				
	侏罗系		新义州组		J	0～3000				顶部为大且厚层灰黑色泥岩，下部为砂岩、泥（页）岩		湖相（半深湖相）	裂陷Ⅰ期
			龙顺组							砂泥岩互层，局部含煤层			
								T246	205				
前中生界										灰色石灰岩、紫色页岩、片麻岩			

图 2-3　北黄海盆地地层综合柱状图

盆地起源始于晚中生代，基底为震旦纪或前震旦纪变质岩，沉积了自晚白垩世至第四纪地层。震旦系：主要岩性为千枚岩、硅化灰岩。上白垩统：钻厚1065m，下段以湖相沉积为主，上段岩性与苏北泰州组类似。阜宁组：钻厚1 090.2m，富含化石，属浅湖相—深湖相沉积，是盆地内主要生储层，其地质时代确认为古新世。戴南组：分布较窄，为一套下黑上红的砂泥岩地层，以浅湖相为主夹沼泽相，是南黄海盆地主要生油层之一，最大钻厚1101m，时代为始新世。三垛组：以红色层发育、含碎屑岩为特征，多以河流相沉积为主，属渐新世。新近系盐城组和第四系遍及盆地，总厚不到1000m。盆地内地层详见图2-4。

3. 黄海地区第四纪地层

受不同物源区物质、中生代构造运动及新构造运动影响，以及地形、地貌和古气候等环境的制约，黄海地区第四纪地层具有多种岩性、多种岩相类型的特点，根据不同沉积条件和岩性、岩相分布规律，将本区第四系划分为3个地层小区：

一为黄海陆架地层小区。以QC2孔为代表，其地层以海相和海陆过渡相沉积为主，河湖沉积次之，显示了浅海陆架与内陆盆地区地层的差异。

二为受古长江水系搬运物质影响的长江三角洲东缘地层小区。以QC5孔为代表，该孔以河口、河流沉积为主，夹多层海相或过渡相沉积，显示了三角洲平原区的地层特色。

三为受淮河、古黄河水系携带物质影响的苏北近岸平原地层小区。属于黄淮海平原地层区的一部分，以QC4孔为代表，地层较为齐全，主要为河湖相沉积和海陆过渡相沉积。

山东省黄海海域第四纪地层由于沉积时间短，尚未固结成岩，地层一般根据地貌类型、成因类型等因素划分。区域上将第四纪地层划分出羊栏河组、柳夼组、史家沟组、大站组、山前组、黑土湖组、临沂组、潍北组、旭口组、寒亭组、平原组11个组，各组的分布多具有与其成因密切相关的特定地貌位置，其中旭口组、潍北组与滨海砂矿密切相关，是滨海砂矿的赋矿层位。旭口组指分布于鲁东地区渤海和黄海海滨地带的砂砾质海岸与基岩海岸的海积砂，夹少量砾石和淤泥的松散沉积层，为海积、海积—冲积、海积—风积成因，常形成滨海沙坝、沙丘或1～5m高的海积Ⅰ级阶地，厚度一般小于20m。胶东半岛滨海地带石英砂矿床均产于第四系旭口组中。其中，单一性滨海沉积型石英砂矿资源占滨海石英砂总资源量的95%以上，滨海型—风积型石英砂矿在上、滨海型—冲积型石英砂矿在下的复合型矿床资源量之和约占滨海石英砂矿资源总量的5%。由此可见旭口组对石英砂成矿起着明显的控矿作用。另外，锆石砂、砂金、型砂矿、磁铁矿砂矿、金红石砂等砂矿的含矿层位均为旭口组，其中以玻璃用石英砂规模最大、质量最好。

二、岩浆活动

调查区内(陆缘)岩浆岩分布十分发育，广布全区，岩浆侵位时代从中元古代到新生代，岩性包括超基性、基性、中性、酸性及碱性等众多类型，以酸性—中酸性岩占绝对优势。采用同源岩浆演化理论，可将侵入岩划分为56个单元。岩浆岩为滨海砂矿的主要成矿物质来源。岩石谱系单位划分见表2-1。

调查区岩浆活动从太古宙至新生代，可划分为阜平期—五台期、吕梁期、四堡期、晋宁期、震旦期、印支期、燕山期及喜马拉雅期。除阜平期、燕山期和喜马拉雅期有较多火山活动外，其他岩浆活动期均以侵入活动为主。

阜平期—五台期岩浆岩零星分布，主要岩性为片麻状细粒奥长花岗岩和条带状细粒含角闪黑云英云闪长质片麻岩。

吕梁期岩浆岩分布很少，仅见有大柳行序列燕子夼单元，岩性为片麻状细粒含黑云二长花岗岩。

四堡期岩浆岩仅分布于乳山海阳所、日照梭罗树等地，呈包体状产于新元古代的片麻状花岗岩类岩石中。

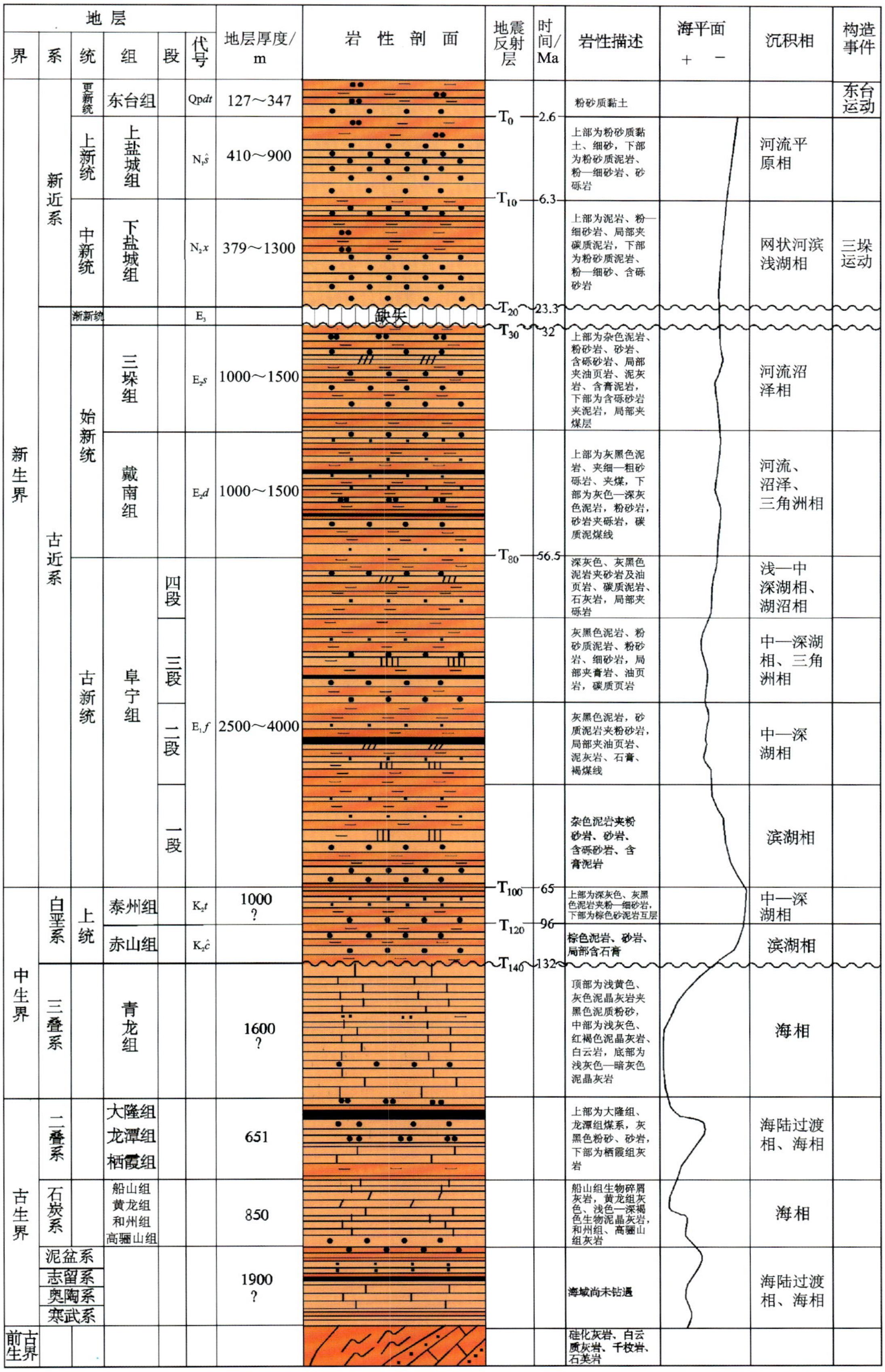

界	系	统	组	段	代号	地层厚度/m	岩性剖面	地震反射层	时间/Ma	岩性描述	海平面 + −	沉积相	构造事件
新生界	新近系	更新统	东台组		Qpdt	127～347		T_0	2.6	粉砂质黏土			东台运动
		上新统	上盐城组		$N_2\hat{s}$	410～900		T_{10}	6.3	上部为粉砂质黏土、细砂，下部为粉砂质泥岩、粉—细砂岩、砂砾岩		河流平原相	
		中新统	下盐城组		N_1x	379～1300		T_{20}	23.3	上部为泥岩、粉—细砂岩、局部夹碳质泥岩，下部为粉砂质泥岩、粉—细砂、含砾砂岩		网状河滨浅湖相	三垛运动
	古近系	渐新统			E_3		缺失	T_{30}	32				
		始新统	三垛组		E_2s	1000～1500				上部为杂色泥岩、粉砂岩、砂岩、含砾砂岩、局部夹油页岩、泥灰岩、含膏泥岩，下部为含砾砂岩夹泥岩，局部夹煤层		河流沼泽相	
			戴南组		E_2d	1000～1500		T_{80}	56.5	上部为灰黑色泥岩、夹细—粗砂砾岩、夹煤，下部为灰色—深灰色泥岩，粉砂岩，砂岩夹砾岩，碳质泥煤线		河流、沼泽、三角洲相	
		古新统	阜宁组	四段	E_1f	2500～4000				深灰色、灰黑色泥岩夹砂岩及油页岩、碳质泥岩、石灰岩，局部夹砾岩		浅—中深湖相、湖沼相	
				三段						灰黑色泥岩、粉砂质泥岩、粉砂岩、细砂岩，局部夹膏岩、油页岩，碳质页岩		中—深湖相、三角洲相	
				二段						灰黑色泥岩，砂质泥岩夹粉砂岩，局部夹油页岩、泥灰岩、石膏、褐煤线		中—深湖相	
				一段				T_{100}	65	杂色泥岩夹粉砂岩、砂岩、含砾砂岩、含膏泥岩		滨湖相	
中生界	白垩系	上统	泰州组		K_2t	1000 ?		T_{120}	96	上部为深灰色、灰黑色泥岩夹粉—细砂岩，下部为棕色砂泥岩互层		中—深湖相	
			赤山组		$K_2\hat{c}$			T_{140}	132	棕色泥岩、砂岩、局部含石膏		滨湖相	
	三叠系		青龙组			1600 ?				顶部为浅黄色、灰色泥晶灰岩夹黑色泥质粉砂，中部为浅灰色、红褐色泥晶灰岩、白云岩，底部为浅灰色—暗灰色泥晶灰岩		海相	
古生界	二叠系		大隆组 龙潭组 栖霞组			651				上部为大隆组、龙潭组煤系，灰黑色粉砂、砂岩，下部为栖霞组灰岩		海陆过渡相、海相	
	石炭系		船山组 黄龙组 和州组 高骊山组			850				船山组生物碎屑灰岩，黄龙组灰色、浅色—深褐色生物泥晶灰岩，和州组、高骊山组灰岩		海相	
	泥盆系 志留系 奥陶系 寒武系					1900 ?				海域尚未钻遇		海陆过渡相、海相	
前古生界										硅化灰岩、白云质灰岩、千枚岩、石英岩			

图 2-4　南黄海盆地地层综合柱状图

表 2-1　区域侵入岩划分表

代	纪	期	阶段	序列	单元	岩性	代号
新生代 Cz	新近纪 N	喜马拉雅期 γ_6				橄榄玄武玢岩、玻基辉橄玢岩、辉绿玢岩脉	$N\beta\mu$
中生代 Mz	白垩纪 K	燕山晚期 γ_5^3		崂山-大珠山脉岩带（$K_2\eta\pi$、$K_2\eta o\pi$、$K_2\delta\mu$、$K_2\xi\pi$、$K_2\xi o\pi$、$K_2\gamma\delta\pi$、$K_2\eta\gamma\pi$）			
			三	崂山（K_1L）	孤山	晶洞碱长花岗斑岩	$K_1\kappa\gamma\pi Lg$
					玉皇山	晶洞斑状细粒石英碱长正长岩	$K_1\kappa\xi o Ly$
					小平兰	晶洞细粒碱长花岗岩	$K_1\kappa\gamma Lx$
					大平兰	晶洞斑状中细粒碱长花岗岩	$K_1\kappa\gamma Ld$
					八水河	晶洞中粒碱长花岗岩	$K_1\kappa\gamma Lb$
					太清宫	晶洞中粗粒碱长花岗岩	$K_1\kappa\gamma Lt$
					北大崮	晶洞中细粒正长花岗岩	$K_1\xi\gamma Lb$
					下书院	晶洞中粒正长花岗岩	$K_1\xi\gamma Lx$
					望海楼	晶洞细粒二长花岗岩	$K_1\eta\gamma Lw$
					浮山	晶洞中细粒二长花岗岩	$K_1\eta\gamma Lf$
					盘古城	晶洞斑状中细粒二长花岗岩	$K_1\eta\gamma Lp$
					会稽山	晶洞中粗粒二长花岗岩	$K_1\eta\gamma Lh$
					青台山	晶洞中粒二长花岗岩	$K_1\eta\gamma Lq$
			二	伟德山（K_1W）	古楼	中粒二长花岗岩	$K_1\eta\gamma Wg$
					通天岭	中粗粒二长花岗岩	$K_1\eta\gamma Wt$
					抓鸡山	密斑状粗中粒二长花岗岩	$K_1\eta\gamma W\hat{z}$
					崖西	斑状中粒含角闪二长花岗岩	$K_1\eta\gamma Wy$
			一	埠柳（K_1B）	凤凰山	斑状细粒含辉石角闪石英二长岩	$K_1\eta o Bf$
					洛西头	含斑中粒角闪黑云石英二长岩	$K_1\eta o Bl$
					埠柳	中粒含辉石角闪石英二长闪长岩	$K_1\eta\delta o Bb$
					横山	细粒含角闪辉石二长闪长岩	$K_1\eta\delta Bh$
					上口	细粒辉石角闪闪长岩	$K_1\delta B\hat{s}$
	侏罗纪 J	燕山早期 γ_5^2	二	玲珑（J_3L）	北黄	细粒二长花岗岩	$J_3\eta\gamma Lb$
					郭家店	中粗粒二长花岗岩	$J_3\eta\gamma Lg$
					崔召	中粒含黑云二长花岗岩	$J_3\eta\gamma Lc$
					九曲	弱片麻状细中粒含石榴二长花岗岩	$J_3\eta\gamma Lj$
					云山	弱片麻状细粒含石榴二长花岗岩	$J_3\eta\gamma Ly$
				文登（J_2W）	姑娘坟	细粒二长花岗岩	$J_2\eta\gamma Wg$
				垛崮山（J_2D）	大孤山	斑状中细粒含黑云花岗闪长岩	$J_2\gamma\delta Dd$
					老虎窝	弱片麻状含斑中粒含黑云花岗闪长岩	$J_2\gamma\delta Dl$
					窗笼山	弱片麻状中粒含黑云花岗闪长岩	$J_2\gamma\delta D\hat{c}$

续表 2-1

代	纪	期	阶段	序列	单元	岩性	代号
中生代 Mz	三叠纪 T	印支期 γ_5^1	三	槎山 (T_3C)	寨东	细粒正长花岗岩	$T_3\xi\gamma\hat{C}\hat{z}$
					西北海	斑状中粗粒含黑云正长花岗岩	$T_3\xi\gamma\hat{C}x$
					人和	粗粒正长花岗岩	$T_3\xi\gamma\hat{C}r$
					院夼	中粗粒正长花岗岩	$T_3\xi\gamma\hat{C}y$
					南窑	中粒正长花岗岩	$T_3\xi\gamma\hat{C}n$
			二	宁津所 (T_3N)	码头	斑状粗中粒石英正长岩	$T_3\xi o Nm$
					红门石	中细粒石英正长岩	$T_3\xi o Nh$
					二登山	多斑中细粒含黑云辉石正长岩	$T_3\xi Ned$
					东山	斑状中粒含黑云辉石正长岩	$T_3\xi Nd$
					朝阳洞	斑状中粗粒含角闪正长岩	$T_3\xi N\hat{c}$
					小庄	中粒含角闪正长岩	$T_3\xi Nx$
					峨石山	中细粒含角闪正长岩	$T_3\xi Ne$
新元古代 Pt_3	南华纪 Nh	震旦期 γ_2^3	四	铁山 (NhT)	前石沟	中粒正长花岗质片麻岩	$Nh\xi\gamma Tq$
			三	月季山 (NhY)	麻姑馆	斑纹状二长花岗质片麻岩	$Nh\eta\gamma Ym$
新元古代 Pt_3	南华纪 Nh	晋宁期 γ_2^3	二	荣成 (NhR)	邱家	细粒二长花岗质片麻岩	$Nh\eta\gamma Rq$
					和徐疃	含斑中粒二长花岗质片麻岩	$Nh\eta\gamma Rh$
					玉林店	细中粒含黑云二长花岗质片麻岩	$Nh\eta\gamma Ry$
					宝山	中细粒黑云二长花岗质片麻岩	$Nh\eta\gamma Rb$
					滕家	条带状细粒含黑云花岗闪长质片麻岩	$Nh\eta\gamma Rt$
					大时家	中细粒含黑云角闪花岗闪长质片麻岩	$Nh\gamma\delta Rd$
中元古代 Pt_2		四堡期 γ_2^2		海阳所 (ChH)	老黄山	中细粒变辉长岩(斜长角闪岩)	$Ch\nu Hl$
					烟墩山	中细粒变辉石角闪石岩	$Ch\psi o Hy$
					通海	变辉石橄榄岩(滑石化蛇纹岩)	$Ch\sigma Ht$
古元古代 Pt_1		吕梁期 γ_2^1		大柳行 (HtD)	燕子夼	片麻状细粒含黑云二长花岗岩	$Ht\eta\gamma Dy$
新太古代 Ar_3		五台期—阜平期 γ_1^3	二	谭格庄 (Ar_3Tg)	牟家	片麻状细粒奥长花岗岩	$Ar_3\gamma o Tm$
			二	栖霞 (Ar_3Q)	回龙夼	条带状细粒含角闪黑云英云闪长质片麻岩	$Ar_3\gamma\delta o Qh$

晋宁期岩浆岩主要分布在乳山—文登—荣成一带，分布面积较大，岩性为二长花岗质片麻岩、花岗闪长质片麻岩。

震旦期岩浆岩分布较少，主要分布在青岛—日照地区，岩性为正长或二长花岗质片麻岩。

印支期岩浆岩集中分布于荣成南部沿海一带，岩性为石英正长岩、正长花岗岩，是滨海锆石砂矿的母源岩。

燕山早期岩浆岩为分布在乳山东南沿海的垛崮山序列花岗闪长岩类、分布于招远—莱州—乳山—文登地区的玲珑序列弱片麻状二长花岗岩类和文登序列细粒二长花岗岩。

燕山晚期岩浆岩集中分布于荣成北部，主要岩性为埠柳序列、伟德山序列的二长—二长花岗岩类，分布于崂山—即墨地区的崂山序列晶洞正长花岗岩和晶洞二长花岗岩类。

喜马拉雅期岩浆岩主要为橄榄玄武玢岩、玻基辉橄玢岩、辉绿玢岩脉等脉岩类，分布十分零星。

三、构造

本区特殊的大地构造位置形成了多期次构造-岩浆活动和不同深度、不同类型的断陷沉积，形成盆地内不同时代不同构造变形特征的构造层，多样化、多期次的构造叠置形成了目前复杂的构造体系。对该区大地构造演化起着重要作用的主要深大断裂有郯庐大断裂、五莲-即墨-牟平断裂带、嘉山-连云港-胶南断裂、嘉山-响水断裂、黄海中央断裂。

(1)郯庐断裂带：该断裂带是一条大型陆内平移剪切带，总体走向为NNE，由多条平行断层组成，虽不在南黄海区域内，但对南黄海的构造发育起着重要作用。郯庐断裂带错断了前期存在的EW向区域构造，并改变了其走向，对中国东部的陆内变形产生了重要影响。

(2)五莲-即墨-牟平断裂带：该断裂带向西被郯庐断裂所截，向东沿千里岩隆起北缘延伸进入黄海。其中，五莲-即墨段为NE-SW向，即墨-牟平段转为NNE-SSW向，进入黄海海域逐渐转为近EW向。这条断裂带曾受到强烈的热动力变质作用，因而岩浆岩发育。五莲—即墨—牟平一线是郯庐断裂以东中朝地块与苏鲁造山带的拼合界线，其中，五莲-即墨段也是胶南隆起与胶莱盆地的分界线。

(3)嘉山-连云港-胶南断裂：该断裂位于苏鲁造山带内部，以其为界，苏鲁造山带可划分为北带和南带。该断裂南起郯庐断裂东侧，走向NE，经连云港、沿胶南近海岸延伸进入南黄海。该断裂两侧地壳结构差异明显，地震测深资料表明北西侧地壳厚度达30km以上，而南东侧仅有20km。电测深资料表明，该断裂切穿莫霍面，为一岩石圈断裂。

(4)嘉山-响水断裂：该断裂南与郯庐断裂斜交，走向NE，经嘉山、响水进入南黄海，沿千里岩隆起南缘向东延伸，成为南黄海盆地北部坳陷的北部边界断裂。断裂北西侧广泛发育太古宇、元古宇及零星的震旦系，断裂东南侧出露中生界、新生界。这条断裂倾向SE，倾角为20°～65°，具有多期构造活动性。

(5)黄海中央断裂：黄海中央断裂带北起大连湾，向东南斜穿黄海中部，止于济州岛南缘断裂。黄海中央断裂带的发育使得断裂带东、西两侧的地球物理场特征、断裂分布特点与规模均存在较大的差异。该断裂带是扬子地块与中朝地块碰撞过程中形成的，不仅与块体碰撞、俯冲作用有关，也与后期太平洋板块向欧亚板块的聚敛、俯冲作用有关，具有多期活动的特点。

(一)渤海构造概况

渤海在大地构造上属华北地台的辽冀台向斜。由于断块差异运动，使渤海盆地可进一步划分次级的隆起与坳陷。根据渤海石油公司多年勘探结果，可将渤海盆地划分为如下构造单元：①黄骅坳陷：包括岐口凹陷、北塘凹陷、南堡凹陷；②埕宁隆起：包括埕子口凸起、埕北凹陷、埕北低凸起、沙垒田凸起；③渤中坳陷：包括秦南凹陷、石臼坨凸起、渤中凹陷、渤东低凸起、渤东凹陷、庙西凸起和渤南凸起；④济阳坳陷：包括黄河口凹陷、庙西凹陷、垦东凸起、莱州湾凹陷、潍北凸起和羊角沟凹陷；⑤辽东湾坳陷：包括辽东凹陷、辽东凸起、辽中凹陷、辽西低凸起和辽西凹陷等次级构造单元。详见图2-5。

渤海盆地叠置在华北陆块之上。渤海盆地的形成是地壳上拱拉张作用的结果，因而渤海盆地以张

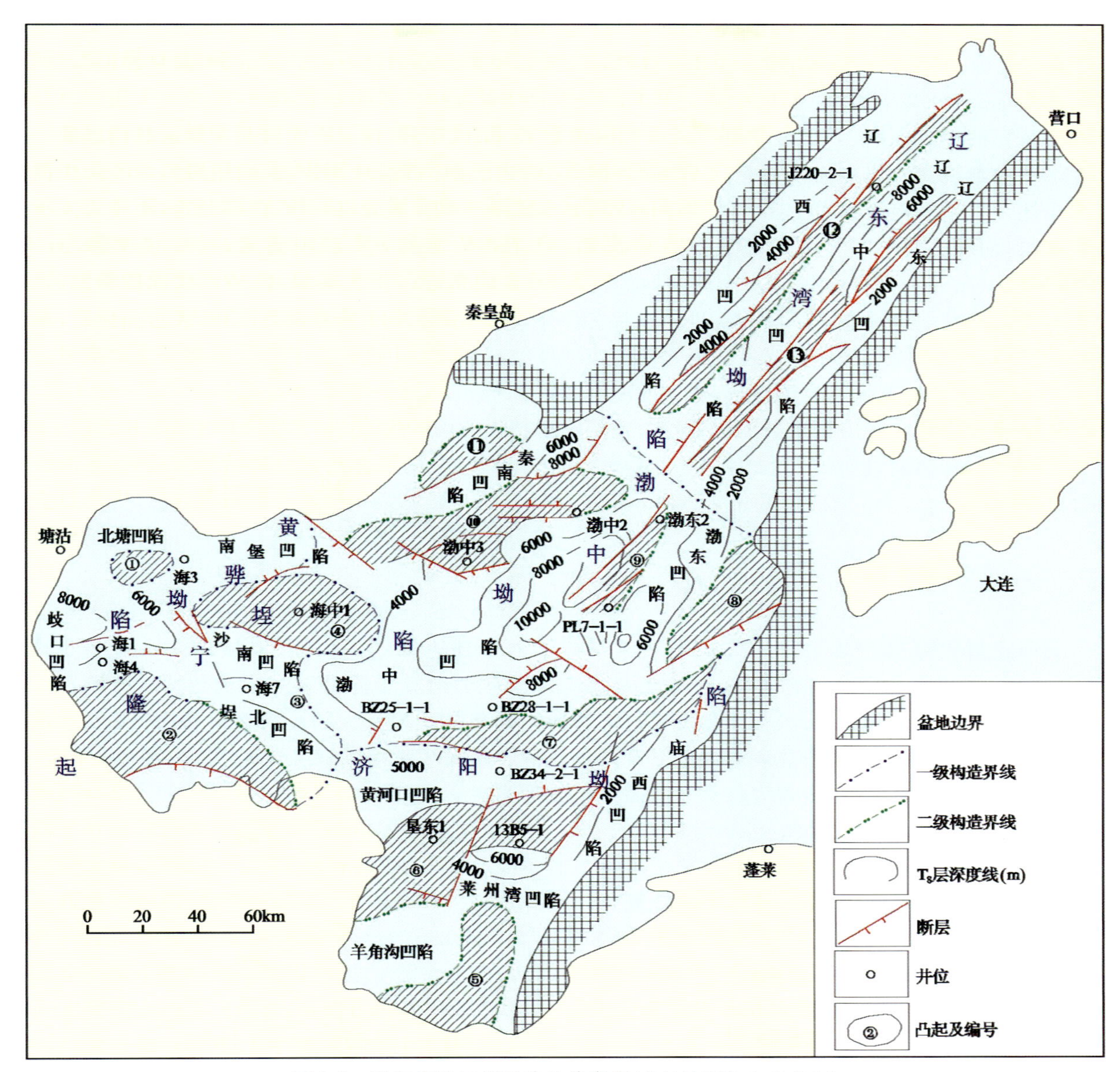

图 2-5　渤海构造区划及盆地分布图(据刘星利等,1987 修改)

性断裂构造为主,褶皱构造不明显,控制渤海盆地发展的主要断裂均表现为同生断层性质,规模大、活动时间较长、断距大,严格控制了断陷盆地的发育及沉积厚度。

渤海区太古宙构造主要以褶皱为主,构造线为 EW 向;元古宙构造以断裂为主,构造线主要为 NE—NNE 向;自古生代以来渤海区继承了基底构造活动,到燕山运动末期强烈的断裂活动及差异运动奠定了渤海构造的基础。新生代继承和发展了中生代的构造活动,形成了多断裂构造。断隆和断坳同时形成、互相依存,它在形成过程中以断层为主导,断层控制了断隆和断坳的幅度、范围、形态,以及油气的运移、聚集,因而断块活动是渤海区构造活动的主要形式,构造发育具多旋回性。渤海盆地从中生代到新生代共经历了两个断陷-坳陷期,但中生代的断陷-坳陷期不如新生代明显。

根据地球物理和钻探资料得知,该区主要有 3 组断裂。

其中,NE 向断裂构造展布于渤海北部和东部,郯庐断裂在渤海构成一条长达 400km,宽约数十千米的 NNE 向重力异常梯度带。NNE 向的郯庐断裂带具方向性强、规模大、延伸远、垒堑发育的特点。组成郯庐断裂带的 NNE 向断裂均属高角度正断层,断面陡而直立,倾角一般为 70°～80°,断距大,落差大(可达4000m以上),充分反映出张性断裂的特征,对盆地的发育和沉积厚度具有明显的控制作用。

EW向断裂主要分布在渤海中部和南部莱州湾一带,渤海北部石臼坨EW向断裂带,亦是该组断裂带的组成部分。EW向断裂带和NNE向断裂具同样性质,均属高角度正断层,对盆地的发育和沉积厚度具有重要的控制作用。

NW向断裂在西部地区较发育,东部地区不明显。

上述3组断裂构造的发生和发展对该区的岩浆活动和沉积作用都有明显的控制作用。EW向断裂发育较早,而新生代再次活动。NNE向的断裂带显然是在原基底构造基础上继承发展起来的。

上述NNE向及EW向断裂对渤海盆地的构造格局、沉积岩相及沉积厚度的分布起着严格的控制作用。在断陷盆地内堆积了巨厚的新生界楔状沉积体,整个新生界的厚度可达5000~10 000m,一般在断陷盆地内首先接收沉积体并逐步向相邻的垒块斜坡上超覆,厚度亦随之变薄。因而,断隆或狭长的垒块之上,古近纪地层发育不全或缺失,最大厚度不超过1000m,一般仅数百米。

多次岩浆活动和火山喷发是渤海裂谷盆地的重要特征。中生代和第三纪(古近纪+新近纪)具多次火山喷发和岩浆活动,晚侏罗世以强烈的基性岩浆活动为主,早白垩世以强烈的安山岩岩浆喷发为特征。

(二)黄海构造概况

黄海在地质构造上属于新生代环太平洋构造带的西部边缘岛弧内侧,海域内主体构造走向为NNE。古生代以来的历次地壳运动深刻地影响着黄海地区的构造性质,奠定了黄海的构造格局。

根据黄海大地构造区划,胶东半岛及邻近海域跨华北狼林地块及大别胶南临津江褶皱带。中更新世以来,区域上构造应力场总体表现为近EW向的挤压。随太平洋板块俯冲带延伸方向的变化,其局部主压应力方向也随之改变,表现为相对轻微而稳定的构造变形,全新世以来便进入了相对稳定的大地构造演化阶段。

黄海内发育了两大构造盆地,自北往南依次是北黄海盆地、南黄海盆地,其中南黄海盆地由北向南又分为南黄海北部盆地(北部坳陷)、中部隆起、南黄海南部盆地(南部坳陷),详见图2-6。其中北黄海盆地、南黄海北部盆地为山东省的海域构造单元,其中南黄海南部盆地与陆域的苏北盆地相连,是一个中新生代断坳盆地,基底为海相的中生界、古生界,盖层以古近纪断陷沉积为主。由于南、北黄海所处的大地构造位置及地质发展的历程不同,因而各具特色。

1)北黄海盆地

北黄海盆地在大地构造上属华北地台东部上叠陆内裂谷型的断陷盆地,其西侧为胶辽隆起,东侧为朝鲜狼林地块和平南坳陷,它们不同程度地向北黄海海底延伸。

盆地北面为辽东—海洋岛隆起,南面为千里岩造山带、刘公岛隆起,东面过朝鲜西湾隆起与安州盆地相连,西面根据航磁重力资料显示为NNE向梯度高带,为郯庐断裂派生的走滑断裂,是北黄海盆地西缘与渤海湾盆地东缘的分界线。盆地在区域隆起背景上发育了一系列小型坳陷,晚中生代地层一般厚为100~600m,只有中部、西南部坳陷可达2000m,古近系为一套含煤地层。新近系和第四系沉积厚度仅300~600m(蔡峰,1995)。

根据盆地内部构造特征,在北黄海盆地东部坳陷内划分出三坳四隆,共7个三级构造单元。其中面积最大的坳陷为位于盆地中央的中部坳陷,其他三级构造单元分别为东南坳陷、西北坳陷、东部隆起、北部隆起、西北隆起和南部隆起。

北黄海与胶辽隆起相似,亦属长期隆起上升地区,构造变动及岩浆活动具有共同特点,主要构造线呈NE向及NEE向,无明显褶皱,规模较大的NE向新断裂均伸展到海域。

西部平度-招远大断裂,从蓬莱阁伸入北黄海与辽东的金州断裂相连,沿断裂带有规模较大的玲珑花岗岩、燕山期花岗闪长岩和少量新生代玄武岩。

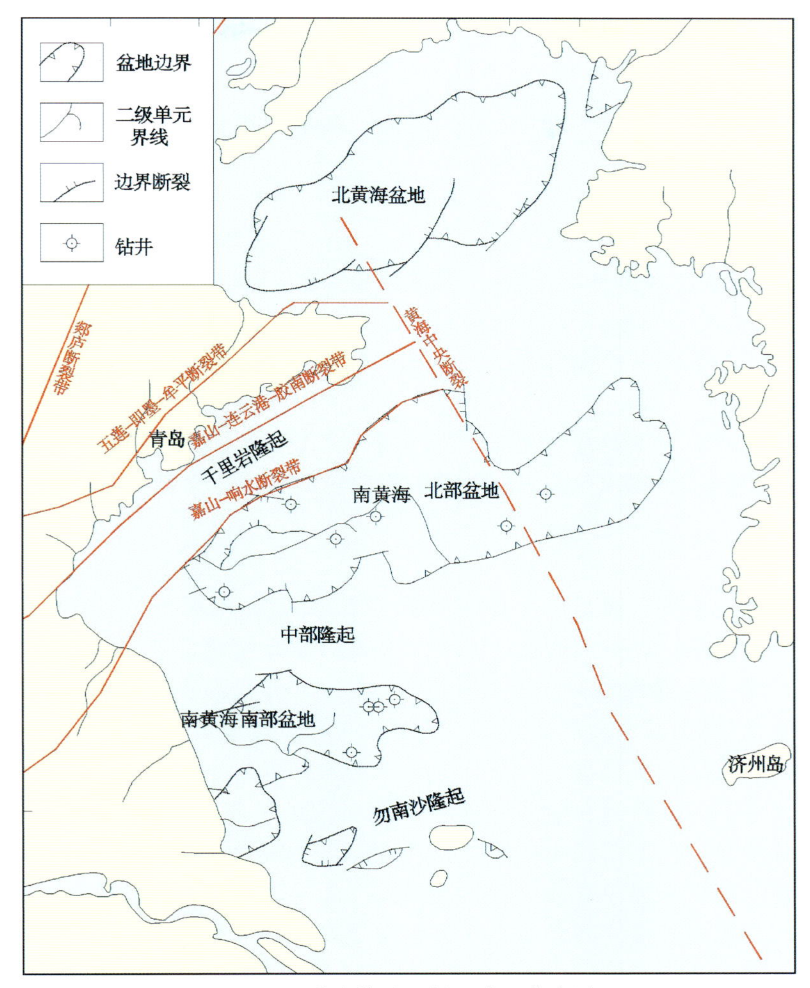

图 2-6　黄海构造区划及盆地分布图

即墨-牟平断裂带，由一系列 NE 向断裂组成，控制中生代莱阳盆地的沉积和发展，断裂带可能穿过北黄海与鸭绿江大断裂相接。

2）南黄海盆地

南黄海盆地是叠合于下扬子地台前震旦纪变质岩基底之上的一个多旋回叠合盆地。在大地构造位置上，南黄海盆地位于东亚陆壳的东部边缘，跨越了华北陆块、扬子陆块和苏鲁造山带 3 个大地构造单元。南黄海盆地自北向南依次有千里岩隆起、南黄海北部盆地（北部坳陷）、中部隆起、南黄海南部盆地（南部坳陷）和勿南沙隆起 5 个次级构造单元，呈三隆两坳的构造格局。其中，千里岩隆起和北部坳陷位于山东省海域范围内。

北部坳陷是南黄海盆地的次级构造单元，北以千里岩隆起为界，南部地层超覆于南黄海盆地中部隆起之上，整体结构为北断南超，沉积层向中部隆起区超覆，形似箕状或半地堑。盆地东端进入韩国海域。总面积约 51 000km^2。北部坳陷又可分为 9 个四级构造单元，包括 6 个负向构造单元（东北凹、北凹、中凹、西凹、南凹、东凹）和 3 个正向构造单元（北凸、西凸、南凸）。

南黄海盆地北部坳陷的构造样式主要有两类，一类是压性断块和基底逆冲断层，另一类是张性断块，这两类均为基底卷入型构造样式。基底逆冲断层主要位于千里岩隆起南缘，张性断块在坳陷内广泛发育。

正、负反转构造在南黄海盆地北部坳陷内均有发育。负反转构造主要分布于千里岩隆起南侧。正反转构造主要分布于东北凹、北凹、中凹和南凹。反转期主要有渐新世和上新世末两期，后者的影响相对较小。构造反转与太平洋板块和欧亚板块的汇聚速率变化有关。

第二节　区域矿产资源概况

调查区及邻域具较丰富的矿产资源，有些矿产在全国占有重要的地位。

陆缘矿产资源：已探明的矿产种类繁多，主要矿种较齐全，主要金属矿产有金、银、铜、钼、铁等；非金属矿产主要有花岗石、菱镁矿、蛇纹石、石棉、滑石、磷、高岭土、萤石、水泥灰岩、大理石、云母、沸石岩、硫铁矿、重晶石、石墨、煤等；滨海砂矿主要有锆石、砂金、石英砂、建筑用砂、铸型砂、磁铁矿、钛铁矿、金红石、贝壳、球石等。

目前发现的海洋矿产资源主要有六大类：即浅海石油、天然气，滨海砂矿，滨海贝壳矿，滨海球石矿，海底煤矿，海底金矿。其中以浅海石油、天然气及滨海砂矿的经济意义最大。

1. 浅海石油、天然气

胶东半岛近海地区的油气资源相当丰富，主要分布在渤海湾，南黄海北部盆地、北黄海盆地，尤以北部的渤海湾最具有开发远景。已查明面积达 $6\times10^4\,km^2$ 的渤海盆地是胜利、大港和下辽河等油田的海底陆架延伸部分。1966 年在渤海首钻获得工业油流，到 1984 年已经在该盆地找到 11 个油田，在 20 多口钻井中都打到工业油气流，其中高产油井日产 $1676\times10^3\,t$。渤海含油气盆地位于华北盆地的沉积中心，其沉积层厚达数千米以上，沉积物是一套有机质丰富的海相或陆相碎屑沉积岩，经历地质构造变动后，形成各种背斜、拱曲、穹隆、褶皱和断裂构造，它们对油气的生成、运移和储集都非常有利。

烃源层主要为侏罗系—白垩系湖相烃源岩，沉积物具有中等以上的有机质丰度，基本达到好生油岩标准。其次为始新统—渐新统烃源岩，以湖相暗色泥岩、页岩为主，其有机质丰度高，干酪根类型好（以Ⅱ型为主），是近海沉积盆地最重要的烃源岩。储集层主要有侏罗系—白垩系储集层、始新统—渐新统储集层和上渐新统—下中新统储集层，盖层主要是渐新世晚期以后发育的湖相和浅海相泥岩，生储盖组合以古生新储为主。

2. 滨海砂矿

在滨海的砂层中，常蕴藏着大量的金刚石、砂金、砂铂、石英，以及金红石、锆石、独居石、钛铁矿等稀有矿物。因它们在滨海地带富集成矿，故称“滨海砂矿”。滨海砂矿在浅海矿产资源中，价值仅次于上述浅海石油、天然气，位居第二。

胶东半岛滨浅海砂矿在我国占有主要地位。根据我国滨浅海砂矿成矿区划，本区滨海砂矿隶属于胶辽台隆锆石、砂金、石英砂成矿区，包括 4 个成矿带：辽东半岛北黄海沿岸锆石、砂石成矿带，胶东半岛莱州湾东部滨海砂金成矿带，胶东半岛北黄海滨海石英砂成矿带，胶东半岛南黄海滨海锆石（含钛铁矿、磁铁矿、金红石）成矿带。近海砂矿属北方陆架砂金、金刚石砂矿成矿区。调查区临近海域已发现钛铁矿、磁铁矿、锆石、石榴石、金等矿种的 11 个重砂矿物高含量区。

3. 滨海贝壳矿

山东省滨海贝壳矿主要有 5 个：乳山白沙滩建筑砂、锆石和贝壳复合矿、文登南于家古贝壳堤、东营贝壳矿、滨州无棣和沾化等地贝壳堤。山东省贝壳矿主要分布于黄河三角洲地区，以东营和滨州两地分布最广、规模最大。目前，在滨州无棣、沾化两地已查明 3 条具有经济价值的贝壳堤，其中无棣县旺子、高挖子、姬家铺、大口河东沙嘴和西沙嘴 5 个贝壳富集区资源量达 $2.0\times10^7\,t$ 以上。近年在黄河口一带发现几条埋藏浅、富含淡水的古贝壳堤为成分较纯的碳酸钙，可作白水泥、贝壳瓷、饲料的原料。东营市城区、河口、垦利、广饶四区县贝壳矿埋藏于第四纪全新世松散沉积物中，呈层状产出，平面形态为条带形、半月形、椭圆形。这些现代或古代的海生贝壳为成分较纯的生物碳酸钙，质优的可作为制作白水泥的原料，劣质的可用来加工饲料等。贝壳中的钙可以增加瓷器的硬度和透光度，将一定量的贝壳经特殊工艺处理后，掺入陶瓷原料中，然后经过素烧、釉烧两次烧制，贝壳在烧制过程中能与高岭土中的杂质发生作用，起到消除杂质的效果，使得贝瓷胎质纯净，釉面光润，光泽柔和，有如脂似玉之感，且强度高于一般瓷器。

4. 滨海球石矿

山东省滨海球石矿主要分布于庙岛群岛，在砣矶岛、南长山岛、北长山岛、庙岛、大黑山岛、小黑山岛、大钦岛、小钦岛和南隍城岛、北隍城岛等地均有分布。球石主要堆积在港湾处及缓海岸潮间带，矿体长 350～1000m，宽一般为 20～30m，厚 1～3m，产状近水平。长山岛海滩上布满了大小不等的砾石，磨圆度不一，呈圆状、次圆状、次棱角状。在南北长山岛等交通较为便利的海岛海滩上分布大量球石，但磨圆度好的球石早年间已被采取，现长岛球石资源已被禁采保护。大钦岛、小钦岛、北隍城岛、南隍城岛等均有球石分布，且球石磨圆度好，色彩缤纷，局部分布有观赏石。

5. 海底煤矿

具较大工业价值的近海煤炭资源仅有龙口北皂煤矿及梁家煤矿，煤矿的向海延伸部分与陆上部分类似，煤层赋存于五图群小楼组中，埋藏较浅，一般埋深 180～680m，煤质属褐煤。

龙口北皂海底煤矿，位于山东半岛龙口东北约 5km 处，属龙口新生代含煤盆地的一部分。煤田聚煤中心位于龙口、北皂一带。煤层由西向东、由北向南逐渐变薄，层数减少，可采煤层有 6 层，煤层总厚 1.26～16.98m，可采煤层总厚 1.23～15.60m。

地质矿产部海洋地质研究所与上海海洋地质调查局第一海洋地质调查大队合作，在海区进行了地震详查和钻探工作，工作区面积约 $3km^2$，施工了第一口海下煤井。经初步推测，龙口矿区煤田延伸至海底下面积约 $150km^2$，海底主采煤层厚约 10m，地质储量约 10×10^8t。

2007 年，山东省第一地质矿产勘查院在北皂煤矿北部海域补充勘探，勘探面积 $19km^2$，可采煤层总厚 10.29m，提交煤炭资源储量 14 160.0$\times10^4$t、油页岩资源储量 7 108.8$\times10^4$t。

另外，2007 年在龙口梁家煤矿西海域亦发现海底煤矿，与北皂海底煤矿位于同一沉积盆地——黄县盆地，且位于该沉积盆地的西部边缘。工作区内海域煤层面积 $0.85km^2$，海底可采煤层 2 层，总厚 2.41～4.93m，地质储量 398.7$\times10^4$t。

6. 海底金矿

山东半岛有三山岛-焦家成矿带、黄（县）-掖（县）弧形成矿带、招（远）-平（度）成矿带、蓬（莱）-栖（霞）成矿带、郭城成矿带和金牛山成矿带六大黄金成矿带。其中多个金成矿带延伸入海域，具备形成金矿的成矿地质条件。近年来，山东近海岩金矿有重大突破，2011 年，山东省第一地质矿产勘查院通过施工海域钻探，发现了莱州市三山岛北部海域特大型金矿。

第三章　水文、气象、地形地貌及地质特征

第一节　气象概况

一、海区风向的一般特征

渤海属东亚季风区，东亚季风的发展和变化过程，基本上决定了该区海面风的分布特征。

冬季风大致从10月至次年3月，风向稳定，以西北风或北风为主，这是高空槽后冷空气南下的冷锋造成的冬季季风，但这种冬季季风并不是持续不断的，当移动性的气旋通过时，常有西南大风出现，从而使本海区的季风中断。冬季风向向春季4—5月风向过渡时间长达两个月。夏季风出现时间为6—8月，比冬季风时间短，稳定度也比冬季风差。9月冬季风开始于本海区爆发，10月冬季风建立，渤海风速为5～6m/s。渤海海风风向频率的季节分布特征：1月，渤海风向分散，各向频率不同，这是因为气旋及反气旋活动较多而且路径各不相同所致；4月，冬季风开始向夏季风过渡，海区风向变化较大，盛行风向频率较低，渤海仍处在气旋活动高频期，风向较不稳定，南风频率略高，达20%，其余为东南风、西南风，反映夏季风的特征，其风向稳定程度比冬季低，但比春季高，南风、东南风频率为20%左右，其余为东风和西南风；9月，冬季风开始，此时渤海风向多变，尚难确定主导方向；10月，渤海北风频率稍占优势。

渤海海面风速的年变化呈单峰型：高值在冬季，低值在夏季，峰值出现在12月或1月，低值出现在6—7月，年平均风速5～6m/s，风速年变化小。此外，海陆风对季风也有一定影响。夏季晴天午后，海面有冷中心风多从海洋吹向陆地，因行程短，科氏力小，风向偏转不大，多垂直于海岸吹刮，是谓海风。夜间，渤海冷中心弱，海风小。整个渤海陆风不明显。

云量的分布与盛行气流性质、天气系统活动、海面热状况、岛屿分布、沿岸地形等因素有关。渤海平均总云量特点是：自沿岸向远海云量变化迅速；1月，渤海受大陆冷气团影响最强，平均总云量仅1～2成(8成为最高)；4月，由于暖湿气流的北上，渤海云量增多，平均为2～3成；入夏后由于西南季风和副热带高压加强北上，各月云量变化较快，渤海云量可达4成；10月，北方冷空气开始向南爆发，渤海沿岸云量减少很快，降至1～2成，出现秋高气爽天气。

黄海的气候一般表现为冬季寒冷干燥，夏季温暖潮湿。冬季(10月至次年3月)亚洲大陆为冷性高压所盘踞，盛行偏北风，北黄海多西北风，南黄海则多为北风和东北风，冬季风的风力强大。夏季(4月至9月)多为偏南风，7月后夏季风盛行，以南风和东南风为主。黄海每年4—7月多雾，6—9月为雨季，6—9月常有台风出现。同渤海一样，移动性的气旋和反气旋通过时，常能破坏季风规律，带来偏南大风。夏季风在6—8月，主要盛行南风和东南风，海陆风仅能在近岸感到，并对季风起到某种程度的加强或减弱作用。

二、风浪

山东海区的风浪大致与风相似，浪向季节变化明显。10月至翌年3月，整个海区盛行偏北浪，其中12月至翌年2月以北浪和西北浪为主。6—8月为夏季偏南浪盛行期，以南浪为主。其他月份为过渡期，S向浪和N向浪出现频率无明显差别。冬季整个海区平均风力最大。风浪频率变化于55%～73%之间，年平均65%。常浪向为S向和SSW向，次常浪向为NNE向和NW向。强浪向为SW向、WSW向和NE向，次强浪向为ESE向。

各项波高年平均值变化于0.7～1.2m之间。各向最大波高极值差异很大，变化于3.0～6.0m之间，SW向、WSW向和NW向都高达6.0m，NE向、SE向和ESE向也高达5.9m，W向最小，为3.0m，其余方向介于3.9～5.5m之间。大浪（$H \geqslant 2.0$m）频率一般在5%以下。

冬季，强冷空气与黄海南部的气旋共同影响，可形成偏N向至NE向4～6m的巨浪和狂浪，常造成严重的海浪灾害。1989年10月31日，黄海气旋大风突发，渤海海峡和黄海北部的风力达8～10级，形成波高6～8m的狂浪，使超过4800t的“金山”轮运煤船沉没，船上34名船员全部遇难。1990年4月30日，受山东半岛突发性气旋影响，渤海海峡、黄海北部产生波高4～6m的巨浪和狂浪，石岛海洋站测到风速21m/s的大风、有效波高3.3m的大浪。山东省荣成市海带养殖受灾4000hm^{2}以上，沉没、损毁渔船135艘，死亡渔民22人，损坏网具53 800多件，冲毁码头363m。夏季，登陆北上的台风，形成波高4～8m的巨浪和狂浪，常造成黄海沿岸严重的海浪灾害。如8509号台风在青岛和辽东半岛登陆时，黄海出现6～8m狂浪。小麦岛海洋站观测到11m的最大波高和32m/s(12级)的最大风速。各海区的风浪频率详见表3-1。

表3-1　渤海、黄海盛行风浪频率分布一览表

海区	项目		2月	5月	8月	11月
渤海南部（119°—121°E，37°—39°N）	最多	浪向	N	S	SE	W
		频率/%	15	20	18	21
	次多	浪向	SW	W	NE	SW
		频率/%	15	14	17	17
南黄海北部（121°—123°E，37°—39°N）	最多	浪向	N	S	SE	N
		频率/%	28	23	20	23
	次多	浪向	NW	SE	S	NW
		频率/%	24	18	19	18
南黄海北部（123°—125°E，37°—39°N）	最多	浪向	N	SW	S	N
		频率/%	37	14	11	29
	次多	浪向	W	S	E	W
		频率/%	24	23	18	11

山东省海岸线漫长，海岸地形和海底地形变化大，各海区的风程长度不一，下面对各地的风浪情况分别进行叙述。

(一)莱州湾海域

莱州湾的波浪主要受季风控制,全海区的波浪以风浪为主。其出现频率在80%以上。在近岸水域,由于各地的海岸形状、水深地形的不同,波浪状况亦有区别。

根据位于三山岛北面水深6m处的三山岛测波点(119°57′E,37°25′N)资料,该海域的波浪以北向浪(NE—NW向)为主,强浪向和常浪向均为NNE向,该向平均波高1.3m,频率为11%,平均周期4.9s,最大波高3.9m。冬季,强浪向和常浪向均为NNE向,其平均波高1.6m,出现频率为11%,平均周期5.3s,最大波高3.9m。除强浪向的波浪较大外,NE—WNW各向的波浪也较强,各向平均波高为0.9~1.4m,最大波高为1.8~2.8m。秋季,强浪向和常浪向亦为NNE向,平均波高为1.6m,平均周期5.2s,出现频率14%,最大波高3.8m。此外,WNW—NE各向的波浪较冬季强,其平均波高为1.1~1.7m,最大波高为2.4~3.8m,除NE向外,其余各向的最大波高都在3.2m以上,接近强浪向的最大波高。春季,北向风减弱,且风向多变,因此波浪较冬秋两季减弱。强浪向和常浪向仍是NNE,平均波高1.3m,频率14%,最大波高3.8m。其他各向的平均波高在1.0m以下,最大波高1.9m以下。春季在偏北风的作用下,有时也能出现破坏性的大浪,如三山岛,港防波堤,于1987年春被强大的偏北向浪冲毁近百米长。夏季,以南向风为主,由于风区小,因此为该区域一年中波浪最小的季节。常浪向和强浪向仍为NNE向,但最大波高只2.0m,平均波高仅0.8m。其他各向的波浪更比其他季节小得多(图3-1)。

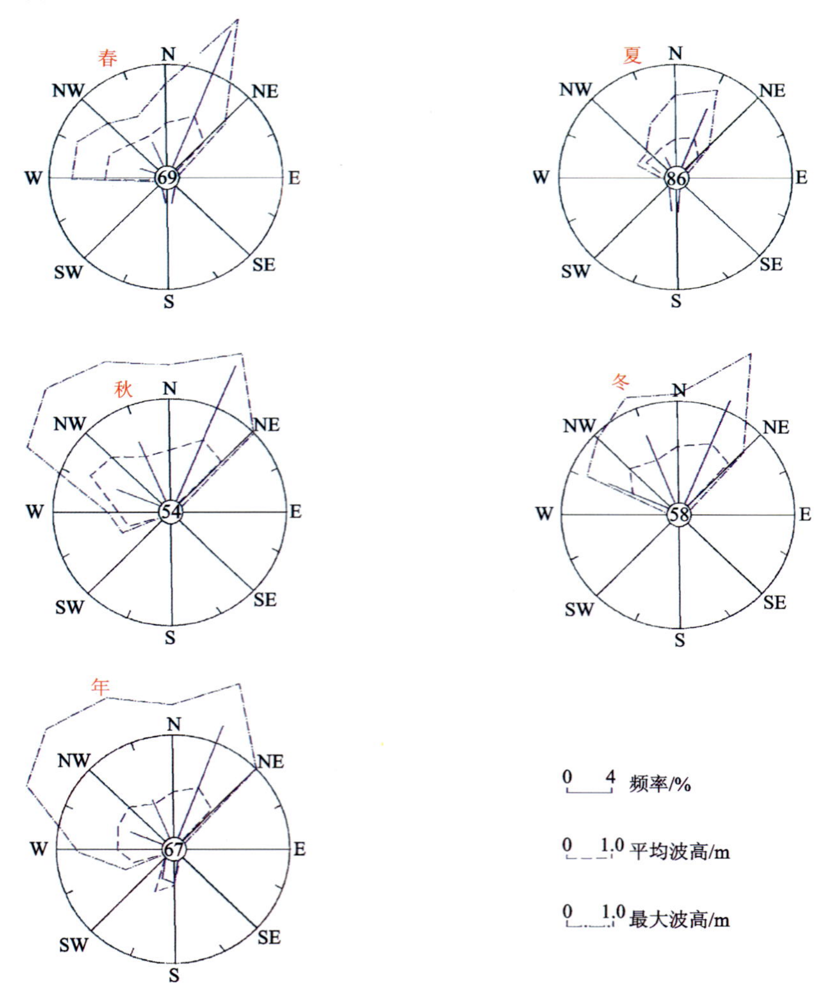

图3-1 三山岛波浪玫瑰图

（二）龙口海域

龙口湾外海域常波向为NE向，频率为14，次常波向为NNE向，频率为9；强波向也为NE向，最大波高为7.2m，次强浪向为NNE向，波高向也为NNE向，波高为6.6m。该海域强波向和常浪向四季变化不大。春季，常波向为NE向，频率14%；强波向为NNE向和NE向，波高为5.4m。夏季，常浪向为NE向，频率为16%；强波向为NE向和WNW向，波高均为4.9m。秋季，常浪向为NE向，频率为15%；次常浪向为NW向，频率为8%；强浪向为NNE向，波高为5.3m，次强浪向为N向，波高为5.1m。冬季，常浪向也为NE向，频率为14%（图3-2）。

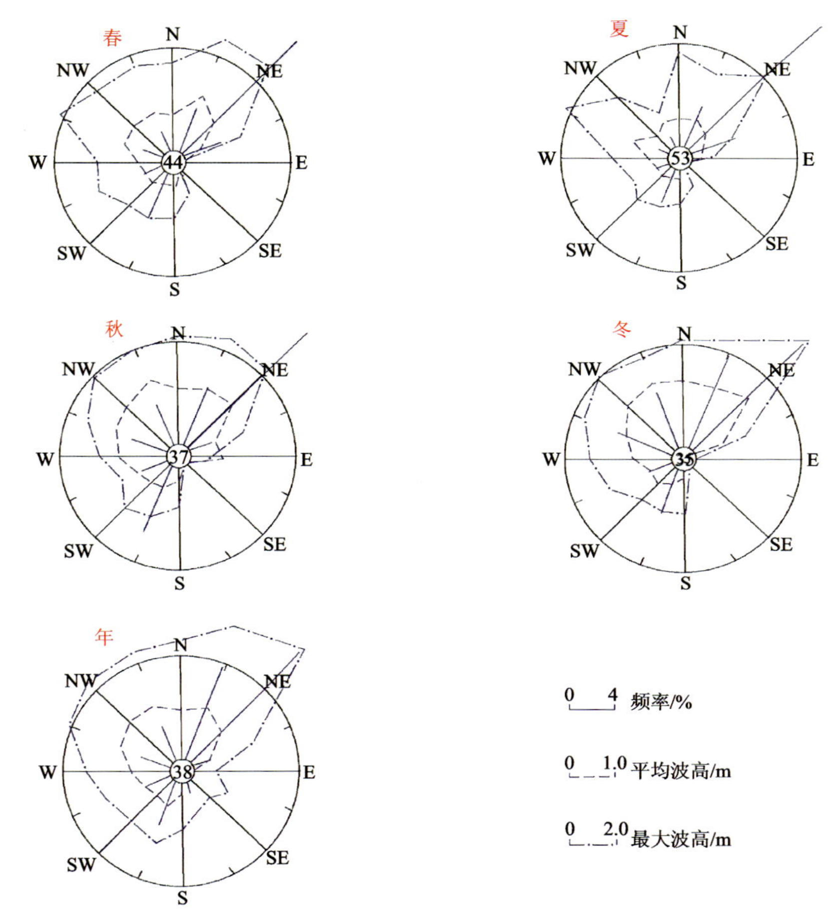

图3-2　屺姆岛站波浪玫瑰图

（三）烟台海域

芝罘湾外海常浪向为NW向、N向和NNW向，频率为7%；强浪向为N向，最大波高4.7m；次强浪向为NNE向，波高为4.4m。

湾外波浪具有明显的季节性变化。春季，常浪向为NW向、NNW向和N向，频率为6%；强浪向为N向，最大浪高4.7m；次强浪向为NNW向，浪高4.0m。夏季，常浪向为NE向、NW向和NNW向，频率为3%；强浪向为NNE向，最大波高3.7m；次强浪向为NE向，波高为3.6m。秋季，常浪向为NNE向，频率为10%；次常浪向为NW向和N向，频率为9%；强浪向为N向，最大波高4.7m；次强浪向为NNE向，波高为4.4m。冬季，常浪向为N向，频率为13%；次常浪向为NW向，频率为12%；强浪向为

N 向和 NNW 向，最大波高为 4.2m；次强浪向为 NNE 向，波高 4.1m。本区静浪较多，年平均出现频率为 67%，一年中，夏季静浪频率最多，占 84%，冬季最少，为 51%。从不同浪级出现频率看，本海区出现频率最多的为 0.5～0.9m 的波浪，出现率为 10.00%，1.0～1.4m 的次之，出现率为 9.46%；1.5～1.9m 的波浪出现率为 6.00%；而大于 3m 的波浪出现率为 0.63%，相当于每年有 2～3d 出现大于 3m 的波浪。本区平均波高为 1.29m，可见芝罘岛外波浪偏大。

芝罘湾内常浪向为 NW 向，频率为 7%；强浪向为 NNE 向，最大波高为 2m。芝罘湾内波浪也有明显的季节变化。春季，常浪向为 NW 向，频率 7%；强浪向也为 NW 向，最大波高 1.3m。夏季，常浪向为 NE 向，频率为 4%；强浪向为 NE 向及 ENE 向，最大波高 1.5m。秋季，常浪向为 NW 向，频率为 7%；次常浪向为 N 向，频率为 5%；强浪向为 NNE 向，最大波高为 2.0m；次强浪向为 N 向和 NNW 向，浪高均为 1.5m。冬季，常浪向为 N 向，频率为 12%；次常浪向 N 向，频率为 11%；强浪向为 NE 向，最大波高为 1.3m。芝罘湾内 0.5～0.9m 波浪出现频率为 13.23%，而 0～0.4m 的波浪次之，占 12.80%，波高大于 2.5m 的波浪只有 0.04%。湾内平均波高为 0.51m，仅为湾外波高的 39.50%。年平均静浪频率为 2%，夏季为 97%，冬季为 59%。对芝罘湾影响最大的波浪是 NE 向、NNE 向和 N 向浪(图 3-3)。

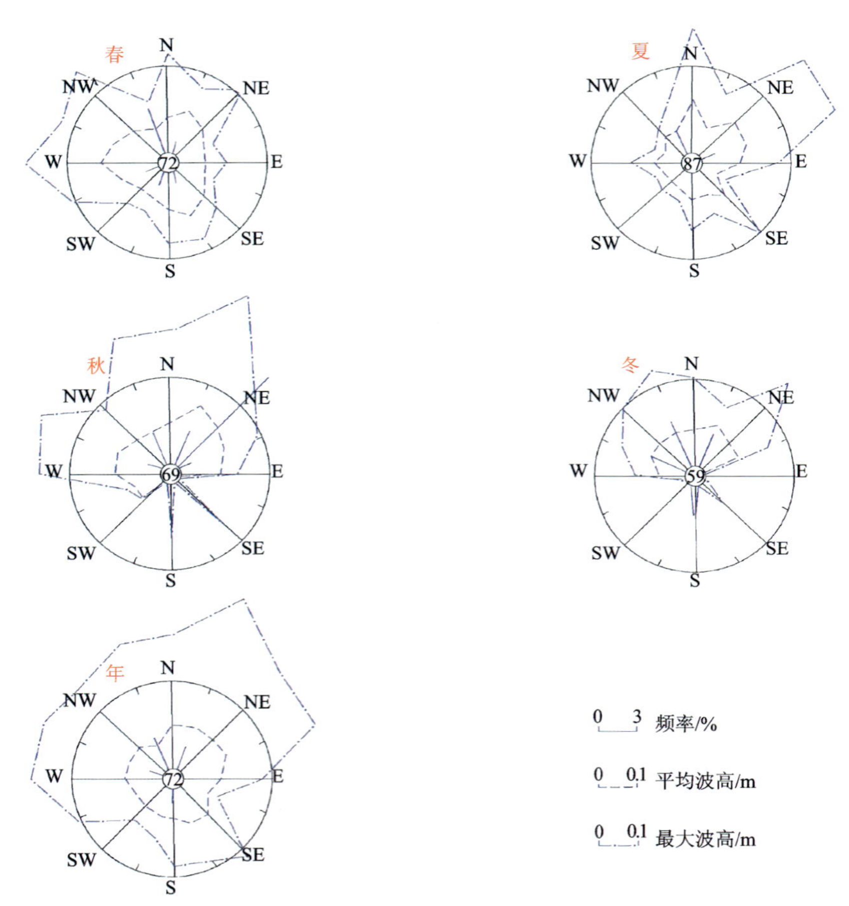

图 3-3　烟台站波浪玫瑰图

(四)成山头海域

成山头海域常浪向为 NE 向，频率为 13%；次常浪向为 N 向和 S 向，频率均为 11%。强浪向为 NE 向，最大波高为 8m；次强浪向为 ESE 向和 SSE 向，波高分别为 7.1m 和 7.0m。静浪频率为 47%。该海区波浪有明显的季节变化。春季，常浪向为 S 向，频率为 15%；次常浪向为 NE 向，频率为 10%；强浪向为 NE 向，最大波高为 8.0m；次强浪向为 SSE 向，波高为 7.0m。夏季，常浪向为 S 向，频率为 17%；强浪向为 ESE 向，最大波高为 7.1m。夏季涌浪出现较多，主要是 S 向和 SSE 向，其频率分别为 11%和 7%。秋季，常浪向为 NE 向，频率为 15%；次常浪向为 N 向，频率为 14%；强浪向也是 NE 向，最大波高为 7.0m；次强浪向为 E 向和 NNE 向，波高分别为 6.0m 和 5.8m。冬季，常浪向为 NE 向，频率为 20%；次常浪向为 N 向，频率为 19%；强浪向为 NE 向，波高为 4.5m。一年中夏季静浪频率最多，为 56%，冬季最少，为 40%(图 3-4)。不同级别的波级出现频率详见表 3-2。

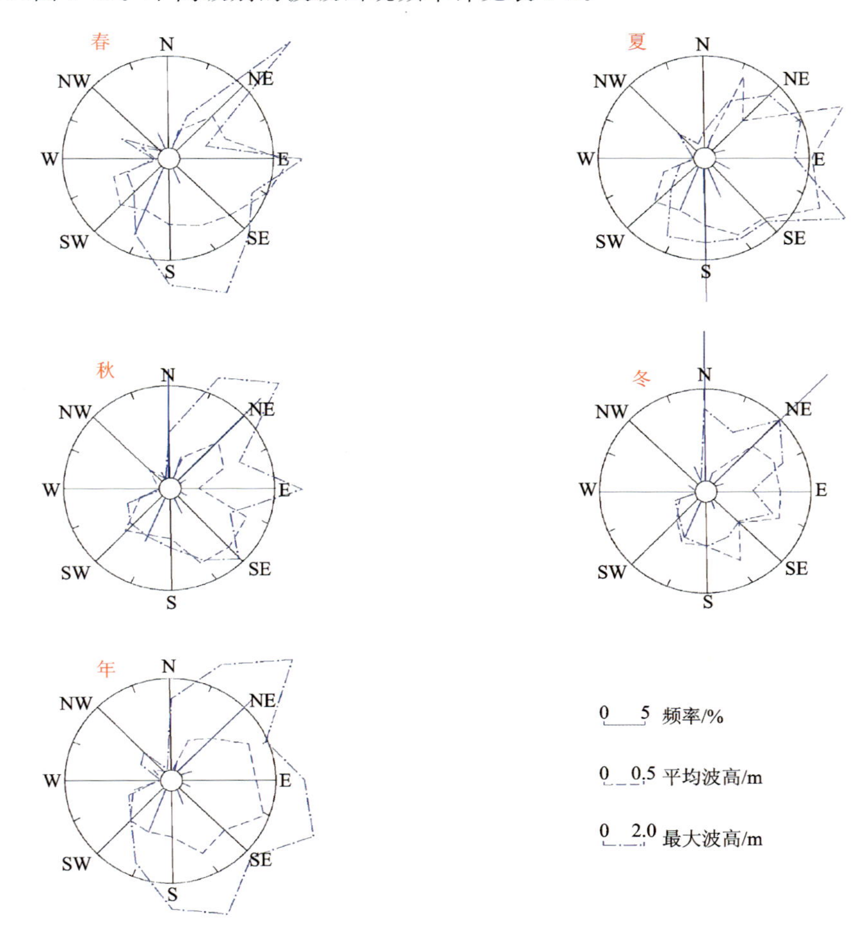

图 3-4　成山头波浪玫瑰图

表 3-2　成山头不同波级出现频率　　单位：%

波级	$0\leqslant H<0.5$	$0.5\leqslant H<1.5$	$1.5\leqslant H<3.0$	$3.0\leqslant H<5.0$	$5.0\leqslant H<6.0$	$H\geqslant 6.0$
春	71.9	24.2	3.4	0.4	0.1	0.0
秋	64.1	30.1	4.8	0.9	0.1	0.1
夏	24.0	20.5	4.7	0.7	0.1	0.0
平均	70.0	24.9	4.3	0.7	0.1	0.03

从上表可见，本区波浪较大，波高大于 1.5m 的波浪超过 5%，波高大于 3m 的波浪平均 0.7%。同时，还说明本区夏季波浪大，春季波浪小。这与该区受台风影响较多有关。应当指出的是，成山头海洋站位于成山角东北方向，所测 S 向、E 向浪对该海区有较好的代表性，而偏北方向的波浪因成山半岛的阻挡代表性较差，一般该海区较成山头站实测值偏小。另外成山头站近年测出波幅极值最大波高 9m，

方向 NE，比本书中使用资料大。

（五）石岛海域

石岛海域波型以风浪为主，全年风浪频率为 98%，涌浪占 26%，平均波高不大，为 0.3m，平均周期 2.2s。常风浪向为 SW 向，常涌浪向为 S 向。冬季多 NE 风，故以偏 N 向浪为主。夏季盛行 SE 风，因而偏 S 向浪增多。春、秋两季为转换季节，即春季以 SW 向风浪为最多，秋季以 N 向风浪为最多。冬季，SE 向与 E 向浪的平均波高较大，达 1.0m 以上，总的说来，平均波高的季节性变化不大；相应地，平均周期的变化也不大。由于地形影响，偏 N 向浪的量值较小。最大周期的波浪发生在 ES 偏 E 方向，最大平均周期为 6.9s。偏 N 向浪的平均周期都不超过 4.0s（图 3-5）。石岛湾的大浪主要受台风影响，尤其是穿过山东半岛的台风过境时，使湾内出现偏 S 大风和大浪。据统计，石岛湾的强浪向为 SE 向及 SW 向。1961—1970 年的最大波高为 6.3m。除此期间之外，曾出现比 6.3m 更大的波高值。如 1981 年 14 号台风，测到 6.8m 的强浪。总之，石岛湾外海的涌浪对湾内波浪影响甚大。

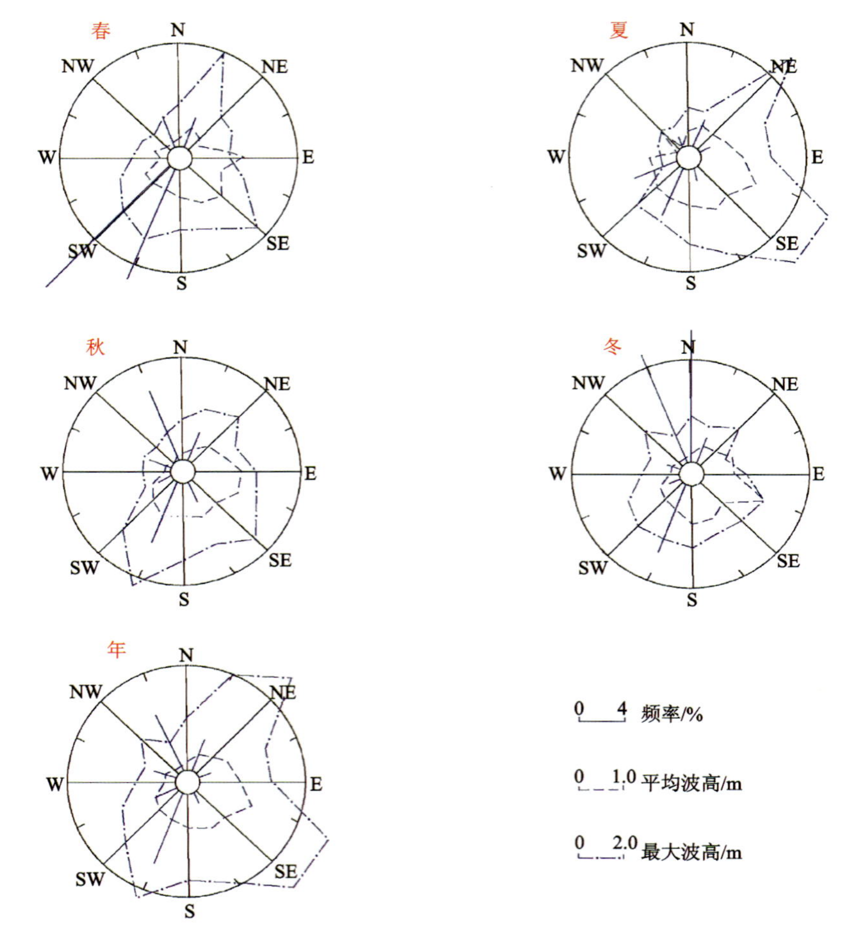

图 3-5　石岛湾波浪玫瑰图

石岛湾，夏季 SE 向的强浪能直接传入湾内。湾内的水深与口门处的水深差距不太大，外海的波浪传入湾内衰减不明显。东部和北部由于镆铘岛和陆地的阻挡，SE 向和 E 向的波浪只对石岛湾西部影响较大。石岛湾东部海域在寒潮季节，能形成风成浪，由于风区较短，不会引起大浪。一般情况下，寒潮天气系统所产生的最大波高不会超过 3m。

(六)乳山湾-白沙滩海域

乳山湾-白沙滩海域的波浪与地形密切相关,不同的岸段波浪差异较大,具有明显的季节变化。乳山海洋站波浪资料表明,全年的常浪向为SSE向,频率15%;次常浪向为SE向,频率13%(图3-6)。

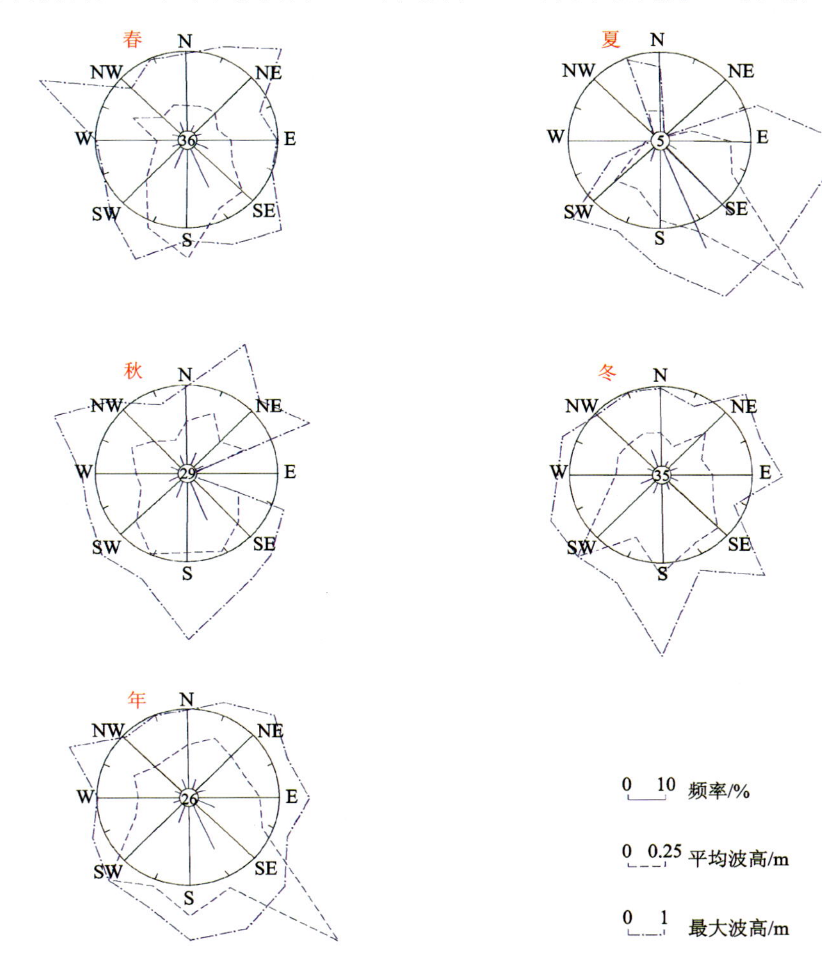

图3-6 乳山湾波浪玫瑰图

春、夏季常浪向也为SSE向,频率分别为13%及32%;秋冬季的常浪向为SW向,频率分别为14%及18%。全年最大波浪出现在SE向。1985年8509号台风在青岛登陆期间,测到该海区5.8m的大浪。

春季的强浪向为S向,最大波高为3.3m;夏季强浪向为SE向,最大浪高为58mm;秋季的强浪向为SSW向,最大波高为2.4m;冬季的强浪向为SW向,最大波高为3.2m。

平均波周期均超过3.0s,大风过境时,平均波周期可达6s左右。从时间分布上看,夏季波浪周期较长,最大平均周期6.3s(SSE向和ESE向);从方向上看,SE向周期较大,均在5s以上。

白沙口潟湖湾口小,湾内一般无浪,但近海波浪引起的泥砂运动是白沙口口门淤积的主要原因,常浪向和强浪向均为偏SE向,最大波高3.3m,周期在3~7s之间,夏季以涌浪为主,冬季以风浪为主,且波向分散。险岛湾内强浪难以抵达湾顶,由于口门较大,SE向、S向浪掩护条件差,强浪对湾内的影响较大。

（七）青岛海域

该海区以胶州湾内、外波浪为代表。该湾的强浪向为 E 向，最大波高为 3.0m；次强浪向为 NNE 向，最大波高为 2.2m。常浪向为 SE 向，频率为 21%；次常浪向为 NW 向，频率为 17%。受季风的影响波浪有一定的季节变化。春、夏季的常浪向为 SE 向；秋、冬季的常浪向为 NW 向，强浪向的变化不大，一年四季集中在 E—NNE 向范围内。夏季波高最大，为 3.1m；春季波高最小，为 1.4m。一般情况下，胶州湾外海波浪不大，整个海域以波高小于 1.5m 的中小型波浪为主，年出现频率为 95.37%；只有当台风和大浪过境时才出现较大波浪。各波级出现频率，除 WN 向外，大部分集中于 E—SSW 向的各方位上，其他方向的出现频率很低。其中波级 $0.5\leqslant H_{1}/10\leqslant 1.5$m 的出现频率在 SE 向最多，其次是 ESE 向和 SSE 向。无浪的频率为 3.25%，波高≥0.5m 的频率为 8.53%，波高≥1.5m 的频率仅为 0.05%，而波高<0.5m 的频率则达 88.22%（图 3-7）。

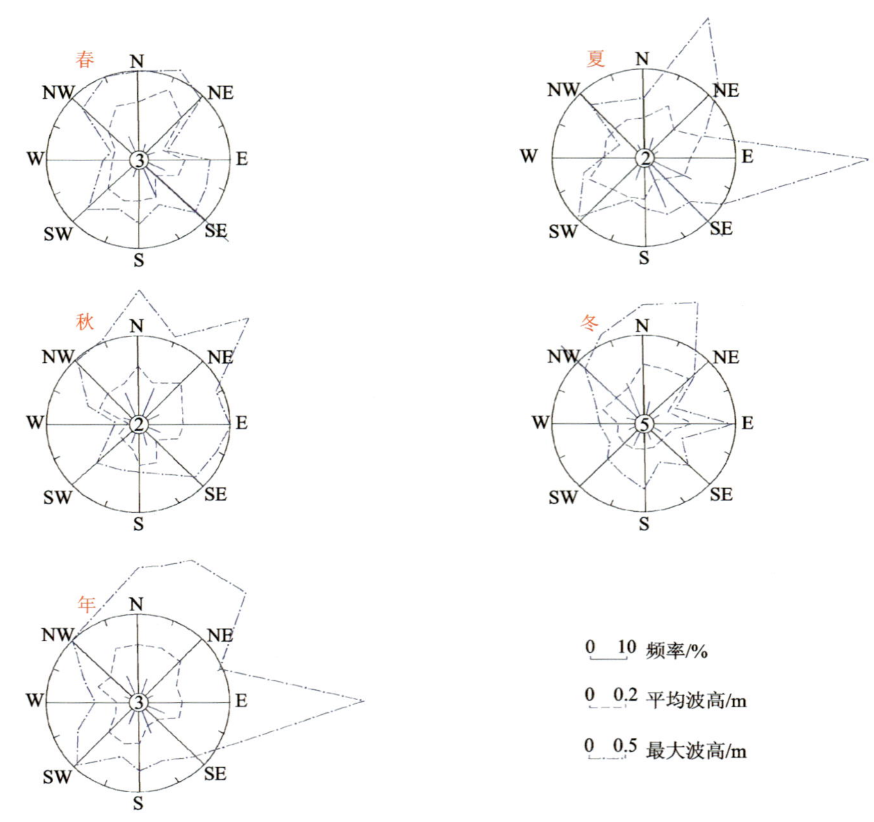

图 3-7　胶州湾黄岛 2 号站波浪玫瑰图

（八）董家口海域

董家口海域常浪向为 SE 向，频率为 32%；次常浪向为 S 向，频率为 19%；强浪向为 NE 向，浪高为 8.0m；次强浪向为 S 向，浪高 7.0m。周期最长的方向为 NNW 向。平均周期为 5.19s；平均波高为 0.4m。该海域波浪季节变化明显。春季，常浪向为 SE 向，频率为 37%；次常浪向为 S 向，频率为 24%；强浪向为 N 向，波高为 2.0m。夏季，常浪向为 SE 向，频率为 52%；次常浪向为 S 向，频率为 14%；强浪向为 NE 向，波高为 8.0m；次强浪向为 NW 向。秋季，常浪向为 SE 向和 S 向，频率均为 21%；强浪向为 NW 向，波高为 4.8m；次强浪向为 N 向，波高为 4.6m。冬季，常浪向为 NW 向，频率为 27%；次常浪向为 SW 向,频率为 20%;强浪向为 N 向,波高为 4.0m(图 3-8)。

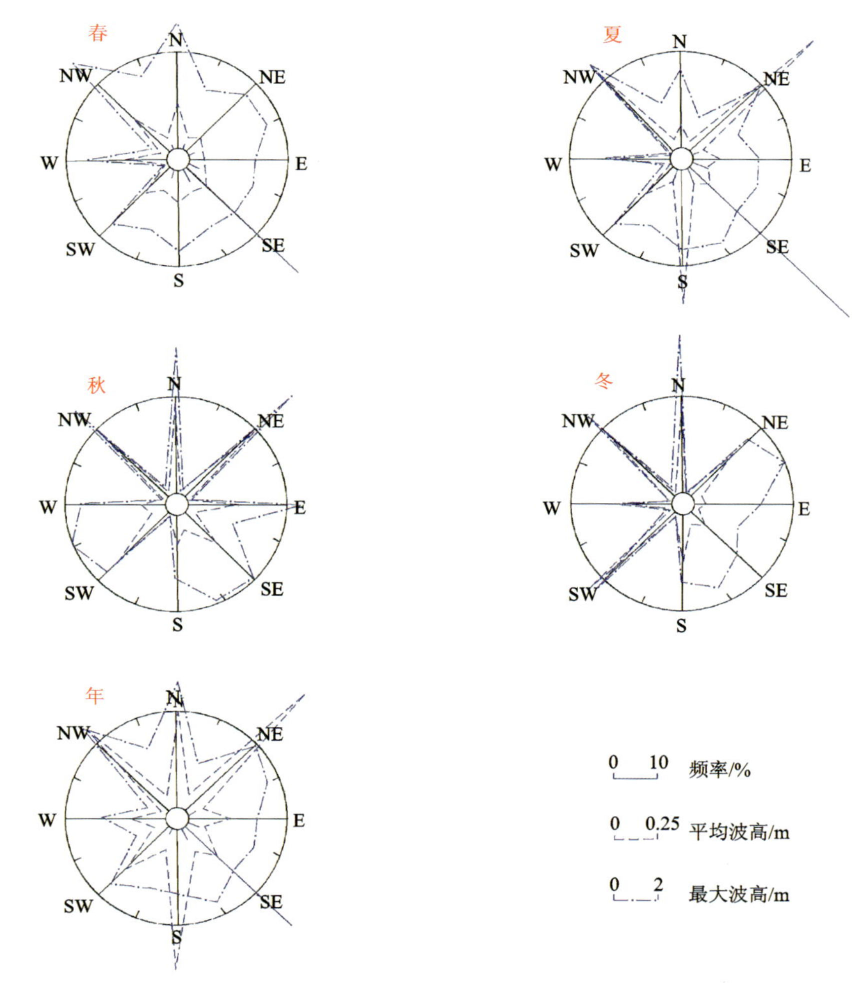

图 3-8 琅琊湾波浪玫瑰图

(九)岚山海域

岚山海域常浪向为 SE 向,频率为 19%;次常浪向为 E 向,出现频率为 15%;强浪向为 NE 向,最大波高为2.8m;次强浪向为 NNE 向,最大波高为 2.5m。波高和出现频率四季有所不同:春季,常浪向为 SE 向,频率为 19%;次常浪向为 NE 向,频率为 14%;强浪向为 NE 向,最大波高为 2.8m。夏季,常浪向为 E 向,频率为 22%;次常浪向为 SE 向,频率为 35%;强浪向为 NE 向,波高为 1.1m。秋季,常浪向为 SN 向,频率为 25%;次常浪向为 NNE 向和 E 向,频率均为 14%;强浪向为 NNE 向,最大波高为 2.5m。冬季,常浪向为 NE 向,频率为 16%;次常浪向为 SE 向,频率为 15%;强浪向为 NNE 向,最大波高为 1.8m(图 3-9)。

利用 2003 年 7 月—2005 年 5 月的波浪资料对岚山海域的波浪特征进行统计分析得:岚山海域的常浪向是偏 E 向,其 E 向浪频率为 26.32%。详见表 3-3。

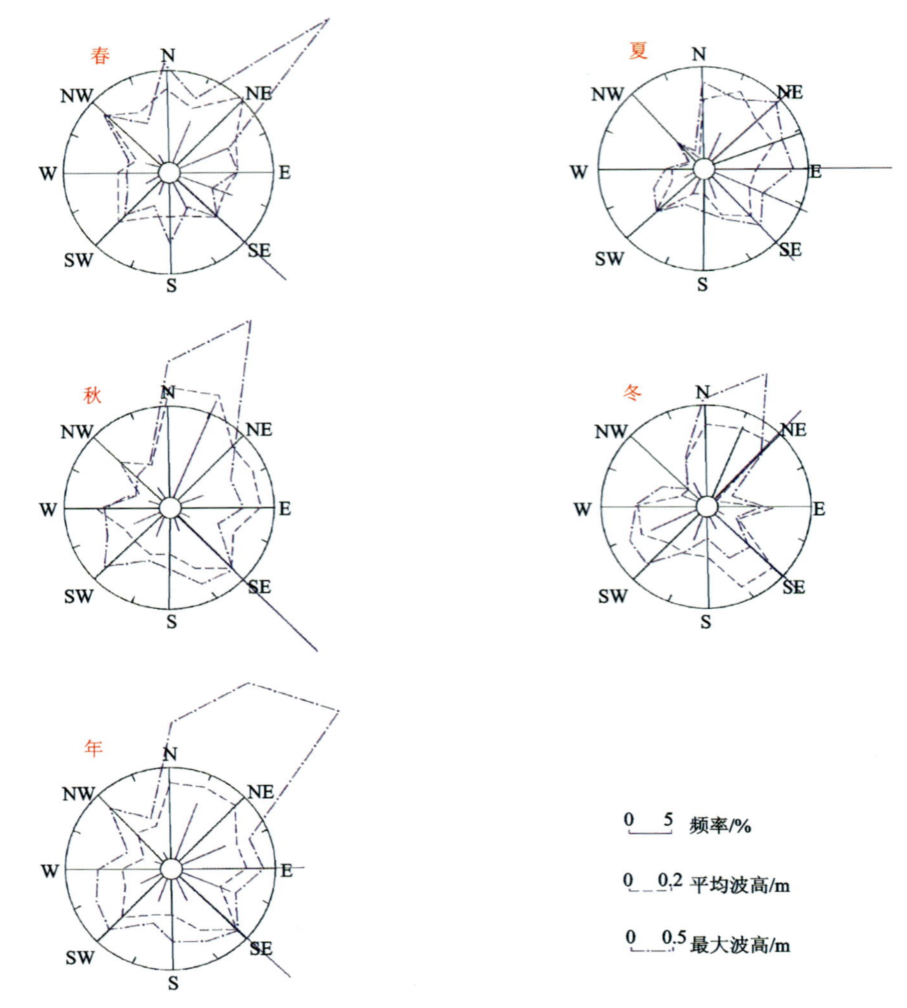

图 3-9 岚山港波浪玫瑰图

表 3-3 岚山海域各级别波高 $H_1/10$(2003—2005)波况频率统计表 单位:%

方位	波高								
	0~0.6m	0.7~0.8m	0.9~1.0m	1.1~1.2m	1.3~1.5m	1.6~2.0m	2.1~2.4m	2.5~2.9m	≥3.0m
N	0.58	0.07	0.03	0.00	0.00	0.00	0.00	0.00	0.00
NNE	0.86	0.17	0.10	0.03	0.10	0.00	0.00	0.00	0.00
NE	3.72	1.89	1.62	0.72	1.00	0.48	0.17	0.21	0.00
ENE	7.47	2.17	2.03	1.17	1.48	0.72	0.34	0.03	0.00
E	16.14	4.78	2.41	1.27	1.14	0.38	0.14	0.03	0.03
ESE	11.15	2.00	1.00	0.52	0.45	0.17	0.07	0.03	0.00
SE	9.05	2.00	0.83	0.55	0.31	0.07	0.00	0.00	0.00
SSE	1.65	0.31	0.21	0.10	0.07	0.03	0.00	0.00	0.00
S	1.58	0.21	0.14	0.07	0.03	0.00	0.00	0.00	0.00
SSW	1.69	0.07	0.03	0.00	0.00	0.00	0.00	0.00	0.00

续表 3-3

方位	波高								
	0～0.6m	0.7～0.8m	0.9～1.0m	1.1～1.2m	1.3～1.5m	1.6～2.0m	2.1～2.4m	2.5～2.9m	≥3.0m
SW	1.89	0.41	0.00	0.00	0.00	0.00	0.00	0.00	0.00
WSW	1.62	0.41	0.07	0.00	0.00	0.03	0.00	0.00	0.00
W	2.51	0.10	0.00	0.03	0.00	0.00	0.00	0.00	0.00
WNW	0.72	0.03	0.00	0.00	0.00	0.00	0.00	0.00	0.00
NW	0.17	0.03	0.00	0.00	0.00	0.00	0.00	0.00	0.00
NNW	0.07	0.00	0.00	0.00	0.00	0.00	0.00	0.00	0.00

三、涌浪

渤海盛行涌浪向具有以下特征(表 3-4):冬季,渤海最多涌浪向为 N 向,频率为 28%～35%;次多涌浪向为 S 向(北部)和 SE 向(南部),频率分别为 20%和 17%。春季,渤海最多涌浪向已转为 S 向(北部)和 SW 向(南部),频率都为 23%;次多涌浪向为 SW 向(北部)和 W 向(南部),频率分别为 16%和 20%。夏季,渤海最多涌浪向为 N 向(北部)和 NE 向(南部),频率分别为 15%和 20%;次多涌浪向为 NE 向(北部)和 S 向(南部),频率分别为 15%和 17%。秋季,渤海最多涌浪向为 W 向(北部)和 N 向(南部),频率分别为 22%和 18%;次多涌浪向为 N 向(北部)和 NE 向(南部),频率分别为 20%和 17%。

表 3-4 渤海盛行涌浪向频率分布(据苏纪兰,2005)

海区	分类		月份			
			2 月	5 月	8 月	11 月
渤海北部(120°—122°E,39°—41°N)	最多	浪向	N	S	N	W
		频率/%	28	23	15	22
	次多	浪向	S	SW	NE	N
		频率/%	20	16	15	20
渤海南部(119°—121°E,37°—39°N)	最多	浪向	N	SW	NE	N
		频率/%	35	23	20	18
	次多	浪向	SE	W	S	NE
		频率/%	17	20	17	17

黄海盛行涌浪向具有以下特征:冬季(2 月)黄海涌浪波高在 0.4～2.0m 之间,最大涌浪波高为 5.0～6.0m。其中:黄海北部涌浪波高为 0.4～1.5m,最大涌浪波高为 5.0m;黄海中部涌浪波高为 0.7～2.0m,最大涌浪波高为 6.0m;黄海南部涌浪波高为 1.0～1.5m,最大涌浪波高为 6.0m。黄海的涌浪周期在 2.3～6.0s 之间,最大涌浪周期为 9.0～14.0s。其中:黄海北部涌浪周期为 2.9～5.3s,最大涌浪周期为 9.0～11.0s;黄海中部涌浪周期为 2.3～5.5s,最大涌浪周期为 9.0～12.0s;黄海南部涌浪周期为 5.0～6.0s,最大涌浪周期为 12.0～14.0s。

春季(5 月)黄海涌浪波高在 0.5～1.5m 之间,最大涌浪波高为 5.0～6.0m。其中:黄海北部涌浪波高为 0.5～1.0m,最大涌浪波高为 5.0m;黄海中部涌浪波高为 0.5～1.0m,最大涌浪波高为 5.0～

6.0m;黄海南部涌浪波高为 1.0～1.5m,最大涌高 5.0～6.0m。黄海的涌浪周期在 2.3～5.0s 之间,最大涌浪周期为 8.0～14.0s。其中:黄海北部涌浪周期为 2.3～3.3s,最大涌浪周期为 8.0～13.0s;黄海中部涌浪周期为 2.6～5.0s,最大涌浪周期为 9.0～14.0s;黄海南部涌浪周期为 3.6～5.0s,最大涌浪周期为 8.0～13.0s。

夏季(8 月)黄海涌浪波高在 0.3～2.0m 之间,最大波高达 5.0～7.5m。其中:黄海北部涌浪波高为 0.3～1.0m,最大涌浪波高为 5.0m;黄海中部涌浪波高为 0.9～1.1m,最大涌浪波高为 5.0～7.0m;黄海南部涌浪波高为 1.0～2.0m,最大涌浪波高为 2.0～6.3m,最大波高达 5.0～7.5m。其中:黄海北部涌浪波高为 0.3～1.0m,最大涌浪波高为 5.0m;黄海中部涌浪波高为 0.9～1.1m,最大涌浪波高为 5.0～7.0m;黄海南部涌浪波高为 1.0～2.0m,最大涌浪波高为 6.0～7.5m,黄海的涌浪周期在 3.2～6.0s 之间,最大涌浪周期为 9.0～14.0s。其中:黄海北部涌浪周期为 3.2～4.0s,最大涌浪周期为 9.0～13.0s;黄海中部涌浪周期为 3.6～6.0s,最大涌浪周期为 10.0～12.0s;黄海南部涌浪周期为 3.7～6.0s,最大涌浪周期为 10.0～14.0s。

秋季(11 月)黄海涌浪波高在 0.4～3.0m 之间,最大涌浪波高为 5.0～7.0m。其中:黄海北部涌浪波高为 0.4～1.1m,最大涌浪波高为 5.0m;黄海中部涌浪波高为 1.0～3.0m,最大涌浪波高为 5.0～7.0m;黄海南部涌浪波高为 1.0～1.7m,最大涌浪波高为 5.0～7.0m。黄海的涌浪周期在 2.5～6.0s 之间,最大涌浪周期为 9.0～14.0s。其中:黄海北部涌浪周期为 2.5～3.3s,最大涌浪周期为 10.0～11.0s;黄海中部涌浪周期为 3.1～4.0s,最大涌浪周期为 9.0～14.0s;黄海南部涌浪周期为 5.0～6.0s,最大涌浪周期为 11.0～14.0s。

第二节　近海流场

近海流场包括表层流和深层流。表层海流包括潮流和余流,余流中包括风海流和环流(沿岸流和暖流)。近海流场是近海砂矿物质搬运的主要动力要素之一,研究近海流场是研究近海沉积的前提条件。山东省毗邻海域为渤海和黄海,其表层流系见图 3-10。

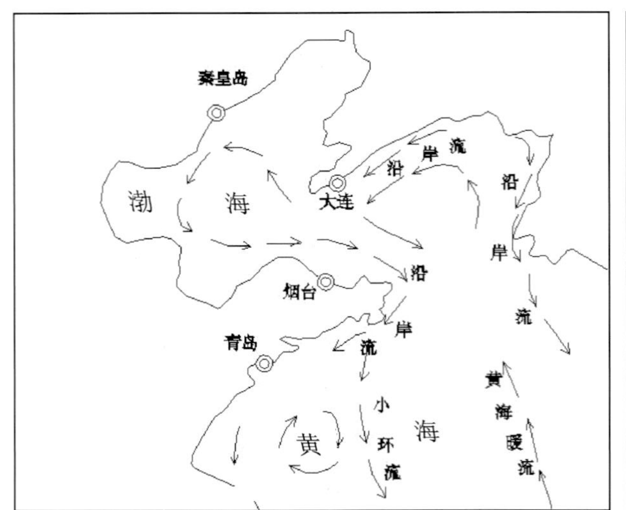

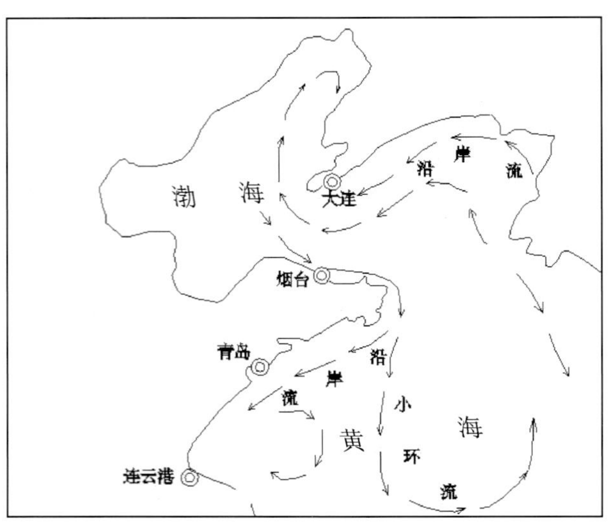

图 3-10　渤海与黄海冬季、夏季表层流系(据许东禹等,1997)

渤海流系可分为环流与潮流两大部分,对环境的影响主要表现在地貌和沉积作用上。渤海是一个潮汐、潮流显著的海区,又是一个半封闭的内海,所以渤海的环流也很独特。渤海的余流很弱,在表层,一般在 3～15cm/s 之间,最大不超过 20cm/s,仅为渤海潮流最大值的 1/10 左右。渤海的环流弱而不稳定，受风的影响大。

渤海的环流由外海(暖流)流系和沿岸流系组成，黄海暖流余脉在北黄海北部转向西，通过渤海海峡北部进入渤海，在渤海继续西进，当到达渤海西岸附近时，在那里遇海岸受阻而分为南、北两支。北支沿渤海两岸北上进入辽东湾，与那里的沿岸流构成右旋(顺时针)环流；夏季的情况相反，进入渤海海峡北部的海流，在渤海海峡西北口便分支：一支继续西行；另一支沿辽东湾东岸北上，与辽东湾沿岸流相接，沿该湾两岸南下，构成了在辽东湾的逆时针环流。南支沿渤海两岸南折进入渤海湾，在渤海南部与沿岸流构成左旋环流，最后在渤海海峡南部流出渤海。赵保仁等(1994)根据渤海石油平台等的测流资料，绘出渤海环流模式。

全国海洋普查报告认为外海高盐水常年沿着渤海湾北岸流入渤海湾，湾内的沿岸低盐水沿渤海湾南岸流出渤海湾，湾内海流呈现为逆时针式的回转。赵保仁等(1994)提出渤海湾的环流为双环结构，即该湾的东北部为逆时针向，西南部为顺时针向(图 3-11)。

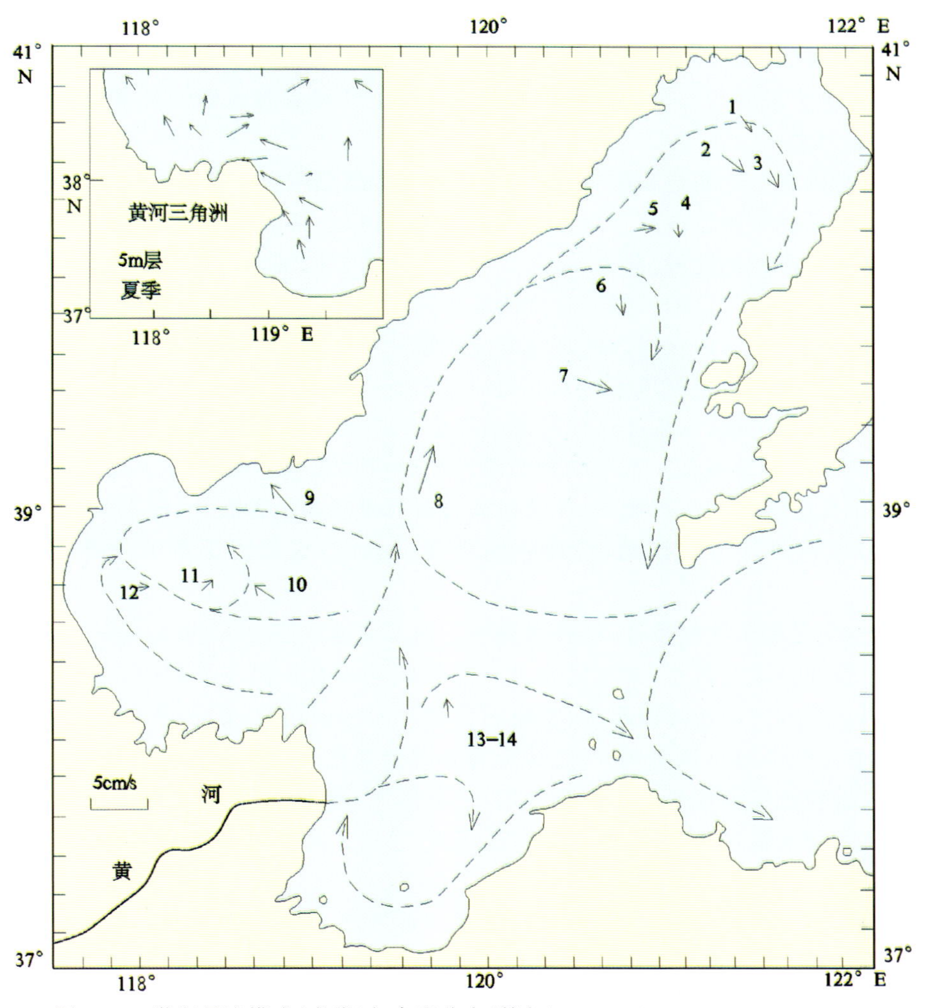

图 3-11　渤海环流模式(虚线)与余流分布(箭矢)(据赵保仁等，1994；孙湘平，1980)

在莱州湾，海流受风的影响可能更大，流矢多变。最早由管秉贤绘出该湾的冬季环流模式为顺时针的。山东近海水文图集收集了 1958—1985 年间的渤海南部的余流资料；除冬季余流资料稀少外，春、秋两季的余流均反映出莱州湾存在一个顺时针的环流。在此环流中，北部流速较大，尤其在黄河口附近，最大流速可达 20cm/s，流向为 NE；南部湾顶及东部流速较弱，一般为 3～5cm/s，在莱州湾，顺时针的环流位置，不沿该湾的四周或中央，而是偏于莱州湾的西半部。

一、环流

渤海环流主要由高盐的黄海暖流余脉和低盐的渤海沿岸流组成，形成一个相对稳定的弱环流系统。当从渤海海峡北部入侵的黄海暖流余脉由老铁山水道进入渤海后，因季节而流向不同。在夏季（主要在6—8月）及9月、11月的辽东湾环流为逆时针式，特别是在8月，它沿辽东湾东岸北上，其中一部分在到达长兴岛之前即有部分海水转向西，然后转向南，沿30m等深线由海峡南端流出渤海，将渤海中部的低浓度悬浮泥砂也带出，这和海峡深水区的低泥砂含量特征是一致的。大部分北支海水则一直沿辽东湾东岸北上，到湾底后分为两支，向东一支形成一顺时针涡旋，阻碍着辽河、大凌河等的河流泥砂运移至湾外，另一支转向西，沿辽东湾西岸南下，经渤海湾及莱州湾从海峡南端流出。这一股海流在渤海中形成逆时针大循环，将沿岸的悬浮泥砂，包括莱州湾黄河来源的沿岸细粒级泥砂带出渤海。但由于环流弱、泥砂浓度低，带出渤海的泥砂小于1000×10^4t/a。这一支在南下途中有部分向NE向回流，形成辽东湾中部逆时针涡旋。这个涡旋与上一个逆时针涡旋共同阻止辽河入海泥砂的扩散，这是辽河泥砂堆积在辽东湾顶的主要原因之一。

此外，在渤海湾内有一个明显的顺时针涡旋，它影响着渤海湾南岸老黄河口侵蚀悬浮的浓度较高的泥砂的搬运，使悬浮泥砂顺南岸向湾顶运移，可一直到达歧口一带。莱州湾环流的影响表现在使细悬浮泥砂（基本上是黄河口排放的泥砂）向东北、西北和东南3个方向运动。这是因为：①在渤海中部环流已有部分分流指向东北；②黄河口的拉格朗日余流是指向东南和西北、沿岸流动的。除夏季6—8月之外，一年的大部分时间里，从渤海海峡进入的黄海暖流余脉由中央延伸到渤海西岸，并分成南、北两支。北支沿辽东湾西岸北上，并与由辽河口流出的低盐的辽东沿岸流汇合，依顺时针流动，形成涡旋，阻碍了辽河、大凌河等排放的泥砂扩散，结果使这些河流的泥砂主要堆积在北纬40°10′的辽东湾顶区，形成延伸8～10km的三角洲。涡旋余流使一部分细粒级悬浮泥砂沿辽东湾东侧向西南流动，汇合沿岸小河泥砂流向辽东湾口。南支由渤海湾南折而下，在莱州湾与黄河排放的水砂汇合，汇入黄河口并在鲁北沿岸东流的渤海沿岸流，以逆时针方向流动，经海峡南部流出渤海，也带走了黄河的细粒级泥砂（苏纪兰，1996）。

渤海环流的变化受制于气候条件，冬强而夏弱。通常流速只有5～10cm/s，冬季稍强，可达20cm/s左右。除夏季外，黄河径流量甚小，对本区水文分布影响不显著。但在洪期（6—8月）可携带大量泥砂入海，在黄河口附近形成一混浊冲淡水舌，主流沿舌轴方向指向东北，汇入渤海沿岸流。其西分支则沿渤海湾向西北扩展。经海河口达南堡一带，这对渤海湾顶的淤积至关重要。环流对环境的影响有如下的特点：①主要对细粒级悬浮泥砂的搬运起作用；②范围大、距离长，受局部地形的影响比潮流小；③在形成涡旋时，对沉积物的输送影响较大，例如在辽东湾；④由于流速小，对环境的整体影响也小（苏纪兰，1996）。

渤海环流包括高盐度黄海暖流的余流和低盐度的近岸流。黄海暖流的余流经渤海海峡流入渤海，流向西岸海域，分为南、北两支。该环流冬季较强，夏季较弱。这是估算冰底海洋热通量的重要因子，它对海水冻结及冰的增长、消融有重要作用。冬季典型流速约为20cm/s（白珊等，2001）。海流系统对环境的主要作用表现为对地形地貌和沉积作用的影响。环流的影响较小，主要表现为对细粒级悬浮泥砂的搬运，时间长、范围大、变动小。如果出现涡旋，则作用加强。潮流的作用比环流的影响要大得多，尤其是在地貌塑造上。海底地形地貌塑造及泥砂运动，只有潮流才能起到作用，海岸的地貌也基本如此。在动力地貌中，流系的影响尤其是潮流的作用是巨大的。

黄海北岸沿岸流（或称辽南沿岸流），分布在辽东半岛南岸的近岸海域，自鸭绿江口向西流向渤海海峡北部。它是由多种海流成分组成的混合形式的流动。冬季，表现为密度流和风海流混合的流动；夏季，表现为密度流和坡度流混合的流动。黄海北岸沿岸流的流速和流幅都具有明显的季节变化。夏季，流速较强，流幅窄；冬季，流速较小，流幅宽。这种变化与鸭绿江的径流量和黄海北岸风的季节变化有关。该沿岸流在流动过程中，由于受地形影响，流速逐渐增大。在长山列岛东侧，流速小于西侧，东侧表层至 10m 水深层，流速在 15cm/s 以下；西侧流速可达 30cm/s 左右。

黄海西岸沿岸流（亦称黄海沿岸流）是一支低盐水向东海输送的水流。上接渤、莱沿岸流，沿山东半岛北岸东流，绕过成山角后，大体上沿 40～50m 等深线的弧形南下，在北纬 32°附近转向东南，并越过长江浅滩而侵入东海，其前锋可达北纬 30°附近。黄海西岸沿岸流的路径几乎终年不变：在成山角以北，无论冬季还是夏季，沿岸流均自西向东流；在成山角以南，流路不明显，进入海州湾后，流速减弱。在山东半岛北岸海域，流幅较宽（夏季更是如此），距岸约 30n mile（海里）到成山角附近，流速可达 30cm/s 以上。在北纬 34°以南、东经 122°以东海域，地形又变得陡峻，流幅减小，同时又有苏北沿岸流汇入，流速约达 25cm/s。黄海西岸沿岸流的路径虽无明显的季节变化，但冬、夏两季成因却不相同。冬季，该沿岸流是表层低盐水受偏北风的作用，在山东半岛北岸堆积而成的，是盐度差形成的，为坡度流和密度流混合的产物。夏季，该沿岸流主要是作为黄海冷水团密度环流的边缘而出现的，是由温差形成的，为密度流和风海流混合的产物。另外，黄海西岸沿岸流的南段和北段，在水文特征方面也有所不同：冬季，北段低盐指标明显，水层浅，与黄海暖流余脉交界处，梯度大，易于识别；但在南段，由于通过成山角附近时，流急，混合强，海水变得均匀，低盐指标几乎消失，与黄海暖流余脉交界处，边界不明显。由于混合剧烈，沿岸流的水层也深。冬季，沿岸流北段比较靠岸，流向偏东；夏季，沿岸流北段离岸，流向偏东南。沿岸流南段，除大沙渔场以南流速较强外，其他海域流速较弱，流向不稳定。

二、水团

渤海的水团（或称水系）是与渤海的环流模式相呼应的（图 3-12、图 3-13），它主要包括两个部分。一个是由辽东湾沿岸水和渤南沿岸水所组成的渤海沿岸水团（图中阴影所示）；另一个是伸入渤海的黄海水团（或称渤黄海中央水）。前者源于黄河、滦河及辽河等入海径流的冲淡水，分布在约 20m 等深线以内的沿岸带，其主要特征是，盐度比较低，水平梯度大，且温度、盐度的年变幅也大。后者则是由黄海暖流余脉所带来的外海高盐水和渤海沿岸冲淡水混合而成的变性水团。其特征是，盐度值介于外海水与沿岸水之间（即 29.0～33.5），温度、盐度有显著的年变化，温度年较差 17～24℃，盐度年较差为 1.0～4.5，而且其温度、盐度有垂直结构，冬半年呈垂直均匀，夏半年层化显著，表层为高温低盐水，下层为低温高盐水，两者之间存在着较强的跃层。

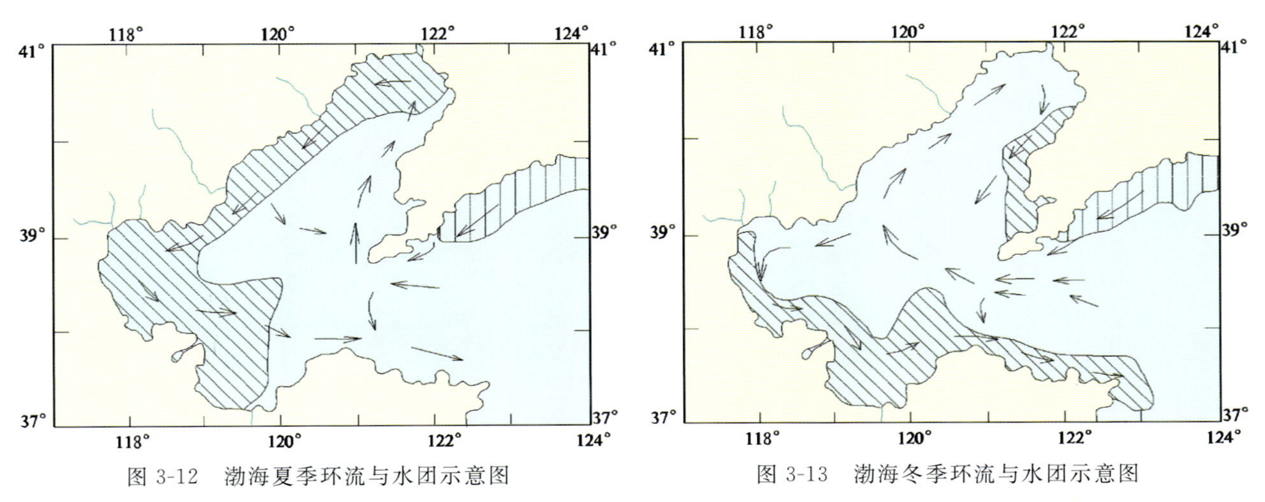

图 3-12　渤海夏季环流与水团示意图　　图 3-13　渤海冬季环流与水团示意图

由此可见，渤海的水团和环流状况，受气象、周围陆地水文以及黄海暖流余脉的消长作用的强烈影响，有明显的季节变化，概括起来，主要有夏季、冬季两种类型。

夏季型：以8月为代表。据多年统计，注入渤海的大中河流年总径流量（不计入地表径流）约为900×$10^8 m^3$，其中7—9月约占全年的50%，8月则占20%以上。因此夏季汛期，黄河、滦河和辽河的冲淡水自渤海北部、西部至南部汇成一片，形成强盛的低盐高温的渤海沿岸水团，并从黄河三角洲外缘向渤海中部扩展，而黄海水团入侵的势力也明显减弱。与此相适应的是辽东湾和渤南逆时针环流变得微弱（图3-12）。

冬季型：以2月为代表（图3-13），冬季，由于河流封冻，河川入海径流量剧减，且在湾内浅水区，特别是辽东湾内形成宽达数千米的冰原，近岸带还常有流冰出现，这时，渤海沿岸水团被强烈入侵的黄海高盐水舌所切割，并出现较明显的辽东湾顺时针向环流。值得指出的是，不论夏季或冬季，在渤海海峡，高盐舌轴线系沿着老铁山水道附近，即海峡北部北进，流入渤海，而低盐水则由海峡南部流出渤海。这一北进南出的基本趋势虽因季节不同而有强弱之分，但却是大致不变的（秦蕴珊等，1985）。

黄海暖水位于山东近海的东南部，即黄海暖流的位置，面积不大。这一水团具有高盐度特征，系来自东海的海水与黄海水团混合变性形成的，故也称黄东海混合水团。该水团仅在1—4月分别存在于表、底层，表层可延存到6月，而底层在黄海冷水团出现后即消失。水团温度变化在9～20℃之间，平均盐度在32.2～33.8之间。在上半年，温度变幅为10℃左右，盐度变幅为1.5。

黄海水团在黄海区常年存在，面积最大，其表层面积终年占据黄海的80%左右，在9月、10月可达90%。面积的年际变化和季节变化在10%～20%之间。冬季，表、底层面积几乎相等。5月开始，底层由于黄海冷水团出现，水团底层面积明显缩小，仅占黄海面积的2%～30%，10月以后，随着黄海冷水团的逐渐消失，其底层面积亦趋扩大。黄海水团的分布及消长变化，制约着整个黄海的水文特征，是黄海的主体水团。黄海水团具有次高盐（夏季为中盐）的特征，变动于31.0～32.0之间，多年平均变幅为1左右。温度随季节而异，平均最低温度为4～5℃，最高温度为25℃，多年平均变幅为20℃左右。

黄海冷水团系指暖半年（4—11月）存在于黄海深底层，温度较低的那一部分水体。其分布范围在底层最大，向上逐渐缩小，其厚度中央部分大，四周小，从侧面看呈半圆形。在底层，它的分布位置比较稳定，东西约跨4个经度（121°15′—125°05′E），南北约占5个纬度（33°43′—38°48′N），黄海冷水团具有明显的消长过程，其体积在春季形成时较大，夏季最大，秋季逐渐缩小以致消失，它的体积约占黄海总体积的29%，其中南黄海冷水团的体积大于北黄海冷水团，后者约占前者的1/5。从底层面积来看，5—8月间，黄海冷水团面积占黄海的40%～50%，是黄海底层水团中温差最大的一个。黄海冷水团具有低温次高盐特征，是渤黄海区所有水团中温差大、盐差小且温盐变化最小、最保守的一个季节性水团。但在黄海南部和北部的平均温、盐度略有差异。北部要比南部偏低，而季节变化幅度则偏大。如北黄海最低温度为5℃左右，最高为10℃左右；南黄海温度变动在8～10℃之间，逐月变化不大。北黄海的盐度介于31.9～32.5之间，变幅为0.6左右。黄海冷水团的等温线为封闭分布，具有明显的独立系统，盐度分布则表现了混合水的特征（图3-14）。

三、潮流

山东近海的潮流主要有3种类型：渤海湾、莱州湾西部、成山角东北外海以及石岛以南大约30m等深线以西的大片海域，属正规半日潮流区；山东半岛北部的烟台外海一个小范围内，属正规日潮流区；其余海区属不正规半日潮流区。详见图3-15。

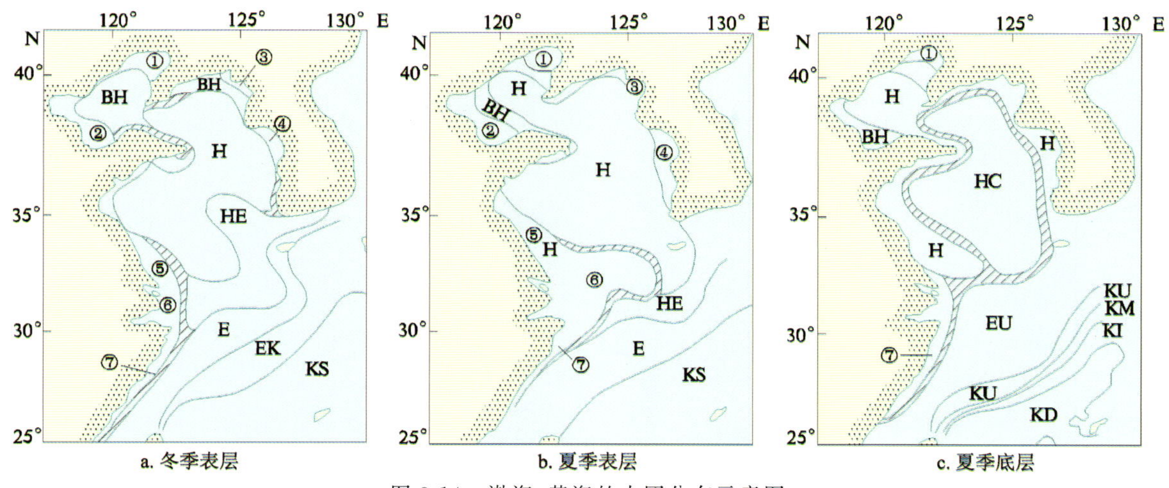

图 3-14　渤海、黄海的水团分布示意图

①辽东湾沿岸水；②渤-莱沿岸水；③辽南-西朝鲜沿岸水；④朝-韩西岸沿岸水；⑤苏北沿岸水；⑥长江冲淡水；⑦沪浙闽沿岸水；BH. 渤海-黄海混合水团；H. 黄海（混合）水团（夏季又称黄海表层水团）；HC. 黄海冷水团；E. 东海表层水团；EK. 东海黑潮变性水团；EU. 东海次表层水团；HE. 黄海-东海混合水团；KS. 东海黑潮表层水团；KU. 东海黑潮次表层水团；KM. 东海黑潮次—中层混合水团；KI. 东海黑潮中层水团；KD. 东海黑潮深层水团（图中影线区为混合区）

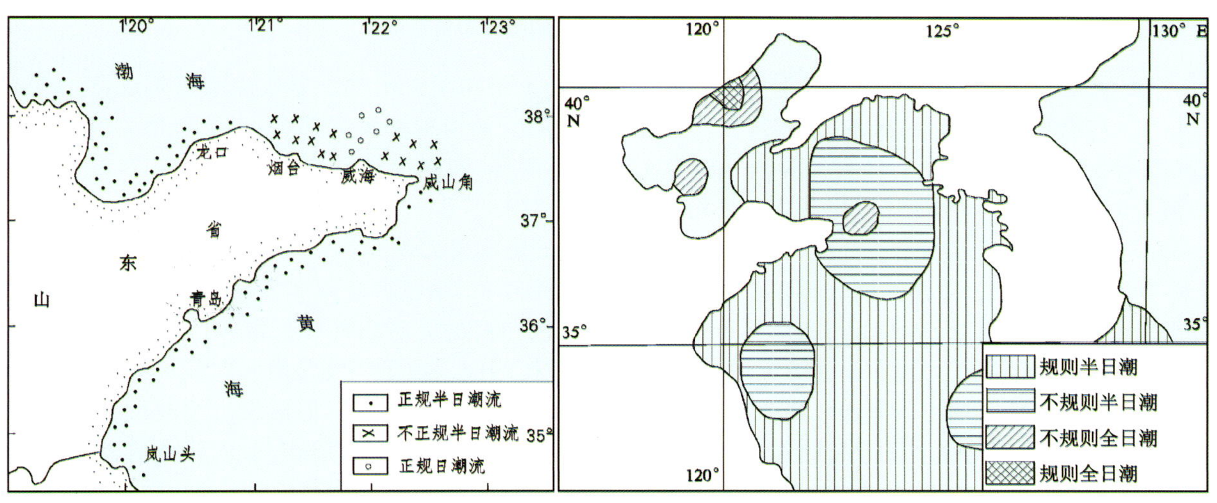

图 3-15　山东沿岸潮流类型分布

山东近海高、低潮位的分布有着明显的地域特征，半岛北侧和半岛东部（龙口—桑沟湾）的最大潮差和平均潮差都比较小，最大潮差不超过 3.0m，平均潮差不超过 1.7m，其潮差的变化特点基本上是自西向东呈递减趋势（图 3-16），至成山头达最小值，最大潮差为 1.81m，平均潮差为 0.75m，半岛南侧的最大潮差和平均潮差明显增大，桑沟湾-唐岛湾海域，最大潮差均在 4.2m 以上，最大值可达 4.75m，青岛最大达 6m，平均潮差在 2.4m 以上，最大可达 2.8m。自桑沟湾-丁字湾，最高潮位逐渐增加，而后呈减小趋势，自沙子口又上升，青岛以南又呈增加趋势；最低潮位与最高潮位呈相反变化趋势。山东南部海域发生高潮的时间从东往西推延，潮差从东往西逐渐增大。

图 3-16 给出山东省最大可能潮差分布。产生潮差地域差异的因素有很多，除地理位置、海湾形态、湾的开口方向及海区深度等环境条件影响外，还有大气扰动、太阳辐射、降水、径流等因素的影响。例如，无潮点附近海区潮差小（成山头、桑沟湾），潮差随水深增大变小（成山头），湾面积小则潮差也小（威海）。

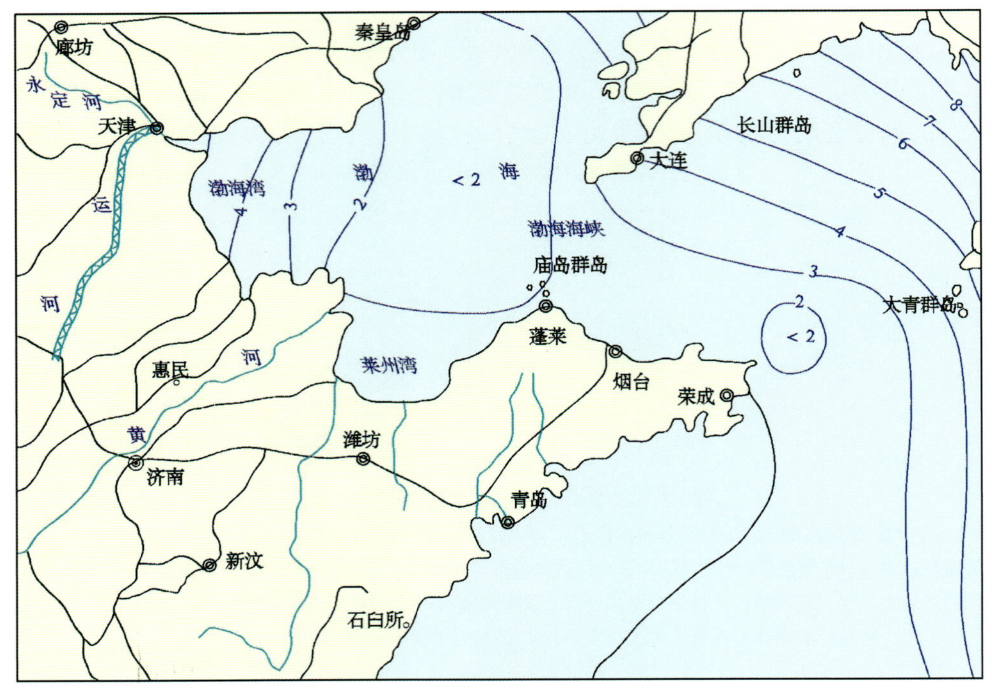

图 3-16　山东海域最大可能潮差分布示意图

渤海的潮流以半日潮流为主，流速一般为 0.5～1.0m/s；最强潮流出现于老铁山水道附近，达 1.5～2.0m/s；辽东湾次之，为 1.0m/s；莱州湾仅为 0.5m/s 左右。黄海的潮流大部为正规半日潮，仅在渤海海峡及烟台近海为不正规全日潮。流速一般为东部大于西部，朝鲜半岛西岸的一些水道，曾经观测到 4.8m/s 的强流。黄海西部强流出现在老铁山水道、成山角附近，达 1.5m/s 左右。

渤海内潮流的流速相当于环流的 10 倍，因此对环境的影响要大得多。而潮流又受地形等因素的影响大，所以比较复杂。莱州湾西北部存在无潮区（点），潮流较急，是侵蚀海岸和搬运泥砂的主要营力之一。潮流呈南北向流动，基本上与海岸平行，阻碍了大量侵蚀后的泥砂向外海扩散，这种不平衡导致了沿岸坡底部的沉积物重力流在垂直方向的搬运，以塑造平衡剖面。由于潮流呈南北向，阻碍了黄河口泥砂向莱州湾的扩散。黄河入海泥砂绝大部分都沉积在距岸 20～30km 以内，形成突出的沙坝、快速进积的三角洲，潮流与黄河径流几乎垂直相交是主要原因之一。在这些方向上潮流与黄河径流的合成，以及黄河沙嘴突出的加强作用，使在黄河沙嘴两侧各形成一个涡旋，随潮相不同而变化，并对在涡旋区形成细粒级物质集中的泥塘（"烂泥湾"）起了很大作用，可以说潮流是塑造黄河口"一个沙嘴，两片烂泥"这一特殊沉积单元，并使三角洲快速进积的主要影响因素之一（中国海湾志编纂委员会，1991）。在莱州湾东岸，龙口沿岸流形成了水下沙坝性质的砂质浅滩，形成了刁龙嘴复式羽状沙嘴延伸的水下沙坝及屺姆岛的陆连岛沙坝，这是登州海峡以西至刁龙嘴海岸泥砂由东向西运移的结果。

渤海湾的潮流在渤海 3 个湾中流速中等偏上，对沉积和环境的作用主要表现在对潮滩的塑造上。由于涨潮流速大于落潮流速，造成泥砂在浅滩上淤积，形成在高潮线和低潮线附近的两个淤积带。潮滩宽度和坡降不等，在渤海湾西岸最为发育，又以西岸的中部和北部最宽，坡度十分平缓，主要由粉砂质淤泥组成，可以分为 3 种类型。此外，沿渤海潮流主通道还发育了潮流冲蚀谷地，如渤海湾口北侧与曹妃甸沙岛南侧，形成水深 30～31m 的 NEE—SW 向潮流冲蚀谷地，谷长 46km，宽 0.3～1.5km，是自东往西的沿岸流及潮流冲刷所成（中国海湾志编纂委员会，1991）。辽东湾的潮流较强，但滦河口一带较小。潮流对环境的影响表现为潮流堆积地貌，主要指辽东湾口的辽东浅滩地区，潮波由黄海进入渤海，向北经辽东浅滩入辽东湾，其潮流底层流速可达 0.8m/s，大于 0.2m/s 的时间每昼夜可持续 15～16h 以上，大于细砂、粉砂的起动流速。因此一年中有 2/3 左右的时间底层泥砂处于活动状态，使海底遭受强烈侵蚀，出现潮流沙脊，其方向与由老铁山传入的潮流方向一致，组成规模巨大的呈扇形展开的水下沙脊与潮沟相间的潮流堆积地貌。这一地区的指状沙脊群，长达数千米至30km，脊、沟高差可达30m，一般宽为2～9km。沙脊向老铁山水道方向辐聚，水深急剧增加，坡度变陡。在相反的方向上则呈放射状展开，沙脊变宽变缓，沉积物组成为细砂，分选良好。沙脊的脊和沟均有相同的表层沉积盖层，顺沟有深达1m、平行潮流的直线形细沟，这是巨大的潮流地貌。

渤海东部及老铁山水道—海峡区一带潮流很急，夏季底层流速（包括余流）可达1.19m/s，每昼夜流速大于0.2m/s的时间可达19h；冬季底层流速可达0.6m/s，大于0.2m/s时间可超过16h，粉砂和细砂都难以存留，海底坡度较陡，在爬坡时流速也得到加强。在这强烈潮流的冲蚀下，老铁山水道的北支已被冲蚀成"U"形谷地，长达110km，宽10～23km。谷底为大片砾石及砂砾沉积，谷底及谷坡上有基岩孤丘突出，形成壮观的海蚀地貌。

登州海峡是海流进出渤海的通道，由于通道束窄效应，水流较急，谷底因受冲蚀，起伏较大，为砂砾等较粗的沉积物覆盖。海峡中部的岛屿，由于岛间水道流急（通道束窄效应），水道洼地内保存的是砂砾沉积物，并有基岩裸露，呈现为冲蚀地貌。在靠近老铁山水道的渤海东部深水区陡坡（即渤海中央深水区西部陡坡）上，由于受老铁山水道传来的强潮流影响，底层流速在大多数情况下大于泥砂起动临界值，在这一带也出现了海蚀沟谷。

渤、黄海的潮振动是由太平洋潮波振动和引潮力两部分合成的，太平洋潮波振动和引潮力在我国沿海直接引起独立潮，并以前者为主。潮波在运动过程中因受地转偏向力、海底地形及岸线的影响，致使各地潮汐类型较为复杂。

通过渤海海峡进入渤海的潮波，遇海岸而反射，入射波与反射波互相干扰，使渤海的潮波带有驻波的性质。同时，因摩擦消耗了部分能量，反射波与入射波都逐渐减弱，这样又表现出前进波的性质，造成渤海潮汐类型复杂。潮汐类型可分为正规半日潮、正规日潮和混合潮。混合潮又可分为不正规半日潮和不正规日潮。利用分潮振幅，计算出各地潮汐主要分潮的比值，以此为依据划分了渤海、黄海潮汐类型。渤海，正规日潮、正规半日潮、不正规日潮和不正规半日潮都有，以不正规半日潮居多。滨州、东营至龙口的海区为不正规半日潮；龙口至蓬莱及渤海海峡为正规半日潮；烟台附近海域，为规则全日潮流和不规则全日潮流，这与老黄河口外无潮点区潮汐为规则全日潮、潮流为规则半日潮流的情况恰好相反；威海经成山头至靖海岛一带属不正规半日潮。再往外为不规则半日潮流。黄海北部以及从山东半岛以南至长江口一带为规则半日潮流，其余南黄海海域，为不规则半日潮流。

值得注意的是烟台海域潮汐、潮流类型相异，烟台海域潮汐属于规则半日潮，而潮流为规则全日潮流和不规则全日潮流。潮波图显示，烟台海域位于黄海北部半日分潮波系统和渤海南部半日分潮波系统的交界处。M_2潮波从黄海向渤海传播过程中，一部分潮波传入渤海，另一部分潮波在烟台附近转向，变为沿着山东半岛沿岸自西向东传播。数值计算和实测资料结果均表明，在烟台海域M_2分潮落潮过程中，它的潮流呈辐散现象，而在M_2的涨潮过程中，它的潮流呈辐聚现象，而且M_2发生高潮、低潮时，潮流流速为零，位于平均海面时流速最大，这表现为M_2分潮在烟台海域呈现驻波振荡现象（黄磊，2006），由于受到潮流的辐散、辐聚现象的影响，使得烟台海域M_2分潮的潮流很小。而O_1、K_1分潮的潮波在烟台海域自西往东传播，没有潮流的辐散、辐聚现象。相对而言，O_1、K_1分潮的潮流比M_2的大，因而造成烟台海域的潮流为规则全日潮流和不规则全日潮流类型，而潮汐是规则半日潮类型。因此在烟台的一天两次涨潮过程中，烟台海域的潮流流向相反，而不像一般半日潮海区那样，一天两次涨潮过程中，对应的两次涨潮流流向一致。

四、余流

余流指实测海流扣去周期性潮流后的剩余水流，与季风、径流、地形等因素有关，其时空分布复杂多变。我国沿海水域的余流流速，表层为 10～20cm/s，底层一般为 5～10cm/s，表层流速夏季大于冬季，而在底层流速随季节变化不大。

（一）各季节余流特征

1. 春季

随着冬季的结束，海水自 3 月开始升温，风场也从北风占优势转为南风占优势。从地理学角度来看，余流场可以粗略地划分为两个区域：山东北部近海区域，即从黄河口至成山角海域；山东东部近海区，即从成山角至岚山头的宽阔海域。

黄河口至成山角海域表层余流场比较复杂，大致有以下 4 个流系。

（1）黄河口至羊角沟的莱州湾西岸顺时针方向流系：这个系统北从黄河口南岸开始，南到小清河口东面止，南北相跨 21′，东西相跨 20′，表层最大余流速度为 20cm/s 左右。

（2）莱州湾中、北部顺时针方向流系：在这个系统中，湾外海水从东北方向流向黄河口，然后从黄河口前转向北，到五号桩外面再转向东北。黄河口东北方向高盐水系就是由这个环流形成的，因为该系统在一定程度上阻碍了黄河入海径流向东北方向扩散，只是在 5 月西南风强盛时，黄河径流才会从这高盐水上面以表层流形式向东北方向扩散，而随着西南风减弱，黄河径流向东北方向的扩散也就很快减弱。

（3）渤海湾逆时针方向流系：渤海湾内主要为逆时针方向涡旋系统所控制（岸边 2m 等深线以内个别测点余流除外），海水从渤海湾底沿着山东沿岸向东到五号桩外面，与莱州湾北部顺时针方向涡旋系统相遇，一起流向东北方向。这股表层水把岸边泥砂运向外海，可以预见，在没有泥砂补充来源的条件下，岸边海底将发生侵蚀，外海海底则发生淤积。

（4）烟台、威海北部逆时针运动涡旋系：由北面流入的水在北隍城处分为两股：一股指向西南，构成莱州湾顺时针环流；另一股（主要的）沿庙岛东缘南下，到蓬莱北面转向东，经一个经距（121°—122°E）到威海外面转向东北。该系统是山东北岸最大的一个，是蓬莱到成山角海区中水文要素的主要控制力量。这个系统形成的主要原因是潮汐余流。

成山角至岚山头的山东东部海域主要有 5 个流系。

（1）成山角-桑沟湾-石岛逆时针方向流系：虽然成山角附近素以水深流急、流向多变著称，但这个涡旋却十分稳定，全国海洋普查报告中称之为成山角附近的逆流现象。这个环流北从成山角起，南到石岛外海止，南北相距 3/4 纬距，东西方向较窄，大约只有 3/8 经距，绕过山东半岛呈耳朵状。

（2）五垒岛外顺时针方向流系：它与成山角-桑沟湾-石岛逆时针涡流系统成对称关系。海水来自五垒岛湾近岸水域，流向湾的东缘，然后向东南方向进入外海，汇入到外海的总环流中去。这个涡旋的形成，与成山角-桑沟湾-石岛逆时针涡旋系统一样，都与石岛外面突出的岬角地形有关。

（3）胶州湾外顺时针流系：这也是一个永久性流系。海水从灵山岛北面进入，经薛家岛东南缘岸边指向东北，到太平角、小麦岛再转向东南。余流速度在 10～20cm/s 之间。

（4）海州湾外顺时针方向流系：外海水从连云港外面向西北方向流动，进入海州湾，到岚山头转向东南方向进入外海。

（5）从西南指向东北的顺时针运动的风漂流系：这是该海域最大系统。由于春季西南风占优势，所以表层海水受风的切应力作用流向东北方向，然后受地形作用转向东方向，远海如此，近海也是这样。国家海洋局第一海洋研究所 1984 年在青岛外面释放的漂流瓶，大都流向东北方向。由于这个系统的水源主要来自连云港外面的苏北沿岸，即 1855 年前黄河口入海处，因那里海水泥砂含量普遍高于青岛外海，所以春季是苏北沿岸水和泥砂向北扩散最强的季节。

5m 层余流仍然能反映出表层环境的主要特征，除主要特点相似外，也有自己的一些特征。

莱州湾北部顺时针方向涡旋系统比表层小，在黄河口东北方构成闭合环路；五号桩近岸区域存在一向岸流，在近岸区域上升以补偿表层水的流失，这个流的存在更加促使该海域泥砂向外海运动。同样，在黄河口门前也有一个向岸的流动，并在口门上升，这个上升流是因黄河径流向外海排的底层水引起的，这是河口的一种普遍特征。

山东东部海域 5m 层余流基本上与表层一致，只是余流的中心比表层更偏向东，这符合艾克曼漂流运动规律，到东经 124°附近有一股水转向东南与黄海总的逆时针方向环流（全国海洋普查报告称之为黄海沿岸流）汇合后再向南运动。

底层余流场与表层、5m 层余流相比，更具有自己的特点。

底层向岸的补偿效应更加明显，在大片海区近岸形成上升流，这是山东海岸带一个重要特征。大致在以下 3 个区域存在上升流：渤海湾的山东沿岸、莱州湾的弥河与潍河口外面及石岛—青岛、石臼所沿岸。形成上升流的原因，是春季西南风的作用。岸边水在西南风作用下，向外海流去，岸边减水，底层水必然要流来补充，在岸边混合上升。

山东东部海区，由于近岸的补偿效应，原来一个顺时针方向环流，现在变成两个。外面那个受黄海沿岸影响仍然按顺时针方向旋转，从东经 124°折向东；近岸的大片海区内又产生一个逆时针方向环流，外海水从东南方向流向西北，有与海岸相垂直的趋势，在近海岸辐合上升，致使五垒岛湾、青岛外海、海州湾这三处顺时针方向环流全变为逆时针方向运动。这种底层水流向岸边的特征，使许多海洋现象得到了合理的解释。例如，春季青岛多雾，就是因为春季底层水在青岛外海上升之后，造成这里产生大片低温区，东南方向温暖的气流经过这里降温凝结，从而形成海雾。同样，五垒岛湾、石岛近海海带的生产，与春季底层的低温水也有很大关系。

2. 夏季

东南风逐渐占优势，因此余流场除反映出因地形作用而形成的潮汐余流场之外，还反映出夏季的风场作用。

（1）表层余流场特征：山东北部海区和春季相似，仍然是 4 个主要流系，即莱州湾南部顺时针方向流系、莱州湾北部顺时针方向流系、渤海湾逆时针方向流系和烟威北部逆时针方向流系。由于夏季东风和东南风占优势，余流有明显指向西北方向的趋势，最为明显的是黄河口北面五号桩海区春季余流大都指向东北，而夏季余流大都指向西北。黄河口南部的流系中，余流也有明显的北向分量。渤海湾的山东沿岸有一明显的西向余流，直到徒骇河口外才转向东北，并入渤海湾的逆时针流系。渤海中部顺时针环流沿庙岛群岛西缘向西运动，由于东南风作用，系统中余流亦有明显增强。烟威外面流系因东南风引起的漂流作用，而使环流更快闭合。

（2）5m 层余流场特征：5m 层余流场几乎和表层完全一致，只是余流流速有普遍增强的趋势，而增强的余流大都是和季风场方向相反，特别明显的是烟威北面的逆时针方向流系，由于东南余流明显增加，形成很强的沿岸流，到成山角之后，再沿成山角岸边向南流去。形成这种现象的原因：一是黄海冷水团形成的黄海热盐环流在 5m 层增强，二是东南风使表层流速减弱，但是 5m 层受风的影响小得多。

（3）底层余流场特征：和春季底层余流相比，青岛东面外海的两个环流由东西方向配置变为南北方向配置，余流仍然具有强烈向岸运动趋势，在近岸区域上升，不过上升流区域明显减小，莱州湾和渤海湾的山东沿岸上升流区域已基本不存在。只有山东东海岸仍然保持春季的特点，但是上升流的强度有所减弱，海区也缩小。同样，由于青岛附近存在上升流，因此夏季海雾仍然很多。由于上升流的影响，青岛胶州湾外顺时针环流消失。

3. 秋季

秋季是水文状况从夏季向冬季过渡的季节，季风场逐渐变为北向风占优势，整个余流场也反映出这种特点。

（1）表层余流场特征：山东北部海区 4 个典型环流场在秋季已经有很大变化。黄河口南面顺时针环流场仍然存在，渤海湾逆时针环流尽管存在，但余流方向明显偏东，这是潮汐余流和风海流叠加的结果，莱州湾北部顺时针环流场完全变为逆时针方向。烟威北部逆时针环流场已明显地靠向岸边形成很强的沿岸流。山东东部流场单一，为典型的冬季沿岸流，与春季、夏季截然相反。成山角附近逆时针方向环流场与由北向南的沿岸流融为一体。五垒岛湾外、胶州湾和海州湾外顺时针环流场亦统统消失。

(2)5m 层余流场特征：和表层几乎完全一致。这说明秋季因海面冷却垂直混合加强，表层与 5m 层动量交换充分。另外，底层的反向补偿效应较弱，所以和冬季又有区别。

(3)底层余流场特征：山东北部原来 4 个典型环流场已不明显，几乎被单一的自东向西的沿岸流所代替，底层流和表层流方向相反，这是一种补偿作用。也就是说，表层水自渤海流出造成海面下降，反向的压强梯度则使底层水流入补充。山东东部海域和表层相比，由原来一个逆时针方向环流变为两个，其中一个为逆时针环流，另一个为顺时针环流，即在原逆时针环流西北方向又产生一个自千里岩向石岛方向的流动，以补偿那里表层水的流失，另外，胶州湾顺时针环流系统亦依然存在。

4. 冬季

由于强劲的北风作用，冬季山东沿岸海域均为沿岸流所代替。渤海中低盐水在风海流作用下，沿山东半岛北岸东进，绕过成山角之后，一股水直接向南流动，另一股水自五垒岛湾外面向西南然后再向南流动。

(1)5m 层余流场特征：5m 层余流在山东北部海区中比较混乱，既有流出趋势，亦有向渤海的流系，但从总的情况来看，还是向东的比较明显，到了山东东部转向南。应特别指出的是山东东部近岸的 4 个环流，海州湾外的一个消失了，其他 3 个依然存在。远岸余流方向向南与风场一致。

(2)底层余流场特征：山东北部海区几乎全为自东向西的补偿流，以补偿表层水流出的流量，山东东部海区岸边小环流与 5m 层一致，但外海却分为两个：一个逆时针方向流向青岛近海，以补偿近岸水的流走；另一个为顺时针方向，外海水先向西北，再向东北，到成山角后与山东北部沿岸流汇合起来进入渤海。岸边浅水水域存在补偿性上升流，春、夏季渤海湾的山东沿岸和莱州湾的南部沿岸海区都存在上升流现象。山东东部 4 个季节都发生外海从底部向近岸侵入的现象，这是因表层水作离岸运动之后外海水流入补充的缘故。

（二）各海域余流特征

滨州近岸附近海域：受到风场和大陆径流的影响，余流无明显规律可循。秋季余流小于夏季，两季余流流速均小于 10cm/s。秋季除个别站位的流向为 N 之外，其余各站流向皆为 SE 向，夏季均为 NW 向。

长岛附近海域：夏季余流分布特征，表层余流明显大于底层，且相差很大，最大相差 39cm/s。表层余流流速变化于 5～44cm/s 之间，均值为 22cm/s，最大值出现在庙岛群岛北端。底层流速变化于 3～26cm/s 之间，均值为 10cm/s，最大值也出现在庙岛群岛北端。本区流速有自北向南递减的趋势。表底层均有一顺时针旋转趋势的余环流，余流方向与该区潮流主向一致。冬季余流分布基本上与夏季特征相似，但上、下层流速差却明显减小。表层流速变化于 5～26cm/s 之间，均值为 17cm/s。底层流速变化于 3～36cm/s 之间，均值为 5cm/s。

崆峒岛海域：余流较强，表层余流流速均值，6 月为 9cm/s，8 月为 15cm/s，因受岛影响流向紊乱。底层余流流速均值为 5～6cm/s，流向与表层相近，6 月为 14cm/s，流向 84°，8 月为 25cm/s，流向 123°。

养马岛海域：余流较弱，表层余流流速均值为 6～7cm/s，3 月的流向偏西，8 月多偏东。底层余流流速，3 月均值为 5～6cm/s，8 月仅 2～3cm/s，底层流向与表层相近。3 月为 12cm/s，流向 318°，8 月最大值为 9cm/s，流向 106°。

刘公岛附近海域：春季表层余流方向为 NE，岛外侧余流流速为 10cm/s，远大于岛内侧的 3cm/s。

底层余流方向在岛外侧与表层大致相同，但在岛内侧却与表层相反，余流流速内侧为 6cm/s，大于外侧的 3cm/s。造成这种分布的主要原因是春季多西南风。岛内侧表层、底层流向相反，是由于表层流受海岛阻挡而导致的。秋季表层、底层余流向几乎都为 SW，岛内侧余流流速表层、底层都在 6cm/s 左右，这与秋季多偏北风有关。

鸡鸣岛附近海域：春季在岛东侧表层、底层余流流速较大，为 12～14cm/s，流向大致为 SW；岛北侧的 J202 站流速较小，表层、底层流向也有差异。余流的分布与该海区春末夏初的多变风场及陆岸的影响有关。秋季表层、底层余流流向基本为 SW，流速在 5～10cm/s 之间，这种分布与冬季风的转换有关。

镆铘岛附近海域：春季表层余流方向为 SW，底层流向为 N，表层、底层余流流速均为 4cm/s。秋季岛外侧表层流速为 12cm/s，流向 116°，底层流速 11cm/s，但流向 NE；岛内侧表层余流流速亦达 9cm/s，流向 NW，底层余流流速为 5cm/s，流向 NE。

南黄岛附近海域：春季余流表层、底层流速均为 4cm/s，但流向不同，表层 SE，底层 NE；南侧表层流速为 7cm/s，流向 SW，底层流速 2cm/s，流向 NW。秋季表层余流皆为离岸方向，偏南底层流向大致与表层相反，这主要由于秋季多北风，引起表层海水离岸，而底层海水向岸是对流失的表层海水的补偿。

麻姑岛附近海域：8 月表层、底层都很弱，余流流速仅为 2～4cm/s，流向为 SW—SE。总趋势由丁字湾内流向湾外。12 月余流较强，且底层余流流速大于表层。底层达 12cm/s，流向 348°。总趋势由湾外流向湾内。

千里岩岛海域：6 月余流流速均值为 5～6cm/s，底层流速均大于表层流速。表层流偏 N，底层流向 EN 偏 E，流向 3°。7 月余流很弱，余流流速均值为 3～4cm/s，流向较为紊乱。

田横岛海域：余流流向与岸线大致平行。夏季最大余流流速为 15cm/s，流向 242°。冬季余流方向基本都和夏季一致。

大管岛海域：春季表层流向在海区西北部基本上为 NE，从大陆岸边向外，流向有顺时针偏转之势，余流速最大为 8cm/s，底层余流分布趋势与表层相似，但流速普遍减小，余流的这种分布与青岛近海春季多西南风以及受北部海岸影响有关。冬季表层余流向为 SE，流速最大为 17cm/s；底层余流流向则是由东向西指向大陆岸边，流速最大者 5cm/s。表层流向 SE，主要因受偏北风影响，底层流向指向大陆岸边（西）显然是对表层流失海水的补偿，这一过程同时把外海相对高温、高盐的清洁海水输送到近岸，因此这是该海区海水更新最强烈的季节，也是本海域冬季水温较高的重要原因。

竹岔岛海域：余流向主要为 EN 或偏 N，表层余流流速在 10～20cm/s 之间，底层余流流速在 5～10cm/s 之间。

灵山岛海域：夏季表层、底层余流流向基本与岸线走向一致，岛西侧余流流向为 NNE，而东北侧为 NW，东南侧为 SSW；表层余流流速分布也不尽相同，岛西北侧和东南侧流速较小，一般在 9cm/s 左右，而东北侧和西南侧流速较大，约 19cm/s。冬季岛西侧余流流速较小，岛北侧余流流速、流向与夏季相似，但岛东南侧余流流速达 21cm/s，流向为 SSE。总的来说，灵山岛海域余流主要受地形和山东半岛东南岸的黄海沿岸流共同影响形成。北来的黄海沿岸流，受灵山岛以北大陆的影响，沿岛东侧南下，故岛东南侧余流流向偏南。岛东北侧海域的余流流向为 WN，可能是受岛北端地形影响所致。岛西侧海域的余流则可能是由于黄海沿岸流南下，在岛岸附近局部形成的一种补偿流，因而流向偏北。

斋堂岛海域：春季的余流值在 10～20cm/s 之间，余流流向在斋堂水道北端偏南，在南端和斋堂岛南侧偏东；在斋堂岛东侧呈 EN 向，余流似有绕斋堂岛逆时针流动之趋势，表层、底层余流流速相差不大，表层稍大于底层。

前三岛（平岛、达山岛和车牛山岛）海域：余流最大流速 22cm/s，流速 21cm/s，整个海区余流无明显规律可循。

五、深底层流系

深底层流系与表层流系基本相似,但受风和气候变化的影响不像表层那么明显。受温度、盐度和地形的影响却较表层显著。深底层黄海暖流是对马暖流在东经127°、北纬31°30′附近分出的一个向北的分支,这个分支通过济州岛西南流入南黄海,流向终年向北,平均流速在5cm/s左右。它与终年南下的黄海沿岸流构成黄海环流。冬季黄海暖流的延伸部分可进入渤海,夏季黄海暖流沿黄海冷水团的边缘向北流动,流轴较冬季偏东。黄海冷水团是夏季聚集在黄海深底层中央部分的低温水,因冷水团周围的等压面自冷水团中心向边缘上倾,结果形成一气旋式密度环流,流速在5cm/s左右,其流向与黄海环流同向,对黄海环流起到了加强作用。深底层沿岸流:冬季,黄海深底层沿岸流与表层流向基本一致,流速较表层小,流径也更贴近岸边。

六、海冰

渤海是季节性的结冰海域,位于37°—41°N,是全球纬度最低的结冰海域。渤海的北、西、南三面被陆地环抱,仅在东面通过渤海海峡与黄海相连。海峡宽约106km。渤海平均深度18m,最大深度78m。渤海沿岸及海底地形对冬季海水冻结有重要影响。渤海处于典型的季风气候带。冬季受亚洲大陆高压控制,盛行偏北风。当冷空气过境,尤其当寒潮入侵时,伴随着强冷风气温急剧下降。渤海气温变化具有明显的大陆性特点。1月气温最低,2月次之。1月平均气温在－4.0～－2.0℃之间(孙湘平,1980),最低达到－25℃,12月到翌年3月,平均风速为5.0～7.0m/s,最大风速为20～30m/s。渤海水温受周围陆地、气候和海洋环流的影响。1月渤海三个湾的平均海温低于－1.0℃,近岸水温约为－1.6℃。在中国的4个海中渤海的盐度最低,表面盐度约为28～30,中部盐度为31,近河口盐度不足27。这些是影响渤海冰情的重要水文因子。

第三节　海岸与海底地貌特征

山东省海岸自然条件优越,海岸线漫长曲折,西起无棣县大河口,南至日照县绣针河口,长达3345km,占全国海岸线总长的1/6。因不同岸段所处自然地理条件各异,致使山东海岸地貌类型也复杂多样,既有典型的山地港湾海岸和平原淤泥海岸,又有绵亘数十千米的砂质海岸及迅速淤长的黄河三角洲海岸。

一、海湾

根据20世纪80年代山东省海岸带和海涂资源综合调查成果,山东省面积为1km^{2}以上的海湾有51个;在"908专项"海岸带调查中,发现埕口潟湖水域已经完全被盐田、养殖池所围填而消失,绣针河河口潟湖面积已经不足1km^2。目前,山东省面积为1km^{2}以上的海湾为49个。山东省面积最大的海湾为莱州湾,面积为6 215.40km^2,最小的海湾为龙眼湾,面积为1km^2;海湾密度为1.46个/100km^2,是我国海湾密度最大的省份之一。山东省面积大于1km^{2}的海湾岸线总长度为1 999.6km,占整个山东省岸线总长度的59.8%。从地域分布看，属山东省境内渤海的海湾仅有4个，包括了山东省第一大海湾莱州湾，属山东省境内北黄海的海湾有8个，属山东省境内的南黄海的海湾有37个。海湾分布见图3-17。

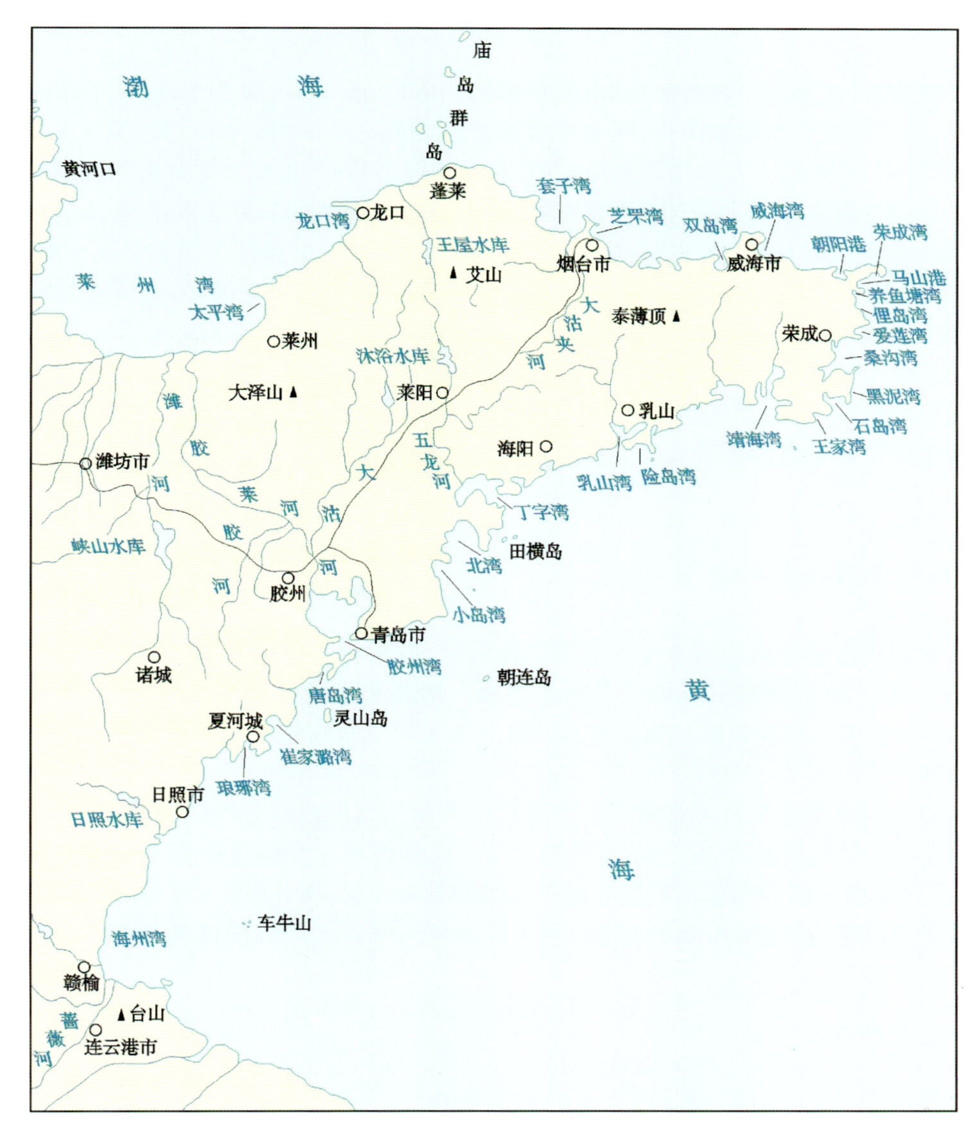

图3-17　山东省海湾分布图

溺谷（河口湾）海岸，主要指山东沿海的乳山口湾和丁字湾等海湾。这些海湾湾口收窄，湾口两侧为基岩岬角所夹，湾顶分汊向内陆深入，呈浅湾溺谷状态。注入湾内的河流，如乳山河、五龙河等都较大，提供了较多的泥砂，故海湾淤积较厚。

乳山口湾三面为陆地包围，湾内以旗杆石为界形成两个大的支汊，乳山河自北向南流入湾内。湾内平均水深2.2m，大潮时5m左右，小潮时1.8m，是个较浅的海湾。

丁字湾，在冰后期海侵前，五龙河、白沙河等汇集于丁字湾内；海侵后形成溺谷海湾。河水与潮水均沿中央深槽外泄和涨落。粗粒物质在深槽区形成沙洲，两侧及湾顶浅滩堆积了大量的细粒物质，形成广阔的潮间浅滩。湾口外形成扇形三角洲。钻探结果表明，丁字湾潮间浅滩沉积厚度较大，细粒物质沉积厚度在7m以上，最厚可达10m以上。中央深槽主道则为粗颗粒的河流沉积。通过1959—1971年资料比较，丁字湾年淤积量为$98.1\times10^4\,m^3$，主要淤积部位在西顶子沙嘴和水下沙洲（白马沙、高沙、里沙）及湾口沙嘴。

二、海岸及潮间带地形地貌

山东省岸线曲折，北起漳卫新河河口，南至日照绣针河口，长3000多千米，由于不同段海岸所处的自然条件各异，海岸地貌类型复杂多样，既有典型的基岩岬湾海岸和粉砂淤泥质海岸，也有绵亘十数千米的沙坝-潟湖海岸，其中后者是全国最典型、发育较好的沙坝海岸，蕴藏了丰富的砂资源。

影响山东海岸发育演化的主要自然因素有河流输入海岸大量泥砂，新老构造运动、海平面升降、古地貌的作用以及海洋水动力浪、流、潮等的塑造作用，其中灾害性天气条件下形成的风暴潮、海啸对海岸地貌的影响巨大，狂风巨浪引起海岸边增水，增强了波浪作用力和作用范围，对砂质海滩的进退演化常起决定性作用。据统计，山东省年均入海输砂量分别为113 308×10^4t（渤海）和1253×10^4t（黄海），为海岸带和陆架提供了大量悬砂和溶解物质，对海岸带的冲、淤演变和陆架沉积、地貌发育具有重要作用。

根据物质组成特征，将山东海岸划分为粉砂淤泥质海岸、砂砾质海岸和基岩海岸。

不同的海岸类型导致其潮间带发育为相应的潮滩，山东省潮间带划分为粉砂淤泥质潮滩、砂砾质潮滩和基滩。

（一）粉砂淤泥质海岸及潮滩

山东粉砂淤泥质海岸西起与河北交界的漳卫新河口，向东终止于虎头崖。全长约631.0km。占全省海岸的19%。粉砂淤泥质海岸形成了广阔的潮滩。潮滩形成的水动力，主要是潮流。潮滩地形平坦，平均坡降为0.08%。按其成因和物质组成又可分为黄河三角洲粉砂淤泥质海岸和莱州湾南岸的粉砂海岸两种地貌。

黄河三角洲海岸可分为大口河至顺江[illegible]的废弃古黄河三角洲海岸、顺江沟至淄脉沟的近代黄河三角洲海岸（1855年以后形成的）。它们形成平坦而又广阔的潮滩。潮间带的宽度平均为3～6km，最宽处可达10km。该潮滩根据分布位置及所受潮汐作用的强弱不同，可分为位于大潮平均高潮位至平均小潮高潮位之间的高潮滩、位于平均小潮高潮位至平均小潮低潮位之间的中潮滩和处在平均小潮位至最低低潮位之间的低潮滩。

1. 古黄河三角洲海岸地貌

古黄河三角洲海岸，岸线被一系列喇叭状河口和潮沟切割，显得支离破碎，曲折率为3.8，海岸走向为55°。据记载，公元11—1047年黄河尾闾曾由此段海岸入海。因而这段海岸是古黄河三角洲的一部分，后因近代黄河三角洲叠置其东，地形相对低下而成洼地。洼地沿邢家山子—黄瓜岭—马山子—杨家庄子及东山后—久山一线分布，以老贝壳堤为界可分为两部分，老贝壳堤以南为原状洲缘洼地，以北为潮汐改造的洲缘洼地。老贝壳堤，大都被埋藏在地表以下1m左右，呈NW-SE向线状分布，宽100～800m。

黄河三角洲按新老发育阶段可分为两段，其中漳卫新河至套尔河一段为古黄河三角洲海岸，套尔河至淄脉沟一段为1855年以后形成并发育的近代黄河三角洲海岸。主要地貌类型为贝壳堤（岛）、残留冲积岛和潮水沟。

贝壳堤岛西起漳卫新河，东南至小沙附近，沿平均高潮线断续分布，由贝壳层堆积而成，为波浪及潮流冲积之产物。贝壳堤岛平面形态多为长条状新月形，弧顶向海、两翼向陆微弯，堤顶一般高出平均高潮线1～2m，宽20～100m不等，堤身的向海侧多有海蚀陡坎带分布，各贝壳堤岛总体呈NW-SE向新月形岛链状，为我国北方泥质海岸独特的地貌景观。其总体规模以套尔河口以西者为大，在套尔河以东者逐渐延伸入潮滩内部，形体逐渐变小。据^{14}C测年资料，贝壳堤岛形成在距今2000～700年间，据历史资料分析，该贝壳堤岛链可代表战国以来至北宋时期古黄河三角洲形成阶段结束以后的海岸线，并且是

1128年以来海岸侵蚀后退的产物。漳卫新河口两侧的贝壳堤岛现仍在被侵蚀破坏之中。漳卫新河口至顺江沟口间沿岸贝壳堤岛总体规模逐渐缩小。如大口河堡岛在60多年前尚有较大村落，迄今该岛北侧已被蚀退150余米，平均蚀退率为3m/a，岛上村落早已无存。套尔河以西贝壳堤位于现“滨州贝壳堤岛与湿地自然保护区”内，保护区内的古贝壳堤与河北省的贝壳堤相连，是整个渤海西岸贝壳堤岛链的重要组成部分，也是目前国内唯一新老并存、不断生长的贝壳堤，它以其完整性、典型性和高贝壳含量而著称。保护区内主要分布两列贝壳滩脊系列高地：一为埋藏型，二为堤岛裸露型。

埋藏型贝壳堤自张家山子、李家山子、邢家山子、下泊头、马家山子至杨庄子，长约20km、为呈NW-SE向延伸的条带高地，地表0.5m以下为厚1～2m的贝壳-贝壳碎屑层，贝壳层中含淡水，目前均辟为耕地。只有下泊头村东侧尚保存一片未被辟为耕地的贝壳堤，剖面中尚见贝壳碎屑层、斜层理和完整贝壳。裸露型贝壳堤主要位于大口河口至套尔河口岸段高潮线附近，发育典型，贝壳堤呈NW-SE向延伸，高1.0～2.5m，局部高3～4m，受河流或潮沟切割，不连续，自西向东依次为大口河堡、高坨子、棘家铺子、王子岛和赵沙子。大口河堡贝壳堤岛位于大济公路起点，漳卫新河口东侧，至2009年，该岛侵蚀较为严重，并且黄骅港和滨州港的建设大大加剧了侵蚀情况。高坨子贝壳堤位于大口河堡的东侧，属于新生贝壳堤，尚有不断增长的趋势。新翻越上来的贝壳伏于老堤之上，贝壳多为完整形态，向东侧蜿蜒伸展。王子岛贝壳堤位于马颊河的西侧，与棘家堡子相连，贝壳堤高出平均高潮线3～4m，宽100～150m，目前贝壳堤向海侧有1～2m高陡坎，部分岸段还剥露出贝壳层下的粉砂黏土层。贝壳碎屑层厚3～8m，向东南伸展约1km，老堤尖灭，是目前形态基本完整、保存状况基本稳定的一段。靠海侧亦有新堤发育，仍处于稳定加积阶段。据该堤^{14}C测年，这是一条距今2000～1100年的古海岸线。另一条王子岛以东较新的贝壳堤，东南方向一直延伸到小沙附近，规模较小，一般仅高1～2m。小沙贝壳堤下层^{14}C年龄资料为(520±85)a、(770±75)a，它代表1855年以前的海岸线。老沙头堡贝壳岛位于马颊河口东岸，据2003年统计，面积约0.55km^2，高2～3m，贝壳堤岛形态呈向东凸出的弧形。现今由于发展经济，马颊河以东至套尔河岸段的贝壳堤均已开发为盐田。渤海湾沿岸不同时代的贝壳堤岛共有48座，按其成因又可分为两种类型：一种是开敞型贝壳堤岛，均沿高潮线分布；另一种是潮沟型贝壳堤岛，沿局部潮沟湾岸分布，以星点状形式分布于高潮滩。

残留冲积岛，为黄河故道天然堤残块，水平层理发育，风化后呈棕色“红土层”。在套尔河口大湾中，这样的冲积岛有10座，有的冲积岛向海或向沟的一侧发育有现代贝壳滩。高潮时，四面环水的残留冲积岛及被潮水破坏的贝壳堤形成的沙岛是这一地段的特点。

本区潮水沟极为发育，入海的河沟道汊较多，它们主要依靠涨落潮流维持。目前这些河道的主要入海口门多呈喇叭口状，口门附近都有拦门沙。

2. 近代黄河三角洲海岸地貌

近代黄河三角洲为1855年黄河夺大清河入海以来所形成的三角洲冲积平原，其范围大致以垦利县宁海为顶点，其西侧抵徒骇河—套尔河口，东南侧大致在宁海—胜坨至淄脉沟口一线。黄河三角洲及黄河口近代变迁详见图3-18。自陆向海可分为3个地貌带：陆上三角洲平原、潮滩、水下三角洲。

陆上三角洲平原，自三角洲扇面顶点向海至高潮线，地面高程7～8m至2～3m地带，主要有呈指状分布的河成高地与河间洼地相间组成，滨海地区受海洋的影响或改造成为残留冲积岛及滨海湿洼地。

三角洲潮滩地貌，包括高潮滩和潮间带，地面高程2～3m，大高潮位至大潮低潮水边线一带，其主要地貌类型有潮间分流河道及其河口沙嘴(大嘴)、废弃河口(沙嘴型)沙坝、潮水沟系。按成因可分航槽型潮水沟系和潮间树枝状沟系、贝壳堆积体。

水下三角洲地貌，包括现行黄河口水下三角洲和废弃河口海岸水下岸坡，水深0～13m一带，其外围为海湾平原。北起套尔河口外西北侧，南至淄脉沟口岸外，外缘水深5～13m。水下浅滩分布在近代黄河三角洲废弃河口区段。水下三角洲为现行黄河口水下三角洲，是1976年6月以来形成的，北起5号桩以南黄河大堤头岸外，南至小岛河口岸处。是现今三角洲堆积最快的地带。

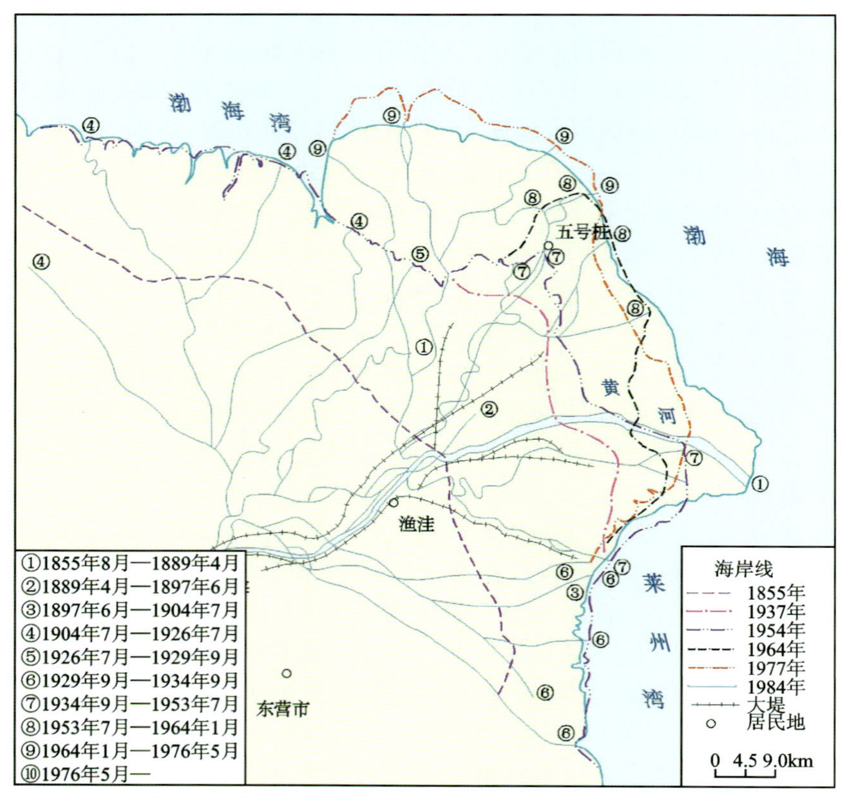

图 3-18 黄河三角洲及黄河口近代变迁图(1855—1976)

莱州湾海岸粉砂淤泥质潮滩西起小清河口,东至虎头崖,岸线全长 120 多千米。沿岸注入湾内的河流较多,主要有小清河、弥河、白浪河、虞河、堤河、潍河和胶莱河等,这段海岸未受黄河河道尾闾的直接影响,无论从海岸地貌成因类型还是物质组成上都与黄河三角洲海岸不同而自成体系。包括河流尾闾槽道、天然堤河口拦门沙、河间洼地、潮水沟和河口沙坝等。潮间带十分平缓,宽达 5～6km,最宽达 9km。也有高潮滩、中潮滩、低潮滩之分,组成物质为较粗的粉砂,由于沉积物较为松散,且周期性地受到海水的淹没和出露,侵蚀、淤积变化复杂,滩面上常有水流冲刷成的潮沟和波浪侵蚀的洼坑分布。受潮流作用,潮间带分为潮间上带、中带和下带。

潮滩地貌类型有河流尾闾槽道、潮水沟、河口沙坝。河流尾闾槽道,指河流的上游大都修建了水库,中下游常年绝大部分时间为干河床,入海河道主要依靠进出潮流来维持。潮水沟,在小清河、弥河(老河)及白浪河潮间槽道的两侧均有潮水沟发育。它们向上延伸一般不超过潮间带,向下冲流不超过粉砂质砂组成潮间下带滩面,一般呈羽状分布。一个羽状支沟系统在几十年甚至几年的时间内即可形成。河口沙坝,为黄河三角洲南缘南旺流路(1929—1930 年)洪水泄砂及后期溢洪排砂以后,在海岸凹带形成的堆积体。

小清河尾闾:槽道平均宽 150～200m,多河曲,槽滩相间,口门宽达 500～550m,呈喇叭状,槽道水深 3～5.4m,口门拦门沙水深小于 1m。

弥河尾闾(老河尾闾):自 1958 年大家洼围堤建盐场后,弥河经由白浪河出口,多年来因羊口盐场一直沿用老河槽海水制盐,仍维持一定的槽道形态,但近年来河道明显淤浅。

白浪河尾闾:目前白浪河潮间槽道也向东北方向转入莱州湾,口门深槽水深达 5m,内外两侧都有拦门沙发育,顶部水深 2.6m。

虞河堤河尾闾:两河在潮间带中下部汇流入海,近口门处水深 1.5～4.5m。口门外有拦门沙,水深 0.4～0.6m。

潍河尾闾：潮间槽道近几十年来主流有较大摆动，目前主槽道口门较30年前西移约3km，口门处滩、槽相间，深槽最大水深达9m，拦门沙内侧水深2m左右，外侧只0.5m。

胶莱河尾闾：潮间槽道水深2.5m左右，口门处水深可达3.5m，外侧有拦门沙群发育。最大的一座在口门以北约1km处，东西长约500m，南北宽260m，为原河口沙嘴之蚀余体。

（二）砂砾质海岸及海滩

从虎头崖向东围绕山东半岛，直至与江苏交界的绣针河口，砂砾质海岸广泛分布，与基岩海岸相间分布，是山东海岸的主要地貌类型之一，两岬角之间的海湾里的砂质海岸多以沙坝-潟湖形式出现，沙坝在外，潟湖在内，充填海湾。该海岸形成以砂为主，并含砾石及贝壳碎片的沙砾滩。海滩滩面较窄且坡度较陡。滩面宽度多为数十米，超过200m者甚少，坡度多在10°～30°之间。波浪是其形成海滩的主要水动力。

沙坝-潟湖海岸：山东沿海砂源丰富，在沿岸多形成沙嘴、沙坝，它们的发育可使原来的海岸封闭或几乎被封闭，从而变成潟湖，构成沙坝-潟湖海岸。其中，沙坝砂主要分布于海边高潮线以上，不仅是山东丰富的砂资源，而且追溯砂源，往往与相邻水下浅滩或水下古砂质地貌密切相连，因此，沙坝又往往是邻近水下丰富砂资源区域的标志，有利于预测水下砂体。莱州市刁龙嘴—蓬莱市栾家口段，刁龙嘴是复式羽状沙嘴，其发育过程几乎代表了刁龙嘴—龙口岸线全部变化过程。目前沙嘴经常被风所改造，并掩埋了附近的潟湖及冲积—海积平原。沙嘴末端冲淤变化显著，并逐渐向西延伸。叼龙嘴—三山岛段分布宽阔的沙坝和海滩平原及潟湖和潟湖平原，河流在潟湖上游荡泛滥，三角洲沉积层楔形覆盖于潟湖地层之上。该段海岸为复式夷平岸，海岸泥砂来源于海底来砂、河流输砂和自东北向西南的泥砂流。沿岸形成1～2km宽沙嘴式沙坝和海滩平原，沙坝高4～6m，自东北向西南逐渐增宽，最宽处在叼龙嘴附近，约5km，表面沙脊呈雁行式排列。沙坝由含细砾中粗砂组成，具丰富的冲洗交错层理。

三山岛—龙口区间古海湾、古潟湖发育，一般在沙坝的内侧多有潟湖存在。由于陆源物质较丰富，局部地区的河口岸线在逐渐向海推进。三山岛一带海滩宽度100至200多米不等。

龙口—栾家口段，海滩平均宽度约150m，屺姆岛连岛坝的存在，说明沿岸泥砂以自东向西的纵向运动为主，屺姆岛连岛坝是本段最大的连岛沙坝，其北岸海滩较窄，约100m，南部较宽，大于150m。

屺姆岛连岛坝、芝罘岛连岛坝都是本区域规模较大的沙坝，其存在说明沿岸泥砂以纵向运动为主，其中屺姆岛连岛坝是本段现存完好的连岛沙坝，其北岸海滩较窄，约为100m，南部较宽，大于150m，芝罘岛连岛坝已被人类活动所掩盖。

半岛东部和南部港湾众多，其海滩主要以潟湖、沙坝体系的形式分布。牟平区养马岛（象岛）—双岛港海岸特点是海岸沙丘发育，分布广面积大。仅金山港一双岛港一线，沙丘海岸就长达18km，宽2～3.5km，是山东沿海沙丘岸规模最大的区段。威海市皂埠至马兰湾段在柳夼以西有大面积的沙坝与潟湖发育。该岸段海滩受到明显侵蚀，在沙坝处发育有1m以上的侵蚀陡坎。荣成桑沟湾岸段内多海湾，湾内沙嘴、沙坝和围栏潟湖发育，有斜口流潟湖、龙门港潟湖、林家流潟湖等。桑沟湾西侧海滩较宽，在200m以上，上部较下部陡；南侧海滩相对较窄。位于沙坝中部的大疃钻孔，基本揭示了本段沙坝-潟湖海岸的大致发育过程。剖面的层序为：①黏土质砂、粉砂和粉砂质黏土层，厚14.4～15.9m；②砂砾石层，厚11.1～14.4m；③黏土质粉砂层，厚9.5～11.1m；④砂质粉砂层，厚6～9.5m；⑤较粗的中粗砂和砂砾石层，厚0～6m。其形成过程大体是，晚更新世形成①和②层的河湖环境的堆积物，冰后期形成③和④层的海湾潟湖相沉积，沙嘴和沙坝的发育逐渐在海湾沉积的顶部形成了⑤层的粗砂砾石堆积物。褚岛沙坝坝脊钻孔，钻探至18m未见底，均为各种粒级的砂质松散沉积物，说明该区沙坝沉积物堆积厚度是较大的，物质成分也较复杂，成因类型有差异。

乳山市南寨至白沙口段为一开阔型的砂质海湾，湾内自常家庄有一条长约6km的大沙嘴由NE向SW延伸，至海阳所南部，与西南的角滩隔一潮汐通道，沙嘴北是潟湖。由于白沙滩河泥砂的累年输入发育了潟湖口潮汐三角洲。三角洲附近因受波能、潮流、径流的相互作用，泥砂活跃，形成许多沙洲、沙岛等堆积体。沙嘴在泥砂横向运动的影响下，具有沿岸沙坝的特征，并且发育了复式沙坝。

海阳市凤城至马河港段岸线较平直，滩面宽，滩形呈上缓中陡下缓状，沉积物多以细砂、中细砂为主，普遍发育了几道主要由小砾石和粗砂组成的沿岸砂砾堤。这些砂砾堤规模大，形态完整，结构清晰。砂砾堤主要分布在纪疃河和东村河之间，呈帚状向 NE 方向散开，总宽度随之增大。东村河的东侧也有砂砾堤发育，其内侧（向陆侧）是狭长的潟湖洼地，湖内淤积了厚层的泥砂，覆盖于冲积层之上。砂砾堤的外侧是一条大规模的沙坝，向 SW 方向延伸，随着延伸方向，坝高与坡度逐渐变小，粒度变细，沙坝以下是海滩和水下岸坡。

崔家潞湾至棋子湾段，从王家台后村起向北 2km，为典型的沙坝-潟湖岸。相互平行的两列沙坝与潟湖相间排列。内侧的老沙坝南北向南延伸，外侧的新沙坝由南向北延伸，几乎与岸相连。老沙坝形成后阻断了北侧的泥砂供应，继而发育了由南向北的新沙坝。目前新沙坝基部南侧为大片岩滩，北端隔潮汐通道与小岬角相邻。泥砂主要源于南侧湾口。

日照市臧家荒—东潘家村段为复式（多列）沙坝-潟湖海岸，岸滩泥砂来自涛雒河和傅疃河，因河口宽大，泥砂横向运动强烈，在河口南侧形成比较宽的沙坝系列，有 4 条较明显的新老沙坝发育，其中后 3 条至东南营沙岭附近合并为一条，并列向南延伸到韩家营子附近叠置会合。另外，在龙口和日照南部沿岸还有部分平直的砂质海滩分布，滩面多呈上陡下缓的形态，受侵蚀现象较强，宽度通常在 150m 左右。

滨海小型平原海岸：这是山东砂质海岸中淤长最迅速的岸段，平均每年可达数十米。它们多发育在较大河流入海口两侧。河流带来的泥砂使冰后期海侵时的海湾逐渐变浅淤死，而成为一个镶在砂质海岸上的低平小型平原。

烟台市大沽夹河小型平原岸，大沽夹河年均输砂量在 35.4×10^4 t 左右，在河口区淤积形成平原。该平原南北长约 6km，东西宽 4 余千米。位于大沽夹河西岸胜利东村的钻孔剖面层序大体代表了平原发展演变的过程。0～11m 为中细砂，11～17m 为黏土质砂质粉砂，17～17.5m 为黏土质粉砂和砂质粉砂，17.5～21.6m 为粗砂砾石层。粒度、矿物、孢粉和微体古生物等多项分析结果表明，17.5m 以下为晚更新世的沉积层，17.5m 以上层位为全新世海积与河流冲积共同作用的结果。

文登市老母猪河—昌阳河小型平原岸，流入五垒岛湾的老母猪河与昌阳河等河流在湾口形成大面积的河口平原。该平原南北长约 8km、东西宽达 16km，是山东海岸面积最大的河口小型平原。目前河口并没有溺谷湾显示，河口地貌形态也复杂多样。据花山盐场等剖面中全新世中前期贝壳砂与卵石滩层的研究，推测当时五垒岛湾顶在小洛村—石羊—宋村集—姚山头—虎口山—花山一带。大量的泥砂入湾，使河口向海伸，全新世中期以来湾顶向外推进了 10～19km。

青岛市黄岛区（原胶南市）两城河—白马河—吉利河小型平原岸，诸河每年有大量泥砂入海，入海段因流束分散，造成众多的分汊，故而边滩、心滩发育。潮水沿河上溯可达白马与吉利河会合处的王家港。河口平原南北长约 10km，东西宽约 3km，岸滩宽平，河口滩面物质主要为黑灰色的淤泥质砂砾。至王家滩附近是三河的会积处，在砂质潮滩上，可见有 4～5 条明显的潮间沙垄。马家滩以下，河口心滩下移，两个老的河口心滩现已淤高，20 年间淤厚 2m。在河口沙坝和平沙地之间，多为潮汐通道，口内为潟湖和海积—冲积平原，现已多被开垦为盐田和农田。

（三）基岩海岸及岩滩

山东基岩海岸，西北起虎头崖，绕过山东半岛，南至日照岚山头，主要组成岬湾海岸段的岬角一带，与砂质海岸相间分布，岸线曲折，港湾众多。在基岩海岸上形成的岩滩多由各类基岩和滩面散落的粗砂、砾石构成。岩滩滩面狭窄，坡降大，波浪对其侵蚀作用明显。岩滩的形态受其组成岩性的影响较大。受岩性和波浪折射（波能向岬角辐聚）的影响，岸线曲折，港湾众多。基岩海岸近岸水深较大，现代海岸动力以波浪为主，岸滩多系砂砾质粗粒物质，海水清澈，滩面窄，变化较小。其潮间带次一级地貌主要有海蚀崖、海蚀穴(洞、壁龙)、海蚀平台、海蚀柱、砾石滩等。

由花岗岩等较硬岩石构成的岩滩,在山东沿岸广泛分布,大部分海岛上也多为该类岩滩。岸边山体直抵大海,岬角与海湾相间,岬角浪蚀作用强烈,海浪刻蚀出大片海蚀平台、大浪平台与海蚀阶地。岩滩上海蚀地貌发育。有海蚀柱、海蚀沟槽等奇特地貌景观。在岬角之间则分布着众多的大、小海湾。宽度仅几十米或一百多米。两处岩滩岬角间发育有小型海滩,海滩一般宽 50～100m,以细砂为主,在无灾害性天气情况下,岸滩较为稳定。

虎头崖附近有海蚀崖发育。陆源物质较少,海岸无明显的冲淤变化,处于较稳定状态。玄武岩台地海岸主要分布在龙口、蓬莱沿岸。新生代玄武岩组成的海蚀崖直立海滨,其下发育有宽数十米的海蚀平台,各种海蚀地貌发育。玄武岩海蚀崖的高度各地有所不同,有的崖高可达数十米。陡崖之下有磨圆较好的砾石滩。蓬莱阁至八角较平直的岬湾岸,岸线较为开阔平直,海滩一般宽 50～100m,以细砂为主,在无灾害性天气情况下岸滩较为稳定。蓬莱阁和庙岛群岛各岛均为小型岬湾海岸,各岛屿上的海蚀地貌特别发育,壮观奇特,类型齐全。小的海湾发育有砾石滩,砾石多为石英岩,万斛珠玑、洁白如玉,其中月牙湾的砾石滩闻名国内外。

芝罘岛至养马岛(象岛)基岩连岛坝岸,芝罘岛为一长方形的基岩岛,由一长 3km 的连岛坝与陆地相连。芝罘岛连岛坝无论其形成过程及形态特征,在我国都是最典型的。其连岛坝的形成主要是芝罘岛阻挡了由北面来的风浪,使岛的南部形成波影区,大沽夹河口的东移漂砂和岛上侵蚀下来的砾石渐渐在这里堆积起来,逐渐形成了连岛坝。芝罘岛北部海蚀地貌发育,为侵蚀岸。另外,养马岛的东端与陆地之间也发育了连岛坝的雏形。

双岛湾至皂埠基岩岬湾岸,位于威海附近,呈突角状。凸出于北黄海南岸,因受地质构造的控制,山势呈东偏北走向。突角西部山、谷相间构成岬湾,东部威海湾处于北部孙家疃和南部皂埠两岬角之间,湾口有刘公岛屏障,湾内浅滩水深 5～8m。

河口村至成山角蚀退的岬湾岸,此段岸线多岬湾,沿岸水深较大,成山角附近岸边水深流急,各种海蚀地貌发育。其西多有较小的阔口海湾,如马兰湾、龙眼湾等。岸边激浪虽较成山角弱,但仍有较强的冲击力量。

成山角至靖海卫基岩岬湾岸,岸线山势高峻,槎山(主峰 539m)雄峙滨岸,各种海蚀地貌发育,沿岸水深较大,潮间带狭窄,山体崩塌侵蚀的大片碎石和巨砾散落在岸边崖下,形成砾石滩。在石岛西南,朱口一带海拔 10～80m 山麓向海坡上散布有大量的花岗岩巨砾,个体直径多在 2～5m 之间,巨砾表面向海一侧形成发育各样海蚀穴、海蚀洞等海蚀地貌形态。沙口村等地有小型的海湾发育,在沙口村南端有一小型连岛沙坝,形态完整。

乳山市白沙口至海阳市冷家庄蚀退的基岩岬湾岸,除乳山口湾外,均为岬湾岸。岬角侵蚀后退,各种海蚀地貌,如海蚀崖、海蚀柱、岩礁、海蚀平台等发育。海蚀平台宽 150～160m,上接 15～20m 的砾石滩,砾石大小不一,分选差,岛屿多是本段海岸的特点,其中以小青岛、杜家岛、南黄岛和宫家岛较大。

丁字湾至薛家岛基岩岬湾岸,根据岸段的稳定程度又可分为:①侵蚀后退岸,主要分布在女儿岛南岸、崂山沿岸(太平角—山东头)、薛家岛等地,海蚀地貌发育,近岸水深较大,潮间带窄。②较稳定岸,主要分布在小海湾沿岸如沙子口湾、烟台前等,特点是高潮滩上面有海蚀陡崖,潮间带因有海滩和堤坝保护,岸滩相对较稳定。③淤长岸,主要分布在大沽河口、红岛(阴岛)东及崂山湾北湾等地段。岸滩地形平缓,多由淤泥及粉砂组成。

崔家潞湾至棋子湾基岩岬湾岸,本岸段除利根湾王家台后村 2km 属典型的沙坝-潟湖海岸外,其余岸线较开敞,以岬角为突出点,岬湾相间,各种海蚀地貌发育,如在大珠山东侧岸段及琅琊台、胡家山沿岸等。这些小型海湾,多以砾质或砂砾质海滩为主,可见有二级砂砾堤存在。高程 3m 左右的砂砾堤代表激浪作用的上限,较为普遍,其中较大的海湾有棋子湾、陈家贡湾、杨家洼湾、唐岛湾、崔家潞湾。棋子湾向陆深入 10km 左右,横河由湾顶贯入,湾内已大部分淤平。滩面物质为细砂,上覆有薄层淤泥。海湾西侧滩面物质较粗。陈家贡湾与杨家洼湾,位于琅琊台湾内侧,它们由大嘴岬角相隔分列南北。陈家贡湾较大些。于1971年已在两湾湾口筑坝。崔家踏湾，为直径3km左右的圆形海湾，在我国北方岸段中极为少见。湾内潮间浅滩在湾顶和南侧沿岸较宽，为800～1000m；北侧较窄，滩面中潮线以上多为砂砾，低潮线附近明显变细，为粉砂质或泥质砂。

任家台至臧家荒基岩岬湾岸，本岸段长约25km，向海凸入的基岩岬角较多，如任家台、龙山嘴、石臼嘴、奎山嘴等。仰角对侧形成一系列砂砾质弧形或袋状海滩。在任家台，有高出海面6～7m的古海滩遭大浪的冲蚀而形成冲蚀陡坎。任家台以南、肥家庄以东，古海滩与现代海滩明显可分，前者组成物质较均一，后者以粗砂砾石为主。

东潘家村至岚山头基岩岬角海蚀岸，全长约5km，1971年佛手湾北岸人工突堤建成，北来的泥砂仍在突堤充填沉积凹入角处的海滩，使岸滩转蚀为淤。根据1977年夏至1978年6月突堤北侧堤根附近滩面测量，虽在此期间在潮间带挖砂约5000m^3，突堤一年来拦截北来泥砂仍约18 630m^3（潮间带）。突堤以南原为海蚀岸堤，建成后加剧了侵蚀过程。1970—1974年间低潮线后退40～100m，－1m线后退20～80m，－2m线后退20～120m不等，几年来的冲蚀出现了大片新的岩礁。

黄土台地海岸主要分布在蓬莱城西—栾家口—泊子一带。此外，莱州海新庄—海庙口也有零星分布。其特点是黄土堆积台地直插岸边并延伸到水下，从而构成独特的几近直立的黄土海蚀崖。黄土台地由更新世中期以后的黄土状堆积物所组成，海水直捣黄土崖下。海蚀崖陡直雄伟，陡崖之下为由黄土状堆积物组成的浪蚀台地，台地上发育有薄层粉砂或细砂沉积，黄土台地海岸类型在整个山东沿海虽分布不广，但其独特的海岸地貌景观在全国都是罕见的。

另外，位于渤海海峡庙岛列岛的高山岛和北长山岛间的海域内也存在海蚀平台，声呐图谱反映出其表面平滑，似自然地层表面，平台表面没有明显的定向冲蚀痕迹。

三、水下岸坡地貌

山东半岛海域水下岸坡分布非常广泛，种类也很丰富，可分为河口水下三角洲、水下侵蚀岸坡、水下侵蚀-堆积岸坡、水下堆积岸坡、海湾堆积平原等几种类型，其上发育次一级的地貌类型，有水下浅滩、侵蚀洼地和潮流冲刷深槽（海釜）等地貌形态。

（一）河口水下三角洲

渤海和黄海沿岸河流众多，在山东省内河流比较大的有莱州湾的黄河、山东半岛南部的老母猪河、五龙河等，还有一些规模较小的河流如龙口湾的界河、胶州湾的大沽河等，随着河流入海水、砂的不同和河口海洋动力强度的相对变化，河口常形成不同沉积模式的三角洲及河、海共同作用的沉积体系和三角洲发育与废弃的演变。三角洲体系因河流、潮汐及波浪作用相对强度的不同，形成不同特征的河控、潮控、波控及其过渡类型的三角洲和相应地貌组合。渤海海域的水下三角洲基本上都属于河控型水下三角洲，黄河海域的水下三角洲基本属于潮控型。现将几个规模较大的水下三角洲分述如下。

1.黄河现行水下三角洲

现代河口水下三角洲位于莱州湾西部、现行黄河入海口附近海域。该三角洲指的是1976年6月黄河人工改道自清水沟入海以来形成的水下三角洲。是三角洲平原水下延续部分，其范围为北起五号桩南的黄河北大堤头岸外，南至小岛河口岸外，向外延伸至水深13m处。该水下三角洲似扇形，坡降为0.04％。

从地形图上看，显然平台区和斜坡区，从低潮线至2m等深线内地势都较为平坦，宽水下三角洲前缘宽度大约为4km，陆上的黄河分流河流可直接延伸到这里；2m水深以深出现明显的陡坡，宽2.9～

5.3km，坡度为0.2～0.3，是水下三角洲坡度最大的部分，上部较陡，下部较缓，斜坡的坡度变化出现在11～12m等深线附近，之后进入地势平坦的前三角洲。前三角洲位于水深12～13m至17～18m处。海底地形平坦，坡度为0.1～0.2，宽度可达13km。前三角洲之外是海湾平原，其坡度更加平缓。三角洲前缘平台沉积物粒度常略粗些，但相差不大，在沉积环境上，三角洲前缘上部称作河口沙坝，三角洲前缘的下部称作远端沙坝，两者的界线在7m水深或更深处。三角洲侧缘位于河口外侧部，低潮线至12～13m水深内的黄河口外侧泥质沉积区，又称烂泥湾。在地貌和沉积物特点上与河口中外部的三角洲前缘有很大不同。这里既没有平坦的三角洲前缘平台，也没有坡度较大的三角洲前缘斜坡。从低潮线至12～13m水深处，坡度为0.04～0.10，坡度变化小。沉积物为黏土质粉砂，比河口外中部明显要细。

黄河携带的细粒级粉砂淤泥、细砂、粉砂、黏土和有机质等沉积物在口门附近迅速堆积，由于泥砂的快速搬运、快速堆积，沉积时间短、欠固结、含水量高，在波浪、潮流等水动力作用下容易被扰动悬浮，非常不稳定，形成滑塌洼地、滑塌陡坎、冲蚀沟等微地貌单元。

滑塌洼地主要分布在黄河水下三角洲前缘斜坡，由于该区块水动力比较强，侵蚀作用强烈，以负地形出现的塌陷洼地密密麻麻，分布广泛，规模较大，其形状不规则，多呈近似圆形或椭圆形，大小不等，长度一般在10～100m之间，相邻洼地扰动下切深度不超过1m，洼地内部海底形态与周围海底有显著的不同，一般情况下洼地四周边缘界线清楚，内部海底平坦，在侧扫声呐图像上反射较弱。同时，众多的小型塌陷洼地可相互结合在一起，形成一定规模的滑塌洼地群。

冲蚀沟，1976年人工改道后，之前的河口受强水动力作用出现侵蚀，水下三角洲前缘斜坡上地势凹凸不平，在老河口南部形成三四条大规模的冲蚀沟，近于NWW弧形分布，长度达七八千米，相邻高差深达两三米之多，下伏浅层沉积物受到严重切割破坏。冲蚀沟内常由松散沉积物充填。在外力作用下两侧沟壁易受到破坏而坍塌，使冲蚀沟不断加宽。蚀余地貌与冲蚀沟伴生出现。

滑塌陡坎，在现行河口水下三角洲前缘斜坡底部发育滑塌陡坎，陡坎落差为1.4m左右，延伸长度为1.5km左右。现代黄河水下三角洲主要受入海径流及携砂沉积和海洋动力的共同作用，还受现代人类活动的影响，自1976年以来，海底地形地貌一直处于动态变化中，河口水下三角洲的演化经历了初期迅速增长、中期较快增长、后期缓慢增长和废弃后萎缩的过程。1976年黄河改道初期，入海水流散漫，入海口摆动频繁，三角洲面在较大范围内展开，大量泥砂在河口呈冲积扇沉积，三角洲迅速增长。1980年汛后，入海河流归股，呈单一顺直河道，摆动范围缩小，河道受大堤和地形约束，泥砂在河口地区淤积，河口沙嘴迅速外凸，河口尾闾末端形成拦门沙，随着河口的进一步延伸，受NE方向浪和科氏力影响，沙嘴逐渐向南偏转，水下三角洲增长速度依然较快。1990—1996年，河口凸出一定程度后前缘水深增大，受海洋动力作用明显增强，河口沙嘴变得狭长弯曲，河口泥砂也有沙嘴向两侧扩散，加之该段时间水砂偏少，三角洲发育速度明显变缓（黄海军等，2005）。

1996年经人工改道，黄河在清8断面以上950m处重新入海，改道后流场分布和入海泥砂的沉积动力环境都发生了改变，导致水下三角洲泥砂冲淤形势发生变化，据2009年测深数据，老河口南部受到严重侵蚀，沙嘴尖部已不像以往那样明显向黄海延伸，三角洲前缘斜坡上尤其是南侧斜坡上出现多处明显的侵蚀挖坑等负地形，而新河口外形成新的水下三角洲，其前缘斜坡最远向海推进2.4km，并略向东南方向偏转（密蓓蓓等，2010）。但是受黄河近年来水量锐减的影响，新形成的水下三角洲增长速度远低于1976年清水沟流路水下三角洲初期的增长速度。

2. 文登老母猪河水下三角洲

老母猪河三角洲分布在五垒岛海湾中，由河口向南呈辐射的扇形。三角洲规模不大，宽约24km，长约12km，底质较粗以细砂为主。该处潮流作用明显，有潮流沙脊分布。目前因河流输砂量减小，三角洲发育缓慢。

3. 即墨五龙河水下三角洲

该三角洲分布在丁字湾口。水下三角洲呈扇形。外缘水深约10m。它最宽约18km,长9km。底质多为较细的泥砂组成。坡降为0.15。

除以上较大的河流三角洲以外,在一些较小河流也有小型的水下三角洲存在。

4. 废弃河口水下三角洲

形成于1953—1976年的废弃黄河水下三角洲,神仙沟—刁口流路水下三角洲叶瓣位于现代黄河三角洲的北部,自1976年黄河改道清水沟流路以来,水流中断,入海泥砂量锐减,沉积作用减弱,而水下三角洲前缘处在突出渤海的位置上,毫无屏蔽地受到渤海NE向的强浪直接冲击,潮流强度大,潮汐复杂,致使水下三角洲遭到侵蚀后退,三角洲斜坡带位于10m等深线内,平均坡度为1.5‰,前三角洲位于10~20m等深线之间,坡度稍缓,为1‰,以外是平坦的陆架侵蚀堆积平原。水下三角洲在河口行水期间,泥砂快速堆积,岸线向海推移,在岸外形成明显的淤积中心,1976年5月黄河改道清水沟流路初期,本海区岸线呈向NWW方向略微凸出的格局,经过改道初期的快速冲刷阶段(1976—1980年)、中期缓慢冲刷阶段(1980—1992年)、后期以冲刷为主的冲淤调整阶段(1992年至今)。目前已达到以冲刷为主的冲淤调整阶段。以15m等深线为界,浅水区冲刷、深水区淤积(鹿洪友等,2003),且1976年最大的堆积中心与1999年最大冲刷中心是相吻合的,最大冲蚀厚度为8m(刘勇等,2002),废弃水下三角洲的冲淤与向东北方向凸出的三角洲叶瓣导致的NE方向强浪,在此区域使近底泥砂再悬浮(王厚杰等,2010)。泥砂运动在废弃三角洲的演变和重塑中起了重要作用。快速沉积的河口水下三角洲海底地层松散,含水量高,又经受波浪和潮流作用强烈侵蚀改造,海底粗糙,发育侵蚀残留岗丘、塌陷凹坑、斑状海底等微地貌和不同规模的海底滑坡、海底底辟等地质灾害。

侵蚀残留岗丘和冲刷坑废弃的黄河水下三角洲海底粗糙、起伏不平,冲刷沟槽、侵蚀残余岗丘等微地貌分布十分广泛。尤其是在废弃时间[illegible]的孤东海堤附近海域的水下三角洲,5m等深线以内冲蚀、塌陷洼地非常普遍,局部地区塌陷洼坑互相连接。在老九井海堤北侧也存在一个微地貌充分发育的复杂地形区,由沟脊组成,沟脊高差可达4~5m,系水下三角洲上的河口沙坝在潮流的侵蚀和冲刷下,较松软的沉积物被冲走,而较硬的物质残留下来形成的残留沉积体。

(二)水下堆积岸坡

水下岸坡是山东半岛海域发育非常广泛的地貌类型,半岛北部从屺角—成山角、从成山角—石岛东部以及半岛南部水下岸坡基本都属于此类型。由断崖或构造面经波浪、潮流侵蚀而成,属海洋动力辐聚的高能侵蚀岸坡。半岛北部岸坡,从屺角—成山角的半岛北部都有长短不一、坡度不同的岸坡分布。其中蓬莱角至成山头具有典型的岸坡。岸坡长3~10km,坡脚水深为10~15m,其坡降平均为0.25%,该岸坡陡而窄。从成山角—石岛东部岸坡较陡,岸坡平均长约18km,坡脚水深约为20m,岸坡平均坡降为0.11%,该区北部岸坡坡降明显大于南部,这是北部岸陡、波浪作用强烈所致。半岛南部岸坡坡降变化较大。在麦岛附近从0~25m等深线宽度约为21km,坡降为0.12%,在日照沿海岸坡坡脚水深变小,约为20m,岸坡坡降稍变小。

(三)水下侵蚀-堆积岸坡

水下侵蚀-堆积岸坡为地貌过程介于侵蚀、堆积作用之间的过渡岸坡。山东半岛海域水下侵蚀堆积岸坡少有分布,龙口湾水下岸坡属于该类型。龙口湾内波浪作用不强,潮流很小,加之没有大河入海,近岸一带已达到冲淤平衡,为侵蚀堆积型水下岸坡;龙口湾水下岸坡宽5km左右,比降为1/800,沉积物主要是粉质，岸坡上发育数条沙嘴，与水下浅滩无明显波折。5m 等深线距海 4000～4400m，海底比降 1‰～13‰，湾内有官道沙嘴和鸭滩两个对生水下沙嘴围封的半封闭内湾，水深在 3m 左右。

（四）水下堆积岸坡

水下堆积岸坡为主要受堆积作用形成的岸坡，一般分布在河口附近和水动力作用较弱的海湾内，在山东半岛沿岸，水下堆积岸坡主要分布于莱州湾沿岸，该岸坡长约 18km，较陡，坡脚终止于 10m 等深线附近，平均坡降为 0.11%，连接海岸和莱州湾海湾堆积平原的过渡地带。

（五）海湾堆积平原

山东省海域海湾平原地貌主要有莱州湾平原和胶州湾平原，其次，渤海湾的南部也有一部分在山东省界内。渤海湾和莱州湾是面积较大的海湾堆积平原，胶州湾面积相对较小，且波浪潮流等水动力对其的侵蚀作用较强，形成别具特色的海湾潮流动力地貌。

渤海湾海湾平原：该平原位于渤海湾南部的冀鲁交界的漳卫新河河口，向南至套尔河口附近的东部海域，它主要是南古黄河在此入海时，携带大量泥质粉砂在渤海湾形成的的海底平原。该平原范围广阔，地形平坦，坡降约为 0.06%，底质以泥质粉砂及粉砂为主。后因黄河改道，入海泥砂量骤减，该段海岸现遭受侵蚀而后退，海湾平原堆积速度明显减缓。

莱州湾海湾平原：在西起小清河口、东至龙口屺角的莱州湾入海的淄河、潍河、白浪河、胶莱河及相邻的黄河等河流在海底形成的广阔的冲积平原。该类型是莱州湾海域分布范围最大的地貌类型。从 10～20m 等深线的外海都是它的分布区。海底地形十分平坦，坡降为 0.008%。海湾内由于受潮流的作用，湾内平原区内基本上不受黄河入海泥砂的影响，淤积的泥砂主要来自鲁北平原入湾的河流，后者来砂量少、组成粗，海底底质以粉砂为主。由于近年泥砂入海量的减少，该平原堆积速度变缓。

位于莱州湾东部刁龙嘴岸外海域的莱州浅滩是山东半岛北岸规模最大的近岸水下堆积地貌体，是在具有丰富的物质来源和两个不同方向的波浪作用下形成的水下地貌类型，长达 25km，呈 NW-SE 走向，浅滩根部宽约 5.5km，向 NE 方向逐渐变窄，最窄处位于距其根部约 10km 处，宽约 1.5km。随后沿 NE 方向再次变宽至 6.5km 左右。浅滩头部折向 SSW，与浅滩主体成－15°左右的夹角。整体形态呈向西倾斜的“7”字形。浅滩与周边海底相对高差达 8～10m，水深沿 SE-NW 向逐渐从 6m 增大至 16m 左右。刁龙嘴近岸浅滩根部滩面上可见一处明显的海砂盗挖痕迹，凹坑近椭圆形，南北宽约0.5km，东西长约 0.7km，其附近滩面水深仅 0～3m，而凹坑处滩面可达 4～5m 水深，可能是采砂船吸挖所致。浅滩滩面上坑洼不平。浅滩中部宽度变窄，浅滩西部边坡较东侧边坡略陡，滩面上沙波和沙纹发育。

在三山岛码头附近由于航道疏浚，形成了 NE-SW 走向的深槽，与周边海域水深有 1～3m 的高差。此外，在海湾平原近岸还发育有数处水下沙波、沙纹微地貌类型，近岸一侧还分布有大范围渔业养殖区域，留下了诸多人工微地貌类型。

胶州湾海湾平原：胶州湾为湾口狭窄的袋装半封闭型海湾，全新世冲-洪积、海积层最大厚度 10m，向外逐渐变薄，湾口发育有大的冲刷槽，湾内发育近 SN 向大型潮流沙脊（许东禹等，1997），其中北部大面积典型的直脊形和新月形沙波可在潮流作用下摆动或迁移，移动速度可达 50m/a（赵月霞等，2006）。湾内还分布有马蹄礁、中沙礁、前礁等礁石。胶州湾内的沧口水道、中央水道、大沽河水道和岛耳河水道是明显的潮流冲刷槽。中央水道长约 7km，北段直至 5m 等深线处，宽约 3km，东、西两侧分别以中央沙脊和大沽河沙脊与沧口水道和大沽河水道分开。这些潮流冲刷槽和水下沙脊一起，构成了胶州湾手掌形地形的骨架。

胶州湾的主潮流通道起于胶州湾口，经胶州湾内口，至于中沙礁北部，是胶州湾与外海进行水交换的通道。该潮流冲刷槽在外湾口水深约 40m，至内湾口水深增大，最深处达 67.1m，向北逐渐变浅，至于中沙礁附近水深30m左右，形成明显的向海斜坡，坡度达到4‰。海底除有部分基岩裸露外，主要是砾砂和粗砂。从水动力条件分析，难以想象现代潮流能在七八千年内将海底冲蚀深达20m以上，故此潮流冲刷槽应为构造谷或者地质历史时期胶州湾内河流通向古黄海的河道，末次海进以后受潮流冲刷成为潮汐进出胶州湾的通道。胶州湾湾口中央水道北侧发育直脊型水下沙脊，形状上尖下宽、像锋利的竹签紧密排列坡上，沙脊走向垂直于地形等值线，移动方向平行于涨落潮流方向，即近EW向，主要沉积物为砂砾。

胶州湾湾口中央水道南侧的复合形沙脊，其位于象嘴正北约2km，统计结果表明，移动方向平行于涨落潮方向，平均波长达40m，形态为直脊形沙脊。其上有小的沙波发育，波长3～5m，波高0.3m左右，与直脊形沙脊形成复合型沙脊。从图谱反射灰度分析，其成分主要为粗砂。在胶州湾湾口外东北侧边缘水道，团岛外海蚀平台上的新月形沙丘，形态上孤立、略有叠置，个体最大的宽约50m，长约150m。

四、陆架地貌

山东毗邻渤海和黄海均为陆架浅海区。大陆架以平原地貌为主，在平坦的大陆架上分布有陆架堆积台地、陆架潮流冲刷槽、陆架堆积平原、陆架侵蚀堆积平原、陆架古湖沼洼地等地貌形态。

（一）陆架堆积台地

在山东半岛东部和南部都有水下台地发育。它是沿海沉积物在构造运动及波浪作用下的产物。一处分布在山东半岛东部海域，自成山头北面岸外一直延伸到北纬36°06′附近，宽达60km，长超过200km，但高度不大，最高为5m。以前地貌网上都标为潮流沙脊（耿秀山，1981），也有人称之为沙岗（傅命佐等，2001），还有人称之为泥丘。实际上，它是山东半岛东南近岸流形成的泥质堆积。浅地层剖面探测记录显示，东西向上泥岗的沉积构造为向东倾斜的高角度斜层理，南北向上为向南倾斜的斜层理，可认为是陆架堆积台地。

（二）陆架潮流冲刷槽

山东半岛东部冲刷槽：分布于山东半岛东部，从成山角北侧向西南至苏山岛。槽宽约13km，长约120km，水深变化在30～70m之间。该区为往复流和沿岸流长期作用的结果，流速可达3节。槽内物质自北向南逐渐变细，依次为砂砾、粗砾、中砂、粉砂质砂，反映了水动力条件自北向南减弱，并逐渐分选堆积，形成了粗物质堆积带。

老铁山水道南部冲刷槽：该水道呈NW-SE向，横跨黄海、渤海，平均宽9km，最大水深为86m。最大流速可达3节，海底沉积晚更新世至全新世初期的硬黏土、砾石、碎石、贝壳，并有基岩出露。

渤海海峡岛屿间冲刷槽：在渤海海峡的岛陆及岛屿之间，因水流束狭，流速加大，形成一系列冲刷槽。蓬莱与南长山岛之间的登州水道，最大水深达超过30m。海底有砂砾、碎石及黏土混杂沉积，并有基岩出露。南北长山岛与砣矶岛，砣矶岛与大钦岛及大钦岛与小钦岛，南北海域岛之间均有深浅不一的冲刷槽出现，其中最大的冲刷槽当数砣矶岛及大钦岛之间的北砣矶深槽，水深可达60m，底质较粗，有砂砾石沉积，基岩裸露。另有数条潮流冲刷槽零星发育于其他地貌单元地形起伏较大的地段，但规模较小。

(三)陆架堆积平原

该地貌类型位于北黄海的中部,山东半岛的东北方向,水深大于50m,地势平坦,是辽东半岛和山东半岛水下岸坡的向海延伸,其分布大致与构造上的断坳盆地相吻合,处于现代黑超分支黄海暖流余脉和沿岸流一起构成的逆时针环流中,形成以堆积作用为主的平坦的陆架堆积平原。沉积物主要由悬浮质组成,以粉砂质黏土和黏土质粉砂为主,沉积物主要来自于渤海、黄海沿岸流携带的黄河物质,也有部分来自老黄河三角洲的再悬浮物质和黑潮输送的外海物质(许东禹等,1997)。

(四)陆架侵蚀堆积平原

该地貌类型分布广泛,在山东北部、东部和南部大陆架海域都有分布,是山东海域规模最大的地貌类型。它所在海域水深范围为20~70m,跨度达50m以上。位于水下岸坡之外的广阔海域。上与山东近岸水下岸坡连接,南至旧黄河三角洲前缘坡地之北缘30m,等深线地势由西向东缓斜,坡度为0.3‰,海底凹凸不平,发育海底冲刷槽、沙坡、垄岗、浅滩等微地貌形态。山东陆架侵蚀堆积平原是黄海陆架侵蚀堆积平原的一部分。它在全球气候冷暖波动引起的海平面升降过程中,经历了数次海底裸露成陆的变化。在成陆时期,河流对其的侵蚀切割作用加强,同时也在平原上留下了河道和三角洲及湖沼洼地等地貌类型及相应的陆相沉积物。在东部的成山头及西南部海州湾附近海域都发现海陆交互相的有孔虫及河口相的贝类化石。在海洋时期,它经受海洋环境的洗礼,遭遇波浪及海流的侵蚀,接受来自河流的沉积物,使平原沉积物变厚。地势变得更为平坦,坡降多为0.011%~0.022%,该平原底质较细,多为泥质粉砂,其主要由黄河等河流输砂供给。因受冰后期侵蚀和现代海流、波浪作用改造,平原上发育有晚更新世末期到全新世早期的残留沉积和残留地貌,现代沉积作用较弱,平原上覆盖着一层很薄的全新世早期海侵形成的滨岸相残留砂沉积,其厚度仅为数十厘米,甚至缺失,其下的所谓“硬泥”沉积,以晚更新世的三角洲沉积为主,具有明显的向东倾斜的低角度斜层理,古土壤发育。平原上保留有晚更新世残留地貌,如古河道、残丘等。

特别需要指出的是,在山东半岛西南部海域,发育一系列总体上呈近EW向延伸的深谷,深谷整体走向NE-SW,形态蜿蜒曲折,向北延伸至青岛北部岸外,向南延伸至海州湾外,深谷的北段形态较为简单,胶州湾外围的走向基本与岸线平行,宽度也较大;南段深谷主体发育许多分支,宽度都较窄,且弯弯曲曲,看起来像鹰爪。深谷宽为1~2km,深度为10~20m,谷底崎岖不平,发育许多圆形或椭圆形的凹坑。过去这个深谷曾被认为是淹没于海底的古河道,但是根据调查发现,该谷深度比其附近海底低20m以上,最宽可达5km,就目前古地理研究,没有发现附近陆地现在和历史上有大河在此入海,因此该谷是否为古河道还有待进一步考证。鉴于该深谷位于南黄海北部盆地的北部边缘,该处发育一系列NEE-SWW走向的深大断裂,并为一系列NW-SE向断层错断,因此该谷成因也可能与深部断裂有关,但该结论也需要构造方面资料的进一步证实。

(五)陆架古湖沼洼地

洼地呈碟状,分布在青岛及日照近海,距陆地最近点约50km,其面积约在10 000km^{2}以上。为碟状深水洼地,其水深比周围海域深3~5m,地形平坦,其南部已进入江苏海域。现代海底仍保留着较为明显的低洼轮廓,这里的沉积物混杂有黏土、砂砾及贝壳等。在全新世海相沉积层之下,为晚更新世末期或全新世早期的埋藏湖沼沉积,沉积物为具有水平层理的黑色黏土、粉质黏土或细粉砂,海州湾古湖沼洼地沉积层之下为河流相砂、砂砾层,并发现有浅层气。

五、海底地形地貌

山东近岸海底地貌不仅受一定地质基础的控制，而且能反映地质时期海陆变迁的情况，在其形成过程中还受到现代陆地水文、泥砂及海洋动力等因素的综合影响，因而在不同海区海底地貌综合特征也具有一定的差异。现划分为莱州湾西岸海区、莱州湾东岸海区、黄海北部区及黄海南部区4个海底地貌区，分述如下。

（一）莱州湾西岸海区

西起漳卫新河河口，东至莱州市虎头崖，包括整个黄河三角洲及莱州湾顶部沿岸海域。该区受黄河入海泥砂影响，水动力条件以潮流作用为主，水下地形平坦，以强烈堆积为特点。地貌类型有水下三角洲、水下浅滩及海底堆积平原三大类型。

1）水下三角洲

水下三角洲是该区的重要地貌类型，按其规模又可分为黄河现行流路水下三角洲及小型河口水下三角洲。

黄河现行流路水下三角洲：黄河尾闾流路多变，不同时期的流路形成了各自的三角洲体-亚三角洲。流路一旦被废弃，与该流路有关的三角洲相应废弃，并在海洋动力作用下被改造，进入了在三角洲基础上的海岸过程，水下三角洲所具有的特征也逐渐消失。现行流路水下三角洲系指1976年6月黄河人工改道自清水沟入海以来形成，现正处于发展中的水下三角洲。北起五号桩南黄河北大堤头岸外，南至小岛河口岸外。至水深13m处，水下三角洲略呈扇形，向东东南方向延伸，坡度为3‰～5‰。由于黄河年平均入海泥砂量为10.49×10^{8}t，故三角洲生长迅速，一般年平均淤高1.0m，最大可达2.5m，河口年平均向海推进2250m。三角洲由粗粉砂组成，向外逐渐变为粉砂及黏土质粉砂。在三角洲南、北两翼各有一处“烂泥湾”，由含水量很高的半流动状的粉砂和黏土组成，呈卵形。南部范围稍大，为渔船的良好避风锚地。

小型河口水下三角洲：该区沿岸除黄河行水河口外，还有许多小河入海。其中套尔河、淄脉沟、小清河、弥河、潍河及胶莱河等，挟带入海的泥砂也在河口外建造了小型水下三角洲，叠加在近岸水下浅滩之上。这些小型三角洲大小不一，形态各异，有的相邻两个三角洲互相连接，互相穿插沉积。沉积物有明显的分带性，自岸边向海逐渐变细。如小清河三角洲，自河口向海依次分布着粉砂质砂（含贝壳）、砂质粉砂、粉砂质黏土。这些小型水下三角洲均明显地受潮流作用。

2）水下浅滩

该区水下浅滩被黄河现行流路水下三角洲分隔成南、北两个部分，北部浅滩分布在近代黄河三角洲废弃河口段。外缘的水深为5～13m，宽度为3～8km，平均坡度自北向南为0.6‰、1.6‰～3.3‰及1.3‰，组成物质为粗粉砂、砂质粉砂、粉砂及黏土质粉砂。向南有逐渐变细的趋势。该浅滩是在近代黄河尾闾历次流路所形成的三角洲的基础上（由于入海口改道，至今物质供应短缺），在流、浪、潮的作用下，经改造而成。南部滩浅，分布于小岛河河口以南，与莱州湾顶部水下浅滩连成一片，直至莱州市虎头崖。外缘水深为5m左右，海底坡度5‰，与北部相比，较为平缓，近岸物质为砂质粉砂，中间为粉砂质砂，向外又过渡为砂质粉砂，泥砂多来源于沿岸小河，以弥河口为界，西部仍受黄河泥砂影响，东部影响甚微。

3）海底堆积平原

分布于黄河水下三角洲及水下浅滩之外，地形平坦，坡度为0.25‰，向渤海中部倾斜。沉积物类型简单，南部以粉砂为主，北部以粉砂质黏土和黏土质粉砂为主，与黄河水下三角洲物质近似。显然是黄河入海泥砂及黄河三角洲物质在波浪和海流的作用下，经再悬浮后搬运到这里沉积的。

（二）莱州湾东岸海区

该区段西自莱州市虎头崖东至庙岛群岛，海底地形简单。10m 等深线离岸仅 2～4km，且与岸线轮廓相似。10m 等深线以外地形平坦，坡度甚缓，陆源物供应不足。水动力因素主要表现为 NE-SW 向的往复流，以及来自北偏西的波浪。除界河口有小型水下三角洲外，近岸发育有水下浅滩，向外为海底堆积平原。

1）水下浅滩

水下浅滩为本区的主要地貌类型，总体上呈锯齿状，其尖端指向西偏北，浅滩宽度较窄，近岸部分常有单列或双列水下沙坝，沉积物较粗，海岸至浅滩有明显的分带性，近岸为砂砾、粗砂，向外过渡为细砂、砂质粉砂。水下浅滩的形成，除受来自北偏东向的沿岸流及风浪影响外，还受地质构造控制，如莱州浅滩、屺姆岛浅滩及桑岛浅滩。它们都是由于离岸有岛礁作为浅滩基础，拦截过往泥砂而构成的三角形或异形水下浅滩。

2）海底堆积平原

海底堆积平原分布于水深 10m 等深线以外，海底地形平坦，坡度甚缓，仅为 0.25‰。组成物质以粉砂为主，局部为砂质粉砂或黏土质粉砂。总体看来，其沉积物粗于莱州湾西部海底平原，反映该海底平原具有不同的泥砂来源。由于泥砂来源不足，目前处于缓慢堆积过程。

（三）黄海北部区

西起庙岛群岛，东至成山角，岸线基本为东西向，中部略向南凹入。10m 等深线距岸仅 2km 左右，20m 等深线在威海以西距岸 30～40km，在威海以东则不足 10km，沿岸岛屿、岬角众多。涨潮流自西向东，落潮流则相反，流速多小于 1m/s，浪向为 N—NE 向。该海区无大河入海，泥砂来源多靠沿岸诸小河及岸蚀物质，数量有限。所出现的地貌类型为水下浅滩和海底堆积平原两大类型。

1）水下浅滩

水下浅滩按其特点及所在地理位置，可分为庙岛浅滩、登州浅滩、套子湾至养马岛水下浅滩及养马岛至成山角水下浅滩。

庙岛浅滩：分布于南、北长山岛及大、小黑山岛之间，南侧被庙岛海峡隔开，为离开大陆的岛间水下浅滩。海底地形较复杂，水深在 10～20m 范围之内，物质组成为粉砂及黏土质粉砂，其形成与群岛环境直接有关。迎浪、迎流面受到海水的强烈侵蚀，背面却快速堆积，使水下浅滩迅速增长。

登州浅滩：分布于庙岛海峡南侧近岸地带，呈指状向渤海湾内伸展，由 4 个相对独立的水下沙洲组成，自东向西依次为四人洲、二日洲、潮待洲和新井洲，平面展布呈向北开口、EW 走向的“W”形。最大水深可达 20m，最浅点为 5m。中间高、南北低，坡度较陡，物质组成为中粗砂、中细砂及砂—粉砂—黏土，有分带性，自西向东逐渐变细，受潮流作用明显。2008 年实测浅滩最浅水深 1.2m，位于二日洲顶部。浅滩南部 9m 以浅坡度较陡，若以 9m 水深以浅的区域为浅滩的主体，浅滩长轴约为 12km，短轴最长为 3km，面积约为 23km^2。

套子湾至养马岛水下浅滩：分布于套子湾至养马岛之间，水深范围 0～10m，由于芝罘岛与崆峒岛远离岸边，使水下浅滩呈“M”形。芝罘岛现已成为陆连岛，将浅滩分为东、西两个部分，并拦截了西面大沽夹河入海物质，使西部地形简单，坡度较大，可达 5‰，且物质较粗；东部地形平缓，组成物质较细。

养马岛至成山角水下浅滩：分布于养马岛至成山角的近岸，外缘水深为 10m，呈带状绕岸分布，宽度为 1～2km，水深 5m 以浅的沉积物为中细砂，因受 N—NE 向波浪作用，常形成双列或单列水下沙坝。5～10m 间的沉积物为砂—粉砂—黏土，威海以东为黏土质粉砂，此岸段浪和流的作用均有所增强。

2)海底堆积平原

海底堆积平原分布于水下浅滩以外,外缘水深可达40余米,海底地形开阔平坦,坡度为0.17‰,向北倾斜。表层沉积物为黏土质粉砂,并随水流增加,沉积物粒度逐渐变粗,而成为粉砂,反映了海底平原的物质有向岸方向运移的趋势。海底堆积平原下部埋藏着古阶地,在45m水深处,晚更新世古地面已暴露于海底,形成冲蚀平原,在群岛之间及岬角处广泛分布有冲刷槽,最深处可达80余米,与周围相差30~40m。冲刷槽长轴方向与潮流一致,其形态受沿岸地形控制。

(四)黄海南部区

北起成山角,南至绣针河口,岸线呈NE-SW向。区内多海湾、岛礁、岬角、冲刷槽及溺谷。海底地形复杂,20m等深线基本与岸线轮廓一致。涨潮流方向自北东向南西,落潮流方向相反,潮差向南逐渐增大。入海的中小型河流较多,物质来源较北岸丰富,有自北东向南西运移的趋势。区内地貌类型为水下三角洲、水下浅滩、海底堆积平原及海底冲蚀平原。

1)水下三角洲

本区所出现的水下三角洲,多分布于半封闭的海湾口门处,区内虽然中小型河流较多,但多数先汇入湾内形成大片潮滩。河口三角洲不甚明显,在湾口处由于径流与潮流作用常形成具有潮流性质的水下三角洲。

丁字湾水下三角洲:位于丁字湾口,水下三角洲呈扇形,向东偏南方向增长。外缘水深为10m左右,地形坡度为1‰~2‰。表层沉积物有明显的分带性,顶部为中砂,向外依次为细砂、粉砂质砂及黏土质粉砂。物质来源于湾内10余条河流,向湾内年输砂量为156×10^4t,经海湾已向外扩散,由于径流与落潮流的作用,在湾口形成水下三角洲。

傅疃河水下三角洲:位于日照市傅疃河,呈扇形分布于5m等深线范围内。面积约$10km^2$,向东南凸出,平均坡度为2‰,三角洲两侧为细砂,中间为粗砂,向外过渡为黏土质粉砂,外缘因受波浪影响分布有水下沙坝。

其他小型水下三角洲:老母猪河、黄垒河、乳山口及白沙口外,亦有小型水下三角洲分布。形态不甚明显,一般分布在5m等深线附近。表层沉积物较粗(一般为细砂),分选良好,其上发育有潮流沙脊,受潮流作用明显。

2)水下浅滩

水下浅滩是本区海底地貌重要类型之一,分布面积广,地形复杂,水动力条件不一,表层沉积物变化较大,其成因常与海湾堆积和岬角侵蚀有关。外缘水深一般在7~20m之间,坡度变化较大,区内可划分为北部小海湾水下浅滩、靖海湾至崂山湾水下浅滩、胶州湾水下浅滩及南部水下浅滩。

北部小海湾水下浅滩:北起成山角,南至石岛湾,该段水下浅滩系由荣成湾、桑沟湾、黑泥湾、石岛湾及相间的岬角水下浅滩组成,外缘水深达20余米。其中桑沟湾浅滩最宽,宽度为12km。平均坡度为1.5‰,5m等深线以浅的地区坡度较大,为0.25‰。岬角处坡度更大。物质组成均为黏土质粉砂,与相邻海底平原物质相同。黑泥湾外侧冲刷强烈。最大流速为1.42m/s,底质明显变粗,分布有砂砾、中砂及粉砂质砂。

靖海湾至崂山湾水下浅滩:分布于0~10m水深范围之内,平均宽度为10km,坡度为1‰,崂山湾宽度较大,可达16km,呈带状分布于沿岸。一般近岸部分为粉砂,向外变为黏土质粉砂,唯崂山湾内有大面积的粉砂质砂,向外方过渡为粉砂和黏土质粉砂,该区段溺谷发育,如乳山口湾及丁字湾溺谷。

胶州湾水下浅滩:包括整个胶州湾及其湾外部分(大公岛至灵山岛为界)。湾内海底地形复杂,在10m水深附近有一陡坎,其上地形平坦,表层沉积物为黏土质粉砂和粉砂质黏土。胶州湾略呈扇形,沧口水道将湾分成东、西两部分,东部较陡,西部较平。湾外沉积物类型复杂,沙子口附近为中砂,青岛前海为砂及粉砂质黏土,薛家岛至湘子门为粉砂质砂、粉砂及砂—粉砂—黏土,自岸边向深水逐渐变细,

10m 等深线外为黏土质粉砂。区内潮流沙脊发育，长轴方向与潮流一致，形态各异，大小不一，分别称为前礁、北沙、南沙、中沙、西沙及东沙。表层沉积物多为中—细砂，含贝壳碎片。黄岛至湾口有一"之"字形大冲刷槽，自北向南有 4 个深点，分别为 42m、41m、66m 及 48m，槽内多为基岩及大小石块，向外逐渐变为中砂、细砂及砂质黏土。最大流速可达 150cm/s。涨潮时流向湾内，落潮时流向湾外，为典型的往复流。胶州湾水下浅滩的物质来源，主要是入湾各条河流挟带的泥砂及其岸蚀物质，其中白沙河、墨水河、大沽河、洋河入湾泥砂达 85.1×10^4t/a，在活跃的水动力条件作用下，大部分物质堆积于湾内，部分物质顺落潮流带出湾外。

南部水下浅滩：北起湘子门，向南包括崔家潞湾、利根湾、琅琊湾、棋子湾及黄家塘湾至绣针河口，大致呈带状分布。外缘水深范围在 15m 左右，一般宽度为 2～9km，平均坡度为 3‰。物质组成较复杂，崔家潞湾为黏土质粉砂，口门为粉砂质砂，湾外为砂、粉砂质黏土，琅琊湾至傅疃河，大部分为黏土质粉砂。傅疃河南，几乎全为砂、粉砂质黏土，斋堂岛外为侵蚀浅滩，宽度为 1～2km，水深达 20m，底质为细砂。该岸段物质来源较丰富，其中王戈庄河和两城河，年平均入海泥砂计 43.19×10^4m^3，大部分堆积于岸边，余者构成了水下浅滩物质，全新世海相层的厚度一般不超过 10m。

3)海底堆积平原

海底堆积平原位于成山角至崂山头岸外 10～20m 等深线附近，与黄海北部的海底堆积平原相接，形成了环山东半岛的海底堆积平原，南部被海底冲蚀平原所代替。地形平坦，坡度为 0.3‰，向外海倾斜。表层沉积为黏土质粉砂，黏土含量自北向南逐渐增加，反映了动力条件绕过成山角后逐渐减弱。全新世海相层自岸向深水方向逐渐变厚，最大厚度不超过 10m。在成山角处发育有大型的冲刷槽，近南北向长条状分布，最大深度可达 80 余米，槽内物质自北向南逐渐变细，依次为砂砾、粗砂、中砂、粉砂质砂，反映了水动力条件自北向南减弱(最大流速为 140cm/s)，向南逐渐分选堆积，形成了粗物质堆积带。

4)海底冲蚀平原

该平原位于崂山至日照近海，南部与江苏的残留砂平原相接，水深在 15～30m 以外，地形坡度为 0.3‰，有近平行岸线的凹槽长度为 40 余千米，宽为 1km，槽内物质较周围细。海底冲蚀平原沉积物粒度变化较大，含大量钙质结核及贝壳碎片，砾石具棱角，分选差。北部(灵山岛以北)主要由更新世陆相沉积层构成，其上覆以厚度小于数十厘米的残余沉积物(砂—粉砂—黏土)，南部主要由残留砂组成。它们是晚更新世的古平原地面，被全新世海侵淹没，并受到现代海洋动力的冲蚀作用，使海底表层不断受到改造，但仍保留原始地貌形态。

第四节 近浅海沉积分区

山东半岛近浅海以陆源碎屑沉积为主，其沉积分异主要取决于陆源物质供应能力和水动力环境，而入海物质的搬运与扩散也受控于水动力和海岸地形地貌。因此，水动力环境和地形地貌是沉积物分区的主要依据之一。径流、波浪、潮汐和海流，均对沉积物的侵蚀、搬动、堆积起到积极作用。但对某一岸段，可能某种或某几种水动力占主导。其中海岸地形地貌和水系格局又构成了沉积物堆积的重要环境背景。调查预评价区属海岸带范畴，受外海水系活动影响相对较弱，沿岸流对陆源物质扩散途径和扩散范围起到决定性影响。

沿岸流是碎浪海水和入海河水尚未与海水充分混合之前的低温、低盐、高悬浮体的冲淡水系。渤南—黄海沿岸流起源于黄河口，流经莱州湾中部，经庙岛海峡进入北黄海，靠近山东半岛流动。在威海岸外沿岸流与黄海暖流之间，围绕盘踞北黄海底层的冷水团形成一个逆时针小环流。黄海沿岸流主流继续绕过成山头进入南黄海，流幅变宽，流速下降，并且分成两支：一支仍沿海岸流动，在崂山湾以南逐渐消失；另一支大约沿 50m 等深线南下。调查预评价区内分布最广泛的是砂粒级及以下粒级的沉积物，并且一般可划分为3种具有动力意义的沉积，即砂质沉积、泥质沉积及混合沉积。纵观我国近海沉积物分布图，调查预评价区内沉积物以粗细相间的斑状为主，平行分带不明显，根据许东禹等(1997)的划分，山东半岛近浅海宏观上属环山东半岛沿岸流泥质沉积区。

据山东省第一地质矿产勘查院2000年调查成果，按照各岸段海域的波浪能量、潮间带和潮下带坡降、泥质供应、岛屿波影屏蔽、涨落潮流速大小等因素，按成因主控因素将调查预评价区细分为浪控砂堆积亚区、潮控砂堆积亚区、河口泥质沉积亚区、沿岸流沉积亚区、现代混合沉积亚区5种沉积亚区(图3-19)。

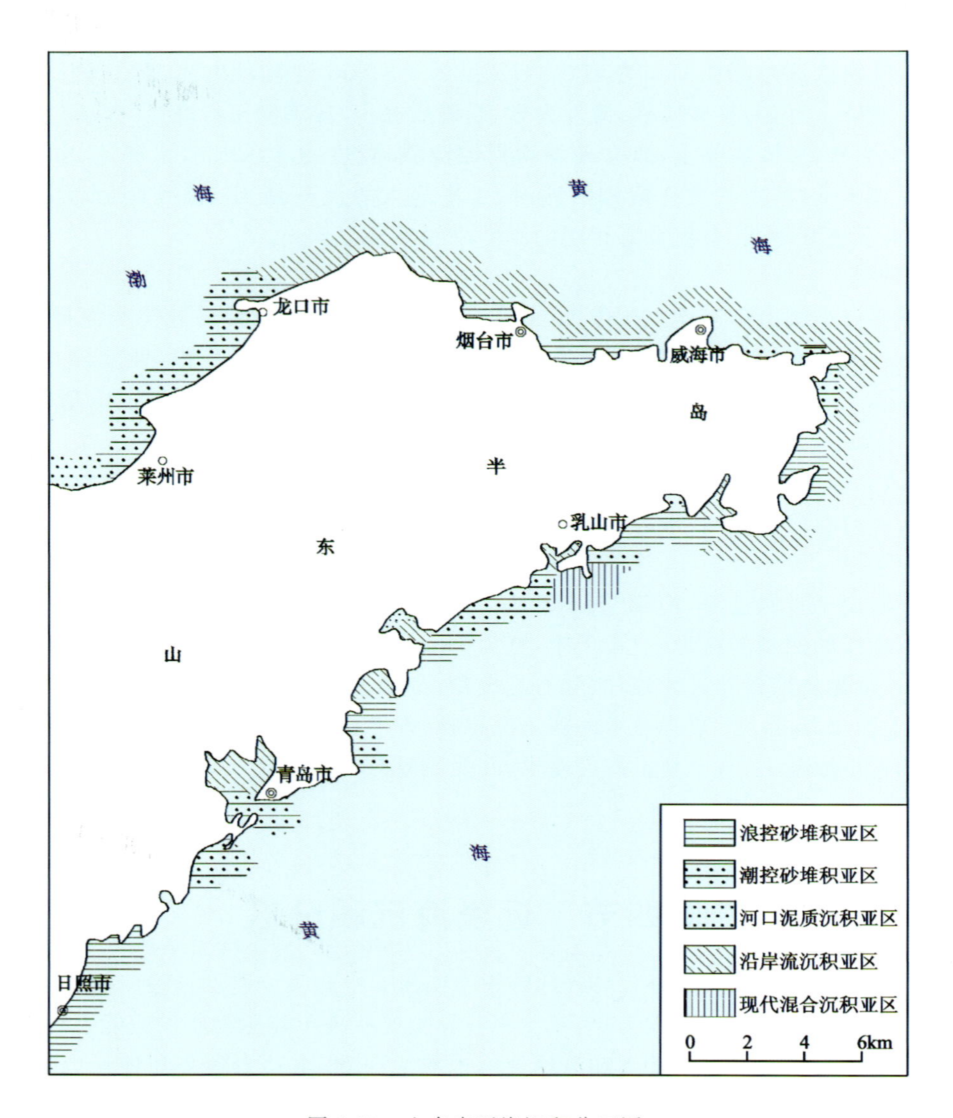

图3-19　山东省近海沉积分区图

(1)浪控砂堆积亚区特征：出现在海岸能级较高，水动力以波浪为主，泥质供应较少，无岸外岛屿造成的波影屏蔽，水下岸坡坡降较大的岸段或湾顶，如荣成湾、黑泥湾、桑沟湾、王家湾、灵山湾等，该类亚区沉积物以中粗砂、砾砂为主，最有利于重矿物的富集。

(2)潮控砂堆积亚区特征：分布在海岸能级中偏高，水下岸坡坡降平坦，泥质供应不丰富，水动力以潮流为主的岸段，如冷家庄—潮里、裴家岛、涛雒—虎山，沙滩平直，砂级堆积物厚度较大。物质供应可以是现代山区河流、海底侵蚀或古海滩，沉积物以细砂为主，分选良好，少数地段潮流浅滩为粉砂质或中粗砂，沉积物中重砂物、稳定矿物含量较高，不稳定矿物含量低。该类沉积区易形成大规模的石英砂、锆石、磁铁矿等滨海砂矿。

(3)河口泥质沉积亚区特征:主要分布在径流量大、泥质含量高的河口,如母猪河口、五龙河口、大沽河口等,除河口外拦门沙坝外,大部分都由泥质沉积(泥质粉砂、粉砂质泥)构成。河口区往往径流、潮流和风浪作用都很强,使这里的沉积物处于沉积—侵蚀悬浮—再沉积的反复过程中,其大量物质从这里扩散到其他海区。河口拦门砂坝可形成重矿物的富集。

(4)沿岸流沉积亚区特征:与沿岸流流路基本吻合,海水深度一般大于 8m,底质类型主要是黏土质粉砂和粉砂质黏土,沉积物中重矿物含量低、不稳定矿物和片状矿物含量高,对山东半岛呈包围状。此外口小腹大的葫芦形港湾或岸外多岛屿,由于波影屏蔽,有利于泥质堆积,同时涨潮流速大于落潮流速,亦有利于泥质近岸沉积。如胶州湾、丁字河湾、乳山口—海阳所等地段均属此类,该区不易形成滨海砂矿。

(5)现代混合沉积亚区特征:分布于现代沉积粗细沉积物之间的混合沉积,沉积区内地形变化极大,泥质供应丰富,该类沉积亚区有利于小规模贝壳的富集,且贝壳常与砾级碎屑混合堆积,如乳山南岛咀。

第五节 新构造

新生代以来,山东半岛新构造运动相对较弱。古近纪,除黄县盆地下降外,地壳一度稳定,形成唐山期夷平面。早更新世地壳相对稳定,形成临成期剥夷面,沿海发育 30～60m 的海蚀平台。中更新世,在河流中上游发育高于现代河床 20～30m 的Ⅱ级基座阶地。南黄海 40m 水深海底之下见有中更新世陆相河漫滩沉积。晚更新世,山间河谷发育了冲积层,并在河流一侧形成Ⅱ级阶地,南侧海岸带形成Ⅱ级阶地。全新世以来,各水系之河床及漫滩发育砂砾石层,沿海则为河口湾沉积,文登—海阳地段见有较明显的海积阶地。钻孔揭露资料显示,现代海滩沉积以砂级碎屑为主,中部普遍夹有 1～5m 的粉砂质泥层或泥质粉砂层,代表全新世曾有一次较明显的地壳相对下降或海平面上升。通过钻孔中全新世沉积的横向对比可知,除龙口和局部河口地段全新世沉积厚度较大外,其他岸段全新世沉积的最大厚度均在 20m 左右。在海岸带可形成更新世埋藏型的锆石、砂金等古河流相砂矿,亦有形成全新世滨海砂矿的条件。

近百年的构造运动即现代构造运动,属于新构造运动的范围,或者说是新构造运动的最新阶段。现代构造运动包括现代活动的断裂和褶皱,后者在短期内的表现常常是地壳升和降,统称为地形变,也就是一个范围内一定时间里地壳的大面积上升或沉降。20 世纪 80 年代,为研究现代地震活断层和海平面变化,胡惠民、黄立人等组成的研究小组综合了 1950—1980 年我国沿海各省施测的一、二等水准点复测资料,采用地壳垂直运动的线性速率模型(即假定在两次水准测量相隔的这段时间内地壳运动是线性的),得到山东半岛沿海地区地壳垂直形变速率如下:

(1)山东半岛地壳上升速率为 1.0～2.0mm/a,其中青岛崂山—丁字湾地壳上升速率在 3.0mm/a 左右,丁字湾—五垒岛湾海岸上升速率为 2～3mm/a,烟台—荣成海岸上升速率为 1～2mm/a,蓬莱—烟台和青岛—日照岚山头海岸上升速率在 0mm/a 左右,莱州湾沿岸及其两侧海岸均以下沉为特征,下沉速率为－3～－1mm/a,局部如黄河现代三角洲一带下沉速率可达－5mm/a。

(2)山东半岛上升区的轴部在青岛—石岛一线,呈 NE 向,济南以西进入 NE 向的邯郸—天津沉降槽区,下降速率为－30～－20mm/a,最大在天津,达－60mm/a。

(3)山东半岛大部分海岸上升区速率与世界海平面上升率相近,则世界海平面变化对山东半岛基本无影响,而莱州湾和黄河三角洲区,相对海平面上升速率远大于世界值。

(4)从 1950—1980 年近 30 年的地形水准测量数据说明现代构造升降(即新构造运动)与老的地质构造的继承性。如郯庐断裂以东的半岛区的长期缓慢上升区就继承了胶东地盾的特征。郯庐断裂以西进入华北沉降区，在这30年里也显示出较大的下降速率。埕宁凸起第四系较薄区域在现代地壳运动中，也显示出下降中的零上升小区。

第六节 滨、浅海海砂矿概况

按地质环境，海洋砂矿可分为滨海砂矿和浅海砂矿两类。

一、滨海砂矿

滨海砂矿是陆地上的岩石，由于强烈的物理与化学风化作用而破碎成砾石、砂与黏土等物质，由河流搬运至河口与海滩上，再经波、潮、流与风的分选作用，使一些硬度小的矿物被磨损、消失，一些密度小的矿物不断地被带走，而密度大的有用矿物就相对富集，从而在滨海环境下富集形成具有工业价值的砂矿。该类矿床具有规模大、品位高，通常与工业矿物共生或伴生成矿，沉积物松散、矿体埋藏浅、易采易选等优点。滨海砂矿资源是增加矿产储量的最大潜在资源之一，国外现已开采利用的30余种滨海砂矿资源中，无论其储量，还是开采量，在世界矿产储量表中都占有相当重要的位置。

依据矿物成分和工业用途对滨海砂矿进行工业分类。我国滨海砂矿一般为复合型矿床，只能依据主次将其归于某一工业类型。我国滨海砂矿主要工业类型大类有磁铁矿、铬铁矿、钛铁矿、金红石、金、铂、锡、铌钽铁矿、锆石、独居石、磷钇矿和石英砂，其中以钛铁矿、锆石、独居石、石英砂等储量最多。

滨海砂矿按成因-地貌分类，首先根据砂矿形成过程中占主导地位的外动力作用因素进行分类，然后按砂矿赋存的不同地貌形态划分亚类。两者的结合反映了砂矿成矿作用中的动力环境。一般按成矿营力因素划分为残坡积、冲积、海积、风积和混合堆积5类；按地貌形态分为16个亚类。我国滨海砂矿以海积成因类型规模较大，其次为冲积和风积，形态类型以海积沙堤、海积沙嘴、海积沙地和河口堆积平原型等工业意义较大，其次为海滩、冲积阶地、风积沙丘和海积阶地型。

按砂矿的形成时代可分为现代滨海砂矿和古滨海砂矿。现代滨海砂矿是指在现今滨海地带所形成的砂矿，一般指晚全新世以来在现在岸线附近形成的砂矿。古滨海砂矿一般指目前离现在海岸有一定距离的砂矿，又可进一步分为抬升型古滨海砂矿和埋藏型古滨海砂矿。

按照砂矿离母岩的距离不同，滨海砂矿可分为近源滨海砂矿和远源滨海砂矿两类。近源滨海砂矿是指那些在原地或离原生地数千米至数十千米沉积富集而成的滨海砂矿。密度大、易磨损的矿物多，其规模一般较小，如金、锡、铬铁矿和铌钽铁矿等。远源滨海砂矿是指离原生地数十至数百乃至上千千米处富集而形成的滨海砂矿。这类砂矿一般为密度相对较小、抗磨蚀能力较大的矿种，如锆石、钛铁矿、金红石、磷钇矿、磁铁矿和金刚石等较稳定矿种。目前，我国已发现的具有工业价值较大型的滨海砂矿床多为远源滨海砂矿类型。

二、浅海砂矿

浅海砂矿主要是指工业矿物在浅海环境下富集而成的具有工业价值的砂矿。目前已发现浅海区重矿物多达60余种，初步调查结果表明，具有远景的矿种有金、锆石、钛铁矿、金红石、锐钛矿、独居石、磷钇矿、磁铁矿和石榴石等。我国在渤海、北黄海可圈定出海区的一些相对高含矿区，如莱州湾为金的高含量区等。

我国浅海区砂矿异常和高含量区有如下特点(孙岩等,1986):

(1)砂金矿主要分布在渤海的莱州湾东部,磁铁矿分布在渤海和东海,独居石(磷钇矿)分布在南海,金红石(锐钛矿)分布在南黄海和南海,石榴石在渤海、北黄海、东海和南海都有分布。

(2)矿体形态为平行海岸呈条带状、椭圆状、斑块状和不规则状等砂体;面积大小不等,一般数十平方千米至数百平方千米,少部分上千余平方千米。

(3)水深一般小于200m,多在50m之内,部分小于20m。

(4)异常及高含矿区沉积物类型主要为细砂、粉砂,部分为中—粗砂、泥质砂、含结核砂和含砾砂等。

(5)所处地貌单元有冲刷槽、沙脊群、水下沙坝、古河谷、三角洲、海湾、浅滩、潮流辐射沙脊、水下岸坡、水下阶地、古滨海平原。

(6)砂矿物质来源以陆源为主。来自陆地、岛屿和海底含工业矿物不同时代的各类基岩侵蚀物及第四纪堆积物,在海流、波浪、沿岸流、潮流等海洋动力因素作用下,砂矿物质在有利的地形、地貌部位进行富集,在其富集过程中,海洋水动力因素起着重要作用。

滨海砂矿是由于机械沉积分异作用,使海滩陆源碎屑中的有用矿物富集而成的,它经过了波浪、拍岸浪、潮汐等的反复起伏作用,以及岸流的反复分选,使碎屑物或某有经济意义的重矿物在海滩的某些地带富集起来从而形成有经济意义的滨海砂矿。一般是在后滨的后部或是沿基岩与松散海滩砂矿交界的地方,有用重矿物富集起来,因为波浪把前滨中所有的物质掀起来而后又把它们滞留在海滩上,当波浪回流时,由于其搬运能力降低,只能把轻物质带入大海,重矿物则留在海滩。重矿物的富集就是这样在海滨的后部不断进行。沿岸流把较轻的物质搬出沉积区,促使重矿物在岸外地带富集起来。形成浅海砂矿。由于同样的作用,潮流可把重矿物富集在潮流通过的松散沉积层底部。

海平面的变化和波浪的作用是控制重矿物富集的两个主要因素,如海平面长期稳定,成矿时间较充分,砂矿的品位就高。含矿层通常平行海岸线呈带状分布,主要富集于后滨带的上部。海平面变化较快时,可抬高、破坏和淹没已形成的砂矿,也可能富集成规模不大的新矿,所以从后滨到浅海均可能有砂矿形成。滨海砂矿的主要赋存特点是:砂矿体多数呈薄层状或透镜状,并多赋存于海岸带表面及表层以下的沉积层中,在沉没的古海滨和河谷埋藏较深。

从地貌上,滨海砂矿主要分布于砂质、砂砾质海湾岸和砂质平原海岸,在淤泥质海岸和基岩海岸一般难以形成矿床,含矿层或矿体多赋存于滨海的岸带潮汐线以上近代及古代形成的沙堤、沙坝、沙丘、沙滩、沙积平面和海成阶地上,尤以河口拦湾沙堤、连岛沙堤和港湾沙堤对成矿有利。矿体长数十米至数千米,宽数十米至数百米,矿体规模主要受海岸地貌条件控制。

山东半岛滨海砂矿均由全新世以来的海相沉积物组成,主要有中细砂、粗砂、砂砾及粉砂,重矿物富集于细砂和中细砂中。矿石成分较复杂,主要为石英、长石及少量云母,副矿物有磁铁矿、磷灰石、榍石等,有用重矿物为锆石、钛铁矿、金红石、自然金等。成矿时期主要为第四纪全新世的中晚期,成矿母岩主要为晋宁期—燕山期的花岗岩。

根据底质取样分析和少量勘查工作,山东省浅海海砂矿等砂矿资源较为丰富,分布位置与陆地、滨海砂矿遥相对应,显示其成矿物质为陆源。除建筑用砂和石英砂初步探明具有工业价值外,部分地段的锆石、钛铁矿、磁铁矿取样已经达到或超过其工业品位,也是具有潜力的浅海砂矿资源,但除个别地段进行过普查外,绝大部分尚未开展普查工作。山东滨浅海已发现21处石英砂矿、8处锆石砂矿。

根据山东省浅海底质类型分布以及近海表层沉积物砂、砾含量分布,圈划出山东省浅海建筑砂砾的大致分布范围,共圈出25个区域,包括砾、砂和粉砂质砂;并进一步估算出蕴藏的砂砾量,粉砂质砂的分布面积最广,其次是砂,砾石类最少;划分为四大产区:渤海湾南部、莱州湾东南部、庙岛群岛北部、日照浅海。建筑砂砾分布总面积16 418km^2,总砂量约65.67×10^8t。

第七节　海底沉积物特征

山东省濒临渤海、黄海陆架浅海区面积达 17×10^5 km^2，山东半岛有众多河流注入这一海区。因地处温带，河流含砂量偏高。仅山东省河流每年输入这一海区的泥砂就达 11×10^9 t，其中黄河达 10.6×10^9 t，所以这一海区广泛发育陆源碎屑沉积（图 3-20）。表层沉积物的粒度分布沉积物颗粒按粒径大小可主要分为砾（$-8\sim-1\varphi$，2～256mm）、砂（$-1\sim4\varphi$，0.063～2mm）、粉砂（$4\sim8\varphi$，0.004～0.063mm）、黏土（$>8\varphi$，$\leqslant$0.004mm）4 个粒级。

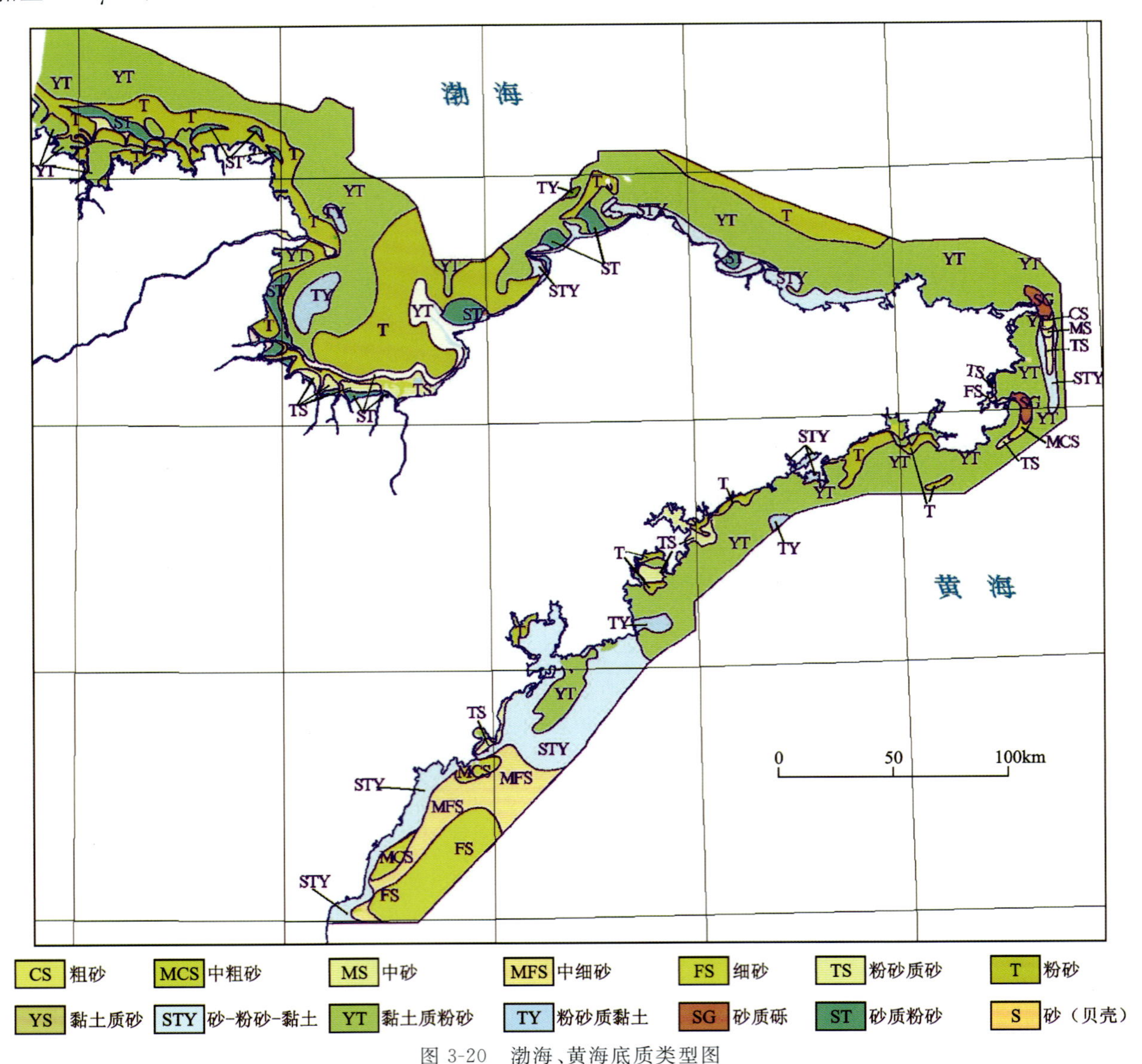

图 3-20　渤海、黄海底质类型图

一、底质类型分布概况

为叙述方便，把几种沉积物性质和分布区域相似的底质类型，放到一起进行论述。

（一）砾(G)、砂质砾(SG)、砾质砂(GS)

这3种最粗的底质类型分布面积极为局限，仅呈零星的岛状分布。主要有两种情况：一种情况是，在现代水动力很强，具有冲刷侵蚀作用的地方，如老铁山水道和成山角外侧的冲刷槽中。砾石成分与周围陆地基岩一致。磨圆度、扁平度皆较高，砾石直径从2mm至十几厘米。另一种情况是，分布在目前水动力并不强烈的地方，如南、北黄海之间。这些一般和古海岸线、古河道有关，属残留沉积。各底质类型在山东省沿海详细分布范围如下：砾(G)主要分布在崂山湾局部地区。砂质砾(SG)主要分布在：①桑岛周围、龙口港南及三山岛东北等近岸局部海区；②险岛、南黄岛和宫家岛沿岸；③灵山岛至岚山头海域基岩出露的岸段、岬角和小河河口或冲沟沟口附近，往往以砾石滩和小型堆积体形式出现；④成山角、鸡鸣岛、褚岛和黑石岛外侧等岬角及附近岸滩地区；⑤庙岛海峡东口岸边小面积分布。砾质砂(GS)主要分布在：①胶州湾口潮流通道基岩裸露区的边缘，基岩侵蚀岸段、岬角和小河河口附近；②灵山岛至岚山头海域基岩出露的岸段、岬角和小河河口或冲沟沟口附近，往往以砾石滩和小型堆积体形式出现。

（二）粗砂(CS)、中粗砂(MCS)和中砂(MS)

这3种底质类型是砂质沉积中的较粗部分，亦呈零星的小片分布。而3种之中，常见的又主要是中粗砂，砂呈独特的黄褐色，砂的含量达95%以上，并含少量砾和粉砂。中值粒径[①]($MD\varphi$)为1～2；四分位离差[②]($QD\varphi$)为0.2～1.4，分选良好；四分位偏态[③]($SK\varphi$)为−0.18～0.07，属负偏态或接近于0的正偏态。频率曲线呈单峰，频率曲线2～3段式。矿物成分主要是石英，重矿物含量高达10%以上，并以稳定矿物钛铁矿、锆石、红柱石、电气石为主。普遍含有贝壳碎片。在海州湾的日照岸外，有两小片中粗砂分布。

粗砂见于莱州湾东部的刁龙嘴。该区砂含量达95%，$MD\varphi$为1.43～2.11；$QD\varphi$为0.3左右，分选良好；$SK\varphi$近于0，呈正偏态。频率曲线单峰尖陡，概率曲线为三段式，跃移组分陡直，反映滨岸高能环境。

各底质类型在山东省沿海详细分布范围如下。

粗砂(CS)主要分布在：①莱州浅滩及桑岛附近；②丁字湾中部及湾口；③胶州湾口基岩裸露区的外侧(呈舌状向东南突出)及胶州湾内沧口水道与中央水道之间的沙脊；④灵山岛至岚山头海域海湾口、潮流通道及基岩裸露区以及砂砾分布区的外侧；⑤成山角砂砾区南侧；⑥芝罘岛连岛坝两侧。

中粗砂(MCS)主要分布在：①登州浅滩东部；②乳山口东南，冷家庄两侧的海滩；③青岛港海域部分海湾两侧岬角高潮线附近及黄岛区斋堂岛外的部分浅海区；④日照市张家台到石臼所岸段，小口子到岚山头岸段，在胶南县斋堂岛外和日照市傅疃河口外浅海部分；⑤镆铘岛外侧和虎头角西侧岸滩；⑥大黑山岛南侧及辛安河口近岸。

---

① 中值粒径($MD\varphi$)，即累积曲线上50%处的粒径，单位为φ值；

② 四分位离差($QD\varphi$)，即克伦宾(1936)提出的分选数，$QD\varphi=(\varphi75-\varphi25)/2$，式中$\varphi75$、$\varphi25$即累积曲线上75%和25%处的$\varphi$值；

③ 四分位偏态($SK\varphi$)也称偏度，以判别粒度分布的对称性，克伦宾(1936)提出的公式$SK\varphi=(\varphi25+\varphi75-2\varphi50)/2$。负偏态沉积物偏粗，正偏态沉积物偏细。

中砂(MS)主要分布在:①莱州浅滩及龙口港附近,处于粗砂区外围;②丁字湾中部及湾口;③青岛港附近海域潮间带和黄岛区的烟台前近岸浅水区及胶州湾口至大福岛之间;④灵山岛至岚山头海域高潮线到中潮线附近及水下沙堤顶部;⑤成山角外粗砂的南侧。

(三)细砂(FS)与中细砂(MFS)

细砂是山东近海陆架砂质沉积的主体,也是整个浅海陆架最主要的底质类型之一,分布面积占陆架的1/4~1/3,居各种底质类型之首,往往呈大面积的条带状或块状分布。在细砂分布区中,常有小片的中细砂出现。细砂在沉积物中含量达50%~70%,有时可达95%以上。$MD\varphi$ 为2.5~3.0;$QD\varphi$ 为0.26~1.7,多数<0.6,分选极佳;$SK\varphi$ 多接近0,呈正偏态。频率曲线为中间陡、两端缓的单峰曲线;概率曲线分3~4段,以跃移组分为主,粗截点在 2φ 左右,细截点在 $3\sim4\varphi$ 中间。矿物组分主要是石英、长石,重矿物含量高,很多富含贝壳、有孔虫及钙质结核、铁锰质结核。

各底质类型在山东省沿海详细分布范围如下。

细砂(FS)主要分布在:①小清河下游河道及河口附近。②小清河口以东的低潮线附近。其中,小清河、弥河、虞河、潍河及胶莱河口附近,细砂区向陆伸入河道。③莱州湾东部岸边,呈与岸平行的窄条状,近于连续的分布,仅在桑岛和莱州浅滩细砂区才伸入海中。④丁字湾中部及湾口;⑤青岛港海域海湾顶部的海滩;⑥灵山岛至岚山头海域潮间带浅滩至水下岸坡水深3~5m海域;⑦桑沟湾西部和南部沿岸;⑧烟台港附近广大海域。

中细砂(MFS)主要分布在:①登州浅滩东南部;②丁字湾中部及湾口;③青岛港附近海域潮间带浅滩下部和浅滩地区;④灵山岛至岚山头海域潮间带浅滩和浅海地区;⑤虎头角东侧的岸边和威海双岛港两侧岸滩;⑥庙岛海峡、养马岛至双岛港近岸。

(四)粉砂质砂(TS)、砂质粉砂(ST)和粉砂(T)

粉砂质砂和砂质粉砂,是两种比较接近的沉积物,一般呈灰褐色或灰色,含少量贝壳碎片。$MD\varphi$ 为3.5~4.5;$QD\varphi$ 为0.6~2.2,分选好至中等;$SK\varphi$ 为1.0左右,呈正偏态。它们一般分布在细砂沉积与泥质或混合沉积物之间。两种沉积物又往往同时出现,其中粉砂质砂靠近细砂一边,砂质粉砂靠近泥质沉积一边。它们主要见于辽东浅滩南、北两侧;北黄海中部呈南北向条带状延伸;海州湾中部的细砂与泥质沉积之间。

粉砂在分布上与上述两种沉积物不同,主要出现在泥质海岸的潮间带、河口地区,分布面积也较小,呈狭窄条带。如黄河三角洲、莱州湾顶的潮间带或低潮线附近。

各底质类型在山东省沿海详细分布范围如下。

粉砂质砂(TS)主要分布于:①套尔河口及潮河口外,并伸入套尔河下游河道;②零星分布在小清河口以北高潮线附近和黄河现行河道中;③小清河口以东的中潮滩和低潮滩,东部向水下延伸,达到水下岸坡的上部;④莱州浅滩以北、太平湾近岸及屺姆岛以北近岸地区;⑤丁字湾及崂山湾;⑥胶州湾口向西南大致平行海岸延伸到竹岔岛附近,灵山湾中部近岸浅水区、崂山湾南部的盘龙庄、小管岛、港东之间的近岸浅海区;⑦灵山岛至岚山头海域海湾附近中细砂或细砂分布区的外侧,以及绣针河口往南海州湾北部地带;⑧成山角外中砂分布区的南侧。

砂质粉砂(ST)主要分布在:①漳卫新河河口以0~2m等深线之间海域,并伸入杨克君沟、湾湾沟下游河道;②小岛河口以南潮间浅滩和水下岸坡上部,黄河故道及神仙沟口外水下岸坡上亦有断续分布;③现行黄河口以南的高潮滩和水下岸坡部;④五垒岛湾口靖海湾西;⑤套子湾中部。

粉砂(T)主要分布在:①套尔河口附近水深2~5m等深线之间海域,东部扩展至10m等深线附近,潮间上带到低潮线附近以及套尔河大湾到车子沟之间的潮上带,漳卫新河东岸局部;②黄河故道大咀到现行河口大咀之间的潮间带及水下岸坡和莱州湾中部，淄脉沟及小清河在潮间带河段两岸砂质粉砂的外围；③黄河现行河道以北的潮间带及水下岸坡上部，黄河现行河口以南的水下岸坡上部；④莱州湾东部海域中从大黑山岛到桑岛以及莱州浅滩以北和太平湾；⑤宫家岛东至浪暖口西南部及潮里至凤城东附近的近岸带，以及鳌山湾的南北部；⑥崂山湾内的鳌山湾口区和灵山湾大港口外局部浅海区；⑦绣针河口往南海州湾北部的近岸地带；⑧靖海湾及浪暖口；⑨烟台港外缘海域、庙岛群岛附近。

（五）黏土质粉砂（YT）和粉砂质黏土（TY）、黏土（Y）

黏土质粉砂、粉砂质黏土和黏土可合称泥质沉积。其中前两者合在一起也是陆架区分布最广的底质类型之一，分布面积约占陆架面积的1/4，略次于细砂。这两种底质类型一般相邻分布，呈过渡关系。黏土质粉砂更靠近河口和海岸，粉砂质黏土要远离海岸。前者主要沉积于悬浮体浓度较大的地区，而后者主要出现在水动力环境较安静的地方。

陆架区的黏土质粉砂，除黄河水下三角洲地区呈黄褐色，带有鲜明的黄河物质特色外，一般呈灰褐、灰绿色，半流动状。$MD\varphi$为6～7；$QD\varphi$为1.4～2.2，分选中等到差；$SK\varphi$为0.5左右，呈正偏态。频率曲线一般由两段组成，以悬移质为主，反映紊流水动力环境。它们主要分布在辽南岸外，与辽南沿岸流区吻合；从黄河口开始，向西于渤海湾近岸，向东经莱州湾，穿过渤海海峡南部，包围山东半岛，分布区与渤南-黄海沿岸流吻合。

粉砂质黏土要比黏土质粉砂更细一些，一般也呈褐灰色，质地软而滑腻，半流动状，富含有机质，黏土含量在50%以上。$MD\varphi$为8～9；$QD\varphi$为1.4～2.2，分选中等到差；$SK\varphi$为0～0.1，呈正偏态。概率曲线表明几乎全为悬浮物质组成。它们主要分布在3个小环流控制的海区：北黄海和南黄海中部，在渤海中部洼地也有分布。纯黏土的底质类型是极为少见的，仅出现在南黄海中部粉砂质黏土沉积区的北部。那里是小环流中心位置，水动力环境极为安静。

各底质类型在山东省沿海详细分布范围如下。

黏土质粉砂（YT）主要分布在：①套尔河附近水深5～15m等深线之间的大片海域，高潮线附近及潮上带湿地；②黄河口以北10～20m等深线的广大海域及以南水深2m以深的大部海域，现黄河口南、北两侧高潮线附近以及挑河口外；③莱州浅滩以西和以北，屺姆以西以及庙岛海峡区；④五垒岛至丁字湾沿海大部分海区；⑤崂山湾及胶州湾口外水深5m以外海底，在胶州湾口外大致与岸线平行，向西南延伸至灵山岛附近；⑥灵山岛至岚山头海域海湾的中部或河口附近；⑦威海港至靖海湾广大海域；⑧烟台港附近广大海域、庙岛群岛周围、大钦岛以南。

粉砂质黏土（TY）主要分布在：①套尔河口北部水深10～15m等深线之间，漳卫新河河口外局部海区及冯家堡到狼坨子之间的潮间上带后部；②黄河口以北北纬38°20′附近；③黄河现行河口南、北两侧，莱州湾海域东南部边缘；④白沙口小范围出现；⑤崂山头东水深15～20m的海底及胶州湾顶部高潮线附近；⑥石臼咀和岚山头佛手湾外面的深水区内；⑦靖海湾湾顶；⑧大钦岛以北，南、北隍城岛周围，另在双岛港口外亦有零星分布。

（六）砂—粉砂—黏土（STY）和黏土质砂（YS）

这是两种粗、细两个单元的混合沉积物。其中砂—粉砂—黏土分布很广，分布面积也可占陆架的1/4，仅次于细砂和粉砂质黏土与黏土质粉砂。在北黄海分布较少，主要出现在渤海海峡北部细砂沉积，与北黄海东部的细砂沉积区中间，呈东西延伸的条带状，但这一混合沉积带南、北两侧又都是泥质沉积。南黄海的砂—粉砂—黏土分布区最大，它基本是包围着南黄海中部的粉砂质黏土沉积区，西部与海州湾的粉砂质砂沉积为邻。

各底质类型在山东省沿海详细分布范围如下。

砂—粉砂—黏土(STY)主要分布在:①漳卫新河西岸到套尔河东岸的潮间中带上部;②黄河故道口外东侧及小清河口、淄脉沟口小范围出现,小清河口、淄脉沟口的砂—粉砂—黏土中含大量贝壳;③屺姆岛南北及庙岛海峡;④乳山口和险岛后湾;⑤崂山头以西,向南延伸至灵山湾外水深大于10m的海底,沧口水道两侧及大沽河口低潮线附近;⑥灵山岛至岚山头海域岸带浅海沉积区,由北向南呈带状分布;⑦成山角、镆铘岛和刘公岛外及双岛港内;⑧烟台港近岸的粗粒物质和滨外的黏土质粉砂区之间。

黏土质砂(YS)主要分布在:①大福岛南及胶州湾口东南;②岚山头以南浅海部,砂—粉砂—黏土到细砂之间的过渡地带。

综上所述,山东省近海底质分布特征可概括如下:

(1)整个山东省海区,包括浅海和半深海,皆以陆源碎屑沉积为主。

(2)陆源碎屑沉积虽然有近20种底质类型,但分布最广的也只有几种,可以归为三大类,即砂质沉积(以细砂为主)、泥质沉积(以黏土质粉砂和粉砂质黏土两种为主)、混合沉积(以砂—粉砂—黏土为主)。这三大类几乎各占陆架区的1/4~1/3。

二、海砂沉积物的特征

山东滨、浅海砂沉积物的突出特征是分布广、粒级粗。

山东海岸线长约3345km,北部为淤泥质岸,从莱州市虎头崖至绣针河口为岬湾海岸,岬角之间,海湾无论大小,均为砂质岸,砂组成沙坝、海滩、沿岸滩脊和水下沙坝等各种地貌。低潮线以外的内陆架海区(20m等深线以内)也往往分布着砂质底质,粉砂淤泥质的海区占少数。

本区的砂,在粒级上包括极细砂(0.063~0.125mm)、细砂(0.125~0.25mm)、中砂(0.25~0.5mm)、粗砂(0.5~1.0mm)和小砾(>1.0mm)等,底质图上往往组合成粉砂质砂(TS)、细砂(FS)、中细砂(MFS)、细中砂(FMS)、中砂(MS)、中粗砂(MCS)、粗中砂(CMS)、粗砂(CS)和砾砂(GS或SG)等。其中,最常见的砂是细中砂和中细砂,它们正是建材上常用的粒级(0.13~0.5mm),所以在某种意义上它们都是建材砂资源。

导致砂广泛分布的主要原因有:山东半岛入海河流短小、坡降大。流域内多变质岩花岗岩等结晶岩系,产砂率高,河流向海输砂量大;岸外内陆架残留了大面积的低海面时的残留砂,成为现代岸砂的砂源;山东半岛受东北常浪和强浪的作用,导致半岛南岸和北岸的强烈纵向漂砂,则增加了湾内充填砂的作用。

按成因和沉积位置可将山东滨、浅海砂分成滨岸砂和海底砂两种,滨岸砂各海湾均有分布,组成海滩、沙坝和沿岸堤,受波浪的作用,多分布于−4~4m之间。宽度各处不一,通常宽0.5km左右,个别富砂区宽达1km或1km以上,山东半岛滨岸富砂区集中于以下12区。

1.莱州滨岸和浅滩砂区(图3-21-A)

莱州位于半岛西北岸,波浪纵向漂砂的终端一带,按水文计算每年有(5~8)×10^4 m^3砂顺岸通过,沿岸形成大范围的滨岸砂和水下浅滩砂。

1)滨岸沙坝海滩砂

滨岸沙坝海滩砂主要分布于界河口至三山岛沿岸,顺岸长约30km,平均宽约0.8km,砂表面高程为3~5m,是5ka B P形成的沙坝砂,砂区总面积约24×10^6 m^2,按平均厚度7.5m估算,砂储量约1.8×10^8 m^3。该砂以中细砂为主,中值粒径2.54~3.68φ,其中细砂可占70%~90%,分选好,沙坝表面受风作用,细砂成分更大些。沙坝顶普遍生长松树防风林,而20世纪80—90年代常有挖坑卖砂现象,通过龙口港外运,海滩和砂资源均遭受严重破坏,21世纪以来,情况稍有好转。

2)莱州浅滩砂

莱州浅滩是山东半岛最大的水下堆积滩,地处半岛西北,沿岸漂砂的终端,按水文估算每年接收波浪来砂为(8～10)×10^4 m^3。浅滩呈三角形,面积约46km^2(以5m等深线以内估算),砂顶面水深1～2m,按三维估算砂储量约0.8×10^8 m^3,莱州浅滩砂以粗中砂和细中砂为主,个别高滩顶部粗砂小砾增多。莱州浅滩大船无法进入,小船遇大浪容易被打断,船只必须绕过20km方可过滩,目前滩上也无养殖,成为山东最大的一片处女滩。有计划地疏通航道,开挖部分海砂尚属可行。

2.龙口滨岸砂分布区(图3-21-B)

龙口区滨岸砂以屺姆岛陆连岛砂为成因,顺岸分布呈三角形,面积约32km^2,厚5～10m。若以7m估算,砂储量为2×10^8 m^3,该连岛坝以中细砂为主,中值粒径3φ左右,分选较好。目前坝顶已辟为街市,近海一带尚存防风林,北侧沿岸挖若干大坑卖砂,近年护岸工程变多,砂资源得到保护。本区东部的桑岛周围砂明显变粗,并含小砾,组成CS和GS,中值粒径为2φ左右,但厚度不大。

3.登州浅滩砂区(图3-21-C)

登州浅滩位于蓬莱与长岛之间以西海区,海底水深20m左右,分布大片粗中砂。砂区面积约35km^2,乃登州海峡以西的涨潮流三角洲砂,厚度各地不一,最厚7～8m,丘岗状分布,初步估算砂储量为(1.5～2.0)×10^8 m^3,由于每天受潮流作用,细粒被带走,砂分选很好。

20世纪80年代长岛县曾开采该海砂,引起蓬莱县城以西的西庄村海岸迅速侵蚀,沿海公路也被冲垮,长岛向西庄村赔款数十万元,用以护岸。所以开挖水下砂资源必须统筹兼顾海岸的变化。

4.双岛湾外砂区(图3-21-D)

双岛湾在威海市西郊。威海至烟台牟平间约30km海岸均分布宽约1km的风砂(细砂),据资料记载,该砂系明朝以来冬季北风将海滩砂吹来的结果,1949年前风成沙丘高达15～20m,风砂之下尚见被废弃的耕地。现已全被树林所固定,风砂最宽地带为初村、酒馆和双岛湾。

双岛湾潟湖潮流通道口门以外有外潮流三角洲砂,范围并不太大,厚度多变,但砂质较粗,仍属小量建材用砂。开挖后对双岛湾影响不大,因为双岛湾目前实际已被人工封闭,进出水量十分有限,外潮流三角洲砂也成为残留古砂体。

5.成山头滨浅海砂区(图3-21-E)

成山头西北沿岸沙坝砂,以细中砂为主。成山头以东30m水深以外受潮流影响发育深60余米、宽4km、长10余千米的深槽,槽内沉积砾砂,槽以南随着流速的减弱顺次沉积粗砂,粗中砂、中细砂和粉砂质细砂,中值粒径1～3φ,分选好,组成一条水下潮流沙带。该沙带南北长约36km,东西宽2～4km,面积约100km^2,厚度一般1m左右,个别地方如冲刷槽南北东西边缘和海驴岛一带厚度大于5m,而且以粗砂和含砾粗砂为主,是不可多得的建材砂资源,若予以详细勘测不难发现几个理想的砂矿区。

6.褚岛-镆铘岛水下沙带(图3-21-F)

褚岛位于桑沟湾的南岬角,周围5～6km^2范围里分布大片礁石和岩石滩,向东南在20～30m等深线间沉积3条长26km、宽约4km新月形展布的沙带,沙带自北向南由砾砂到中粗砂直至镆铘岛西南岸外的粉砂质砂。最大厚度可大于10m,其上见有风蚀洼地、沙垄和较大的沙丘,沙坝海滩不仅日渐向外淤长,而且逆向强风不断地把滩坡的一部分淤砂加积到沙坝的向陆一侧。

7.五垒岛湾砂区(图3-21-G)

五垒岛湾水浅砂细,承接文登母猪河和宋村河泥砂,构成浅水水下复式三角洲砂,面积约20km^2。

厚度不详，细砂含量约占86%，中值粒径3.5～4φ，分选较好。

8. 白沙滩沙坝砂区（图3-21-H）

乳山白沙滩潟湖以外分布宽约1km、长约9km的沙坝，坝顶高约4m并有沙丘起伏，按坝外钻孔估算，沙坝砂厚约9m，砂储量约$0.8\times10^8m^3$，沙坝西端有白沙口外潮流三角洲，面积约$1.5km^2$，中细砂较纯净，含大量贝壳碎屑。

9. 五龙河口水下砂区（图3-21-I）

五龙河口是胶东半岛较大河流，拦坝之前，年输砂量达165×10^4t，流入丁字湾。砂分布于丁字湾和湾口，面积约$60km^2$，粗砂分布于湾口北侧含砾石和贝壳碎屑，中值粒径0.5～1.5φ；中砂分布于该湾中央深槽区，细砂组成湾口三角洲的主体，其中细砂占86%，中值粒径2.34～2.65φ，外侧达10m等深线附近，现代潮流将其改造成几条水下沙脊。常有船只前往吸砂外运，沙脊多受破坏。

10. 胶州湾口外砂区（图3-21-J）

胶州湾宽阔水深，水面面积约$397km^2$，平均水深7m，最大水深64m，湾口外堆积了大面积的潮流三角洲，潮流三角洲继承性发育，并被现代潮流切割成数条水下沙脊，湾口发育60m深的深槽，槽内基岩裸露，槽外边缘有砾砂分布，其中粗砂含量达80%以上，含贝壳碎屑。3条主要水下沙脊从砾砂区向东和东南辐射，即北沙、南沙和大竹（大桥岛—竹岔岛）沙脊。

北沙沙脊源于青岛太平角岸外，沿主槽北侧东西向展布，以20m等深线圈定，沙脊长约6km，宽约0.9km，面积约$5.2km^2$，由中砂和细中砂组成，据浅层物探资料，砂层厚7～8m，厚者达10m，下伏于花岗岩基底。以约8m厚度估算，砂储量约$0.4\times10^8m^3$。

南沙沙脊源于胶州湾口砾砂区，沿主槽水道（深40m）东西向伸展，以－20m线圈定，沙脊长9.2km，宽1.4km，面积约$13km^2$。脊顶水深－15～－11m，由粗中砂和中细砂组成，中值粒径1.5～2.0φ，分选较好，是理想的建材用砂，砂层厚约8m，下伏晚更新世冲积相地层，初步估算砂储量约$1\times10^8m^3$。

大竹沙脊，源自大桥岛向南至竹岔岛的西侧，呈串珠状分布，长约4.8km，北窄南宽，平均宽度约0.7km，面积约$3.4km^2$，顺竹岔岛水道发育，形成连岛坝（实为潮流沙脊），砂层厚度不稳，向南有粉砂夹层，估计厚度为4～5m，估计储量$0.136\times10^8m^3$，该沙脊北端大桥岛附近与南沙沙脊相交界处均由粗中砂组成，向南渐变成细砂和粉砂质细砂，中值粒径2～4φ，其中粉砂占20%～40%，细砂占50%～70%，分选中等。

11. 胶南日照滨浅海砂区（图3-21-K和3-21-L）

1）沙坝海滩砂

胶南沿岸的沙坝和海滩砂主要分布在琅琊—石臼所附近，以中细砂为主。日照沿岸沙坝和海滩砂，较多集中于石臼所以南至岚山头一段，长约33km，砂面积约$12.3km^2$，按厚7.5m估算，估算砂资源量约$1\times10^8m^3$。

2）内陆架浅海残留砂

内陆架浅海残留砂分布广泛，乃晚更新世末次盛冰期低海面时的裸露大平原，中全新世海侵淹没之后，未被埋藏，受后期波浪潮流侵蚀改造而成，该砂在本区连续大面积分布，其中胶南海域大致在20～25m等深线范围，日照海域大致在10～20m等深线范围，该砂以粗中砂和细中砂为主，含大小钙质结核、贝壳碎屑和小砾石，个别地区如斋堂岛一带结核可达50%以上。中值粒径2～3φ，但含一定粉砂黏土，多者可达10%～20%，残留砂多留于海底表层1m之内，尚未发现厚度较大的建筑用砂。

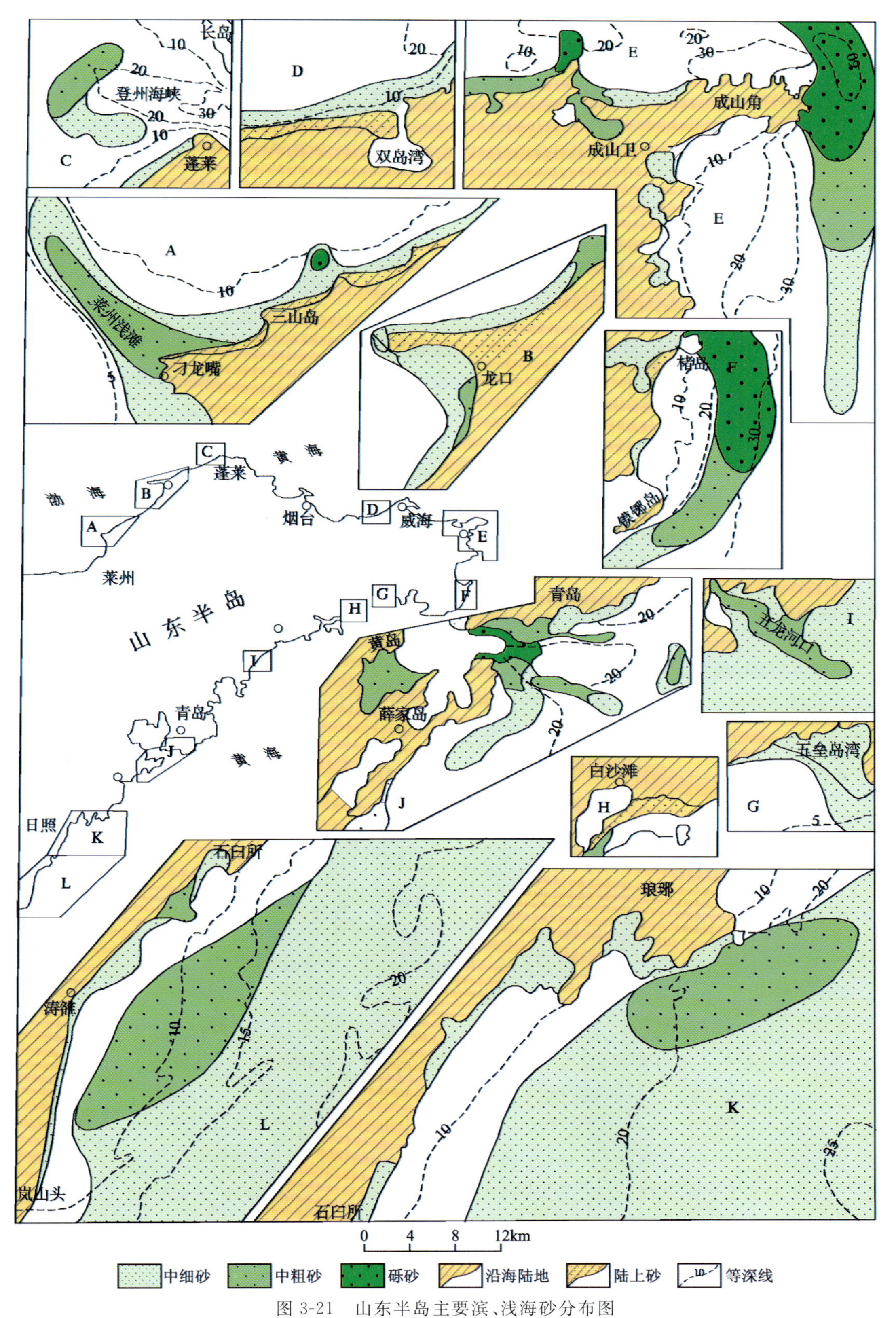

图 3-21　山东半岛主要滨、浅海砂分布图

三、底质沉积物的矿物特征

底质沉积物的矿物研究，对分析沉积物的物质来源、搬运途径及沉积环境具有重要意义。

1. 碎屑矿物

一般把粒径在 2μm 以上的矿物称碎屑矿物，它们主要是来自陆地风化剥蚀，少数也可以来自海底侵蚀和火山喷发物。碎屑矿物又分重矿物和轻矿物。轻矿物种类少、含量高、分布广，主要是斜长石、石英、钾长石，含量较少的还有方解石、绿泥石、白云母。重矿物种类多，含量少，其中角闪石、绿帘石最多；稳定矿物有石榴石、锆石、榍石、磷灰石、电气石等，主要富集在砂质沉积中；金属矿物有钛铁矿、磁铁矿、赤铁矿、褐铁矿，含量和分布不均；片状矿物主要是云母，多分布于近岸河口泥质沉积区。一般来说，含量高分布广的矿物对环境的反映并不敏感，只有含量低分布窄的矿物才是物源和环境的最好标志。

渤海共发现碎屑矿物 49 种，轻矿物含量占 94.3%，重矿物含量占 5.7%。以渤海湾中部至渤海海峡中部连线为界，划分南、北两个矿物区。其中南部矿物区的特点是重矿物含量低，不稳定矿物含量高，矿物组合为白云石-方解石-斜长石-普通角闪石。这些都表明物质来源主要是黄河。

黄海底质沉积，轻矿物含量占 97.4%，重矿物含量占 2.6%，已发现重矿物 42 种。黄海大体可分为东、西两个矿区，其中西部矿区特点是不稳定矿物和金属矿物含量高，稳定矿物含量低，片状矿物比较富集，反映了黄河和山东半岛河流的物源特征。

1）渤海近海

山东渤海近海底质 0.05～0.10mm 粒级沉积物中，轻矿物含量达 95%，常见者有石英、斜长石、钾长石和碳酸盐类等；重矿物平均含量为 5.7%，共发现矿物 41 种。重矿物中以普通角闪石、钛铁矿和绿帘石为主，三者占总量的 72.6%；其次是石榴石、锆石、榍石、白钛石、白云母、透闪石和磁铁矿，占总量的 22.5%；再次是褐铁矿、金红石、紫苏辉石、普通辉石、黝帘石、斜黝帘石、电气石、黑云母和绿泥石等，占总量的 3.9%；此外，还有些含量甚少的蓝闪石、十字石、褐帘石、红柱石、磷灰石、独居石、矽线石、阳起石、蓝晶石、黄铁矿、板钛矿、赤铁矿、易变辉石、玄武闪石、钠闪石、霓石、蓝线石、硬绿泥石、符山石、碳酸盐矿物和海绿石等。渤海重矿物含量大于 15%的高含量区主要位于辽东浅滩，而山东近海主要处于含量小于 5%的低含量区，并由此可划分为南、北两个矿物大区。山东近海南部大区为斜长石-普通角闪石-白云母-碳酸盐矿物组合区。该区总特点是重矿物含量较低，如普通角闪石、白云母、碳酸盐矿物均属渤海高含量区；稳定矿物含量低，如石榴石、锆石、钛铁矿、磁铁矿等皆属渤海低含量区。个别矿物小区有：龙口矿物小区，包括莱州湾东部和渤海海峡南部，绿帘石、锆石含量相对较高，分别达 28%和 5%；黄河口矿物小区，包括莱州湾西部，向北达渤海中部，普通角闪石和白云母含量特别高，分别达 58.1%和 53.9%，形成极高含量区；祁口矿物小区，包括黄河三角洲北部海区，榍石相对增高，可达 6%。渤海南部近海矿物来源主要是黄河，其他近海的矿物来源于较小的河流。

2）黄海近海

黄海 0.063～0.125mm 粒级沉积物中，轻矿物未做分析，重矿物平均含量达 2.5%，最高达 25%，最低 0.1%。共发现重矿物 42 种，其中角闪石、绿帘石、石榴石、钛铁矿 4 种占总量的 70%；其次是阳起石、透闪石、电气石、磷灰石、榍石、锆石、金红石、赤铁石、褐铁矿、黑云母、白云母、绿泥石、斜黝帘石、黝帘石、辉石等，占总量的 20%左右；局部地区还出现变质矿物十字石、蓝晶石、硬绿泥石等；此外，还有少量自生黄铁矿。黄海重矿物，含量 75%的高含量区主要位于南、北黄海两个沉积中心地区；其他海区则为中等含量区。黄海可以划分出东、西两个矿物大区，两者界线，北黄海大体位于东经 123°30′附近，南黄海位于东经 124°30′附近。山东近海基本属于西部大区，其特点是不稳定矿物角闪石含量较高，稳定矿物和自生黄铁矿较富集。西部矿物大区亦可划分出 3 个矿物小区：①北黄海中部矿物小区，位于北黄海沉积中心，为角闪石-绿帘石-片状矿物组合；②南黄海中部矿物小区，位于南黄海沉积中心，矿物组合同前一个小区；③外圈矿物小区，包括上述两个矿物小区外圈的广大海区，除了不稳定矿物角闪石和较稳定矿物绿帘石较东部大区高之外，磁铁矿、赤铁矿、褐铁矿等金属矿物及副矿物榍石、锆石、金红石、电气石等也比东部大区和上述两个小区高。山东黄海近海，重矿物主要来源于鲁东基岩区，另一个来源是黄河。老黄河直接入黄海、新黄河入渤海的物质，经再搬运也能进入黄海。

2. 自生矿物

这一海区的自生矿物主要是海绿石和黄铁矿。这两种矿物类型和成因都很复杂。海绿石在这一海区一般砂质沉积中的含量高于在泥质沉积中的含量。黄铁矿一般出现在泥质沉积区，它要求一种富含有机质、氧化还原电位 $Eh<100\text{mV}$、$Fe^{3+}/Fe^{2+}<1$ 的还原环境。所以黄铁矿的出现被视为还原环境的标志。

3. 黏土矿物

黏土矿物是颗粒极细的含水层状硅酸盐矿物。一般认为近海黏土矿物都是陆地风化产物，经河流、风力搬运入海后沉积到海底的。和整个中国近海一样，这一海区的黏土矿物为伊利石、绿泥石、高岭石、蒙脱石 4 种，伊利石百分含量占绝对优势。黄海中部出现了局部高岭石含量偏高、伊利石含量偏低。这和山东半岛分布大量酸性花岗岩、变质岩有关。

大陆架底质的黏土矿物，主要富集于黏土粒级的陆源碎屑中。黏土矿物的种类及分布，在全球范围内具有一定分带性，但在山东近海小区域内尚无明显分带。山东近海黏土矿物以伊利石为主。渤海湾和莱州湾伊利石可达黏土矿物总量的83%以上，黄海一般达 50%，最高 70%；高岭石居第二位，其次是绿泥石和蒙脱石。

四、底质沉积物的化学特征

沉积物的化学组成、元素丰度及赋存状态，是地球化学研究的内容。同时，也是揭示沉积物的物质来源、沉积环境的重要标志。反过来，底质类型分布的宏观规律，对解释元素地球化学行为也有重要意义。

(1)元素丰度的分布与底质类型的关系：从底质调查的常规化学分析来看，Fe、Mg、Mn、全氮、有机质含量等几项指标，一般和沉积物粒度呈负相关。即沉积物粒度越粗，这些指标越低；沉积物粒度越细，含量越高。所以渤海、黄海的泥质沉积区是这些化学指标高含量区；砂质沉积区，是这些化学指标低含量区。

(2)化学要素与物源的关系：有些化学要素的分布特征，能够很好地反映物质来源。Ca^{2+} 的主要赋存状态是 $CaCO_3$。在近岸泥质沉积区含量一般小于 10%，渤海、黄海 $CaCO_3$ 含量较低，相对高值区出现在黄河口和老黄河口的泥质沉积区，含量可达 10%～15%，黄河口的 $CaCO_3$ 高含量区呈带状绕过成山头至崂山湾。这也是黄河物质扩散范围的标志。这种特征说明，渤海、黄海的 $CaCO_3$ 主要来自黄河的陆源物质，而不是生源物质。

(3)地球化学环境与底质类型关系：氧化还原电位(Eh)、三价铁与二价铁比值(Fe^{3+}/Fe^{2+})是沉积化学重要指标。在泥质沉积区，一般水动力较弱，或者由于沉积物粒度细，透气性不好，Eh、Fe^{3+}/Fe^{2+} 值均较低，呈还原环境，有利于全氮、有机质保存，铁呈二价，沉积物呈暗灰色、青灰色。北黄海沉积中心属还原环境。反之水动力较强，或砂质沉积区，Eh、Fe^{3+}/Fe^{2+} 值均较高，呈氧化环境，沉积物呈黄褐色，渤海海峡北部即属氧化环境区。而在上述两者之间区域或为弱氧化区或为弱还原区。

化学元素及其化合物是海洋沉积物的物质基础。为了不同目的，可以做各种不同项目的化学分析。

1. 渤海近海

1)铁、铝、锰

铁在海底沉积物中以活性铁和非活性铁两种方式存在。渤海沉积物中,全铁含量为0.73%~5.15%,可分为低含量区(<3%)、中含量区(3%~4%)和高含量区(>4%)。山东近海铁的高含量区主要在渤海湾中部、莱州湾西部;中含量区在莱州湾中部;低含量区在莱州湾近岸和渤海海峡北部。铁的分布规律是近岸低,远岸高;粗粒物质低,细粒物质高,并和黄河物质扩散有关。

渤海沉积物中铝的含量为0.66%~8.99%,可分为低含量区(<6%)、中含量区(6%~7%)、高含量区(7%~8%)和超高含量区(>8%)。铝的分布特征与铁相似,相应的轮廓和位置也相近。近岸和海峡北部为低含量区,莱州湾中部为中等含量区,渤海湾中部为高含量区。

渤海沉积物中锰的含量为0.038%~0.285%,可分为低含量区(<0.05%)、中含量区(0.05%~0.10%)、高含量区(0.10%~0.15%)和超高含量区(>0.15%)。莱州湾东南近岸和渤海海峡北部为低含量区,黄河口外和莱州湾东部存在小块孤立的高含量区,其他地区为中含量区。

2)有机质

底质沉积物中的有机质,主要是处于不同分解阶段的动植物残体,成分是有机碳、沥青类、腐殖质、碳水化合物和氨基酸等。有机质含量一般随沉积物碎解度增高而增加。渤海有机质分布情况与0.01mm粒级沉积物分布相似。渤海沉积物有机质含量(按有机碳换算,采用1.80系数)可分为低含量区(<0.5%)、中含量区(0.5%~1.0%)、较高含量区(1.0%~1.5%)和高含量区(>1.5%)。莱州湾近岸为低含量区,渤海湾、渤海中部和莱州湾西部为较高含量区,莱州湾东部有一孤立高含量区,其他海区为中含量区。渤海有机质来源主要是海洋浮游和底栖生物,黄河携带的入海物质有机质含量很低。

3)碳酸钙

渤海沉积物中的$CaCO_3$,按含量可分为低含量区(<3%)、中含量区(3%~10%)和高含量区(>10%)。高含量区出现在黄河口外,这主要和黄河携带的物质含有大量的$CaCO_3$有关。远离黄河口方向含量逐渐降低。但在渤海海峡附近又出现了小块的局部高含量区,这主要和底质中含有较多的贝壳有关。除上述两个高含量区外,山东渤海近海皆属中含量区。

2. 黄海近海

1)铁、镁、锰、磷

黄海底质沉积中Fe_2O_3的含量为0.07%~8.36%,分为低含量区(<4%)、中含量区(4%~6%)和高含量区(>6%)。南黄海中心为高含量区,海州湾外侧、北黄海东部及烟台、威海以北小片海区为低含量区,其他皆属中含量区。

黄海底质沉积物中MgO的含量为0.02%~4.55%,分为低含量区(<2%)、中含量区(2%~3%)和高含量区(>3%)。高含量区主要分布在南、北黄海沉积中心,其他海区为中含量区。

黄海底质沉积物中MnO含量为0.013%~0.682%。青岛以南海区为高含量区,灵山岛附近最高,达0.682%。成山角东北、北黄海东部也出现高含量区。低含量区主要出现在半岛北部近岸、北黄海中部零星小片海区。其他均为中含量区。

黄海底质沉积物中P_2O_5的含量为0.044%~0.245%,分为低含量区(<0.10%)、中含量区(0.10%~0.125%)和高含量区(>0.125%)。高含量区主要分布在北黄海东经123°以东、烟台附近海区和海州湾中部,低含量区主要在北黄海中部和南黄海中部海区,其他为中含量区。

总的看来,黄海沉积中的铁、镁、锰、磷在沿岸河流入海区含量偏高;铁、镁含量随沉积物碎解程度增大而增加;锰、磷含量则随沉积物碎解程度增大而减小。

2)有机质和全氮

黄海沉积物有机质含量为0.05%～3.13%，全氮含量为0.004%～0.239%，可分为低含量区(有机质<0.5%、全氮<0.025%)、中含量区(有机质0.5%～1.5%、全氮0.025%～0.75%)和高含量区(有机质>1.5%、全氮>0.75%)。高含量区主要在南、北黄海中部，成山角以东和半岛东南近海区，低含量区主要在北黄海东部和海州湾中部，其他海区为中含量区。

3)碳酸钙

黄海底质沉积物中$CaCO_3$含量为0.35%～38.93%，可分为低含量区(<3%)、中含量区(3%～10%)和高含量区(>10%)。高含量区主要在青岛以南海区，低含量区主要在北黄海东部，其他大部分海区为中含量区。青岛以南至海州湾地区$CaCO_3$含量高的原因主要和底质中含有钙结核有关。

第八节 近海沉积的岩芯记录和浅地层

一、岩芯记录

20世纪60年代以来，在山东近海已获得2～5m柱状样数千个，10～30m工程浅钻岩芯数百孔，大于1000m的钻孔柱状样数十个。现选择不同海区的8个岩芯柱予以记述。

渤海中部41孔(孔位东经119°50′、北纬38°33′，水深27.5m，孔深14.3m)，0～4.0m为灰色软泥；4.0～6.9m为灰色亚黏土；6.9～9.6m为灰黑色黏土，其中夹有两薄层泥炭；9.6～12.0m为黄灰色亚黏土；12.0～14.3m为细砂。0～6.9m为浅海相沉积，6.9m以深为陆相沉积。

莱州湾中东部ZK5802孔(孔位东经119°50′、北纬37°17′，水深13.19m，孔深276.35m，第四系深度75.88m)，0～8.32m为淤泥，8.32～20.89m为砂质黏土，20.89～35.89m为粗砂，35.89～75.88m为含砾黏土，砾石成分为石英，粒度大小不一，磨圆度较差，棱角明显。详见图3-22。

龙口湾附近BH10孔(孔位东经120°20′、北纬37°42′，水深17.50m，孔深357.00m，第四系深度67.42m)，0～8.10m为砂质黏土，8.10～14.05m为细砂，14.05～17.55m为黏土质砂，17.55～25.93m为含砾粗砂，25.93～35.20m为砂质黏土，35.20～42.50m为黏土，42.50～49.43m为砂质黏土，49.43～50.60m为细砂，50.60～55.30m为黏土质砂，55.30～59.29m为砂质黏土，59.29～63.51m为黏土质砂，63.51～67.00m为含砂砾黏土，67.00～67.42m为泥岩。详见图3-23。

老铁山水道有一站(水深43m，岩芯长2m)，0～0.6m为黄褐色细砂，分选好，含稳定矿物多，片状矿物少，含有少量广盐性毕克卷转虫，壳体为黄褐色或破碎；0.6～2.0m为黄灰色粉砂质细砂、粉砂质泥，致密坚硬，性状似黄土。上部属滨海岸相，下部为陆相。

北黄海中部8号站(站位东经122°40′、北纬38°39′，水深56m，岩芯长4.20m)，0～2.0m为灰色泥质粉砂，含少量贝壳碎片，为浅海相；2.0～3.55m为细砂质粉砂，含较多的贝壳，为滨岸相；3.55～4.20m，上部0.16m为灰黑色泥炭，^{14}C年龄为(12 400±200)a B P，下部为灰褐色泥质粉砂，为陆相沉积。

成山角以东32号站(站位东经124°00′、北纬37°00′，水深79m，岩芯长3.15m)，0～0.6m为细砂，下部为灰色粉砂质泥，含小玻璃介、土星介、中华丽花介，为滨岸相；0.6～1.60m为灰色粉砂质泥，上部含毕克卷转虫、中华丽花介，下部含结缘寺卷转虫，为滨海—浅海相；1.60～2.00m为灰色粉砂质泥，含易变筛九字虫、小玻璃介，为滨岸相；2.00～2.55m为灰色泥质粉砂夹泥炭层，含小玻璃介、淡水螺、腹足类、植果核，为陆相沉积；2.55～3.00m为灰黑色粉砂质泥，含毕克卷转虫、霜粒希望虫，为滨岸相；3.00～3.15m为灰黑色粉砂质泥，夹黑灰色泥炭，含小玻璃介、淡水螺、腹足类、植物碎屑等，为陆相沉积。

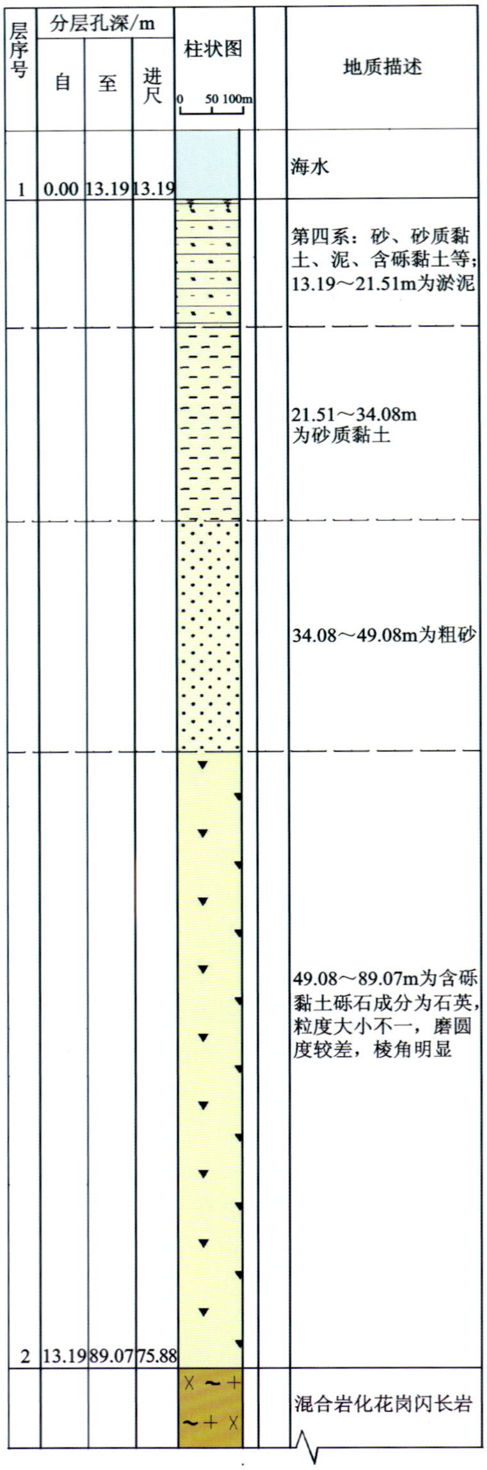

层序号	分层孔深/m 自	至	进尺	柱状图 0 50 100m		地质描述
1	0.00	13.19	13.19			海水
						第四系：砂、砂质黏土、泥、含砾黏土等；13.19～21.51m为淤泥
						21.51～34.08m为砂质黏土
						34.08～49.08m为粗砂
2	13.19	89.07	75.88			49.08～89.07m为含砾黏土砾石成分为石英，粒度大小不一，磨圆度较差，棱角明显
						混合岩化花岗闪长岩

图 3-22　莱州湾朱由西部海域 ZK5802 钻孔柱状图

南黄海中部 72 号站(站位东经 122°80′、北纬 35°00′，水深 79m)，0～2.80m 为灰色粉砂质泥，偶见贝壳碎片，为浅海相；2.80～3.50m 为砂质贝壳层，含密鳞牡蛎，河口滨岸相；3.50～3.58m，上部 0.40m 为深褐色泥炭层，^{14}C 年龄大于 36 000a B P，下部为粉砂，为陆相沉积；3.58～3.75m 为灰色泥质粉砂，质硬，为滨岸相沉积。

层序号	分层孔深/m			柱状图 0 50m	地质描述
	自	至	进尺		
1	0	17.50	17.50		海水
2	17.50	25.60	8.10		砂质黏土：灰褐色，厚层状，含少量铁质氧化物及铁锰结核，夹少量石英
3	25.60	31.55	5.95		细砂：灰白色，巨厚层状，松散易碎，含有少量的贝壳碎片及石英，分选差，夹少量砾石(2～3mm)
4	31.55	35.05	3.50		黏土质砂：黄褐色，巨厚层状，以中细砂为主，含少量的黏土，含有白云母碎片及砾石(2～3mm)和石英
5	35.05	43.43	8.38		含砾粗砂：灰白色，局部为黄褐色，巨厚层状，以石英为主，偶见白云母碎片及砾石(2～5mm)
6	43.43	52.70	9.27		砂质黏土：褐色，局部为灰白色，巨厚层状，以粗砂为主，含有大量的石英、长石及白云母碎片，偶见贝壳碎片，含较多砾石(2～3mm)
7	52.70	60.00	7.30		黏土：褐色，巨厚层状，含有铁质氧化物及铁锰结核，夹少量砾石(2～5mm)
8	60.00	66.93	6.93		砂质黏土：褐色，局部为灰白色，含有少量的石英及砾石(2～3mm)，偶见白云母碎片
9	66.93	68.10	1.17		细砂：褐黄色，局部为灰白色，厚层状，含有少量的泥质及铁质氧化物、白云母碎片及少量的铁锰结核
10	68.10	72.80	4.70		黏土质砂：褐黄色，巨厚层状，以粗砂为主，分选差，次棱角状，以石英、长石为主，含有少量黏土
11	72.80	76.79	3.99		砂质黏土：黄褐色，块状，含有砂质，含有少量铁质氧化物及砾石(3～5mm)
12	76.79	81.01	4.22		黏土质砂：褐黄色，巨厚层状，以中粗砂为主，分选差，次棱角状，以石英、长石为主，含有少量的黏土及白云母碎片，夹有砾石(3～4mm)
13	81.01	84.50	3.49		含砂砾黏土：灰绿色，块状，以石英为主，长石风化成高岭土，在中间部分有0.30m含粗砂较多，分选差，次棱角状，砾石长40mm，宽25mm，其他砾石粒径在2～5mm之间，在81.00～84.50m处微含胶结物
14	84.50	84.92	0.42		泥岩：灰绿色，中厚层状，性脆，微含钙质，泥质结构，断口较平坦，偶见碳化植物碎屑
15	84.92	85.47	0.55		泥灰岩：浅灰白色，厚层状，泥晶结构，断口平坦，含有较多的碳化植物碎屑，有一级裂隙
					泥岩：灰绿色，巨厚层状，泥质结构，微含钙，局部夹有较多方解石薄片，局部浅灰色，受风化影响严重

图 3-23　龙口湾附近 BH10 钻孔柱状图

海州湾中部6038站(站位东经121°13′,北纬35°21′,水深39m,岩芯长0.90m),0～0.20m为黄褐、灰黄色细砂,分选好,含丰富的浅水种贝壳,为滨岸相沉积;0.20～0.90m为灰黄、黄褐色或杂色粉砂质泥、泥质粉砂,含滨岸浅水种微体化石,表层古土壤化,致密坚硬,俗称“硬泥”,为泥质滨岸相,但在覆盖上层沉积之前,一直长期暴露在海面之上。

二、浅地层

1980年在渤海中部施工的BC1孔(孔位东经119°54′、北纬39°09′,水深27m,孔深240.5m),是1985年前渤海乃至中国海区研究第四纪地层最深的钻孔。地层划分情况如下。

(一)根据动物化石划分出7个海相层和7个陆相层

0.0～8.6m,浅海相,灰色粉砂质黏土、黄灰色粉砂。含光滑蓝蛤、蓝蛤、异地企虫、豕变筛九字虫、冷水面颊虫、中华丽花介、湾脊拟博斯凯介、方地豆艳花介等海相生物化石。

8.6～41.1m,河湖相,灰黑色黏土质粉砂、灰色粉砂。含白旋螺、萝卜螺、沼螺、纯净小玻璃介、隆起土星介等淡水生物化石。

41.1～49.2m,浅海相,灰色黏土质粉砂。含蚶、光滑蓝蛤、牡蛎、嗜温转轮虫、明亮五块虫、豕变筛九字虫、方地豆艳花介、湾脊拟博斯凯介、东台新单角介等海相生物化石。

49.2～79.6m,河湖相,上部为灰色粉砂,中部为黑灰色黏土质粉砂、细砂互层,下部为黑灰色粉砂质黏土。含白旋螺、布氏土星介等淡水生物化石。

79.6～104.5m,滨海相,上部为灰色粉砂,中部为黑灰色粉砂质黏土、细砂互层,下部为黑灰色粉砂质黏土。含光滑蓝蛤、牡蛎、嗜温转轮虫、多变假九字虫、中华丽花介、丰满陈氏介、细花介等海相生物化石。

104.5～116.5m,河湖相,上部为黄灰色粉砂质黏土,中部为灰黄色细砂,下部为黄灰色粉砂质黏土。含豆螺、沼螺、纯净小玻璃介、开封土星介等淡水生物化石。

116.5～141.9m,浅海相,上部为灰色黏土质粉砂,下部为黑灰色粉砂质黏土与灰色粉砂。含牡蛎、红螺、雪蛤、亚三刺星轮虫、半角五块虫、翼花介、东台新单角介、弯脊拟博斯凯介等海相生物化石。

141.9～150.0m,湖相,灰黄色黏土质粉砂和粉砂质黏土。含白旋螺、豆螺、土星介、玻璃介等淡水生物化石。

150.0～177.5m,浅海相,灰色粉砂质黏土,细砂与粉砂互层。含光滑蓝蛤、露齿螺、白带三角口螺、豕变筛九字虫、嗜温转轮虫、异地企虫、星轮虫、方地豆艳花介、筛棘艳花介、东台新单角介等海相生物化石。

177.5～188.0m,河湖相,灰色粉砂。仅含白旋螺。

188.0～201.0m,滨海相,灰色粉砂夹黑灰色黏土质粉砂。含帘心蛤、牡蛎、嗜温转轮虫、斯罗特架车轮虫、中华丽花介、方地豆艳花介等海相生物化石。

201.0～220.0m,湖相,灰黄色、灰色黏土质粉砂,夹灰色粉砂质黏土。含白旋螺、沼螺、土星介、纯净小玻璃介等淡水生物化石。

220.0～233.5m,滨海相,灰黄色粉砂,夹黏土质粉砂。含光滑蓝蛤、牡蛎、嗜温转轮虫、中华丽花介、东台新单角介等海相生物化石。

233.5～240.5m,湖相,灰色粉砂质黏土,黏土质粉砂。仅含纯净小玻璃介化石。

（二）划分10个孢粉植被带

0～1.70m，松、栎、藜、蒿、凤尾蕨组合，为针阔叶混交林，反映温暖湿润气候环境。

1.70～4.85m，松、栎、凤尾蕨组合，为针阔叶混交林，显示出温湿气候环境。

4.85～8.95m，栎、松、桦、柳、水龙骨组合，以落阔叶为主的混交林，气候温湿。

8.95～12.8m，桦、栎、蒿、藜、椴、菊组合，针阔叶混交林草原植被，温干气候。

12.8～41.4m，上部藜、蒿、香蒲、柳组合，稀树草原植被，气候寒略干；中部藜、蒿、柳、栎、松组合，为针阔叶混交草原，气温凉略干；下部松、藜、蒿、菊、冷杉、柳、栎组合，为针阔叶混交林草原，气候温暖略干。

41.4～49.4m，栎、桦、柳、胡桃、藜、蒿组合，为针阔叶混交林草原，气候温暖略湿。

49.4～79.0m，藜、松、蒿、桦、云杉组合，针阔叶混交林草原植被，为冷凉略干气候。

79.0～104.5m，栎、桦、栗、柳组合，阔叶林植被，气候温暖湿润。

104.5～115.0m，松、藜、蒿、桦、栎、水龙骨组合，为针阔叶混交林，气候凉略湿。

115.0～142.0m，栎、柳、桦、松、藜组合，以落阔叶为主的混交林，气候温湿。

142.0～153.3m，松、藜、柳、水龙骨组合，为针阔叶混交林，气候温凉。

153.3～177.4m，栎、桦、柳栗、松、藜、蒿、桦、栎组合，以阔叶为主的针阔叶混交林，气候温湿。

177.4～211.9m，松、冷杉、藜、蒿、桦、栎组合，以针叶为主的针阔叶混交林，气候冷凉略湿。

211.9～240.5m，上部藜、蒿、柳、桦、栎组合，为混交林，气候温略干；下部藜、桦、栎、柳、胡桃、菊组合，气候温湿。

（三）^{14}C年龄

12.95～13.10m，淤泥，(13 490±150)a B P；

22.7～22.8m，淤泥，(15 145±610)a B P；

37.2～37.3m，淤泥，(23 190±340)a B P；

41.8～41.9m，淤泥，(27 860±870)a B P。

第四章　浅海区地球物理及遥感特征

地球物理勘探是进行海洋地质调查的必要手段，海区的地球物理特征能够揭示海区的地质特征。

第一节　调查区及邻域磁场特征

调查区及邻域地处欧亚板块和菲律宾海板块之间，地质构造、岩浆活动十分复杂，地磁场是历史构造运动及岩浆活动的综合反映。地磁异常研究对了解近海基底性质，构造带展布及海区的发展演化具有重要意义。

黄海、渤海区磁场表现为大面积负磁场，局部夹杂正磁场团块，与苏鲁辽和朝鲜半岛磁场具明显的延续性。该区西北有郯庐断裂线性正异常带，从安徽庐江呈 NNE 向经山东潍坊附近入渤海莱州湾转 NE 向，沿庙岛列岛西侧过辽东湾至沈阳以北，东南有剧烈变化异常带将其与东海分隔(图 4-1)。

一、调查区及邻域磁场分区

渤海—北黄海同属华北陆块的沉积区，太古宙—古元古代的基岩在辽东、胶北广泛出露。朝鲜北部的狼林地块基底主要由太古宇狼林群组成，为朝鲜最古老的结晶基底，狼林—平南地区在磁场上表现为区域负磁场与北黄海区相似，所以，渤海—北黄海与狼林—平南地区归属同一区。

南黄海区负磁异常是苏北区负磁异常在海区的延伸，表明南黄海与苏北区处在相同的基底上，苏北区基底由弱或无磁性的元古宙浅变质岩组成，连云港一带已出露有中元古界云台组和锦屏山组以及少量的古元古界朐山组。苏北—南黄海负磁异常向东过朝鲜群山湾与朝鲜京畿地块磁异常相连。朝鲜京畿地块位于临津江带以南，基底主要由前寒武系涟川群浅变质岩组成，古生界为前寒武系组成的隆起，与苏北隆起区相似，因此将朝鲜京畿地块与苏北南黄海区一起划归同一区。

二、调查区及邻域磁场特征

渤海西区以庙岛群岛西的 NE 向线性正异常梯度带为界，把渤海分为东、西两部分，东部为变化的负磁场区，西部以大而平缓的块状正异常为特征，异常值可达 300nT，面积大约有 $1.4\times10^{4}km^{2}$，向南与鲁西隆起正磁异常区相连，向北与营口-山海关隆起正磁异常衔接，反映了它们基底的相似，根据渤海西部的钻孔资料，古生界之下见有花岗片麻岩，可见渤海的基底与相邻陆地的基底是一致的。

郯庐断裂航磁异常特征表明，北段为线形负磁异常带(0～100nT)间夹幅度不大的正异常，中段为一线形剧烈变化的正磁异常带(－200～300nT)，南段则表现为平缓的线形正磁异常带(100～200nT)；

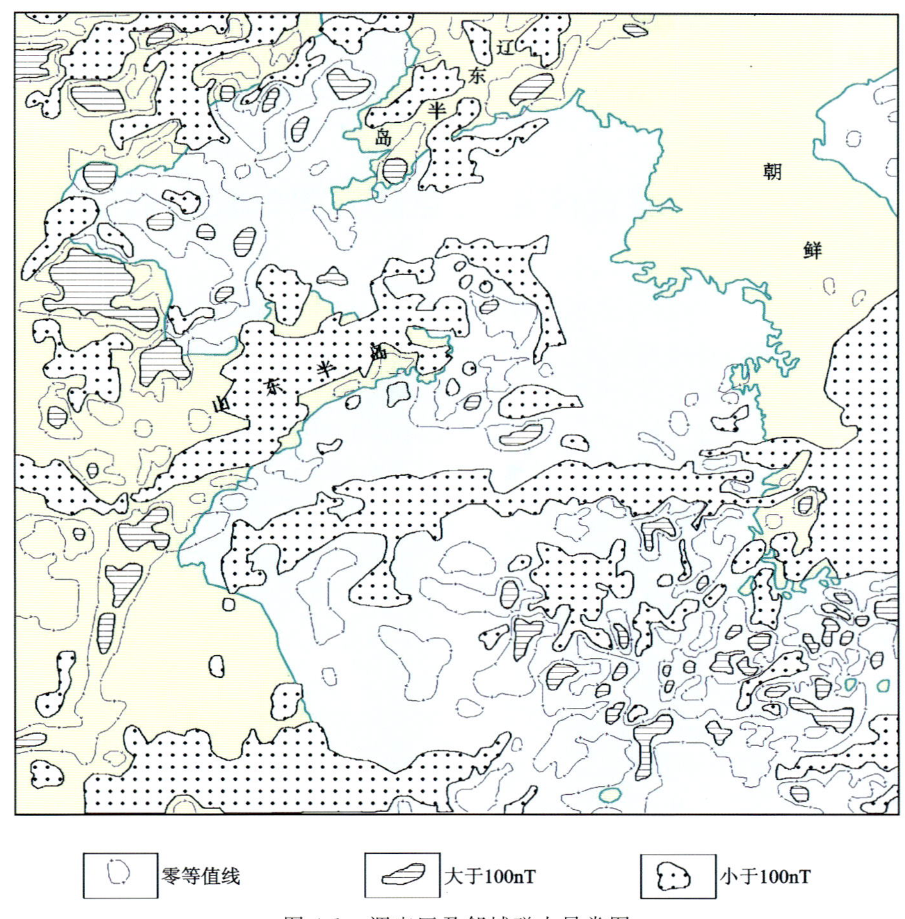

图 4-1　调查区及邻域磁力异常图

山东对应其中段，正异常呈 NE 向串珠状出现。

郯庐断裂线性正异常带进入渤海后，正异常变得宽缓，从莱州湾到辽东湾，异常走向由 NNE 转 NE，磁异常呈弧形弯曲，渤西、辽东湾分别有较大的正异常团块对应。石油勘探钻井资料已证明渤海为华北块体之上发育的新生代裂谷盆地，基底、古生界及中生界与华北大陆相同，基底为太古宙—元古宙的变质岩系，磁异常主要由侵入在裂谷盆地基底的岩体引起。

黄海磁场表现为大面积负磁场，局部夹杂正磁场团块，与苏鲁辽和朝鲜半岛磁场具明显的延续性。

北黄海位于胶辽隆起区之上，为平静的负背景磁场区，局部点缀有很小的磁力高区域，东南有胶东南-千里岩隆起变化磁异常带将其与南黄海分开。北黄海与渤海虽均属华北块体上的沉积区，所处的构造位置却明显不同，渤海是沉降背景下发育的完整的新生代盆地，新生代沉积可达万米，而北黄海则为整体隆起背景出现的局部凹陷，基岩埋深很浅。辽东、胶北广泛出露了太古宙—古元古代的变质岩，它们为弱磁或无磁，使北黄海处于平静的负背景场上。

南黄海北部以千里岩隆起为界，千里岩隆起区在磁场上表现为 NEE 向的杂乱变化磁异常，向西与日照—青岛—成山角一线的串珠状正负杂乱变化异常带和胶东变化负异常区连接，构成胶东南-千里岩隆起变化磁场区，其中日照—青岛—成山角异常是日照-青岛断裂带的反映。南黄海中部隆起及南缘的勿南沙隆起在磁场上均表现为 NEE 向宽缓的负异常，其中勿南沙负异常较高。负异常向西与苏北地区负异常连成一体，向东可延伸到朝鲜半岛，苏北连云港地区已出露有元古宙的变质岩，为一套无—弱磁性地层，因此苏北—南黄海区负异常由无磁或弱磁性的元古宙基底层引起，南黄海南、北坳陷区的磁异常显示，走向不定的团块状正异常绕坳陷腹部呈环状分布，有研究表明南黄海地区是上地幔低速层的隆起区，低速层的顶深约 60km，与一般平均为 100km 的深度相比形成明显反差。盆地内的环形分布正异常很可能是由地幔热物质上侵形成的基性成分较高的物质及盆地中的火山岩共同引起，地幔热物质上侵使地壳上隆减薄部分拉张发生裂谷或断陷，并伴随大量火山岩喷发，这种上隆四周的拉张断裂引发的岩浆侵入及火山喷发往往呈环状分布，由此形成正异常绕盆地腹部环状分布的特征。

第二节　调查区浅地层及其声学反射特征

浅地层剖面测量系统是一种高分辨率浅地层测量系统，可获得海底以下 60～100m 的清晰浅地层记录。黄海自晚更新世以来，曾经发生过 3 次大规模的海退、海侵过程，在低海面时期，黄海陆架区，即当时的陆地上，曾经发育了大小不同，形态各异的河流、三角洲、湖泊、沼泽、沙丘、海岸等地貌单元。随着后来海平面的上升，它们被海水吞没，并被不同厚度的沉积物埋没。被埋藏的这些地貌形态，在后期沉积速率较小的海区内，不同程度地尚能部分保留其原有的地貌特征，其地貌形态特征依稀可辨。而在侵蚀作用强烈的海区，其形迹则荡然无存。以下就浅层剖面反映的一些古地貌作简单说明。

一、渤海浅地层

1. 浅地层剖面层序划分

渤海浅地层剖面主要分布于近岸海域，且穿透深度只有十几米。通过对剖面的反射结构、波组特征以及反射终止类型进行分析，可对几个主要反射界面连续追踪，自上而下分别为 BS、DB、MFS 和 TS。其中，BS 为海底面；DB 分布在现代黄河水下三角洲海域，为现代黄海三角洲的底界；MFS 为全新世以来的最大海侵面，主要分布在黄河三角洲海域；TS 为海侵面，即全新世海相底界，分布于渤海全区。上述界面将渤海近岸海域末次冰期以来的沉积划分为 4 个主要层序（图 4-2）。剖面编号 BH-1，起点东经 118.7400778°、北纬 38.2340858°；终点东经 118.8562653°、北纬 38.4093992°。

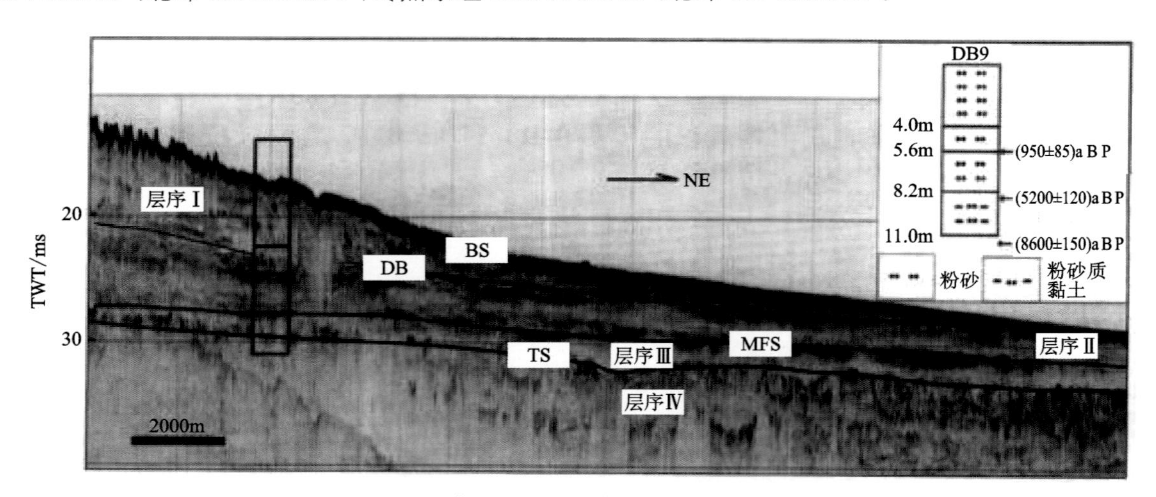

图 4-2　渤海近岸末次冰期以来的 4 个层序

2. 渤海浅地层剖面层序特征及地质解释

（1）层序Ⅰ。位于 BS 和 DB 之间，为现代黄河水下三角洲，是 1855 年以来黄河入渤海后形成的。现代黄河三角洲总体表现为具有楔状外形的低角度前积反射相，振幅较弱，其内部还可以划分出 2～3 个更小的具有楔状外形的前积反射体。陆域钻孔研究表明，现代黄河三角洲在渔洼的厚度基本为 0m，这里与1855年海岸线基本吻合，从渔洼向海方向厚度逐渐增加，然后从现代岸线向外又逐渐减小，剖面上呈透镜状，平面上呈扇形，现代三角洲的最外缘大致位于15m等深线处。

(2)层序Ⅱ。位于BS/DB与MFS面之间，形成于7～0ka B P，在渤海大部区域都有分布。渤海海平面和其他海域基本一致，大约在7ka B P到达最高海平面，现代潮流体系域也是在最高海平面开始稳定。因此，沉积物供应和潮流体系共同控制了高位体系域中沉积相及其分布。总的来说，层序Ⅱ主要包括现代三角洲沉积、近岸具有平行或低角度前积反射层理的滨浅海相以及具有前积反射的潮流沉积，厚度超过10m，由岸向海变薄。

(3)层序Ⅲ。位于MFS面和TS面之间，形成于9～7ka B P，分布较为局限，仅在黄河三角洲区分布，厚度较小，主要表现为向海微微倾斜的前积反射或平行反射，振幅较弱，可见到与底界面TS的下超关系，海侵体系域主要由滨浅海相沉积构成。

(4)层序Ⅳ。位于TS面之下，以杂乱反射为主，为末次冰期时的陆相沉积，通常具有3种地震相：①平行强反射地震相：分布广泛但不连续，其厚度较小不均一。海域钻孔的资料表明，位于TS面之下的平行强反射地震相所对应的沉积层中富含有机质或泥炭，为海水尚未到达前渤海海域局部发育的湖沼相沉积。^{14}C测年结果表明，湖沼相沉积的年龄在9～11ka B P之间(庄振业等，1989；刘升发，2006；商志文等，2010)。②古河道充填相：在TS面或平行强反射相之下，浅地层剖面上显示识别出末次冰期的埋藏古河道及其充填沉积，在地震相上主要表现为清晰的凹形下侵边界以及杂乱反射相的充填。河道的宽度由数百米至数千米不等，向下侵蚀的深度也由数米到20余米不等。③杂乱相：是上述两种地震相LMD和BCF主要以镶嵌的方式存在于杂乱相中，为主要地震相。在浅地层声学剖面中，杂乱反射层通常认为是典型的陆相(河流、湖泊等)沉积。区内大部分浅地层剖面未探测到杂乱相反射层的底界。根据海域的钻孔测年资料，渤海全新统之下的杂乱相反射层的年代通常大于11ka B P。

二、北黄海浅地层

依据北黄海陆架浅地层剖面反射结构、波组特征以及反射终止类型，可识别出4个较为连续的反射界面，自上而下分别为R_0、R_1、R_2、R_3，在此基础上可划分出4个声学层序：层序Ⅰ～层序Ⅳ(图4-3)。剖面编号HH-2，起点东经122.7°、北纬37.97°；终点东经122.7°、北纬38.05°。

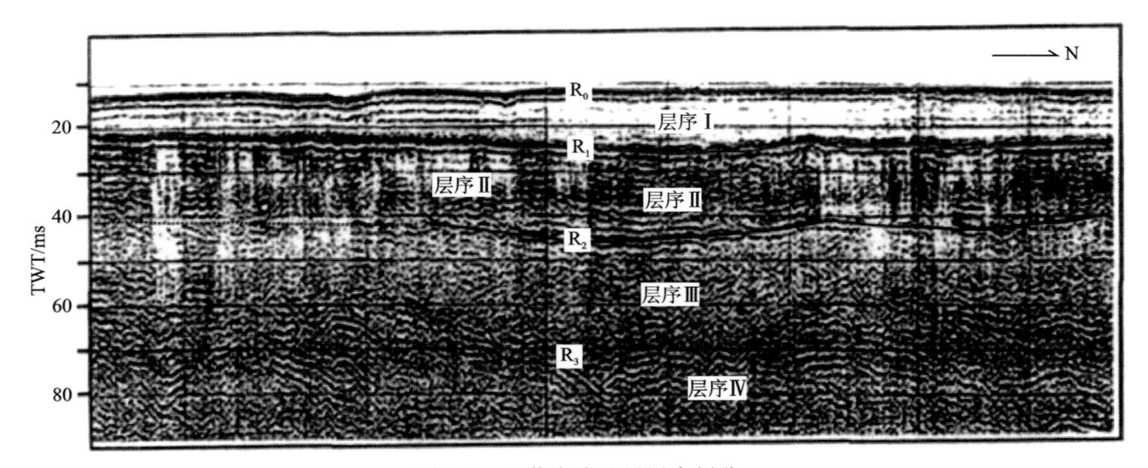

图4-3　北黄海浅地层层序划分

(1)层序Ⅰ。位于R_0和R_1之间，为全新世形成的海相沉积地层，底界为区域性侵蚀面，内部为弱振幅平行反射或前积反射。层序Ⅰ的厚度在不同位置变化较大：在山东半岛外侧表现为楔状堆积体，最大超过40m；在北黄海中部厚度约10m，厚度稳定；在西朝鲜湾由于受到潮流侵蚀和冲刷作用造成厚度较小，甚至缺失。

(2)层序Ⅱ。位于R_1和R_2之间，为杂乱相反射层，局部具有明显的侵蚀充填结构，为末次冰期形成的古河道。层序Ⅱ平均厚度为15m。

(3)层序Ⅲ。位于R_2和R_3之间，底部近平行反射层明显上超于层序Ⅳ，地震波组振幅变化较大，反映其内部夹层岩性复杂多变。层序Ⅱ厚度变化较稳定，平均厚度20m左右，从山东半岛向西朝鲜湾逐渐减薄。

(4)层序Ⅳ。位于R_3之下，表现为不连续的、杂乱反射层，具有高能或低能多变的相位，厚度在15m左右。

三、南黄海浅地层

1. 浅地层剖面层序划分及地质解释

南黄海海域依据南黄海陆架浅地层剖面的反射结构、波组特征以及反射终止类型，可识别出7个较为连续的反射界面，自上而下分别为：R_0、R_1、R_2、R_3、R_4^1、R_4和R_5，在上述基础上可划分出7个声学层序：层序Ⅰ～层序Ⅶ(图4-4)。剖面编号HH-1，起点东经121.669312°、北纬34.5175427°；终点东经124.498696°、北纬34.517543°。

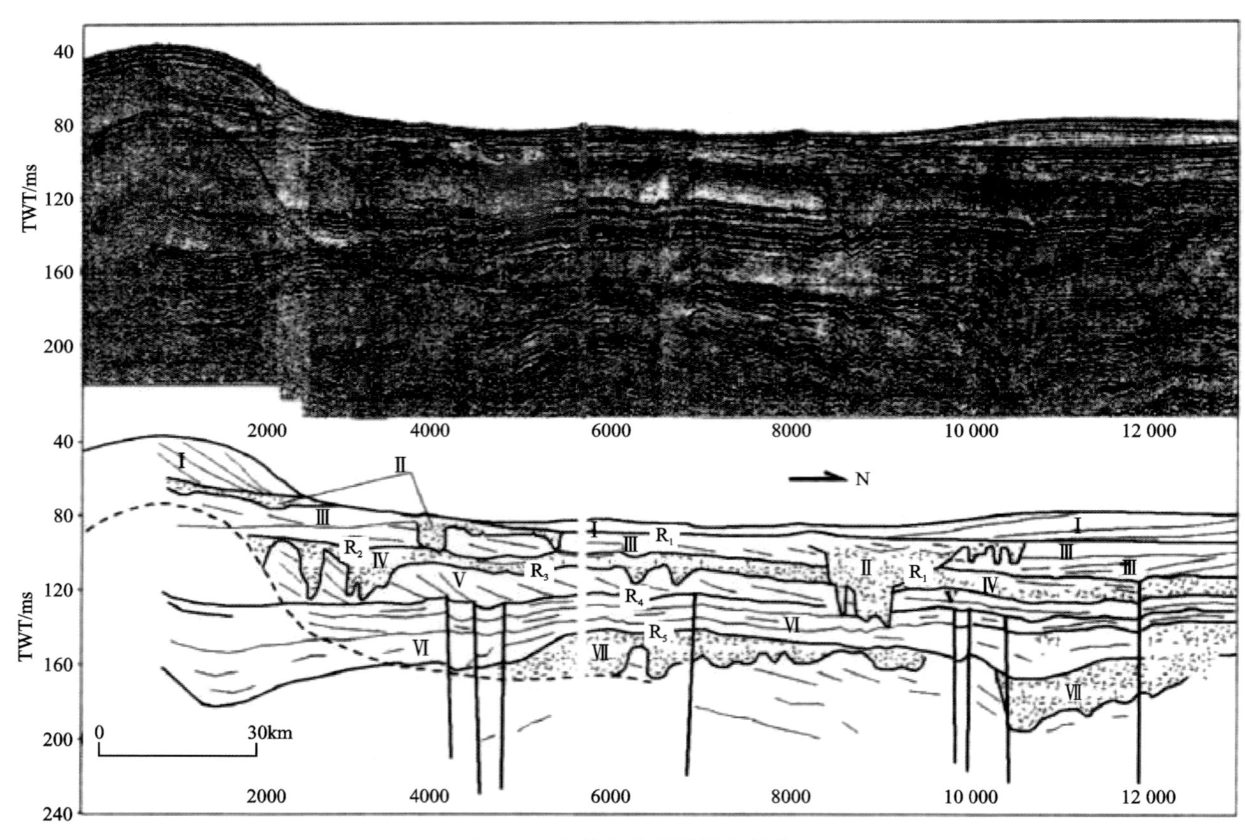

图4-4 南黄海浅地层层序划分

(1)层序Ⅰ。位于海底和R_0之间，为全新世浅海相地层，根据其地震相特征和接触关系，可分为3个亚层，自上而下分别为亚层$Ⅰ_3$、$Ⅰ_2$和$Ⅰ_1$。

亚层$Ⅰ_3$主要位于南黄海50～80m水深范围的海底之下，通常呈席状披盖型地震相，薄层透明状，厚数米，层内无反射波或反射法极弱，底界为一削蚀型沉积间断面，声学反射波具强振幅、低频特征，与海底地形平行，最大厚度8m；底界可连续追踪，向东呈楔形逐渐与海底重合；在南黄海西部海底地形剧烈变化处，亚层$Ⅰ_3$厚度变薄，其底界声学反射波与海底反射波的余波相混，难以识别。

亚层$Ⅰ_2$为潮流沙脊层，发育于南黄海的西南部，底部为一强反射波界面，连续性好，该界面向东延伸，逐渐与海底重合，层内反射波呈平行斜交层状进积层理，声学相位连续清晰，向南黄海中部倾斜，上部反射波的频率高于下部反射波的频率，与下伏地层呈下超接触，底部为一套受强烈水动力剥蚀作用的陆相地层，或有薄层透明层存在。

亚层$Ⅰ_1$发育于南黄海西部和东部局部区域内，在南黄海西部通常埋藏在层组$Ⅰ_3$之下，其上下界面均为强反射波，层内反射波表现为弱振幅，具半透明特征，为发散充填或复合充填结构。

(2)层序Ⅱ。位于R_0和R_1之间，分布于整个南黄海。其上、下界面均具强反射波特征，上界为削蚀型平行不整合界面，上覆层序Ⅰ在局部地区由于受到强烈的海流冲刷剥蚀作用裸露于海底；下界为刻蚀型界面，具不规则形态，与多套地层接触。层序Ⅱ为末次冰期形成的沉积地层，属陆相沉积，厚度变化很大；在东经123°以西海区通常埋藏于层序Ⅰ的亚层$Ⅰ_2$之下，层内反射波振幅强，呈杂乱相，厚度约15m，为泛滥平原相或河漫滩相地层；在东经123°以东海区，层序Ⅱ与下部的层序Ⅳ相混。

(3)层序Ⅲ。位于R_1和R_2之间，为中厚层古三角洲相沉积，厚度在20～30m之间，在南黄海西部保存完整，顶界和底界均为强声学反射波，上覆层序Ⅱ，向东受侵蚀作用变薄尖灭或缺失。层序Ⅲ内部反射波具中高频、弱振幅特征，呈半透明状，根据层内反射波的产状可进一步划分为上、下两个亚层：下部亚层反射波呈亚平行层状，倾角较小；上部亚层反射波倾角较大，具斜交前积层理或波状层理，上、下两个亚层之间呈下超接触关系，并与下伏地层呈下超接触关系。

(4)层序Ⅳ。位于R_2和R_3之间，为薄层陆相沉积，厚度一般在10m左右，主要发育在南黄海西部，顶界和底界均为强侵蚀不规则界面，上覆地层为层序Ⅲ或层序Ⅱ。层序Ⅳ内部反射波具强振幅、低频特征，连续性差，常呈杂乱相、粗面相或蠕虫状，在南黄海东部与层序Ⅱ相混(有时将上述情况称为层序Ⅱ＋Ⅳ)。

(5)层序Ⅴ。位于R_3和R_4之间，为厚层浅海相沉积，厚度稳定，一般在20m左右，主要发育于南黄海东部(北纬34°以北)。其顶界为一不规则侵蚀界面，上覆层序Ⅳ或层序Ⅰ＋Ⅳ；底界为一强振幅、低频反射波界面，可连续追踪，与层序Ⅵ呈平行不整合接触。

层序Ⅴ内部反射波具弱振幅特征，根据层内存在的一个低频强反射波可进一步划分为上、下两个亚层，上部亚层具平行倾斜层理，向北下倾，其顶部反射波相对而言振幅较强，为古三角洲相地层；下部亚层具亚水平层理，为浅海相地层，上部亚层下超于下部亚层之上。

(6)层序Ⅵ。位于R_4和R_5之间，为中厚层浅海相沉积，一般厚度在15m左右。相对于层序Ⅴ而言，层序Ⅵ受到较弱的侵蚀作用，因而分布区域略大，与层序Ⅴ呈平行假整合接触，与下伏地层呈不整合接触，向西侧上超于层序Ⅶ之上，层内反射波总体具半透明状，弱振幅，平行成层状。层序Ⅵ上部有一连续性较好的强振幅反射波波组。

(7)层序Ⅶ。位于R_5之下，广泛分布于南黄海，为中厚层陆相沉积，厚度达20m以上。顶界为一强反射波特征的区域性不整合界面，亚水平状延伸，底界反射波连续性差，不易追踪。

2. 典型地质现象浅地层特征

图4-5浅地层剖面图显示出明显的古河道剖面，河床界面反射明显、连续，两侧对称，呈“V”字形。河道内充填沉积物反射结构呈波状交错，具前积反射结构，剖面一侧产生次一级河床，说明河流主流线发生过摆动，古河流具有曲流河特征。该河道宽3～4km，深约15m。

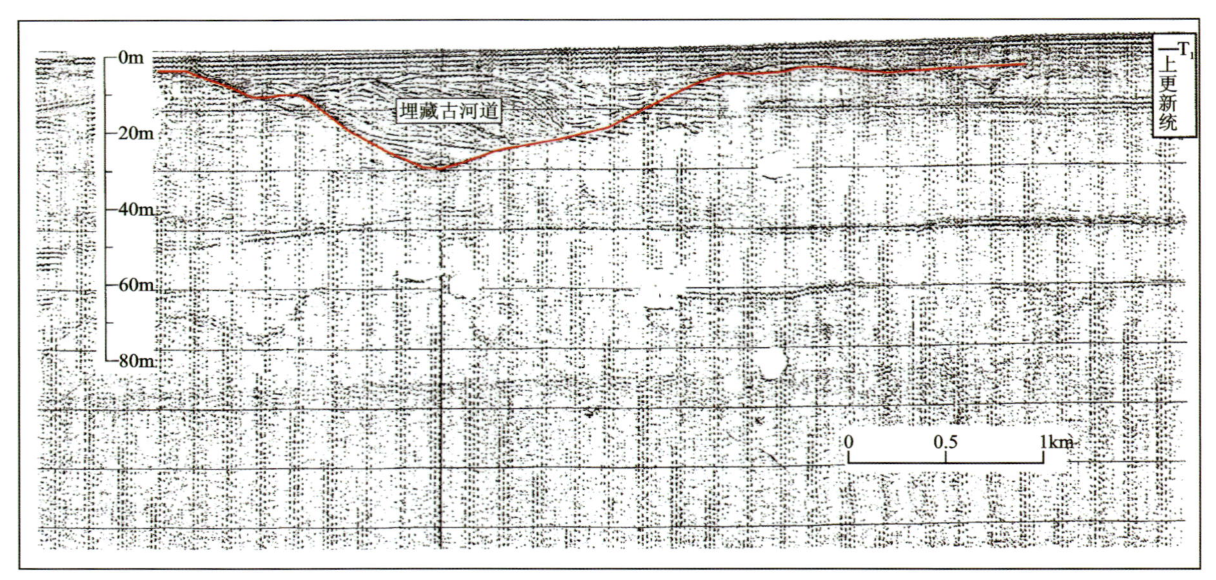

图 4-5　古河道剖面浅地层剖面图

图 4-6 浅地层剖面图显示古河道河床底界明显，河道断面不对称，河道右侧充填沉积物，具有明显的波状反射结构。

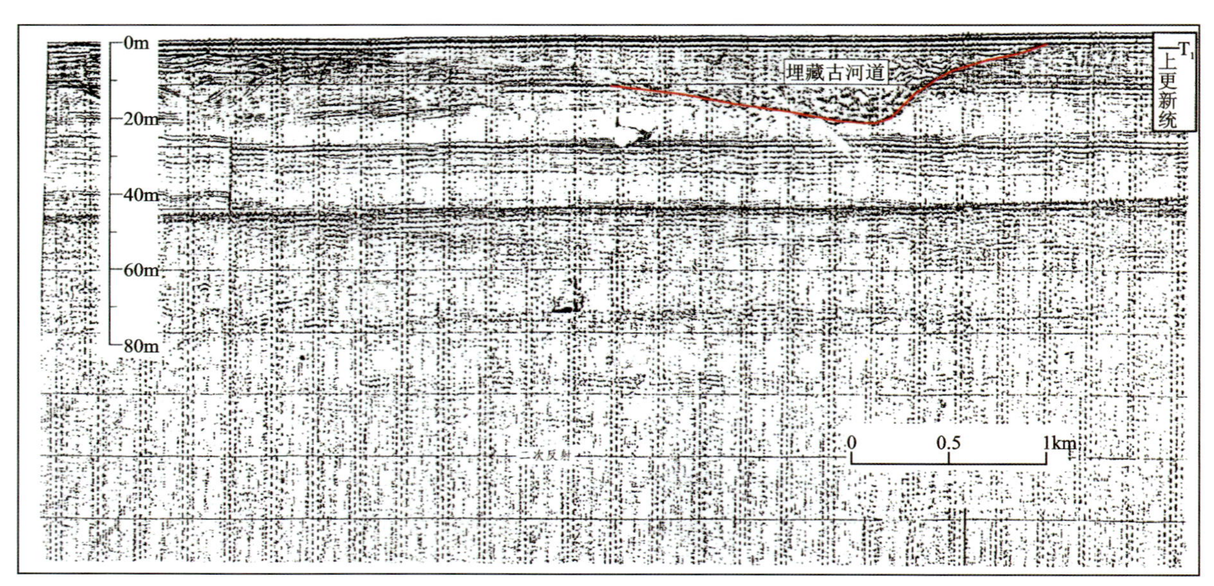

图 4-6　埋藏古河道浅地层剖面图

图 4-7 浅地层剖面图显示古河道河床底界明显，反射能量强，古河道断面不对称，充填沉积物反射结构复杂。

图 4-8 浅地层剖面图反映古三角洲的存在，地层内部具有大尺度前积交错层，厚度为 30～40m，剖面宽度大于 10km。

图 4-9 浅地层剖面图反映古三角洲的存在，地层内部具有复合"S"形斜交反射结构形成的前积层，上部为亚平行反射结构的顶积层。三角洲堆积体厚 20～30m，上面覆盖全新世海相沉积，呈声学透明，厚 1～2m。

图 4-10 浅地层剖面图反映古湖泊存在。古湖泊形态呈碟形洼地，充填沉积物具有平行和亚平行反射结构。其下部呈波状和交错反射结构，具河流沉积特征。推测，该湖泊的形成与河流发育有关。

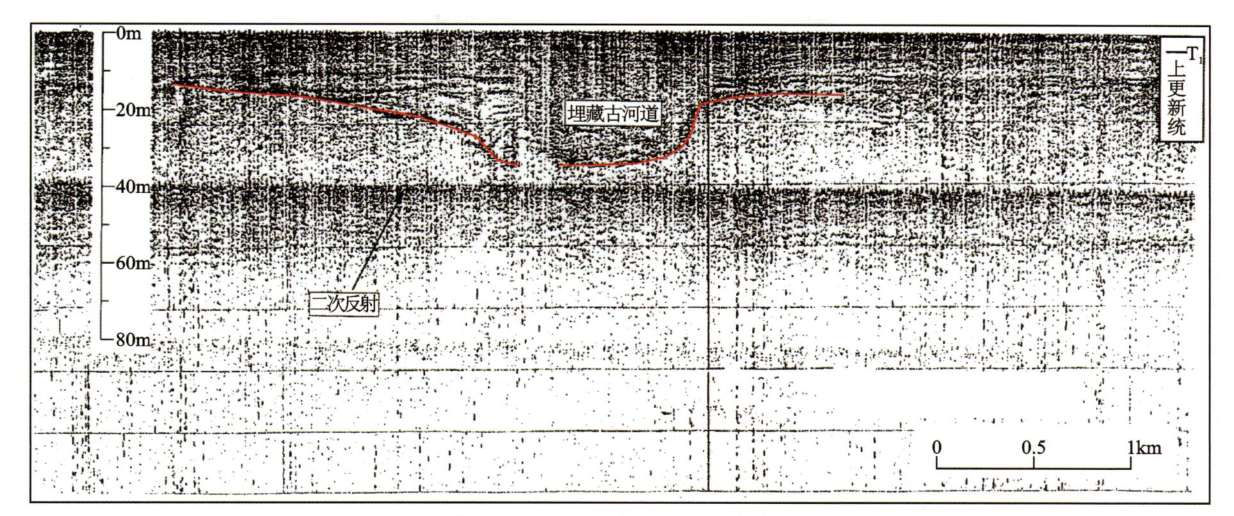

图 4-7　埋藏古河道浅地层剖面图

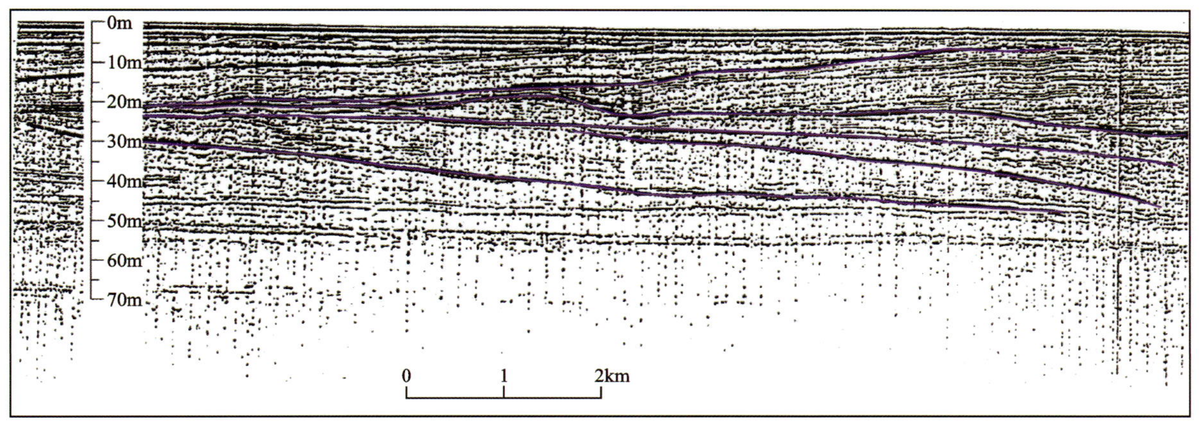

图 4-8　古三角洲浅地层剖面图

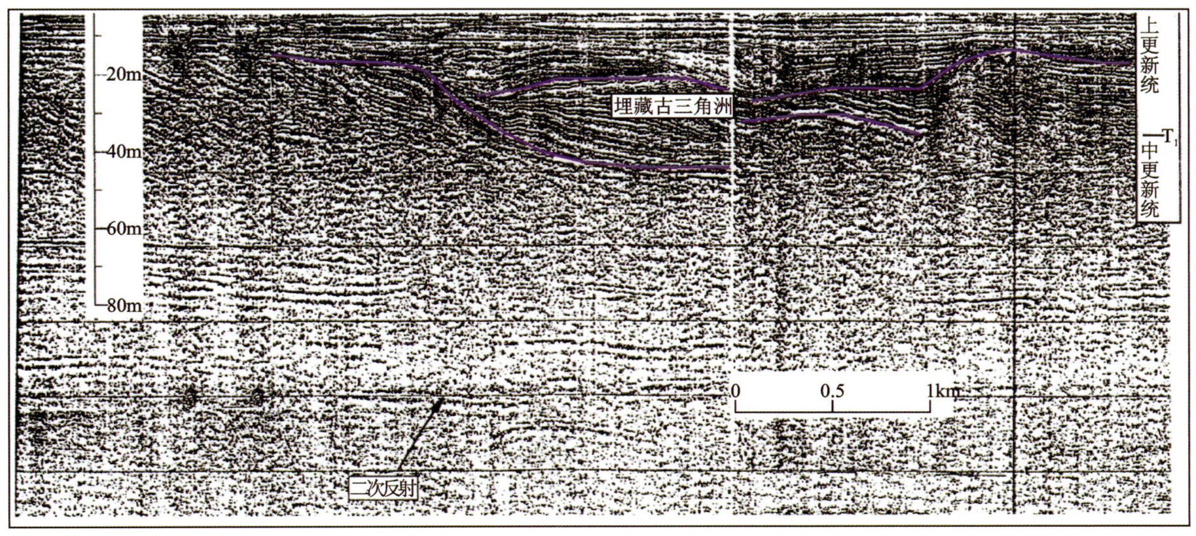

图 4-9　埋藏古三角洲浅地层剖面图(据李凡等,1998)

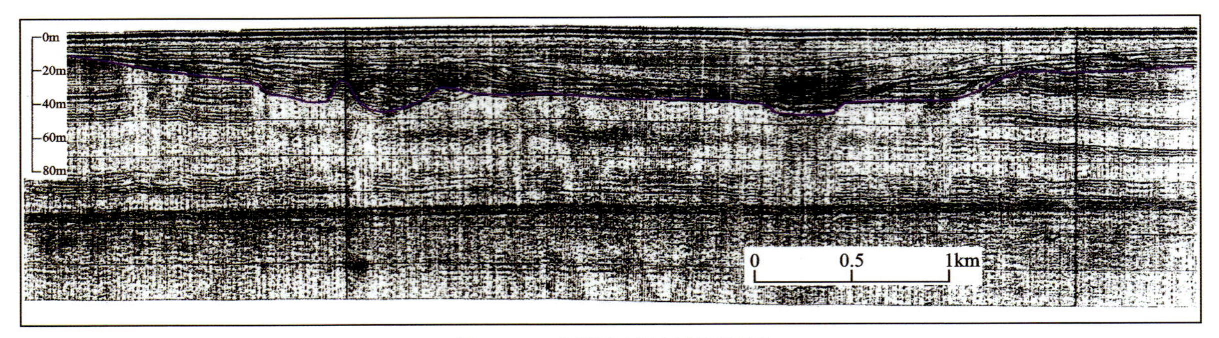

图 4-10　古湖泊浅地层剖面图

图 4-11 浅地层剖面图反映古湖泊存在，成碟形洼地。古湖泊的下面存在古河道，上面为全新世海相沉积物层。这种由河到湖、再到海的沉积相变化，组成了一套完整的海侵层序。

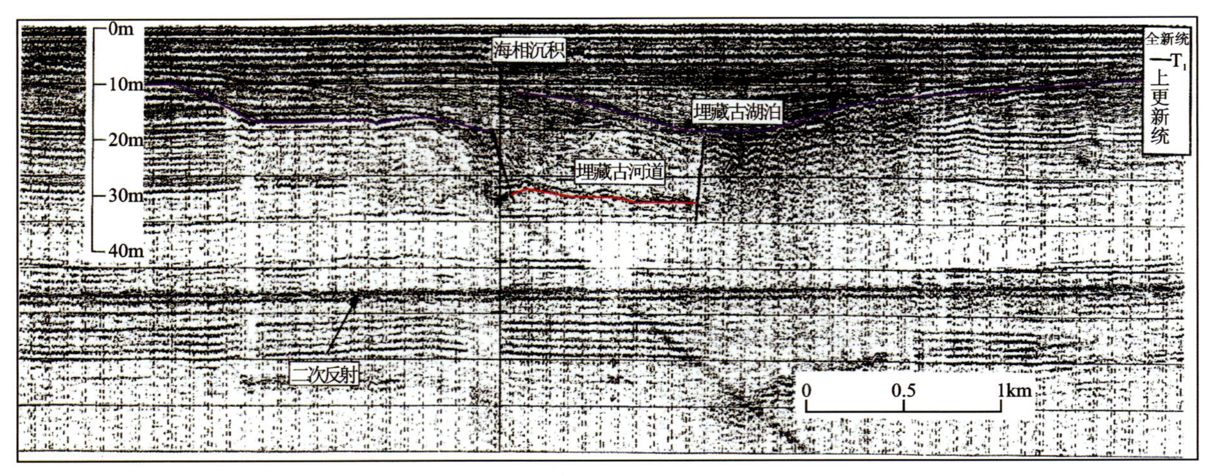

图 4-11　碟形洼地的古湖泊浅地层剖面图(据李凡等，1998)

现代海底保存古地貌单元的同时，在海水作用下，发生了很多的变化，以荣成东部海区浅地层剖面为例说明其声学特征。该剖面自西(海岸 3m 水深)向东长 37km，基本代表了北黄海海域的浅地层特征。

第三节　近海海域地震波场特征

一、地震波场概述

由地震震源激发的地震波在具有不同物理性质的地层中传播时，地震波的运动学特征和动力学特征组成了地震波场特征。地震波场的震源可分为天然震源和人工震源。天然震源一般是由地质构造运动形成的，属于不可控制的震源。在海域地震波场调查中，基本上都是采用人工震源。人工震源具有强度、特征和激发时间控制方便，对海洋生物和环境影响小的优点。海域地震波场的调查主要采用反射地震勘探和折射地震勘探的方式进行。反射地震勘探主要用于调查中部—浅部地层(主要是沉积层)的岩性、物性和展布；折射地震勘探主要用于调查深部地层界面(如沉积基底、地壳厚度等)。

与重力、磁法勘探相比，反射波地震勘探具有勘探深度大、精度高、信息量大和探测地质构造的分辨率高的优势，因而倍受海洋地质工作者的青睐。研究表明，地震反射波振幅的高低与界面的地震波阻抗差成正比关系。根据地震运动学的特征，在地震剖面上纵向分布的各反射波组代表了地下岩层的纵向变化；而反射波在横向上的时间变化，通常是地下岩层构造变化标志。根据反射时间和速度资料（可以从多道反射资料本身获得或由地球物理测井资料获得）就能求出反射界面的深度。根据反射地震波的动力学特征（如振幅、频率、吸收特性）和速度特征可以识别岩性和空隙中的流体性质。

用反射波地震勘探方法技术，能够详细地研究盆地内的局部地质构造（如背斜、向斜等）、断层的分布和组合特征、地层厚度、深度和基底埋深等；根据速度特征、吸收特性和反射波组特征识别岩性，然后再综合应用振幅、相位和频率等地震特征预测油气和天然气水合物。

二、地震波场分区特征和地质解释

（一）渤海海域地震波场特征

渐新世末，华北地区开始整体沉降，新近系的底以馆陶组底砾岩为界，为一区域性不整合面。在全区范围均存在较大的物性差异，形成可大面积连续追踪的强反射，即地震 T_2 反射标准层。在渤海中坳陷中心，T_2 层埋藏深度可达 5000m。T_2 层以上的新近系、第四系呈连续平行反射。由于馆陶组上部的块状含砾砂岩与明化镇下部的砂、泥岩互层段之间也存在物性差异，在地震反射剖面上又出现一组与 T_2 层平行、可连续追踪的地震 T_0 反射标准层（图 4-12）。

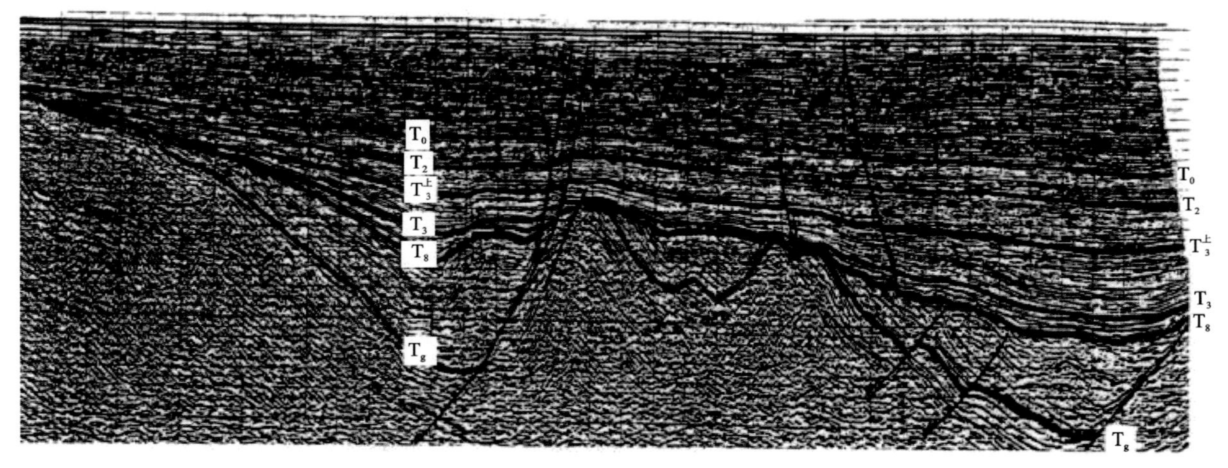

图 4-12 渤海典型的地震剖面（据中国海洋石油物探编写组，2001）

T_3 反射层 T_2 层以下的东营组是古近系分布最广泛的一个层组，全区岩性基本一致，底部以沙河街一段的“特殊岩性”段顶界为界，形成可连续追踪的反射。在凸起与斜坡地带，层层向上超覆，形成与不同时代地层的超覆不整合接触。渐新世末期，华北地区普遍抬升，东营组上部受到不同程度的剥蚀，这一反射层组反射具有“下超上剥”的沉积特点。

T_5 反射层是沙二段与下伏沙三段的物性界面的反射，在歧口凹陷的南缘和东缘反射波较强，可以大段追踪。在深凹陷区一般表现为整合接触，连续追踪性差。在隆起与斜坡地区与前古近系呈超覆不整合接触。T_6 反射层是沙三段底部的反射。T_7 层是沙河街组底部的反射，它的上覆地层在隆起部位或凸起边缘可以是沙河街组，也可以是孔店组。T_8 层是新生界底界的反射。T_g 层是前古近纪基底的反射。

(二)黄海地震波场特征

黄海以山东省成山角与朝鲜长山串连线为界,分为北黄海和南黄海两个海域。

1. 北黄海地震波场特征

1)地震波组特征

依据剖面结构与地震波组反射特征,北黄海盆地共对比解释了 T_2、T_8、T_9和 T_g共 5 个特征反射波,其中 T_2、T_8、T_g波是 3 个区域性不整合面的反映,T_9波为次一级不整合面的反射。T_2、T_8波能量较强,连续性和品质均好,具有明显的区域不整合面特征,是本区的标准波。T_9波的连续性和稳定性总体上优于 T_g波,较易于辨认,是本区较好的次级特征反射波(李刚等,2003)。

(1)T_2波。T_2波主要表现为一般 2 个相位,能量较强,波形稳定,连续性好,可在全区范围内追踪对比。该波 2 个同相轴能量的强弱常发生转换,有时上强下弱,有时上弱下强,但通常以前一形式出现得最多,范围最广。该波之上常有 150ms 左右的弱反射带与该波伴生出现。T_2波上覆反射波组的同相轴逐层上超于该波之上,下伏波组同相轴逐一终止于该波。说明 T_2波与上、下反射波组间具有明显的"上超下削"不协调接触关系。T_2波之上的波组,产状平缓,反射较密集,视频率相对较高。

(2)T_8波。T_8波能量强—中等、连续性较好,2 个相位,波形不够稳定,视周期 25～35ms,视频率 30～38MHz。该波虽波形不够稳定,但特征比较明显,全区能够进行对比追踪。

该波之上、下两套波组反射特征截然不同,之间具有明显的不协调接触关系,T_8波上、下反射波组的倾角、倾向与反射频率,结构均不相同。T_8波之上覆波组的上超现象明显,下伏波组的削蚀现象在各凹陷中随处可见。由此可知,T_8波是中生代末期一次较强的构造运动在地震剖面中的反映。T_8波上、下两套波的反射结构、反射丰度、频率、连续性等地质参数差异性较大,说明其上、下波组分别代表了成因不同和相互独立的两期盆地的叠置。本区 T_8波在断陷两侧高部位,与上覆 T_2波合并消失。

(3)T_9波。T_9波相位、能量、波形、连续性相对不稳定。大部分剖面上 T_9波能量为强—中等(少数剖面变弱)连续性为较好—中等,2 个相位,波形相对稳定,视周期 30ms 左右,视频率约 33MHz,基本上可以大面积对比追踪。T_9波为上部密集反射带的底界,下部为弱反射带的顶界。T_9波在工作区内与上覆、下伏波组呈不整合接触。该波在凹陷高部位与 T_2波合并、消失。

(4)T_g波。T_g波为基底反射波,由于剖面质量原因和地下地质构造体复杂,造成该波在工作区内表现特征不甚稳定。一般为两个强相位,连续性中等,该波上部有 2s 的密集段反射,下部为空白、杂乱反射,基本上可以连续对比追踪,而在大多数剖面段,其准确性较为困难,仅能依据上、下反射波组特征进行推断追踪解释。

2)地震层序划分

本区地震剖面上存在有来自 3 个大的不整合面和一个次一级不整合面的反射波;它们分别是 T_2、T_8、T_9波和 T_g波。依据地震层序划分原则及上述的波组反射特征,结合朝鲜部分钻井揭示地层情况和对北黄海区域地层的认识,将本区时间剖面从上至下划分为Ⅰ、Ⅱ、Ⅲ、Ⅳ、Ⅴ共 5 个地震层序。这 5 个地震层序也分别代表了北黄海盆地早期构造演化为坳陷期,中期为坳、断转换期和晚期的断陷期特征。

(1)第Ⅰ地震层序全区分布,层序外形呈席状披盖,是一套基本平行整合的密集段反射,各反射层之间的时差稳定。局部可见波与波之间平行干涉现象。层序内部结构为平行—亚行平,层速度为 1780～2200m/s。该层序可以分为上、下两部分。上部由一套反射密集段组成,具有一定反射能量、波形稳定、连续性好、振幅较强、反射丰度高。下部能量普遍较弱,连续性一般。根据其反射特征推断认为,该层序岩性以较稳定环境下的砂泥岩沉积建造为主,为坳陷型沉积。地质解释为新近系和第四系。

(2)第Ⅱ地震层序,T_2～T_8波之间的反射波组为第Ⅱ地震层序。该地震层序主要由多个较强振幅、连续性较好的反射波组成一套基本互为平行的密集似楔状反射段。层序内部反射能量较强,频率较高,连续性好，层次清晰，内部结构为似平行状，层速度为 2250～3500m/s。根据反射特征推断认为，该层序主要为一套滨海相、浅湖相—河流相的砂泥岩互层沉积。从其结构上分析认为是盆地的断陷期沉积。地震解释此层序为古近系。

(3)第Ⅲ地震层序，T_8～T_9波之间的反射波组为第Ⅲ地震层序。该地震层序外部形态基本为似席状，反射结构为亚平行，层速度变化范围为 3600～4700m/s。从 H_2、E_3剖面上可以清楚地看出，该地震层序主要由上、下两部分组成：上部主要为一套弱振幅、低频率、中—低连续性的稀疏反射带组成，反映沉积岩性较为均一，结合区域地层对比认为，以泥岩为主的半深—深湖相的沉积，是本区最主要生油层之一。下部主要由一套 0.3s 左右的强振幅、低频率、高连续的密集反射段组成，反映了该套地层为砂泥岩或(火成岩、煤层)互层组成。在凹陷边界断层下降盘附近，通常发育水下冲扇(地震相)或杂乱状反射，是断陷早期形成的产物。由于盆地沉降速度快，物源丰富，造成断陷边缘发育了较多的水下扇或特殊岩性体。

从整体结构上分析，该地震层序当时具有沉积环境稳定、水域较深，但其水域范围可能比侏罗纪时略微缩小。这一特征表明，下白垩统沉积时期为盆地的坳断转换期，它标志着新的沉积构造发展史新阶段的到来。即下白垩统具有承前启后的特点，代表着坳陷沉积阶段结束，断陷沉积阶段的开始。

(4)第Ⅳ地震层序，T_9～T_g波之间的反射波组为第Ⅳ地震层序。该地震层序由一套似平行状等厚的反射波组组成，反射品质东部好于西部。外形为似席状，内部结构为平行—亚平行，反射振幅强，频率低，连续性一般。层速度为 4500～5200m/s，由剖面上分析该层序沉积发育时不受凹陷边界断层控制，结合区域资料分析认为，本区侏罗系沉积时是处于盆地大范围，相对稳定下沉时期，当时水域范围分布较广，但水浅，本区主要沉积发育了一套滨海相、浅湖相—河流相的砂泥岩互层。为此推断为盆地坳陷期。地震解释该层序地质属性为中生界侏罗系。该地震层序上部为削截，下部底超。

(5)第Ⅴ地震层序，T_g波以下的反射为第Ⅴ地震层序。该地震层序内幕反射为“杂乱”或“空白”结构，振幅多变，连续性总体上较差，但部分剖面上可见到深层具有连续性较好的同相轴。

2. 南黄海地震波场特征

南黄海海域划分为南、北两个盆地，山东省成山角以南沿海海域全部位于北盆地内。因此，南盆地海域不在此进行叙述。

盆地内对比解释出 T_2、T_3、T_4、T_7、T_7^1、T_8等反射波组(图 4-13)。

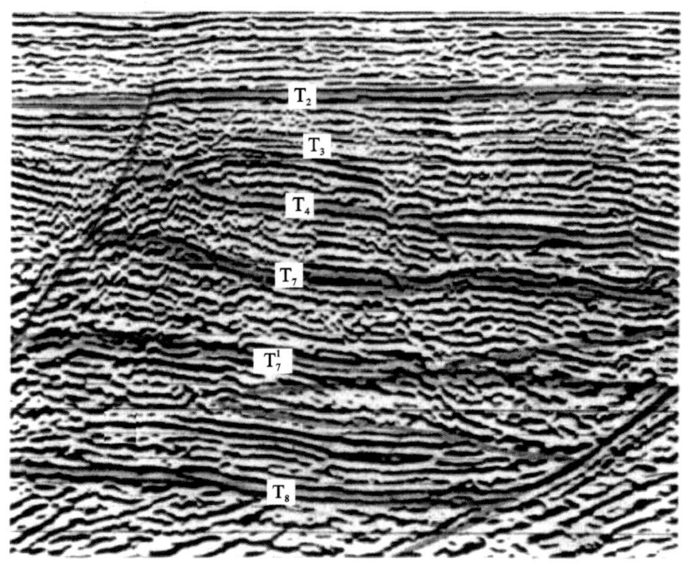

图 4-13　南黄海北部盆地地震波组特征(据吴志强等，2010)

1)地震波组特征

依据地质地球物理特征和多道地震资料，北部盆地对比解释出 T_2、T_3、T_4、T_7、T_7^1、T_8共 6 个地震波组。

(1)T_2波。T_2波主要表现为能量强，连续性好，2 个相位，波形稳定，可在全区范围内追踪对比。该波 2 个同相轴能量的强弱常发生转换，有时上弱下强，有时上强下弱，但通常以前一个形式出现得最多，范围最广。T_2波上覆反射波组的同相轴逐层上超于该波之上；T_2波下伏波组同相轴逐一终止于该波。说明 T_2波与上、下反射波组间具有明显的“上超下削”不协调接触关系。

(2)T_3波。是 T_2波之下的第一层反射波，在盆地的秃顶构造带与 T_2波呈明显的角度不整合接触，在中部和北东部则呈微角度、平行接触关系。

(3)T_4波。该波广泛分布于全区的各个凹陷中，其特征明显、典型，通常表现为 2 个相互平行的相位，能量强，中频率、连续性好，全区能够可靠连续追踪对比。该波在西凹、南凹和北凹的西部与下伏反射波呈微角度接触，而在北凹东部与下伏波组呈明显的角度接触关系。

(4)T_7波。该波主要分布于北部盆地中部和南部范围内，在南部盆地主要分布在凹陷区内，T_7波通常能量中等，连续性稍好，一个相位，波形稳定，全区基本能够追踪对比，层速度为 3500～4200m/s，该波与上、下反射波组为整合或平行不整合接触。

(5)T_7^1波。为一套平行、密集、能量较强、连续性较好、中低频率等时间间隔反射层的界。该波通常表现为 2 个相互平行、相位能量强、连续性较好、波形比较稳定。全区能够可靠连续追踪。E 波与上、下反射波组为不整合，在部分地段为平行不整合接触。

(6)T_8波。为前中生界顶(区域不整合面)的反射，由于其下部接触地层不一致，致使波组的表现形式亦不相同。T_8波在北部坳陷的东部地区和构造的高部位以及南部坳陷部分地段通常呈 2 个相位，能量强、频率低、连续性好，具有上超下削特征。

2)地震层序划分

北部盆地地震剖面上存在着来自 T_2、T_4、T_7^1、T_8共 4 个大的不整合面的反射波，依据地震层序划分原则及波组反射特征，结合区域地层，将南黄海北部盆地地震时间剖面从上至下划分为Ⅰ、Ⅱ、Ⅲ、Ⅳ、Ⅴ共 5 个地震层序和$Ⅲ_1$、$Ⅲ_2$两个亚地震层序(表 4-1)。

(1)第Ⅰ地震层序。T_2波之上的反射波系为第Ⅰ地震层序。该层序顶部因遭凡川运动一、二幕的强烈影响，造成大部分地区盐城组以上地层缺失，仅在局部地区残留分布了第四系与新近系。另此顶部为削截，底部呈上超接触。该层序外部形态为席状，内部为平衡结构，产状平缓，反射密集，厚度变化缓慢，波组错断少，中—强振幅，高—较高连续性，该层序全区均有分布。

(2)第Ⅱ地震层序。T_2～T_4波之间的反射波系为第Ⅱ地震层序，顶部削截、底部呈上超接触。该层序外部形态为平形，内部结构为上部亚平行，下部有发散趋势，反射较密集，能量中等，连续性一般较好。

(3)第Ⅲ地震层序。T_4～T_7^1波之间的反射波系为第Ⅲ地震层序。顶部为削截，底部为上超接触。该层序是盆地内反射层次最丰富、反射特征最为清晰的层序，分布面积较广，厚度较大。层序内部纵向上整体呈“上疏下密”型的反射。据区内钻井揭示，该地震层序是古近系阜宁组的反射，一套以泥岩为主的半深湖相—深湖相沉积。

(4)第Ⅳ地震层序。T_7^1～T_8波之间的反射波系为第Ⅳ地震序，顶部削截，底部为上超，内部结构为平行—亚平行，反射纵向总体呈“上疏下密”。上部为稀疏型，反射丰度相对低，连续性差—中等；下部为密集型，反射密集、丰富、层次较多，振幅较强，连续性也相对较好。

(5)第Ⅴ地震层序。T_8波以下的反射层为第Ⅴ地震层序。其顶部为削截接触关系。该层序内幕反射为“空白”或“杂乱”，振幅多变，连续性差，多为弱或绕射，杂乱反射。

表 4-1　南黄海北部盆地地震层序与地质属性(据吴志强等，2001)

地震层序		特征波	接触关系		层属性	地层代号
层序	亚层序		顶界	底界		
Ⅰ		T_2	削截	上超	第四系＋新近系	Q＋N
Ⅱ		T_4	削截	上超	古近系三垛组＋戴南组	Es＋Ed
Ⅲ	$Ⅲ_1$	T_7	削截	整——上超	古近系阜宁组	Ef
	$Ⅲ_2$	T_7^1	整——	上超	中—上白垩统泰州组＋赤山组＋蒲口组	Kt＋Kc＋Kp
Ⅳ		T_8	削截	底超—上超	下白垩统葛村组	Kg
Ⅴ			削截		碳酸岩组	

第四节　调查区及邻域遥感解译

以 1972 年美国发射第一颗地球资源遥感卫星——陆地卫星一号为标志，几十年来，人类对地球的环境和资源的遥感技术的研究有了空前的发展。各国相继发射了一系列对地球进行遥感探测的卫星，包括全球气象卫星系列、海洋卫星系列、地球资源卫星系列、测地卫星系列等平台。它们极大地扩大了人类的视野，所取得的成果和发展前景都十分激动人心。在海洋观测方面，遥感能告知有关海洋流的信息，如湾流、黑潮、赤道流等；能使海洋气象学家获得海面上空的云图和风暴信息，以用于海洋天气和灾害性天气预报；能迅速提供大尺度的海面温度场和海面风浪场的准确信息，这些信息对海洋动力学研究，海洋水文、气象、航运和渔业等非常有用；能为海洋学家提供海面悬砂、潮汐等的信息，此类信息对河口和近海物质通量、水质、河口港湾及近岸工程十分重要；能提供有关海洋初级生产力和海洋生态环境方面的信息，这些情报已使用于海洋生物生态和生产力调查、海洋生态保护和海洋渔情分析预报之中；能帮助海洋地质学家获得有关海平面、重力场和大地水准面等海面地形的测高资料；能为海洋环境问题专家提供快速大尺度监视和区分海面溢油及其他海面污染的方法与图像。在海岸带观测方面，遥感信息可应用于海岸带和海岛的大地测量与制图。在海岸带海岛区进行地质构造研究、新构造运动的监测、岩性识别和寻觅找矿标志等方面，在观测海岸带海岛的植被生态、土地利用、农作物估产、病虫害和火情等农林灾害等方面，在海岸带潮汐滩涂的测绘、量算、分类包括滩涂红树林、海岸珊瑚礁及其生态自然保护区的监测管理方面，以及岸滩的动态监测、沿海城市的监测和规划管理中港口码头建设和近岸工程等方面，遥感已成为主要的监测手段和信息源。迅速发展的海洋与海岸带遥感技术已成为大尺度、快速、同步、适时和长时间连续(高频度)动态地进行海洋和海岸带环境资源调查，以及管理和开发的一种极为有效的现代化手段。

本次山东省浅海砂矿遥感解译利用资料主要有 1∶25 万地形数据库资料，山东省胶东半岛近海矿产资源调查成果图，中国海岸带和海图资源综合调查图集之底质图，1986 年、1991 年、1996 年和 2002 年 4 个时相 TM 卫星影像资料等。

1∶25万数据库资料为1996年国家测绘局制作，北京54坐标系，大部分道路、水系变化较小，道路交叉口、水库坝体等可以满足图像纠正采集控制点的要求。

TM卫星影像分4个时相，分别为1988年、1991年、1996年和2002年，影像层次丰富、图像清晰、色调均匀、反差适中，可以基本满足浅海砂矿的遥感解译工作要求。

对基础地质资料认真进行分析研究，摸清工作区砂矿形成原因，浅海砂矿与滨海砂矿的关系。在计算机多功能图像处理方面，对新收集的各时相遥感卫星数据资料进行反复试验，积累经验，逐渐形成一套适合浅海砂矿遥感解译的图像处理方法，编制浅海砂矿解译的最佳波段组合方案。

一、浅海砂矿遥感图像处理与信息提取

本次图像处理工作区范围为119°00′—122°50′E、35°05′—38°25′N。4个时相，每时相5景影像，共计20景。几何纠正过程中所采用的大地基准为北京54坐标系，地图投影为高斯-克吕格投影，中央子午线为东经117°。几何纠正采用矢量纠正方法，利用1∶25万地形数据库采集控制点，控制点个数为40点左右，根据图像范围适当增删。控制点分布均匀，在影像上清晰可辨，易于识别，在地形图中为不易发生变化的标志物或标志点，如高等级道路、铁路交叉口、桥梁等，海岛上一般都有控制点。在采集控制点过程中，先选择陆地部分清晰的波段组合进行彩色合成，为提高海岸线、海域精度，海岛、明礁上一般都有控制点。工作区范围内既有平原又有丘陵山地，所以选择三次多项式模型校正图像。重采样是一个灰度值提取和插值的过程，即从未校正图像中提取像元灰度值，重新配置到纠正图像矩阵的合适位置。内插方法包括：①最小距离法：利用周围1个距离最近的像元的值；②双线性内插法：利用周围4个像元的值；③三次卷积法：利用周围16个像元的值。经实验，本次纠正工作重采样方法采用三次卷积法。

图像增强方法主要有线性增强、根增强、自适应增强、均衡化增强、少频率增强等。经实验采用线性增强方法，浅海砂矿信息及悬浮物信息较丰富，图像比较清晰。人类视觉系统对边缘尤为敏感，因此边缘增强图像可帮助目视解译。经过边缘增强的图像，颜色发生变化的区域边界更加明显，有利于解译地物范围。

通过以上处理方法的运用，对TM1、TM2、TM3共3个波段图像进行了波段比值、主成分分析、去相关拉伸等方法处理，以提高地物的基本信息特征。依据彩色合成原理，海洋水体为蓝色调，山地植被为黑绿色调，农田为浅黄绿色调，裸露地为浅黄色，出露的海滩为亮白色，水产养殖场为黑青色。经计算机增强处理后浅海砂矿由浅黄到淡黄再到浅蓝向海里延伸，呈现多种色调。使浅海砂矿与非浅海砂矿显示的色调和影纹信息易区分开来，从而大大突出了浅海砂矿的影像信息。

二、遥感图像解译

遥感解译以目视解译为主，机助制图为辅。遥感解译的主要依据是TM图像本身的真实性，在解译的过程中遵循从已知到未知、逻辑推理、类比分析等原则来找寻潜在砂矿信息。通过对TM图像上的影像特征分析，包括影像的几何形状、大小、影纹、色调反差、植被生长情况、水系分布特征、沿海地貌特征等诸多因素，来识别海岸线、道路、河流、水库、居民区、岛屿、水产养殖场、浅海砂矿等地物要素，这些信息特征都能在图像上不同程度地反映出来。对照中国海岸带和海图资源综合调查图集之底质图，在影像上找出成矿地层旭口组、寒亭组（风积）及出露砂矿的相应位置，根据其附近海域的图像色彩、色调层次，比较不同时相的影像，进而逐步建立起浅海砂矿解译标志综合信息。

解译时相由近及远，顺序为2002年时相、1996年时相、1991年时相、1988年时相，4个时相的解译

内容完全相同，变化的要素信息如居民地范围、海岸线位置、道路变化等都需重新采集。解译成果为矢量数据。

各种非砂矿的信息解译属于常规作业，其影像特征、采集方法等概述如下。

(1)居民地：县、市级居民地范围线明显，整体上为规则的块状图斑，多为浅黄白色，内有蓝色斑点，色调较亮。村镇级居民地色调偏暗。内陆采集县、市边线范围，海边有砂矿的地区表示出镇或村的范围，起定位作用。表示方法为采集边线。

(2)交通道路：在影像上呈较光滑线状，多为浅灰白色或青灰色，表示明显的高速公路、国道、省道、县道等，县市之间有道路连通，村镇与县之间一般也有连通，保证了道路与居民地的连通性。

(3)水系：在影像上多为深灰色调，或为黑色，水库、河流形状明显。表示了大的、有名的水库和湖泊，大的入海河流。

(4)水产养殖：靠近海湾的水产养殖场呈田块状，多为青灰色调、青绿色调，边界清晰，边界多为堤坝。海里的水产养殖场呈条状田垄形状，多为浅灰到深灰色调，内间有淡黄色斑。

(5)海岸线：沙滩多为白亮颜色，有些有金黄色调，海域为浅蓝到深蓝色调。海岸线按海陆分界线采集，遇与陆地连接海水养殖、盐田等按外围边线采集。

(6)岛屿：大的岛屿采集方法与海岸线相同，按 1∶20 万比例尺显示，采集不出边线的以点表示。

(7)按山东省胶东半岛近海矿产资源调查成果图采集旭口组、寒亭组地层范围，范围不包括居民地、岩石等。

三、浅海砂矿解译标志

根据底质取样分析和少量勘查工作，山东省浅海海砂矿等砂矿资源较为丰富，分布位置与陆地、滨海砂矿遥相对应，显示其成矿物质为陆源。所以，滨海砂矿的位置范围是判断浅海砂矿位置范围的重要依据。而海岸河口地貌的发育形态、砂矿与其他地物要素的空间组合关系、砂矿的色调与形态及其在遥感影像中的反映等信息要素均为浅海砂矿遥感解译的重要标志。

1. 海岸河口地貌

(1)滨海沙滩：滨海沙滩主要由砂砾、粗砾、细砂等较粗沉积物，以及贝壳、贝壳碎片、贝壳碎屑等生物碎屑组成，其本身粒粗、色浅，具有较高的光谱反射率，在图像上呈浅色条带，多为白亮或淡黄色调，易于识别。滨海沙滩多为旭口组地层，少量为寒亭组地层，是滨海砂矿的主要富集地，含矿层通常平行海岸线呈带状分布。在海岸水动力——波浪、潮汐、沿岸流的共同作用下，海水不断将沙滩物质带入大海，为浅海砂矿提供陆源物质。山东省胶东半岛平直海滩及小的海滩都较发育，如烟台、日照等地区。

(2)河口地区：胶东半岛有众多河流注入大海，河流含砂量较高，在河口地区附近结集沉积物处于沉积—侵蚀悬浮—再沉积的反复过程中，其大量物质从河口扩散到其他海区，河口形成重矿物的富集。

(3)基岩港湾岸：主要分布于乳山口、石岛、威海、烟台等地，岸线曲折，海湾多样，海蚀地貌发育，海积地貌只在一些港湾的湾顶部位，多为小的砂矿，可有少量砾质浅滩等分布。

(4)海底地貌：主要有潮流沙脊、水下台地或古阶地等。沙脊是图像解译的一个重要标志，水下台地常常发育有砂质沉积。

2. 空间组合关系

浅海砂矿从成因上说主要是陆源碎屑物质经水动力分选而富集沉积。因此，浅海砂矿的形成与物源、海岸和地貌类型、水动力条件等密切相关。两者存在着一定的空间组合关系。浅海砂矿比较发育，且多与海岸线平行发育。在河口地区多有拦门砂发育。港湾内海水流速下降，海水所携带的重物质会被滞留下来，经过涨、落潮流的分选作用，会在适宜部位富集形成砂矿。浅滩地区及狭窄海峡也利于海砂的沉积富集。因此，浅海砂矿与滨海砂矿、旭口组地层、寒亭组地层、入海河口、港湾等在空间分布上存在密切的联系。通过对这种特有的空间组合关系的理解和认识，就有可能更准确地在遥感图像上识别浅海砂矿的分布范围。

3. 色调与形态

滨海砂矿区由于砂矿、沙滩的分布，透水性强、持水性差，具有较高的光谱反射率，多为条带状，与海岸线平行。浅海砂矿受海水动力影响，或形成潮流沙脊，或形成斑块状、椭圆形沙脊形态。从海洋光学的角度看，水中光、海面反射光，含有水中信息被空中探测器所接收。水中光又包括水中散射光、海底反射光。海底砂矿信息主要通过海底反射光传给空中探测器，我们选用对海水穿透能力强的波段组合，使海底底质信息更真实可靠。浅海砂质沉积与周围泥质沉积、黏土等相比较，同样具有较高的光谱反射率。所以，在遥感图像上色调较亮，海水表面较清晰时在图像上为浅纯蓝色调，亮度比周围地区明亮。

四、砂矿遥感影像特征

本次遥感解译综合 3.2.1 波段 TM 影像和 1.3.7 波段 TM 影像信息，提取分析出浅海砂矿的分布范围。遥感解译共有 20 景 TM 卫星影像，虽然每一景都有不同的特征，但对于砂矿遥感解译特征，也有其共性。现在按照前面建立的遥感影像解译标志选择几处有代表性的影像，对该工作区的遥感影像特征进行描述。

图 4-14 与图 4-15 是 1991 年日照南部的卫星影像。图 4-14 为 1.3.7 波段合成影像，该地区沙滩出露较好，在影像上为白亮条带状。

图 4-15 为 3.2.1 波段合成影像，更接近真彩色图像，植被为绿色，海水为蓝色，道路为白亮夹青灰色块，线条明显，居民区呈规则—半规则斑块状，中间夹杂粉、褐色色斑，与道路连通。养虾池多呈黑色田块分布。该波段沙滩呈灰白色调，亮度较高，呈条带状分布。图 4-14 中对海底信息的区分比图 4-15 更明显一些，海水动力影响形成的水流回旋非常明显，与岸线平行的水道呈暗色调，水道与海岸之间均为海砂，与出露的沙滩为一个整体。沿岸流冲积形成的回旋状沙脊清晰可辨，沙脊部分为橘红色，色调较亮，色调随沙脊向外扩散而逐渐转暗，逐步消失，其主要原因是受海水深度变深或砂体变薄的影响。海底沙脊影像颗粒较粗，纹理形态上为弧线条带状，与水流一致，沙脊周围影纹为细碎波纹状向外扩散。水道与海岸之间的海砂，色调中有浅绿色或墨绿色斑，与近岸悬浮物较多、海水含泥量偏高有关。纹理上有与海岸线平行的线条型影纹。该处砂矿在空间关系上与滨海砂矿平行分布，在港湾中有堆积。

对于海域部分砂矿解译首先要排除泥质沉积、悬浮物等非砂矿信息的干扰，才能提高解译精度。砂矿的羽状形态与纹理以图 4-16 为代表。图 4-16 为莱州浅滩 2002 年时相 3.2.1 波段合成影像，羽状形态比较规则，边缘部分曲线型纹理清晰，呈射线状，较致密，线条比泥质细。波段 1.3.7 的影像对泥质沉积信息反应较敏感。图 4-17 为莱州湾泥质海滩，为明显的暗绿色色调，与砂矿的橙红色调、橙黄色调有很大的差别，易于区分。泥质沉积的纹理较砂质沉积更加细密、更加光滑。图 4-18 是莱州湾 3.2.1 波段的影像，近岸泥质沉积呈暗棕红色调，海水下的泥质沉积为淡青绿泛蓝色调，与浅海砂矿的色调相接近，不如 1.3.7 波段影像更易区分。图 4-19 为龙口市西北部桑岛附近 3.2.1 波段的影像图，与海岸平行的条带状泥带呈淡黄色调，影纹上为粗线条状，比砂矿放射状线条更粗糙。左下角的羽状形态同样较凌乱，不光滑，与砂矿的羽状形态形成鲜明对照。

图 4-14　1991 年日照南部 1.3.7 波段合成影像

图 4-15　1991 年日照南部 3.2.1 波段合成影像

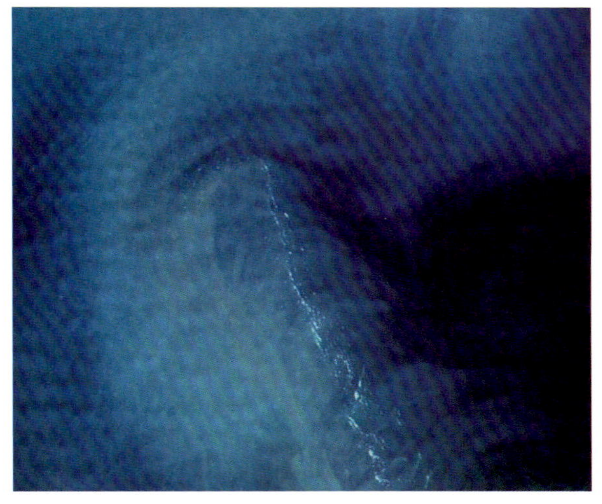

图 4-16　莱州浅滩 2002 年时相 3.2.1 波段合成影像

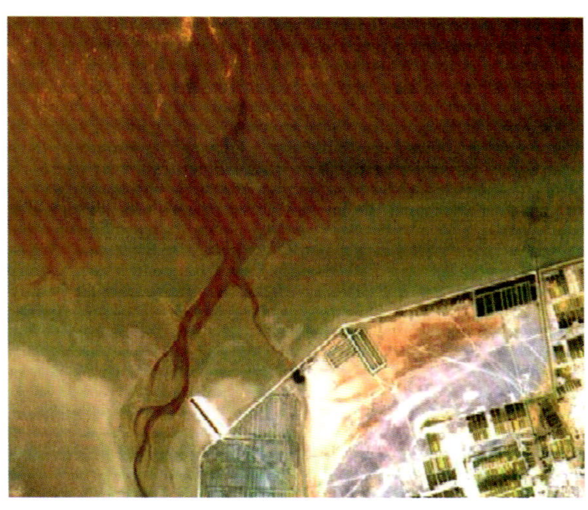

图 4-17　莱州浅滩泥质海滩 3.2.1 波段合成影像

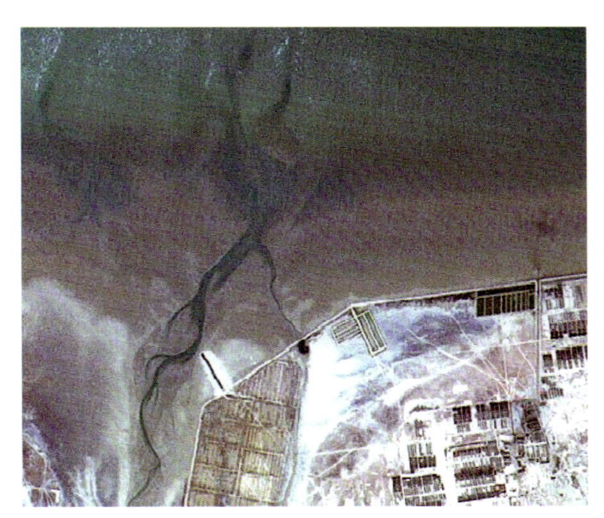

图 4-18　莱州湾 3.2.1 波段的影像

图 4-19　龙口西北部桑岛附近 3.2.1 波段影像

胶东半岛短小、湍急的河流较发育,河流携带大量泥砂入海,河口由于海流与河水的反复作用,易形成砂矿富集。图 4-20、图 4-21 为丁字河口 3.2.1 波段和 1.3.7 波段影像图,沙脊被水流分割,边界为亮色调,在河口与河道中都有分布。河口地区水中混浊度较大、含泥量较高,所以沙脊中 1.3.7 波段绿色调较重,而 3.2.1 波段影像形态与色调变化较明显,形态上为椭圆形或圆锥形,影纹上向锥尖部位呈拉线状收缩,在 1.3.7 波段影像上河口有些地区呈明亮的鲜绿色,说明其反射率较泥质强,可能含有一定数量的细砂。

图 4-20　丁字河口 3.2.1 波段影像

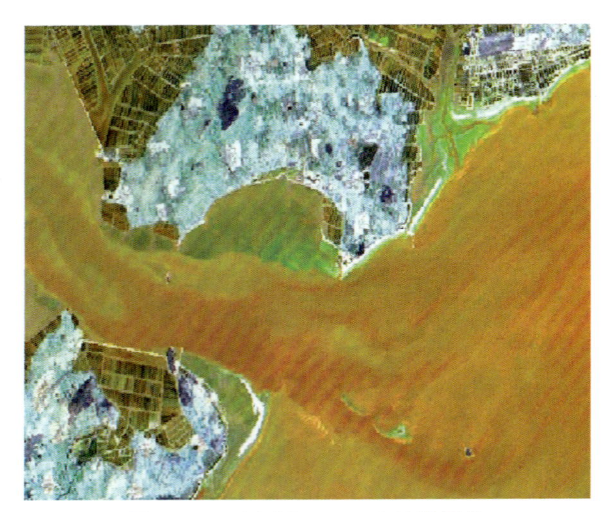

图 4-21　丁字河口 1.3.7 波段影像

胶东半岛多为基岩港湾型弯曲海岸,基岩港湾中多有小型砂矿沉积,图 4-22、图 4-23 为威海褚岛、石岛湾 1.3.7 波段影像和 3.2.1 波段影像。该地区海蚀地貌发育较好,在湾顶部分出露为较小的沙滩。从 3.2.1 波段上看,沙滩向海方向延伸时色调呈青→浅蓝→蓝渐变,延伸距离较小。在 1.3.7 波段影像上只有暗红色图斑由亮转暗的变化,说明海中砾质沉积较少。

图 4-22　威海褚岛、石岛湾 1.3.7 波段影像

图 4-23　威海褚岛、石岛湾 3.2.1 波段影像

海底地貌中的潮流沙脊、水下台地、潮水沟等的发育是判断砂矿的一个重要标志。图 4-24 为龙口海湾的沙脊。图 4-25 为成山卫镇鸡鸣岛与海驴岛之间的 1990 年时相影像图,图中沙滩呈白亮条带状,左侧有一个肚大口小的泥质潟湖,呈暗绿色调,海中水下台地被潮水沟分割成豌豆形,砂矿呈橙红—橘红色调,比周围亮度高,中间有黑色长条斑块,为养殖海带用海带架。

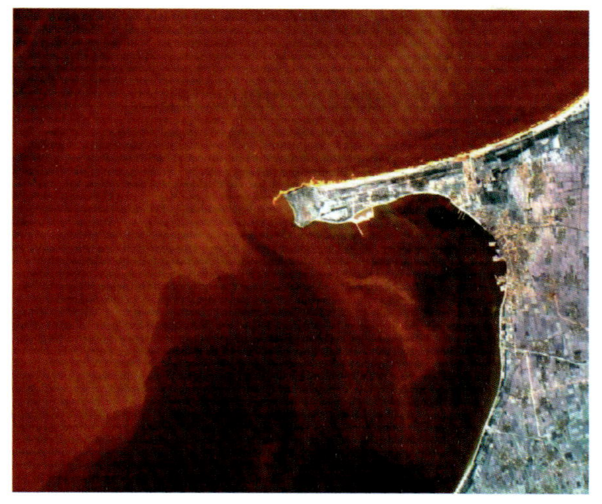

图 4-24　龙口海湾的沙脊

图 4-25　鸡鸣岛与海驴岛之间 1990 年时相影像

上述选取的影像代表了平直海岸、基岩港湾、泥质沉积、河口地貌、海底沙脊等几种砂矿解译时的遥感影像特征，选取的影像都是比较清晰有代表性的。而本次解译的砂矿遥感影像特征远不止上述内容，每一景、每一时相、不同地区的影像都有自己独特的显示特征，但总体上都有上述影像的基本特征。

五、浅海砂矿分区解译

根据山东半岛海岸的不同地貌特点，砂矿的分布特征等对工作区进行了分区，以 3.2.1 波段影像为主，以 1.3.7 波段影像为解译参考，从莱州湾到烟台、青岛、日照共分 24 区，现对各区的特点分别论述。

1. 莱州湾（东宋镇以西地区）

对应图集各时相 T_1 图幅。该地区为平直泥岸，主要有潍河、胶莱河等入海河流，盐田较多，近海岸主要为砂质潮滩盐土、砂质草甸滨海盐土。该区为遥感解译排除泥质沉积提供了重要依据。海岸边发育有旭口组、寒亭组成矿地层，成因类型为海积、风积、冲积—海积。近海以泥质为主，适合蛤类养殖。2002 年时相 3.2.1 波段影像泥岸为棕褐色，色调较暗，纹理较致密，近岸海域部分有淡墨绿色调或青灰色斑，纹理较密，对应的 1.3.7 波段影像上为墨绿颜色，色调较暗，与砂质沉积橙黄色调形成鲜明对照，易于区分。

2. 东宋镇到龙口市屺姆岛

该地区沿海岸线旭口组地层较发育，成因类型以海积为主，盛产石英砂矿和型砂。屺姆岛石英砂矿曾销往日本。入海河流主要有界河、王河等小河流，土壤主要为砂质非石灰性河潮土。莱州浅滩是有名的羽状沙嘴，刁龙嘴以南为黄土台地，以北为砂盖地。近岸涨潮流沿海岸线由东北方向向西南方向流动，落潮流方向相反，常浪向与强浪向基本与海岸线垂直，推移质泥砂流主要向龙口港和莱州浅滩集中。近海岸线分布有水下沙坝，水下砂矿沿海岸平行分布，海中砂矿以莱州浅滩及龙口市西南港湾为主。龙口港湾图像色调泛红，含泥量较高。该地区邻近多砂金矿区，为砂金勘探开发区。各时相、波段砂矿遥感影像特征详见表 4-2。

表 4-2　莱州湾（东宋镇以西）各时相、波段砂矿遥感影像特征

时相	地点	形态	遥感影像特征	对应图幅
2002-9-22	近岸	不规则条带形	青灰至深蓝色调，中间夹有淡绿色调线条状影纹，基本与岸线平行	T2002-2 T2002-3
	莱州浅滩	羽状沙嘴	砂矿中部为黑灰色调泛蓝色，影纹较密，向外逐渐过渡为浅蓝色，亮度变亮，边缘为放射拉丝状影纹，较稀疏，犹如羽毛边缘。黑灰色调说明含泥量高或为粉细砂。其中莱州浅滩东北部分羽状沙脊形态较明显	
1996-3-19	近岸	不规则条带状	影像影纹致密，受海水含泥量影响，略感模糊，近岸为淡黄绿色调，条带状	T1996-2 T1996-3
	莱州浅滩	羽状沙嘴	受泥砂影响呈浅棕蓝色，间有淡黄绿色斑。北部边界为漫圆型，南部为放射线条状影纹，西部较亮部分含泥量高	
	龙口港	不规则	浅蓝色调，北部较暗，南部较亮，放射条纹状影纹	
1991-8-31	近岸	条带状	由海岸到海里色调由翠绿至浅绿至浅蓝渐变，线条状明显，基本与海岸平行	T1991-2 T1991-3
	莱州浅滩	羽状沙嘴	北部为浅蓝色调，斑纹状，南半部为浅蓝绿色调，有微黄色调，线条状影纹，色调由中部向边缘逐渐变淡，亮度变暗	
	龙口港	不规则	浅蓝色调，亮度较高。北部有淡黄绿色调干扰，可能为悬浮物或含泥水流，边缘色调变淡，较易辨认	
1986-11-5	近岸	条带状	墨绿色斑，海水为黑、深蓝色调。条带状不清晰	T1986-2 T1986-3
	莱州浅滩	羽状沙嘴	青墨绿色调，局部有蓝灰色调，中间影纹较密，两边为线条状影纹，比较像鸟的羽毛	
	龙口港	条带状	沙脊形态明显，西北部浅蓝色调，亮度较高，东南部深蓝色调，亮度较暗，应与海水深度有关	

3. 龙口屺姆岛至北沟镇北王绪村一带

该地区沿岸旭口组较发育，成因以海积为主，冲积—海积为辅，型砂、建筑用砂等河海砂较丰富。近海分布为中粗砂，海域部分多为泥质沉积，海岸线较平滑，有黄水河入海，土壤以砾质非石灰性河潮土、壤质非石灰性河潮土为主。水下砂矿平行岸线分布。各时相、波段砂矿遥感影像特征详见表 4-3。

表 4-3　屺姆岛至北王绪村各时相、波段砂矿遥感影像特征

时相	地点	形状	遥感影像特征	对应图幅
2002-9-22	近岸	条带状	灰蓝色调，局部为深蓝色调，有淡黄绿色斑块。局部纹理为线条状，与海岸线平行，局部影纹较密	T2002-3
1996-3-19	近岸	条带状	深蓝色调，有翠绿色斑块，线条状影纹，密度较稀疏	T1996-3
1991-8-31	近岸	条带状	局部为深蓝色调，局部为翠绿色调	T1991-3
1986-11-5	近岸	条带状	深蓝色调，有浅绿色斑，有绿色条带干扰，线条状影纹，稀疏	T1986-3

4. 北沟镇王绪村至古现镇

该地区旭口组多分布于小港湾处，成因有海积、冲积、冲积—海积，海岸线曲折，为基岩港湾海岸，有平畅河等小河流入海，旭口组地层分布地区土壤多为砂质非石灰性河潮土，壤质非石灰性河潮土，滨岸砂矿多分布于港湾顶部，长岛与蓬莱之间的庙岛海峡较窄，又有登州浅滩，涨潮流为由东至西方向，海水动力较强，过庙岛海峡受登州浅滩影响，流速下降，重物质会被留下来，落潮流为自西向东，海水动力较弱，将轻物质搬运走，有利于砂矿的形成。各时相、波段砂矿遥感影像特征详见表4-4。

表4-4　王绪村至古现镇各时相、波段砂矿遥感影像特征

时相	地点	形状	遥感影像特征	对应图幅
2002-9-22	近海岸	条带状 弯月形	灰蓝至浅蓝色调，有淡黄绿色斑，条形影纹，密度较大	T2002-4 T2002-5
	庙岛群岛	不规则	中间为亮灰蓝色调，向外逐渐过渡为暗灰蓝，有暗黄绿色调，中间为团块状影纹，较致密，边缘有拉丝状影纹，较疏稀	
1996-3-29	近岸	条带状	深蓝绿色调颗粒较粗，线条状影纹不明显	T1996-4 T1996-5
	庙岛群岛	不规则 椭圆形	中部为浅灰色调，影纹致密，向外逐渐有浅绿色斑，蓝色调增多，边缘为条形絮状，也较模糊	
1991-8-31	近岸	条带状	蓝绿色调，影纹不明显。近岸沙脊为浅蓝色调，比周围亮度高，为慧尾状，影纹较致密	T1991-4 T1991-5
	庙岛群岛	不规则 椭圆形	中部为亮浅蓝色调，有浅绿色调，向外围逐渐为亮蓝色调，条带形，影纹致密	
1986-11-5	近岸	条带状	暗蓝色调，有绿色斑块，泛淡黄色，图像有条纹干扰，影纹较粗	T1986-4 T1986-5
	庙岛群岛	透镜状	亮灰蓝色调，有黄绿色斑，中间较致密，外部为纯蓝色调，边界隐约可见有线状拉丝状影纹	

5. 烟台市古现镇到芝罘岛（套子湾地区）

该地区旭口组地层较发育，成因类型主要有海积、冲积—海积，海岸线为长圆弧形，沙滩主要为中粗砂，有黄金河、大沽夹河入海，两条河都分布有砂金矿，夹河河口地区为砂质潮滩盐土，其他为砂质非石灰性河潮土。砂矿主要平行海岸线呈带状分布。2002年时相影像海水颜色较深，有细微的淡黄绿色斑显现，1996年时相影像海水色调较浅，砂矿呈淡黄绿色调，呈线状影纹平行海岸线分布，1991年时相影像绿色调比以上2个时相有所增强，1986年时相与2002年时相类似。对应各时相T5图幅。

6. 烟台市芝罘岛到养马岛

该地区旭口组地层主要分布于右半部沿岸，成因类型主要为海积、冲积—海积，土壤为砂质非石灰性河潮土、砂质潮滩盐土（养马岛一带），养马岛已经成为陆连岛，泥质淤积较多。有辛安河等小河流入海，海岸线曲折，属基岩港湾海岸，港湾顶部发育有少量砂矿，海中有砂斑块。各时相、波段砂矿遥感影像特征详见表4-5。

表 4-5 芝罘岛到养马岛各时相、波段砂矿遥感影像特征

时相	地点	形状	遥感影像特征	对应图幅
2002-6-11	近海岸	不规则圆弧状	浅青绿色调,向海中方向逐渐变淡距离较短,海水为深蓝色调,条带状影纹	T2002-6
	烟台港	不规则	浅蓝色调,有灰色色调,拉线状影纹,较稀疏	
	崆峒岛	不规则团块状	浅蓝色调,夹有灰白团块,中间有沙脊形态,色调较浅,向外缘过渡为浅蓝色调,边界较模糊,影纹也变得稀疏。呈不规则慧尾状	
1996-9-20	近海岸	不规则圆弧状	与2002年时相相似,海水色调更浅一些	T1996-6
	烟台港	不规则	浅蓝色调,有黄绿色斑,影纹密度较稀疏	
	崆峒岛	不规则团块状	浅蓝色调,中间为亮浅蓝,影纹密度较密,向边缘逐渐变为浅蓝,亮度降低,边界为较模糊锯齿状	
1990-6-2	近岸、烟台港	不规则	灰蓝色调,边界不清晰,影像较模糊	T1990-6
1988-4-9	近岸	不规则圆弧状	蓝绿色调,条带状影纹	T1988-6
	海域	不规则	淡纯蓝色调,亮度比周围海水高,影纹由中心向周围密度逐渐变稀疏	

7. 养马岛至威海市

该地区成矿地层旭口组分布较宽,沙滩也较宽,成因类型以风积为主,沿海岸线边界有少量海积类型。海岸线较平直,有沁水河等小河流入海,金山港、双岛港为砂质潮滩盐土,其他为砂质非石灰性河潮土,姜格庄、双岛分布有较大的石英砂矿,该区域砂矿主要平行海岸线呈带状分布。4个时相近岸部分均为蓝绿色调,线条状影纹,与海岸线平行。海域中的砂矿1996年时相为亮浅蓝色调,1988年时相为深纯蓝色调,边界隐约可见,犹如慧尾,与周围比较影纹较稀疏。周围海水为黑蓝色调。对应各时相T6图幅。

8. 威海市至成山角

该地区属基岩港湾型海岸,海岸线曲折,成山角为北黄海与南黄海的分界点。砂矿多分布于港湾顶部,成因类型有海积、风积等,在成山头北部多为洪积成因类型。小的港湾较多,入海河流多为小河流。朝阳港为砂质潮滩盐土,其他为砂质非石灰性河潮土。该地区北向风浪较大,沙滩较宽,虎头角附近海底水下浅滩较宽,该区域局部有海带养殖场分布,有荣成旭口石英砂矿和仙人桥石英砂矿。海驴岛附近地区海底沙丘形态较明显。各时相、波段砂矿遥感影像特征详见表4-6。

表 4-6 威海市至成山角各时相、波段砂矿遥感影像特征

时相	地点	形状	遥感影像特征	对应图幅
2002-6-11	港湾顶部	不规则圆弧	浅蓝灰色调,有绿色色斑,影纹较密	T2002-6 T2002-7
	浅海部分	不规则	浅蓝白色调,有暗灰色色斑,影纹密度较密,边界较清晰,多过渡为深蓝色	

续表 4-6

时相	地点	形状	遥感影像特征	对应图幅
1996-9-20	港湾顶部	不规则圆弧	浅蓝绿色调,影纹较疏	T1996-6 T1996-7
	浅海部分	不规则 椭圆形	纯蓝色调,中部为亮蓝色调,影纹较密,边界处亮度变暗,色调加深,局部变化明显	
1990-6-2	港湾顶部	不规则圆弧	绿色调比 1996 年时相重,其他相似	T1990-6 T1990-7
	浅海部分	不规则	蓝色调,近岸为暗灰蓝色调,有黄绿色色斑,受潮水沟等影响边界清晰。海驴岛远岸部分为纯蓝色调,中部较亮,边界色调变暗,沟痕较多	
1988-4-9	港湾顶部	不规则圆弧	淡蓝绿色调,影纹稀疏	T1988-6 T1988-7
	浅海部分	不规则	暗灰蓝色调,有淡黄色,局部受悬浮物等影响呈灰黄色调,中部透出白蓝色调,较亮,影纹致密,外缘变为纯蓝色调,影纹密度较稀疏,色调突变,不是渐变	

9. 成山角至镆铘岛

该地区为基岩港湾海岸,海岸线曲折,小港湾众多。旭口组地层多分布于港湾顶部,成因类型为海积为主,冲积为辅。入海小河流较多,土壤多为砂质非石灰性河潮土,砂质潮滩盐土,涨潮流由北向南,落潮流方向相反,水下浅滩较平缓,密度较大。海域中有较多的海带养殖场。

龙须岛镇南部的港湾中有玉米粒大小的砾石,磨圆较好。砂矿主要分布于港湾顶部,并且都不大。水下浅滩沉积有大量的砂,不一定为砂矿。2002 年、1990 年时相港湾顶部砂矿多为浅蓝色调,较致密。1996 年时相为亮浅蓝色调,有绿色斑块。1988 年时相为暗蓝色调,影纹密度大。受海带养殖影响,水下浅滩色调发暗,中心局部有淡棕灰色调,亮度较大,影纹密度大。受水深影响,边界变化较明显,易于区分。对应各时相 T8 图幅。

10. 石岛湾

镆铘岛发育成为陆连岛,石岛湾湾口发育有水下沙坝,使该地区成半封闭状态,又地处海流变向点,所以入港水流流速大,出港水流流速小,利于重物质富集,湾内已发现有较大的锆石砂矿,主要成因为海积,港湾内坡度比较平缓。有海带养殖场。各时相、波段砂矿遥感影像特征详见表 4-7。

表 4-7 石岛湾各时相、波段砂矿遥感影像特征

时相	地点	形状	遥感影像特征	对应图幅
2002-6-11	石岛湾	环形条带	浅棕蓝向浅白蓝色调过渡,影纹较致密	T2002-8
1996-9-20	石岛湾	环形条带	蓝绿至浅蓝绿色调,影纹较致密	T1996-8
1990-6-2	石岛湾	不规则带状	浅蓝色调,亮度较高,局部受泥质干扰为暗蓝色调,影纹较致密	T1990-8
1988-4-9	石岛湾	不规则带状	浅纯蓝色调,影纹较致密,近岸有暗绿色斑	T1988-8

11. 港湾街道至五垒岛

靖海镇与港湾街道之间有旭口组地层发育,成因类型为海积,海岸线曲折,小港湾中有小的砂矿,石岛南水下浅滩有粉质细砂,已探明的砂矿有建筑用砂矿、锆石矿等。五垒岛湾、靖海湾以泥质沉积为主。

各时相、波段砂矿遥感影像特征详见表 4-8。

表 4-8 港湾街道至五垒岛各时相、波段砂矿遥感影像特征

时相	地点	形状	遥感影像特征	对应图幅
2002-6-11	港湾顶部	不规则条带状	浅白蓝色调，有隐约的棕红色调，有斜纹，影纹较密	T2002-8 T2002-9
1996-9-20	港湾顶部	不规则条带状	蓝绿色调，悬浮物干扰较大，边界不易判断	T1996-8 T1996-9
1990-6-2	港湾顶部	不规则条带状	深蓝中泛出浅蓝色调，有暗绿斑块，有浅棕红色调，影纹较密，边界不清晰	T1990-8 T1990-9
1988-4-9	港湾顶部	不规则条带状	灰蓝至纯蓝色调，悬浮物或泥的干扰较大，边界不易判断	T1988-8 T1988-9

12. 五垒岛至白沙滩镇宫家岛以北

发育有一段平直海岸，有黄垒河入海，河口地带形成洪积台地，如暖浪口地区。旭口组成因类型为海积、冲积—海积，土壤以砂质潮滩盐土和砂质非石灰性河潮土为主。砂矿沿海岸呈带状分布。各时相、波段砂矿遥感影像特征详见表 4-9。

表 4-9 五垒岛至白沙滩各时相、波段砂矿遥感影像特征

时相	地点	形状	遥感影像特征	对应图幅
2002-6-11	平直海岸	带状	浅棕灰色调，夹有浅白蓝色调，线条状影纹，方向与海岸线平行，影纹密度较大	T2002-9
1996-9-20	平直海岸	带状	浅黄绿色调，有浅蓝色斑，有线条状影纹	T1996-9
1990-6-2	平直海岸	带状	浅蓝色调，有浅棕红色调，边界色调变为深蓝	T1990-9
1988-4-9	平直海岸	带状	浅蓝绿色调，向海中变为黑蓝色调，条状影纹不清晰	T1988-9

13. 白沙滩镇(腰岛至宫家岛)

砂矿成因类型为海积，呈带状平行海岸分布，西部有一处潟湖。资料显示该地区砂矿较丰富，多为粗砂。土壤为砂质潮滩盐土。涨潮流由东北往西南方向，落潮流相反。常浪流方向垂直海岸。涨潮流经过宫家岛，遇到西侧海岸后，流速受阻，有利于重物质富集。各时相、波段砂矿遥感影像特征详见表 4-10。

表 4-10 白沙滩各时相、波段砂矿遥感影像特征

时相	地点	形状	遥感影像特征	对应图幅
2002-6-11	近岸	不规则条带	浅棕微红色调，有绿色色斑，亮度较高，亮度较高处有浅蓝色调，线条状影纹，较致密	T2002-9
1996-9-20	近岸	不规则条带	淡黄绿色调，影纹稀疏，边界较模糊	T1996-9
1990-6-2	近岸	不规则条带	局部浅蓝色调，较光亮，局部为浅粉棕色调，都含有灰色调	T1990-9
1988-4-9	近岸	不规则条带	纯蓝色调，亮度比周围稍高一些，边界隐约可见	T1988-9

14. 白沙滩至大辛家镇

该地区为基岩港湾海岸，有乳山河入海，土壤主要为砂质潮滩盐土。砂矿多分布于港湾顶部，成因类型为海积。乳山河口有沙脊形成，竹岛附近港湾湾口有小岛出露，形成半封闭港湾，砂质较细，含泥量会多一些。各时相、波段砂矿遥感影像特征详见表 4-11。

表 4-11　白沙滩至大辛家各时相、波段砂矿遥感影像特征

时相	地点	形状	遥感影像特征	对应图幅
2002-6-11	近岸	不规则条带状	浅灰蓝色调，亮度较高，有些砂矿夹杂浅棕红色调，有些夹杂暗绿色斑，影纹致密，有些砂矿有线条状纹理	T2002-10
1996-3-5	近岸	不规则条带状	浅灰蓝色调，影纹致密，河口沙脊为浅棕色，而琵琶口处为金黄色调，砂质较细	T1996-10
1991-4-2	近岸	不规则条带状	与 1996 年时相相似	T1991-10
1989-5-30	近岸	不规则条带状	浅蓝色调，夹杂有绿色斑，亮度比周围亮一些，影纹较致密，沙脊边界较清晰，尾部为浅纯蓝色调，边界隐约可见	T1989-10

15. 大辛家至潮里（丁字河口北部）

出露为平直海岸，砂矿多为中砂，成因类型为海积。土壤以砂质盐化潮土，砂质非石灰性河潮土为主。有东村河等河流入海。影像上沙滩带为金黄色带。各时相、波段砂矿遥感影像特征详见表 4-12。

表 4-12　大辛家至潮里各时相、波段砂矿遥感影像特征

时相	地点	形状	遥感影像特征	对应图幅
2002-6-11	近岸	条带状	浅灰蓝色调，有亮浅蓝色斑及浅棕红色斑，影纹致密。有一沙脊形态	T2002-10
1996-3-5	近岸	条带状	浅蓝白色调	T1996-10
1991-4-2	近岸	条带状	纯蓝色调，有一定亮度，有暗灰色斑，影纹较密	T1991-10
1989-5-30	近岸、浅海	不规则椭圆形	近岸浅灰蓝、纯蓝色调，影纹较密。浅海浅纯蓝色调，影纹较密，较光亮，边界隐约可见	T1989-10

16. 丁字河口

五龙河挟带大量泥砂入海，在河口受海水动力推顶影响，物质被反复分选，在丁字湾口形成几处沙脊，丁字湾两边地层多为海积全新统，土壤为砂质、黏质潮滩盐土。各时相、波段砂矿遥感影像特征详见表 4-13。

表 4-13　丁字河口各时相、波段砂矿遥感影像特征

时相	地点	形状	遥感影像特征	对应图幅
2002-6-11	丁字河口	不规则长椭圆形	浅棕灰色调，有较淡亮白蓝色斑，影纹较密，边界多以海流区别	T2002-10

续表 4-13

时相	地点	形状	遥感影像特征	对应图幅
1996-3-5	丁字河口	不规则长椭圆形	出露部分为暗棕黄色调，有些边缘泛灰白色调，海底部分为浅蓝绿色调，马尾状影纹，密度一般	T1996-10
1991-4-2	丁字河口	不规则长椭圆形	暗粉棕色调，中间夹杂白亮色斑，影纹较密，部分边界模糊	T1991-10
1989-5-30	丁字河口	不规则长椭圆形	海水水位较高，淹没了前几个时相出露的部分，为浅粉蓝色调，或暗黄蓝色调，有一定亮度，纹理较密，边界隐约可见	T1989-10

17. 丁字河口至女岛

该地区海岸线曲折，属基岩港湾海岸，有田横岛、女岛等多处岛屿，土壤主要为壤质潮滩盐土，砂矿多分布于港湾顶部，成因类型为海积，女岛附近水深坡陡，不利于砂矿富集，田横岛附近(营子村)分布有细砂。各时相、波段砂矿遥感影像特征详见表 4-14。

表 4-14　丁字河口至女岛各时相、波段砂矿遥感影像特征

时相	地点	形状	遥感影像特征	对应图幅
2002-6-11	近岸	不规则条带形	浅粉棕与浅蓝色调，有一定亮度。影纹比较密，边缘较清晰	T2002-11
	岛屿附近	不规则椭圆形	浅粉棕色调，中间有较亮的浅灰色斑。影纹比较密，边缘较清晰	
1996-3-5	近岸	不规则条带形	浅蓝绿色调，影纹密度稀疏。边界处为深蓝色调	T1996-11
	岛屿附近	近椭圆形	浅绿色调，夹杂深蓝条状色斑。影纹密度由中间向边缘变得稀疏，边界处为深蓝色调，较模糊，边界隐约可见	
1991-4-2	近岸	不规则条带状	浅蓝色调，比较光亮，中间夹有黄绿色斑	T1991-11
	岛屿附近	不规则椭圆形	浅蓝色调，中部暗灰绿色调比外缘重，影纹密度致密，向外缘过渡为浅纯蓝色调，边界处为纯蓝色调，有隐约的线条状影纹	
1989-5-30	近岸	不规则条带状	浅蓝色调，向海中影纹密度减小	T1989-11
	岛屿附近	不规则长椭圆形	暗灰蓝色调，中间有较亮色块，周围海水为深纯蓝色调，外缘部分影纹变稀疏，沿图形长轴方向有隐约的线条状影纹	

18. 鳌山湾

砂矿主要分布于湾内边缘，成因类型为海积，主要有锆石砂矿、建筑砂矿，规模都比较小。有多条小河流在此入海，土壤以砂质、壤质、黏质潮滩盐土为主，鳌山湾海底坡度较平滑。各时相、波段砂矿遥感影像特征详见表 4-15。

表 4-15　鳌山湾各时相、波段砂矿遥感影像特征

时相	地点	形状	遥感影像特征	对应图幅
2002-6-11	湾内	不规则条带状	浅棕红色调，有一定亮度，影纹较致密，无线条状	T2002-11
1996-3-5	湾内	不规则条带状	浅黄绿色调，影纹比较稀疏，岸上为暗黄绿色调，海中砂矿信息少	T1996-11
1991-4-2	湾内	不规则条带状	近岸为浅青蓝色调，有绿色色斑，湾口为浅纯蓝色调，中间影纹较致密，色调向外缘逐渐变为浅纯蓝色，右边界清晰，左边缘为羽毛边缘状影纹	T1991-11
1989-5-30	湾内	不规则条带状	浅蓝微青色调，影纹较密，有一定亮度，泥质或混浊度干扰较大	T1989-11

19. 鳌山卫镇至崂山头

该地区属基岩港湾海岸，海岸线曲折，有大管岛、小管岛等岛屿，有多条小河流入海，沿岸砂矿多分布于港湾顶部，成因类型为海积，土壤为砂质潮滩盐土，砂质非石灰性河潮土。该地区砂矿主要为锆石矿，以细砂为主。影像上港湾顶部砂矿多为金黄色调，1989 年时相为浅棕红色调。

20. 崂山头至胶州湾南（竹岔岛附近）

该地区旭口组地层多分布于港湾顶部，成因类型以海积为主，胶州湾顶部土壤主要为黏质潮滩盐土，以泥质为主，入海河流主要有大沽河、胶莱河、白沙河等河流，河流年平均携带 100 多万吨的泥砂输入胶州湾，形成湾顶大范围的淤泥质粉砂潮滩。湾内只有小范围砂矿，沙子口镇附近出产锆石砂矿、建筑用砂矿。胶州湾湾口一带海底砂矿范围较大，湾口涨潮流近于由东至西方向，落潮流方向相反，向海域方向至大公岛区域涨潮流方向为西北至东南方向，落潮流方向相反，受其影响在湾口形成东西向潮流沙脊，湾口外形成近乎南北向的潮流指形沙脊，在 1990 年时相影像（T1990-12 图幅）上体现较清晰。各时相、波段砂矿遥感影像特征详见表 4-16。

表 4-16　崂山头至胶州湾各时相、波段砂矿遥感影像特征

时相	地点	形状	遥感影像特征	对应图幅
2002-11-9	近岸	不规则条带形	蓝绿色调，色调微浅，湾顶多为暗黄绿色调。图像有颗粒感，平行海岸拉线影纹不明显	T2002-12
	浅海	不规则长椭圆形	暗绿蓝色调，有颗粒感，密度较致密，长椭圆形态，中间亮度高，外缘部分影纹密度降低，色调转为深蓝色	
1996-3-5	近岸	不规则条带形	纯蓝淡黄绿色调，有一定亮度	T1996-12
	浅海	不规则长椭圆形	浅纯蓝色调，亮度较高，夹有黄绿色斑，影纹形态不明显	

续表 4-16

时相	地点	形状	遥感影像特征	对应图幅
1990-5-24	近岸	不规则条带形	黑蓝颜色，范围不易判断	T1990-12
	浅海	指形沙脊	沙脊半明半暗，明亮部分为亮纯蓝色调，较光滑，影纹致密。暗坡部分为暗纯蓝色调。有些沙脊有南北方向条形影纹。湾口为亮纯蓝色调，与周围海水的黑蓝色调差别较大，易于区分	
1989-11-29	近岸	不规则条带形	深蓝绿色调，影纹稀疏	T1989-12
	浅海	不规则椭圆形	纯蓝色调，亮纯蓝团块与暗纯蓝团块混合分布，与周围黑蓝海水区别明显	

21. 胶州湾南(竹岔岛)至灵山岛

该地区旭口组地层成因类型为海积，土壤为砂质潮滩盐土，入海河流有王戈庄河，海岸坡度较陡，影像近岸海水为黑蓝色，砂矿较窄，呈条带状平行海岸分布。影像上海岸沙滩为浅黄色调条带，砂质应较细，该地区在河口分布有建筑砂矿、锆石砂矿等。各时相近岸均为浅黄绿色调，亮度微高，宽度较窄。各时相、波段砂矿遥感影像特征详见表 4-17。

表 4-17　竹岔岛至灵山岛各时相、波段砂矿遥感影像特征

时相	地点	形状	遥感影像特征	对应图幅
2002-11-9	浅海	不规则椭圆形	浅蓝色调，有淡黄绿色调泛出，影纹密度不大，中间局部密度较大，黄绿色调重一些	T2002-13
1996-3-5	浅海	不规则椭圆形	浅纯蓝色调，亮度较高，影纹密度由中部向外缘逐渐变得稀疏，拉线状影纹隐约可见，边缘处略微模糊	T1996-13
1990-5-24	浅海	不规则	纯蓝色调，影纹较密，沙脊部位亮度较高，边界处色调颜色变深，变化明显	T1990-13
1989-11-29	浅海	不规则	浅纯蓝色调，影纹局部较密，形成团块状。向外色调变淡，边界与海水黑蓝色调差别较大，较易区别	T1989-13

22. 灵山岛至慕官岛

该地区为基岩港湾海岸，旭口组地层成因类型主要为海积、冲积海积，分布于港湾顶部，土壤以砂质潮滩盐土为主，入海河流多为小河流，其中吉利河、白马河携带较多泥砂入海。砂矿主要分布于湾顶出露沙滩附近，海中有沙脊形成。各时相影像近岸均为浅蓝绿色调，亮度较高，影纹较稀疏，浅海砂矿部分不同。各时相、波段砂矿遥感影像特征详见表 4-18。

表 4-18　灵山岛至慕官岛各时相、波段砂矿遥感影像特征

时相	地点	形状	遥感影像特征	对应图幅
2002-11-9	浅海	不规则椭圆形	浅纯蓝色调，中部亮度较高，夹有浅绿色斑，边缘色调变淡，影纹密度变稀疏	T2002-13
1996-3-5	浅海	较规则椭圆形	浅纯蓝色调，亮度较高，影纹密度较小，边界隐约可见	T1996-13
1990-5-24	灵山岛南部	不规则椭圆形	纯蓝色调，间有暗灰色块，影纹密度边缘较突出	T1990-13
1989-11-29	浅海	不规则	浅纯蓝色调，局部色调较高，形成团块状，局部有拉丝状影纹	T1989-13

23. 慕官岛至日照市

该地区基岩岬角与海湾相间分布，海岸呈弧形，砂矿平行海岸线分布，成因类型以海积为主，土壤多为砂质潮滩盐土。从影像上看海滩为黄色条带，说明含泥量较高。影像上 1996 年时相泥质或悬浮物干扰较大，其他时相近岸为浅青蓝色调，分布较窄。浅海部分均为纯蓝色调，亮度较高，中部影纹比外缘致密，2002 年时相有暗灰色调，线条状影纹，1989 年时相呈斑块状。

24. 日照市至岚山头

该地区海岸平直，沙滩较宽，沿岸砂矿为海积成因，土壤为砂质潮滩盐土。傅疃河携大量泥砂入海，在河口形成河口三角洲凸滩海岸。涨潮流自北向南，海动力较大，向南形成自北向南的泥砂流，向北方向泥砂流主要进入日照港，砂矿主要平行海岸线分布。各时相、波段砂矿遥感影像特征详见表 4-19。

表 4-19　日照市至岚山头各时相、波段砂矿遥感影像特征

时相	地点	形状	遥感影像特征
2002-10-24	近岸	条带状	浅蓝色调，有棕红色斑，影纹密度一般
	浅海	蚕豆状	浅纯蓝色调，比较明亮，中部致密，有些有拉丝状影纹，边缘局部为羽毛边缘状
1996-3-8	近岸	条带状	暗棕绿色调，线条状影纹平行海岸线分布
	浅海	条带状	浅灰棕色调，有绿色色斑，有与长轴方向平行的线状影纹。局部较致密，有淡红色调，色调较重。局部色调为淡深蓝色调，影纹较稀疏，边界隐约可见
1991-8-31	近岸	条带状	暗绿色调，河口有浅棕红色调，亮度较高，影纹较密
	浅海	不规则	浅天蓝色调，有少量暗绿色斑，线条状影纹，局部较致密
1988-11-26	浅海	不规则	纯蓝暗浅绿色调，南部有棕红色斑，影纹比较密，形成一指形沙脊，有平行指形沙脊的线状影纹，北部有垂直海岸线的线状影纹

六、海岸线的变迁

1. 海岸线变迁分类

山东省胶东半岛属基岩港湾海岸、基岩岸。淤积海岸在山东半岛不发育，主要分布于河口地带。海积、冲积等沉积作用与海水的侵蚀作用对海岸线的变化起主导作用。按海岸线的变化程度可划分为侵蚀后退岸、稳定岸及淤积增长岸。山东半岛侵蚀后退岸主要分布于基岩岬角岸段，海蚀地貌发育，潮间带狭窄，沉积物粗细分带明显，崖下多礁石、岸滩，反映了海岸仍在后退。稳定岸多分布于侵蚀后退岸的岬湾内，高潮滩上缘有海蚀陡岸，潮间带有沿岸堤、沙滩或水下沙坝及人工堤保护，非大潮海水达不到岸边，岸线稳定。山东半岛淤积增长岸多分布于港湾内入海河口岸段，岸滩地形平缓，滩面多为淤泥粉砂，由于补给物质丰富，使岸滩逐渐向海淤长。

2. 山东古海岸线变迁

从历史资料上对山东古海岸线变迁的研究看，山东半岛海岸线变化较小，渤海西岸的古海岸线变化很大（图 4-26），其他海岸段仅在海湾的顶部出现淤积，如胶州湾顶部、养马岛至威海岸段、文登南部、丁字湾顶部等。从黄淮海平原海岸线变迁分析图上可以看出，自公元前 7000 年前至今，渤海湾及江苏省的古海岸线变化明显，而山东半岛的基岩海岸变化较小。

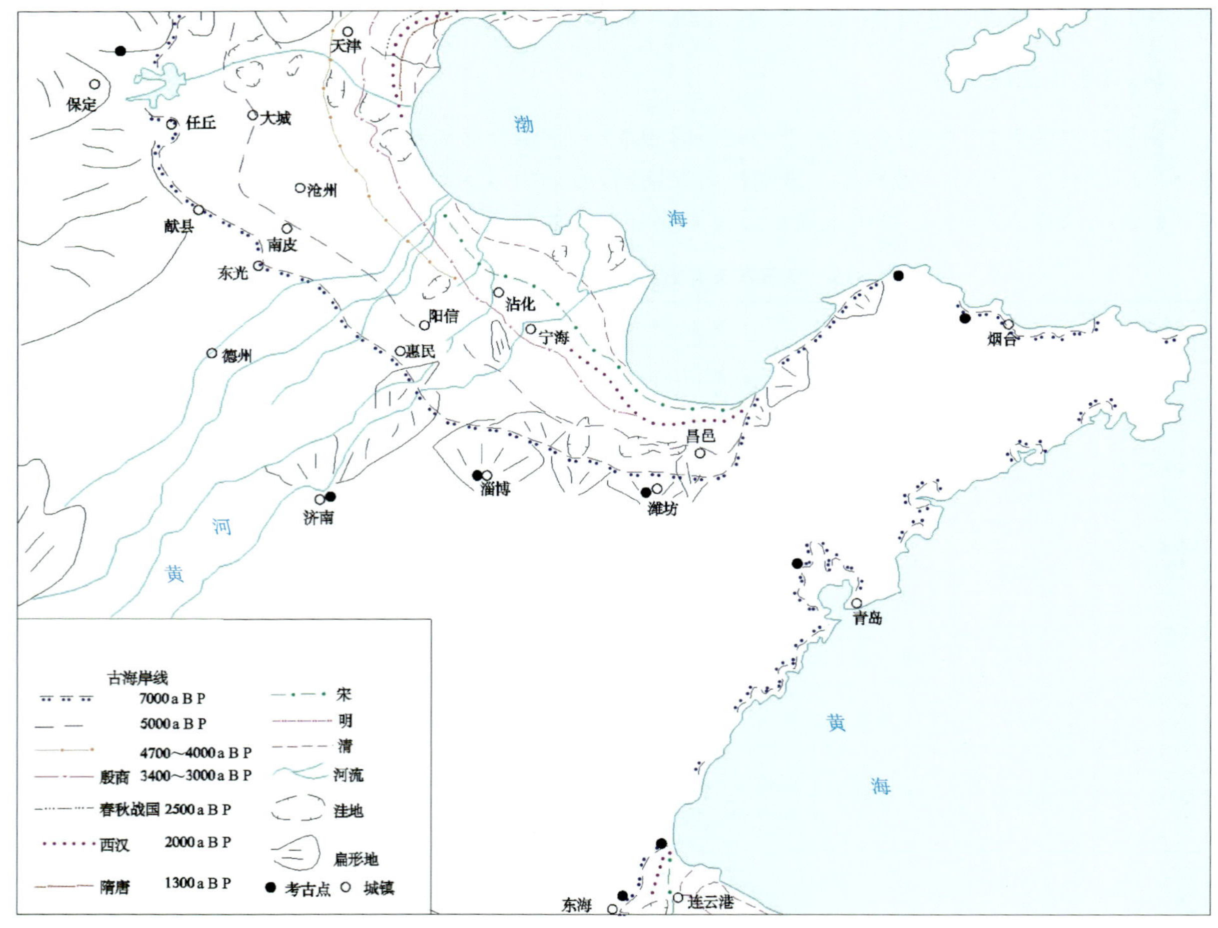

图 4-26　海岸线变迁分析示意图

古海岸线标志:来自大陆冰川的研究资料和陆架区的调查资料表明,沿海平原及陆架浅海都是海面升降所引起的海岸线变迁范围。不同时期古海岸线的标志可以概括为侵蚀标志和沉积标志两大类。在长期的环境变迁过程中,有些标志得以保存,有些标志会发生变化,甚至消失。各种海蚀地貌通常被看作古海岸线的侵蚀标志。当海蚀崖、海蚀洞和海蚀平台等海蚀地貌同时存在时,用它们来确定古海岸线一般是可靠的。然而,古海蚀地貌往往受到后期的改造和破坏而残缺不全;某些剥蚀或风化作用也可以造成类似于海蚀地貌的形态,以致古海蚀地貌常具多解性。因此,仅根据个别的或孤立的地貌形态,而缺乏相关沉积物,要想确定古海岸线是困难的。

晚第四纪古海岸线变迁:主要是依据晚第四纪海侵地层的研究,渤海沿海平原地区是中国海相地层研究最早的地区,海相地层最为丰富,古岸线界线的确定比较容易。晚更新世以来的古岸线分布如下:①最后间冰时的古海岸线:晚更新世时期中国东部沿海普遍发生沧州海侵,即距今128 000～70 000a的里斯—玉木间冰期海侵。②亚间冰期时的古岸线:在渤海地称为献县海侵,距今39 000～23 000a。③冰后期海侵最盛时期的古海岸冰后期最大海侵在黄海、渤海及东海沿岸大部分地区,均发生于距今7000～6000a。在渤海沿岸,冰后期海相层向北在静海、玉田、丰南、乐亭一线尖灭,向南在黄骅、海兴、利津、昌邑一带尖灭。

历史时期以来的古岸线:20世纪50年代末期,首先发现渤海西岸存在3条或者4条贝壳堤,许多村庄沿贝壳堤分布,其上还有许多古文化遗迹。经跟踪追查,确实证明了这些贝壳堤的分布与岸线变迁。

沿海地区的沉积标志主要是指海侵地层的最大分布范围,以及贝壳堤、砂砾堤、海滩岩的出现点等作为海面变动的标志。

3. 山东海岸线变化分析

1)莱州湾龙口地区

莱州湾海岸为带有宽广潮滩的堆积堆长岸,为平原海岸性质,有粉砂黏土所组成的广阔潮滩,在T1996-1图幅上测量宽度约为4km,潮滩后源有胶莱河入海,胶莱河不断向河口补充陆源物质,海岸有向海缓慢增长趋势。

三山岛刁龙咀地区海岸沙嘴的形成过程,就是羽状沙嘴的不断形成与延伸过程,羽状沙嘴的末端冲淤变化比较明显。据1952—1976年间地形图资料显示,羽状沙嘴的末端向西延伸了100m左右。从图4-27这4个时相影像上看,刁龙咀南部近岸的水下沙坝逐渐扩大,也说明此段海岸有增长趋势。

1986-11-5 时相

1991-8-31 时相

1996-3-19 时相

2002-9-22 时相

图4-27　三山岛刁龙咀沙嘴各时相影像

2)养马岛至威海

河流淤积作用和海洋水动力作用对本区海岸线的变迁起主导作用。河流填充了海湾,使海湾变浅淤平成为冲积平原,同时使岸线变得平直。该区河流的填湾作用在近几百年来变得日渐强烈,主要是人类活动造成水土流失加剧的结果。金山港附近的沙湾庄,20世纪90年代前海潮可至,今已距海5km。双岛港、荣成市的斜口流湾也类似。该区海岸线基本稳定,略有淤长,海岸将缓慢地向更加平直的方向演化。

3)成山卫北部青矶岛附近

该区为钙质胶结红砂层，较脆弱，受到波浪冲击而形成蚀退的砂质海岸，而朝阳港海岸为淤长砂质岸。

4)黄垒河口、五垒岛湾

本段海岸有黄垒河和母猪河流入，河口三角洲地貌特征显著，为淤长的河口三角洲带。海阳市冷家庄至潮里一线老龙头、羊角畔、潮里等岬角下多发育有海蚀阶地，为侵蚀后退岸，而岬角之间的砂岸为稳定砂岸，此种类型的海岸还包括日照的北部海岸。

5)日照南部海岸

傅疃河形成三角洲突滩岸线，据最外侧沙坝近40年来向海推进速度估算，突滩顶部每年向海淤进10m左右，泥砂搬运方向为由北至南，河口至岚山头一带的沙滩应为淤进岸。

6)黄河三角洲

近期(1976—1984年)黄河三角洲海岸水下地貌变化如下：

(1)西北段，相对稳定，年平均冲淤变化量在数厘米数量级以下。

(2)东北段，水深5m以上地带1976—1984年蚀退2～4km，向下蚀退速度很快减小，至水深10m一带出现零值，10m以下普遍发生淤积。

(3)中段，水深2m以上地带向海淤进速度最快，1976—1984年为10～15km，年平均可达2km，水深15m以上年平均淤进0.25～0.5km。

(4)南段，小岛河至漕河一带，弱蚀状态，0m等深线以上年平均蚀退数10m。漕河以南至淄脉沟为相对稳定—弱蚀状态。

7)胶州湾

胶州湾湾口狭窄，湾内海底地形复杂，沉积物多样，自成一个独立的系统。按沉积类型和环境可分为以下4个沉积区。

(1)大沽河河口沉积区，大沽河每年携带56.4×10^4t泥砂流入海湾，于红岛以西沉积了大片泥质沉积物，大致平行海岸，略呈弧形分布。潮滩宽2～4km，潮间上带已建坝辟为盐田，向下粒度逐渐变粗。

(2)东部水道沉积区，中央水道及沧口水道间分布由粗砂组成的沙脊，粗砂含量大于60%，分选很好。沙脊西侧与大沽河河口沉积区之间为分选极差的砂—粉砂—黏土，东侧分布黏土质粉砂条带，北段分布黏土质粉砂和砂—粉砂—黏土，层厚3.4～6.8m。

(3)外湾沉积区，包括黄岛前湾和薛家岛湾，主要为黏土质粉砂沉积，近湾口深槽附近为砂—粉砂—黏土，沉积物主要来自辛安河，层厚9～9.5m。

(4)与湾口外深槽相通，出露基岩并分布大小不等的岩块。其北段黄岛前礁一带，堆积了大量粗砂和贝壳碎屑，层厚8.3m。

8)文登小观

该处是黄垒河的入海口—浪暖口，浪暖口附近有小范围的褐黄色细砂、褐色粉砂质砂，分选很好，正态分布。肉眼可见大量云母和其他暗色矿物碎屑，局部富集黑色团块，质地松散，遇水流动，脱水较硬。

总体上讲，山东半岛基岩、岬角海岸多为蚀退海岸，河口、港湾海岸多为淤长海岸。本次解译可以清楚地反映出人类活动对海岸线的变动影响，比如人工码头、养虾池的修建与拆除等。烟台地区的人工码头建设比较明显。

本次遥感解译影像时相跨度最大有16年，但影像的分辨率为30m，在图像上只有3个相元左右，加上涨潮落潮的影响，图像季节、潮时的不同，以及图像纠正过程中的误差，很难定量反应海岸线的变化情况。如图4-28为傅疃河河口各时相影像图，图4-29为傅疃河河口岸线图，图4-30为傅疃河河口放大图，从图上可以看出，1988-11-26时相为淤长型海岸，由于日照海岸工程的建设，傅疃河河口北段迅速蚀退；1991-8-31 时相继续向南蚀退，但蚀退速度有所减缓；1996-3-8 时相岸滩北段继续蚀退，向东有一定淤长；2002-10-24 时相岸滩接近蚀淤平衡。尽量选择不同年份同一时间、同一潮时、且分辨率高的卫星影像，就可提高海岸变迁解译精度。

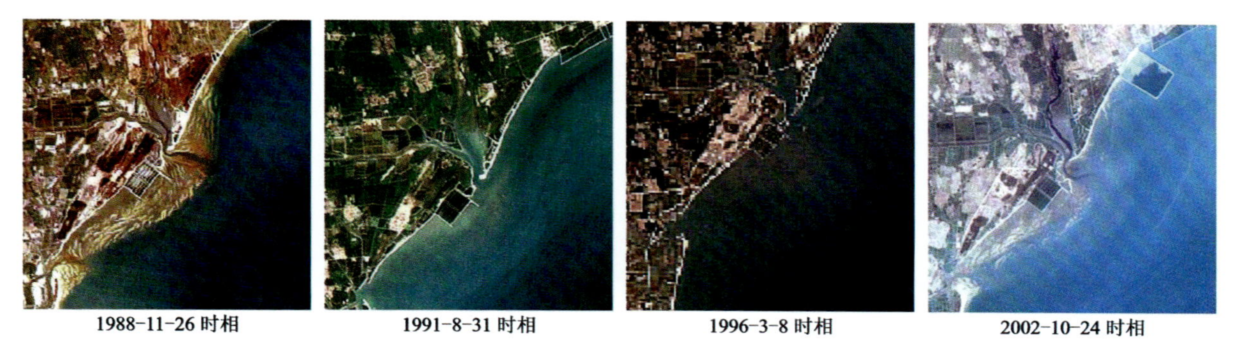

图 4-28　日照傅疃河河口各时相影像图

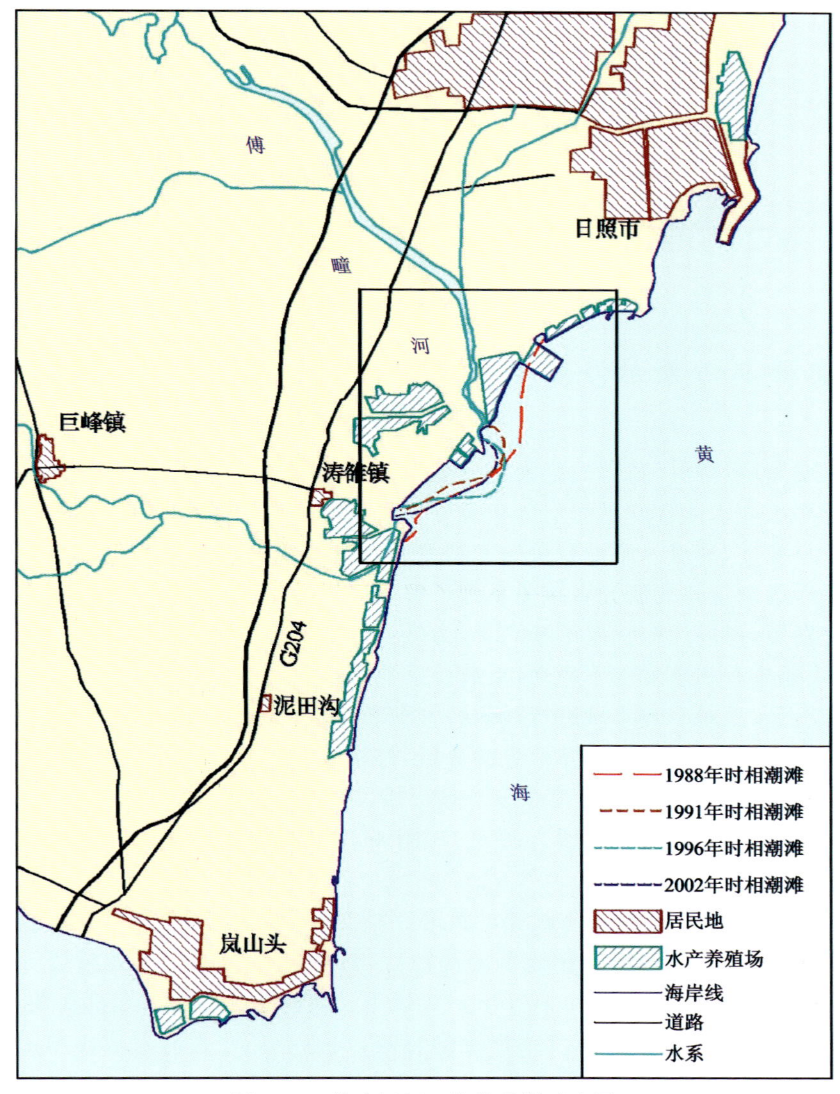

图 4-29　傅疃河河口岸线蚀淤示意图

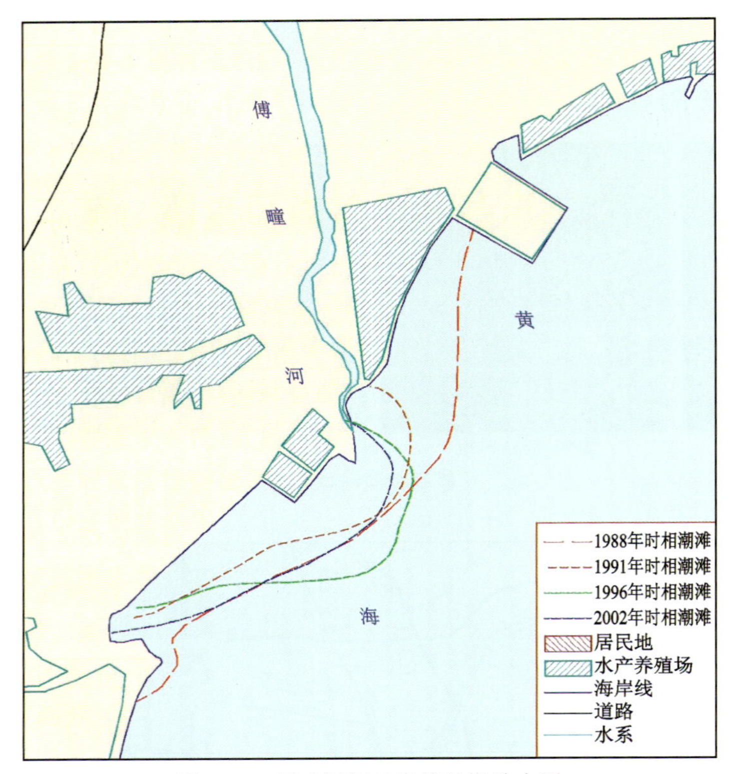

图 4-30　傅疃河河口岸线蚀淤放大图

七、渤海、黄海非污染悬浮泥砂分析

山东省近海主要海域:渤海、黄海的绝大部分近岸部分都属于二类水体,悬浮泥砂是其最重要的成分之一。沿岸及近海水域水体含砂量时空分布是分析河口海岸冲淤变化、估算河流入海物质通量、研究海洋沉积速率的重要参数,河流入海泥砂量的剧烈变化往往影响并引起海岸线及滩涂的明显变化。河流输砂量和悬浮泥砂运动规律的研究直接关系到了解河口岸滩的变迁和近岸水质环境等问题。随着航天遥感技术的迅速发展,新一代传感器不断完善,为悬浮泥砂研究提供了重要手段。不同水域的悬浮泥砂由于物质成分、粒径分布和浓度各不相同,星载传感器所接收到的辐射能量也有所差异。解决这一问题的比较通用的方法是,先对研究水域进行波谱特性分析,选择最佳遥感波段并建立相应的算法模式。近年来,通过利用近岸海域悬浮泥砂遥感信息的分析,将陆地卫星专题成像仪的 2 个通道 TM3 和 TM4 的光谱反射率(R)相对应的悬浮泥砂浓度(SSC)进行相关分析,建立了悬浮浓度与 TM3 和 TM4 的计算模式,确定了悬浮泥砂遥感的最佳谱段。图 4-31、图 4-32 较好地显示了山东省毗邻海域悬浮物浓度的分布格局。

从图 4-31、图 4-32 可以看出,山东省毗邻的黄海、渤海沿岸水体非常浑浊,尤其是黄河口附近海域、荣成一文登海域,其中苏北浅滩海域存在显著的高浊度水体,悬浮物平均浓度高达 500mg/L。渤海海峡老铁山水道附近悬浮物浓度相对较小,在 10mg/L 以下。黄海悬浮物浓度东部比西部低,黄海中部水体较清澈,浓度在 0.5～5mg/L 之间,受北沿岸流的影响,山东半岛北沿海及成山角沿岸悬浮物浓度较高,高于 50mg/L,甚至大于 500mg/L,而山东半岛西南沿海,如青岛和日照等地沿海水体较清澈。苏北浅滩是著名的高浑浊水体。

图 4-31　中分辨率光谱成像(MERIS)卫星图像(2006-8-28 9:04am)

图 4-32　高分辨率光谱成像微卫星图像(2012-12-7 12:00pm)

第五章　山东省滨、浅海砂矿总论

第一节　概　况

山东省海岸线南起日照市的锈针河口，绕山东半岛北至与河北省交界的漳卫新河口，全长 3345km，－20m 以内浅海面积 2.9×10^4 km^2，滩涂 3200km^2。自漳卫新河口至莱州湾东岸虎头崖一带为泥砂平原岸，滩面平缓，潮间带 7～10km，滩涂面积约 1320km^2，为山东省海泥质滩涂的集中分布地，其中小清河以北为泥滩，以东为砂泥滩，自虎头崖至胶州湾南的棋子湾为山地基岩港湾式海岸。岸线曲折，陆水相交处多悬崖峭壁，为我国著名基岩海岸的一部分。沿岸有众多的天然港湾。自棋子湾至锈针河口，属低夷岸，岸线平直，但也有少量港湾。

山东省近海海域 17.00×10^4 km^2，占渤海和黄海总面积的 37.00％，近海海域中，散布着 326 个岛屿，岸线总长 688.6km，其中最大的是庙岛群岛中的南长山岛，面积 12.00km^2。山东省水系比较发达，自然河流的平均密度 0.70km/km^2 以上，干流长 10.00km 以上的河流有 1500 条，其中在山东入海的有 300 多条，分属淮河、黄河、海河、小清河流域和胶东水系。

由于上述地质、地形地貌等诸多因素，山东省的滨、浅海砂矿资源丰富。

滨海砂矿指平行于海岸分布，一般呈狭长条带状，沉积于海水高潮线和低潮线之间的砂矿。其与浅海以潮下带为界，潮下带以上沉积砂矿为滨海砂矿，潮下带以下沉积砂矿为浅海砂矿。矿床中的有用矿物是由河流从大陆搬运而来，或海岸附近岩石受海水侵蚀而破坏，由海浪作用使它们在有利沉积地带富集而形成矿床。滨海砂矿主要矿物是锡石、金红石和锆石等。

目前已发现的滨海砂矿有 10 多种，其中查明或初步查明的具有工业价值的有锆石、建筑用砂、石英砂（玻璃用砂、型砂）、贝壳、球石、砂金、铁砂矿 7 种。与其伴生的工业矿物有金红石、独居石、磷钇矿、褐铁矿、钍石、硅酸钍矿、曲晶石、榍石等 20 余种。滨、浅海矿产资源分布见图 5-1。圈定锆石矿、建筑用砂矿、铸型用砂矿、玻璃石英砂矿、贝壳矿、球石矿体、砂金矿等多个矿体。探明矿床近 80 个，矿点和矿化点 45 个。浅海区探明建筑用砂矿 3 个，锆石异常区 4 个，金异常远景区 4 个（表 5-1）。

第二节　成矿区的划分

山东省滨、浅海砂矿成矿区的划分是根据区域成矿地质条件，按照不同矿种所形成的砂矿及其空间展布规律在平面上划分为 7 个成矿范围分布区：莱（州）-招（远）滨海砂金成矿区，龙（口）-荣（成）滨海石英砂（玻璃用砂、型砂）成矿区，荣（成）-日（照）滨海锆石、铁砂成矿区，莱（州）-日（照）滨海建筑用砂、锆石复合砂矿成矿区，东营黄河口周围贝壳成矿区，长山列岛球石成矿区，山东省浅海海域砂矿成矿区。滨、浅海砂矿特征见表 5-2（矿点未全部包括）。

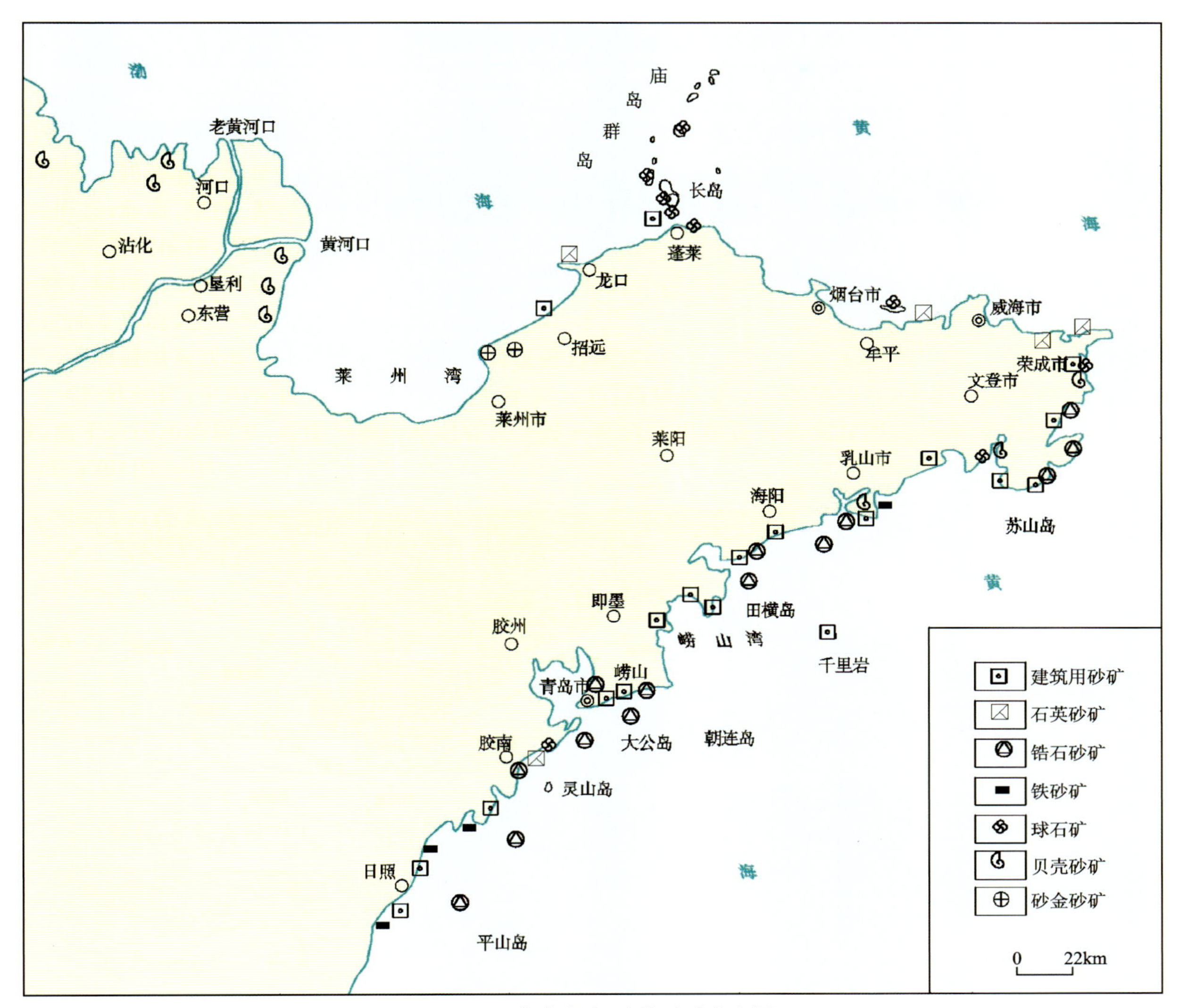

图 5-1　山东半岛滨、浅海砂矿分布图

表 5-1　山东省滨、浅海砂矿统计表

矿产分类	工业元素	工业矿物	滨海区矿床规模				浅海区		
			大	中	小	矿点	探明矿床	异常区	远景区
贵金属	Au	砂金			2			4	3
稀有金属	Zr	锆石	7		7	23		4	13
黑色金属	Fe	磁铁矿			1	22			
	Ti	金红石、钛铁矿			伴生				
非金属	SiO_2	玻璃石英砂	1	4					
		型砂	1		3				
		建筑用砂	6	6	5		3		4
	$CaCO_3$	贝壳		2					
		球石			11				
总计			15	12	29	45	3	8	20

表 5-2　山东省滨、浅海砂矿特征简表

编号	矿种	矿产地	矿体				矿床		
			长/m	宽/m	厚/m	品位	规模	成因类型	工作程度
1	砂金	三山岛	500	300	1.00～3.50	0.303～1.917g/m^3	小型	残坡积	勘探
2		诸流河	1600	15～20	1.18～1.70	0.36～0.64g/m^3	小型	冲积	勘探
3	玻璃砂	屺姆岛	1000	200	0.65～2.00	SiO_2<88.00%， Al_2O_3>6.00%， Fe_2O_3>0.40%， TiO_2>0.60%	中型	海积	普查
4		云溪			10.00～17.00	SiO_2<88.00%， Al_2O_3>6.00%， Fe_2O_3>0.40%， TiO_2>0.06%	中型	风积	普查
5		双岛			0.90～14.48	SiO_2<88.00%， Al_2O_3>5.50%， Fe_2O_3>0.40%， TiO_2>0.05%	中型	海积、风积	普查
6		旭口	3200	1400～1600	3.50～5.00	SiO_2:92.50%～94.00%， Al_2O_3:35%～5%， Fe_2O_3:0.15%～0.25%	大型	海积	勘探
7		仙人桥	1300～1400	12	0.50～3.38	SiO_2:88.50%～92.00%， Fe_2O_3:0.30%～0.7%， Al_2O_3:4.00%～6.00%	中型	海积、残坡积	普查
8	型砂	金山港—双岛	18 000	1000～3000	5.00～10.00	SiO_2:83.38%～86.06%	大型	风积、海积	普查
9		信阳	4000	300	0.50	SiO_2:77.72% Al_2O_3:12.35% Fe_2O_3:1.30%	小型	海积	普查
10		薛家岛	1800	120	0.40～1.00	SiO_2:75.98%， Al_2O_3:11.80%， Fe_2O_3:1.75%	小型	海积	普查
			1000	150	0.50～1.00				
11		大洼林场	7000	120	0.3～1.00		小型	海积	普查

续表 5-2

编号	矿种	矿产地	矿体				矿床		
			长/m	宽/m	厚/m	品位	规模	成因类型	工作程度
12	建筑用砂	石臼岚山	4000	1000	2.10		大型	海积	普查
			4500	640～1280	6.48			冲海积	
13		裴家岛	19 000	470	9.08	SiO_2:70.59%～85.53%, 含泥量 2.06%	大型	海积	普查
14		爱莲湾	1700	630	8.67		中型	海积	普查
			1800	480	2.70				
15		远牛	4300	1300	4.59	SiO_2:64.84%～78.56%, 含泥量 0.54%～3.00%	中型	海积	普查
16		南窑	2200	640	5.70	SiO_2:81.12%, 含泥量 0.35%～4.60%	小型	海积	普查
			850	300	1.85				
17		江家土寨	2200	1100	2.25		小型	海积	普查
18		靖海	3000	400～500	8.50	SiO_2:84.00%, Zr 含量 44.00%, 品位 234.00g/m^3, Fe_2O_3含量 41.70%, 品位 2 814.00g/m^3	小型	海积	普查
19		营子	3000	500～800	3.40		小型	海积	普查
20		催诏	2100	300	3.30		中型	海积	普查
			1600	500	5.50				
21		庄家疃	5000	120	3.00		小型	海积	普查
22		董家滩	6500	100	5.00	SiO_2:83.6%	中型	海积	普查
23		胶州湾口	4500	180～500	2～15		大型	海积	普查
24	建筑用砂	潮里—凤城	16 000	875	5.89	SiO_2:74.95%～79.75%, Al_2O_3:10.69%, Fe_2O_3:1.73%, TiO_2:0.16%	大型	海积	普查
	锆石		8000	135	1.00	1 726.50g/m^3	小型	海积	
25	建筑用砂	白沙滩	7300	550	6.50	SiO_2:78.58%, Al_2O_3:10.16%, Fe_2O_3:1.62%, TiO_2:0.13%	大型	海积、冲积	普查
	锆石		7150	100	2.00	1 379.28～16 645.88g/m^3	小型		
	贝壳		3000	180	1.10	8.69%～39.81%	中型		

续表 5-2

编号	矿种	矿产地	矿体				矿床		
			长/m	宽/m	厚/m	品位	规模	成因类型	工作程度
26	建筑用砂	王家湾	2600	825	5.00		中型	海积、冲积	普查
	锆石		2600	825	1.38	1 111.29g/m^3	小型		
			2120	825	1.60	11 381.32g/m^3			
27	建筑用砂	碌对岛	6700	600	8.01	SiO_2:86.40%，含泥量 1.24%	大型	海积	普查
	锆石		2300	420	1.30	1 185.20g/m^3	小型		
28	建筑用砂	沙子口	1400	800	8.00		中型	海积	普查
	锆石		1300	80～150	0.50	1 791.00g/m^3	小型		
			1300	80～150	0.50	1 926.00g/m^3			
29	锆石	桃园	3380	435	2.18	海积 3000g/m^3，冲积 3 820.00～4 446.00g/m^3，风化 4 468.00g/m^3	大型	海积、冲积、残坡积	详查
		褚岛	3000	187	1.66	8 625.00g/m^3		海积	详查
		小店				2 500.00g/m^3		冲积、潟湖、残坡积	详查
		港头	6750	258	22.00			冲积、海积	详查
		崮山	4750～5250	243～480	2.54～19.00	冲积 2 651.00g/m^3，埋藏冲积 3 157.00g/m^3，风化壳 3 788.00g/m^3		冲积、海积	详查
		十里夏家	760	81	21.00	冲积 2 310.00g/m^3，2 050.00g/m^3		冲积、海积	详查
		谭村林家	1750～3880	380～675	0.90～1.95			冲、残积	详查
30		柏果树	1600	240	3.50～4.70	1 970.00～5 251.00g/m^3	小型	冲积、海积	普查
		烟台前	850	160	2.50	4 352.00g/m^3		冲积、海积	普查
			1100	160	1.00	3 368.00g/m^3		冲积、海积	普查
		环海林场	2370	320	1.30～1.50	1 456.00～2 969.00g/m^3		冲积、海积	普查
			2370	320	1.10	2 567.00g/m^3		冲积、海积	普查
31		王家女姑	3700	150	0.50	1 031.00g/m^3	小型	海积、冲积	普查
			700	330	0.50	1 263.00g/m^3		海积、冲积	普查
32		倭岛	150～2200	20～130		3 700.00g/m^3	矿点	海积	普查
33		石桥	320～8000	30～320		4 300.00g/m^3	矿点	海积	普查

续表 5-2

编号	矿种	矿产地	矿体				矿床		
			长/m	宽/m	厚/m	品位	规模	成因类型	工作程度
34	锆石	斜口岛	2200	50		3 700.00g/m^3	矿点	海积	普查
35		新安	100～5600	100		1.00～437.00g/m^3	矿化点	海积	普查
36		钓鱼台				123.00～231.00g/m^3	矿化点	海积	普查
37		丁格庄				1 256.00g/m^3	矿点	海积	普查
38		马山前	100	20	1.7	44.00g/m^3	矿化点	海积	普查
39		八河水	95	30	3.00～5.00	500.00g/m^3	矿化点	海积	普查
40		麦窑	1500	50～200	5.00	48.40g/m^3	矿化点	海积	普查
41		澄英			0.50	1 089.00g/m^3	矿化点	海积、冲积	普查
42		海西	3000	640		100.00～500.00g/m^3	矿化点	海积	普查
43		红石崖	300	50		1 000.00g/m^3	矿点	海积、冲积	普查
44		大石头				9.00～500.00g/m^3	矿化点	海积	普查
45		东盐滩	450	300		800.00～1 500.00g/m^3	矿点	海积	普查
46		南营	3000	50		100.00g/m^3	矿化点	海积	普查
47		刘家岛	1450	120		＜1 000.00g/m^3	矿化点	海积	普查
48		海村				1 000.00～5 000.00g/m^3	矿点	冲积、海积	普查
49	磁铁矿	金家沟	210～2000	15～50	0.35～0.95	5.00%～11.40%	小型	海积	普查
50		黄家	2000	100	0.02～0.04	20.00%	矿点	海积	调查
51		馋山	800	170	1.40	10.00%	矿点	海积	调查
52		山南头	250	30		5.00%	矿化点	海积	区测
53		钓鱼嘴	800	100		8.10%	矿点	海积	区测
54		催诏	1360	130		8.20%	矿点	海积	区测
55		浦里东	360	20	0.10	6.00%	矿化点	海积	调查
56		港东	130	20	0.30	8.00%	矿化点	海积	调查
57		泉岭	120	20	0.30	7.00%	矿化点	冲积、海积	调查
58		返岭前	100	20	0.60	4.00%	矿化点	冲积、海积	调查
59		流清河	2000	20	0.20	6.00%	矿化点	冲积、海积	调查
60		姜戈庄	500	50	0.05	3.70%	矿化点	冲积、海积	调查
61		大麦岛	100	20	0.20	4.00%	矿化点	冲积、海积	调查
62		燕儿岛	200	50	0.15～0.5	1.00%～8.00%	矿化点	冲积	调查

续表 5-2

编号	矿种	矿产地	矿体				矿床		
			长/m	宽/m	厚/m	品位	规模	成因类型	工作程度
63	磁铁矿	南岭	200	70	0.3	2.50%	矿化点	冲积、海积	调查
64		于家河	625	15	0.25	3.50%	矿化点	冲积、海积	调查
65		石板河	300	18	0.50	7.50%	矿化点	冲积、海积	调查
66	锆石、磁铁矿	山东头	500	40	0.10	Fe:3.00%~8.00%，Zr:100.00~500.00g/m^3	矿化点	海积	调查
67		鳌山卫	1000	40	0.70	Fe:3.00%~8.00%，Zr:92.50g/m^3	矿化点	海积	调查
68		沙子口	100	30	2.00	Fe:6%，Zr:1 313.00~1 341.00g/m^3	矿化点	冲积、海积	调查
69		东山头	2070	50	1.00	Fe_3:10.00%，Zr:400.00g/m^3	矿化点	冲积、海积	调查
70		烟台前	1500	120	0.70	3.50%	矿化点	海积	调查
71		石岭	600	110	0.50	7.50%	矿化点	海积	调查
72	贝壳	东营			0.47		中型	海积、冲积	普查
73	球石	砣矶岛	350~1000	20~30	1~3		小型	海积、冲积	调查
74		南长山							
75		北长山							
76		庙岛							
77		大黑山							
78		大钦岛							
79		小钦岛							
80		南隍岛							
81		北隍岛							
82		俚岧					小型	海积、冲积	普查
83		爱莲湾					小型	海积、冲积	普查

第三节　矿产类型

一、浅海砂矿

山东半岛浅海砂矿类型较复杂。按工业用途可分为铸型石英砂(型砂)、玻璃石英砂、过滤石英砂和建筑用砂。按照产出和矿床成因将矿床分为海积型砂矿、海/河混合堆积型砂矿、海/风混合堆积型砂矿、风积型砂矿。

1. 海积型砂矿

海积型砂矿沿胶东半岛海岸带分布广泛。矿层近水平层状,个别呈大的扁平透镜体状,一般长2.10~5.50km,宽1.25~2.40km,厚2.00~9.00m。部分地段矿体顶部有腐质泥盖层,底部有淤泥质黏土层。矿层由浅黄、褐黄色石英细砂组成,次为长石、岩屑等。磁性成分以磁铁矿、钛铁矿为主;电磁性成分以电磁性岩屑、角闪石、石榴石为主,电气石、锆石等次之;无磁性成分除石英外,还有榍石、燧石等。砂粒呈次棱角、次圆状,分选性好,一般粒径为0.15~2.00mm。

滨海砂矿体多沿海岸呈长条带状分布在高潮线以上,延伸方向与海岸线平行。各产地的海砂砂矿体多分布在小海湾近处。矿体呈近水平的层状赋存在微向海倾斜的海成Ⅰ级阶地(平台)上。海平台较宽,一般高出海面1.00~5.00m。就大部分矿区来说,海砂砂矿体均分布在高出海平面1.00m之上;但一些矿体厚度较大的矿区内,下部矿层部分分布在海平面以下。局部分布在现代浅海中,为浅海海砂砂矿。

海砂砂矿含矿层位和层序在各产地基本相同。其主要由长石石英砂、石英砂、黏土、贝壳及少量暗色矿物组成。这套沉积物被厘定为第四纪旭口组。海砂砂矿多直接覆盖于中生代和元古宙花岗质岩体或早前寒武纪变质地层等各种岩石地层之上,少部分覆盖在中生代、新生代火山岩之上。

胶东半岛北部沿海岸地带海砂砂矿主要赋存在滨海沉积层旭口组中,但在滨海沉积层之上的海/风混合堆积层、风积及滨海沉积层之下的海/河混合堆积层中也有海砂砂矿分布。发育在这4类不同成因沉积物中的海砂砂矿层形态基本相同,但矿层结构及规模有一定差异。

2. 海/河混合堆积型砂矿

海/河混合堆积型砂矿位于滨海沉积层之下,埋深5.00~8.00m,呈层状。主要为石英砂,占96.00%,含少量花岗岩和片麻岩岩屑及微量磁铁矿、钛铁矿等。石英砂粒径大于0.74mm的占15.00%,自上而下变粗。夹有3层黄色黏土、砂质黏土,每层厚0.20~0.30m,往海边有机质增多而成黑色。砂质优于海积型,但规模较小,不易采。

3. 风积型砂矿

矿层呈新月形、椭圆形及浑圆形。其位置、形态随季节、风向而变化。砂层主要为浅黄色石英细砂,石英占85.00%~90.00%;其次为长石、岩屑等占10.00%左右;金红石和锆石等微量。以细砂为主,粒径为0.60~0.10mm的占95.00%以上,粒度细且均匀。SiO_2含量一般在83.00%~88.00%之间。砂粒形状不一,以次圆状为主。小—大型矿床均有,易采。

距离海岸稍远的铸型砂矿已查明的仅有高密姚哥庄矿区一处,属于风积成因的矿床,为大型砂矿。分布于胶河东岸,赋存于胶莱坳陷西部第四系中,覆盖在上白垩统王氏组之上。矿层以中粒砂、细粒砂、特细砂为主。风积沉积型砂矿分布范围广,南北长13.00km,东西宽5.00km,厚度约8.00m。矿砂以石英为主,占71.00%~88.00%,次为长石、云母及少量强磁性矿物、电磁性矿物、微量重矿物。为黏土砂一至三级品,含泥量平均11.10%,SiO_2含量84.00%~88.00%,Fe_2O_3含量0.96%~1.65%,K_2O+Na_2O含量3.10%~3.68%,MgO+CaO含量1.06%~1.60%,TiO_2含量0.44%,pH值6.25~6.60,烧结点1510~1580℃,湿压强度0.49~0.95mg/cm^2,干压强度4.8~8.2mg/cm^2,透气性54~67。

二、滨海砂矿

山东半岛沿岸已查明各类砂矿点70余处,其中具有工业开采价值的大、中、小型矿床有12处。根据其产出状况划分为 4 个成矿区。

1. 莱(州)-招(远)滨海砂金成矿区

该成矿区分布于半岛北部莱州、招远市滨海地带的河床、河口和海滩中，目前已发现三山岛、诸流河、界河、辛安河等中、小型砂金矿。在王河、万泾河、朱桥河、淘金河、诸流河、界河等入海河口段滨海沙滩及局部水下沙坝中发现砂金颗粒。

通常砂金矿体主要赋存于河床、河漫滩、阶地和浅滩等地貌单元中。含金矿层为更新世—全新世残坡积、冲积和海积砂砾层，个别地段黏土层中亦含少量砂金。矿体呈似层状、透镜状、不规则状断续分布，矿体长数十米，宽数米，厚 0.10～3.00m。矿体规模与含金性受地貌和第四纪沉积物控制，含金砂粒经过不同距离的搬运，在纵向上表现为上游粗、下游细，在垂向上则上部细、下部粗。而紧靠基岩底部及其裂隙、节理、凹坑等处砂金最为富集。残坡积砂金颗粒不均匀，呈树枝状、鳞片或不规则状。由于搬运距离不远，磨损程度不大，棱角稍有磨圆，边缘稍有卷曲。冲积砂金经不同程度的搬运和磨损，颗粒较均匀，粒度介于 0.10～1.00mm 之间。重矿物除自然金外，还伴有磁铁矿、石榴石、榍石、黄铁矿等。砂金品位为 0.50～1.907g/m^3，最高 7.02g/m^3，达工业指标(0.50g/m^3)要求。

2. 荣(成)-日(照)滨海锆石、磁铁矿成矿区

该成矿区主要分布于半岛南部，北起荣成南至日照的滨海地带。区内已探明荣成石岛、乳山白沙滩、海阳凤城、青岛市黄岛区柏果树等地大型锆石矿床 5 处、中型 2 处、小型 3 处和矿点 52 个；探明石臼所小型铁砂矿 1 处、铁砂矿点 30 个。

锆石矿大多赋存埋藏于河谷、沙嘴、连岛沙坝和海滩等地貌单元之中。矿体长达数千米，宽数百米，厚数米，矿层 1～4 层，矿体埋深一般小于 20.00m，呈层状、透镜状产出。矿体赋存于细—中—粗砂组成的上更新统—全新统的砂相沉积物中，其中以细砂层含矿最丰富，不含泥质砂或含量很低，矿体以砂为主，含少量砾石及海生贝壳。重矿物除锆石外，尚伴生有磁铁矿、钛铁矿、金红石、独居石、锐钛矿、曲晶石、磷钇矿、钍石、石榴石等 20 余种矿物。锆石在大型矿床中品位较高，一般为 300.00～8 625.00g/m^3，小型矿床一般为 1 000.00～3 000.00g/m^3。锆石等重矿物在河谷上游较下游丰富，在沙堤底部、沙嘴根部较富集，在潮间带亦形成局部富集地段。近年调查结果表明，石岛湾中埋藏的锆石砂矿可向岸外延伸至数千米的浅海区，品位已达工业指标。

磁铁矿主要赋存于海滩高潮线附近，矿体沿海岸方向展布，呈层状、透镜状产出，一般长数百米，宽数米至数十米，厚数厘米。砂矿层是以长石、石英为主的中—细砂，重矿物除磁铁矿外，伴生有锆石、钛铁矿、金红石等。

3. 龙(口)-荣(成)滨海玻璃石英砂成矿区

该成矿区主要分布于龙口至荣成成山角的滨海地带。区内已探明烟台市牟平区云溪、威海市双岛、荣成市仙人桥、龙口市龙口中型矿床 4 处，旭口大型矿床 1 处。

矿体主要分布于滨海区晚更新世—全新世海积砂质阶地、风成沙丘及海滩中，以全新世沉积物较好。矿体长达数百米至上千米，宽数十米至数百米，厚数厘米至数米，矿层 1～4 层，埋深小于 15.00m。矿体呈层状、透镜状，沿海岸呈水平状微向海方向倾斜展布，矿层较稳定，其分布范围、厚度、矿物成分、粒度和化学成分均变化不大。

矿物以石英为主，次为长石，含少量榍石、角闪石和黑云母。石英多为浑圆状、半浑圆状，部分棱角、次棱角状。SiO_2 含量以旭口和仙人桥矿床为最高，平均 91.73%和 89.03%；而 Al_2O_3、Fe_2O_3 含量一般较低，TiO_2 含量普遍偏高。石英砂粒度 0.10～0.50mm 者占 85.00%以上，一般均达工业要求。区内海湾众多，在其附近的海积阶地、海滩和风成沙丘均有可能寻找到具有工业价值的玻璃石英砂。

4. 莱(州)-日(照)滨海建筑用石英砂成矿区

该成矿区遍及山东半岛砂质海岸带，特别是莱州、龙口、牟平、荣成、乳山、海阳、胶南、日照等地的滨海区，具有宽广的海滩砂和长达数千米的沙堤。沿岸砂源充足，资源量相当可观，且砂度纯、杂质少、质量好、砂层深，具有广阔的开发前景。

5. 滨海砂矿实例

1)三山岛滨海砂金矿

矿区位于三山岛东南坡麓，北临渤海。区内出露胶东岩群黑云母片麻岩、斜长角闪岩及印支期花岗岩类。地貌形态除三山岛、单山为丘陵外，其他为冲海积、古潟湖沉积平原。第四系广布。三山岛蚀变岩型和石英脉型大型金矿脉呈40°～50°方向分布在矿区北部并延伸入海(图5-2)。

矿区第四系岩性剖面如下(自上而下)：

①砂砾石层或含砾中粗砂，厚1～8m，含Au 0.04g/m³；

②黑色含贝壳的泥质中细砂层，厚1～7m，局部含Au 1.91g/m³；

③含钙质结核的砂质黏土层，厚2～6m，含Au 0.033～0.77g/m³；

④砂砾层，厚1～8m，为本区主要含矿层，含Au 0.588～1.18g/m³；

⑤含砾砂质黏土、黏土质砂层，厚1～3m，为本区另一主要含矿层，含Au 1.483g/m³；

⑥基岩风化壳，主要为花岗岩。

砂金矿体多呈透镜状，不连续分布，无固定层位，埋深3.65～30.49m。主要含矿层位为砂砾层、含砾砂质黏土层、基岩风化壳等，此外，含贝壳泥砂层、含钙质结核黏土层、砾质黏土层亦含金。

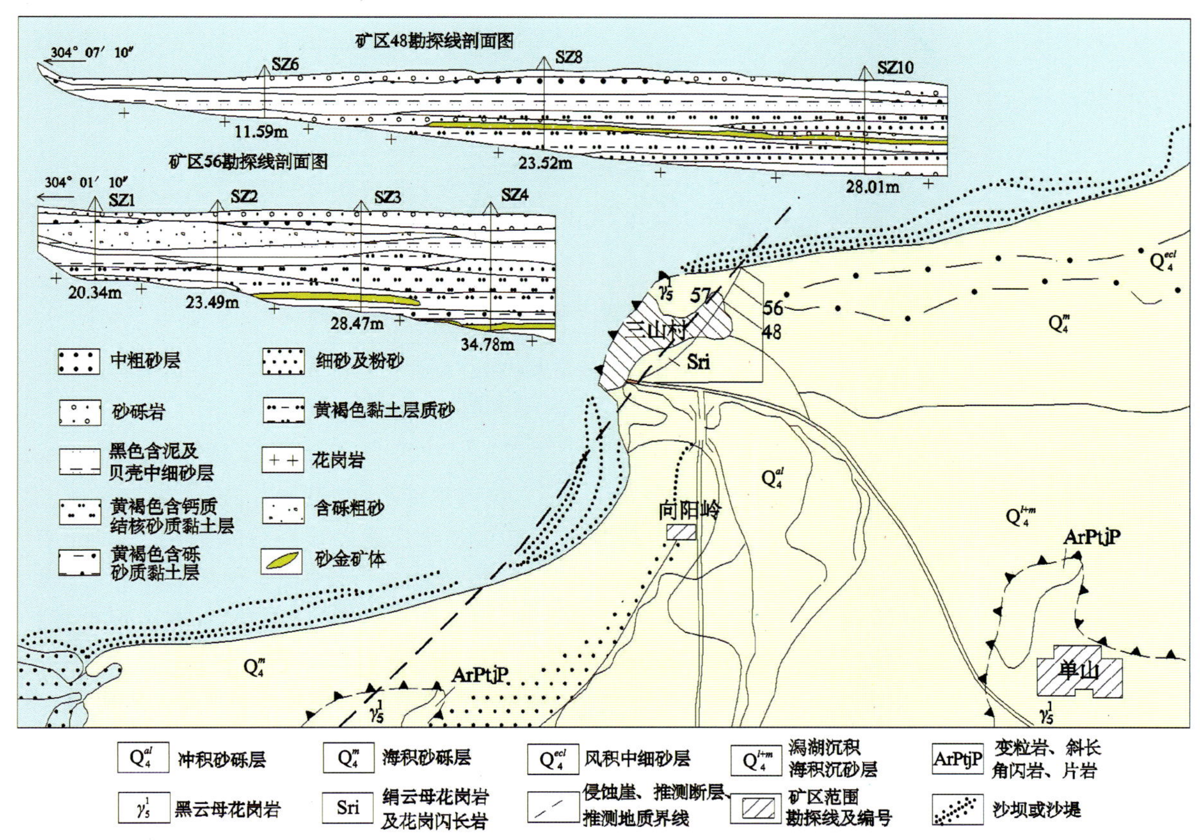

图5-2　莱州市三山岛砂金矿区域地质图和矿区勘探线剖面图

本矿床成因类型以残坡积为主兼有冲积和海积成因类型，钙质结核层之下的砂金矿时代为1.83万年以前，属晚更世。冲积、海积砂金一般为全新世形成。

金矿物为自然金。形态呈粒状、片状、板状和不规则状，粒径一般为0.08～0.3mm，大者可见0.480mm×0.634mm。残坡积砂金颗粒不均一，呈树枝状、鳞片状或不规则状，边缘稍有卷曲，棱角消失。伴生重砂矿物见有磁铁矿、石榴石、榍石和黄铁矿等。

2)石岛锆石

荣成石岛锆石砂矿床，1959年完成勘探并建立滨海砂矿厂，位于荣成市区与石岛镇间的宁津半岛上，面积约197km²。矿区主要出露燕山晚期正长岩，矿区南部石岛一带为崂山期花岗岩，东北部褚岛和东南方镆铘岛一带为片麻状花岗岩。正长岩呈岩盘状产出，面积约140km²，由斑状正长岩和花岗正长岩组成。其矿物组合为正长石、斜长石、少量云母、辉石，副矿物有磷灰石、锆石、榍石、磁铁矿等。区内第四系广布，按其成因分为残积、坡积、冲积和海积4类。残积层厚0.5～10m，是砂矿的物源之一。在正长岩分布区局部形成具有工业价值的残积砂矿，其上为坡积层。洪积层分布在山麓坡脚。冲积层广布，分为3层，下部由陆相细砾、粗砂和细砂组成，厚2.5m，富含锆石，矿物以长石为主，呈次棱角状，分选中等，其上有一层沼泽相灰黑色混合层；中部在沼泽层之上为粗砂、细砾、细砂层，含矿层厚2m；上部为现代河床和河漫滩沉积，分布广，粗细砂互层，具棱角，有分选，成层理，重矿物富集。海积层达15～20m，其中海积砂层上有一层砂矿为5m，海相淤泥层上有一层砂矿为4～6m，沼泽层上有一层砂矿为1～3m，河流冲积层上有一层砂矿为2～4m，风化壳厚5～10m。详见图5-3。

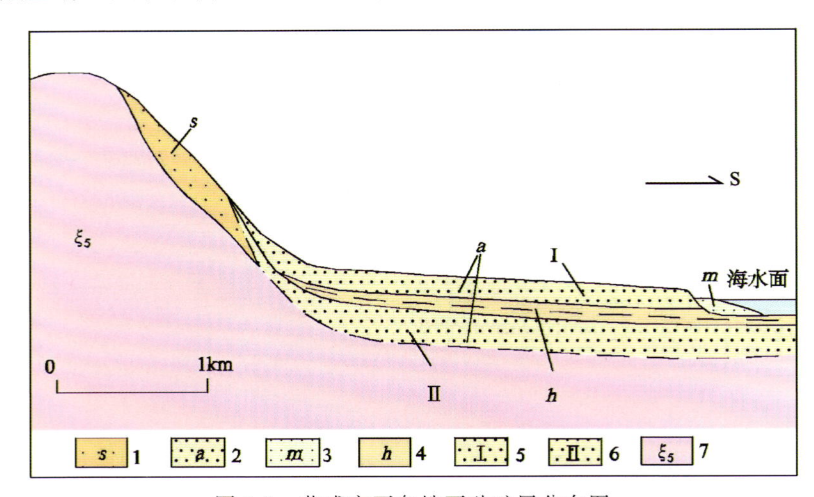

图5-3 荣成市石岛锆石砂矿层分布图

1.残坡积物；2.洪冲积砂；3.海积砂；4.湖沼相泥质粉砂；

5.Ⅰ层含矿砂体；6.Ⅱ层含矿砂体；7.正长岩体

矿区地貌为剥蚀低山、三级波状丘陵、二级波状丘陵、二级夷平面、一级波状丘陵、一级夷平面、冲积河谷平原、海湾平原、沙滩、沙嘴等。剥蚀低山最高359m，三级波状丘陵的比高分别为10～20m、40m、80m；二级波状丘陵比高分别为20m、40m。矿区海岸线曲折、海湾众多，形成较多的海湾平原、沙嘴、海滩和潟湖。如崮山、谭村林家、港头冲海积小平原、桃园沙嘴、褚岛连岛沙堤、凤凰浆、林家流潟湖等。这些不同地貌形态对砂矿形成和分布各具意义。

石岛锆石砂矿为一大型矿床，分为褚岛、桃园、港头、崮山、谭村林家、小店、十里夏家7个矿区(图5-4)，前5个皆为大中型矿床，矿体规模大，品位高而均匀，矿体一般长3000～4000m，宽120m，厚1～2m；呈层状，较稳定。多个矿区资源量多在万吨以上。可分为2层矿。上层矿(Ⅰ)出露地表或埋于地下；下层矿(Ⅱ)为埋藏冲积砂矿和埋藏海积砂矿。

(1)桃园矿区：为石岛最大矿区，资源量多，类型全。海积砂矿产于桃园沙嘴上：矿体位于海平面上下，长3380m，宽435m，厚2.18m(其中水上0.9m，水下1.28m)，呈EW向偏南延伸，矿层连续，品位变化不大，锆石平均品位 3000g/m³。沙嘴根部由于重砂富集，形成长约 500m 的黑砂带，层理构造发育。冲积砂矿有 2 层，Ⅰ层分布在以源家科为中心的冲积平原上及斥山附近，面积 2 785 000m²，品位 3820g/m³，厚 1.46m。Ⅱ层矿分布在源家河下游河底底部、凤凰浆澙湖底部及桃园沙嘴底部，位于海平面以下 6～8.4m，矿体长 6650m，宽 895m，厚 2.25m，面积 5 955 800m²，品位 4446g/m³。Ⅲ层矿除部分淹没在沙嘴底部外，大部分出露在一、二级夷平面上，矿层厚 1.98m，面积 3 403 000m²，品位 4468g/m³。

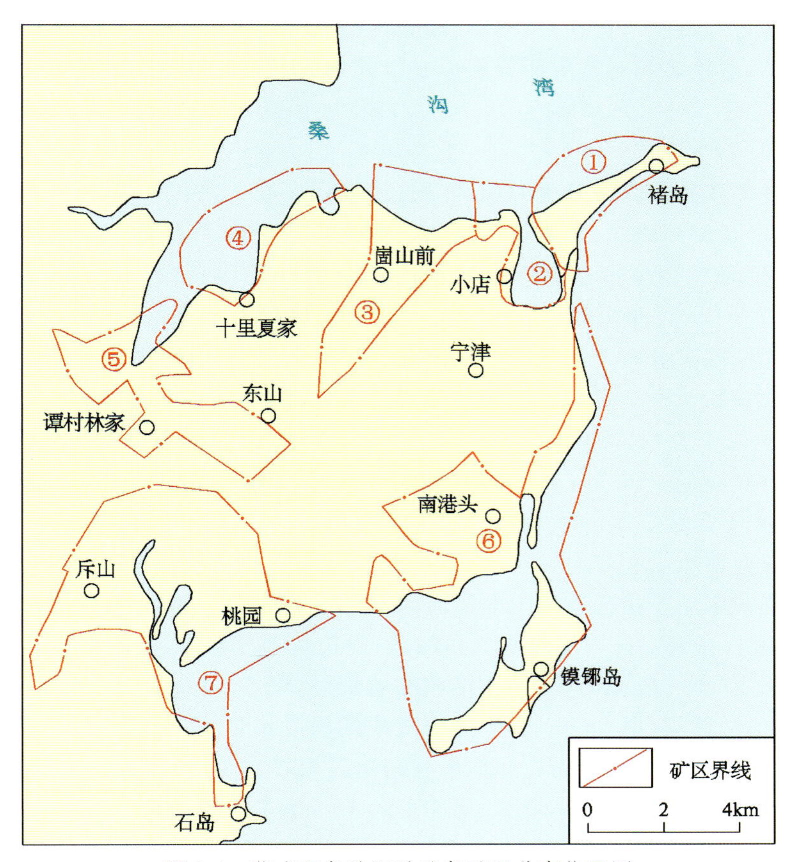

图 5-4　荣成石岛锆石砂矿各矿区分布位置图

①：褚岛矿区；②：小店矿区；③：崮山矿区；④：十里夏家矿区；
⑤：谭村林家矿区；⑥：港头矿区；⑦：桃园矿区。
（据山东省冶金局第三勘探队资料编绘，1963）

（2）褚岛矿区：主要为海积型，产于沙嘴上，矿层位于现代海水面上下，矿体呈 NE-SW 向延伸，长 3000m，宽 187m，厚 1.66m（水上 1m，水下 0.66m），平均品位 9625g/m³。矿体多分布在东南部，形成长 500m、宽 160m 的富集带，围岩为宁津所序列正长岩—石英正长岩系列侵入岩，重矿物除锆石外，还有磁铁矿、钛铁矿、金红石、石榴石等，富集呈"黑"和"红"矿层。

（3）港头矿区：有 4 条河流流经矿区，其中 3 条发源于渠格庄一带，围岩为正长岩—石英正长岩系列侵入岩，形成现代河床砂矿、河漫滩砂矿、埋藏冲积砂矿和阶地砂矿。埋藏砂矿主要分布在镆铘岛海湾和河的下游深处，面积 590 600m²，矿层厚 2.26m，品位 4210g/m³。河床砂矿分布在 4 条河谷中，矿体长 6750m，宽 258m，厚 2.2m，平均品位 3343g/m³。风化壳型砂矿厚 2.75m，品位 2965g/m³。

（4）崮山矿区：见矿 3 层，Ⅰ 层为冲积型砂矿，长 5250m，宽 273m，厚 1.9m，面积 134 300m²，品位 2651g/m³。Ⅱ层矿为埋藏冲积砂矿，长 4750m，宽 480m，厚 2.54m，品位 315g/m³；Ⅲ层为风化壳型砂矿，厚 2.1m，面积 334 000m²，品位 3988g/m³，

（5）谭村林家矿区：包括河床、河漫滩、埋藏冲积砂矿和风化壳砂矿。在Ⅰ层砂矿下部均有陆相沼泽层，对Ⅱ层砂矿起保护作用。Ⅰ层砂矿长 1750m，宽 380m，厚 2.72m，品位 4284g/m³；Ⅱ层砂矿面积

82 000m²,厚1.9m,品位5784g/m³。

(6)小店矿区:分布在尹家河、林家流海湾。仅尹家河形成冲积型砂矿,厚2.4m,品位2500g/m³。

(7)十里夏家矿区:可见矿2层,主要为冲积砂矿。Ⅰ层长760m,宽81m,面积608 000m²,厚2.5m,品位2310g/m³;Ⅱ层厚1m,品位2050g/m³。

总之,该区矿体以砂为主,含少量砾石和生物贝壳,正长岩区矿物以长石为主,含少量石英、钛铁矿、磁铁矿、石榴石、独居石、赤铁矿、黄铁矿、榍石、蓝晶石、矽线石、褐铁矿等。在桃园和褚岛矿区内由于金红石、石榴石、钛铁矿、磁铁矿相对富集而分别形成"红"与"黑"砂矿富集层。据48个重砂样品分析,平均含量Zr为6%,U为1.101%,Ha为0.105%,Sr为0.046%,Y为0.019 5%,Co为0.076%,V为0.37%,Hf为0.73%。

石岛矿区锆石砂矿按其成因可分为海积、冲积、残坡积3类。海积和冲积工业意义较大,海积砂矿一般发育在沙嘴、沙堤及潟湖边缘;矿体产状、形态、规模常与沙嘴、沙堤的空间条件吻合。矿体呈层状、透镜状出露地表平行海岸线呈带状展布。矿区内海海积砂矿体总面积为$2.301\ 1\times10^7$ m²,平均厚1.92m,平均品位5813g/m³。冲积砂矿分布于流经正长岩区所有水系,包括埋藏砂矿及河床、河漫滩、阶地和冲积砂矿。埋藏砂矿分布于河床、沙嘴、潟湖及浅海底部,上覆海积和现代沉积层,埋深3~3.5m或7~10m,矿体分布面积$1.907\ 35\times10^7$ m²,平均厚2.4m,平均品位3900g/m³。阶地和冲沟砂矿无工业价值。残坡积砂矿位于海积、冲积砂矿底部或直接出露地表,矿体多呈透镜状,矿层不连续,平均厚2m,面积5.994×10^5 m²,品位3600g/m³。残积砂矿分布广、含量低,无工业价值。该矿1959年建厂,设计年产量1000t,1982年实际产量164t,并于1984年停产。

3)招远诸流河砂金矿床

招远诸流河砂金矿床见于招远市境内的诸流河及辛庄入海口一带,已经勘探的砂金矿区位于诸流河河口约2km的许家村一带。区内出露斜长角闪岩、斜长角闪片麻岩,第四系沿河谷呈带状分布,沉积物按成因可分为残积层(厚一般2m),含钙质结核的坡积层(厚5~8m),砂质黏土和黏土质砂组成的冲积层,偶夹淤泥和含砾粗砂层(厚5~6m),洪冲积或冲洪积粗砂层(厚4~5m),该层分选差,为含金主要层位,侵入岩为燕山期细粒黑云母花岗岩和似斑状花岗闪长岩。

矿区内圈定矿体2个,Ⅰ号矿体呈带状,总体走向10°,呈水平或沿河床起伏分布,横向呈似层状或透镜状,矿体长1100m,宽15~20m,平均厚1.7m,平均品位0.36g/m³。Ⅱ号矿体走向近SN,呈带状延展,随河床起伏变化,沿横向呈透镜状,矿体长1600m,宽9~30m,平均厚度1.18m,平均品位0.64g/m³,最大埋深3.97m,两个矿休向北延伸有合并趋势。

砂金矿体主要赋存于冲积层底部和基岩风化壳中,含金沉积物为砂质黏土层和黏土质混合的含砾粗砂层。自然金呈片状、粒状、板状、不规则状等,粒径一般为0.1~1mm,砂金矿体规模与含金性受区域地貌和第四纪地层控制,河床基岩裂隙、节理发育程度及风化深度对金的富集有较大的意义,砂金往往富集于河谷凹陷部位。砂金物质来源于诸流河上游及两侧的含金地质体中,风化的含金物质经地表流水作用汇集于河流中,河水的流动和分选形成了砂金的相对富集。

4)日照市金家沟滨海磁铁矿砂矿

砂矿位于日照石臼所、灯塔、金家沟沿海一带。主要出露中生代白垩纪燕山期后野单元巨斑状中粒含角闪二长花岗岩、新元古代南华纪汪家村单元中细粒二长花岗质片麻岩,矿区由3个矿体组成,灯塔矿体长210m,宽20m,厚0.33m,品位11.4%;山后矿体长2000m,宽50m,厚0.97m,品位5.09%;金家沟矿体长2000m,宽15m,厚0.35m,品位7.61%。

矿体矿物成分以石英、长石为主,重矿物除了磁铁矿外,伴有锆石、钛铁矿、金红石,铁砂层层理构造清晰,单层厚1~5mm。该矿为一小型铁砂矿床。

日照金家沟磁铁矿矿床已经停止开采,在原有矿址上修建了海水养殖场、公路等。附近其他矿点或矿化点处于自然状态或旅游景点,没有受到严重破坏。

三、其他矿产

1. 贝壳砂矿

山东省滨海贝壳砂矿主要有5个：乳山白沙滩建筑砂、锆石和贝壳复合矿、文登南于家古贝壳堤、东营贝壳矿、滨州地区贝壳砂矿。山东省贝壳砂矿主要分布于黄河三角洲地区，以东营和滨州两地分布最广、规模最大。目前，在滨州无棣、沾化两地已查明3条具有经济价值的贝壳堤，其中无棣县旺子、高挖子、姬家铺、大口河东沙嘴和西沙嘴5个贝壳富集区资源量达 2.0×10^7 t以上。近年在黄河口一带发现几条埋藏浅、富含淡水的古贝壳堤为成分较纯的碳酸钙，可作白水泥、贝壳瓷、饲料的原料。东营市城区、河口、垦利、广饶4区县贝壳矿埋藏于第四纪全新世松散沉积物中，呈层状产出，平面形态为条带形、半月形、椭圆形。这些现代或古代的海生贝壳为成分较纯的生物碳酸钙，质优的可作为制作白水泥的原料，劣质的可用来加工饲料等。贝壳中的钙可以增加瓷器的硬度和透光度，将一定量的贝壳经特殊工艺处理后，掺入陶瓷原料中，然后经过素烧、釉烧两次烧制，贝壳在烧制过程中能与高岭土中的杂质发生作用，起到消除杂质的效果，使得贝瓷胎质纯净，釉面光润，光泽柔和，有如脂似玉之感，且强度高于一般瓷器。

2. 海底煤矿

龙口北皂海底煤矿，位于山东半岛龙口东北约5.00km处，属龙口新生代含煤盆地的一部分。煤田聚煤中心位于龙口、北皂一带。煤层由西向东、由北向南逐渐变薄，层数减少，可采煤层有6层，煤层总厚1.26～16.98m，可采煤层总厚1.23～15.60m。

地质矿产部海洋地质研究所与上海海洋地质调查局第一海洋地质调查大队合作，在海区进行了地震详查和钻探工作，工作区面积约3.00km²，首次打成第一口海下煤井。经初步推测，龙口矿区煤田延伸至海底下面积约150.00km²，海底主采煤层厚约10.00m，地质储量约 10.0×10^8 t。

2007年，山东省第一地质矿产勘查院在北皂煤矿北部海域补充勘探，勘探面积19km²，可采煤层总厚10.29m，提交煤炭资源储量 $14\,160.0\times10^4$ t、油页岩资源储量 $7\,108.8\times10^4$ t。

另外，2007年在龙口梁家煤矿西海域亦发现海底煤矿，与北皂海底煤矿位于同一沉积盆地——黄县盆地，且位于该沉积盆地的西部边缘。工作区内海域煤层面积0.85km²，海底可采煤层2层，总厚2.41～4.93m，地质储量 398.7×10^4 t。

3. 浅层地下卤水

浅层地下卤水是指沿渤海1855年以前的海岸线展布，赋存于第四系更新统海积、冲积地层中的地下水，其矿化度（TDS）高于50g/L，形成了浅层地下卤水带。卤水由埋藏海水蒸发浓缩而成，呈带状分布，宽10～20km，一般埋藏于10～40m深的粉砂层中，厚3～10m，最厚30m，形成于8万～10万年前。在卤水层之间，一般有弱隔水层，局部略具承压性。浅层卤水储量丰富、易采，单井产量大，最大可达250m³/d，矿化度40～80g/L，最高116g/L，水化学类型主要为Cl-Na型水。

山东省地下卤水资源主要分布在鲁北平原、莱州湾沿岸及胶州湾地区，呈条带状沿海岸带分布，面积约3003km²；地下卤水资源储量为 80.8×10^8 m³，可开采量为 2.87×10^8 m³。地下卤水广泛分布在渤海段的莱州、昌邑、寒亭、寿光、广饶、垦利、利津、河口、沾化、无棣10个县（市、区）的滨海地区。详见图5-5。卤水区水平分布呈条带状，大致平行于海岸线，离岸向陆距离一般为10～20km。从虎头崖向西至广利河之间的滨海地带，地下卤水浓度高、储量大，总面积约1500km²，浓度一般为10～15°Bé，最高达19°Bé，总静储量约 74×10^8 m³，估算含盐量 8.1×10^8 t，其中包括氯化钠 6.5×10^8 t，氯化钾 1455×10^4 t，

氯化镁 9795×10^4 t，硫酸镁 $54\,797\times10^4$ t，此外还含有 Br、I、Mn、Fe、Sr、B、Cu、U 等多种元素。广利河至大口河河口之间的黄河三角洲地区，浓度一般在 6°Bé 左右，即使这样的浓度，其实用价值也远高于海水。在无棣县的车网城、马山子乡谭杨农场及沾化秦口河、套尔河和徒骇河边，均已发现 5～12°Bé 的地下卤水。胶州湾西岸地下卤水净储量为 $4320\times10^4 m^3$，含盐量浓度比盐场海水高 2 倍左右，可开采氯化钠 593.5×10^4 t，目前主要开发地下卤水中的氯化钠、氯化钾、芒硝等，而对经济价值高的微量元素开发利用程度较低，如铀、锂、碘、硼等。山东省开发利用地下卤水资源已有悠久的历史，但是由于技术条件和经济因素限制，地下卤水资源的开发还仅限于浅层地下卤水，中、深层地下卤水资源利用还处于研究阶段。

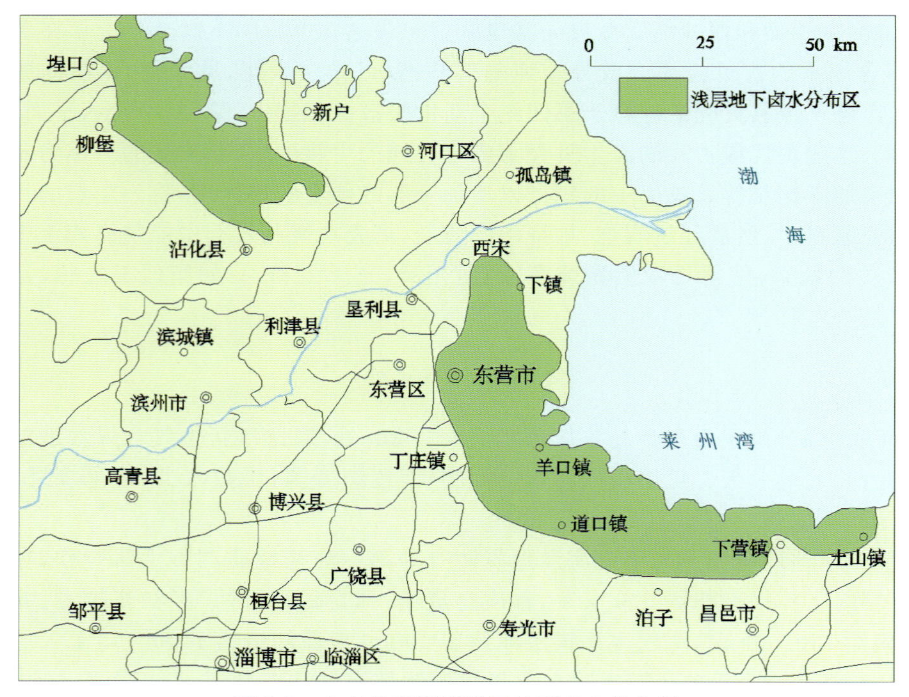

图 5-5　山东省环渤海浅层地下卤水分布图

4. 球石矿

山东省滨海球石矿主要分布于庙岛群岛，在砣矶岛，南北长山岛、庙岛、大小黑山岛、大小钦岛和南北隍城岛等地都有分布。球石主要堆积在港湾处及缓海岸潮间带，矿体长 350～1000m，宽一般为 20～30m，厚 1～3m，产状近水平。长山岛海滩上布满了大大小小的砾石，磨圆度不一，有些磨圆好，有的棱角分明。在南北长山岛相连接的北城港海滩上分布大量球石，但海滩上磨圆度好的球石多年来已被采取。此外，大钦岛、小钦岛、北隍城岛、南隍城岛等均有球石分布，且球石磨圆度好，色彩缤纷，局部分布有观赏石。

5. 石油与天然气

胶东半岛近海地区的油气资源相当丰富，尤以北部的渤海湾最具有开发远景。已查明面积达 $6\times10^4 km^2$ 的渤海盆地是胜利、大港和下辽河等油田的海底陆架延伸部分。1966 年在渤海首钻获得工业油流。到 1984 年已经在该盆地找到 11 个油田，在 20 多口钻井中都打到工业油气流，其中高产油井日产 1.676×10^3 t。渤海含油气盆地位于华北盆地的沉积中心，其沉积层厚达数千米以上，沉积物是一套有机质来源丰富的海相或陆相碎屑沉积岩，经历地质构造变动后，形成各种背斜、拱曲、穹隆、褶皱和断裂构造，它们对油气的生成、运移和储集都非常有利。

黄河三角洲地下是个古老的盆地，地质上称为济阳坳陷。过去外国人断言“华北无油”，而胜利油田30多年来开发的事实证明，那里不仅有油气储藏，而且资源量相当丰富。在渤海湾地区进行地震勘探和钻井勘探，已经发现了桩西、五号桩、垦东和青东4个含油地区，主要分布于车镇、沾化、埕北、桩东和青东5个凹陷的700多平方千米范围内。

胶东半岛北部渤海湾和莱州湾内均发现蕴藏丰富的海底油气资源。1964—1965年，地质部对渤海进行了石油地质与地球物理调查，1966—1967年石油工业部在渤海湾开始地球物理勘探和钻探工作，并首获工业原油。中国海洋石油工业从此兴起，业已建成现代化的大港海上油田，使渤海湾成为中国第一个海上产油区。估计渤海盆地石油资源量约3×10^9 t。1982—1984年该海盆中日合作区已钻井12口，其中两口井经试验日产千吨以上。位于山东省埕口东北约50.00km海域由中日联合开发的渤海埕北油田，打了56口生产井和40口注水井。1985年9月2日有6口井投入生产，该油田分A、B两个区，两座生产平台各自联结一批油井，这些油井全部投产后，可平均年产原油$(4\sim5)\times10^5$ t。

第四节　砂矿类型

一、工业分类

工业分类是根据工业矿种而分出的不同工业类型，该类型矿产是指现代科学技术条件下可供开采利用的矿产。根据工业矿物组分可分为单一矿种砂矿和复合矿种砂矿（或称共生砂矿）两种，单一矿种砂矿在本区有砂金矿，锆石矿，磁铁矿，石英砂（玻璃用砂、型砂、建筑用砂），贝壳，球石6种，复合砂矿区内有建筑用砂、锆石、贝壳砂矿，建筑用砂、锆石砂矿，含磁铁矿、钛铁矿、锆石砂矿3种。其工业分类、工业意义及典型矿区见表5-3。

表5-3　山东省滨、浅海砂矿工业分类

矿种	工业类型	工业意义	典型矿区
单一矿种	砂金	小型	莱州三山岛
	锆石	大型	荣成石岛
	磁铁矿	小型	日照金家沟
	石英砂	大型	荣成旭口
	贝壳	中型	东营垦利
	球石	中型	大钦岛
复合矿种	建筑用砂、锆石、贝壳砂矿	大型	乳山白沙滩
	建筑用砂、锆石砂矿	大型	文登王家湾
	含磁铁矿、钛铁矿、锆石砂矿	大型	石岛桃园矿区

二、成因及地貌形态分类

1. 滨带砂矿类型划分

依据有用矿物自原生矿产地到其堆积成砂矿的成矿作用过程，总结有用矿物所赋存的地貌单元进行分类。本区砂矿的成因、地貌形态及其工业意义见表5-4。

残坡积砂矿：含工业矿物的岩石经长期风化剥蚀脱离母岩，在重力分选作用下富集而成。此种类型在滨海砂矿中具有一定的工业价值。如荣成石岛分布的燕山晚期正长岩，其本身锆石含量较高，因此常在其出露的丘陵地带形成残坡积砂矿。莱州三山岛砂金矿就是残破积为主要类型的一种具有工业价值的砂金矿床。

表5-4 山东省滨海砂矿成因、地貌形态分类

成因类型	地貌形态类型	工业类型	典型矿例
残坡积砂矿	残坡积阶地、残积丘陵砂矿	小型矿床	三山岛砂金矿
冲积砂矿	河床砂矿	小型矿床	诸流河砂金矿
	阶地砂矿	小型矿床	石岛港头锆石砂矿
	埋藏河谷砂矿	大型矿床	石岛桃园锆石砂矿
	冲沟砂矿	矿点	石岛锆石砂矿
海积砂矿	海积阶地—海积小平原砂矿	大型矿床	旭口石英砂矿
	河堤砂矿	小型矿床	柏果树锆石砂矿
	沙嘴砂矿	大型矿床	石岛桃园锆石砂矿
	连岛沙堤砂矿	大型矿床	褚岛锆石砂矿
	海滩砂矿	小型矿床	柏果树锆石砂矿
	水下沙堤砂矿	异常点	三山岛砂金矿
风积砂矿	沙丘砂矿	大型矿床	牟平金山港-双岛铸型砂矿
混合成因类型砂矿	潟湖砂矿	小型矿床	石岛凤凰浆锆石砂矿
	水下三角洲砂矿	异常点	莱州界河口砂金矿
	残留砂矿	异常点	斋堂岛-平山岛锆石异常区
	河口堆积平原砂矿	小型矿床	柏果树锆石砂矿

冲积砂矿：当地表水流流经富含工业矿物的基岩裸露区时，将其经长期风化剥蚀的残积物冲刷并带入河谷，在河床、阶地等有利部位富集成矿。荣成石岛崮山、港头、谭村林家锆石砂矿即为冲积砂矿和埋藏河谷砂矿，招远诸流河小型砂金矿亦为冲积成因。

海积砂矿：工业矿物被地表水携带入海，在波浪、潮汐、沿岸流作用下，经分选在有利的地貌部位富集成矿。这种类型在调查区内工业意义最大。如旭口大型玻璃石英砂矿，青岛市黄岛区柏果树锆石沙堤砂矿，荣成石岛桃园、乳山白沙滩锆石沙嘴砂矿，褚岛锆石连岛沙堤砂矿，仙人桥玻璃石英砂海滩砂矿，莱州滨海水下沙坝砂金异常等均为海积作用形成。

风积砂矿：由于风对含有工业矿物的砂体经搬运分选作用，而形成的富含工业矿物的沙丘、沙垄在半岛滨海一带较为普遍，尤其是半岛的东北部，往往成群出现，但有的也孤零零地拔地而起，突兀在海滩上，其形态呈馒头状、新月形、半月形等。牟平金山港-双岛大型铸型石英砂矿上部就是由风成沙丘组成。

混合成因类型砂矿：一个矿床的形成往往是多种因素综合作用的结果，如三山岛砂金矿以残破积成因为主，但其冲积层和海积层中局部含金品位亦达工业指标，说明冲积、海积作用在这些小型砂金矿床的形成过程中也是一种不可忽视的因素。再如水下三角洲砂矿、潟湖砂矿、河口堆积平原砂矿、残留砂矿均是两种或两种以上因素作用的结果。因此，可划分成冲积—海积、冲洪积、风海积等诸混合成因类型。

2. 近浅海砂矿类型划分

山东省乃至全国近海砂矿勘探、开发利用起步较晚，已经勘查的近海砂矿数量较少，目前尚未进行系统的近海砂矿分类。依据近年来勘查经验和认识进行了划分，详见表 5-5 和图 5-6。

表 5-5　山东省滨海、浅海砂矿成因分类一览表

<table>
<tr><td rowspan="38">Ⅰ
滨
海
砂
矿</td><td rowspan="8">Ⅰ-1 滨海建筑用砂矿</td><td>Ⅰ-1-1 现代海积潮上带滨海建筑用砂矿</td></tr>
<tr><td>Ⅰ-1-2 现代海/风积潮上带滨海建筑用砂矿</td></tr>
<tr><td>Ⅰ-1-3 现代风积潮上带滨海建筑用砂矿</td></tr>
<tr><td>Ⅰ-1-4 现代海积潮间带滨海建筑用砂矿</td></tr>
<tr><td>Ⅰ-1-5 现代海积水下岸坡滨海建筑用砂矿</td></tr>
<tr><td>Ⅰ-1-6 现代海积砂坝滨海建筑用砂矿</td></tr>
<tr><td>Ⅰ-1-7 现代海/河积三角洲滨海建筑用砂矿</td></tr>
<tr><td>Ⅰ-1-8 古滨海埋藏型滨海建筑用砂矿</td></tr>
<tr><td rowspan="4">Ⅰ-2 滨海石英砂矿</td><td>Ⅰ-2-1 现代海积潮上带滨海石英砂矿</td></tr>
<tr><td>Ⅰ-2-2 现代海积潮间带滨海石英砂矿</td></tr>
<tr><td>Ⅰ-2-3 现代海积水下岸坡滨海石英砂矿</td></tr>
<tr><td>Ⅰ-2-4 现代风积潮上带滨海石英砂矿</td></tr>
<tr><td rowspan="3">Ⅰ-3 滨海锆石砂矿</td><td>Ⅰ-3-1 现代海积潮上带滨海锆石砂矿</td></tr>
<tr><td>Ⅰ-3-2 现代海积潮间带滨海锆石砂矿</td></tr>
<tr><td>Ⅰ-3-3 现代海积砂坝滨海锆石砂矿</td></tr>
<tr><td rowspan="3">Ⅰ-4 滨海砂金矿</td><td>Ⅰ-4-1 现代海积潮间带滨海砂金矿</td></tr>
<tr><td>Ⅰ-4-2 现代海/河积三角洲滨海砂金矿</td></tr>
<tr><td>Ⅰ-4-3 古浅海埋藏型滨海砂金矿</td></tr>
<tr><td rowspan="4">Ⅰ-5 滨海贝壳砂矿</td><td>Ⅰ-5-1 现代海积潮上带滨海贝壳砂矿</td></tr>
<tr><td>Ⅰ-5-2 现代海积潮间带滨海贝壳砂矿</td></tr>
<tr><td>Ⅰ-5-3 现代海/河积三角洲滨海贝壳砂矿</td></tr>
<tr><td>Ⅰ-5-4 古滨海埋藏型滨海贝壳砂矿</td></tr>
<tr><td rowspan="2">Ⅰ-6 滨海球石矿</td><td>Ⅰ-6-1 现代海积潮间带滨海球石矿</td></tr>
<tr><td>Ⅰ-6-2 古滨海残留型滨海球石矿</td></tr>
<tr><td rowspan="3">Ⅰ-7 滨海磁铁矿砂矿</td><td>Ⅰ-7-1 现代海积潮上带滨海磁铁矿砂矿</td></tr>
<tr><td>Ⅰ-7-2 现代海积潮间带滨海磁铁矿砂矿</td></tr>
<tr><td>Ⅰ-7-3 现代海积砂坝滨海磁铁矿砂矿</td></tr>
<tr><td rowspan="3">Ⅰ-8 滨海钛铁矿砂矿</td><td>Ⅰ-8-1 现代海积潮上带滨海钛铁矿砂矿</td></tr>
<tr><td>Ⅰ-8-2 现代海积潮间带滨海钛铁矿砂矿</td></tr>
<tr><td>Ⅰ-8-3 现代海积砂坝滨海钛铁矿砂矿</td></tr>
<tr><td rowspan="3">Ⅰ-9 滨海金红石砂矿</td><td>Ⅰ-9-1 现代海积潮上带滨海金红石砂矿</td></tr>
<tr><td>Ⅰ-9-2 现代海积潮间带滨海金红石砂矿</td></tr>
<tr><td>Ⅰ-9-3 现代海积砂坝滨海金红石砂矿</td></tr>
<tr><td>Ⅰ-10 滨海锡石砂矿</td><td>Ⅰ-10-1 现代海积潮上带滨海锡石砂矿</td></tr>
<tr><td>Ⅰ-11 滨海独居石砂矿</td><td>Ⅰ-11-1 现代海积潮间带滨海独居石砂矿</td></tr>
<tr><td>Ⅰ-12 滨海磷钇矿砂矿</td><td>Ⅰ-12-1 现代海积潮上带滨海磷钇矿砂矿</td></tr>
<tr><td>Ⅰ-13 滨海金刚石砂矿</td><td>Ⅰ-13-1 古滨海潮上带滨海金刚石砂矿</td></tr>
<tr><td>Ⅰ-14 滨海复合砂矿</td><td></td></tr>
</table>

续表 5-5

Ⅱ浅海砂矿	Ⅱ-1 浅海建筑用砂矿	Ⅱ-1-1 现代狭口潮流型浅海建筑用砂矿 Ⅱ-1-2 现代侵蚀残留型浅海建筑用砂矿 Ⅱ-1-3 古河道埋藏型浅海建筑用砂矿 Ⅱ-1-4 古海滩埋藏型浅海建筑用砂矿 Ⅱ-1-5 现代湾口潮流型浅海建筑用砂矿
	Ⅱ-2 浅海石英砂矿	Ⅱ-2-1 现代潮流型浅海石英砂矿
	Ⅱ-3 浅海锆石砂矿	Ⅱ-3-1 古滨海残留型浅海锆石砂矿
		Ⅱ-3-2 现代潮流沙脊型浅海锆石砂矿
	Ⅱ-4 浅海复合砂矿	

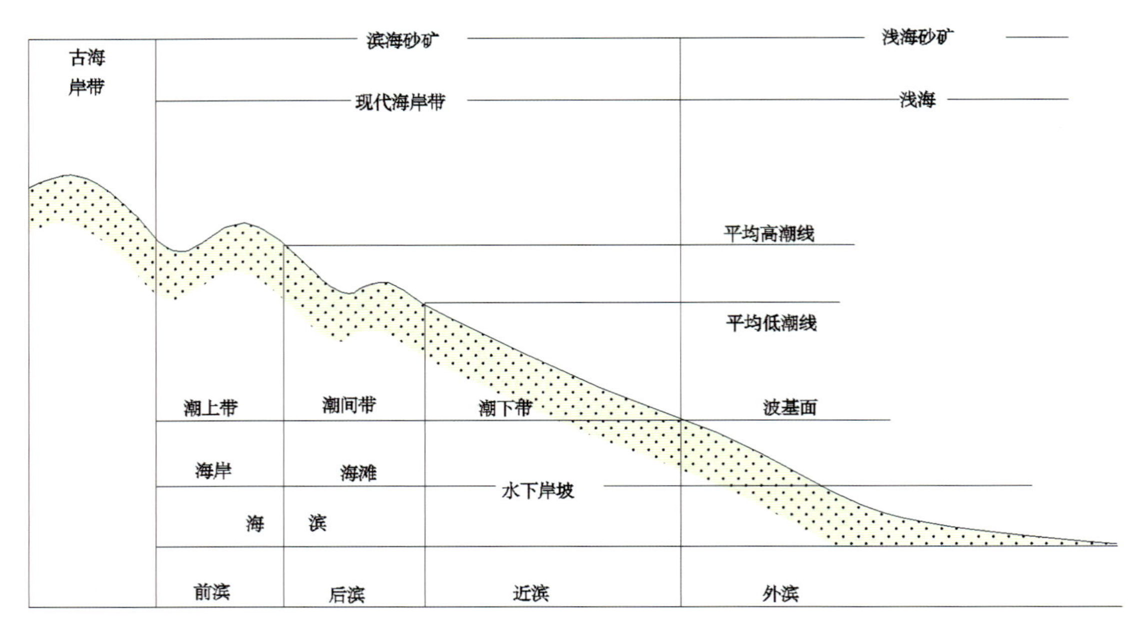

图 5-6 滨海、浅海砂矿划分示意图

第五节 浅海砂矿的基本特征

一、含矿层位特征

山东省海砂矿体多裸露地表，浅海中的海砂矿体裸露海底。海积型的海砂矿全部赋存在全新统旭口组中。

旭口组是在海岸带沉积环境条件下，以海水为水动力由不同的沉积作用形成的，其沉积主要是横向堆积作用或侧向加积。而同一沉积环境由于水动力不同，形成的沉积组成大不相同。旭口组近水平分布，具有明显的斜层理。略向海倾斜，走向与海岸线近一致，砂体稳定连续，顶板略有起伏，倾角一般小于 0°05′。横剖面上呈透镜状，自下而上沉积韵律由粗到细，磨圆分选由好到差。高潮线附近有明显的浪控矿坝微地貌，一般与潍北组和临沂组呈过渡关系。地貌上旭口组通常形成沙滩、沙坝、平缓沙丘，常夹有1～3层淤泥质粉砂、粉砂质淤泥、黏土或粉砂等细粒物质，一般上部为松散的中细粒石英砂、长石石英砂；中部以粗粒含砾长石石英砂为主，夹有淤泥或泥质粉砂；底部基岩面上以细砾质粗粒长石石英砂为主，普遍含贝壳、云母碎片，含少量磁铁矿、锆石、榍石、赤铁矿、普通角闪石等。矿砂磨圆分选一般上部较好，中底部中等或较差。

风积型石英砂矿赋存于第四系寒亭组中，具中小型交错层理，有时出现大型风成板状交错层理、新月形沙丘、链状沙丘等，表现出典型的风成地貌。沙丘高一般为几米至十几米，少量沙丘高达数十米。寒亭组主要发育在主干水系的东岸和沿海小平原，垂向上岩性较稳定均一，横向上呈断续分布的沙丘。矿体多为表层矿，一般矿体厚1.00～17.00m，矿体底板呈波状起伏状，或为基岩，或为山前组砂砾质黏土。矿石为黄色中细粒长石石英砂，主要矿物成分为石英(75.00%～90.00%)，长石(10.00%～25.00%)，暗色矿物、重矿物含量极少。砂粒度0.20～0.50mm的占85.00%以上，分选良好，磨圆度高，双目镜下石英砂表面呈毛玻璃状，并有小的碰撞坑；较粗的砂粒表面常有氧化铁、氧化锰析出，形成具有油脂光泽的薄膜。

山东省海砂矿的成矿时期主要为第四纪全新世的中晚期，成矿母岩主要为晋宁期—燕山晚期的花岗岩。

二、矿层特征

1. 滨海沉积矿层特征

山东省的海积型砂矿以荣成旭口石英砂矿最为典型，且该矿区勘探程度较高，其石英砂矿层按照矿层的地质特征可分为上部矿层和下部矿层。

上部矿层分布在海积Ⅰ级阶地上，直接出露于地表。主要呈层状，少部分呈透镜状。其走向与海岸线平行(总体为近EW向)，微向海倾斜，发育有水平层理。矿层顶部海拔一般为1.00～3.00m(最大者5m)。矿层长2.60～5.50km，宽300～2400m，厚一般为2.50～3.00m。上矿层主要由细粒石英砂组成，以浅黄、黄、黄褐色为主，其次为灰色。矿层中夹有1～2层呈薄层状或透镜状的腐殖质泥以及贝壳、贝壳碎片。上部矿层因裸露于地表，其顶部常覆盖有0.10～0.20m厚的腐殖质层；矿层底板为0.10～2.00m的黑色黏土层或泥炭层。

下部矿层总体呈近水平的层状、个别呈透镜状产出，埋深2.00～5.00m。矿层长1.65～4.35km，宽1.25～2.25km(窄者300.00～700.00m)，厚3.00～5.00m。下部矿层主要由灰—白色细粒石英砂组成，含有薄层或透镜状软泥及贝壳碎片。

2. 滨海—风积矿层特征

滨海—风积矿层主要见于牟平云溪及威海后双岛。矿体形态为新月形、椭圆形或浑圆形的沙丘。矿体产出部位及形态主要受季节及风向的影响，变化较大。呈沙丘状的石英砂矿体大体呈近EW向延伸，一般南坡陡于北坡，沙丘中间(顶)最厚，四周薄；单矿体常由几个相连的大小沙丘构成(相连部分成为鞍状体)。滨海—风积石英砂矿层主要由浅黄色细粒石英砂组成，矿层厚度一般为5.00～7.00m，薄者0.30m(荣成旭口)，厚者17.00m(牟平云溪)。

3. 滨海—冲积矿层特征

滨海—冲积矿层出现在河口三角洲地带，只见于荣成旭口，分布在海积型砂矿层之下(埋深5.00m)。矿层厚2.80～5.50m(未见底)。主要由白—浅黄色中粒石英砂组成，夹有3层黄色黏土及砂砾质黏土(每层厚 0.20～0.30m,靠近海边因有机质增多而成为黑色黏土)。滨海—冲积矿层石英砂 SiO_2 含量高,质量优于海积型矿层中石英砂,但规模较小。

4.浅海沉积层

浅海沉积层主要见于荣成港西—城厢以北的浅海区,矿区南部海岸带毗邻陆地的旭口石英砂矿,因此,浅海石英砂矿实际上是旭口石英砂矿的水下延伸部分。矿区之东、西及南部山区出露大面积中生代燕山期及元古宙花岗质岩石;近矿区的南部及东部低丘处出露下白垩统青山群流纹质及英安质熔岩和碎屑岩。

矿区处于海岸地带浅海,出露的第四纪沉积物主要为全新统旭口组,为一套以海积型为主的砂、砾及黏土等物质的松散沉积物组合。此外,局部地段分布有残坡积物。按生成顺序自上而下可分为 4 层。①表层海底沉积层:海成砂层的近海部分(目前仍继续经受潮汐作用),由砂、砾、卵石组成。厚 3.00～6.80m。②风成(滨海—风成)砂层:为海成表层石英砂受风力搬运后重新堆积而成,其物质成分与海积型层相同,为浅黄—黄色石英砂。厚 0.30～5.00m。③海积层:为矿区上部的砂矿层,其由白—浅黄色石英砂层(上矿层)、灰色石英砂层(下矿层)及黏土层组成。厚 1.50～8.00m。④河口三角洲(滨海—冲积)沉积层:为矿区下部的砂矿层,由白—浅黄褐色石英砂组成。厚 2.80～5.50m。

综上所述,胶东半岛沿海岸地带的海砂矿是第四纪晚更新世晚期至全新世早期形成的机械沉积矿床。主要是海水的波浪振荡及岸流作用将沿海岸地带分布的花岗质岩石碎屑反复进行分选—搬运—堆积形成的海积型砂矿层。在某些地区参与了河流及风力的分选—搬运作用,又形成具有滨海—风积及滨海—冲积特点的砂矿层。据砂的磨圆度、形状、粒级及矿砂中副矿物类型、岩屑、基底和近源岩系等特点分析,砂来源于胶北隆起区内广泛出露的中生代和元古宙花岗质岩石及早前寒武纪变质地层。

三、矿体分布特征

从地理位置上,山东省海砂矿主要分布于山东半岛的砂质海岸和基岩海岸的港湾,规模较大的如莱州浅滩、牟平—威海双岛、荣成旭口—仙人桥、荣成碌对岛、文登小观、海阳远牛—潮里及日照沿岸等。

从地貌位置上,主要分布于滨海地带高潮线附近,海积型砂矿分布在砂质海岸和基岩海岸的现代海岸带上,微地貌上常形成高潮线上下的平缓沙滩、沙坝、沙丘。近高潮线附近的海岸一般地形比较平缓但海水动力条件强。此类海岸多发育在山地丘陵前缘狭窄的平原地带,由中、小河流把山区风化物运移到岸边,在强海水动力作用下,塑造了许多独特的、形态复杂的地貌单元。当其成矿条件有利时,可在这个地貌体系中的具体部位形成砂矿富集,从而构成大、中型砂矿床。

从大地构造位置上,主要分布在胶南造山带东北段的文-威隆起、其次是胶莱盆地南缘。近 8000～10 000 年来,海平面相对上升,海水动力条件的增强为形成海砂矿创造了成矿条件。在第四纪冰期寒冷西北风的作用下,在某些主干水系东岸地带及滨海平原形成风成型滨海砂矿。

四、矿砂特征

海砂矿的形成除受母原岩的控制外,受矿床成因的制约差异较大,一般海积成因的砂矿矿物成分种类较少,以石英为主,其次为长石,暗色矿物微量。风积型矿床砂矿物种类复杂,除石英、长石外,含较多的云母类和暗色矿物。详见图 5-7。

图 5-7 潮间带砂矿的剖面特征

产于现代滨海地带的海砂矿床的矿石为松散的砂状体，其主要在海浪与潮汐作用下形成，但在某些地段又有风力及河口三角洲冲积作用参与。故此，对区内海砂矿矿砂大体可划分为海积型、滨海—风积型及滨海—冲积型 3 种类型。这 3 种矿砂类型具有大体相似的矿物组成和化学成分特点。

山东省各种类型石英砂矿矿砂以中细粒砂和细粒砂为主，分选好，粒度较均匀，除滨海—冲积型矿砂外，粒级在 0.15～1.00mm 之间者一般占 90.00%以上。矿砂矿物成分以石英为主，含量多在 80%～90%之间；其次为长石、岩屑及少量黏土、磁铁矿、钛铁矿、褐铁矿、角闪石、云母、石榴石，以及微量锆石、榍石、电气石、金红石、黄玉、铬尖晶石等。

矿砂中的石英为白色、白色微带黄褐色、灰白色，半透明—透明，玻璃光泽，部分为油脂光泽，半棱角状—次圆状，多为粒状，少量呈不规则的柱状。石英多为单晶屑，亦有连晶或与长石、暗色矿物连生，个别粗粒状石英中见有暗色包裹体。各种海砂的矿物分析结果见表 5-6。

表 5-6 各种海砂矿的矿物特征一览表

矿砂类型		石英含量	磁性矿物含量	电磁性矿物含量	无磁性部分含量
海积型石英砂	上部砂矿层	85.00%～95.00%	磁铁矿、钛铁矿占 0.03%～0.30%	角闪石、绿帘石、石榴石、褐铁矿、钛铁矿、赤铁矿、透闪石、榍石、电气石、铬尖晶石、锆石等占 1.50%～3.00%	石英占 95.00%以上，长石及其集合体占 2.50%，榍石、燧石、岩屑、锆石、金红石等少量
	下部砂矿层	85.00%～96.00%	含铁质岩屑、钛磁铁矿、磁铁矿占 0.02%～0.08%	角闪石、绿帘石、石榴石、透闪石、赤铁矿、电气石、榍石等占 2.80%	石英占 96.00%以上，长石占 2.5%，岩屑少量
风积型石英砂		78.00%～89.00%	磁铁矿、钛铁矿占 0.05%～0.16%	云母、石榴石、透闪石、榍石、电气石、锆石等占 0.20%～2.50%	石英占 96.00%以上，长石占 2.50%，岩屑少量，榍石、金红石、锆石等微量
河流沉积型		75.00%～87.00%	磁铁矿、含铁质岩屑占 0～0.6%	钛磁铁矿、钛铁矿、角闪石、石榴石、绿帘石、透闪石、云母等占 0.03%～1.70%	石英占 90.00%以上，其次为长石、碳酸盐等

胶东半岛海岸地带的海砂矿，质地较纯，SiO_2含量较高。Al_2O_3含量因各矿区矿砂中的长石含量多少而异。但总体来看，矿砂化学成分比较稳定，Fe_2O_3、TiO_2含量比较低。

五、浅海砂矿特征

浅海砂矿也称陆架砂矿，为堆积于浅海海域或大陆架区域的有工业价值的轻重矿物、岩石碎屑或生物碎屑的堆积体。在海洋学中浅海的定义为海岸线至200m水深以内的浅海海域。

1. 浅海建筑用砂矿分布特征

根据国家标准《建筑用砂》(GB/T 14684—2011)要求的粒度(>0.15mm)、细度模数、颗粒级配、含泥量(<5%)等参数圈定建筑用砂的分布范围。根据山东省浅海底质调查以及前人近海表层沉积物砂、砾含量分布图圈划出山东省浅海建筑用砂的大致分布范围(图5-8)。共圈出29个区域，包括砾砂、砂；并估算建筑用砂矿资源量(表5-7)。可见，粉砂质砂的分布面积最广。

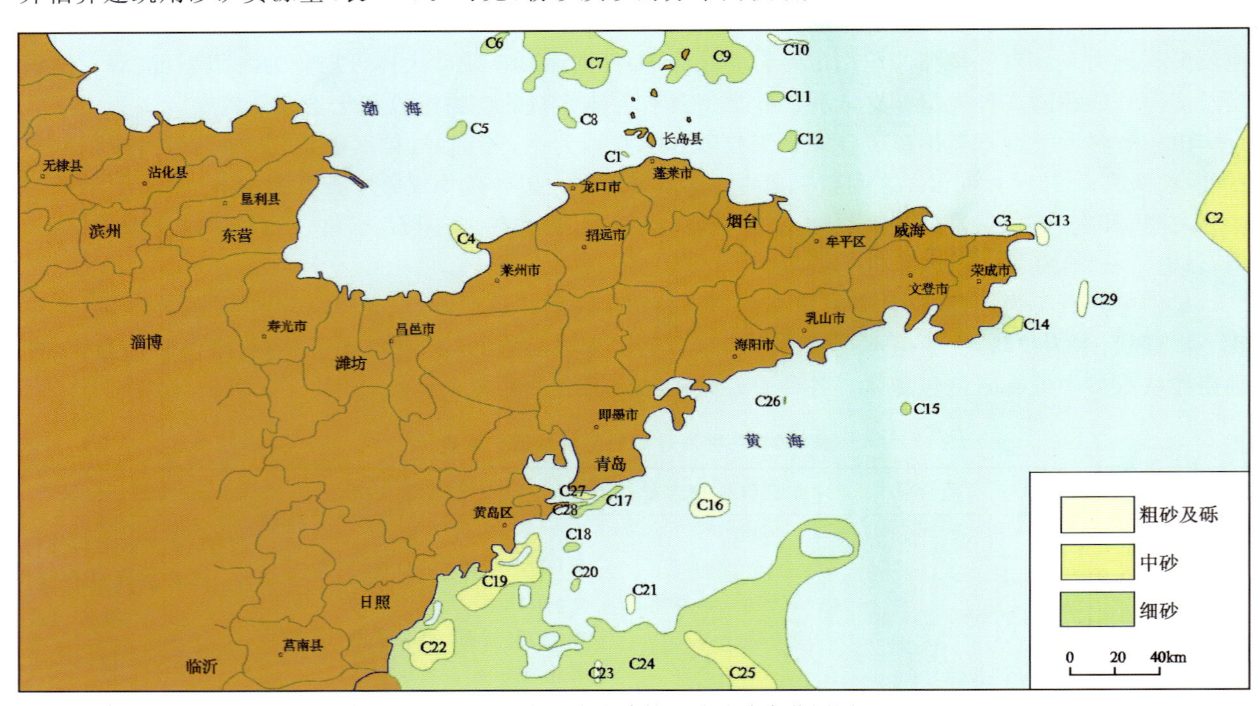

图5-8 山东省浅海建筑用砂矿分布范围图

表5-7 山东省浅海建筑用砂远景资源量一览表

编号	砂粒度分类	面积/km^2	平均厚度/m	干体重/(t/m^3)	远景储量/$\times10^4$t	成因类型
C1	中粗砂	4.03	3.1	1.66	2 073.84	潮流沙脊
C2	中砂	286.52	>0.2	1.66	9 512.46	古海岸残留砂体
C3	中细砂	44.16	>0.2	1.67	1 474.94	潮流沙脊
C4	中细砂	31.45	2.8	1.68	14 794.08	潮流沙脊
C5	细砂	61.25	>0.2	1.68	2 058.00	残留砂体
C6	细砂	91.46	>0.2	1.68	3 073.06	残留砂体

续表 5-7

编号	砂粒度分类	面积/km^2	平均厚度/m	干体重/(t/m^3)	远景储量/$\times10^4$t	成因类型
C7	细砂	1 044.85	>0.2	1.68	35 106.96	残留砂体
C8	细砂	64.35	>0.2	1.68	2 162.16	残留砂体
C9	细砂	1 075.87	>0.2	1.68	36 149.23	残留砂体
C10	粗砂	35.31	2.8	1.68	16 510.96	潮流沙脊
C11	细砂	37.45	>0.2	1.68	1 258.32	残留砂体
C12	细砂	76.58	>0.2	1.67	2 557.78	残留砂体
C13	粗砂	54.49	1.2	1.66	10 854.41	潮流沙脊
C14	中粗砂	74.77	3.0	1.66	37 235.46	潮控及埋藏古砂体
C15	细砂	20.83	>0.2	1.66	691.56	残留砂体
C16	粗砂	239.21	>0.2	1.66	7 941.77	残留砂体
C17	细砂	85.77	>0.2	1.67	2 864.72	残留砂体
C18	极细砂	27.18	>0.2	1.67	907.81	残留砂体
C19	中砂	471.35	>0.5	1.66	39 122.05	残留砂体
C20	极细砂	20.02	>0.2	1.68	672.67	残留砂体
C21	粗砂	36.23	>0.2	1.68	1 217.33	残留砂体
C22	中细砂	415.93	>0.2	1.68	13 975.25	残留砂体
C23	粗砂	40.78	>0.2	1.68	1 370.21	残留砂体
C24	细砂	8 693.66	>0.2	1.66	288 629.51	残留砂体
C25	中细砂	566.01	>0.2	1.66	18 791.53	残留砂体
C26	中粗砂	1.05	6.8	1.66	1 180.26	埋藏古河道砂
C27	中砂	44.5	5.8	1.66	42 844.46	潮流三角洲
C28	中粗砂	21.77	6.1	1.66	22 044.30	潮流三角洲
C29	中粗砂	5.34	8.5	1.66	7 534.74	潮流沙脊
合计		13 672.17			624 609.83	

其次是砂，砾石类最少；划分为四大产区：渤海湾南部、莱州湾东南部、庙岛群岛北部、日照浅海。本次工作调查建筑用砂分布总面积 13 672.17km^2，新增资源量 62.46$\times10^8$t。

2. 浅海重矿物分布特征

选取粒级在 0.5～0.06mm 间的样品，用于鉴定其重矿物类型；山东浅海重矿物含量范围介于 0.01%～37.54%之间，平均含量 1.90%。重矿物含量分布呈明显带状分布，高值区分布在庙岛群岛—威海靖海湾一带以及日照近海沿岸线分布，低含量区主要分布在渤海湾、潮连岛南部海域，中含量区多出现在莱州湾、青岛近海一带(图 5-9)。

目前，我国还没有磁铁矿、赤铁矿、褐铁矿的浅海砂矿工业品位和边界品位标准，本次依然采用陆地磁铁矿工业品位值 300kg/m^3 的 1/4(即 75kg/m^3)来进行铁钛矿物异常判断。由于山东省浅海铁钛类矿物的最高品位为 6.60kg/m^3，远低于该类矿物的 1/4 工业边界品位，故在山东省浅海只能圈定出高值区。根据铁钛矿物的空间分间特征，以品位为 0.75kg/m^3 和 2.5kg/m^3 为界，将铁钛矿物品位划分为

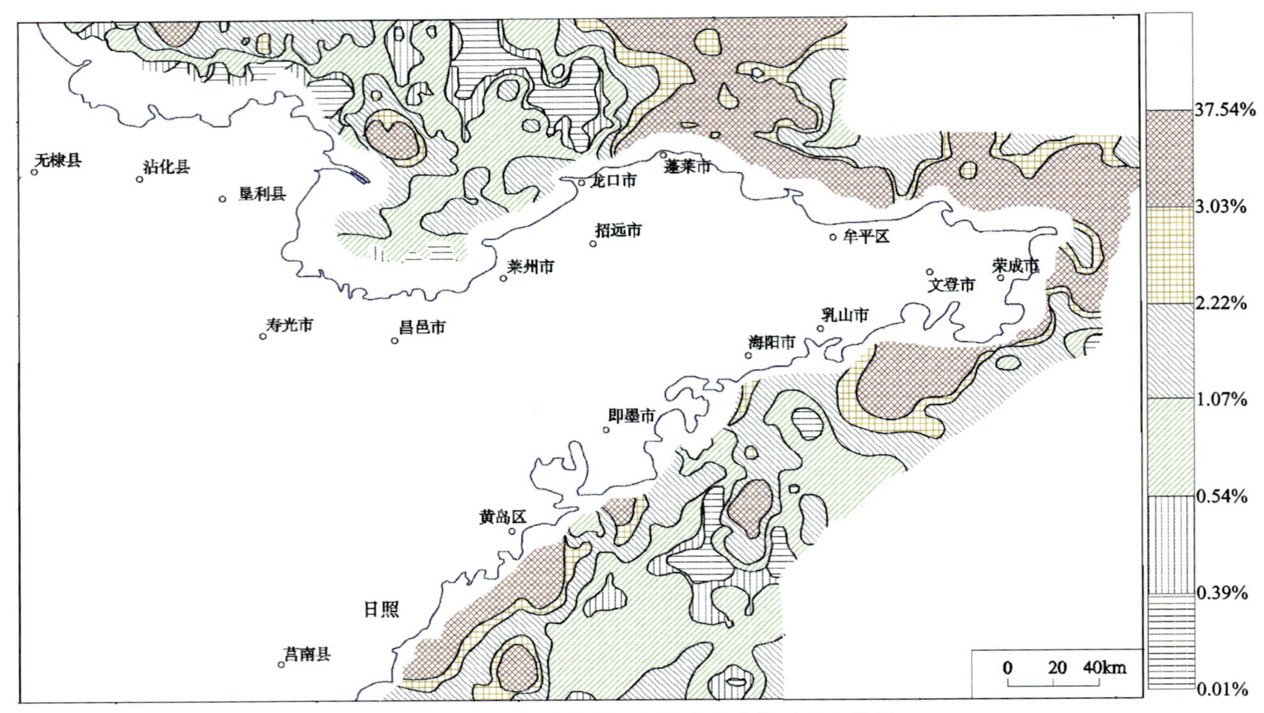

图 5-9　山东浅海表层沉积物中重矿物百分含量图

3 种类型：①大于 2.5kg/m^3；②0.75～2.5kg/m^3；③小于 0.75kg/m^3。其中，前两类的分布区域为品位高值区。

以锆石品位大于 0.25kg/m^3 为界限划分锆石品位异常区，再以 1kg/m^3、0.75kg/m^3、0.5kg/m^3、0.25kg/m^3 为界限划分出 5 种品位类型（表 5-8）：其中，Ⅰ、Ⅱ、Ⅲ和Ⅳ类属于锆石品位异常，而Ⅴ类属于品位非异常。山东省浅海锆石品位分布范围为 0～1.96kg/m^3；其中，品位异常站位数仅有 46 个（占 5.58%），非异常品位站位数为 779 个（占 94.42%），以Ⅰ和Ⅳ类型分布较多。

表 5-8　工业矿物的边界品位

工业矿物	边界品位 /(kg/m^3)	异常边界 /(kg/m^3)	异常级别				
			Ⅰ	Ⅱ	Ⅲ	Ⅳ	Ⅴ
铁矿物	300	75	＞300	300～225	225～150	150～75	＜75
钛矿物	10	2.5	10	10～7.5	7.5～5	5～2.5	＜2.5
石榴石	4	1	4	4.0～3.0	3.0～2.0	2.0～1.0	＜1
锆石	1	0.2	1	1～0.75	0.75～0.5	0.5～0.25	＜0.25
金红石	1	0.25	1	1～0.75	0.75～0.5	0.5～0.25	＜0.25
电气石	1	0.25	1	1～0.75	0.75～0.5	0.5～0.25	＜0.25
榍石	1	0.25	1	1～0.75	0.75～0.5	0.5～0.25	＜0.25

数据来源：谭启新等，1998。

共鉴定出山东浅海沉积物中重矿物 57 种，包括：普通角闪石、绿帘石、普通辉石、赤铁矿、钛铁矿、白云母、阳起石、褐铁矿、石榴石、黑云母、自生黄铁矿、绢云母、榍石、透闪石、磁铁矿、紫苏辉石、磷灰石、水黑云母、黝帘石、绿泥石、电气石、透辉石、十字石、锆石、菱铁矿、蓝晶石、白钛石、海绿石、金红石、胶磷矿、萤石、棕闪石、白榴石、斜顽辉石、白云石、独居石、钛闪石、文石、玄武闪石、符山石、矽线石、硅灰石、锡石、锐钛矿、蔷薇辉石、磷钇矿、褐帘石、蓝线石、磁黄铁矿、霓辉石、古铜辉石、红柱石、原生黄铁矿、直闪石、重晶石、刚玉。此外还包括一定含量的风化碎屑和岩屑。

山东浅海重矿物组成的共同特征是：①角闪石类、绿帘石类和片状矿物3类矿物含量较高，共占70%以上。有用矿物中，氧化铁矿物（赤铁矿、褐铁矿、磁铁矿）和石榴石的平均含量也较高；其次，普遍分布的矿物还有钛铁矿、辉石类矿物、榍石等。其他矿物只在局部海区零星出现。②矿物特征（颗粒大小、形态、磨圆、颜色、光泽以及风化程度等）在不同区域也有显著差异，如：角闪石在局部海区为浅绿色、碎片多、表面模糊，有风化现象；而在多数海区表现为深绿—绿色，也出现褐色，多为长柱、长板状，表面新鲜。绿帘石多为灰绿、浅绿、黄绿色的小颗粒，透明到半透明，多为粒状，可以由辉石、角闪石、斜长石经过蚀变形成，在一些风化强烈的海区出现较多。

下面就山东浅海主要矿物的空间分布特征进行阐述：

(1)钛铁矿：平均含量为1.9%，最高值为32.3%，高值区2.2%～32.3%，主要出现荣成市东部海域，由于该区岛屿较多，可能与岛屿冲刷有关。另一高值区出现在青岛到日照的沿岸沉积物中，呈平行岸线分布（图5-10）。

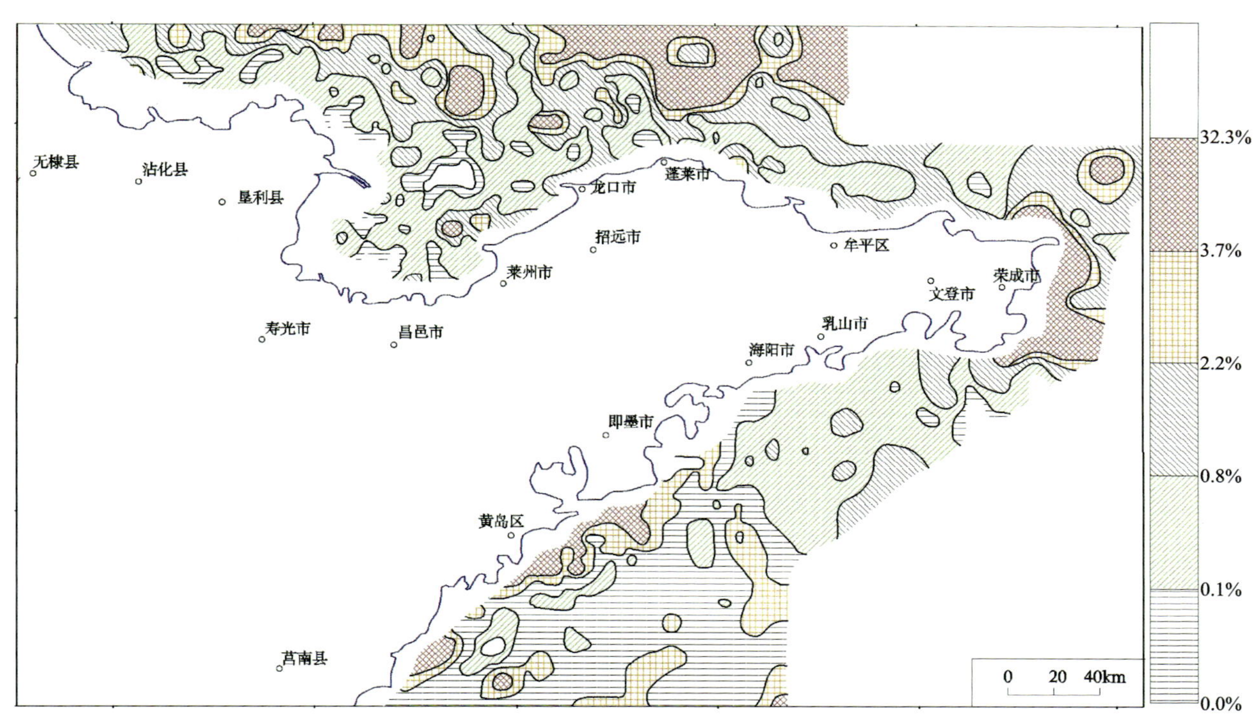

图5-10　山东省浅海表层沉积物中铁钛矿物颗粒百分含量图

铁钛矿物在浅海共存有8个高值区，其中Ⅰ类高值区所占比例较小，大部分高值区域属于Ⅱ类高值区；Ⅰ和Ⅱ类样品数占样品总数的11.39%。最大高值区分布于庙岛群岛以北（1号高值区）、黄岛区（原胶南）—日照海域（7、8号高值区），其次在荣成以北海域和青岛—黄岛区（原胶南）海域也有小面积高值区分布（图5-11）。各个高值区所形成的铁钛矿物金属量均大于30×10^4t（表5-9）；高值区总面积13 381km^2，总铁钛金属矿物量474.3×10^4t。

(2)氧化铁矿物：包括褐铁矿和赤铁矿，平均含量为5.7%，最高值为47.8%。高值区主要出现在渤海湾南部、莱州湾西北部、青岛东部海区沉积物中；低值区出现在南黄海东部近岸沉积物中（图5-12）。

(3)金属矿物：包括氧化铁矿物、钛铁矿、磁铁矿，其平均含量为8.4%，最高值为48.7%。高值区11.4%～48.7%，多呈散珠状分布，黄河口北部、庙岛群岛附近、青岛北部近海等都是金属矿物的高含量分布区；低值区主要分布在青岛—荣成间的南黄海浅海区（图5-13）。整体分布趋势与氧化铁矿物的分布相似。

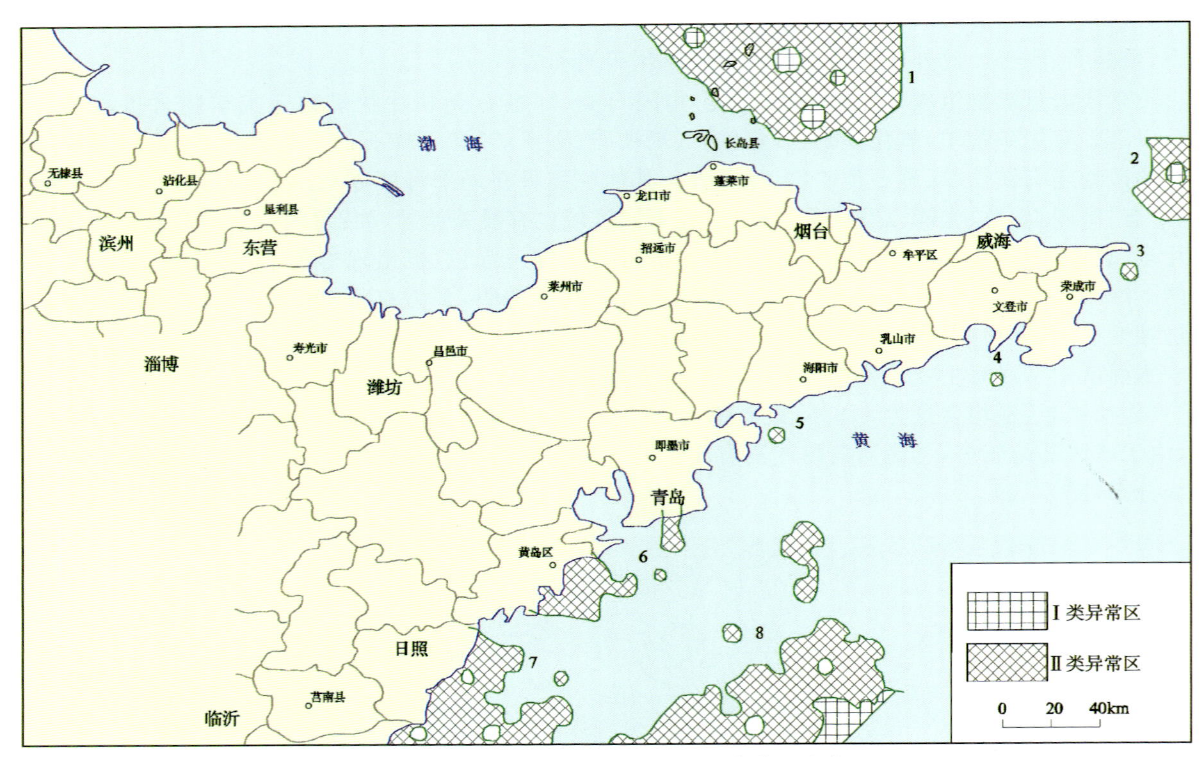

图 5-11 山东半岛近海钛铁金属矿物高值区分布图

表 5-9 山东省浅海铁钛矿物高值区特征

序号	类型	面积/m²	深度/m	平均品位/(kg/m³)	资源量/×10⁴ t
1	Ⅰ	509 015 008	0.2	2.04	21.7
	Ⅱ	4 808 809 984	0.2		
	总计	5 317 830 144	0.2		
2	Ⅰ	58 900 500	0.2	2.04	3.1
	Ⅱ	701 270 976	0.2		
	总计	760 172 032	0.2		
3	Ⅱ	40 666 200	0.2	1.01	0.08
4	Ⅱ	23 598 700	0.2	1.1	0.05
5	Ⅱ	36 557 600	0.2	1.24	0.09
6	Ⅰ	8 855 310	0.2	1.54	2.97
	Ⅱ	955 982 016	0.2		
	总计	963 073 024	0.2		
7	Ⅰ	71 203 904	0.2	1.57	6.28
	Ⅱ	1 929 750 016	0.2		
	总计	2 000 950 016	0.2		
8	Ⅰ	519 112 000	0.2	1.55	13.13
	Ⅱ	3 717 159 936	0.2		
	总计	4 238 030 080	0.2		

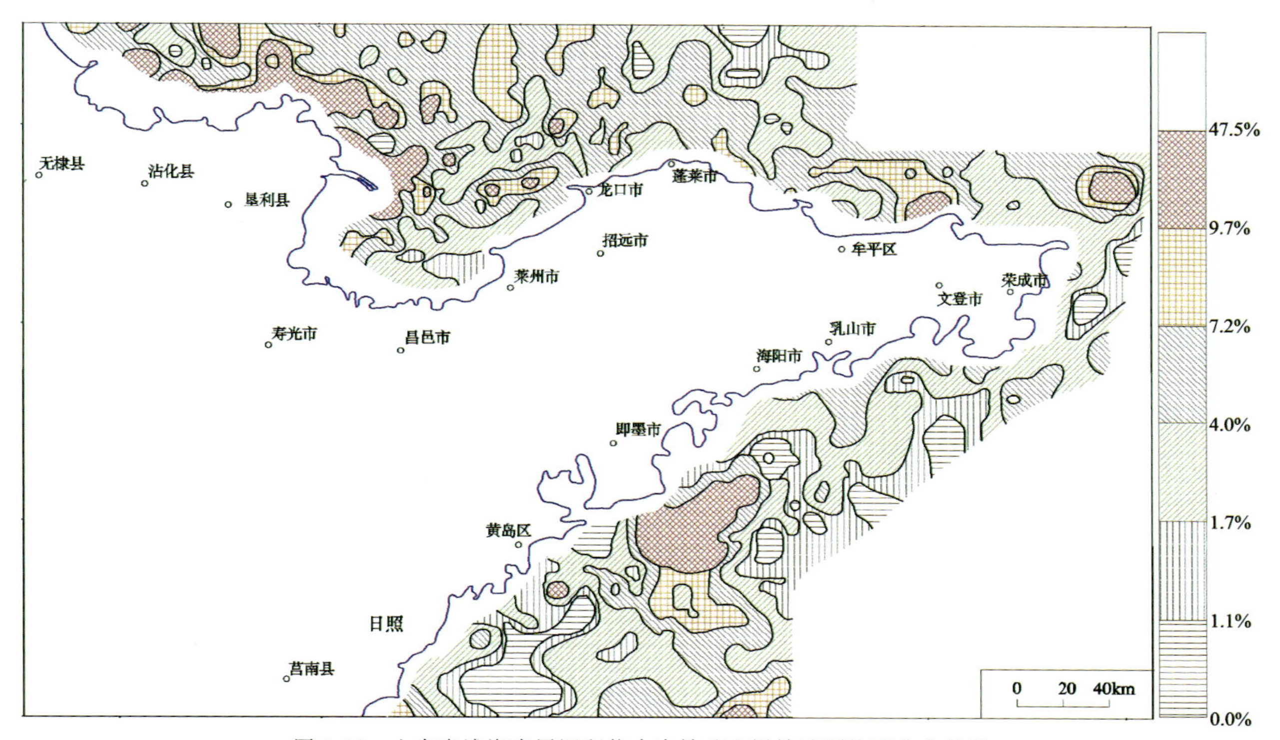

图 5-12　山东省浅海表层沉积物中赤铁矿和褐铁矿颗粒百分含量图

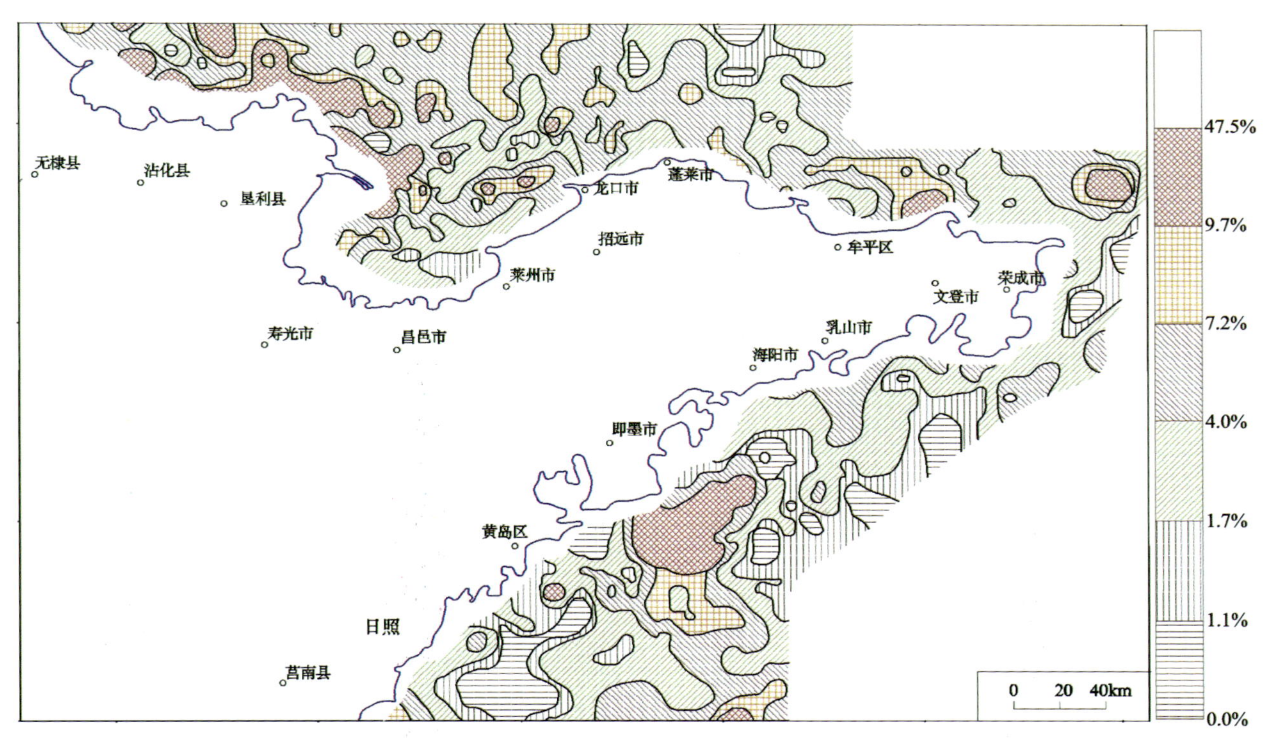

图 5-13　山东省浅海表层沉积物中金属矿物颗粒百分含量图

(4)自生黄铁矿:海区自生矿物的平均含量仅为 0.8%,最高值为 64.1%。高值区出现在渤海湾中(图 5-14);自生黄铁矿的中值区主要分布在莱州湾中部和渤海湾中南部的泥质区,其他海区偶见。

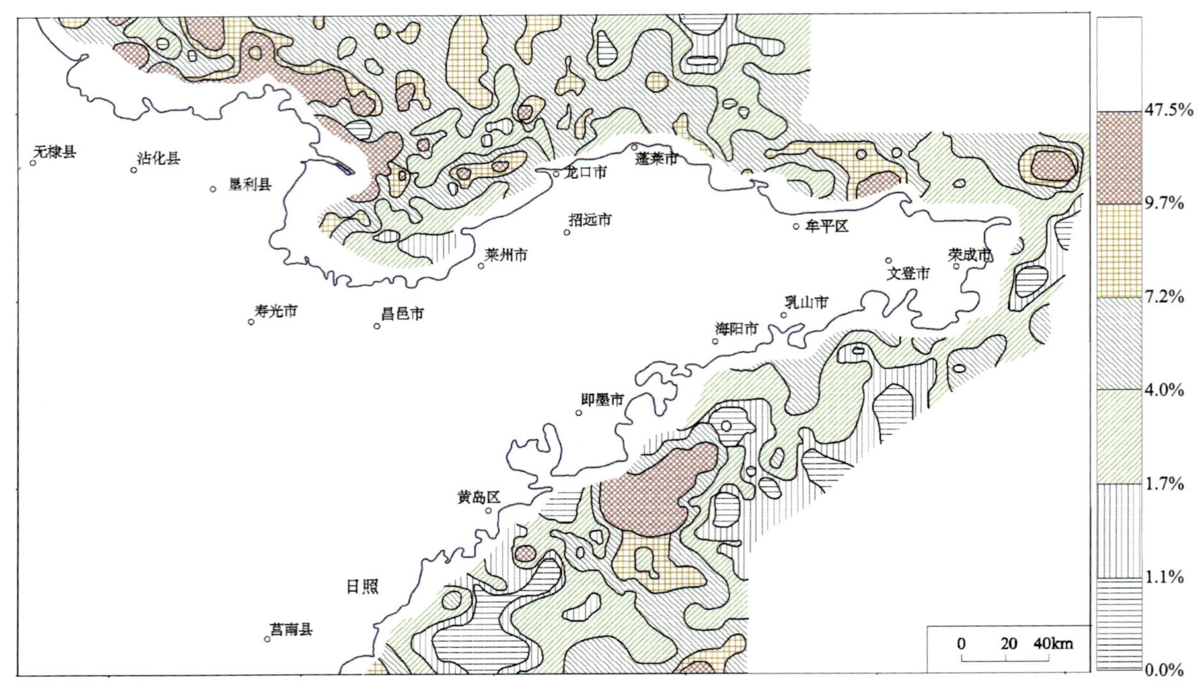

图 5-14 山东省浅海表层沉积物中自生黄铁矿颗粒百分含量图

(5)石榴石:属于透明矿物,平均含量为 4.1%,最高值 32.8%;在海区分布规律性明显,受陆源、岛屿和陆地冲刷产物影响较大。高值区主要出现在庙岛群岛附近海区、山东半岛东部海区、北纬 36°以南近海沉积物中(图 5-15)。低值区主要出现在渤海近岸、北黄海近岸沉积物中。以石榴石品位大于 $1kg/m^3$ 为界限划分石榴石品位异常区,再以 $4.0kg/m^3$、$3.0kg/m^3$、$2.0kg/m^3$、$1.0kg/m^3$ 为界限将浅海石榴石品位分为 5 级,其中Ⅰ、Ⅱ、Ⅲ、Ⅳ类品位属于异常品位,Ⅴ类品位为非异常品位。山东省浅海石榴子石异常品位站位仅占所有站位的 7.88%。

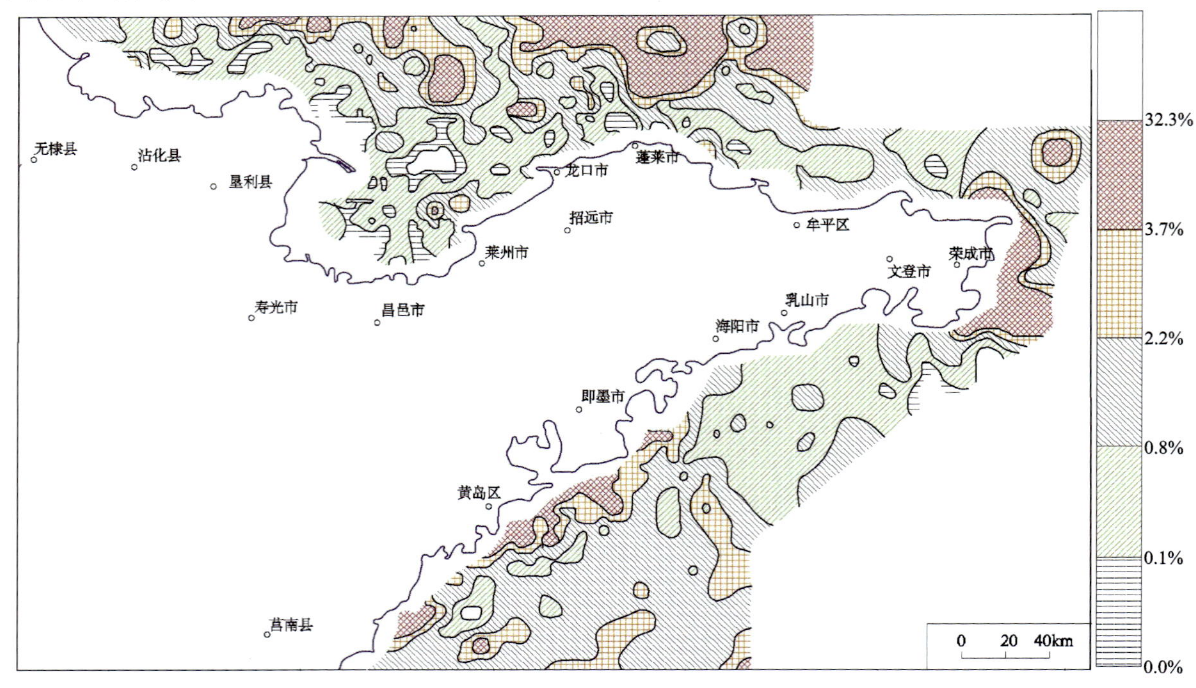

图 5-15 山东省浅海表层沉积物中石榴石颗粒百分含量图

石榴石异常区共有10个，以Ⅳ类异常为主，Ⅰ、Ⅱ、Ⅲ类异常仅以斑块状分布。最大的异常区分布于庙岛群岛以东、以北区域，荣成以北海域有小块异常分布，此外，较大面积的异常区分布于青岛外和日照海域（图5-16）。庙岛群岛东侧海域1号异常区因其面积大、品位高而拥有较高的石榴石资源量，其次是位于荣成海域的2号和位于青岛—日照海域的5号、8号和10号异常区（表5-10）。异常区总面积11 065km^2、石榴石资源量274.79×10^{4}t。

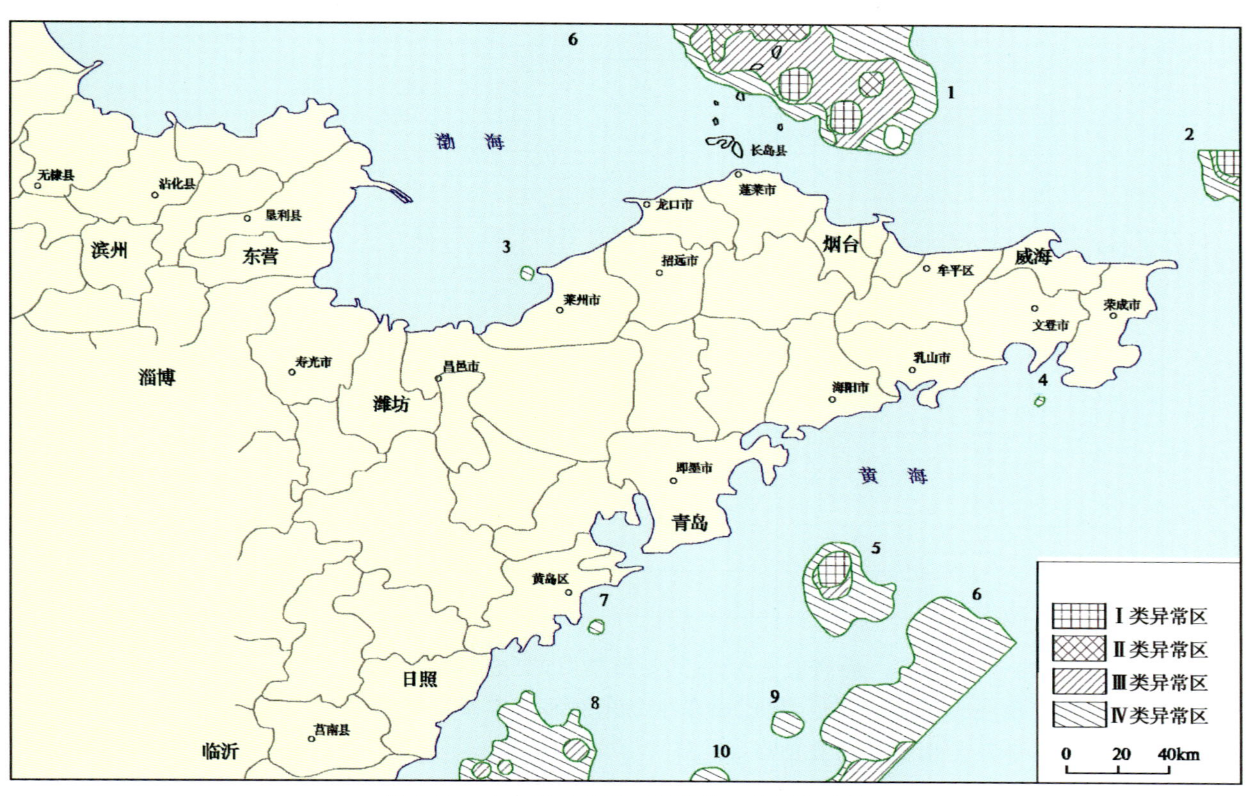

图5-16　山东省浅海石榴石高值异常区分布图

表5-10　山东省浅海石榴石异常区特征

序号	类型	面积/m^2	深度/m	平均品位/(kg/m^3)	资源量/×10^{4}t
1	Ⅰ	187 419 008	0.2	2.66	252.3
	Ⅱ	541 923 140	0.2		
	Ⅲ	1 977 859 968	0.2		
	Ⅳ	2 038 690 048	0.2		
	总计	4 745 892 164	0.2		
2	Ⅰ	60 415 214	0.2	3.55	4.3
	Ⅱ	56 726 400	0.2		
	Ⅲ	84 864 400	0.2		
	Ⅳ	173 256 992	0.2		
	总计	375 263 006	0.2		
3	Ⅳ	21 916 800	0.2	2.09	0.92
4	Ⅳ	10 582 200	0.2	1.52	0.32

续表 5-10

序号	类型	面积/m²	深度/m	平均品位/(kg/m³)	资源量/×10⁴t
5	Ⅰ	132 729 000	0.2	3.20	8.5
	Ⅱ	44 801 800	0.2		
	Ⅲ	114 529 000	0.2		
	Ⅳ	916 320 000	0.2		
	总计	1 108 379 800	0.2		
6	Ⅱ	14 611 000	0.2	1.47	0.42
	Ⅲ	187 344 000	0.2		
	Ⅳ	3 003 249 920	0.2		
	总计	3 205 204 920	0.2		
7	Ⅳ	34 655 600	0.2	2.06	1.4
8	Ⅲ	124 501 000	0.2	1.74	4.3
	Ⅳ	1 249 500 032	0.2		
	总计	1 374 001 032	0.2		
9	Ⅳ	123 972 000	0.2	1.72	0.43
10	Ⅳ	64 801 000	0.2	1.43	1.9

(6)锆石:平均含量0.6%,最高值9.1%;其与石榴石的分布趋势相似(图5-17),有着一致的物质来源:高值区主要出现在庙岛群岛附近海区、山东半岛东部海区以及日照近岸海区沉积物中。低值区在全区广布,莱州湾南部甚至出现锆石零值区。

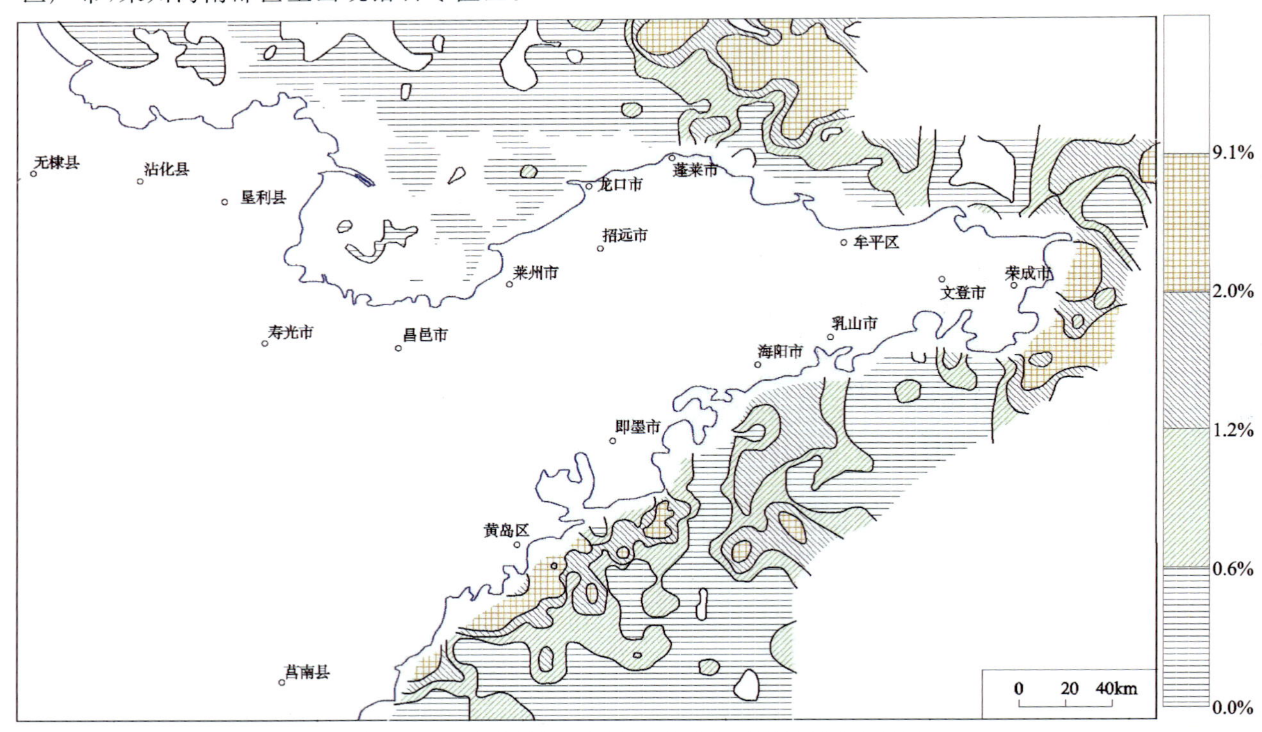

图 5-17 山东省浅海表层沉积物中锆石颗粒百分含量图

锆石在山东省浅海共有6个异常区，以Ⅲ类和Ⅳ类异常区为主。主要分布于庙岛群岛以北海域(1号异常区)，在荣成以北海域、青岛—日照海域有零星分布(图5-18)。相比而言，1号锆石异常区的资源量最大，要远远高于其他异常区，资源量接近50×10^4t；其次为4号、5号异常区，锆石资源量仅为2.3×10^4t和3.3×10^4t(表5-11)。异常区总面积4290km^2，锆石资源量58.081×10^4t。

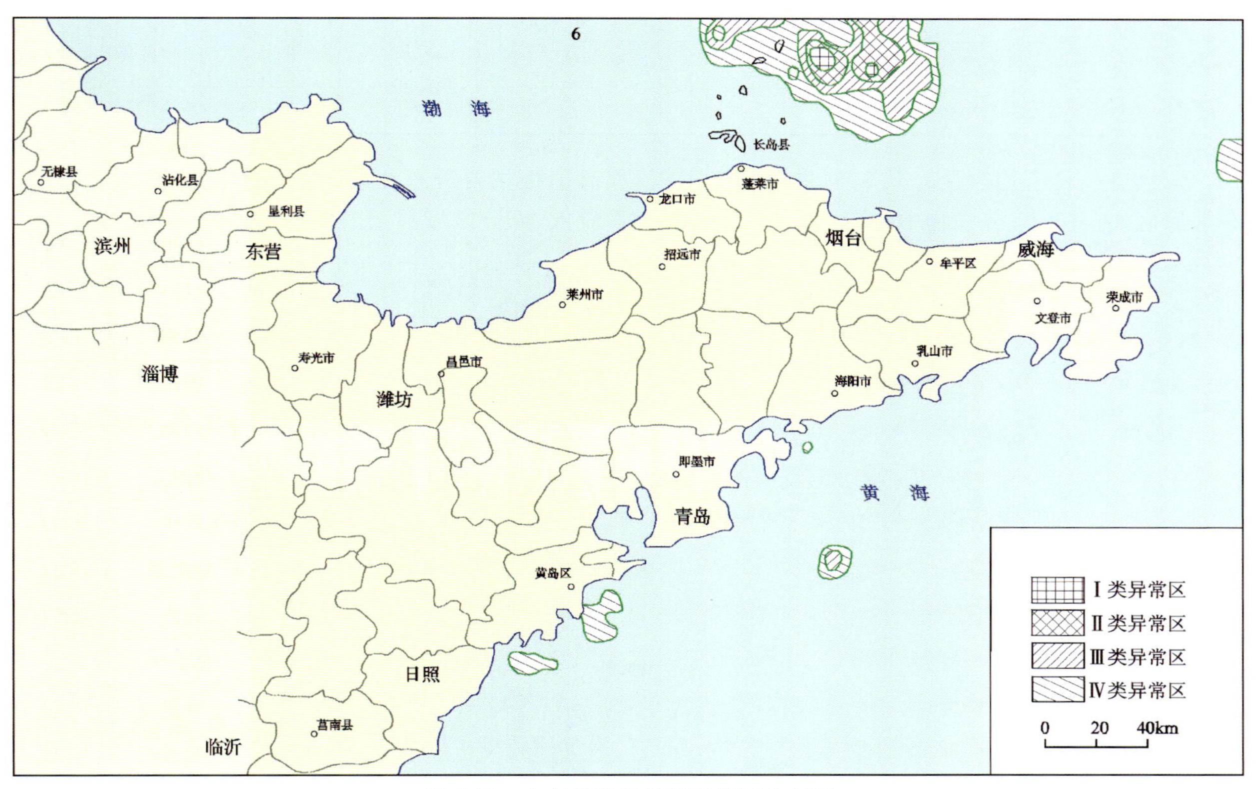

图5-18　山东省浅海锆石高值区分布图

表5-11　山东省浅海锆石异常区特征

序号	类型	面积/m^2	深度/m	平均品位/(kg/m^3)	资源量/$\times10^4$t
1	Ⅰ	135 712 992	0.2	0.60	49.7
	Ⅱ	648 241 984	0.2		
	Ⅲ	1 291 100 032	0.2		
	Ⅳ	2 038 530 048	0.2		
	总	4 113 585 056	0.2		
2	Ⅳ	183 343 008	0.2	0.34	1.2
3	Ⅳ	12 062 700	0.2	0.34	0.081
4	Ⅲ	46 658 500	0.2	0.68	2.3
	Ⅳ	128 482 000	0.2		
	总	175 140 500	0.2		
5	Ⅲ	28 590 700	0.2	0.61	3.3
	Ⅳ	243 018 000	0.2		
	总	271 608 700	0.2		

续表 5-11

序号	类型	面积/m^2	深度/m	平均品位/(kg/m^3)	资源量/$\times10^4$t
6	Ⅲ	6 538 810	0.2	0.48	1.5
	Ⅳ	157 322 000	0.2		
	总	163 860 810	0.2		
合计					58.081

(7)电气石:平均含量为0.3%,最高值5.4%。其高值区主要分布在庙岛群岛附近海区、山东半岛东部海区、青岛近海沉积物中;其他海区电气石的含量较低,部分区域甚至出现零值区(图5-19)。

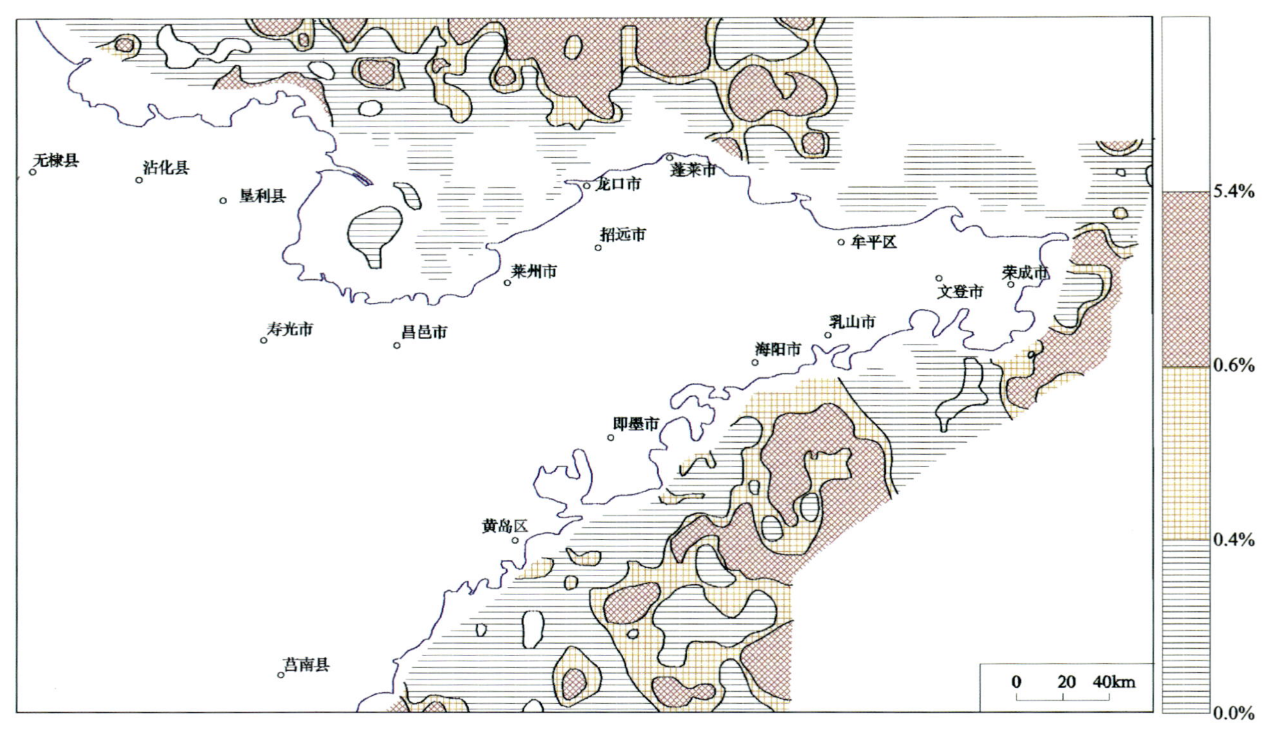

图 5-19 山东省浅海表层沉积物中电气石颗粒百分含量图

以电气石品位大于0.25kg/m^3为界限划分电气石品位异常区,再以1kg/m^3、0.75kg/m^3、0.5kg/m^3、0.25kg/m^3为界限划分出5种品位类型。其中,Ⅰ、Ⅱ、Ⅲ和Ⅳ类属于电气石品位异常,而Ⅴ类为品位无异常。山东省浅海电气石品位变化范围介于0.26~0.99kg/m^3之间(均值0.535kg/m^3),异常站位仅有6个,仅占所有站位数的0.72%。

电气石异常区共有3个,异常区分布范围小,异常均为Ⅳ类,分布于蓬莱、庙岛群岛以东和青岛海域(图5-20)。庙岛群岛东侧海域的1号异常区的电气石资源量为3.8$\times10^4$t,略大于2号和3号异常区(资源量均为1.2$\times10^4$t)(表5-12)。异常区总面积381km^2,电气石资源量6.2$\times10^4$t。

表 5-12 山东省浅海电气石异常区特征

序号	类型	面积/m^2	深度/m	平均品位/(kg/m^3)	资源量/$\times10^4$t
1	Ⅳ	194 972 000	0.2	0.99	3.8
2	Ⅳ	112 803 000	0.2	0.55	1.2
3	Ⅳ	72 762 600	0.2	0.88	1.2

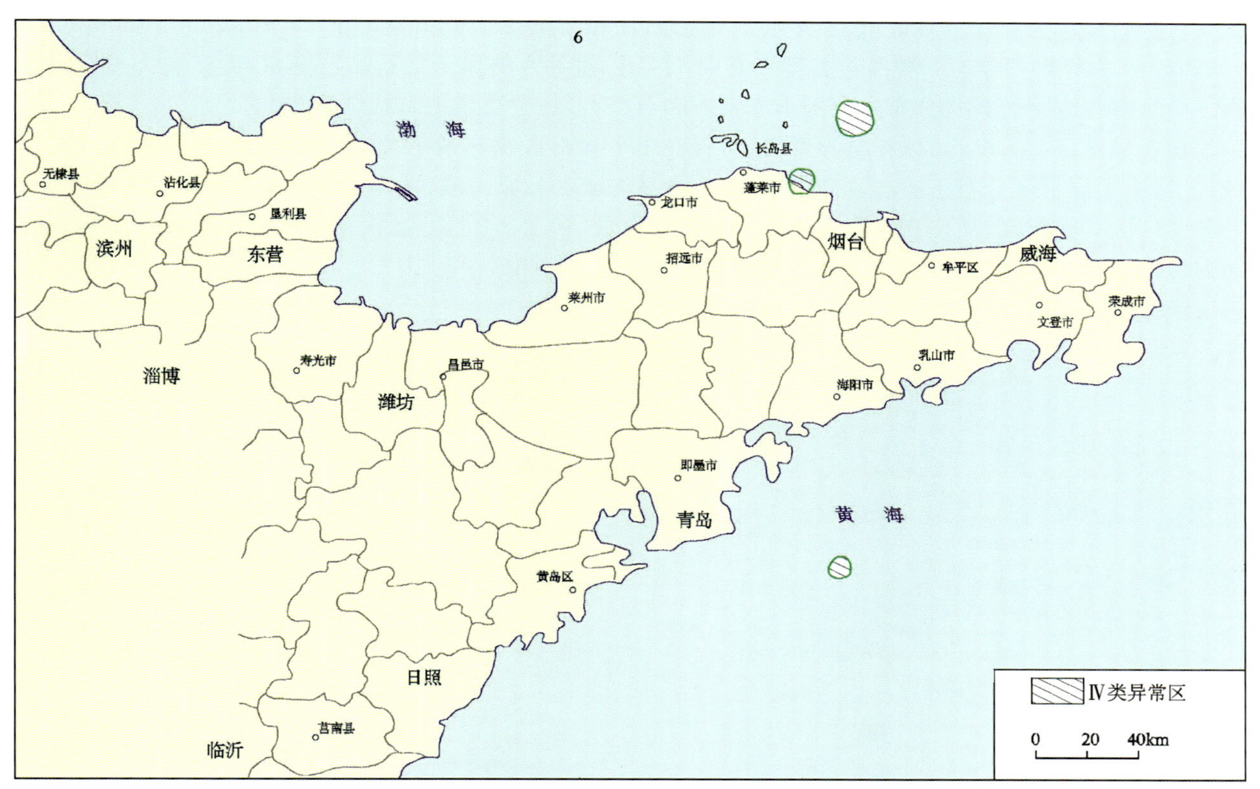

图 5-20　山东半岛近海电气石高值异常区分布图

(8)榍石:平均含量为 1.5%,最高值 13.5%,其空间分布特征与石榴石相似,具有共生关系(图 5-21)。

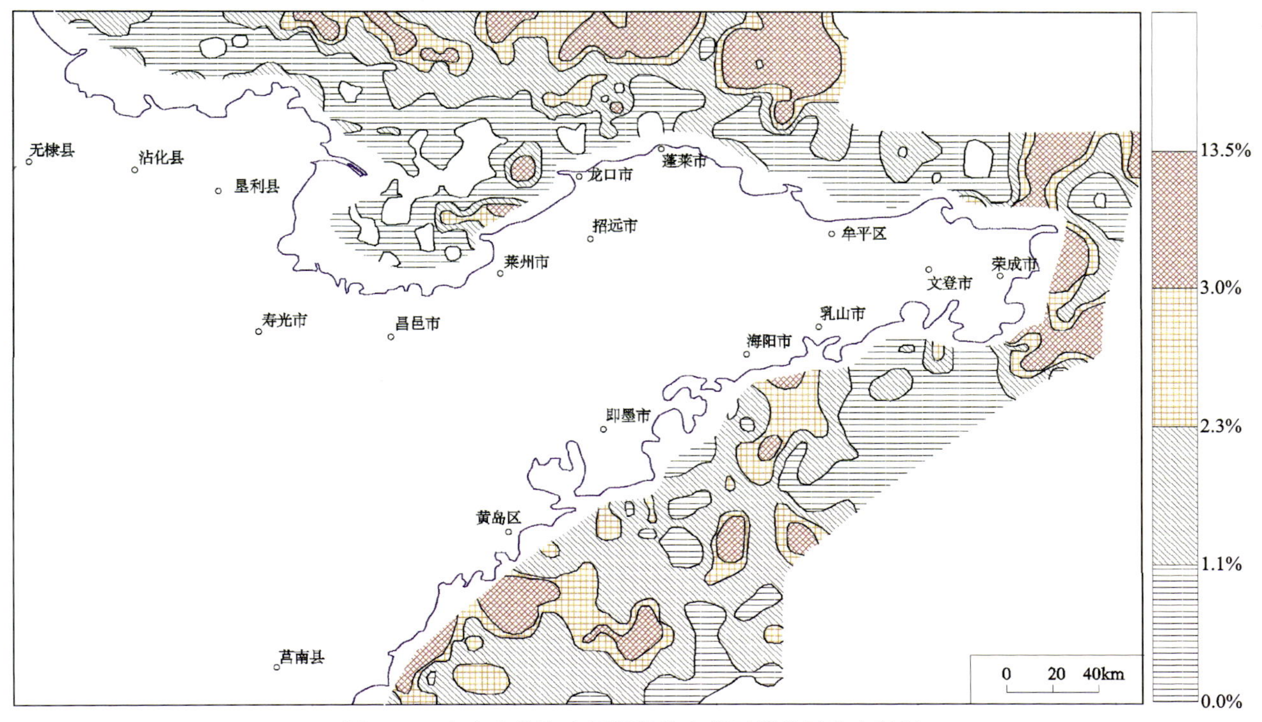

图 5-21　山东省浅海表层沉积物中榍石颗粒百分含量图

以榍石品位大于 0.25kg/m³ 为界限划分榍石品位异常区，再以 1kg/m³、0.75kg/m³、0.5kg/m³、0.25kg/m³ 为界限划分出 5 种品位类型。其中，Ⅰ、Ⅱ、Ⅲ和Ⅳ类属于榍石品位异常，而Ⅴ类为品位无异常。山东省浅海榍石异常分布区范围小于锆石和石榴石，站位数仅占总站位的 8%。

榍石异常区共有 7 个，以Ⅳ类异常为主，仅在 1 个异常区中出现Ⅰ类异常(分布于庙道群岛以东海域)。最大的异常区分布于庙岛群岛以东海域、青岛海域和日照海域(图 5-22)。庙岛群岛东侧海域的 1 号异常区因其面积大、品位高而拥有较高的榍石资源量(70.2×10^4t)，其次是位于日照海域的 7 号和青岛海域的 5 号异常区，其资源量分别为 18.8×10^4t 和 14.7×10^4t(表 5-13)。异常区总面积 8397km²，榍石资源量 107.76×10^4t。

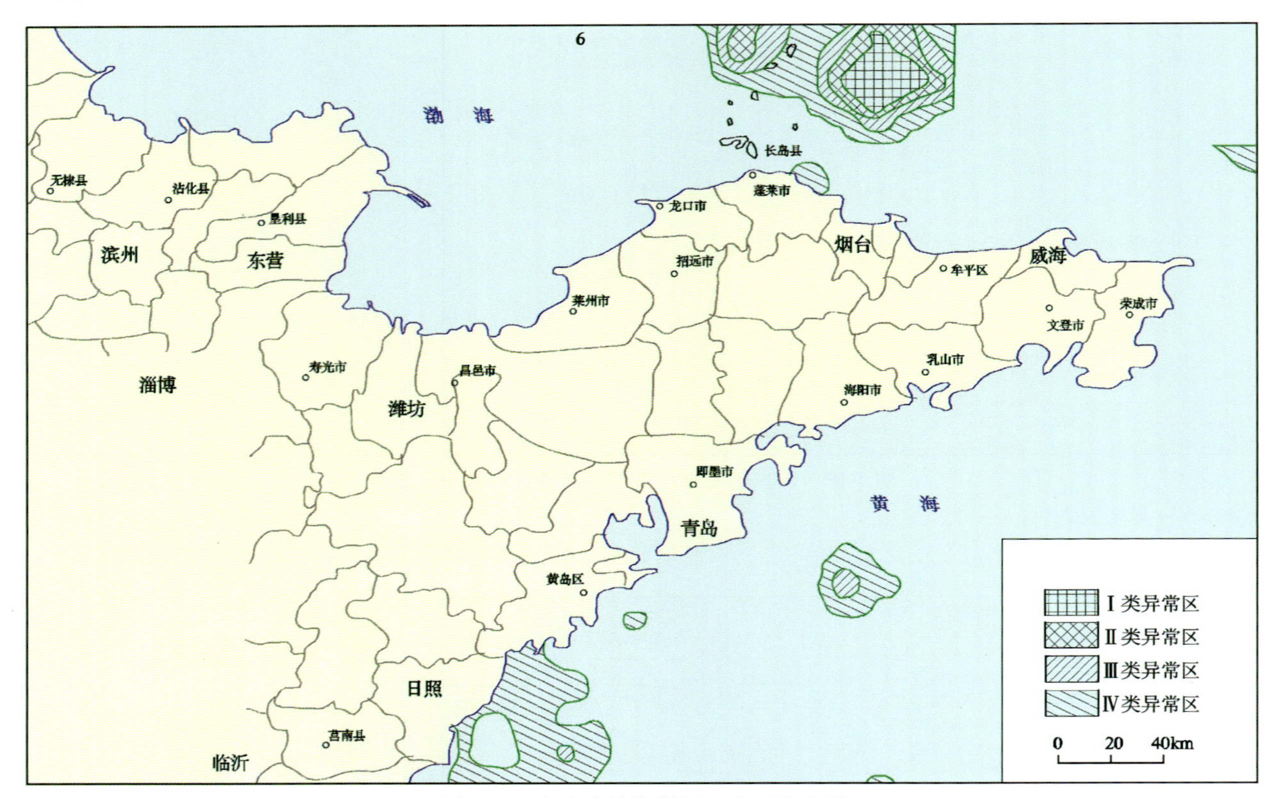

图 5-22 山东省浅海榍石高值区分布图

表 5-13 山东省浅海榍石异常区特征

序号	类型	面积/m²	深度/m	平均品位/(kg/m³)	资源量/×10⁴t
1	Ⅰ	764 222 976	0.2	0.76	70.2
	Ⅱ	1 019 110 016	0.2		
	Ⅲ	1 121 660 032	0.2		
	Ⅳ	1 728 760 064	0.2		
	总	4 633 753 088	0.2		
2	Ⅲ	7 302 330	0.2	0.61	2.0
	Ⅳ	157 183 008	0.2		
	总	164 485 338	0.2		
3	Ⅳ	151 316 000	0.2	0.5	1.5

续表 5-13

序号	类型	面积/m^2	深度/m	平均品位/(kg/m^3)	资源量/$\times 10^4$ t
4	Ⅳ	48 227 400	0.2	0.37	0.36
5	Ⅲ	106 479 000	0.2	0.91	14.7
	Ⅳ	708 705 024	0.2		
	总	815 184 024	0.2		
6	Ⅳ	29 678 200	0.2	0.32	0.2
7	Ⅲ	45 686 840	0.2	0.37	18.8
	Ⅳ	2 508 420 096	0.2		
	总	2 554 106 936	0.2		

综上所述，各种矿物的区域分布差异很大，就工业矿物的分布而言，有如下规律：①钛铁矿、石榴石具有相近的分布特征，主要分布于庙岛群岛、荣成、日照等海域；②锆石、榍石、电气石具有相近的分布特征，主要分布在渤海北部、庙岛群岛、威海—荣成和文登—日照一带；③磁铁矿分布于日照海域；④褐铁矿、赤铁矿分布于渤海南部、莱州湾以及青岛海域。

(9)石英：属于轻矿物中的优势种类，平均含量为 35.1%，最高值 68.3%，其高值区出现在渤海湾东部海区，中值区 27.2%～44.3%，主要分布在青岛近海，低值区多分布在黄海近岸(图 5-23)。石英多分布在细粒沉积物中，其主要原因可能是这些区域的物源多以细粒为主，不稳定矿物多有分化；而石英性质稳定，故含量偏高。

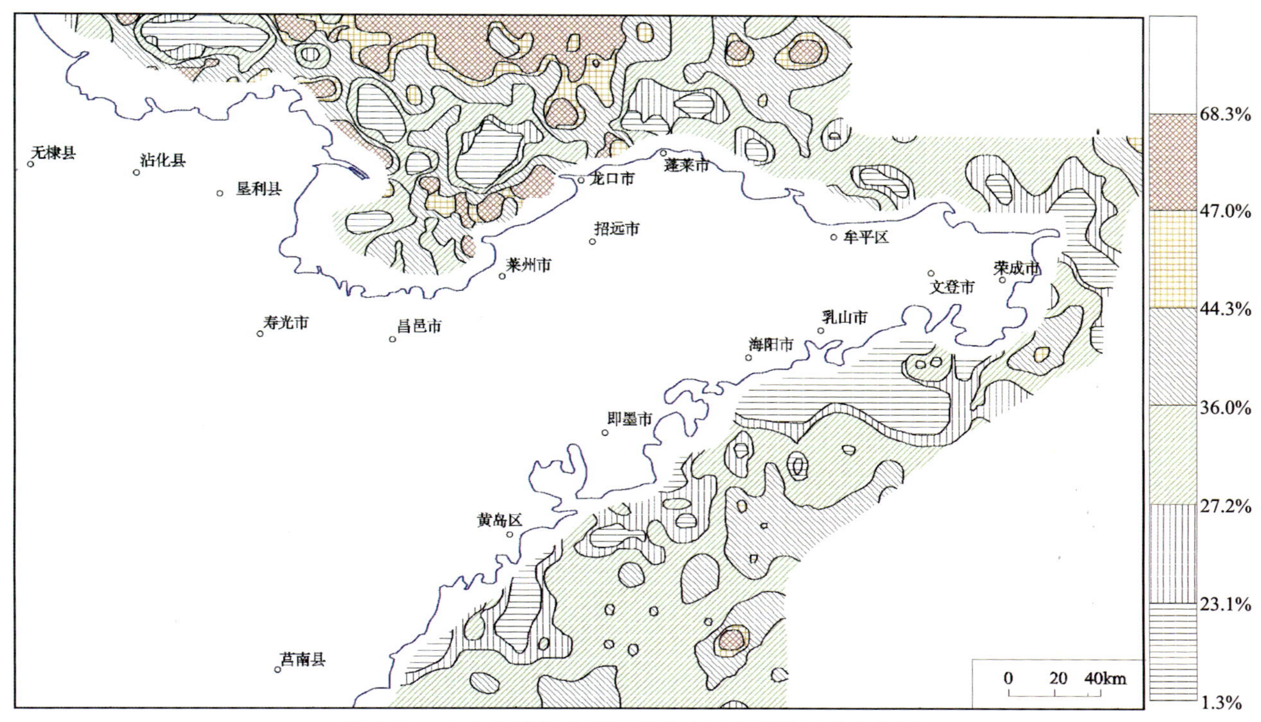

图 5-23　山东省浅海表层沉积物中石英颗粒百分含量图

第六章 山东省滨、浅海砂矿成矿规律及成矿远景评价

第一节 砂矿的补给方式及物源分区

一、原生源类型及补给方式

山东省滨、浅海砂矿的原生源可分为岩石原生源和外生矿床原生源，岩石原生源又可分为岩浆岩原生源和变质岩原生源。岩浆岩原生源以提供锆石、钛铁矿为主，次为金红石等。岩浆岩原生源的主要岩石为正长岩、角闪正长岩、石英正长岩、钾长花岗岩、晶洞花岗岩、黑云母二长岩、石英二长岩、粗中细粒花岗岩、黑云母花岗岩、石英闪长岩、花岗闪长岩、辉石闪长岩和玄武岩等。钛铁矿原生源的岩石为玄武岩、辉长岩、闪长岩、辉石闪长岩、石英闪长玢岩、二长花岗岩、晶洞钾长花岗岩和晶洞花岗岩等；变质岩原生源以提供锆石等为主，次为钛铁矿、金红石。变质岩原生源的主要岩石为片麻岩、变粒岩、片麻状花岗岩等。

山东省滨、浅海砂矿的补给方式按补给源的多寡可分为单源补给和混合补给两种。单源补给即砂矿来源于同一原生源。这种补给方式形成的砂矿主要为内生矿原生源补给，如北湾、桑沟湾的砂金。混合补给来源于两种或两种以上的原生源，这种补给方式形成的砂矿最多，比如石岛锆石砂矿由岩浆岩和变质岩原生源补给。

按砂矿物的变化过程可分为直接补给和间接补给两种。直接补给由原生源直接转入砂矿；间接补给由原生源转入沉积岩或古砂矿再进入砂矿中。如凤城锆石砂矿，一部分是由花岗岩、变质岩补给，另一部分则由中生代砂砾岩补给。

砂矿的形成往往受多种因素控制，决定的因素是物质来源。即原生源的有用矿物丰度和补给面积（剥蚀厚度），含矿丰度越高，补给面积越大，形成砂矿的可能性也就越大，反之则小。

在受到波浪和水流作用影响较大的开阔海岸，河流中的沉积物相继堆积于两个主要地带：①海岸（三角洲前缘、河口湾、防护海滩和海岸沙丘、前滨带）；②大陆棚。在这些地方，河流沉积物可能与其他来源（如峭壁和海底侵蚀作用）的物质混合在一起。而悬浮的河流载荷，即粉砂和黏土，通常到达陆棚甚至更深的水体中。砾石则沉积于河口附近及相邻海滩。残留于海岸带的砂往往向岸、离岸及沿岸搬运，直到被圈闭在海底谷地或堆积在波浪和水流减弱的地区。同样地，受水流影响的陆棚地区的沉积物也能运移到峡谷头、陆棚三角洲斜坡、外陆棚的深水部分或大陆坡上部等地区（图 6-1）。

不同岸段分布不同的原生源，不同的原生源具一定的成矿专属性，陆缘地区有某种原生源，即可形成相应的砂矿。

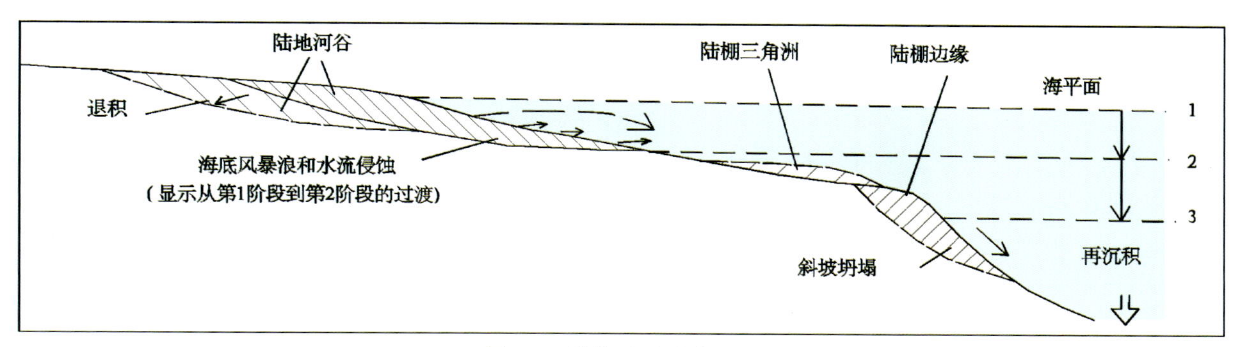

图 6-1 滨海砂矿形成过程

二、物源分区

砂矿的物质组分主要来源于原生源，每种砂矿类型都有相应的原生源。根据滨海区域地质成矿条件，原生源的不同类型和砂矿的补给范围，可大致分为两个区（图 6-2）。

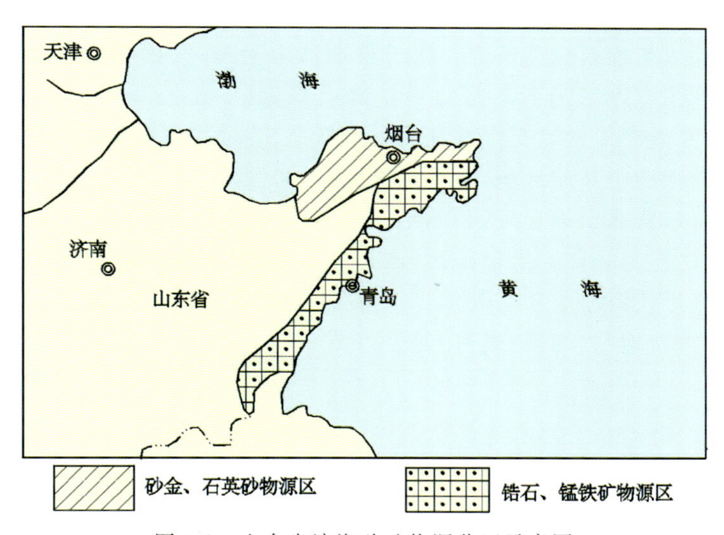

图 6-2 山东省滨海砂矿物源分区示意图

1. 东北部砂金、石英砂物源区

该区指莱州虎头崖—牟平养马岛—荣成成山头地段。区内原生金矿云集，大、中、小型金矿床和矿化点约 200 余处。砂金矿主要来源于原生金矿床。该区主要分布大面积的元古宙片麻状花岗岩和中生代花岗岩类，经过长期风化剥蚀后形成。

石英砂矿以北部沿海一带最佳，矿层中多含有少量矽线石、蓝晶石和十字石等变质矿物组合，同时矿层中还含有片麻岩、石英碎屑。石英砂主要来自附近新元古代变质变形的花岗岩类。

2. 东南沿海锆石、钛铁矿、磁铁矿物源区

锆石、钛铁矿、磁铁矿等滨海砂矿分布于荣成—日照一带。锆石、钛铁矿与燕山晚期的岩石有关；而钛铁矿与崂山阶段的岩石有关。不同地段的砂矿其来源又有不同，根据岩石中锆石和磁铁矿的含量，砂矿的矿物组合和锆石的标型特征与岩石的矿物组合和锆石的标型特征对比，可以得出如下结论：石岛锆石砂矿中的锆石、磁铁矿来源于宁津所序列的正长岩类；潮里锆石砂矿来源于中粗粒二长花岗岩和砂砾

岩；崂山至胶南一带的八水河、沙子口等锆石砂矿点和柏果树小型锆石砂矿床均与崂山阶段的花岗岩有关；日照磁铁矿砂矿主要来源于附近的花岗闪长岩体。

第二节　海岸类型对砂矿的控制

海岸是海岸动力极为活跃的地带，也是海陆相互作用和影响的地带。由于海岸所处地质、自然地理位置不同以及不同类型海岸物质来源、空间形态和水动力条件的差异，其成矿性差异很大。根据各类海岸的控制因素和已知砂矿在时空上分布特点，可分为成矿最有利海岸、成矿较有利海岸、可能成矿海岸和成矿不利海岸 4 类。

一、成矿最有利海岸

港湾砂砾质海岸成矿最为有利。胶东半岛港湾海岸约占岸线总长度的 1/2，其中港湾砂砾质海岸又占港湾海岸的 1/2。目前已发现的一些砂矿床约 80％都分布在这类海岸。这类海岸有利于成矿的原因：①这类海岸有良好的成矿地质构造条件。由于长期稳定上升，大面积含矿岩系和中生代花岗岩体，经长期风化剥蚀，搬运到滨海地带为砂矿富集提供物质基础；②这类海岸总的海岸动态属稳定型堆积岸，有广阔的自由空间，并能形成横纵交织叠加的地貌形态，为砂矿赋存提供有利部位；③此类海岸属波浪、沿岸流水动力作用较强的中高能环境，能将陆源、近岸海蚀及海底含矿物质搬运到海岸，并经淘洗形成有序的沉积序列；④海岸背靠山地丘陵，第四纪以来多次海平面变迁，形成古海岸及其相应的地貌形态，离现代海岸不远，有的连为一体。虽被破坏、改造或被埋藏，但成矿条件与现今海岸差不多。因此，港湾砂砾质海岸，不仅是近代海岸成矿有利地带，也是寻找陆上（古阶地、古沙堤、古河口堆积平原和古潟湖）和水下砂矿（水下古阶地、古河谷）最有利场所（图 6-3）。

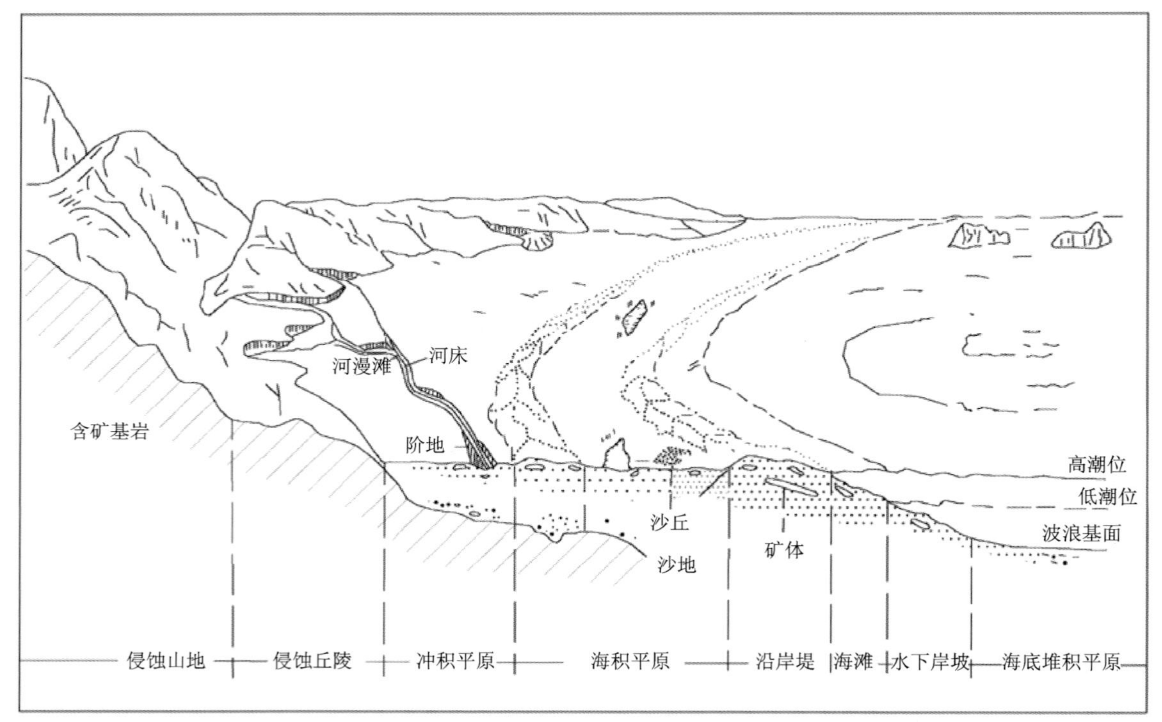

图 6-3　滨海砂矿成矿模式图

二、成矿较有利海岸

这类海岸主要为砂砾质平原海岸。因为此类海岸多发育在山地丘陵前缘狭窄的平原地带，由中、小河流把山区风化物运移到岸边，在强风浪作用下，塑造了许多独特的、形态复杂的地貌单元。当其成矿条件有利时，可在这个地貌体系中的具体部位形成砂矿富集，从而构成大、中型砂矿床。由于这类海岸所形成地貌形态往往叠加和重复出现，因而，砂矿在富集时常因此而贫化，或因叠加交织而分散。如莱州湾东部海岸，区域成矿地质背景及其水动力条件对砂金成矿极为有利，也发现几处小型砂金矿床。但因海积小平原中各种地貌交织出现，至今尚未发现与之相适应的大中型砂矿床，其原因就在这里。因此，在海积小平原找矿过程中，除充分研究各类成矿控制因素、总结模式规律外，还要分析控矿的地貌因素。

三、可能成矿海岸

可能成矿海岸主要包括港湾淤泥质海岸、小型三角洲海岸。这两类海岸均属山地丘陵海岸，由中生代花岗岩、火山岩组成，是岬湾交错、岸线迂回海岸，常有一定的成矿条件。但因港湾淤泥海岸，受沿岸大中河流携带泥砂扩散作用影响，大量的悬移物质随沿岸流作用，沿岸形成淤泥质海滩，并使早先形成的地貌形态部分被掩埋，部分与当地径流搬运来的粗粒含矿物质混合在一起沉积到港湾，造成重矿物在富集过程中贫化，因此，对砂矿形成不利。但不排除在海岸发育初期形成冲积砂矿和海积砂矿，以及因海平面变化形成古海湾砂矿等。小型三角洲海岸的成矿情况有两种，一种是发育在平原区三角洲海岸，地形一般较平坦，河流流速慢，粗而重的陆源物质易于在河流上部和平原上堆积，到了入海口，多为细粒物质，这类海岸不成矿；另一种出现在山地丘陵区的三角洲海岸，地势起伏，河流流势较猛，能把陆源物质搬运到河口，形成小型三角洲和扇形地，当海岸动力条件有利时，可形成砂矿，由此可见，中小河流三角洲的成矿性取决于自然地理位置和水动力条件。

四、成矿不利海岸

这类海岸包括平原海岸和大河形成的三角洲海岸、基岩海岸。前两类海岸处在构造下沉区。流入平原区的大中河流经长中距离搬运，重矿物多在上游富集，到了平原区，由于流速变慢，重矿物再次沉积，至入海口多为不含矿的悬浮细粒泥砂，所以不成矿。后一种海岸，多处在地形起伏较大，河流短小的山地丘陵区，岸线曲折或陡峭，多为岩滩，海蚀作用强烈，海岸动力为中高能环境，沉积物不发育，故也不利成矿。

第三节　砂矿粒度特征与砂矿富集关系

胶东半岛滨海砂矿的粒度特征与砂矿富集有着密切的关系，不同工业类型的砂矿富集于不同粒级，其粒级变化等亦有一定的规律。

一、锆石

锆石粒度主要分布在2～4φ之间，3.32φ常为其分布的峰值。锆石的粒度在不同成因的砂矿中亦有所不同。在海积型砂矿中有两种分布区间：第一种小于73.32φ，其中较集中于2.5～3.32φ之间，次为3.32～4φ；第二种以大于3.32φ为主。冲积型和冲积—海积型一般较粗，大部分小于3.32φ，潟湖型锆石较细，多大于2.74φ。

沉积物的粒度与重矿物的粒度组分具有密切的关系，一般来说，沉积物粒度较粗，重矿物也较粗，沉积物粒度较细，重矿物也较细。就同一矿区而言，不同成因砂矿的沉积物及重矿物粒度一般是冲积型＞冲积—海积型＞海积型（沙堤＞砂地＞阶地＞潟湖型）。但从总体看，95％以上的锆石粒度分布在0.075～0.15mm之间。

二、石英砂矿

石英砂主要由细砂、中砂和粗砂组成，1～3φ中粒级含量大于95％，平均粒径多在0～2.5φ之间，由于石英砂的成因类型不同，其平均粒径也有所差别。一般风积型较细，多为细砂如金山港—双岛矿区；海积型变化较大，粗、中、细砂均有分布，冲积、冲积—海积型一般偏粗，多为中粗砂，研究区内石英砂平均粒径多在1.1～2.13φ之间，其中70％集中于1.1～1.6φ之间，0～3φ粒级含量大于95％。石英砂的分选性大都为较好到很好，部分分选为中等，分选系数（σ）一般小于1，其中一半以上小于0.5。

石英砂中的主要矿物为石英，一般大于70％，其次为长石，多为1％～5％；石英和长石多呈浑圆状、次棱角状；重矿物多呈次圆状到次棱角状，表面粗糙。

三、地貌对砂矿控制和类型

1.海积地貌砂矿

海积地貌分布很广，它是在波浪、潮汐、沿岸流等水动力作用下，由于气候条件的改变和海岸地形影响所堆积的地貌形态。常见的有海滩、沙嘴、沙堤、潟湖、海积平原和风成沙丘等。海积地貌是砂矿最有利的储存场所。

海滩砂矿：海滩是激岸浪带上的产物。它可分为泥滩、沙滩、砂砾滩和砾石滩。以砂质、砂砾质海滩成矿最有利。

海滩发育程度取决于原始海岸坡度。坡度缓，形成的海滩宽，反之就窄。海滩的形成与风浪强度、风浪与海岸间的夹角大小及搬运物质性质有关。因此，海滩砂矿主要赋存于高潮线附近，即现代和古海滩的上部。在平面上平行海岸断续展布，多在孤山两侧，港湾口内外；在横剖面上每个矿体是由不同厚度的富矿层或与砂矿互层组成。呈楔形，尖端指向海洋方面。海滩砂矿最易富集在拍岸浪逐渐停息的带上，因为这里正向水流速度长期超过反向水流速度，易把轻、细碎砂粒带走。海滩砂矿是一种常见砂矿类型，一般窄而薄，品位高，但不稳定，多为小型矿（图6-4）。

沙嘴和拦湾沙坝砂矿：是在盛行风浪斜交海岸或海岸向陆转折时用于波峰线辐散而波能降低，挟砂力减小，在港湾一侧或两侧堆积的地貌形态。起初先形成沙嘴，沙嘴再不断生长延伸，最终封闭海湾成拦湾坝。由于拦湾坝在形成过程中随波能减低方向分选沉积，造成沉积物由沙嘴到沙坝延伸方向有序的机械分异，所以这类砂矿多分布在沙坝的转折端，随沙坝增高加宽、增大，当受风暴袭击时也可在坝顶和鞍部富集成新矿体(图 6-5)。

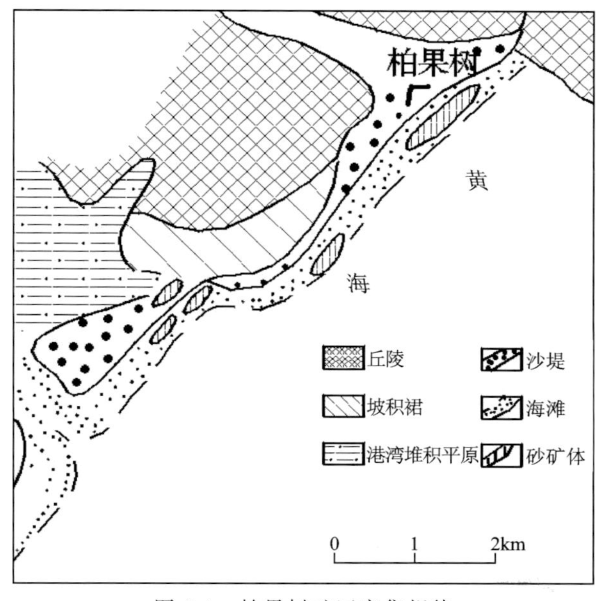

图 6-4　柏果树矿区富集规律

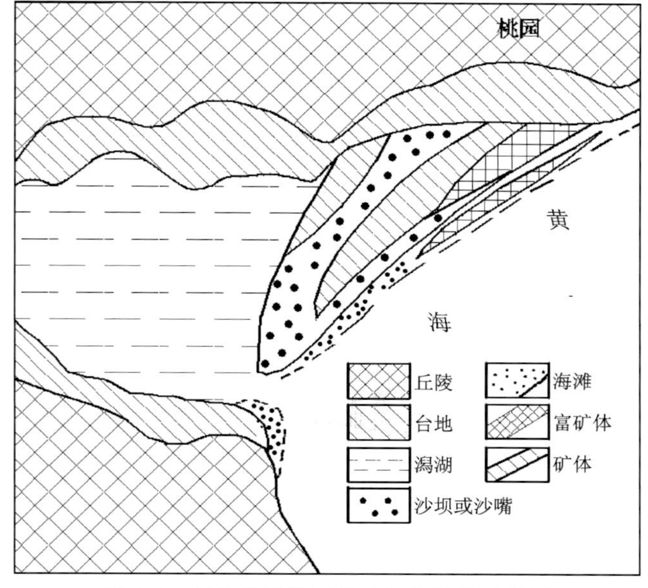

图 6-5　石岛桃园锆石砂矿富集规律示意图

连岛沙坝砂矿：当岸外有岛屿保护时，其间形成波影区，波能降低，沉积物逐渐形成连岛沙坝。砂矿形成取决于波能改变方向和堆积体分选程度，当波能突然降低，重矿物易于沉积。分选愈好，成矿可能性就愈大。富矿体主要富集在陆侧沙堤根部，有时在沙堤两端，但近岛屿一侧不及陆侧。这可能与陆源物质供给较充分有关。连岛沙堤砂矿常有多道沙堤砂矿组成叠加体，矿体纵横向变化较大，有多层矿组成，富矿体在中上部(图 6-6)。

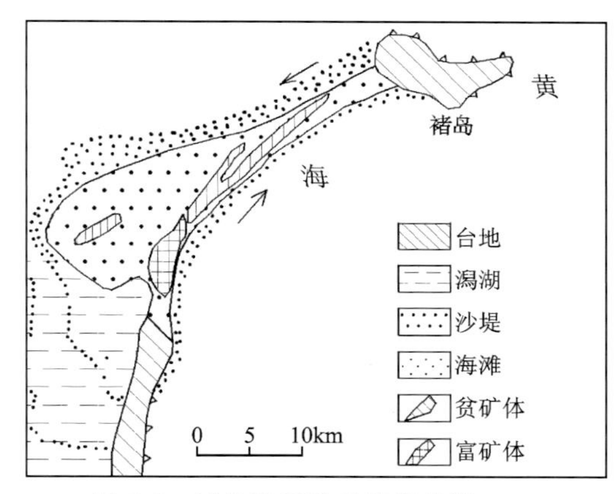

图 6-6　褚岛锆石砂矿富集规律

海积小平原砂矿：多处在岸坡平缓、物质来源丰富的较平直海岸，构造上较稳定，其地貌形态交织叠加出现。有两种堆积形式，一种是拍岸浪所携带碎物质不断向岸边堆积，使沿岸加宽、增高，向岸扩展；另一种是波浪在向岸移动过程中，由于波浪破碎减能，促使水下沙坝增长、加高和向岸推进，形成水上沙岛和沙堤。共同长期堆积结果是形成沙堤、澙湖相间的复合堆积地貌——海积小平原。由于这类地貌形态多样性，反映了砂矿类型上的复杂性，因而这类砂矿一般由多个矿体组成，并分别赋存在其间各次级地貌单元中。如沙堤的根部、顶部和翼部，澙湖边缘、冲积扇的根部及其他地貌有利部位，如山东旭口。

2. 混合成因地貌砂矿

澙湖砂矿：澙湖是滨海港湾一侧或两侧沙嘴、沙堤增长发育过程中与海隔开的地貌形态。可分开放型和干枯型两类。澙湖地貌分布普遍，但成矿的不多。目前已探明有价值的澙湖砂矿有山东石岛凤凰浆。

3. 沙丘砂矿

沙丘多分布在平原型砂砾质海岸和堆积地形发育的港湾海岸。常见的有新月形沙丘、固定沙丘和纵向沙丘链。其中新月形沙丘多出现沿岸沙堤内侧。在有利的条件下，风在海岸重矿物富集中起着独立的作用，在风的驱动下，轻矿物从海岸被吹向沙丘，而重的留在原地富集成砂矿。当汇集在沙丘中的轻矿物由分选均一的石英砂组成时，便成为石英砂矿。

4. 河流冲积砂矿

河流既是有用矿物搬运入海重要渠道，也是冲积砂矿富集有利场所。当其河流汇水面积广泛，物质来源丰富时，可在河流的入海口、河漫滩、冲积阶地等地貌有利部位富集成矿。河床、河漫滩、阶地、埋藏古河谷等地貌是冲积砂矿成矿最有利的地貌单元。其中河床砂矿多处在河流由窄变宽处、支流与主流交汇处、河床坡度由陡变缓处、河流拐弯处以及河流凸岸处。河漫滩砂矿多形成于沙嘴迎水部位或有障碍物地段(图 6-7)。

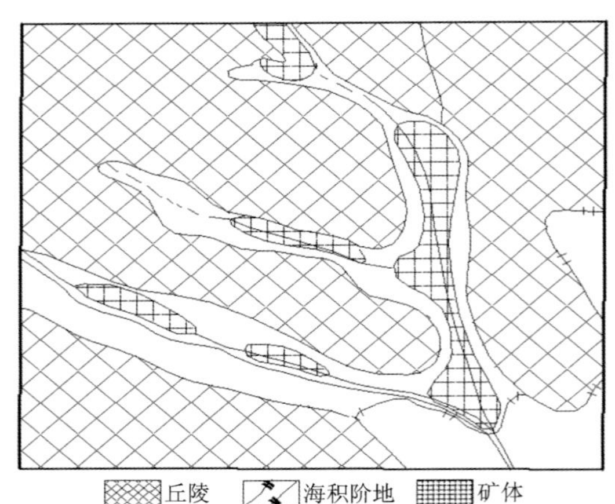

图 6-7 河流冲积砂矿富集规律

5. 残积和残坡积砂矿

常分布在经海岸动力改造的，重矿物较富集的孤山、残丘和残积平台周围。坡积砂矿因受地表水影响常富集在坡积裙根部。在剖面上，残坡层顶部较下部较富，近矿围岩富，远离围岩变贫，残积地貌所形成砂矿体，一般规模较大，但未经高能环境下改造，品位较低，质量不及冲积—海积型砂矿。

6. 水下沙坝砂矿

水下沙坝砂矿多出现在有大量沉积物补给，受中高能环境控制的低角度海岸的水下岸坡。

水下沙坝砂矿是伴随着沙坝的形成而得以富集成矿。当沙坝尚未形成时，重矿物仅产生局部分选，随着沙堤逐渐形成、加高，屏障作用加强，其顶部受海浪冲刷作用远比洼槽强，于是不断地把轻的、细的矿物由坝顶带到洼槽。另外，由风浪作用引起的沿岸流，对沙坝起着纵向分选作用。在这两种水动力反复作用下，便形成了由洼槽到坝顶、由轻到重的沉积序列，并在坝顶和其间的向海坡产生重矿物富集体。

7. 沙脊(群)砂矿

沙脊群地貌多在强潮作用下形成，分布于海峡一端和两端。由于海峡处在陆地对峙的狭窄地带，受陆地的屏障作用，水流速度快，挟砂能力强，当到达海峡端出口处，水面变宽，流速变慢，挟砂减少，粗的、重的矿物逐渐沉积下来，长期作用下，在指状沙脊前方形成重矿物富集区(图 6-8)，如渤海海峡西北沙脊异常区，就是通向老铁山的水道西向潮流长期作用、逐渐富集而成的。

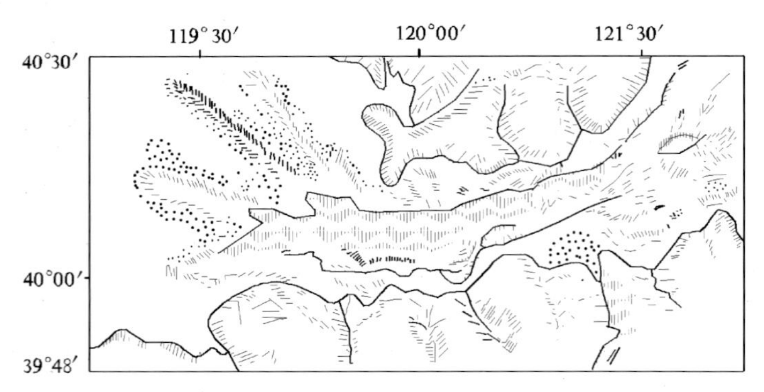

图 6-8 渤海海峡水下沙脊富集规律

综上所述，可得出以下几点认识：

（1）砂矿分布与海陆地貌类型有关，总的来看，山地丘陵地貌较平原地貌，滨海地貌较浅海地貌，海积地貌较海蚀地貌，现代滨海地貌较古滨海地貌有利砂矿成矿，造成这种差别的原因与物质来源、空间位置、动力条件和后生改造等多种因素有关。

（2）不同类型地貌单元对砂矿的富集相差较大，在与砂矿有关的地貌形态中，海成沙堤、沙嘴、海积小平原、冲积河谷、冲积阶地、河口堆积平原等成矿意义最大；潟湖、风成沙丘、残坡积群等地貌只能形成中小型矿。

（3）砂矿形成还受地貌形态一定部位控制。各类沙堤的根部、鞍部、海滩的高潮线附近和与沙堤接触部位，海积小平原的次级地貌单元接合处，水下沙坝的坝顶和向海坡、河口冲积扇一侧或两侧，潟湖边缘、残丘顶部以及河谷、河漫滩、冲积阶地有利部位易于砂矿富集。

第四节　构造运动和海平面变化对砂矿的控制

研究区海岸多属抬升型，自喜马拉雅运动后，研究区大陆边缘一直处于抬升环境，第四纪以来，虽有一定间歇，并发育有三级剥蚀面，由于这种类型发育时间短，抬升速度快、剥蚀速率远小于抬升速率，致使古老基底岩石和含矿地质体未被剥露于地表，堆积地貌不发育，即使局部地段有堆积，因得不到很好分选，重矿物难以富集，故不利于成矿。

下沉型海岸主要分布在沿海平原，大中河流入海口以及各坳陷盆地中。由于大陆边缘区强烈下沉，沉积速度特别快，堆积地貌虽很发育，但未经充分分选就堆积起来，故也不利于成矿。

平衡型大陆边缘为我国滨海和浅海区最主要的分布类型，研究区大多数属此类。其特点是新构造运动在晚近时期仍在活动，但幅度不大，其抬升速率与剥蚀堆积速率相当，地形地貌总体变化不明显。由于区内新构造在稳定中相对上升，致使陆区侵蚀剥蚀性作用仍较强烈，造成大量的含矿物质随径流运移到海区，为海区堆积成矿提供前提条件。在海岸，由于缓慢上升引起海退，又为这种堆积提供广阔空间位置，在浪和流的作用下，一方面把陆源区带来的含矿物质进行充分淘洗分选，另一方面对早先堆积在水下岸坡的砂矿体进行侵蚀，不断地向岸边堆移。长期反复作用，在海岸后方堆积了一系列大规模的堆积体，随着堆积体堆积、增大，其矿体规模不断得以加宽、增厚。因而，这类平衡型大陆边缘，不仅对砂矿成矿有利，且易形成较大规模的砂矿床。

减弱型（或稳定型）大陆边缘以鲁东南、莱州湾东岸、某些陆缘部分较为典型。其特点是剥蚀堆积能力大于新构造抬升能力，剥蚀堆积作用为主要造貌营力。所属海岸为淤长型砂砾质或泥砂质海岸。这类地区多处于古隆起或褶皱带边缘，由于受长期风化剥蚀过程中准平原化比较显著，大量的含矿物质从基岩中分离出来，大部分连同碎屑物一起堆积在山间谷地和附近沟谷中，形成这样或那样的地貌单元或相应的陆相砂矿，少部分随径流带入海区，而带入海区的含矿物质，由于构造运动减弱，堆积作用加强，移山填海作用极为明显，有的岸段形成宽展平坦的冲积海积小平原，有的则形成沙堤、潟湖相间的潟湖沙堤岸，有的岸线港湾补充淤填，岸线平直。总之，海岸处于淤长状态。研究表明，淤长型海岸对砂矿形成影响较大。当河口区堆积作用强时，由于堆积速率大于水动力改造速率，造成大陆边缘的快速堆积，此时重矿物难以集中，故不利于成矿。莱州湾东岸就是因晚近时期新构造相对稳定，堆积速度加快，造成海岸地貌复杂化，虽各类地貌中均有砂金颗粒分布，但未发现与其相适应的大、中型滨海砂矿，其原因可能与此有关。

第五节 洋面变化对砂矿的控制

由冰期和间冰期所引起的海平面变化与新构造变动引起的海平面变化有着本质区别。前者是全球性气候演变的反映，后者是局部性内应力作用的结果。全球性海平面变化，经历过海水进退两大过程，其岩相、古地理都会发生根本变化，因而所形成的砂矿在分布方向和空间位置上都有较大差异。

当冰期来临时，海水后退，海水自我国西北向东南方向逐渐退出；在刚退出海岸过程中，原海岸带上形成的砂矿组成阶地砂矿，并沉积一套滨海相沉积。由于当时离陆地较近，物质来源丰富，此时在改造早期砂矿的基础上，又形成了新的海积砂矿。随着海水从陆缘到陆架的退出，海洋变成陆地，原来海区坳陷盆地和三角洲变成大平原，海底隆起和岛屿变成山地丘陵，整个浅海区与大陆连成一片，此时河流穿过陆架伸入大海，并形成适应当时古地理环境的水系网络，同时沉积了一套河流相沉积及相应的冲积砂矿。在山地丘陵区，处在海退过程中的干冷气候，开始了强烈的以机械风化为主的侵蚀、剥蚀和堆积作用，并形成陆相残坡积砂矿。

当全球性气候变暖，冰川开始消失时，海水开始自东南向西北入侵。由于波浪对海滩上原来海退的沉积物表面强烈冲刷、淘洗，海退过程形成的沉积物受到改造，细粒物质由浪、流冲淘再悬浮，并随之带到外海，粗的留在原地。当所处的地理位置含矿物质丰富，或海侵过程停留时期较长时，易形成海侵滨海砂矿和异常；当海水达到现今海岸附近，或者达到海底隆起与平原的过渡地带，由于陆源物质大量带入，此时滨海沉积物，一方面可埋藏海退时未被改造的冲积砂矿和海积砂矿；另一方面又可形成新的海积砂矿。当海进抵达现今海面以上，此时沉积环境同现今海岸一样，可形成各式各样的地貌单元和有关的砂矿床。至此整个海进、海退沉积序列终结。

由于第四纪以来海平面多次变化，每次进退过程中，岩相古地理变化相差十分明显，因而所形成的砂矿，不论在分布方向上，还是在时空变化上，都有其独特之处，归结起来，有以下三方面。

一、海进海退的方向性对砂矿成矿阶段的控制

根据海进海退相序演变过程可分为两大类型砂矿。

1. 海退型砂矿

由陆到海演变，它经历了海退初期滨海相沉积和海退后期陆相成矿两个阶段。

海退初期滨海相沉积阶段：早先沉积在大陆边缘的滨海砂矿，由于海水退出海岸，形成阶地砂矿，处在水下岸坡的砂矿，由于海退时大量堆积物沉积而被埋藏，这两类砂矿是在古滨海砂矿中较重要的类型，国内外均有分布。

海退后期陆相成矿阶段：海水退出陆架后由于侵蚀剥蚀作用形成残坡积砂矿及河流外伸过程形成河流砂矿。这两类砂矿被后期海侵层埋于水下形成古河床砂矿和埋藏古风化壳、古残坡积砂矿，如石岛水下古河床锆石砂矿和千里岩海域古河道建筑用砂矿等。

2. 海进型砂矿

海进型砂矿指自海向陆进行过程中由于海浪对早先沉积体的冲刷、淘洗、改造和粗化所形成的滨海砂矿和后期风暴、海流、化学作用改造的砂矿。前者因远离大陆和岛屿，物质来源供给不足，仅局部地段

富集成异常，如黄海陆架上某些砂矿异常属此类；后者近于现代海岸，成矿条件和环境与现代海岸相似，可形成有价值的砂矿床。

二、海侵海退层位与成矿期

砂矿在各海侵、海退时期内均可成矿。但每次海侵或海退不同阶段，由于古地理、地质条件和内外营力的不同，其成矿类型和规模有较大差别，它往往集中于某一个或几个时期，或某一时期中的几个阶段。根据中国滨海和浅海砂矿在空间上分布特点和^{14}C测年资料对比，可将砂矿划为3个主要成矿期，即与晚冰期有关的晚更新世成矿期、全新世成矿期及近代成矿期。

晚更新世成矿期：其时代为25 000～15 000a，最后一次冰期开始到最盛时，海面下降到现今海面以下150～160m（耿秀山，1981），此时作为大陆重矿物来源的冲积、海积层曾经覆盖比现今海岸宽得多的滨海陆地，那时的海岸线距现海岸相当远，在这样辽阔的陆架区，必然分布有一系列海积砂矿，冲积的古河谷砂矿和风化剥蚀作用形成的残坡积砂矿。

全新世成矿期：从冰后期海面接近现今海面到最大海侵时期，时代为5000～1000a，此时海岸轮廓与现今海岸相似，其海岸堆积物一方面来源于波浪、沿岸流对古海岸强烈冲刷改造，另一方面来自陆源河流大量补给形成一系列埋藏的水下阶地砂矿和抬升的古滨海砂矿。此时期形成砂矿较多，区内沿海均有分布。

近代成矿期：目前胶东半岛海岸所发现的滨海砂矿绝大部分在这一时期，其类型较多，矿床规模较大，距今时间短，矿体保存较完整，但多露出于地表，为我国砂矿主要成矿期。

对于其他时代海侵层，由于以往调查研究深度不够，尚未发现有价值的砂矿床。但作为一种潜在砂矿资源值得今后重视。

三、空间位置对砂矿分布规律的控制

由海平面变化所引起砂矿空间上的分布，如同时间分布规律一样，也是不均匀的。这主要取决于海侵海退过程中岩相古地理变化，含矿物质在空间分布上的不均一性及其受破坏的程度。

当处在由三角洲或坳陷盆地组成的平原区，由于长期下沉，大中河流提供的物源丰富，沉积厚度大，粒度细，含矿物质少，沉积速率大，故不成矿，处在大陆边缘或隆起岛屿地区，海平面变化过程中强烈冲刷改造和侵蚀剥蚀，均可在滨海和陆区提供充分物源，故有可能富集成各类砂矿。

在海进或海退横剖面上，近陆滨海组成较浅海相成矿条件有利。这与近陆较远陆物源供给充分有关。如千里岩隆起上重矿物异常之所以分布如此之广，与海进或海退过程中隆起区基岩被风化改造、物质大量带入、重矿物富集有关。

海进海退过程中剖面上表现与时代关系密切，一般来讲，现代海岸较古代海岸成矿多，国内外大多数滨海砂矿分布于现代海岸，这与现代海岸砂矿未被破坏改造有关。

综合上述，可得出以下几点看法：

（1）根据大地构造位置和基岩建造成矿专属性，可将我国滨海和浅海区分为地台型和褶皱带型两大成矿域，胶东半岛属地台型成矿域，地台型成矿域是寻找滨海砂金及其重矿物砂矿的有利地区。

（2）新构造运动对砂矿分布的控制，取决于大陆边缘活动强度与剥堆积能力的关系，平衡型大陆边缘新构造抬升速率与剥蚀堆积速率相当，对砂矿成矿最有利；减弱型大陆边缘，新构造趋于稳定，剥蚀堆积作用为主要造貌营力；当沉积速率大于水动力改造速率，不利于砂矿富集，反之，可形成砂矿，但矿体分散，形态复杂；增长型大陆边缘，不论是抬升型，还是下沉型的均不成矿。

(3)滨海和浅海砂矿形成与全球性洋面变化方向、阶段、时间、位置都有关系，海退阶段有利于阶地砂矿残坡积和古河床砂矿形成，海进阶段有利于浅海和滨岸砂矿富集。

(4)砂矿形成与一定时期海平面变化或不同时期不同地区海平面变化都有关系，只要成矿条件适宜，均可成矿。但由于后期应力改造和保存条件的差异，每一时期，或每一时期某一地区，可能表现出成矿的差异性。胶东半岛滨海砂矿主要成矿期集中在全新世和近代两个时期，次为晚更新世。

(5)海平面变化所引起的砂矿空间分布，取决于海侵过程中岩相古地理变化，通常平原和坳陷区不成矿，砂矿主要集中在古陆边缘、隆起和岛屿与平原过渡地带。

第六节　成矿作用及富集规律

滨海砂矿在成矿作用过程中，物源条件是前提，适宜的气候-水动力、海岸和地貌类型及相对稳定的海平面是砂矿形成的必要条件，第四系是砂矿的赋存体。

滨海砂矿的形成与近岸出露的基岩关系密切，不同的母岩往往决定了不同的砂矿类型。我国滨海砂矿不同矿种的分带现象足以说明其分布与含矿基岩的出露密切相关，经过各类基岩人工重砂分析数据与滨海砂矿中自然重矿物的物性特征、化学成分特征对比，可以看出胶东半岛具工业价值的砂矿床主要是来自沿岸前震旦纪，以及广泛出露的印支期—燕山期中酸性岩浆岩、新近纪—第四纪火山岩。其中岩浆岩-变质岩石组合区工业矿物丰度值高，岩浆岩最高，变质岩次之，沉积岩最低。岩浆岩的工业矿物丰度值与侵入期次、岩性、形成环境、产状和岩相等有关，燕山期岩浆岩中工业矿物丰度值最高。超基性和基性岩类中磁铁矿、钛铁矿含量较高；而酸性、碱性岩类中锆石、金红石含量较高。随形成环境由深成到喷出的变化，副矿物含量由高变低，一般岩基、岩株、岩枝中副矿物含量较高。变质岩的工业矿物丰度取决于原岩建造、变质程度，原岩建造为岩浆岩者工业矿物丰度较沉积岩好。随变质程度由深到浅则其副矿物含量由高变低。胶东半岛滨海砂矿以混合原生源的直接补给方式为主。通常原生源面积愈大，重矿物丰度愈高，剥蚀程度愈强，在滨海区越易形成规模较大的砂矿体。一般成矿系数值为0.05，成矿面积为50km^2。风可以在海滩后部的重矿物富集中起独立作用，沿岸一些强风向频率高区，沙丘发育，往往形成风成砂矿。如牟平金山港—双岛北的石英砂矿。地表水系向海岸输送大量重矿物，在进入滨海地带的有利地貌部位富集成矿，如滨海地带的冲积小平原，河口三角洲和冲积阶地等均发现有砂矿床的形成。重矿物在海洋动力的作用下，当机械分选达到一定程度时，在物质进一步受到改造的过程中，按矿物密度、大小和形状发生充分分选的情况下才会成矿。一般认为水力学上相当的颗粒直径与矿物密度成反比，利用这一学说即可解释为什么滨海砂矿中不同的重矿物组合赋存于一定粒度的沉积物中。当然，这些尚与当地、当时的水动力条件和进入滨海地带冲积物中的每种矿物粒级有关。总之，这些因素是十分复杂的和相互联系的。

滨海砂矿主要分布在砂质堆积岸区，这种海岸广泛发育着堆积-潟湖型沉积物，巨大的海岸沙堤、沙洲发育，它们通常是岸区基岩受侵蚀的产物和海底物质推向海岸的混合补给产物，往往形成较大的滨海砂矿床。其中，以砂砾质港湾海岸成矿最有利，次为砂砾质平原海岸；淤泥质港湾海岸只能在海岸形成的初期阶段成矿；平原海岸、断层海岸、基岩海岸一般不成矿。滨海砂矿主要赋存的地貌单元有海滩、沙堤、沙嘴、拦湾沙堤、连岛沙堤和海积小平原，此外，还有河口三角洲、河口港湾堆积平原、海岸风成沙丘、河流冲积阶地、河床和残坡积等地貌。

砂矿的形成和赋存受地貌地形形态、部位的控制，海成沙堤的根部、顶部和翼部，海滩的高潮线附近，冲海积平原河口前缘，河道两侧，海积小平原中上部，中小河流由窄变宽、由陡变缓以及转弯和分叉交汇处，河流心滩逆水端的两侧部位，冲积阶地边缘和基岩接触面上，潟湖边缘和残丘顶部等部位易于砂矿的形成和富集。沙堤砂矿是滨海砂矿的主要类型，具有规模大、资源量多和矿种齐全的特点。一般来讲，这种类型砂矿主要分布在现代海滩区的上部。矿体沿海岸线呈条带状断续分布，其长度往往是宽度的数倍或数十倍，多由不等厚度的重矿物砂层和普通砂层组成，具微向海倾的层理，矿体呈楔状、透镜状、薄层状，由单层和多层矿组成，多数矿体具有多种工业矿物共生，可综合开采利用。

胶东半岛滨海砂矿主要富集在第四系海积层的中上部、冲积层的中下部、残坡积层的底部、湖积边缘和风成砂丘中。砂金主要富集在砂砾层及风化壳裂隙中，其粒径随离母岩距离的增加而减小。磨圆度好的，小于0.2mm者可以运移数十千米，多为近源堆积成矿。冲洪积粒度粗、品位高；冲海积粒度细，品位低。钛铁矿、锆石、金红石和磁铁矿等重矿物所赋存的海积型沉积物粒度较均一，主要为中细砂、砾、黏土混杂，重矿物粒径一般为1～4φ。海成沙堤、部分砂地、冲积河床中重矿物粒径以小于3φ为主，潟湖、海积阶地、冲积阶地中重矿物粒径以大于3φ为主；在冲积型中，重矿物粒径随其密度的增大而减小，如在砂粒级中，因钛铁矿密度相对较小，则颗粒较大，锆石的密度和粒径均较小，所以锆石颗粒最小。重矿物含量与沉积物的分选性有关，分选好时一般品位较高，重矿物粒度与沉积物粒度正相关，一般沉积物粒度粗则重矿物颗粒也大；重矿物常伴生出现，它们之间的含量一般成正相关关系；石英砂矿粒度较均一，海积型和风积型较冲积型、冲海积型分选好，粒径一般小于3φ；化学成分含量与分选性有密切关系，SiO_2含量高则分选好，SiO_2含量低，有害成分Al_2O_3、Fe_2O_3和TiO_2含量高则分选差，不同化学成分间的含量往往存在着正相关或负相关关系。

胶东半岛滨海区处于被动型大陆边缘，由于长期相对稳定，区内有序沉积发育，因而常形成规模较大的滨海砂矿。一般来说，沉积物的有序堆积能够形成机械分选良好的沉积层。研究区的滨海区域具有平缓的岸坡和较完善的侵蚀堆积过程，自晚更新世以来的各期海侵过程中有大面积陆地被海水淹没，在此种情况下所形成的堆积具有良好的分选性和明显的空间分带性，有序沉积物形成区的物质较充分地受到海洋水动力的分选作用，使其在滨海砂矿的形成和规律性的分布中起着重要作用，滨海砂矿床中沉积剖面岩性特征均说明有序性在其形成过程中具有的重要意义。该时期中国海平面变化比较频繁，不同年代海平面位置是不同的，使其在滨海地带所形成砂矿的水平和垂直分布发生变化，海平面变化速率在某程度上控制着砂矿能否形成和富集程度，速率太快不利于成矿，只有当其相对稳定时才有利于成矿且品位较高，一般来说海退较海进更有利于成矿且品位较高，而海退较海进更有利于砂矿的保存；海平面位置的变迁使其所接受的物质条件发生改变，使成矿种类和品位也会发生相应改变。

一、地层对石英砂矿形成的控制作用

地层对石英砂矿的控制作用十分明显，海积型石英砂矿赋存在旭口组中，风积型石英砂矿主要赋存于寒亭组中，地层对石英砂矿体的控制作用表现在成因和形成条件上。

胶东半岛滨海地带石英砂矿床均产于第四纪晚更新世晚期—全新世早期的旭口组中。其中，单一型海积石英砂矿资源占滨海石英砂总资源量的95%以上；滨海风积型石英砂矿分布在旭口组上部，滨海冲积型石英砂矿分布在其下部，此二者均不能构成单独的石英砂矿床，二者资源量之和占滨海石英砂矿资源总量的5%。由此可见，旭口组对石英砂成矿起着明显的控制作用。

旭口组指分布于鲁东地区渤海与黄海海滨地带的砂砾质海岸和基岩海岸的海积砂，夹少量砾石和淤泥的松散沉积层，为海积、海冲积、海风积成因。常形成滨岸沙坝、沙丘或1～5m高的海积Ⅰ级阶地。厚度一般小于20m。旭口组为滨海石英砂等砂矿的赋矿层位，其中以玻璃用石英砂规模最大、质量最好。

滨海砂矿是由于机械沉积分异作用，使海滩陆源碎屑中的有用矿物富集而成的，它经过了波浪、拍岸浪、潮汐等的反复起伏作用,以及沿岸流的反复分选,使碎屑物或某些有经济意义的重矿物在海滩的某些地带富集起来,而形成有经济意义的滨海砂矿,一般是在后滨的后部或是沿基岩与松散海滩沙交接的地方。波浪把前滨中所有的物质掀起来,而后又把它们滞留在海滩上。当波浪回流时,由于其搬运能力降低,只能把轻物质带入大海,重矿物则滞留在海滩,重矿物富集过程在海滨的后部不断进行,沿岸流把较轻的物质搬出沉积区,促使重矿物在岸外地带富集起来。由于同样的作用,潮流可把重矿物富集在潮流通过的松散沉积层底部。

海平面变化和波浪的作用是控制重矿物富集的两个主要因素,如果海平面长期稳定,成矿时间较充分,砂矿的品位就高。含矿层通常平行海岸线呈带状分布,主要富集于后滨带的上部。海平面变化较快时,可破坏、抬高和淹没已形成的砂矿,也可能富集成规模不大的新矿,所以从后滨到浅海均可能有砂矿形成。滨海砂矿的主要赋存特点是:砂矿体多数呈薄层状或透镜状,赋存于海岸带表面及表层以下的沉积层中,在沉没的古海滨和河谷埋藏较深。

从地貌上看,滨海砂矿主要分布于砂质、砂砾质海湾岸和砂质平原海岸,在淤泥质海岸和基岩海岸一般难以形成矿床。含矿层或矿体多赋存于滨海的岸带潮汐线以上近代及古代形成的沙堤、沙坝、沙丘、沙滩、沙积平面和海成阶地上,尤以河口拦湾沙堤、连岛沙堤和港湾沙堤对成矿较为有利。矿体长数十米至数千米,宽数十米至数百米,矿体规模主要受海岸地貌条件控制。

寒亭组为近代风成相堆积,岩性为黄白色中细砂、粉砂,分选好,常呈沙丘状,时代为全新世,该组多分布于主干水系东岸地带及滨海平原,厚1～20m。风积型石英砂矿只存在于寒亭组中,其规模和矿砂质量受地形条件控制明显,一般石英砂矿存在于地形相对开阔、地面糙度较大的主干水系东岸地带及滨海平原。石英砂的粒度及矿砂质量与风程长度成正比,一般长风程堆积的石英砂粒度较细且较均匀,矿物成分相对简单,短风程堆积的石英砂矿粒度粗细不匀,纵横向上岩性变化相对较大。

二、花岗质岩石对石英砂矿形成的控制作用

鲁东沿海地区广泛出露太古宙、元古宙及中生代花岗质侵入岩。主要有新太古代阜平期变质变形的片麻状英云闪长岩、奥长花岗岩及花岗闪长岩(TTG岩系);新元古代晋宁期变质变形的花岗闪长岩—二长花岗岩;中生代印支期闪长岩—石英二长岩类、二长花岗岩类;中生代燕山早期闪长岩—花岗闪长岩—二长花岗岩类;燕山晚期闪长岩—二长岩—石英二长岩—花岗闪长岩—二长花岗岩、正长岩—石英正长岩、正长花岗岩类、二长花岗岩—碱长花岗岩(张成基等,1996)。这些花岗质岩石含有大量的石英矿物颗粒(含量在22%～37%之间,多为25%)。此外,在鲁东地区近海岸地带还出露着早前寒武纪变质地层——胶东岩群、荆山群、粉子山群、胶南岩群,其中一些变质岩石中也含有较多的石英矿物颗粒。上述这些花岗质侵入岩中的花岗质岩石及变质地层中的一些岩石经风化裂解、搬运、分选等一系列地质作用后,石英矿物被分离出来,为石英砂矿的形成提供了丰富的物质来源。

从山东省的石英砂矿的地质特征分析,花岗质岩石对石英砂矿形成的控制作用不明显,尚未发现直接由母岩风化而形成的石英砂矿,目前已经勘查的石英砂矿区的特征矿物组合等证据还不能证明石英砂来源于矿区周围的花岗岩或其他岩石,石英砂矿的形成应是岩石剥蚀风化产物长期搬运、磨蚀、再搬运、再磨蚀及分选富集的结果。

三、构造、地貌及气候条件对石英砂矿形成的控制作用

构造条件:山东半岛断裂构造及岩石中解理、裂隙均很发育,易使岩石破碎和促进风化作用的进行,

其对岩块、岩屑搬运及石英矿物颗粒能够从岩石中分离出来起到重要的控制作用。此外，鲁东地区自新近纪以来新构造活动较为明显，地块缓慢抬升，形成海成阶地，使富集的石英砂体赋存于海成阶地中不致于被海流带走或分散，得以保存下来。构造作用还使石英砂的源岩更容易破裂、风化、剥蚀、搬运，因此，构造作用能促进石英砂矿的形成。

地貌条件：山东半岛北部处于低山丘陵地貌区，有众多河流入海，通过河流，岩石的风化剥蚀产物被河水携带入黄河或渤海，在海岸地带形成低平的滨海堆积地貌。长期的潮汐及风浪作用使处于滨海地带山区风化剥落下来的岩块、岩屑搬运、破碎、分选、堆积，低缓的沿海小平原有利于石英砂矿的形成。此外，在滨海区，Ⅰ级海岸阶地（滨海平台）较宽，且附近均有小海湾，使海水波浪、沿岸流、底流因受阻而流速变缓，致使搬运能力减弱，利于石英砂的沉积。

气候条件：第四纪全新世冰期后气候温湿，风化作用较强。地表水发育，有利于陆屑物质的搬运、分选，从而在滨海地带形成石英砂矿。

滨海砂矿是在波浪作用与潮汐作用强烈的高能环境下堆积而成的。适宜的海水动力条件与石英砂矿沉积有着密切的关系。当海水淹没至适当深度时，由拍岸浪携带的物质经此可以得到充分的淘洗和簸选，细粒物质被搬运至较深海域，石英砂得以高度的分选而沉积。据一般测定，海水淹没深度为5～10m时（相当于1/2波长）对石英砂的堆积最为有利（秦元熙，1986）。

气候的变化是引起海平面升降的主要因素，由冰期和间冰期所引起的海平面变化与新构造变动引起的海平面变化有着本质区别。前者是全球性气候演变的反映，后者是局部性内应力作用的结果。全球性海平面变化，经历过海水进退两大过程，其岩相、古地理都发生根本变化，因而所形成的砂矿在分布方向和空间位置上都有较大差异。

当冰期来临时，海水后退，海水自中国西北向东南逐渐退出；在刚退出海岸过程中，原海岸带上形成的砂矿组成阶地砂矿，并沉积一套滨海相沉积。由于当时离陆地较近，物质来源丰富，此时在改造早期砂矿的基础上，又形成了新的海积砂矿。随着海水从陆缘到陆架的退出，海洋变成陆地，致使原来海区坳陷盆地和三角洲变成大平原，海底隆起和岛屿变成山地丘陵，整个浅海区与大陆连成一片，此时河流穿过陆架伸入大海，并形成适应当时古地理环境的水系网络，同时沉积了一套河流相沉积及相应的冲积砂矿。在山地丘陵区，处在海退过程中的干冷气候，开始了强烈的以机械风化为主的侵蚀、剥蚀和堆积作用，并形成陆相残坡积砂矿。

当全球气候变暖，冰川开始消失时，海水开始自东南向西北入侵。由于波浪对海滩上原来海退的沉积物表面强烈冲刷、淘洗，海退过程形成的沉积物受到改造，细粒物质由浪、流冲淘再悬浮，并随之带到外海，粗的留在原地。当所处的地理位置成矿物质丰富，或海侵过程停留时期较长时，易形成海侵滨海砂矿和异常；当海水达到现今海岸附近，或者达到海底隆起与平原的过渡地带，由于陆源物质大量带入，此时滨海沉积物，一方面可埋藏海退时未被改造的冲积砂矿和海积砂矿，另一方面又可形成新的海积砂矿。当海进抵达现今海面以上，此时沉积环境同现今海岸一样，可形成各式各样的地貌单元和有关的砂矿床。

第七节　山东省滨、浅海砂矿资源潜力远景评价

山东半岛玻璃用石英砂矿的形成，主要受区域地层、岩石、构造、地貌等多种条件的控制。其中，区域地层、岩石是石英砂矿形成的物质基础，而断裂构造、地形地貌、气候、潮汐作用等是促成岩石风化、裂解，矿物筛选，石英砂分选、富集、成矿的重要条件。

根据本次调查成果结合前人资料，将工作区划分为两个成矿远景区：北黄海滨海石英砂矿成矿远景

区和南黄海滨海重矿物砂矿成矿远景区。

一、北黄海滨海石英砂矿成矿远景区

区内已探明玻璃石英砂大型矿1个、中型矿4个；中型铸型砂矿1个，小型建筑用砂矿10处。

该区地处胶东古隆起，区内广泛出露元古宙岩浆岩和变质岩系，中生代酸性侵入岩广布，这些岩类中的石英矿物由密集的滨岸水系源源不断地被带入滨海地带形成砂质堆积体，如海滩、沙堤和沙丘等。局部地段海积砂长达数千米至数十千米，宽数百米至上千米，厚数米至数十米，季风和海洋动力因素作用使由河流携带入海的碎屑物质遭受强烈磨损、分选，因石英砂硬度大、抗磨蚀力强。所以往往在滨海处因动力条件相对变弱而富集。区内海岸线曲折，港湾众多，为石英砂富集的有利场所，因此在区内的海湾海滩、沙堤、沙嘴等部位寻找并探明具有工业价值的玻璃砂和型砂条件较为有利。另外建筑用砂遍布于半岛砂质海岸带，现已大量开采，建筑用砂资源潜力很大，砂源充足。山东省第一地质矿产勘查院工作表明，山东浅海建筑用砂的成矿地质条件十分有利，胶东半岛滨、浅海建筑用砂远景资源量可达 $6.2\times10^{9}m^{3}$。

二、南黄海滨海重矿物砂矿成矿远景区

区内已探明大型矿床1个，小型矿床3个，矿点多处，浅海重矿物异常区3个。

该区地处胶东古隆起东南部，区内广泛出露晚元古代变质变形的花岗岩类和中生代燕山期中酸性及碱性侵入岩。荣成石岛正长岩锆石含量平均647g/t，磁铁矿11 973.43g/t，金红石12g/t，锐钛矿4.22g/t；燕山期花岗岩锆石含量281.26g/t，金红石5.02g/t，磁铁矿8 895.85g/t；崂山序列花岗岩中钛铁矿含量326.15g/t。这些岩石类型及滨岸铁砂矿体为该区砂矿的主要物源。富集成矿系数0.213，补给面积300～10 000km^{2}。

石岛湾调查结果表明，湾中埋藏冲积砂矿延伸至离现代岸线数千米的浅海域中，且品位有变高的趋势，估计石岛湾水下埋藏锆石砂矿资源量可达 $10\times10^{4}t$（山东省冶金地质队，1962）。宁津所序列正长岩风化壳砂矿分布面积较广，厚度较大，平均含锆石可达300g/m^{3}以上。乳山、海阳、即墨、胶南、青岛、日照等地海岸线曲折，港湾众多，沙堤、沙嘴、海滩发育，水动力条件活跃，浅海区发现有重矿物异常，成矿条件有利，有一定资源潜力。本次工作发现前人勘探的石岛锆石砂矿床，目前已经不存在，原矿区位置取样分析锆石含量均远低于锆石的边界品位，原因待查。

三、成矿区的划分

根据本次调查成果，结合前人资料，可在胶东半岛近海确定出最有前景的8个成矿远景区（图6-9）：①莱州湾东部砂金成矿远景区；②成山头-烟台石英砂成矿远景区；③文登-乳山贝壳成矿远景区；④荣成俚岛-海阳潮里锆石、磁铁矿成矿远景区；⑤胶州湾-日照锆石、磁铁矿成矿远景区；⑥千里岩海域建筑用砂成矿远景区；⑦达山岛海域磁铁矿、建筑用砂成矿远景区；⑧北隍海域建筑用砂成矿远景区。

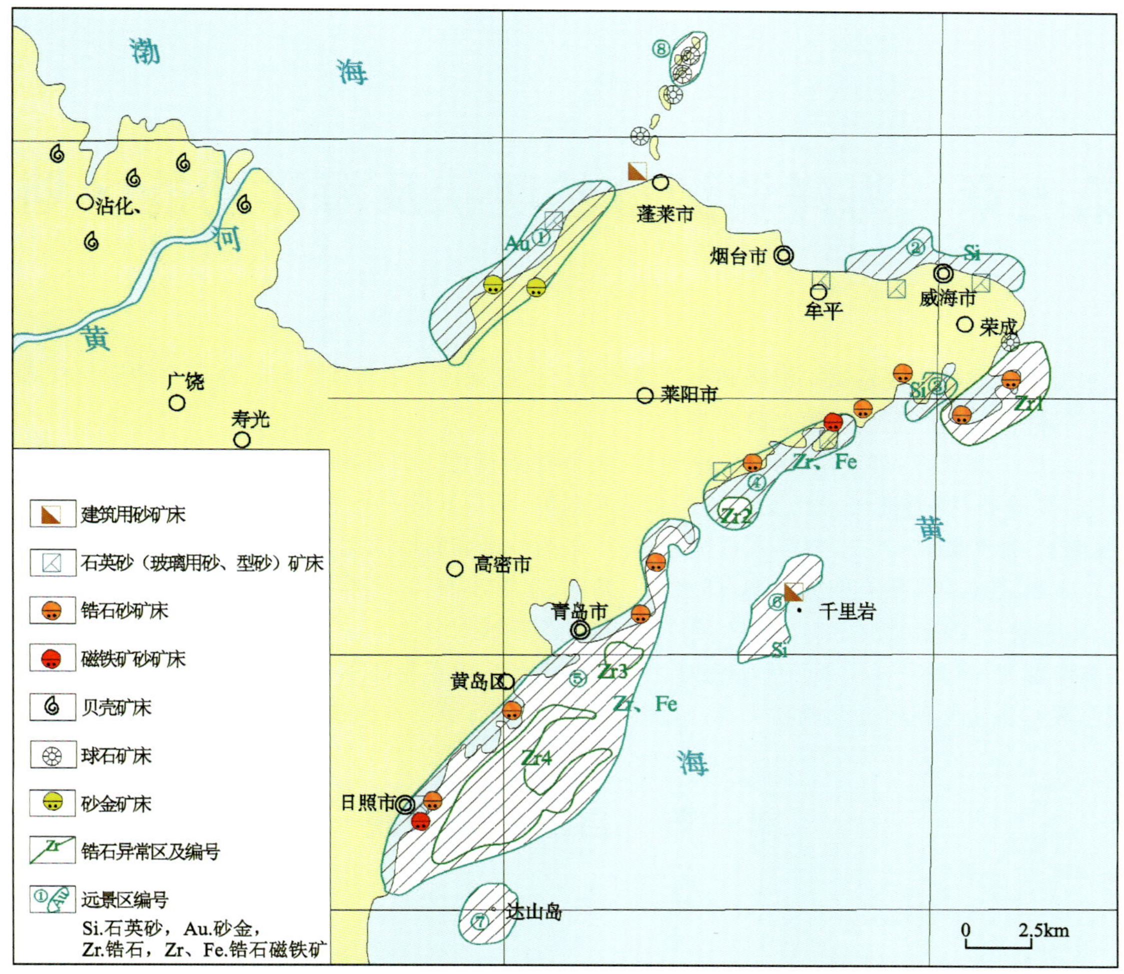

图 6-9 山东省滨海砂矿成矿远景区划图

第七章　海洋资源自然现状及海洋功能区划

山东沿海地跨新华夏系第二沉降和第二隆起带。以胶莱河为中界线，分东、西两个构造型式各异的大区，西区属济阳凹陷，东区为第二隆起带。

由于地质构造成因，形成东、西部海岸地貌，类型各具特色。西部沿海平原河湖广布，地势平坦，岸线较平直，多沙洲，泥质潮滩广泛发育。东部沿海多山，低山丘陵分布着山地基岩港湾和沙坝-潟湖海岸，岸线曲折，地势陡峭，湾宽坡缓，水深流急；底质多为砂砾和粉砂质泥。

山东省海底地貌主要有四大类型，即水下三角洲、水下浅滩、海底堆积平原和海底冲蚀平原。

《山东省海洋功能区划(2011—2020年)》将山东省海域划分为5个海域单元，即日照市毗邻海域、山东半岛南部海域(威海成山头至青岛白马河口毗邻海域)、山东半岛东北部海域(即蓬莱角至威海成山头毗邻海域)、庙岛群岛附近海域和黄河口与山东半岛北部海域。本次按照这5个海域分别进行叙述。

第一节　自然景观地貌

一、日照市毗邻海域

该海域指青岛白马河口以南日照市所辖海域。

1. 自然气候

日照市东临黄海，位于山东半岛的尾翼，海域面积6000km^2。属暖温带半湿润季风区大陆性气候，四季分明，冬无严寒，夏无酷暑，非常潮湿，台风登陆频繁。年均气温12.8℃，年均湿度72%，无霜期223d，年平均日照2533h，年均降水量874mm。空气质量为国家二级标准。日照属于东部季风区，夏季高温多雨，冬季寒冷少雨。因其沿海，受海洋影响显著，相对同纬度其他内陆地区四季温差较小，因此夏、冬季气温适中。该海区冬半年(11月至翌年4月)处于中纬度西风带东亚大槽控制之下，受冷空气和气旋活动的频繁侵袭常有大风降温天气出现；下半年(5—10月)，为北太平洋副热带高压势力范围，4—7月南方的暖湿气流常导致本区海雾连绵，7—8月为本海区雨季，降水量占全年的一半以上。利用岚山港观测站2003年7月—2005年5月的风，日照海洋环境监测站1970—2004年的风和1955—2004年的降水、雾观测资料对项目所在区域海区的风、降水、雾等海洋气象特征进行统计分析。

1)气温

多年平均气温为12.8℃，年平均气温最高为14.1℃(1994年)，最低为11.5℃(1969年)。历年各月平均气温最高为37.5℃(1964年7月8日)，次高值为36.9℃(1977年6月12日)，最低气温极值为－13.7℃(1967年1月15日)，次低值为－13.4℃(1980年1月)。

2)风

全年以N—NE风为主,三向风频率之和为38%,静风最少,为1%,NW、WNW、SSW次之,为3%。该海域平均风速较小,为4.1m/s。各月平均风速以4月最大,为4.7m/s;1月最小,为3.3m/s。4月风速偏大,主要是气旋影响的缘故。全年以ESE—SSE风速较大,平均为5.2m/s;NW向风速最小,平均为2.9m/s。累年各月10分钟平均最大风速以6月最大,风速为19.4m/s,风向为ESE,出现在2004年6月16日,受气旋影响产生。9月与7月次之,都大于17.0m/s,最小是2月,风速为11.7m/s,风向SW。最大瞬时风速出现在7月,风速为27.5m/s,风向为N,4月、6月、9月的瞬时最大风速都大于23.0m/s,最小是2月,风速为16.7m/s,风向为N。10分钟平均最大风速对应的风向较分散,但冬半年以偏W向和偏N向为主,下半年以偏E向为主。瞬时最大风速主要集中在N—NE向。

6级以上大风是指风速大于10.8m/s的大风,大风日数是指当天只要出现一次以上6级以上大风,当日便称为大风日。从岚山港2003年7月—2005年5月的观测资料中可以看出,春季出现大于或等于6级风的日数最多,3—5月之和平均为41.5d,4月最多,平均为16.5d,夏季的6月、8月份最少,平均为7d,但7月较多,平均为10.5d。

2. 海岸

该区域海岸类型有砂质海岸和基岩海岸。海岸类型及分布详见表7-1。

表7-1　日照市毗邻海域海岸类型分布表

海岸类型	小类	分布位置	备注
砂质海岸	沙坝-潟湖海岸	臧家荒—东潘家村之间	复式(多列)
基岩海岸	岬湾海岸	任家台至臧家荒基岩岬湾岸	
		东潘家村至岚山头基岩岬角海蚀岸	

1)砂质海岸

日照市砂质海岸主要为沙坝-潟湖海岸,分布在臧家荒—东潘家村之间,为复式(多列)沙坝-潟湖海岸,岸滩泥砂来自涛雒河和傅疃河,因河口宽大,泥砂横向运动强烈,在河口南侧形成比较宽的沙坝系列,有4条较明显的新老沙坝发育,其中后3条至东南营沙岭附近合并为一条,并列向南延伸到韩家营子附近叠置会合。

2)基岩海岸

该海域基岩海岸主要为岬湾海岸。

(1)任家台至臧家荒基岩岬湾岸。本岸段长约25km,向海突入的基岩岬角较多,如任家台、龙山嘴、石臼嘴、奎山嘴等。仰角对侧形成一系列砂砾质弧形或袋状海滩。在任家台,有高出海面6~7m的古海滩遭大浪冲蚀而形成的冲蚀陡坎。任家台以南、肥家庄以东,古海滩与现代海滩明显可分,前者组成物质较均一,后者以粗砂砾石为主。

(2)东潘家村至岚山头基岩岬角海蚀岸。全长约5km,1971年佛手湾北岸人工突堤建成,北来的泥砂仍在突堤充填沉积凹入角处的海滩,使岸滩转蚀为淤。根据1977年夏至1978年6月突堤北侧堤根附近滩面测量,此期间虽在潮间带挖砂约5000m^3,突堤一年来拦截北来泥砂仍约有18 630m^3(潮间带)。突堤以南原为海蚀岸堤,建成后加剧了侵蚀过程。1970年至1974年间低潮线后退40~100m,-1m线后退20~80m,-2m线后退20~120m不等,几年来的冲蚀出现了大片新的岩礁。

3. 海底地貌

区内地貌类型及分布详见表7-2。

表 7-2　日照市毗邻海域海底地貌类型分布表

类型	分布位置	备注
水下三角洲	日照市傅疃河河口	扇形分布
水下浅滩	黄家塘湾至绣针河口	带状分布
海底冲蚀平原	日照近海	南部与江苏的残留砂平原相接

岸线呈 NE-SW 向。区内多海湾、岛礁、岬角、冲刷槽及溺谷。海底地形复杂，20m 等深线基本与岸线轮廓一致。涨潮流方向自 NE 向 SW，落潮流方向相反，潮差向南逐渐增大。入海的中小型河流较多，物质来源较北岸丰富，有自 NE 向 SW 运移的趋势。区内地貌类型为水下三角洲、水下浅滩及海底冲蚀平原。

水下三角洲：区内较大的水下三角洲位于日照市傅疃河，呈扇形分布于 5m 等深线范围内。面积约 $10km^2$，向东南凸出，平均坡度为 2‰，三角洲两侧为细砂，中间为粗砂，向外过渡为黏土质粉砂，外缘因受波浪影响分布有水下沙坝。

水下浅滩：分布于黄家塘湾至绣针河口，大致呈带状分布。外缘水深范围在 15m 左右，一般宽度为 2～9km，平均坡度为 3‰。物质组成较复杂，黄家塘湾至傅疃河，大部分为黏土质粉砂。傅疃河南，几乎全为砂、粉砂质黏土。该岸段物质来源较丰富，入海泥砂大部分堆积于岸边，余者构成了水下浅滩物质，全新世海相层的厚度一般不超过 10m。

海底冲蚀平原：位于日照近海，南部与江苏的残留砂平原相接，水深在 15～30m 以外，地形坡度为 0.3‰，有近平行岸线的凹槽长度为 40 余千米，宽度为 1km，槽内物质较周围细。海底冲蚀平原沉积物粒度变化较大，含大量钙质结核及贝壳碎片，砾石具棱角，分选差。主要由残留砂组成。它们是晚更新世的古平原地面，被全新世海侵淹没，并受到现代海洋动力的冲蚀作用，使海底表层不断受到改造，但仍保留原始地貌形态。

二、山东半岛南部海域

该海域即威海成山头至青岛白马河口毗邻海域（棋子湾）。

1. 自然风光

山东半岛南部海域地处北温带季风区，兼备季风气候与海洋气候特点，冬季气温偏高，春季回暖缓慢，夏季炎热天气较少，秋季降温迟缓。年平均日照 2500h，无霜期长达 200 余天，空气湿润，雨水丰富，四季分明，气候宜人。

1）气温

山东半岛南部海域年平均气温 12℃，最热月出现在 8 月，月平均气温 25.3℃，极端最高气温为 38.9℃（2002 年）；最冷月出现在 1 月，月平均气温为－0.5℃，极端最低气温为－25.5℃（1976 年）。

2）降水量

山东半岛南部海域年平均降水量为 800mm。年降水量最多为 1 272.7mm（1911 年），年降水量最少为 308.3mm（1981 年）。全年降水量大部分集中在夏季，6—8 月的降水量约占全年总降水量的 57％；冬季降水量最少，有的月份无降水，12 月至次年 1 月的降水量约占全年总降水量的 5％。

3）风速

山东半岛南部海域年平均风速为 5m/s。全年之中春季平均风速最大，夏季的平均风速最小。风速最大季节出现在 3—5 月，7—9 月是最小的季节，具有明显的海陆风特点。

2. 海岸

该区域海岸类型有砂质海岸和基岩海岸，分布详见表7-3。

表7-3　山东半岛南部海域海岸类型分布表

海岸类型	小类	分布位置	备注
砂质海岸	沙坝-潟湖海岸	荣成市桑沟湾沿岸	
		乳山市南寨—白沙口	
		海阳市凤城—马河港	
		青岛市黄岛区(原胶南市)利根湾南部	
	滨海小型平原海岸	文登市老母猪河—昌阳河小型平原岸	
		青岛市黄岛区(原胶南市)潮河(两城河)—白马河—吉利河小型平原岸	
基岩海岸	岬湾海岸	成山角至靖海卫基岩岬湾岸	
		乳山市白沙口至海阳市冷家庄蚀退的基岩岬湾岸	
		丁字湾至薛家岛基岩岬湾岸	
		古镇口湾(崔家潞湾)至棋子湾基岩岬湾岸	
	溺谷(河口湾)海岸	乳山口湾	
		丁字湾	
	黄土台地海岸	胶州湾内红石崖附近	

1)砂质海岸

砂质海岸包括沙坝-潟湖海岸和滨海小型平原海岸。

(1)沙坝-潟湖海岸。

荣成市桑沟湾沿岸：沿岸多海湾，湾内沙嘴、沙坝和围栏潟湖发育。

乳山市南寨—白沙口：本段为一开阔型的砂质海湾，湾内自常家庄有一条长约6km的大沙嘴由北东向南西延伸至海阳所镇南部，与西面的角滩隔一潮汐通道，沙嘴北是潟湖。由于白沙滩河泥砂的累年输入发育了潟湖口潮汐三角洲。三角洲附近因受波能、潮流、径流的相互作用，泥砂活跃，形成许多沙洲、沙岗等堆积体。沙嘴在泥砂横向运动的影响下，具有沿岸沙坝的特征，并且发育了复式沙坝。

海阳市凤城—马河港：本段岸线较平直，普遍发育了几道主要由小砾石和粗砂组成的沿岸砂砾堤。这些砂砾堤规模大，形态完整，结构清晰。砂砾堤主要分布在纪疃河和东村河之间，呈帚状向北东方向散开，总宽度随之增大。东村河的东侧也有砂砾堤发育，其内侧(向陆侧)是狭长的潟湖洼地，湖内淤积了厚层的泥砂，覆盖于冲积层之上。砂砾堤的外侧是一条大规模的沙坝，向西南方向延伸，随着延伸方向，坝高与坡度逐渐变小，粒度变细，沙坝以下是海滩和水下岸坡。

青岛市黄岛区(原胶南市)利根湾南部：从王家台后村起向北2km，为典型的沙坝-潟湖岸。相互平行的两列沙坝与潟湖相间排列。内侧的老沙坝由北向南延伸，外侧的新沙坝由南向北延伸，几乎与岸相连。老沙坝形成后阻断了北侧的泥砂供应，继而发育了由南向北的新沙坝。目前新沙坝基部南侧为大片岩滩，北端隔潮汐通道与小岬角相邻。泥砂主要源于南侧湾口。

(2)滨海小型平原海岸。

文登市老母猪河—昌阳河小型平原岸：流入五垒岛湾的老母猪河与昌阳河等河流在湾口形成大面积的河口平原。该平原南北长约8km、东西宽达16km，是山东海岸面积最大的河口小型平原。目前河口并没有溺谷湾显示，河口地貌形态也复杂多样。据花山盐场等剖面中全新世中前期贝壳砂与卵石滩层的研究，推测当时五垒岛湾顶在小洛村—石羊—宋村集—姚山头—虎口山—花山一带。大量的泥砂入湾，使河口向海伸，全新世中期以来湾顶向外推进了10～19km。

青岛市黄岛区(原胶南市)潮河(两城河)—白马河—吉利河小型平原岸：诸河每年有大量泥砂入海，入海段因流束分散，造成众多的分汊，故而边滩、心滩发育。潮水沿河上溯可达白马与吉利河会合处的王家港。河口平原南北长约10km，东西宽约3km，岸滩宽平，河口滩面物质主要为黑灰色的淤泥质砂砾。至王家滩附近是三河的汇集处，在砂质潮滩上，可见有4～5条明显的潮间沙垄。

马家滩以下，河口心滩下移，两个老的河口心滩现已淤高，20年间淤厚2m。在河口沙坝和平沙地之间，多为潮汐通道，口内为潟湖和海积—冲积平原，现已多被开垦为盐田和农田。

2)基岩海岸

基岩海岸包括岬湾海岸、溺谷(河口湾)海岸和黄土台地海岸。

(1)岬湾海岸。

成山角至靖海卫基岩岬湾岸：本段岸线山势高峻，槎山(主峰539m)雄峙滨岸，各种海蚀地貌发育，沿岸水深较大，潮间带狭窄，山体崩塌侵蚀的大片碎石和巨砾散落在岸边崖下，形成砾石滩。在石岛西南，朱口一带海拔10～80m山麓向海坡上散布有大量的花岗岩巨砾，个体直径多在2～5m之间，巨砾表面向海一侧形成各样酷似海蚀穴、海蚀洞等的海蚀地貌形态。沙口村等地有小型的海湾发育，在沙口村南端有一小型连岛沙坝，形态完整。

乳山市白沙口至海阳市冷家庄蚀退的基岩岬湾岸：除乳山口湾外，均为岬湾岸。岬角侵蚀后退，各种海蚀地貌，如海蚀崖、海蚀柱、岩礁、海蚀平台等发育。海蚀平台宽150～160m，上接15～20m的砾石滩，砾石大小不一，分选差，岛屿多是本段海岸的特点，其中以小青岛、杜家岛、南黄岛和宫家岛较大。

丁字湾至薛家岛基岩岬湾岸：根据岸段的稳定程度又可分为，①侵蚀后退岸，主要分布在女儿岛南岸、崂山沿岸(太平角—山东头)、薛家岛等地，海蚀地貌发育，近岸水深较大，潮间带窄。②较稳定岸，主要分布在小海湾沿岸如沙子口湾、烟台前　　特点是高潮滩上面有海蚀陡崖，潮间带因有海滩和堤坝保护，岸滩相对较稳定。③淤长岸：主要分布在大沽河口、红岛(阴岛)东及崂山湾北湾等地段。岸滩地形平缓，多由淤泥及粉砂组成。

古镇口湾(崔家潞湾)至棋子湾基岩岬湾岸：本岸段除利根湾(龙湾)王家台后村2km属典型的沙坝-潟湖海岸外，其余岸线较开敞，以岬角为突出点，岬湾相间，各种海蚀地貌发育，如在大珠山东侧岸段及琅琊台、胡家山沿岸等。这些小型海湾，多以砾质或砂砾质海滩为主，可见有二级砂砾堤存在。高程3m左右的砂砾堤代表激浪作用的上限，较为普遍，其中较大的海湾有棋子湾、陈家贡湾、杨家洼湾、唐岛湾、崔家潞湾(均属青岛市黄岛区)。棋子湾向陆深入10km左右，横河由湾顶贯入，湾内已大部分淤平。滩面物质为细砂，上覆有薄层淤泥。海湾西侧滩面物质较粗。陈家贡湾与杨家洼湾，位于琅琊台湾内侧，它们由大嘴岬角相隔分列南北。陈家贡湾较大些。于1971年已在两湾湾口筑坝。古镇口湾(崔家潞湾)，为直径3km左右的圆形海湾，在我国北方岸段中极为少见。湾内潮间浅滩在湾顶和南侧沿岸较宽，为800～1000m；北侧较窄，滩面中潮线以上多为砂砾，低潮线附近明显变细，为粉砂质或泥质砂。

(2)溺谷(河口湾)海岸。

乳山口湾：乳山口湾三面为陆地包围，湾内以旗杆石为界形成两个大的支汊，乳山河自北向南流入湾内。湾内平均水深2.2m，大潮时5m左右，小潮时1.8m，是个较浅的海湾。

丁字湾：在冰后期海侵前，五龙河、白沙河等汇集于丁字湾内；海侵后形成溺谷海湾。河水与潮水均沿中央深槽外泄和涨落。粗粒物质在深槽区形成沙洲，两侧及湾顶浅滩堆集了大量的细粒物质，形成广阔的潮间浅滩。湾口外形成扇形三角洲。

(3)黄土台地海岸。

该海域仅胶州湾内红石崖附近有零星分布。黄土台地海岸的特点是黄土堆积台地直插岸边并延伸到水下，从而构成独特的几近直立的黄土海蚀崖。

3. 海底地貌

地貌类型及分布详见表7-4。岸线呈NE-SW向。区内多海湾、岛礁、岬角、冲刷槽及溺谷。海底地形复杂，20m等深线基本与岸线轮廓一致。涨潮流方向自NE向SW，落潮流方向相反，潮差向南逐渐增大。入海的中小型河流较多，物质来源较北岸丰富，有自NE向SW运移的趋势。区内地貌类型为水下三角洲、水下浅滩、海底堆积平原及海底冲蚀平原。

表7-4　山东半岛南部海域海底地貌类型分布表

类型	分布位置	备注
水下三角洲	丁字湾水下三角洲	即墨市与海阳市交界处
	其他小型水下三角洲	老母猪河、黄垒河、乳山口及白沙口外
水下浅滩	北部小海湾水下浅滩	北起成山角，南至石岛湾
	靖海湾至崂山湾水下浅滩	分布于0～10m水深范围之内
	胶州湾水下浅滩	包括整个胶州湾及其湾外部分(大公岛至灵山岛为界)
	南部水下浅滩	北起湘子门，向南包括崔家踣湾、利根湾、琅琊湾、棋子湾，大致呈带状分布
海底堆积平原	成山角至崂山头岸外10～20m等深线附近	与黄海北部的海底堆积平原相接
海底冲蚀平原	崂山湾至棋子湾	水深15～30m以外

1)水下三角洲

本区所出现的水下三角洲，多分布于半封闭的海湾口门处，区内虽然中小型河流较多，但多数先汇入湾内形成大片潮滩。河口三角洲不甚明显，在湾口处由于径流与潮流作用常形成具有潮流性质的水下三角洲。

(1)丁字湾水下三角洲。

位于即墨市丁字湾口(即墨市与海阳市交界处)，水下三角洲呈扇形，向东偏南方向增长。外缘水深为10m左右，地形坡度为1‰～2‰。表层沉积物有明显的分带性，顶部为中砂，向外依次为细砂、粉砂质砂及黏土质粉砂。物质来源于湾内10余条河流，向湾内年输砂量为156×10^4t，经湾已向外扩散，由于径流与落潮流的作用，在湾口形成水下三角洲。

(2)其他小型水下三角洲。

除老母猪河、黄垒河、乳山口及白沙口外，亦有小型水下三角洲分布。形态不甚明显，一般分布在5m等深线附近。表层沉积物较粗(一般为细砂)，分选良好，其上发育有潮流沙脊，受潮流作用明显。

2)水下浅滩

(1)北部小海湾水下浅滩。

北起成山角，南至石岛湾，该段水下浅滩系由荣成湾、桑沟湾、黑泥湾、石岛湾及相间的岬角水下浅滩组成，外缘水深达20余米。其中桑沟湾浅滩最宽，宽度为12km。平均坡度为1.5‰，5m等深线以浅的地区坡度较大，为0.25‰。岬角处坡度更大。物质组成均为黏土质粉砂，与相邻海底平原物质相同。黑泥湾外侧冲刷强烈。最大流速为1.42m/s，底质明显变粗，分布有砂砾、中砂及粉砂质砂。

(2)靖海湾至崂山湾水下浅滩。

分布于0～10m水深范围之内，平均宽度为10km，坡度为1‰，崂山湾宽度较大，可达16km，呈带状分布于沿岸。一般近岸部分为粉砂，向外变为黏土质粉砂，唯崂山湾内有大面积的粉砂质砂，向外方过渡为粉砂和黏土质粉砂，该区段溺谷发育，如乳山口湾及丁字湾溺谷。

(3)胶州湾水下浅滩。

包括整个胶州湾及其湾外部分(大公岛至灵山岛为界)。湾内海底地形复杂,在10m水深附近有一陡坎,其上地形平坦,表层沉积物为黏土质粉砂和粉砂质黏土。胶州湾略呈扇形,沧口水道将湾分成东、西两部分,东部较陡,西部较平。湾外沉积物类型复杂,沙子口附近为中砂,青岛前海为砂及粉砂质黏土,薛家岛至湘子门为粉砂质砂、粉砂及砂—粉砂—黏土,自岸边向深水逐渐变细,10m等深线外为黏土质粉砂。区内潮流沙脊发育,长轴方向与潮流一致,形态各异,大小不一,分别称为前礁、北沙、南沙、中沙、西沙及东沙。表层沉积物多为中—细砂,含贝壳碎片。黄岛至湾口有一"之"字形大冲刷槽,自北向南有4个深点,分别为42m、41m、66m及48m,槽内多为基岩及大小石块,向口外逐渐为中砂、细砂及砂质黏土。最大流速可达150cm/s。涨潮时流向湾内,落潮时流向湾外,为典型的往复流。

胶州湾水下浅滩的物质来源,主要是入湾各条河流挟带的泥砂及其岸蚀物质,其中白沙河、墨水河、大沽河、洋河入湾泥砂达85.1×10^4t/a,在活跃的水动力条件作用下,大部分物质堆积于湾内,部分物质顺落潮流带出湾外。

(4)南部水下浅滩。

北起湘子门,向南包括崔家潞湾、利根湾、琅琊湾、棋子湾,大致呈带状分布。外缘水深范围在15m左右,一般宽度为2~9km,平均坡度为3‰。物质组成较复杂,崔家潞湾为黏土质粉砂,口门为粉砂质砂,湾外为砂、粉砂质黏土,琅琊湾至棋子湾,大部分为黏土质粉砂。青岛斋堂岛外为侵蚀浅滩,宽度为1~2km,水深达20m,底质为细砂。该岸段物质来源较丰富,入海泥砂大部分堆积于岸边,余者构成了水下浅滩物质,全新世海相层的厚度一般不超过10m。

3)海底堆积平原

位于成山角至崂山头岸外10~20m等深线附近,与黄海北部的海底堆积平原相接,形成了环山东半岛的海底堆积平原,南部被海底冲蚀平原所代替。地形平坦,坡度为0.3‰,向外海倾斜。表层沉积为黏土质粉砂,黏土含量自北向南逐渐增加,反映了动力条件绕过成山角后逐渐减弱。全新世海相层自岸向深水方向逐渐变厚,最大厚度不超过10m。在成山角处发育有大型的冲刷槽,近南北向长条状分布,最大深度可达80余米,槽内物质自北向南逐渐变细,依次为砂砾、粗砂、中砂、粉砂质砂,反映了水动力条件自北向南减弱(最大流速为140cm/s),向南逐渐分选堆积,形成了粗物质堆积带。

4)海底冲蚀平原

位于崂山湾至棋子湾,水深在15~30m以外,地形坡度为0.3‰,有近平行岸线的凹槽长度为40余千米,宽为1km,槽内物质较周围为细。海底冲蚀平原沉积物粒度变化较大,含大量钙质结核及贝壳碎片,砾石具棱角,分选差。北部(灵山岛以北)主要由更新世陆相沉积层构成,其上覆有厚度小于数十厘米的残余沉积物(砂—粉砂—黏土),南部主要由残留砂组成。它们是晚更新世的古平原地面,被全新世海侵淹没,并受到现代海洋动力的冲蚀作用,使海底表层不断受到改造,但仍保留原始地貌形态。

三、山东半岛东北部海域

即蓬莱角至威海成山头毗邻海域。

1.自然风光

山东半岛东北部海域属于暖温带季风型气候,四季变化和季风进退都比较明显。年平均日照2700h,无霜期长达200余天,相对湿度65%,空气湿润,降水适中,具有冬无严寒、夏无酷暑的气候特点。

1)气温

山东半岛东北部海域年平均气温12℃,最热月出现在8月,月平均气温为24℃,极端最高气温为

38.8℃；最冷月出现在1月，月平均气温为−1℃，极端最低气温为−14.9℃(2012年)。

2)降水量

山东半岛东北部海域年平均降水量为700mm。年降水量最多为1 173.7mm(1964年)，年降水量最少为398.8mm(1999年)。全年降水量大部分集中在夏季，6—8月的降水量约占全年总降水量的55%；冬季降水量最少，有的月份无降水，12月至次年1月的降水量约占全年总降水量的5%。

3)风速

山东半岛东北部海域年平均风速为5.2m/s。全年之中春季平均风速最大，夏季的平均风速最小。无洪水，基本不受台风的影响。

2. 海岸

该区域海岸类型有砂质海岸和基岩海岸。海岸类型及分布详见表7-5。

表7-5　山东半岛北部海域海岸类型分布表

海岸类型	小类	分布位置	备注
砂质海岸	沙坝-潟湖海岸	牟平区养马岛(象岛)—双岛港	海岸沙丘发育
		威海市皂埠—河口村(马兰湾西)	
	滨海小型平原海岸	烟台市大沽夹河小型平原海岸	
基岩海岸	岬湾海岸	蓬莱阁至八角较平直的岬湾岸	以细砂为主
		芝罘岛至养马岛(象岛)基岩连岛坝岸	
		双岛湾至皂埠基岩岬湾岸	呈突角状
		河口村至成山角蚀退的岬湾岸	
	玄武岩台地海岸	蓬莱	

1)砂质海岸

砂质海岸包括沙坝-潟湖海岸和滨海小型平原海岸。

(1)沙坝-潟湖海岸。

①牟平区养马岛(象岛)—双岛港：本段海岸特点是海岸沙丘发育，分布广面积大。金山港—双岛港一线，沙丘海岸长达18km，宽2～3.5km，是山东沿海沙丘岸规模最大的区段。

②威海市皂埠—河口村(马兰湾西)：该段在柳夼以西有大面积的沙坝与潟湖发育，沙坝在风的作用下形成海岸风成沙丘。

(2)滨海小型平原海岸。

该海域滨海小型平原海岸仅有烟台市大沽夹河小型平原海岸。大沽夹河年均输沙量在35.4×10^4t左右，在河口区淤积形成平原。该平原南北长约6km，东西宽超过4km。位于大沽夹河西岸胜利东村的钻孔剖面层序大体代表了平原发展演变的过程。0～11m为中细砂，11～17m为黏土质砂质粉砂，17～17.5m为黏土质粉砂和砂质粉砂，17.5～21.6m为粗砂砾石层。粒度、矿物、孢粉和微体古生物等多项分析结果表明，17.5m以下为晚更新世的沉积层，17.5m以上层位为全新世海积与河流冲积共同作用的结果。

2)基岩海岸

基岩海岸包括岬湾海岸和玄武岩台地海岸。

(1)岬湾海岸。

①蓬莱阁至八角较平直的岬湾岸：本段岸线较为开阔平直，海滩一般宽50～100m，以细砂为主，在无灾害性天气情况下岸滩较为稳定。

②芝罘岛至养马岛(象岛)基岩连岛坝岸:芝罘岛为一长方形的基岩岛,由一长3km的连岛坝与陆地相连。芝罘岛连岛坝无论其形成过程及形态特征,在我国都是最典型的。其连岛坝的形成主要是芝罘岛阻挡了由北面来的风浪,使岛的南部形成波影区,大沽夹河口的东移漂砂和岛上侵蚀下来的砾石渐渐在这里堆积起来,逐渐形成了连岛坝。芝罘岛北部海蚀地貌发育,为侵蚀岸。另外,养马岛的东端与陆地之间也发育了连岛坝的雏形。

③双岛湾至皂埠基岩岬湾岸:本岸段位于威海附近,呈突角状。突出于北黄海南岸,因受地质构造的控制,山势呈东偏北走向。突角西部山、谷相间构成岬湾,东部威海湾处于北部孙家疃和南部皂埠两岬角之间,湾口有刘公岛屏障,湾内浅滩水深5～8m。

④河口村至成山角蚀退的岬湾岸:此段岸线多岬湾,沿岸水深较大,成山角附近岸边水深流急,各种海蚀地貌发育。其西多有较小的阔口海湾,如马兰湾、龙眼湾等。岸边激浪虽较成山角弱,但仍有较强的冲击力量。

(2)玄武岩台地海岸。

仅发育在蓬莱。新生代玄武岩组成的海蚀崖直立海滨,其下发育有宽数十米的海蚀平台,各种海蚀地貌发育。玄武岩海蚀崖的高度各地有所不同,有的崖高可达数十米。陡崖之下有磨圆较好的砾石滩。

3. 海底地貌

区内地貌类型及分布详见表7-6。

表7-6　山东半岛北部海域海底地貌类型分布表

类型	分布位置	备注
水下浅滩	套子湾至养马岛水下浅滩	水深范围0～10m
	养马岛至成山角水下浅滩	外缘水深为10m
海底堆积平原	水下浅滩以外	外缘水深可达40余米

1)水下浅滩

(1)套子湾至养马岛水下浅滩。

分布于套子湾至养马岛之间,水深范围0～10m,由于芝罘岛与崆峒岛远离岸边,使水下浅滩呈“M”形。芝罘岛现已成为陆连岛,将浅滩分为东西两个部分,并拦截了西面大沽夹河入海物质,西部地形简单,坡度较大,可达5‰,且物质较粗,东部地形平缓,组成物质较细。

(2)养马岛至成山角水下浅滩。

分布于养马岛至成山角的近岸,外缘水深为10m,呈带状绕岸分布,宽度为1～2km,水深5m以浅的沉积物为中细砂,因受N—NE向波浪作用,常形成双列或单列水下沙坝。5～10m间的沉积物为砂—粉砂—黏土,威海以东为黏土质粉砂,此岸段浪和流的作用均有所增强。

2)海底堆积平原

分布于水下浅滩以外,外缘水深可达40余米,海底地形开阔平坦,坡度为0.17‰,向北倾斜。表层沉积物为黏土质粉砂,并随水流增加,沉积物粒度逐渐变粗,而成为粉砂,反映了海底平原的物质有向岸方向运移的趋势。海底堆积平原下部埋藏着古阶地,在45m水深处,晚更新世古地面已暴露于海底,形成冲蚀平原,在群岛之间及岬角处广泛分布有冲刷槽,最深处可达80余米,与周围相差30～40m。冲刷槽长轴方向与潮流一致,其形态受沿岸地形控制。

四、庙岛群岛附近海域

1. 自然风光

庙岛群岛附近海域属暖温带季风型大陆性气候,具有冬暖夏凉、润而不潮、热而不燥的气候特点。

年平均日照2800h，无霜期长达200余天。年平均气温11.9℃，月均温最高为24.5℃，最低－1.6℃。年平均降水量560mm。

2. 海岸

该区域海岸类型为基岩海岸。具体包括岬湾海岸和玄武岩台地海岸。

1）岬湾海岸

庙岛群岛各岛均为小型岬湾海岸，各岛屿上的海蚀地貌特别发育，壮观奇特，类型齐全。小的海湾发育有砾石滩，砾石多为石英岩，万斛珠玑、洁白如玉，其中月牙湾的砾石滩闻名国内外。

2）玄武岩台地海岸

庙岛群岛中新生代玄武岩组成的海蚀崖直立海滨，其下发育有宽数十米的海蚀平台，各种海蚀地貌发育。玄武岩海蚀崖的高度各地有所不同，有的崖高可达数十米。陡崖之下有磨圆较好的砾石滩。

3. 海底地貌

该海域海底地貌主要为水下浅滩，包括庙岛浅滩、登州浅滩等。

1）庙岛浅滩

庙岛浅滩分布于南北长山岛及大黑山岛、小黑山岛之间，南侧被庙岛海峡隔开，为离开大陆的岛间水下浅滩。海底地形较复杂，水深在10或20m范围之内，物质组成为粉砂及黏土质粉砂，其形成与群岛环境直接有关。迎浪、迎流面受到海水的强烈侵蚀，背面却快速堆积，使水下浅滩迅速增长。

2）登州浅滩

登州浅滩分布于庙岛海峡南侧近岸地带呈指状向渤海湾内伸展。最大水深可达20m，最浅点为5m，中间高、南北低，坡度较陡，物质组成为中粗砂、中细砂及砂—粉砂—黏土，有分带性，自西向东逐渐变细，受潮流作用明显。

五、黄河口与山东半岛北部海域

1. 自然风光

黄河口与山东半岛北部海域属于暖温带半湿润大陆性季风气候，冬寒夏热，四季分明。春季，干旱多风，早春冷暖无常，常有倒春寒出现，晚春回暖迅速，常发生春旱；夏季，炎热多雨，温高湿大；秋季，气温下降，雨水骤减，天高气爽；冬季，天气干冷，寒风频吹，雨雪稀少。年平均日照2650h，平均无霜期200余天，相对湿度65％。

1）气温

黄河口与山东半岛北部海域年平均气温12.2℃，最热月出现在7月，月平均气温为26.6℃，极端最高气温为41.5℃（1972年7月5日）；最冷月出现在1月，月平均气温为－3℃，极端最低气温为－23.3℃（1972年1月23日）。

2）降水量

黄河口与山东半岛北部海域年平均降水量为600mm。其中夏季降水最多，占全年降水量的65.6％；冬季降水最少，占全年降水量的3.7％。

3）风速

黄河口与山东半岛北部海域夏季炎热多雨，有时受台风侵袭，冬季天气干冷，寒风频吹，主要为北风和西北风。

2. 海岸

该区域海岸类型有粉砂淤泥质海岸、砂质海岸和基岩海岸，海岸类型及分布详见表 7-7。

表 7-7　黄河口与山东半岛北部海域海岸类型分布表

<table>
<tr><th>海岸类型</th><th>小类</th><th>分布位置</th><th>地貌形态</th><th>备注</th></tr>
<tr><td rowspan="11">粉砂淤泥质海岸</td><td rowspan="6">黄河三角洲粉砂淤泥质海岸</td><td>西起漳卫新河，东南至小沙附近，沿平均高潮线断续分布</td><td>贝壳堤（岛）</td><td rowspan="3">古代黄河三角洲海岸</td></tr>
<tr><td>套尔河口大湾</td><td>残留冲积岛</td></tr>
<tr><td>入海的河沟</td><td>潮水沟</td></tr>
<tr><td rowspan="3">以垦利县之宁海为顶点，其西侧抵徒骇河—套尔河口，东南侧大致在宁海—胜坨至淄脉沟口一线</td><td>陆上三角洲平原</td><td rowspan="3">近代黄河三角洲海岸</td></tr>
<tr><td>潮滩</td></tr>
<tr><td>水下三角洲</td></tr>
<tr><td rowspan="5">莱州湾南岸粉砂质海岸</td><td rowspan="5">西起小清河口，东至莱州市虎头崖</td><td>河流尾闾槽道</td><td></td></tr>
<tr><td>天然堤河口拦门沙</td><td></td></tr>
<tr><td>河间洼地</td><td></td></tr>
<tr><td>潮水沟</td><td></td></tr>
<tr><td>河口沙坝</td><td></td></tr>
<tr><td rowspan="4">砂质海岸</td><td rowspan="4">沙坝-潟湖海岸</td><td>莱州市刁龙嘴</td><td></td><td>复式羽状沙嘴</td></tr>
<tr><td>叼龙嘴—三山岛</td><td>宽阔的沙坝和海滩平原及潟湖和潟湖平原</td><td></td></tr>
<tr><td>三山岛—龙口</td><td>古海湾、古潟湖</td><td></td></tr>
<tr><td>龙口—栾家口</td><td></td><td></td></tr>
<tr><td rowspan="3">基岩海岸</td><td>岬湾海岸</td><td>莱州市虎头崖至青鳞铺较稳定的岬湾岸</td><td></td><td></td></tr>
<tr><td>黄土台地海岸</td><td>蓬莱城西—栾家口—泊子、莱州市海新庄—海庙口附近</td><td></td><td></td></tr>
<tr><td>玄武岩台地海岸</td><td>龙口</td><td></td><td></td></tr>
</table>

1)粉砂淤泥质海岸

粉砂淤泥质海岸西起漳卫新河河口，东止于莱州市的虎头崖，全长约 631.0km。占全省海岸的 19%。按其成因和物质组成又可分为黄河三角洲粉砂淤泥质海岸和莱州湾南岸粉砂质海岸两种地貌。

(1)黄河三角洲粉砂淤泥质海岸。

黄河三角洲按新老发育阶段可分为两段，其中漳卫新河至套尔河一段为古代黄河三角洲海岸，套尔河至淄脉沟一段为 1855 年以后形成并发育的近代黄河三角洲海岸。

①古代黄河三角洲海岸。

古代黄河三角洲海岸，岸线被一系列喇叭状河口和潮沟切割显得支离破碎，曲折率为 3.8，海岸走向为 55°。地貌如下：

A. 贝壳堤（岛）。

贝壳堤岛西起漳卫新河，东南至小沙附近，沿平均高潮线断续分布，由贝壳层堆积而成，为波浪及潮流冲积之产物。贝壳堤岛平面形态多为长条状新月形，弧顶向海，两翼向陆微弯，堤顶一般高出平均高潮线1～2m，宽20～100m不等，堤身的向海侧多有海蚀陡坎带分布，各贝壳堤岛总体呈NW-SE向新月形岛链状，为我国北方泥质海岸独特的地貌景观。其总体规模以套尔河口以西者为大，在套尔河以东者逐渐延伸入潮滩内部，形体逐渐变小。

套尔河以西贝壳堤位于现“滨州贝壳堤岛与湿地自然保护区”内，保护区内的古贝壳堤与河北省的贝壳堤相连，是整个渤海西岸贝壳堤岛链的重要组成部分，也是目前国内唯一新老并存、不断生长的贝壳堤，它以其完整性、典型性和高贝壳含量而著称。保护区内主要分布两列贝壳滩脊系列高地，一为埋藏型，二为堤岛裸露型。埋藏型贝壳堤自张家山子、李家山子、邢家山子、下泊头、马家山子至杨庄子，长约20km、呈NW-SE向延伸的条带高地，地表0.5m以下为厚1～2m的贝壳—贝壳碎屑层，贝壳层中含淡水，目前均辟为耕地。只有下泊头村东侧尚保存一片未被辟为耕地的贝壳堤，剖面中尚见贝壳碎屑层、斜层理和完整贝壳。

裸露型贝壳堤主要位于大口河口至套尔河口岸段高潮线附近，发育典型，贝壳堤呈NW-SE向延伸，高1.0～2.5m，局部高3～4m，受河流或潮沟切割，不连续，自西向东依次为大口河堡、高坨子、棘家铺子、王子岛和赵沙子。大口河堡贝壳堤岛位于大济公路起点，漳卫新河口东侧，至2009年，该岛侵蚀较为严重，并且黄骅港和滨州港的建设大大加剧了侵蚀情况。高坨子贝壳堤位于大口河堡的东侧，属于新生贝壳堤，尚有不断增长的趋势。新翻越上来的贝壳伏于老堤之上，贝壳多为完整形态，向东侧蜿蜒伸展。王子岛贝壳堤位于马颊河的西侧，与棘家堡子相连，贝壳堤高出平均高潮线3～4m，宽100～150m，目前贝壳堤向海侧有1～2m高陡坎，部分岸段还剥露出贝壳层下的粉砂黏土层。贝壳碎屑层厚3～8m，向东南伸展约1km，老堤尖灭，是目前形态基本完整、保存状况基本稳定的一段。靠海侧亦有新堤发育，仍处于稳定加积阶段。现今由于发展经济，马颊河以东至套尔河岸段的贝壳堤均已开发为盐田。

渤海湾沿岸不同时代的贝壳堤岛共有48座，按其成因又可分为两种类型：一种是开敞型贝壳堤岛，均沿高潮线分布；另一种是潮沟型贝壳堤，沿局部潮沟湾岸分布，以星点状形式分布于高潮滩。

B. 残留冲积岛。

残留冲积岛为黄河故道天然堤残块，水平层理发育，风化后呈棕色“红土层”。在套尔河口大湾中，这样的冲积岛即有10座，有的冲积岛向海或向沟的一侧发育有现代贝壳滩。高潮时，四面环水的残留冲积岛及被潮水破坏的贝壳堤形成的沙岛是这一地段的特点。

C. 潮水沟。

本区潮水沟极为发育，入海的河沟道汊较多，它们主要依靠涨落潮流维持。目前这些河道的主要入海口门多呈喇叭口状，口门附近都有拦门沙。

②近代黄河三角洲海岸。

近代黄河三角洲为1855年黄河夺大清河入海以来所形成的三角洲冲积平原，其范围大致以垦利县之宁海为顶点，其西侧抵徒骇河—套尔河口，东南侧大致在宁海—胜坨至淄脉沟口一线。自陆向海可分为3个地貌带：陆上三角洲平原、潮滩、水下三角洲。

(2)莱州湾南岸粉砂质海岸。

西起小清河口，东至莱州市虎头崖，岸线全长120多千米。沿岸注入湾内的河流较多，主要有小清河、弥河、白浪河、虞河、堤河、潍河和胶莱河等，这段海岸未受黄河河道尾闾的直接影响，无论从海岸地貌成因类型还是物质组成上都与黄河三角洲海岸不同，而自成体系。包括河流尾闾槽道、天然堤河口拦门沙、河间洼地、潮水沟和河口沙坝等。潮间带十分平缓，宽达5～6km，最宽达9km。受潮流作用，潮间带分为潮间上带、中带和下带。

2)砂质海岸

该区砂质海岸仅有沙坝-潟湖海岸1种类型。主要分布在莱州市刁龙嘴—蓬莱市栾家口。

刁龙嘴是复式羽状沙嘴，其发育过程几乎代表了刁龙嘴—龙口岸线全部变化过程。目前沙嘴经常被风改造，并掩埋了附近的潟湖及冲积—海积平原。沙嘴末端冲淤变化显著，并逐渐向西延伸。

叼龙嘴—三山岛段分布宽阔的沙坝和海滩平原及潟湖和潟湖平原，河流在潟湖上游荡泛滥，三角洲沉积层楔形覆盖于潟湖地层之上。该段海岸为复式夷平岸，海岸泥砂来源于海底来砂、河流输砂和自东北向西南的泥砂流。沿岸形成1～2km宽沙嘴式沙坝和海滩平原，沙坝高4～6m，自东北向西南逐渐增宽，最宽处在叼龙嘴附近，约5km，表面沙脊呈雁行式排列。沙坝由含细砾中粗砂组成，具丰富的冲洗交错层理。

三山岛—龙口区间古海湾、古潟湖发育，一般在沙坝的内侧多有潟湖存在。由于陆源物质较丰富，局部地区的河口岸线在逐渐向海推进。三山岛一带海滩宽度100至200多米不等。

龙口—栾家口段，海滩平均宽度约150m，屺姆岛连岛坝的存在，说明沿岸泥砂以自东向西的纵向运动为主，屺姆岛连岛坝是本段最大的连岛沙坝，其北岸海滩较窄，约100m，南部较宽，大于150m。

3)基岩海岸

基岩海岸包括岬湾海岸、黄土台地海岸和玄武岩台地海岸。

(1)岬湾海岸。

位于莱州市虎头崖至青鳞铺较稳定的岬湾岸。虎头崖附近有海蚀崖发育。陆源物质较少，海岸无明显的冲淤变化，处于较稳定状态。

(2)黄土台地海岸。

主要分布在蓬莱城西—栾家口—泊子一带。此外，莱州市海新庄—海庙口附近也有零星分布。黄土台地海岸的特点是黄土堆积台地直插岸边并延伸到水下，从而构成独特的几近直立的黄土海蚀崖。黄土台地由更新世中期以后的黄土状堆积物所组成，海水直捣黄土崖下。海蚀崖陡直雄伟，陡崖之下为浪蚀台地(由黄土状堆积物组成)，台地上发育有薄层粉砂或细砂沉积。

(3)玄武岩台地海岸。

主要分布在龙口市。新生代玄武岩组成的海蚀崖直立海滨，其下发育有宽数十米的海蚀平台，各种海蚀地貌发育。玄武岩海蚀崖的高度各地有所不同，有的崖高可达数十米。陡崖之下有磨圆较好的砾石滩。

3. 海底地貌

该海域根据海底地貌特点分为莱州湾西岸海区和莱州湾东岸海区。区内地貌类型及分布详见表7-8。

表7-8　黄河口与山东半岛北部海域海底地貌类型分布表

类型	小类	分布位置	备注
水下三角洲	黄河现行流路水下三角洲	黄河尾闾	莱州湾西岸海区(西起漳卫新河河口，东至莱州市虎头崖)
	小型河口水下三角洲	套尔河、淄脉沟、小清河、弥河、潍河及胶莱河等河口	
水下浅滩	北部浅滩	近代黄河三角洲废弃河口段	
	南部浅滩	小岛河河口以南，与莱州湾顶部水下浅滩连成一片，直至莱州市虎头崖	
海底堆积平原		黄河水下三角洲及水下浅滩之外	
水下三角洲		界河口	莱州湾东岸海区(西自莱州市虎头崖东至庙岛群岛)
水下浅滩		全区分布	
海底堆积平原		水深10m等深线以外	

1)莱州湾西岸海区

西起漳卫新河河口，东至莱州市虎头崖，包括整个黄河三角洲及莱州湾顶部沿岸海域。该区受黄河入海泥砂影响，水动力条件以潮流作用为主，水下地形平坦，以强烈堆积为其特点。地貌类型有水下三角洲、水下浅滩及海底堆积平原3大类型。

(1)水下三角洲。

水下三角洲是该区的重要地貌类型，按其规模又可分为黄河现行流路水下三角洲及小型河口水下三角洲。

①黄河现行流路水下三角洲：黄河尾闾流路多变，不同时期的流路形成了各自的三角洲体-亚三角洲。流路一旦被废弃，与该流路有关的三角洲相应废弃，并在海洋动力作用下被改造，进入了在三角洲基础上的海岸过程，水下三角洲所具有的特征也逐渐消失。现行流路水下三角洲系指1976年6月黄河人工改道自清水沟入海以来形成，现正处于发展中的水下三角洲。北起五号桩南黄河北大堤头岸外，南至小岛河口岸外。至水深13m处，水下三角洲略呈扇形，向SEE方向延伸，坡度为3‰～5‰。由于黄河年平均入海泥砂量为10.49×10^{8}t，故三角洲生长迅速，一般年平均淤高1.0m，最大可达2.5m，河口年平均向海推进2250m。三角洲由粗粉砂组成，向外逐渐变为粉砂及黏土质粉砂。在三角洲南、北两翼各有一处“烂泥湾”，由含水量很高的半流动状的粉砂和黏土组成，呈卵形。南部范围稍大，为渔船的良好避风锚地。

②小型河口水下三角洲：该区沿岸除黄河行水河口外，还有许多小河入海。其中套尔河、淄脉沟、小清河、弥河、潍河及胶莱河等，挟带入海的泥砂也在河口外建造了小型水下三角洲，叠加在近岸水下浅滩之上。这些小型三角洲大小不一，形态各异，有的相邻两个三角洲互相连接，互相穿插沉积。沉积物有明显的分带性，自岸边向海逐渐变细。如小清河三角洲，自河口向海依次分布着粉砂质砂(含贝壳)、砂质粉砂、粉砂质黏土。这些小型水下三角洲均明显地受潮流作用。

(2)水下浅滩。

该区水下浅滩被黄河现行流路水下三角洲分隔成南北两个部分，北部浅滩分布在近代黄河三角洲废弃河口段。外缘水深为5～13m，宽度为3～8km，平均坡度自北向南为6‰、1.6‰～3.3‰及1.3‰，组成物质为粗粉砂、砂质粉砂、粉砂及黏土质粉砂。向南有逐渐变细的趋势。该浅滩是在近代黄河尾闾历次流路所形成的三角洲的基础上(由于入海口改道，至今物质供应短缺)，在流、浪、潮的作用下，经改造而成。南部滩浅，分布于小岛河河口以南，与莱州湾顶部水下浅滩连成一片，直至莱州市虎头崖。外缘水深为5m左右，海底坡度5‰，与北部相比，较为平缓，近岸物质为砂质粉砂，中间为粉砂质砂，向外又过渡为砂质粉砂，泥砂多来源于沿岸小河，以弥河口为界，西部仍受黄河泥砂影响，东部影响甚微。

(3)海底堆积平原。

分布于黄河水下三角洲及水下浅滩之外，地形平坦，坡度为0.25‰，向渤海中部倾斜。沉积物类型简单，南部以粉砂为主，北部以粉砂质黏土和黏土质粉砂为主，与黄河水下三角洲物质近似。显然是黄河入海泥砂及黄河三角洲物质在波浪和海流的作用下，经再悬浮后搬运到这里沉积的。

2)莱州湾东岸海区

该段区西自莱州市虎头崖东至庙岛群岛，海底地形简单。10m等深线离岸仅2～4km，且与岸线轮廓相似。10m以外地形平坦，坡度甚缓，陆源物供应不足。水动力因素主要表现为NE-SW向的往复流，及来自北偏西的波浪。除界河口有小型水下三角洲外，近岸发育有水下浅滩，向外为海底堆积平原。

(1)水下浅滩。

为本区的主要地貌类型，总体上呈锯齿状，其尖端指向西偏北，浅滩宽度较窄，近岸部分常有单列或双列水下沙坝，沉积物较粗，海岸至浅滩有明显的分带性，近岸为砂砾、粗砂，向外过渡为细砂、砂质粉砂。水下浅滩的形成，除受来自北偏东向的沿岸流及风浪影响外，还受地质构造控制，如莱州浅滩、屺姆岛浅滩及桑岛浅滩。它们都是由于离岸有岛礁作为浅滩基础，拦截过往泥砂而构成的三角形或异形水下浅滩。

(2)海底堆积平原。

分布于水深10m等深线以外，海底地形平坦，坡度甚缓，仅为0.25‰。组成物质以粉砂为主，局部为砂质粉砂或黏土质粉砂。总体来看，其沉积物粗于莱州湾西部海底平原，反映该海底平原具有不同的泥砂来源。由于泥砂来源不足，目前处于缓慢堆积过程。

第二节 海洋环境质量现状

2013年，山东省海洋环境质量状况总体维持在较好水平。符合第一类海水水质标准的海域面积约占山东省毗邻海域面积的87.4%，海水中无机氮和活性磷酸盐超标导致了近岸局部海域的富营养化，重度富营养化海域主要分布在小清河口海域和丁字湾海域。符合第一类海洋沉积物质量标准的站位比例在90%以上。全省海域共鉴定出浮游植物160种，主要类群为硅藻和甲藻；浮游动物99种，主要类群为桡足动物和毛颚动物；底栖动物322种，主要类群为环节动物、软体动物和节肢动物。海水增养殖区环境质量总体能够满足养殖活动要求；重点海水浴场和滨海旅游度假区环境状况良好；海洋保护区环境状况总体良好，主要保护对象数量基本保持稳定。海阳核电站邻近海域放射性核素含量处于我国海洋环境放射性本底水平。

一、生态现状

1.海洋生物多样性

2013年，山东省渔业厅在全省开展了近岸海域、海洋自然/特别保护区、水产种质资源保护区以及典型生态系统的海洋生物多样性状况监测，监测内容包括浮游植物、浮游动物和底栖动物的种类、组成和数量等。全省海域共鉴定出浮游植物160种，其中近岸海域94种、海洋自然/特别保护区94种、水产种质资源保护区101种、莱州湾典型生态系统84种、庙岛群岛典型生态系统77种，主要类群为硅藻和甲藻；鉴定出浮游动物99种(含浮游幼虫)，其中近岸海域45种、海洋自然/特别保护区67种、水产种质资源保护区55种、莱州湾典型生态系统59种、庙岛群岛典型生态系统48种，主要类群为挠足动物和毛颚动物；鉴定出底栖动物322种，其中近岸海域63种、海洋自然/特别保护区129种、水产种质资源保护区110种、莱州湾典型生态系统158种、庙岛群岛典型生态系统186种，主要类群为环节动物、软体动物和节肢动物。

2.生态系统健康状况

海洋生态健康指生态系统保持其自然属性，维持生物多样性和关键生态过程稳定并持续发挥其服务功能的能力。海洋生态系统的健康状况分为健康、亚健康知不健康3个级别。

健康：生态系统保持其自然属性。生物多样性及生态系统结构基本稳定，生态系统主要服务功能正常发挥。环境污染、人为破坏、资源的不合理开发等生态压力在生态系统的承载能力范围内。

亚健康：生态系统基本维持其自然属性。生物多样性及生态系统结构发生一定程度变化，但生态系统主要服务功能尚能发挥。环境污染、人为破坏、资源的不合理开发等生态压力超出生态系统的承载能力。

不健康：生态系统自然属性明显改变。生物多样性及生态系统结构发生较大程度变化，生态系统主要服务功能严重退化或丧失。环境污染、人为破坏、资源的不合理开发等生态压力超出生态系统的承载能力。生态系统在短期内无法恢复。

根据《近岸海洋生态健康评价指南》(HY/T 087—2005)，同时参照2013年5月发表的中国科学院海洋研究所硕士论文《山东半岛典型海域生态系统健康综合评价研究》(李虎，2013)，对山东半岛海域生态系统健康进行综合评价。

目前，海洋生态系统健康评价主要分为两种方法：①指示物种法，采用些指示生物，比如浮游生物和底栖动物等，来评价一个生态系统健康与否。②指标体系法，该法需要科学合理地建立一套评价指标体系，对大量复杂的环境信息进行筛选、提取和综合，相比较而言，指标体系法更能够综合地反映生态系统质量状况。目前，指标体系法被大多数学者认可，是国内外海洋生态系统健康常用的评价方法。与单一要素的评价方法相比，基于指标体系法的生态系统健康评价模型更能系统全面反映生态系统的真实状态。论文借鉴了HELCOM所建立的HOLAS评价方法和Borja等人所提出的AMBI指数法，并将其与国内常用的综合指数法相结合，提出了符合我国海域特点和生态管理要求的海洋生态系统健康评价方法。通过该方法，得到山东半岛近岸海域生态系统健康评价结果，如图7-1所示。

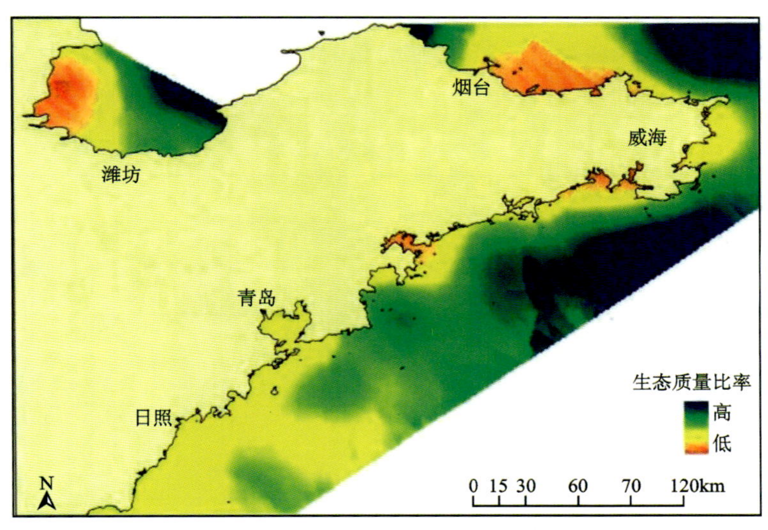

图7-1　山东半岛近岸海域生态系统健康评价结果

由图可知，山东半岛近岸海域生态系统健康状况基本呈现由外海到近岸逐渐变差的态势，其中生态健康状况较差的海域主要集中在莱州湾西南部、烟台北部海域、威海的沿岸海域以及山东半岛东南部海域。

对比分析莱州湾海域的数据发现，致使莱州湾西南部海域生态健康恶化的主要原因是叶绿素a超标严重以及鱼卵仔鱼种类和数量严重不足。莱州湾西南部海域附近黄河、小清河等河流的营养盐输入可能是导致该海域叶绿素a超标的主要原因，而根据2009年山东省海洋环境质量公报，海洋生物资源开发活动导致了莱州湾海域鱼类资源的衰退，而且小清河附近海域的陆源排污已经导致该海域不再适宜鱼卵仔鱼的生长发育。

而致使烟台、威海近岸海域生态健康状况较差的原因是石油类的严重超标，其最高浓度可达0.133mg/L。经进一步分析发现，造成烟台、威海近岸海域石油类物质超标的潜在原因有两个：首先，在地理位置上，烟台、威海近岸海域油田管道和海上钻井平台密布，在石油勘探、开采过程中不可避免地会有石油的溢露，尤其是采出水的抽取、排放和回注过程中会有大量的石油带入海洋环境；此外，根据2006年山东省海洋环境质量公报，2006年山东省共发生较大海洋渔业水域污染事故6起，污染面积达57 800多公顷，而烟台、威海近岸海域是进出渤海的重要航道，来往船只频繁，偶发的船舶碰撞事故以及船只正常行驶过程中都会或多或少地向海水中排放石油类物质。

分析丁字湾海域的评价结果发现，叶绿素a含量偏高是造成该海域生态健康较差的主要原因，入海河流可能是影响该海域生态健康的主要因素。该海域五龙河氨氮和总磷的年排放均超标严重，年排放量分别达 1.497×10^4 t 和 0.193×10^4 t，而且该海域溶解态无机氮浓度超标现象也很明显，这些浮游植物增殖所需的营养盐可能会导致该海域水体出现一些富营养化症状，同时也导致叶绿素 a 的含量偏高。

同时，分析日照海域数据发现，该海域浮游植物丰度偏高，且浮游动物丰度偏低，其中浮游植物丰度最高可达 347.6×10^5 ind/m^3，而浮游动物丰度均值仅为 637.8ind/m^3，这两者的异常是造成该海域生态健康状况偏差的主要原因。初步推测，该海域浮游生物丰度的异常可能与日照海域附近的海洲湾渔场有关。受附近陆地河流输入、黄海沿岸流以及黄海暖水团的影响，不同洋流的交汇为该海域带来了丰富的营养盐，从而给浮游植物的繁殖带来有利条件，进而导致浮游植物丰度偏高，而浮游动物丰度偏低可能与海洲湾渔场的鱼群大量索饵有关。

二、海水质量现状

依据《海水水质标准》(GB 3097—1997)，按照海域的不同使用功能和保护目标，海水水质分为 5 类(表 7-9)。

表 7-9　海水水质标准

<table>
<tr><th>评价项目</th><th>第一类</th><th>第二类</th><th>第三类</th><th>第四类</th></tr>
<tr><td>pH 值</td><td colspan="2">7.8～8.5</td><td colspan="2">6.8～8.8</td></tr>
<tr><td>悬浮物</td><td colspan="2">人为增加的量≤10</td><td>人为增加的量≤100</td><td>人为增加的量≤150</td></tr>
<tr><td>溶解氧
(DO)</td><td>＞6</td><td>＞5</td><td>＞4</td><td>＞3</td></tr>
<tr><td>化学需氧量
(COD)</td><td>≤2</td><td>≤3</td><td>≤4</td><td>≤5</td></tr>
<tr><td>无机氮
(以 N 计)</td><td>≤0.20</td><td>≤0.30</td><td>≤0.40</td><td>≤0.50</td></tr>
<tr><td>活性磷酸盐
(以 P 计)</td><td>≤0.015</td><td colspan="2">≤0.030</td><td>≤0.045</td></tr>
<tr><td>石油类</td><td colspan="2">≤0.05</td><td>≤0.3</td><td>≤0.5</td></tr>
<tr><td>汞</td><td>≤0.000 05</td><td colspan="2">≤0.000 2</td><td>0.000 50</td></tr>
<tr><td>铜</td><td>≤0.005</td><td>≤0.010</td><td colspan="2">≤0.050</td></tr>
<tr><td>铅</td><td>≤0.001</td><td>≤0.005</td><td>≤0.010</td><td>≤0.050</td></tr>
<tr><td>镉</td><td>≤0.001</td><td>≤0.005</td><td colspan="2">≤0.010</td></tr>
<tr><td>锌</td><td>≤0.02</td><td>≤0.05</td><td>0.10</td><td>0.50</td></tr>
<tr><td>砷</td><td>≤0.02</td><td>≤0.03</td><td colspan="2">0.05</td></tr>
<tr><td>总铬</td><td>≤0.05</td><td>≤0.10</td><td>0.20</td><td>0.50</td></tr>
</table>

注：pH 值无量纲，其他项单位均为 mg/L。

一类水质：各种海水环境监测指标符合第一类海水水质标准，适用于海洋渔业水域，海上自然保护区和珍稀濒危海洋生物保护区。

二类水质：有一个或多个海水环境监测指标超第一类海水水质标准，但各种海水环境监测指标均符合第二类海水水质标准，适用于水产养殖区、海水浴场、人体直接接触海水的海上运动或娱乐区，以及与人类食用直接有关的工业用水区。

三类水质：有一个或多个海水环境监测指标超第二类海水水质标准，但各种海水环境监测指标均符合第三类海水水质标准，适用于一般工业用水区，滨海风景旅游区。

四类水质：有一个或多个海水环境监测指标超第三类海水水质标准，但各种海水环境监测指标均符合第四类海水水质标准，适用于海洋港口水域，海洋开发作业区。

劣四类水质：有一个或多个海水环境监测指标超第四类海水水质标准。

水质评价的主要指标有：pH 值、悬浮物、溶解氧、化学需氧量、无机氮（以 N 计）、活性磷酸盐（以 P 计）、石油类、汞、铜、铅、镉、锌、砷、总铬。

2013 年，山东省海水中无机氮、活性磷酸盐、石油类和化学需氧量等指标综合评价结果显示，符合第一类海水水质标准的海域面积为 139 507km^2，约占山东省毗邻海域面积的 87.4%；符合二类、三类、四类及劣四类海水水质标准的海域面积分别为 8672km^2、7364km^2、1480km^2 和 2577km^2，劣四类海水中的主要超标物质为无机氮。无机氮和活性磷酸盐超标导致了近岸局部海域的富营养化，重度富营养化海域主要分布在小清河口海域和丁字湾海域，详见图 7-2。

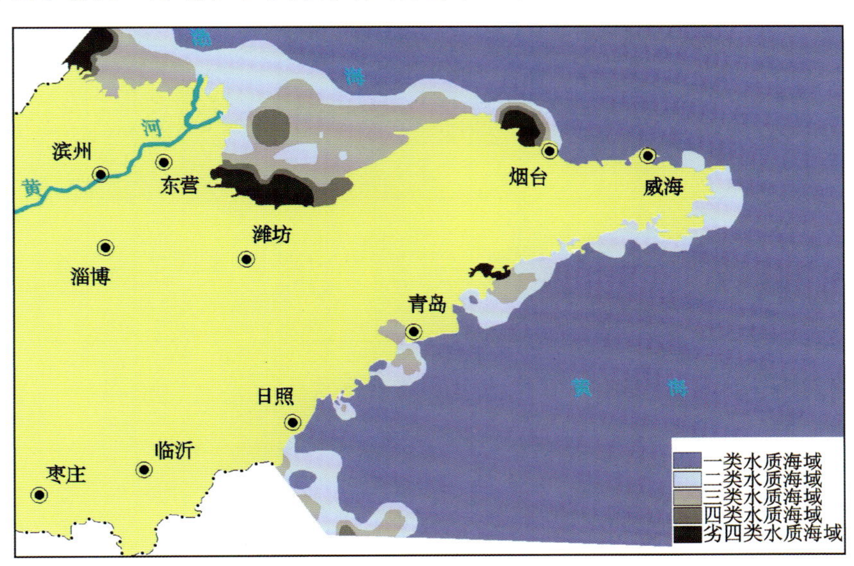

图 7-2 2013 年 8 月全省海域水质等级分布示意图

1. 日照市毗邻海域

日照市毗邻海域主要污染物为活性磷酸盐、无机氮，近岸海域主要为一类、二类水质海域，局部为三类水质海域；南部海域以二类水质为主，局部为三类水质海域。2012 年 3 月、4 月和 2010 年 9 月日照毗邻海域海水水质各因子评价结果见表 7-10，具体调查站位见图 7-3 和表 7-11～表 7-13。

参照《海水水质标准》(GB 3097—1997)对日照毗邻海域水质测试结果分析，发现表层和底层水水质的 pH 值、溶解氧、化学需氧量、活性磷酸盐、汞、镉、石油类等因子符合一类海水水质标准，无机氮、铜、铅、锌等因子不满足一类海水水质标准，符合二类水质标准。2013 年日照市近岸海域海水中无机氮、活性磷酸盐、石油类和化学需氧量等指标综合评价结果显示，近岸海域以清洁海域为主，海域清洁面积达 5440km^2，占近岸海域总面积的 90.7%。未达到清洁海域标准的海域面积约 560km^2，其中较清洁海域约 520km^2，轻度污染海域约 40km^2，轻度污染海域主要位于岚山港区外部海域，主要污染因子为无机氮。

表 7-10　日照毗邻海域水质调查结果表

站号	层次	盐度	pH 值	DO	COD	石油类	无机氮	活性磷酸盐	汞	铜	铅	锌	镉
				mg/L			μg/L						
RS01	表	31.601	8.21	8.76	1.01	0.026	131	10.48	0.025	6.77↑—	0.86	21.98↑—	0.71
RS01	底	31.569	8.23	9.08	0.98	—	134	9.07	0.024	8.12↑—	1.01↑—	23.33↑—	0.51
RS02	表	31.543	8.22	8.76	1.03	0.024	138	8.78	0.030	7.99↑—	0.77	19.69	0.65
RS02	底	31.552	8.23	8.99	1.00	—	147	8.78	0.022	7.25↑—	2.39↑—	18.58	0.50
RS03	表	31.565	8.27	8.75	0.95	0.020	147	8.50	0.025	6.58↑—	2.23↑—	22.36↑—	0.62
RS03	底	31.578	8.27	8.88	0.93	—	151	8.78	0.028	7.23↑—	1.28↑—	21.17↑—	0.55
RS04	表	31.568	8.26	9.00	0.91	0.016	154	9.35	0.023	7.36↑—	1.21↑—	20.78↑—	0.49
RS04	底	31.599	8.26	9.10	0.89	—	148	9.07	0.025	5.12↑—	1.07↑—	19.96	0.51
RS05	表	31.420	8.25	9.06	0.92	0.022	148	10.48	0.032	4.96	1.15↑—	18.59	0.45
RS05	底	31.463	8.24	8.91	0.95	—	141	9.35	0.030	6.12↑—	1.88↑—	18.26	0.39
RS06	表	31.429	8.24	8.96	0.99	0.024	154	10.77	0.032	8.05↑—	2.15↑—	20.39↑—	0.49
RS07	表	31.446	8.25	8.88	0.97	0.016	162	9.35	0.030	8.11↑—	1.27↑—	22.05↑—	0.42
RS07	底	30.803	8.26	9.19	0.91	—	165	9.92	0.032	7.51↑—	1.44↑—	23.28↑—	0.53
RS08	表	30.848	8.26	8.76	0.82	0.014	174	8.50	0.033	8.02↑—	1.20↑—	22.69↑—	0.62
RS08	底	30.802	8.27	8.16	0.83	—	177	10.77	0.028	7.55↑—	1.30↑—	19.68	0.55
RS09	表	30.836	8.23	9.04	0.86	0.028	141	10.20	0.025	7.36↑—	2.39↑—	23.97↑—	0.52
RS10	表	31.525	8.22	8.79	0.91	0.036	147	10.48	0.025	6.85↑—	2.42↑—	22.69↑—	0.40
RS10	底	31.058	8.22	9.21	0.88	—	158	8.78	0.029	7.26↑—	1.11↑—	21.37↑—	0.46
RS11	表	30.999	8.23	8.76	0.94	0.024	158	7.65	0.026	7.31↑—	1.26↑—	22.85↑—	0.45
RS11	底	31.058	8.24	9.40	0.98	—	151	7.93	0.025	6.58↑—	1.06↑—	23.91↑—	0.51
RS12	表	31.547	8.27	8.76	1.04	0.012	152	7.65	0.029	5.79↑—	1.33↑—	19.58	0.56
RS12	底	30.987	8.26	9.06	1.07	—	149	7.37	0.030	6.58↑—	1.32↑—	20.37↑—	0.58

续表 7-10

站号	层次	盐度	pH 值	DO	COD	石油类	无机氮	活性磷酸盐	汞	铜	铅	锌	镉
				mg/L			μg/L						
RS13	表	30.987	8.25	8.76	1.00	0.016	158	7.93	0.031	8.05↑—	0.75	18.56	0.43
RS13	底	30.973	8.26	9.25	0.96	—	175	7.37	0.032	8.31↑—	0.68	22.39↑—	0.39
RS14	表	30.966	8.28	8.76	0.94	0.014	186	7.65	0.036	7.58↑—	1.96↑—	24.31↑—	0.38
RS14	底	30.987	8.29	9.06	0.91	—	196	6.80	0.027	7.15↑—	1.22↑—	23.77↑—	0.44
RS15	表	30.869	8.23	8.46	1.01	0.018	198	11.05	0.025	8.13↑—	0.99	22.69↑—	0.47
RS16	表	30.847	8.22	9.08	1.03	0.024	201↑—	10.77	0.027	5.24↑—	2.03↑—	18.55	0.52
RS17	表	30.898	8.23	8.65	0.91	0.026	196	10.20	0.028	6.76↑—	1.63↑—	17.68	0.55
RS17	底	30.953	8.22	8.79	0.87	—	204↑—	9.92	0.029	7.39↑—	1.09↑—	23.62↑—	0.39
RS18	表	30.987	8.25	8.88	0.97	0.020	175	9.63	0.026	6.95↑—	1.57↑—	25.69↑—	0.41
RS18	底	31.250	8.25	9.00	1.00	—	159	9.07	0.027	6.06↑—	1.36↑—	16.99	0.43
RS19	表	30.985	8.30	8.89	0.94	0.020	151	9.35	0.030	6.12↑—	0.98	18.25	0.51
RS19	底	31.020	8.28	8.91	0.91	—	156	9.92	0.032	7.26↑—	1.09↑—	21.03↑—	0.76
RS20	表	30.916	8.19	8.96	0.96	0.022	158	9.63	0.034	7.07↑—	1.22↑—	19.21	0.65
RS21	表	30.896	8.21	8.46	1.03	0.022	154	9.92	0.032	6.33↑—	1.39↑—	20.36↑—	0.71
RS21	底	30.957	8.22	9.19	0.99	—	157	9.35	0.030	5.89↑—	2.12↑—	24.69↑—	0.58
RS22	表	30.929	8.21	9.25	0.96	0.018	131	9.63	0.026	6.88↑—	2.09↑—	26.36↑—	0.66
RS22	底	30.936	8.23	9.36	0.91	—	139	10.48	0.026	8.12↑—	1.85↑—	21.67↑—	0.57
RS23	表	30.925	8.28	9.04	0.93	0.020	138	10.20	0.028	7.85↑—	1.77↑—	20.45↑—	0.46
RS23	底	31.040	8.27	9.18	0.83	—	134	10.20	0.032	6.96↑—	1.69↑—	22.39↑—	0.45
RS24	表	30.895	8.20	9.21	0.95	0.022	147	9.35	0.031	8.02↑—	1.52↑—	22.64↑—	0.37
RS25	表	30.903	8.22	8.79	0.98	0.016	154	9.63	0.032	7.67↑—	1.37↑—	18.28	0.41
RS25	底	31.528	8.22	9.10	1.03	—	158	9.92	0.033	7.11↑—	1.69↑—	17.11	0.51

续表 7-10

站号	层次	盐度	pH 值	DO	COD	石油类	无机氮	活性磷酸盐	汞	铜	铅	锌	镉
				mg/L			μg/L						
RS26	表	30.957	8.25	8.79	1.00	0.018	151	9.07	0.032	6.31↑—	1.57↑—	19.39	0.63
RS26	底	30.897	8.24	8.99	0.98	—	155	9.35	0.032	7.67↑—	1.07↑—	21.36↑—	0.37
RS27	表	30.937	8.27	8.79	0.96	0.014	154	9.63	0.034	7.11↑—	0.96	23.69↑—	0.39
RS27	底	31.026	8.26	9.12	0.95	—	156	9.92	0.027	5.36↑—	1.12↑—	22.64↑—	0.35
2	表	31.537	8.21	8.56	0.87	0.013	212↑—	8.78	0.037	8.22↑—	1.33↑—	22.12↑—	0.89
3	表	31.546	8.24	8.96	0.95	0.007	215↑—	8.78	0.039	8.33↑—	1.52↑—	23.69↑—	0.81
3	底	31.570	8.25	9.05	0.97	—	123	9.07	0.041	7.15↑—	1.85↑—	20.89↑—	0.69
4	表	31.559	8.20	9.11	1.00	0.010	147	9.35	0.039	8.21↑—	2.22↑—	19.66	0.52
5	表	31.547	8.23	9.19	0.99	0.010	147	10.48	0.033	7.75↑—	1.78↑—	20.85↑—	0.55
5	底	31.552	8.22	9.52	1.00	—	166	9.07	0.032	7.26↑—	1.39↑—	22.69↑—	0.39
6	表	31.564	8.25	8.56	1.01	0.006	192	8.78	0.038	6.92↑—	1.25↑—	23.55↑—	0.43
6	底	31.555	8.26	9.06	0.95	—	195	9.35	0.039	7.35↑—	1.18↑—	20.17↑—	0.55
15	表	30.853	8.27	8.46	0.93	0.007	134	7.93	0.033	7.00↑—	1.95↑—	24.51↑—	0.47
15	底	30.819	8.28	9.10	0.90	—	138	7.37	0.035	6.99↑—	2.06↑—	18.57	0.37
16	表	31.233	8.27	8.78	0.93	0.010	136	7.08	0.028	6.78↑—	2.08↑—	22.36↑—	0.82
16	底	31.335	8.26	9.06	0.92	—	141	7.65	0.029	6.86↑—	2.36↑—	21.02↑—	0.85
17	表	31.276	8.27	8.79	0.99	0.013	110	7.37	0.030	7.24↑—	2.69↑—	20.33↑—	0.76
17	底	31.035	8.28	8.74	0.98	—	113	6.80	0.030	7.22↑—	2.56↑—	18.25	0.65
RG01	表	29.892	8.03	8.15	1.01	0.013	138	7.37	0.027	6.82↑—	2.27↑—	27.0↑—	0.51
RG02	表	29.936	8.07	8.24	1.03	0.007	128	5.98	0.030	6.67↑—	2.20↑—	26.3↑—	0.47
RG03	表	29.983	8.09	8.29	1.02	0.006	117	5.42	0.027	6.46↑—	2.18↑—	23.9↑—	0.46
RG04	表	29.937	8.07	8.32	0.97	0.013	125	8.21	0.022	6.75↑—	2.28↑—	23.7↑—	0.47

续表 7-10

站号	层次	盐度	pH 值	DO	COD	石油类	无机氮	活性磷酸盐	汞	铜	铅	锌	镉
				mg/L			μg/L						
RG05	表	29.713	8.09	8.38	0.98	0.011	127	7.09	0.028	6.62↑—	2.20↑—	24.6↑—	0.49
RG06	表	29.527	8.10	8.29	0.99	0.008	123	6.54	0.026	6.61↑—	2.30↑—	24.4↑—	0.46
RG07	表	29.661	8.12	8.37	1.05	0.006	121	5.98	0.030	6.69↑—	2.34↑—	25.3↑—	0.47
RG08	表	30.148	8.06	8.24	0.94	0.012	126	7.09	0.022	6.51↑—	2.09↑—	23.0↑—	0.45
RG08	底	30.220	8.03	8.24	0.94	—	125	7.65	0.026	6.61↑—	2.19↑—	23.7↑—	0.47
RG09	表	30.001	8.08	8.27	0.95	0.010	127	6.54	0.026	6.37↑—	2.19↑—	24.2↑—	0.47
RG10	表	30.263	8.07	8.27	0.89	0.007	133	5.14	0.022	6.37↑—	2.06↑—	23.0↑—	0.47
RG10	底	30.267	8.06	8.30	0.88	—	121	5.70	0.020	6.37↑—	2.07↑—	23.7↑—	0.45
RG11	表	30.351	8.08	8.30	0.91	0.007	133	4.86	0.019	6.21↑—	2.11↑—	24.4↑—	0.45
RG11	底	30.401	8.10	8.29	0.91	—	132	5.42	0.018	6.30↑—	2.20↑—	23.9↑—	0.47
RG12	表	30.070	8.02	8.32	1.05	0.013	199	8.21	0.022	6.52↑—	2.19↑—	27.2↑—	0.48
RG13	表	29.909	8.00	8.14	1.06	0.012	199	9.33	0.020	6.34↑—	2.21↑—	27.0↑—	0.49
RG14	表	30.105	8.04	8.15	0.99	0.010	181	6.26	0.021	6.48↑—	2.19↑—	24.9↑—	0.48
RG14	底	30.266	8.06	8.13	1.03	—	177	7.09	0.020	6.32↑—	2.23↑—	24.6↑—	0.47
RG15	表	30.148	8.09	8.29	0.99	0.008	166	5.98	0.020	6.21↑—	2.16↑—	23.5↑—	0.47
RG15	底	30.163	8.08	8.25	0.98	—	163	5.98	0.018	6.37↑—	2.21↑—	24.2↑—	0.49
RG16	表	30.070	8.12	8.26	0.95	0.007	137	5.42	0.020	6.15↑—	2.07↑—	23.7↑—	0.45
RG16	底	30.089	8.09	8.33	0.94	—	132	5.70	0.017	6.38↑—	2.19↑—	23.2↑—	0.47
RG17	表	29.613	7.99	8.06	1.19	0.019	237↑—	11.0	0.038	6.67↑—	2.38↑—	23.9↑—	0.51
RG18	表	29.617	8.04	8.11	1.18	0.017	219↑—	8.77	0.035	6.81↑—	2.42↑—	26.7↑—	0.52
RG18	底	29.812	8.05	8.08	1.20	—	209↑—	9.61	0.034	6.54↑—	2.36↑—	23.7↑—	0.50
RG19	表	29.740	8.05	8.19	1.00	0.014	141	7.37	0.027	6.32↑—	2.18↑—	23.9↑—	0.48

续表 7-10

站号	层次	盐度	pH 值	DO	COD	石油类	无机氮	活性磷酸盐	汞	铜	铅	锌	镉
				mg/L			μg/L						
RG19	底	29.937	8.03	8.16	1.01	—	131	7.65	0.024	6.31↑—	2.19↑—	26.0↑—	0.48
RG20	表	30.263	8.07	8.23	0.98	0.011	122	5.70	0.031	5.89↑—	2.27↑—	23.5↑—	0.49
RG20	底	30.507	8.05	8.21	0.98	—	120	6.54	0.029	6.00↑—	2.14↑—	24.9↑—	0.45
RG21	表	30.407	8.08	8.30	0.98	0.010	122	5.42	0.033	6.05↑—	2.26↑—	22.8↑—	0.45
RG21	底	30.623	8.09	8.27	0.96	—	116	5.98	0.030	6.09↑—	2.31↑—	24.4↑—	0.47
RG22	表	30.414	8.10	8.26	0.94	0.009	130	4.30	0.028	6.06↑—	2.08↑—	23.7↑—	0.46
RG22	底	30.572	8.10	8.20	0.93	—	126	5.14	0.036	6.18↑—	2.18↑—	24.9↑—	0.47
RG23	表	29.606	8.02	8.04	1.24	0.020	204↑—	7.65	0.036	6.68↑—	2.45↑—	26.0↑—	0.50
RG24	表	29.372	8.05	8.18	1.13	0.017	170	5.98	0.027	6.55↑—	2.18↑—	23.7↑—	0.47
RG24	底	29.888	8.04	8.12	1.10	—	165	7.09	0.025	6.10↑—	2.11↑—	22.5↑—	0.46
RG25	表	29.883	8.07	8.16	1.10	0.014	138	6.54	0.022	6.23↑—	2.20↑—	23.9↑—	0.46
RG25	底	29.953	8.06	8.14	1.07	—	140	6.54	0.024	6.00↑—	2.12↑—	22.5↑—	0.45
RG26	表	30.136	8.10	8.22	1.02	0.014	142	7.09	0.029	6.52↑—	2.23↑—	23.0↑—	0.46
RG26	底	30.378	8.08	8.16	1.00	—	143	7.37	0.026	6.62↑—	2.18↑—	21.4↑—	0.49
RG27	表	30.323	8.07	8.18	0.98	0.013	144	6.26	0.032	6.75↑—	2.21↑—	22.5↑—	0.50
RG27	底	30.344	8.08	8.18	0.99	—	147	6.54	0.028	6.48↑—	2.17↑—	23.9↑—	0.49
RG28	表	30.423	8.11	8.06	0.95	0.010	120	4.58	0.031	6.36↑—	2.17↑—	23.9↑—	0.47
RG28	底	30.446	8.09	8.04	0.96	—	123	5.14	0.036	6.45↑—	2.27↑—	26.0↑—	0.48
RG29	表	29.354	8.04	8.15	1.19	0.019	197	8.21	0.033	6.52↑—	2.24↑—	24.2↑—	0.49
RG30	表	29.357	8.06	8.15	1.15	0.019	180	7.09	0.029	6.67↑—	2.34↑—	25.1↑—	0.50
RG30	底	29.419	8.07	8.12	1.14	—	168	7.37	0.028	6.40↑—	2.17↑—	22.3↑—	0.48
RG31	表	29.925	8.08	8.18	1.06	0.015	141	5.98	0.020	6.13↑—	2.17↑—	23.2↑—	0.47

续表 7-10

站号	层次	盐度	pH 值	DO	COD	石油类	无机氮	活性磷酸盐	汞	铜	铅	锌	镉
				mg/L			μg/L						
RG31	底	30.042	8.08	8.16	1.06	—	145	6.53	0.025	6.34↑一	2.18↑一	21.6↑一	0.46
RG32	表	30.124	8.07	8.21	1.05	0.014	139	5.98	0.024	6.40↑一	2.21↑一	22.8↑一	0.47
RG32	底	30.384	8.09	8.18	1.04	—	133	6.54	0.028	6.38↑一	2.20↑一	21.4↑一	0.47
RG33	表	30.325	8.10	8.12	0.97	0.012	141	6.54	0.027	6.46↑一	2.21↑一	24.6↑一	0.50
RG33	底	30.350	8.09	8.09	0.97	—	127	6.26	0.024	6.54↑一	2.21↑一	26.3↑一	0.49
RG34	表	30.340	8.11	8.12	0.96	0.010	138	4.86	0.023	6.21↑一	2.10↑一	23.7↑一	0.47
RG34	底	30.441	8.10	8.11	0.96	—	132	5.42	0.026	6.37↑一	2.19↑一	26.0↑一	0.49
RG35	表	30.228	8.00	8.29	1.09	0.015	234↑一	11.0	0.022	6.73↑一	2.28↑一	27.2↑一	0.48
RG36	表	30.932	7.98	8.09	1.10	0.014	240↑一	11.6	0.023	6.72↑一	2.23↑一	27.0↑一	0.50
RG37	表	29.713	8.00	8.25	1.06	0.020	199	13.3	0.024	6.61↑一	2.31↑一	25.1↑一	0.51
RG37	底	30.089	8.01	8.21	1.06	—	195	14.9	0.022	6.74↑一	2.38↑一	26.3↑一	0.53
RG38	表	29.527	8.04	8.20	1.02	0.018	176	14.4	0.025	6.64↑一	2.32↑一	24.4↑一	0.50
RG38	底	29.999	8.03	8.18	1.02	—	173	13.8	0.024	6.79↑一	2.37↑一	24.9↑一	0.52
最大值		31.601	8.30	9.25	1.24	0.036	240↑一	14.9	0.041	8.33↑一	2.69↑一	27.2↑一	0.85
最小值		29.354	7.98	8.04	0.82	0.006	110	4.30	0.017	4.96	0.68	16.99	0.37

注：数据后有“↑一”为不符合《海水水质标准》(GB 3097—1997)第一类水质标准，满足《海水水质标准》(GB 3097—1997)第二类水质标准；“↑二”为不符合《海水水质标准》(GB 3097—1997)第二类水质标准，满足《海水水质标准》(GB 3097—1997)第三类水质标准；“↑三”为不符合《海水水质标准》(GB 3097—1997)第三类水质标准，满足《海水水质标准》(GB 3097—1997)第四类水质标准；“↑四”为不符合《海水水质标准》(GB 3097—1997)第四类水质标准。数据后无标注的均为满足《海水水质标准》(GB 3097—1997)第一类水质标准的数据。以下同。

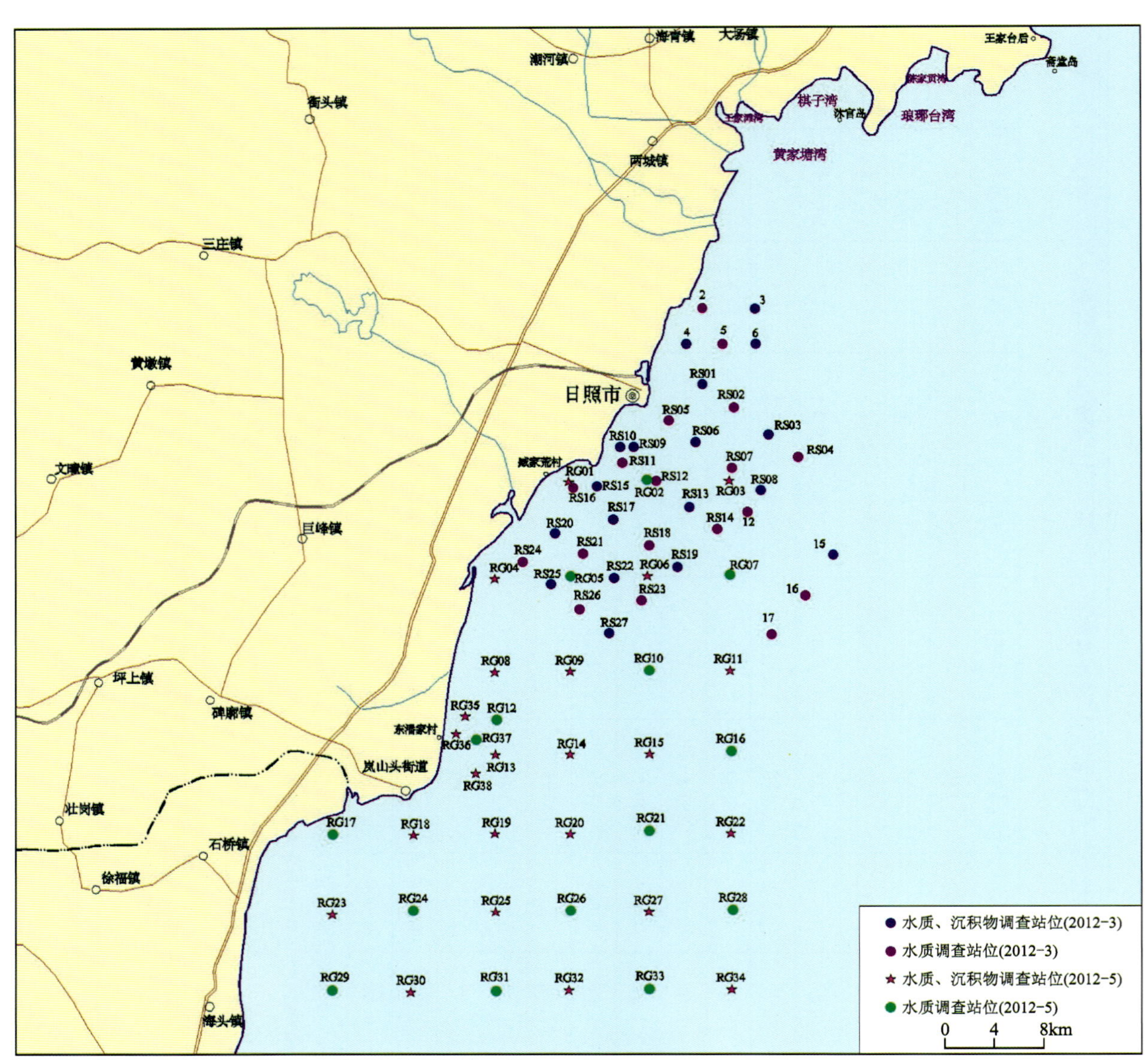

图 7-3 日照毗邻海域调查站位图

表 7-11 日照毗邻海域 2012 年 3 月调查站位表

站位	调查项目	站位	调查项目
RS01	水质、沉积物	RS19	水质、沉积物
RS02	水质	RS20	水质、沉积物
RS03	水质、沉积物	RS21	水质
RS04	水质	RS22	水质、沉积物
RS05	水质	RS23	水质
RS06	水质、沉积物	RS24	水质
RS07	水质	RS25	水质、沉积物
RS08	水质、沉积物	RS26	水质
RS09	水质、沉积物	RS27	水质、沉积物

续表 7-11

站位	调查项目	站位	调查项目
RS10	水质、沉积物	2	水质
RS11	水质	3	水质、沉积物
RS12	水质	4	水质、沉积物
RS13	水质、沉积物	5	水质
RS14	水质	6	水质、沉积物
RS15	水质、沉积物	15	水质、沉积物
RS16	水质	16	水质
RS17	水质、沉积物	17	水质
RS18	水质		

表 7-12　日照毗邻海域 2010 年 9 月调查站位表

站位	调查项目	站位	调查项目
RG01	水质、沉积物	RG20	水质、沉积物
RG02	水质	RG21	水质
RG03	水质、沉积物	RG22	水质、沉积物
RG04	水质、沉积物	RG23	水质、沉积物
RG05	水质	RG24	水质
RG06	水质、沉积物	RG25	水质、沉积物
RG07	水质	RG26	水质
RG08	水质、沉积物	RG27	水质、沉积物
RG09	水质、沉积物	RG28	水质
RG10	水质	RG29	水质
RG11	水质、沉积物	RG30	水质、沉积物
RG12	水质	RG31	水质
RG13	水质、沉积物	RG32	水质、沉积物
RG14	水质、沉积物	RG33	水质
RG15	水质、沉积物	RG34	水质、沉积物
RG16	水质	RG35	水质、沉积物
RG17	水质	RG36	水质、沉积物
RG18	水质、沉积物	RG37	水质
RG19	水质、沉积物	RG38	水质、沉积物

表 7-13　日照毗邻海域 2012 年 4 月调查站位表

站位	调查项目	站位	调查项目
L1	水质、沉积物	L14	水质
L2	水质	L15	水质、沉积物
L3	水质、沉积物	L16	水质、沉积物
L4	水质	L17	水质
L5	水质、沉积物	L18	水质、沉积物
L6	水质、沉积物	L19	水质
L7	水质	L20	水质、沉积物
L8	水质、沉积物	L21	水质、沉积物
L9	水质	L22	水质、沉积物
L10	水质	L23	水质
L11	水质	L24	水质
L12	水质、沉积物	L25	水质、沉积物
L13	水质、沉积物	L26	水质

2. 山东半岛南部海域(威海成山头至青岛白马河口毗邻海域)

山东半岛南部海域总体以一类、二类水质为主,仅在丁字湾、胶州湾及其西南附近出现三类、四类水质海域。具体调查站位见表 7-14 及图 7-4。调查结果详见表 7-15。

表 7-14　黄家塘湾—琅琊台湾附近海域 2012 年 4 月调查站位坐标

站位	调查项目	站位	调查项目
L1	水质、沉积物	L14	水质
L2	水质	L15	水质、沉积物
L3	水质、沉积物	L16	水质、沉积物
L4	水质	L17	水质
L5	水质、沉积物	L18	水质、沉积物
L6	水质、沉积物	L19	水质
L7	水质	L20	水质、沉积物
L8	水质、沉积物	L21	水质、沉积物
L9	水质	L22	水质、沉积物
L10	水质	L23	水质
L11	水质	L24	水质
L12	水质、沉积物	L25	水质、沉积物
L13	水质、沉积物	L26	水质

图7-4　黄家塘湾—琅琊台湾附近海域及胶州湾调查站位图

表 7-15 黄家塘湾—琅琊台湾水质调查结果表

站位	层次	盐度	pH 值	DO	COD	石油类	悬浮物	活性磷酸盐	无机氮	总铬	铜	锌	汞	镉	铅
				mg/L				μg/L							
L1	表	31.12	8.15	9.86	0.54	0.059↑二	9.60	13.85	39.18↑二	0.212	0.628	19.850	0.028	0.094	0.194
	底	31.03	8.16	9.97	0.57		8.40	12.39	39.90↑二						
L2	表	31.41	8.16	9.70	0.73	0.024	5.00	12.26	43.91↑三	0.316	2.690	55.000↑二	0.022	0.094	0.859
	底	31.32	8.16	9.94	0.67		4.67	11.13	43.51↑三						
L3	表	31.56	8.15	9.82	0.64	0.019	5.40	12.42	38.12↑二	0.160	0.184	8.567	0.019	0.120	0.283
	底	31.58	8.15	9.98	0.70		4.71	12.74	42.72↑三						
L4	表	31.72	8.11	9.51	0.61	0.098	5.80	10.94	39.33↑二	0.185	0.197	4.031	0.020	0.107	0.072
	底	31.63	8.14	9.89	0.69		3.70	11.89	44.67↑三						
L5	表	31.75	8.19	9.93	0.60	0.079	7.40	13.29	36.07↑二	0.218	2.357	46.600↑一	0.018	0.093	0.613
	底	31.74	8.16	9.91	0.72		5.68	14.37	40.01↑三						
L6	表	31.14	8.09	10.15	0.30	0.052↑二	8.80	15.53↑一	35.10↑二	0.184	0.420	8.514	0.025	0.083	0.113
	底	31.07	8.09	9.99	0.38		6.86	13.76	47.14↑三						
L7	表	31.50	8.19	9.62	0.64	0.032	9.20	15.38↑一	27.10↑一	0.221	2.851	64.700↑二	0.022	0.120	2.020↑一
	底	31.44	8.22	10.10	0.69		12.35↑二	20.28↑一	57.20↑四						
L8	表	31.67	8.16	10.13	0.54	0.057↑二	6.67	14.87	32.35↑二	0.273	1.233	20.610↑一	0.018	0.110	0.612
	底	31.59	8.16	9.95	0.64		11.00↑二	21.27↑一	52.49↑四						
L9	表	31.74	8.17	9.30	0.59	0.032	7.76	13.04	69.42↑四	0.190	0.428	8.016	0.017	0.076	0.244
	底	31.61	8.15	9.88	0.72		3.64	15.64↑一	36.85↑二						
L10	表	30.96	8.16	9.74	0.52	0.066↑二	11.80↑二	19.92↑一	27.82↑一	0.190	0.601	13.940	0.029	0.109	0.159
	底	31.06	8.14	9.79	0.65		30.40↑二	20.45↑一	43.60↑三						
L11	表	31.02	8.16	9.75	0.63	0.025	16.94↑二	14.31	33.31↑二	0.191	0.633	9.857	0.029	0.102	0.274
	底	30.91	8.15	9.81	0.52		21.75↑二	13.20	77.62↑四						

续表 7-15

站位	层次	盐度	pH值	DO	COD	石油类	悬浮物	活性磷酸盐	无机氮	总铬	铜	锌	汞	镉	铅
				mg/L				μg/L							
L12	表	30.89	8.14	9.92	1.03	0.028	24.80↑二	15.51↑一	31.82↑二	0.215	1.041	22.040↑一	0.031	0.103	0.411
	底	30.94	8.16	9.87	0.54		44.87↑二	13.49	51.83↑四						
L13	表	31.29	8.15	9.75	0.74	0.053↑二	21.20↑二	16.02↑一	32.11↑二	0.220	1.193	13.490	0.024	0.107	0.402
	底	31.12	8.17	9.85	0.65		23.61↑二	16.54↑一	43.92↑三						
L14	表	31.64	8.18	10.03	0.87	0.047	7.35	7.36	109.44↑四	0.296	1.621	39.210↑一	0.022	0.098	0.853
	底	31.58	8.19	10.65	0.75		8.60	6.00	54.36↑四						
L15	表	31.72	8.17	10.01	0.59	0.010	7.00	8.18	36.32↑二	0.903	2.060	26.810↑一	0.020	0.127	0.732
	底	31.55	8.22	10.17	0.49		6.86	25.77↑一	24.73↑一						
L16	表	31.03	8.17	10.22	0.85	0.064↑二	25.00↑二	6.89	61.60↑四	0.289	1.494	27.740↑一	0.030	0.109	0.573
	底	30.93	8.16	9.69	0.70		119.33↑三	12.09↑一	107.34↑四						
L17	表	30.99	8.16	10.01	0.50	0.042	25.60↑二	7.87	49.10↑三	0.264	1.550	28.130↑一	0.029	0.134	0.569
L18	表	31.42	8.19	10.03	0.91	0.067↑二	9.79	6.25	50.28↑四	0.751	2.223	26.640↑一	0.023	0.126	0.616
	底	31.42	8.18	10.10	0.52		11.20↑二	6.60	51.59↑四						
L19	表	31.69	8.19	9.90	0.69	0.031	6.20	7.08	47.15↑三	0.367	1.510	36.250↑一	0.021	0.112	1.590↑一
	底	30.57	8.20	10.09	0.42		6.14	8.35	42.12↑三						
L20	表	31.30	8.19	9.84	0.61	0.019	28.20↑二	6.91	62.96↑四	0.193	1.269	12.150	0.027	0.131	0.184
	底	30.97	8.14	9.85	0.70		46.00↑二	8.12	108.18↑四						
L21	表	31.38	8.19	9.01	0.42	0.069↑二	6.20	6.28	76.93↑四	0.190	0.732	15.890	0.026	0.083	0.167
	底	31.07	8.18	8.80	0.79		9.40	6.65	43.27↑三						
L22	表	31.49	8.17	9.95	0.42	0.022	9.20	6.14	55.88↑四	0.324	1.964	11.560	0.023	0.118	0.276
	底	30.95	8.18	9.99	0.70		55.20↑二	9.04	75.37↑四						
L23	表	31.03	8.21	9.81	0.85	0.030	11.40↑二	8.27	116.05↑四	0.203	1.292	20.070↑一	0.029	0.120	0.263

续表 7-15

站位	层次	盐度	pH 值	DO	COD	石油类	悬浮物	活性磷酸盐	无机氮	总铬	铜	锌	汞	镉	铅
				mg/L				μg/L							
L24	表	30.96	8.20	9.88	0.91	0.013	11.26↑二	7.14	108.23↑四	0.241	2.473	25.450↑一	0.028	0.110	0.624
L25	表	30.97	8.18	9.69	0.75	0.018	13.40↑二	7.16	101.74↑四	0.191	1.172	10.070	0.028	0.108	0.186
	底	30.85	8.19	9.65	1.02		125.00↑三	11.16	85.05↑四						
L26	表	30.87	8.18	9.71	0.56	0.014	7.50	8.03	77.33↑四	0.211	1.228	11.420	0.027	0.095	0.174
	底	31.00	8.18	9.74	0.16		10.40	9.59	75.16↑四						
最大值		31.75	8.22	10.65	1.03	0.098	125.00	25.77	116.0	0.903	2.851	64.700	0.031	0.134	2.020
最小值		30.57	8.09	8.80	0.16	0.010	3.64	6.00	24.7	0.160	0.184	4.031	0.017	0.076	0.072

1)青岛近岸海域

市南区、崂山区、即墨市邻近海域以及市属几个海湾(鳌山湾、浮山湾、太平湾、青岛湾、唐岛湾—灵山湾等)海水环境质量总体较好,大部分监测指标符合第一类海水水质标准,局部海域无机氮、活性磷酸盐不满足一类水质标准,某些海域的个别站位一年中有个别季节数值超标,如市南区浮山湾冬季个别站位无机氮浓度数值超过二类海水水质标准,夏、秋季个别站位石油类浓度数值超过一类、二类海水水质标准;太平湾夏季个别站位化学需氧量数值超过二类海水水质标准,秋季个别站位石油类浓度数值超过一类、二类海水水质标准。

黄家塘湾—琅琊台湾附近海域(邻近日照海域):海水水质情况总体较好,大部分监测指标符合第一类海水水质标准,主要污染物为活性磷酸盐、石油类及重金属锌、铅污染,活性磷酸盐及重金属铅水平不满足一类海水水质标准,符合二类海水水质标准,石油类最高含量0.098mg/L、重金属锌含量64.7μg/L,不满足二类海水水质标准,符合三类海水水质标准。

黄岛区附近海域:黄岛区近岸海域污染较重的区域主要分布在黄岛区东部和南部近岸。冬季唐岛湾个别站位活性磷酸盐浓度超第四类海水水质标准、无机氮浓度超第三类海水水质标准;春季海西湾—前湾、唐岛湾和灵山湾局部海域无机氮浓度超第二类海水水质标准;秋季海西湾—前湾局部海域无机氮浓度超第三类海水水质标准。2014年9月调查站位见图7-4和表7-16,水质监测结果见表7-17。

表7-16　黄岛附近海域2014年9月调查站位坐标

站位	调查项目	站位	调查项目
H1	水质	H12	水质
H2	水质、沉积物、生物	H13	水质、沉积物、生物
H3	水质	H14	水质、沉积物、生物
H4	水质、沉积物、生物	H15	水质
H5	水质、沉积物、生物	H16	水质、沉积物、生物
H6	水质	H17	水质
H7	水质、沉积物、生物	H18	水质
H8	水质	H19	水质、沉积物、生物
H9	水质、沉积物、生物	H20	水质
H10	水质、沉积物、生物	H21	水质、沉积物、生物
H11	水质、沉积物、生物		

从表中可以看出,2014年,表层海水水质情况良好,大部分指标符合一类海水水质标准;重金属汞、铜、锌水平不满足一类海水水质标准,符合二类海水水质标准;底层海水水质情况较好,除了重金属汞、铜、铅、锌水平不满足一类海水水质标准,符合二类海水水质标准外,其余指标均符合一类海水水质标准。2013年该海域附近以一类、二类、三类水质为主,可见2014年海水水质有变好趋势。

胶州湾附近海域:胶州湾东部海水水质情况总体较好,大部分监测指标符合一类海水水质标准,主要污染物为无机氮,最高含量257.8μg/L,无机氮水平不满足一类海水水质标准,符合二类海水水质标准。具体调查站位见图7-4和表7-18,水质监测结果见表7-19。胶州湾主要污染区域分布在北部、东部近岸海域及海西湾—前湾。胶州湾北部近岸海域海水中无机氮和活性磷酸盐浓度较高,普遍超过四类海水水质标准,造成湾底小面积海域为劣四类水质;胶州湾东部和西部近岸及海西湾—前湾局部海域海水受到石油类污染,中石化东黄输油管线爆燃事故发生后,胶州湾西部近岸海域海面发现油膜,超过四类海水水质标准。与2012年相比,胶州湾海水氮磷污染状况略有加重。

表 7-17　黄岛海域 2014 年 9 月水质监测结果表

站位	盐度	pH 值	温度	DO	COD	悬浮物	石油类	活性磷酸盐	无机氮	总汞	总铬	铜	铅	锌	镉	砷	备注
			℃	mg/L			μg/L										
H1	30.63	8.03	23.36	6.42	1.41	16.8↑二	25.3	4.6	113.4	0.108↑一	2.451	2.177	1.296↑一	29.461↑一	0.29	1.765	表层
H2	30.64	8.04	23.37	6.43	0.86	12.8↑二	25.3	7.7	140.3	0.106↑一	2.762	3.876	0.890	30.320↑一	0.29	2.293	
H3	30.62	8.05	23.37	6.45	0.86	20.0↑二	18.8	6.5	108.9	0.065↑一	2.451	3.857	1.232↑一	30.745↑一	0.25	2.395	
H4	30.64	8.06	23.35	6.47	0.94	15.8↑二	24.1	6.2	148.8	0.085↑一	2.500	4.285	1.381↑一	30.893↑一	0.25	2.328	
H5	30.65	8.05	23.36	6.45	0.74	19.4↑二	30.0	7.7	121.3	0.065↑一	2.518	3.333	1.232↑一	28.457↑一	0.28	2.328	
H6	30.64	8.04	23.35	6.43	1.22	14.4↑二	24.1	7.3	154	0.128↑一	2.605	4.444	1.166↑一	29.363↑一	0.26	2.528	
H7	30.62	8.04	23.36	6.44	1.37	19.6↑二	28.8	6.2	172.3	0.064↑一	2.566	3.137	1.153↑一	28.235↑一	0.27	2.148	
H8	30.61	8.02	23.38	6.45	1.18	19.8↑二	27.1	5.0	143.9	0.019	2.528	3.942	1.048↑一	28.685↑一	0.20	2.208	
H9	30.66	8.06	23.37	6.44	1.18	7.4↑二	28.2	6.2	131.3	0.141↑一	2.501	3.290	1.103↑一	29.860↑一	0.19	2.301	
H10	30.63	8.02	23.35	6.47	0.86	18.8↑二	26.5	6.9	137.6	0.079↑一	2.513	4.569	1.568↑一	30.328↑一	0.25	2.308	
H11	30.62	8.06	23.34	6.45	1.29	18.6↑二	27.1	5.8	126.1	0.108↑一	2.495	4.119	1.668↑一	29.749↑一	0.26	2.374	
H12	30.61	8.05	23.36	6.43	0.71	89.2↑二	28.2	5.0	130.8	0.019	2.587	4.105	1.759↑一	30.431↑一	0.20	2.301	
H13	30.62	8.01	23.35	6.45	0.94	18.8↑二	30.0	6.9	161.6	0.075↑一	2.508	4.235	1.367↑一	29.715↑一	0.25	2.308	
H14	30.60	8.01	23.34	6.47	1.29	6.8↑二	27.7	6.2	127.1	0.102↑一	2.516	3.859	1.327↑一	30.384↑一	0.29	2.292	
H15	30.62	8.05	23.36	6.46	1.18	19.6↑二	21.8	6.5	132.4	0.028	2.534	3.945	1.415↑一	30.679↑一	0.28	2.130	
H16	30.64	8.03	23.36	6.45	0.94	22.8↑二	27.1	6.9	132.6	0.064↑一	2.522	4.937	1.752↑一	29.577↑一	0.30	2.197	
H17	30.63	8.06	23.34	6.44	0.71	22.6↑二	28.4	5.4	132.3	0.071↑一	2.527	4.490	1.258↑一	30.431↑一	0.28	2.308	
H18	30.61	8.01	23.35	6.46	1.37	22.2↑二	24.7	5.0	163.3	0.071↑一	2.633	3.947	1.308↑一	28.915↑一	0.27	2.292	
H19	30.64	8.05	23.38	6.47	1.18	23.2↑二	26.5	5.4	123.7	0.049	2.543	4.558	1.558↑一	28.749↑一	0.19	2.130	
H20	30.62	8.01	23.39	6.45	1.29	55.6↑二	26.5	6.2	154.4	0.075↑一	2.525	4.204	1.505↑一	29.088↑一	0.34	2.202	
H21	30.63	8.05	23.37	6.45	1.02	17.8↑二	24.1	6.2	112.5	0.062↑一	2.540	4.706	1.580↑一	30.633↑一	0.34	1.913	
最大值	30.66	8.06	23.39	6.47	1.41	89.2	30.0	7.7	172.3	0.141	2.762	4.937	1.759	30.893	0.34	2.528	
最小值	30.60	8.01	23.34	6.42	0.71	6.8	18.8	4.6	108.9	0.019	2.451	2.177	0.890	28.235	0.19	1.765	

续表 7-17

站位	盐度	pH 值	温度	DO	COD	悬浮物	活性磷酸盐	无机氮	总汞	总铬	铜	铅	锌	镉	砷	备注
			℃	mg/L			μg/L									
H1	30.65	8.01	23.35	6.43	1.02	18.8↑二	7.3	117.5	0.062↑一	2.523	3.385	0.816	28.916↑一	0.342	2.278	底层
H2	30.62	8.01	23.32	6.45	1.14	10.8↑二	6.2	149.8	0.075↑一	2.428	4.475	1.023↑一	28.813↑一	0.291	2.328	
H3	30.61	8.02	23.34	6.46	0.90	18.2↑二	6.5	100.0	0.066↑一	2.505	4.222	1.311↑一	30.769↑一	0.335	2.292	
H4	30.63	8.04	23.33	6.48	1.02	16.8↑二	5.4	155.1	0.095↑一	2.488	4.648	0.864	29.918↑一	0.293	1.761	
H5	30.63	8.01	23.35	6.48	1.02	27.8↑二	6.5	129.9	0.147↑一	2.497	3.780	1.298↑一	30.247↑一	0.248	2.197	
H6	30.62	8.02	23.33	6.45	0.82	15.8↑二	5.4	131.7	0.069↑一	2.579	4.271	1.279↑一	29.697↑一	0.372	2.308	
H7	30.63	8.01	23.35	6.46	1.14	16.6↑二	6.2	164.6	0.128↑一	2.530	3.234	1.445↑一	30.380↑一	0.254	2.517	
H8	30.64	8.03	23.34	6.47	1.02	21.4↑二	6.5	145.9	0.064↑一	2.501	4.178	1.072↑一	30.315↑一	0.207	2.374	
H9	30.64	8.01	23.33	8.47	0.86	12.2↑二	7.3	143.1	0.071↑一	2.553	5.731↑一	1.147↑一	29.122↑一	0.208	2.324	
H10	30.61	8.06	23.34	6.49	1.18	29.6↑二	6.2	78.9	0.071↑一	2.548	4.251	0.992	30.899↑一	0.307	2.335	
H11	30.62	8.03	23.32	6.47	1.14	10.6↑二	5.4	125.5	0.108↑一	2.509	3.994	2.038↑一	29.307↑一	0.236	2.202	
H12	30.63	8.01	23.35	6.48	0.86	19.2↑二	6.2	127.7	0.106↑一	2.516	4.519	1.511↑一	30.290↑一	0.277	2.334	
H13	30.61	8.03	23.34	6.48	1.22	24.6↑二	7.3	172.2	0.065↑一	2.467	4.204	1.650↑一	30.805↑一	0.268	2.212	
H14	30.60	8.05	23.32	6.49	1.18	25.6↑二	5.4	131.4	0.098↑一	2.556	4.867	1.235↑一	29.663↑一	0.288	2.328	
H15	30.62	8.04	23.35	6.48	1.29	23.6↑二	6.5	116.5	0.038	2.533	4.064	1.417↑一	29.551↑一	0.365	2.288	
H16	30.64	8.03	23.34	6.48	1.22	21.0↑二	5.4	155.6	0.078↑一	2.591	4.561	2.046↑一	30.908↑一	0.324	2.334	
H17	30.63	8.03	23.32	8.47	0.86	22.2↑二	6.5	180.4	0.046	2.467	3.754	1.317↑一	29.749↑一	0.295	2.290	
H18	30.61	8.02	23.32	6.48	1.02	22.8↑二	7.3	167.0	0.108↑一	2.497	5.878↑一	1.390↑一	29.869↑一	0.212	2.199	
H19	30.62	8.03	23.32	6.49	1.22	17.8↑二	5.4	111.6	0.106↑一	2.680	4.445	1.601↑一	29.916↑一	0.241	2.301	
H20	30.61	8.02	23.33	6.47	1.33	21.8↑二	6.5	112.5	0.065↑一	2.533	4.227	1.927↑一	29.320↑一	0.268	2.148	
H21	30.63	8.02	23.34	6.48	1.02	21.6↑二	6.9	153.3	0.085↑一	2.606	4.840	1.646↑一	29.775↑一	0.323	2.300	
最大值	30.65	8.06	23.35	8.47	1.33	29.6	7.3	180.4	0.147	2.680	5.878	2.046	30.908	0.372	2.517	
最小值	30.60	8.01	23.32	6.43	0.82	10.6	5.4	78.9	0.038	2.428	3.234	0.816	28.813	0.207	1.761	

表 7-18　胶州湾附近海域 2013 年 1 月调查站位坐标

站位	调查项目	站位	调查项目
1	水质、沉积物	11	水质、沉积物
2	水质、沉积物	12	水质、沉积物
3	水质、沉积物	13	水质、沉积物
4	水质、沉积物	14	水质
5	水质、沉积物	15	水质
6	水质、沉积物	16	水质
7	水质、沉积物	17	水质
8	水质、沉积物	18	水质
9	水质、沉积物	19	水质
10	水质、沉积物	20	水质

表 7-19　胶州湾海域水质监测结果表

站位	盐度	pH 值	有机碳	DO	COD	悬浮物	石油类	活性磷酸盐	无机氮	铜	铅	锌
			%	mg/L			μg/L					
1	30.78	8.02	0.98	8.41	1.40	29.2↑二	41	3.8	191.5	11.54↑二	11.67↑三	22.60↑一
2	30.81	8.02	0.21	8.44	1.32	28.2↑二	39	6.1	203.1↑一	7.21↑一	7.66↑二	19.39
3	30.78	8.04	0.43	8.48	1.52	12.8↑二	40	3.0	234.0↑一	4.98	14.89↑三	18.36
4	30.8	8.02	0.43	8.43	1.24	30.2↑二	38	6.8	192.5	10.98↑二	18.27↑三	43.07↑一
5	30.81	8.03	—	8.44	1.08	21.8↑二	42	3.8	202.0↑一	22.72↑二	4.20↑一	—
6	30.82	8.04	0.55	8.46	1.56	20.8↑二	38	5.3	202.9↑一	11.28↑二	8.03↑二	39.95↑一
7	30.81	8.03	0.58	8.43	1.52	21.8↑二	41	5.3	228.3↑一	9.56↑一	11.69↑三	57.11↑二
8	30.78	8.04	1.04	8.45	1.96	21.8↑二	42	4.6	234.1↑一	22.85↑二	24.61↑三	100.70↑三
9	30.84	8.03	0.53	8.49	1.16	25.8↑二	42	3.8	257.8↑一	11.85↑二	7.70↑二	37.89↑一
10	30.82	8.02	0.53	8.47	1.84	25.2↑二	41	6.1	214.0↑一	7.52↑一	7.35↑二	20.76↑一
11	30.77	8.03	0.77	8.47	2.00	28.6↑二	39	3.8	208.4↑一	10.14↑二	15.14↑三	40.31↑一
12	30.79	8.03	—	8.42	0.84	17.2↑二	37	6.8	157.8	20.85↑二	18.48↑三	54.50↑二
13	30.82	8.05	0.37	8.42	1.12	24.2↑二	43	5.3	181.0	11.71↑二	13.56↑三	50.47↑二
14	30.83	8.01	—	8.43	0.84	28.4↑二	42	4.6	156.3	—	—	—
15	30.81	8.04	—	8.44	1.76	21.2↑二	41	6.1	149.5	—	—	—
16	30.82	8.03	—	8.41	1.12	27.2↑二	40	3.0	177.0	—	—	—
17	30.81	8.02	—	8.48	1.24	28.0↑二	38	3.8	171.4	—	—	—
18	30.82	8.04	—	8.43	1.36	28.2↑二	34	5.3	178.2	—	—	—
19	30.79	8.06	—	8.45	1.44	22.2↑二	38	5.3	193.2	—	—	—
20	30.81	8.04	—	8.46	1.68	24.0↑二	41	4.6	216.8↑一	—	—	—
最大值	30.84	8.06	1.04	8.49	2.00	30.2	43	6.8	257.8	22.85	24.61	100.70
最小值	30.77	8.01	0.21	8.41	0.84	12.8	34	3.0	149.5	4.98	4.20	18.36

2)海阳附近海域

调查站位位置及坐标见表7-20、表7-21及图7-5,调查结果见表7-22、表7-23。

表7-20　丁字湾及附近海域2010年4月调查站位坐标

站位	调查项目	站位	调查项目
S1	水质	S11	水质、沉积物
S2	水质	S12	水质、沉积物
S3	水质、沉积物	S13	水质、沉积物
S4	水质	S14	水质
S5	水质	S15	水质、沉积物
S6	水质、沉积物	S16	水质
S7	水质、沉积物	S17	水质、沉积物
S8	水质	S18	水质
S9	水质、沉积物	S19	水质、沉积物
S10	水质	S20	水质

表7-21　海阳附近海域2012年9月调查站位坐标

站位	调查项目	站位	调查项目
16	水质	30	水质
18	水质、沉积物、生物	31	水质、沉积物、生物
19	水质、沉积物、生物	32	水质、沉积物、生物
20	水质	33	水质
21	水质、沉积物、生物	34	水质、沉积物、生物
22	水质、沉积物、生物	35	水质、沉积物、生物
23	水质	36	水质、沉积物、生物
24	水质、沉积物、生物	37	水质
25	水质	38	水质、沉积物、生物
26	水质、沉积物、生物	39	水质、沉积物、生物
27	水质、沉积物、生物	40	水质
28	水质	41	水质、沉积物、生物
29	水质、沉积物、生物	42	水质

2012年海阳附近海域调查结果表明,海水水质情况较好,大部分指标符合一类海水水质标准;溶解氧、活性磷酸盐、重金属铅、锌含量超过一类海水水质标准,符合二类海水水质标准;无机氮含量超过二类海水水质标准,符合三类海水水质标准。2013年海阳附近海域以二类、三类海水水质为主,靠近丁字湾的海域以三类海水水质为主。

丁字湾2010年水质调查结果显示,丁字湾附近海域溶解氧、COD、重金属铜、镉、总铬含量符合一类海水水质标准,活性磷酸盐含量最高29μg/L,重金属汞、铅、锌含量超过一类海水水质标准,符合二类海

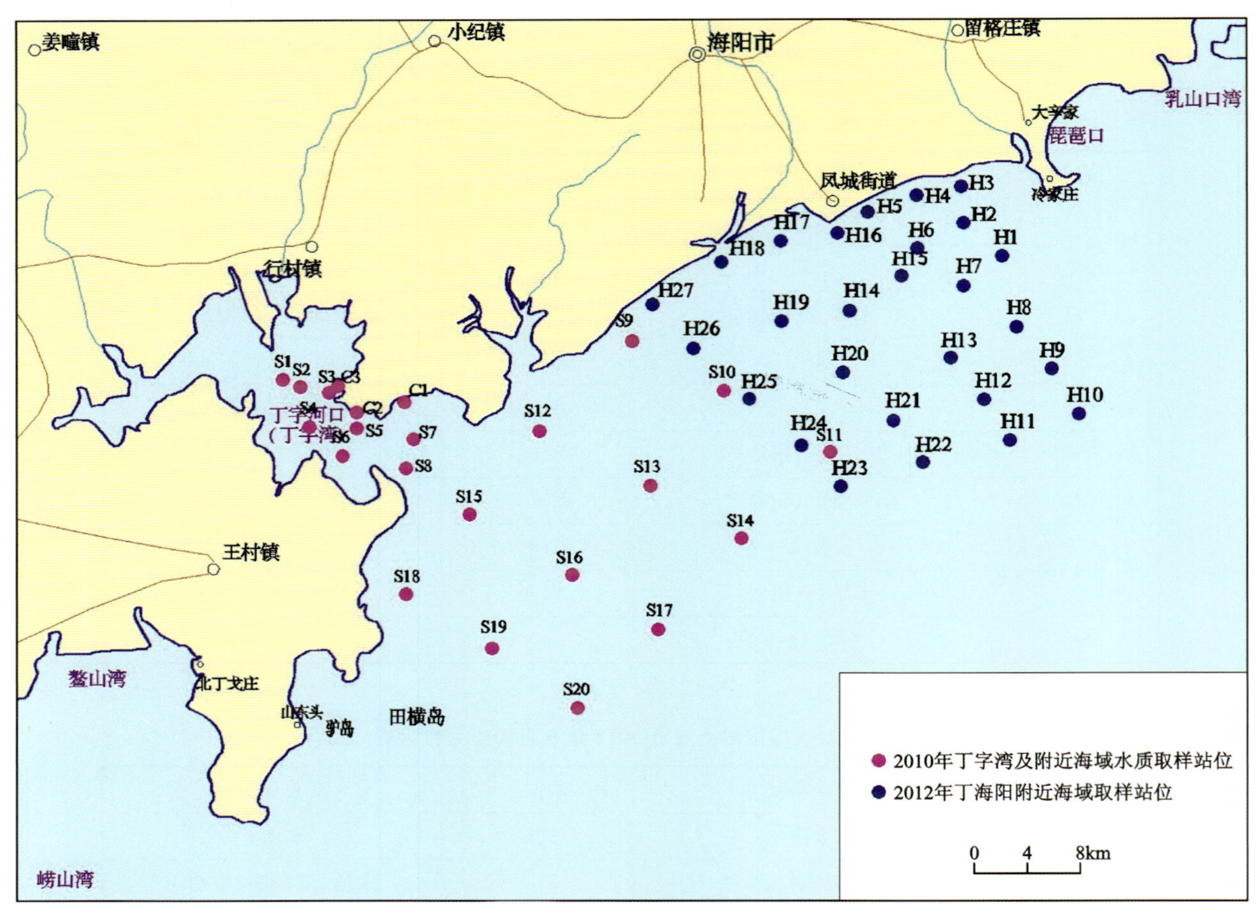

图 7-5 丁字湾及附近海域调查站位位置图

水水质标准，无机氮含量最高 396μg/L，石油类含量最高 0.063mg/L，超过二类海水水质标准，符合三类海水水质标准。2013 年丁字湾海域海水环境中无机氮、活性磷酸盐、石油类和化学需氧量等含量超标，其他监测指标均符合一类海水水质标准。湾内海水环境受无机氮污染较重，海水无机氮浓度全年均超过二类海水水质标准，局部区域超过三类海水水质标准，最高浓度为 478μg/L。夏季湾内海水环境质量较差，无机氮、活性磷酸盐、石油类和化学需氧量等出现超标现象，其中，活性磷酸盐最高浓度为 88.9μg/L，超过四类海水水质标准；个别站位化学需氧量超过二类海水水质标准，最高浓度为3.80mg/L。

3)乳山—石岛附近海域

调查站位坐标分布见图 7-6 和表 7-24～表 7-27，监测结果见表 7-28～表 7-32。

2010 年乳山湾附近海域海水水质情况一般，表层及底层海水 pH 值、DO、汞、镉、石油类符合一类海水水质标准；表层及底层海水 COD、活性磷酸盐、铜、铅以及表层海水的锌含量超过一类海水水质标准，符合二类海水水质标准；底层海水无机氮含量超过三类海水水质标准，符合四类海水水质标准，而表层海水的无机氮最高含量为 530μg/L，符合劣四类海水水质标准。2011 年 9 月乳山湾海水水质监测结果一般，只有 COD、重金属铬、铜、锌、砷、镉、汞含量符合一类海水水质标准；DO、铅和活性磷酸盐含量超过一类海水水质标准，符合二类水质标准；pH 值、石油类含量超过二类海水水质标准，符合三类海水水质标准；无机氮含量超过四类海水水质标准，属劣四类海水水质。2013 年乳山湾水质以二类海水水质为主，可见水质有变好趋势。

表 7-22　丁字湾附近海域水质监测结果表

站位	层次	盐度	pH 值	DO	COD	悬浮物	无机氮	活性磷酸盐	石油类	总汞	砷	铅	铜	镉	总铬	锌
				mg/L						μg/L						
S1	表	29	7.93	7.68	1.65	31.6↑二	0.396↑二	0.028↑一	0.063↑二	0.065↑一	1.76	1.284↑一	2.69	0.412	3.785	34.6↑一
S2	表	29.3	7.91	7.74	1.8	28.4↑二	0.374↑二	0.029↑一	0.045	0.055↑一	1.32	1.228↑一	2.3	0.419	3.322	33.7↑一
S3	表	30.6	7.97	7.73	1.46	23.2↑二	0.295↑一	0.026↑一	0.041	0.042	1.43	1.192↑一	2.51	0.38	3.046	27.8↑一
S4	表	29.8	7.92	7.88	1.59	25.4↑二	0.284↑一	0.022↑一	0.046	0.046	1.59	0.749	1.68	0.336	5.093	25.7↑一
S5	表	29.9	7.98	7.92	1.52	22.9↑二	0.266↑一	0.024↑一	0.055↑二	0.062↑一	1.8	1.105↑一	2.75	0.365	4.462	25.1↑一
S6	表	30	8.03	8.51	1.54	29.3↑二	0.271↑一	0.017↑一	0.062↑二	0.049	1.29	1.034↑一	2.33	0.414	5.234	28.2↑一
S7	表	30.9	7.94	7.93	1.39	28.8↑二	0.203↑一	0.018↑一	0.044	0.073↑一	1.55	1.126↑一	2.58	0.562	5.624	36.9↑一
S8	表	31	7.96	8.08	1.43	24.6↑二	0.212↑一	0.016↑一	0.058↑二	0.047	1.35	0.767	1.67	0.412	4.561	26.1↑一
S9	表	31.5	8.08	8.85	1.02	18.7↑二	0.102	0.011	0.051↑二	0.033	0.97	0.926	1.64	0.354	4.692	22.7↑一
S10	表	31.5	8.12	9.05	1.01	16.9↑二	0.065	0.008	0.033	0.021	0.72	0.62	2.03	0.208	4.063	13
S11	表	31.6	8.12	9.06	0.99	18.8↑二	0.053	0.012	0.012	0.043	1.31	1.093↑一	2.31	0.244	3.06	15.6
	底	31.7	8.11	8.83	1.01	21.6↑二	0.058	0.011	0.01	0.055↑一	1.69	0.997	2.59	0.246	3.807	15.5
S12	表	31.3	8.1	8.87	0.87	30.6↑二	0.094	0.009	0.045	0.065↑一	1.8	1.325↑一	2.19	0.387	3.311	25.6↑一
S13	表	31.6	8.06	8.92	1.09	22.5↑二	0.088	0.013	0.042	0.031	0.9	1.041↑一	1.35	0.279	4	17.9
S14	表	31.7	8.12	9.03	0.92	18.9↑二	0.081	0.008	0.031	0.022	0.97	0.636	0.93	0.22	3.552	14
	底	31.8	8.12	8.94	0.92	25.7↑二	0.092	0.011	0.022	0.043	1.39	1.001↑一	1.37	0.24	5.266	15.3
S15	表	31.6	8.02	8.77	0.97	27.1↑二	0.113	0.014	0.028	0.053↑一	1.27	1.06↑一	2.54	0.382	4.623	24.8↑一
S16	表	31.6	8.09	8.84	0.88	24.3↑二	0.092	0.012	0.026	0.041	1.15	1.106↑一	1.85	0.254	3.833	16.6
S17	表	31.6	8.11	8.96	0.89	22.4↑二	0.074	0.021↑一	0.027	0.031	1.26	0.704	1.78	0.347	4.174	22.6↑一
	底	31.7	8.14	8.91	0.87	27.3↑二	0.088	0.023↑一	0.022	0.033	1	1.044↑一	1.47	0.357	2.135	22.7↑一
S18	表	31.7	8.02	8.86	0.96	26.8↑二	0.075	0.022↑一	0.044	0.038	1.2	1.134↑一	1.66	0.336	3.784	21.6↑一
S19	表	31.6	8.08	8.92	0.91	21.6↑二	0.064	0.018↑一	0.031	0.051↑一	1.22	1.095↑一	1.56	0.314	3.592	20.3↑一

续表 7-22

站位	层次	盐度	pH 值	DO	COD	悬浮物	无机氮	活性磷酸盐	石油类	总汞	砷	铅	铜	镉	总铬	锌
				mg/L						μg/L						
S20	表	31.7	8.11	9.04	0.75	19.2↑二	0.046	0.012	0.022	0.025	1.2	0.773	1.07	0.27	3.403	17.2
	底	31.7	8.12	8.97	0.79	23.4↑二	0.051	0.014	0.018	0.029	1.12	1.073↑一	1.18	0.265	4.041	16.9
最大值		31.8	8.14	9.06	1.8	31.6	0.396	0.029	0.063	0.073	1.8	1.325	2.75	0.562	5.624	36.9
最小值		29	7.91	7.68	0.75	16.9	0.046	0.008	0.01	0.021	0.72	0.62	0.93	0.208	2.135	13

表 7-23 海阳附近海域水质监测结果表

站位	盐度	pH 值	DO	COD	活性磷酸盐	无机氮	石油类	铜	铅	锌	镉	铬	汞	砷
			mg/L		μg/L									
16	29.758	8.11	6.80	0.560	8.76	293.5↑一	14.1	1.12	0.507	20.6↑一	0.081	2.16	0.039 8	2.55
18	29.782	8.09	6.82	0.680	10.8	190.4	15.5	2.22	1.84↑一	11.6	0.176	1.22	0.039 9	2.61
19	29.747	8.10	6.88	0.680	5.19	149.2	25.8	2.34	1↑一	19	0.194	1.38	0.045 6	2.24
20	29.795	8.10	7.10	0.800	7.04	172.9	24.1	1.64	1.03↑一	17.5	0.109	2.05	0.042 2	2.82
21	29.712	8.13	8.00	1.00	5.53	215.6↑一	27.2	1.25	1.55↑一	12.2	0.162	2.37	0.043 1	2.3
22	29.712	8.08	6.82	0.840	12.8	306.2↑二	14.8	2.08	1.06↑一	19.2	0.204	1.28	0.042 1	2.33
23	29.906	8.11	6.91	0.800	5.68	271↑一	13.8	1.82	0.504	11.7	0.117	1.62	0.039 3	3.09
24	30.111	8.14	6.34	0.680	2.86	108.7	18.6	1.75	1.11↑一	20.8↑一	0.112	1.34	0.043 6	2.61
25	30.089	8.24	7.39	0.960	3.92	78.24	35.6	0.879	0.607	18.8	0.226	2.76	0.035 9	2.78
26	30.092	8.26	7.31	0.680	1.72	187.27	23.4	0.599	1.36↑一	7.73	0.22	1.66	0.030 0	3.02
27	30.089	8.24	7.39	0.960	3.92	78.24	27.4	1.87	1.07↑一	20.8↑一	0.174	1.85	0.025 8	3.01
28	30.201	8.14	5.57↑一	0.880	4.37	103.46	26.6	0.597	1.11↑一	17.5	0.179	2.73	0.028 6	3.15
29	30.142	8.18	6.62	0.800	11.1	112.9	24.3	1.51	1.96↑一	22.1↑一	0.131	1.88	0.037 2	2.4
30	30.013	8.13	7.22	0.760	5.00	106.1	15.8	0.652	0.722	12.2	0.114	2.48	0.036 2	3.06
31	29.704	8.09	6.85	0.720	21.7↑一	353.3↑二	16.6	0.748	0.708	21	0.221	2.52	0.039 8	2.4

续表 7-23

站位	盐度	pH 值	DO	COD	活性磷酸盐	无机氮	石油类	铜	铅	锌	镉	铬	汞	砷
			mg/L		μg/L									
32	29.733	8.15	7.52	0.840	6.16	275	21.9	2.39	1.31↑一	16	0.202	1.29	0.048 2	2.14
33	29.720	8.07	6.80	0.600	8.59	261.8↑一	35.7	1.75	1.3↑一	14.8	0.158	0.945	0.015 6	3.07
34	29.524	8.08	7.07	0.400	9.27	222.9↑一	48.4	2.3	1.45↑一	11.7	0.189	2.1	0.014 6	2.85
35	29.876	8.14	6.66	0.280	4.47	282.4↑一	14	2.3	1.84↑一	18.5	0.162	2.18	0.027 1	3.36
36	30.135	8.16	6.69	0.440	2.51	99.8	17.9	1.02	0.6	19.9	0.134	1.99	0.035 8	3.1
37	30.269	8.17	6.70	0.400	1.32	99.8	16.2	0.764	0.83	18	0.225	2.3	0.026 2	3.02
38	30.213	8.17	6.56	0.440	2.77	224.6↑一	14.6	2.51	0.649	8.43	0.205	2.24	0.027 9	2.46
39	30.187	8.15	6.69	0.440	9.36	240.68↑一	16	2.57	1.02↑一	21.3↑一	0.186	2.26	0.032 9	2.85
40	30.151	8.12	6.75	1.00	1.61	101.8	19.6	1.23	1.38↑一	15.7	0.083	1.99	0.024 9	2.67
41	29.910	8.08	6.75	0.400	4.15	218.3↑一	19.5	2.07	1.68↑一	18.2	0.118	1.47	0.015 9	2.2
42	29.495	8.07	6.99	0.280	8.95	325.5↑二	16.8	1.76	1.94↑一	12.6	0.16	1.17	0.019 7	3.24
43	29.365	8.07	6.88	0.400	8.17	212.7↑一	33.2	1.42	1.46↑一	20.8↑一	0.228	1.99	0.015 7	3.23
最大值	30.269	8.26	8	1	21.7	353.3	48.4	2.57	1.96	22.1	0.228	2.76	0.048 2	3.36
最小值	29.365	8.07	5.57	0.28	1.32	78.24	13.8	0.597	0.504	7.73	0.081	0.945	0.014 6	2.14

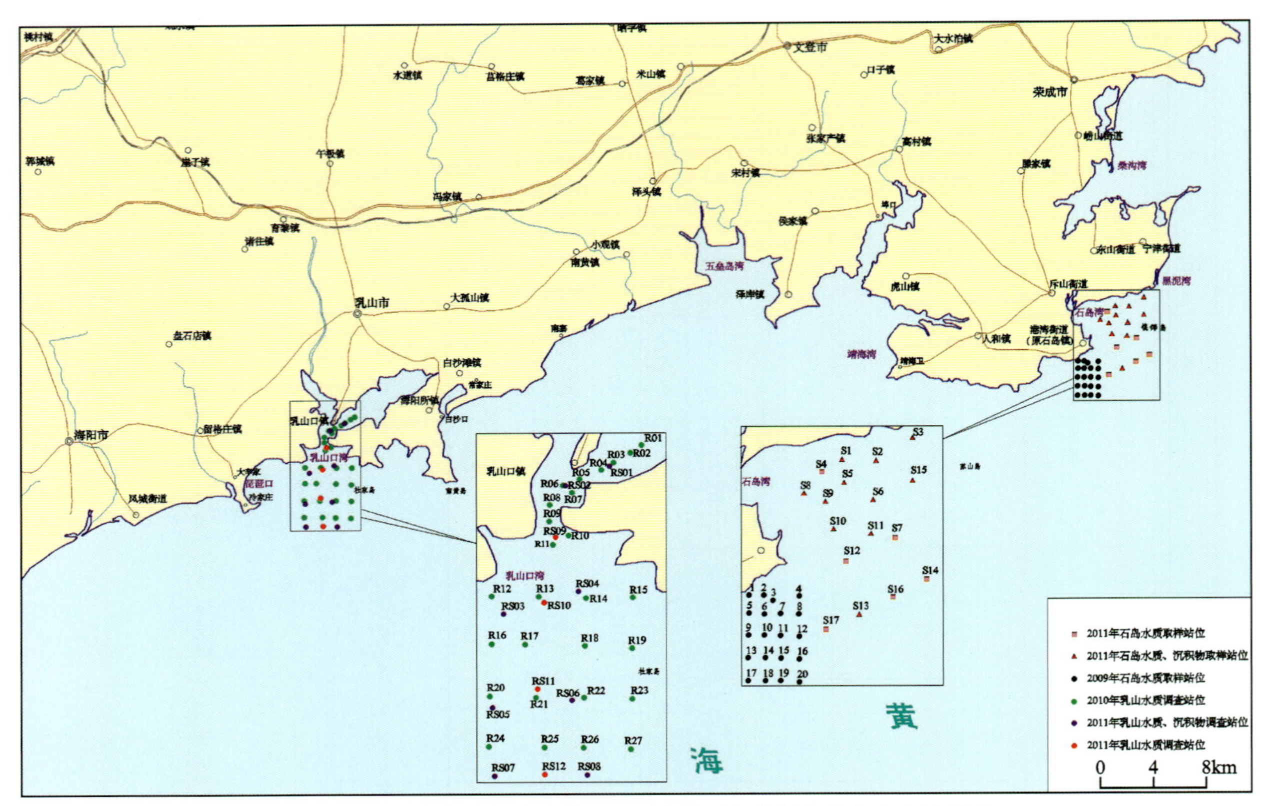

图 7-6　山东半岛南部海域乳山至石岛附近海域调查站位分布示意图

表 7-24　乳山附近海域 2010 年 4 月及 6 月调查站位坐标

站位	调查项目	站位	调查项目
R01	水质	R15	水质
R02	水质	R16	水质
R03	水质	R17	水质
R04	水质	R18	水质
R05	水质	R19	水质
R06	水质	R20	水质
R07	水质	R21	水质
R08	水质	R22	水质
R09	水质	R23	水质
R10	水质	R24	水质
R11	水质	R25	水质
R12	水质	R26	水质
R13	水质	R27	水质
R14	水质		

表 7-25　乳山附近海域 2011 年 9 月调查站位坐标

站位	调查项目	站位	调查项目
RS01	水质、沉积物	RS07	水质、沉积物
RS02	水质、沉积物	RS08	水质、沉积物
RS03	水质、沉积物	RS09	水质
RS04	水质、沉积物	RS10	水质
RS05	水质、沉积物	RS11	水质
RS06	水质、沉积物	RS12	水质

表 7-26　石岛附近海域 2009 年 11 月调查站位坐标

站位	调查项目	站位	调查项目
1	水质	11	水质
2	水质	12	水质
3	水质	13	水质
4	水质	14	水质
5	水质	15	水质
6	水质	16	水质
7	水质	17	水质
8	水质	18	水质
9	水质	19	水质
10	水质	20	水质

表 7-27　石岛附近海域 2011 年 11 月调查站位坐标

站位	调查项目	站位	调查项目
1	水质、沉积物	10	水质、沉积物
2	水质、沉积物	11	水质、沉积物
3	水质、沉积物	12	水质
4	水质	13	水质、沉积物
5	水质、沉积物	14	水质
6	水质、沉积物	15	水质、沉积物
7	水质	16	水质
8	水质、沉积物	17	水质
9	水质、沉积物		

表 7-28　2010 年 6 月乳山湾海域水质监测结果

站号	层次	盐度	pH 值	DO	COD	石油类	无机氮	活性磷酸盐	汞	铜	铅	锌	镉
				mg/L			μg/L						
R01	表	30.456	7.95	6.86	1.76	0.024	448.7↑三	11.0	0.061↑一	1.97	0.89	10.20	0.21
R02	表	30.414	7.94	6.91	1.78	0.023	409.6↑三	10.2	0.050	2.17	0.82	10.52	0.22
R03	表	30.696	7.96	6.86	1.68	0.020	442.6↑三	12.1	0.102↑一	2.09	0.68	9.82	0.20
R04	表	30.598	7.97	6.84	1.25	0.033	467.8↑三	13.9	0.054↑一	3.03	0.69	9.22	0.15
R04	底	30.405	7.97	6.46	1.65	—	454.3↑三	14.9	0.040	2.19	0.78	9.36	0.14
R05	表	30.381	7.98	7.06	1.27	0.023	390.8↑二	11.5	0.056↑一	2.06	0.72	11.20	0.11
R06	表	30.813	7.97	7.12	1.34	0.022	475.8↑三	8.7	0.047	2.10	0.66	10.25	0.13
R07	表	31.046	7.98	6.81	1.41	0.046	530.0↑四	13.6	0.050	2.54	0.82	11.23	0.15
R08	表	30.750	7.99	7.30	1.23	0.033	521.9↑四	17.3↑一	0.049	2.23	0.78	8.02	0.19
R09	表	31.024	7.99	7.18	1.34	0.028	515.3↑四	19.6↑一	0.045	2.19	0.68	8.06	0.20
R10	表	31.331	8.01	7.45	1.44	0.016	360.5↑二	20.1↑一	0.042	2.19	0.56	12.25	0.19
R11	表	31.339	8.00	7.45	1.69	0.022	378.8↑二	11.5	0.064↑一	2.33	0.62	20.15↑一	0.18
R13	表	31.306	8.02	7.47	1.76	0.028	415.5↑三	16.2↑一	0.059↑一	2.10	0.71	21.22↑一	0.12
R14	表	31.529	8.03	8.04	1.03	0.025	398.9↑二	11.5	0.063↑一	2.56	0.66	22.15↑一	0.14
R15	表	31.487	8.04	7.02	1.52	0.029	333.3↑二	13.9	0.053↑一	2.49	0.79	18.26	0.21
R16	表	31.327	8.02	7.05	1.33	0.023	399.5↑二	16.8↑一	0.057↑一	3.33	0.82	15.30	0.22
R17	表	31.348	8.02	7.21	1.44	0.027	398.4↑二	16.2↑一	0.070↑一	3.02	0.88	15.08	0.17
R18	表	31.665	8.06	7.60	1.53	0.034	163.4	7.9	0.058↑一	2.88	1.02↑一	16.20	0.19
R19	表	31.731	8.06	7.24	1.47	0.034	224.2↑一	14.1	0.057↑一	2.81	0.79	16.33	0.14
R20	表	31.763	8.04	7.74	1.15	0.026	213.7↑一	13.9	0.045	3.82	2.40↑一	14.28	0.37
R20	底	31.782	8.04	7.75	1.87	—	173.8	14.1	0.058↑一	3.94	2.26↑一	16.82	0.50
R21	表	31.778	8.05	7.20	1.32	0.024	292.7↑一	12.6	0.057↑一	2.66	1.30↑一	14.10	0.83

续表 7-28

站号	层次	盐度	pH 值	DO	COD	石油类	无机氮	活性磷酸盐	汞	铜	铅	锌	镉
				mg/L			μg/L						
R22	表	31.700	8.03	7.58	2.18↑一	0.027	278.4↑一	14.9	0.057↑一	3.74	1.22↑一	15.12	0.89
R23	表	31.726	8.03	7.60	1.74	0.030	259.0↑一	12.6	0.089↑一	3.84	1.10↑一	13.58	0.27
R23	底	31.738	8.04	6.61	2.36↑一	—	252.0↑一	11.3	0.062↑一	4.02	1.15↑一	13.00	0.31
R24	表	31.758	8.04	7.72	0.91	0.022	482.3↑三	13.6	0.050	2.37	1.89↑一	14.02	0.21
R24	底	31.745	8.03	7.51	1.11	—	364.1↑二	11.8	0.063↑一	2.79	2.16↑一	13.20	0.27
R25	表	31.759	8.01	7.72	1.35	0.032	297.2↑一	10.8	0.050	4.89	1.29↑一	12.02	0.44
R25	底	31.803	8.07	7.77	1.47	—	286.8↑一	12.1	0.064↑一	5.10↑一	1.45↑一	11.05	0.48
R26	表	31.772	8.06	7.85	0.96	0.030	473.5↑三	9.7	0.049	6.85↑一	1.22↑一	10.25	0.49
R26	底	31.797	7.90	7.79	1.42	—	315.6↑二	6.1	0.090↑一	6.47↑一	1.33↑一	11.05	0.52
R27	表	31.760	8.04	8.96	0.87	0.026	476.9↑三	19.1↑一	0.110↑一	5.06↑一	2.39↑一	11.33	0.55
R27	底	31.798	8.03	7.90	1.62	—	462.4↑三	24.8↑一	0.068↑一	5.32↑一	2.45↑一	11.41	0.61
最大值	表	31.778	8.06	8.96	2.18	0.046	530.0	20.1	0.110	6.85	2.40	22.15	0.89
最小值	表	30.381	7.94	6.81	0.87	0.016	163.4	7.9	0.042	1.97	0.56	8.02	0.11
最大值	底	31.803	8.07	7.90	2.36	—	462.4	24.8	0.090	6.47	2.45	16.82	0.61
最小值	底	30.405	7.90	6.46	1.11	—	173.8	6.1	0.040	2.19	0.78	9.36	0.14

表 7-29 2011 年 9 月 9 日乳山湾海水水质监测结果

站位	盐度	pH 值	DO	COD	石油类	无机氮	活性磷酸盐	铬	铜	砷	铅	镉	汞	锌
			mg/L					μg/L						
RS01	30.68	7.41	6.43	0.83	0.089↑二	0.582↑四	0.023↑一	11	0.45	0.35	0.22	0.47	0.09↑一	20
RS02	30.11	7.26	5.81↑一	0.82	0.088↑二	0.517↑四	0.022↑一	11	0.36	0.37	0.17	0.48	0.11↑一	40↑一
RS03	30.87	7.87	7.04	0.59	0.175↑二	0.417↑三	0.024↑一	12	0.16	0.37	0.1	0.47	0.07↑一	9
RS04	30.79	7.56	6.58	0.75	0.107↑二	0.129	0.025↑一	13	0.32	0.35	0.12	0.49	0.01	55↑二
RS05	31.22	7.98	6.43	0.42	0.069↑二	0.264↑一	0.025↑一	12	0.29	0.34	0.1	0.55	0.06↑一	17
RS06	31.08	7.82	5.84↑一	0.5	0.074↑二	0.087	0.015	13	0.3	0.35	0.11	0.54	0.07↑一	39↑一
RS07	31.37	7.89	6.35	0.49	0.046	0.149	0.02↑一	11	0.31	0.35	0.36	0.52	0.12↑一	34↑一
RS08	30.97	7.8	6.06	0.46	0.086↑二	0	0.017↑一	11	0.41	0.34	0.12	0.56	0.05	27↑一
RS09	30.52	7.69	6.21	0.71	0.158↑二	0.329↑二	0.02↑一	12	0.32	0.34	0.18	0.49	0.07↑一	22↑一
RS10	30.93	7.82	6.79	0.62	0.121↑二	0.268↑一	0.023↑一	12	0.25	0.33	0.13	0.48	0.04	33↑一
RS11	31.32	7.93	6.18	0.46	0.072↑二	0.205↑一	0.022↑一	13	0.29	0.36	0.11	0.53	0.08↑一	28↑一
RS12	31.34	7.85	6.3	0.48	0.044	0.134	0.019↑一	11	0.37	0.35	0.25	0.55	0.09↑一	31↑一
最小值	30.11	7.26	5.81	0.42	0.044	0.087	0.015	11	0.16	0.33	0.1	0.47	0.01	9
最大值	31.37	7.98	7.04	0.83	0.175	0.582	0.025	13	0.45	0.37	0.36	0.56	0.12	55

表 7-30 石岛附近海域 2009 年 11 月表层水质监测结果

站位	盐度	pH 值	DO	COD	石油类	活性磷酸盐	无机氮	铜	铅	镉	锌
			mg/L		μg/L						
1	30.604	8.27	8.69	0.418	9.89	5.42	129	3	2.35↑一	0.193	23.6↑一
2	31.11	8.32	8.82	0.361	10.2	6.32	165	2.7	2.67↑一	0.185	21.2↑一
3	31.074	8.35	8.86	0.328	15.3	6.77	124	2.62	2.23↑一	0.233	20.3↑一
4	30.858	8.29	8.71	0.582	15.6	9.94	318↑二	2.87	1.96↑一	0.183	20.7↑一
5	30.897	8.32	8.74	0.492	24.8	10.9	385↑二	3.3	2.92↑一	0.223	26.6↑一
6	30.276	8.21	7.89	0.623	33	12.2	404↑三	4.06	2.69↑一	0.224	27.9↑一
7	30.442	8.23	8.07	0.71	25.7	13.6	406↑三	3.62	2.34↑一	0.199	21.2↑一
8	31.04	8.28	8.7	0.566	27.9	9.49	397↑二	3.31	2.7↑一	0.166	22.5↑一
9	30.958	8.29	8.71	0.443	15.6	9.02	178	2.97	2.68↑一	0.175	24.7↑一
10	31.065	8.31	8.81	0.328	13.1	7.4	119	3.14	2.09↑一	0.182	20.3↑一
11	31.051	8.3	8.63	0.32	14.6	9.02	147	3.25	2.1↑一	0.194	22.6↑一
12	30.876	8.29	8.54	0.335	17.2	9.25	116	3.62	2.72↑一	0.234	24.7↑一
13	31.563	8.29	8.54	0.432	9.46	11.7	118	3.05	1.17↑一	0.185	19.2
14	30.887	8.25	8.25	0.509	7.82	9.25	201↑一	3.18	2.09↑一	0.234	25.5↑一
15	30.43	8.22	8.06	0.609	11.3	12.4	421↑三	3.51	3.03↑一	2.352↑一	29.6↑一
16	30.949	8.26	8.68	0.566	12.2	13.2	81	3.04	2.33↑一	0.183	21.2↑一
17	30.935	8.27	8.69	0.525	12.7	8.01	223↑一	2.86	2.09↑一	0.213	22.4↑一
18	30.925	8.28	8.7	0.483	16.1	7.88	160	2.87	2.33↑一	0.194	21.2↑一
19	31.116	8.28	8.7	0.377	12.6	6.93	123	2.69	2.09↑一	0.169	21.4↑一
20	31.117	8.3	8.8	0.377	10.8	6.32	123	2.8	2.05↑一	0.203	19.2
最大值	31.563	8.35	8.86	0.71	33	13.6	421	4.06	3.03	2.35	29.6
最小值	30.276	8.21	7.89	0.32	7.82	5.42	81	2.62	1.17	0.166	19.2

表 7-31 石岛附近海域 2009 年 11 月底层水质监测结果

站位	盐度	pH 值	DO	COD	石油类	活性磷酸盐	无机氮	铜	铅	镉	锌
			mg/L		μg/L						
5	30.9	8.33	8.7	0.504		11.1	357↑二	3.18	2.82↑一	0.215	25.7↑一
8	31.043	8.29	8.66	0.58		9.73	369↑二	3.19	2.61↑一	0.16	21.7↑一
9	30.961	8.3	8.67	0.453		9.25	174	2.87	2.59↑一	0.17	23.8↑一
10	31.068	8.32	8.78	0.336		7.59	118	3.03	2.02↑一	0.175	19.6
11	31.044	8.31	8.6	0.328		9.25	146	3.14	2.03↑一	0.187	21.8↑一
12	30.879	8.3	8.49	0.343		9.47	114	3.5	2.63↑一	0.226	23.8↑一
13	31.566	8.3	8.49	0.443		12.02	118	2.94	1.12↑一	0.178	18.5
14	30.89	8.26	8.21	0.521		9.47	198	3.07	2.02↑一	0.226	24.7↑一
16	30.952	8.27	8.64	0.58		13.43	379↑二	2.93	2.25↑一	0.176	20.5↑一
17	30.938	8.28	8.65	0.538		8.2	218↑一	2.76	2.02↑一	0.206	21.6↑一
18	30.928	8.29	8.66	0.496		8.07	159	2.77	2.25↑一	0.187	20.5↑一
19	31.119	8.29	8.66	0.387		7.11	122	2.6	2.02↑一	0.163	20.7↑一
20	31.12	8.31	8.77	0.387		6.48	122	2.71	1.98↑一	0.196	18.5
最大值	31.566	8.33	8.78	0.58		13.4	379	3.5	2.82	0.226	25.7
最小值	30.879	8.26	8.21	0.328		6.48	114	2.6	1.12	0.16	18.5

表 7-32　石岛附近海域 2011 年 11 月表层水质监测结果

站位	pH 值	DO	COD	石油类	活性磷酸盐	无机氮	铜	铅	镉	锌
		mg/L		μg/L						
1	7.81	7.58	0.62	0.005	0.057	0.19	1.57	1.13↑一	0.4	7.43
2	8.11	7.45	0.58	0.036	0.048	0.17	1.62	0.38	0.42	0.37
3	8.35	7.68	0.74	0.053↑二	0.06	0.18	1.57	0.33	0.44	0.2
4	8.25	7.85	0.65	0.005	0.042	0.16	1.52	0.86	0.42	6.52
5	8.32	7.49	0.51	0.019	0.053	0.11	1.30	0.33	0.39	0.3
6	8.21	7.67	0.58	0.028	0.097	0.10	1.30	0.46	0.46	0.4
7	8.39	7.82	0.58	0.013	0.05	0.11	1.12	0.28	0.44	0.3
8	8.23	7.52	0.74	0.018	0.103	0.36	1.99	0.91	0.52	6.16
9	8.24	7.4	0.97	0.046	0.141	0.58	2.20	0.39	0.54	3.75
10	8.21	7.53	0.92	0.034	0.094	0.50	2.01	0.34	0.5	23.12↑一
11	8.42	7.99	0.56	0.015	0.043	0.12	1.43	0.36	0.53	0.2
12	8.19	7.61	0.66	0.023	0.06	0.22	1.67	0.29	0.55	0.4
13	8.45	7.63	0.58	0.015	0.03	0.10	1.85	0.59	0.53	15.47
14	8.32	7.54	0.5	0.003	0.042	0.15	1.32	0.37	0.5	4.39
15	8	7.65	0.62	0.005	0.045	0.10	2.22	0.38	0.51	14.26
16	8.3	7.85	0.48	0.01	0.032	0.10	1.36	0.52	0.52	5.52
17	8.38	7.58	0.52	0.006	0.036	0.12	1.28	0.36	0.48	4.3
最大值	8.45	7.99	0.97	0.053	0.141	0.58	2.22	1.13	0.55	23.12
最小值	7.81	7.4	0.48	0.003	0.03	0.10	1.12	0.28	0.39	0.2

石岛附近海域：2009 年石岛附近海域表层海水水质情况良好，pH 值、DO、COD、石油类、活性磷酸盐、铜含量水平符合一类海水水质标准；重金属铅、镉、锌含量水平不满足一类海水水质标准，符合二类海水水质标准；主要污染物为无机氮，无机氮含量水平不满足三类海水水质标准，符合四类海水水质标准。同年的底层水质监测结果显示，pH 值、DO、COD、活性磷酸盐、铜、镉符合一类海水水质标准；重金属铅和锌含量水平不满足一类海水水质标准，符合二类海水水质标准；无机氮含量水平不满足二类海水水质标准，符合三类海水水质标准。2011 年石岛附近海域水质情况一般，pH 值、DO、COD、重金属铜、镉、铬、砷含量水平符合一类海水水质标准；重金属铅和锌含量水平不满足一类海水水质标准，符合二类水质标准；石油类含量不满足二类海水水质标准，符合三类水质标准；主要污染物为活性磷酸盐和无机氮，均不满足四类海水水质标准，属于劣四类海水水质。2013 年石岛附近海域以二类海水水质为主，可见其水质情况总体变好。

3. 山东半岛东北部海域(蓬莱角至威海成山头毗邻海域)

威海局部海域污染物为重金属铅、活性磷酸盐和无机氮，符合二类海水水质标准，其他区域为一类水质海域。烟台近岸海域主要污染物为无机氮、活性磷酸盐和铅。局部海域污染严重，套子湾为劣四类和四类水质海域，其他多为二类、三类水质海域。部分 2013 年前调查站点及调查结果详见表 7-33～表 7-39 和图 7-7。调查时烟台近海海域水质较好，个别指标值超过一类、二类水质标准，大部分符合一类水质标准。

对比图 7-2 不难发现，威海及烟台海域海水质量 2013 年之前明显优于 2013 年之后，随着污水的不正规排放等的持续发生，海水质量呈逐年下降趋势。

4. 庙岛群岛附近海域

庙岛群岛附近海域以一类水质为主，靠近陆地部分少量为二类水质海域，水质总体较好。监测资料详见表 7-40～表 7-43 和图 7-8。

5. 黄河口与山东半岛北部海域

潍坊近岸海域无机氮、活性磷酸盐污染较重，莱州湾大部分为劣四类、四类水质海域，其他多为二类、三类水质海域。

东营近岸海域主要污染物为无机氮、活性磷酸盐和铅。东部海域以劣四类、四类、三类水质为主，北部以二类水质海域为主。

滨州近岸海域主要污染物为活性磷酸盐。西北部海域多为劣四类、四类水质，其他海域多为二类、三类水质。近岸大部分海域符合二类海水水质标准，污染海域主要分布在漳卫新河、沙头河、潮河入海河口及其沿岸海域，超标因子是无机氮。

局部抽样监测情况详见表 7-44～表 7-49 和图 7-9。从表中不难看出，潍坊海域 2013 年监测结果和前述情况吻合，滨州海域为 2010 年监测结果，优于前面叙述，由此可知，2010—2013 年该海域海水污染日益加剧。

表 7-33　威海成山角以北海域 2012 年 8 月、9 月调查站位及调查项目

站位	调查项目	站位	调查项目
1	水质、生物	6	水质、生物
2	水质、沉积物	7	水质

续表 7-33

站位	调查项目	站位	调查项目
3	水质、生物	8	水质、沉积物、生物
4	水质、生物	9	水质
5	水质、沉积物、生物	10	水质、生物

表 7-34　烟台至威海海域 2011 年 7 月调查站位及调查项目

站位	调查项目	站位	调查项目
P1	水质	P18	水质、沉积物、生物
P2	水质、沉积物、生物	P19	水质、沉积物、生物、鱼卵仔鱼
P3	水质、鱼卵仔鱼	P20	水质、沉积物、生物
P4	水质、沉积物、生物	P21	水质
P5	水质	P22	水质、沉积物、生物
P6	水质、沉积物、生物	P23	水质
P7	水质	P24	水质、沉积物、生物
P8	水质、沉积物、生物	P25	水质
P9	水质、沉积物、生物	P26	水质、沉积物、生物
P10	水质、沉积物、生物、鱼卵仔鱼	P27	水质、沉积物、生物
P11	水质	P28	水质、沉积物、生物
P12	水质、沉积物、生物	P29	水质、沉积物、生物
P13	水质	P30	水质、沉积物、生物
P14	水质、沉积物、生物	P31	水质、鱼卵仔鱼
P15	水质、沉积物、生物	P32	水质、沉积物、生物
P16	水质、沉积物、生物	P33	水质
P17	水质	P34	水质、沉积物、生物

表 7-35　蓬莱北部海域 2015 年 3 月调查站位及调查项目

站位	调查项目	站位	调查项目
PB1	水质、沉积物	PB6	水质、沉积物
PB2	水质	PB7	水质
PB3	水质、沉积物	PB8	水质、沉积物
PB4	水质	PB9	水质
PB5	水质		

表 7-36　威海成山角以北海域水质监测结果

站位	盐度	pH 值	温度	DO	COD	悬浮物	石油类	活性磷酸盐	无机氮	汞	砷	镉	铅	铜	锌	铬	时间
			℃	mg/L						μg/L							
1	31.3	8.14	19.7	8.35	0.94	7.2	0.030 8	0.002 1	0.104 2	0.023	1.19	0.257	0.447	1.078	4.12	4.29	2012 年 8 月
2	31.2	8.15	20.2	8.13	0.88	8.1	0.038 5	0.002 2	0.076 5	0.026	1.22	0.167	0.414	2.584	5.44	5.08	
3	31.3	8.12	20.3	8.01	0.96	9.1	0.040 3	0.002 7	0.109 8	0.033	1.08	0.135	0.404	2.383	5.25	5.43	
4	31.3	8.12	19.7	8.03	0.84	8.2	0.033 5	0.002 6	0.087 7	0.030	1.14	0.15	0.477	2.316	4.10	5.17	
5	31.3	8.12	19.6	8.06	1.18	7.1	0.033 1	0.002 3	0.098 9	0.038	1.26	0.203	0.551	2.208	5.63	5.38	
6	31.3	8.12	19.8	7.98	0.93	9.6	0.034 4	0.003 1	0.119 3	0.035	1.06	0.258	0.446	3.271	4.56	5.94	
7	31.2	8.12	19.7	8.16	0.9	8.8	0.036 3	0.003 3	0.111 2	0.039	1.22	0.273	0.436	3.301	4.50	7.89	
8	31.2	8.06	20.1	8.91	1.14	7.9	0.035 2	0.003 1	0.445 2	0.046	1.27	0.304	0.509	2.32	5.91	6.22	
9	31.2	8.06	20.2	8.07	1.27	9.7	0.038 2	0.003 6	0.110 9	0.036	0.94	0.498	0.520	3.34	5.91	6.20	
10	31.2	8.12	19.9	8.09	1.01	9.2	0.044 0	0.004 6	0.435 9	0.048	1.16	0.426	0.572	2.383	7.62	8.49	
最大值	31.3	8.15	20.3	8.91	1.27	9.7	0.044 0	0.004 6	0.445 2	0.048	1.27	0.498	0.572	3.34	7.62	8.49	
最小值	31.2	8.06	19.6	7.98	0.84	7.1	0.030 8	0.002 1	0.076 5	0.023	0.94	0.135	0.404	1.078	4.10	4.29	
1	31.3	8.17	17.8	8.23	1.02		0.025 0	0.003 5	0.094 3	0.021	1.26	0.136	0.542	1.105	5.08	2.92	2012 年 9 月
2	31.2	8.18	18.4	8.10	0.90		0.052 0↑二	0.004 0	0.086 1	0.029	1.49	0.158	0.488	2.783	5.82	4.45	
3	31.3	8.15	18.3	7.85	1.00		0.042 0	0.005 0	0.108 0	0.020	1.12	0.016	0.390	2.516	3.82	4.34	
4	31.3	8.13	17.8	8.13	0.91		0.018 0	0.001 7	0.101 8	0.018	1.06	0.160	0.398	2.048	6.62	4.11	
5	31.3	8.15	17.7	8.15	1.23		0.047 0	0.004 3	0.097 0	0.026	1.16	0.190	0.631	2.375	3.63	6.31	
6	31.3	8.16	18.0	7.84	1.01		0.021 0	0.004 9	0.122 7	0.037	1.26	0.108	0.497	3.34	5.04	6.20	
7	31.2	8.16	17.8	8.27	0.91		0.023 0	0.003 7	0.101 2	0.037	1.37	0.201	0.452	3.208	5.85	5.93	
8	31.2	8.16	18.7	9.05	1.22		0.044 0	0.004 2	0.101 8	0.038	1.39	0.348	0.417	2.593	8.84	4.22	
9	31.2	8.13	18.6	8.08	1.35		0.036 0	0.005 1	0.114 5	0.031	1.03	0.504	0.513	3.206	6.55	7.18	
10	31.2	8.15	18.7	8.02	1.05		0.038 0	0.005 3	0.134 3	0.039	1.12	0.402	0.620	2.261	7.41	6.99	
最大值	31.3	8.18	18.7	9.05	1.35		0.052 0	0.005 3	0.134 3	0.039	1.49	0.504	0.631	3.34	8.84	7.18	
最小值	31.2	8.13	17.7	7.84	0.90		0.018 0	0.001 7	0.086 1	0.018	1.03	0.016	0.390	1.105	3.63	2.92	

表 7-37　烟台至威海海域 2011 年 7 月底层水质监测结果

站位	盐度	pH	水深	温度	透明度	水色	DO	COD	悬浮物	石油类	活性磷酸盐	无机氮	汞	砷	镉	铅	铜	锌	铬
		值	m	℃	m	级	mg/L						μg/L						
P1	31.2	8.16	9.0	19.4	2	15	7.55	1.10	25.5↑二	0.015 1	0.001 54↑一	0.249↑一	0.018 3	1.10	0.121	1.21↑一	2.59	20.0	1.24
P2	31.2	8.19	29.0	20.0	3	13	8.45	1.06	25↑二	0.014 1	0.001 49	0.182	0.026 2	1.07	0.186	1.93↑一	2.53	15.2	1.64
P3	31.2	8.15	21.0	21.1	4	9	8.67	1.35	22.6↑二	0.015 8	0.001 29	0.187	0.057 2↑一	1.18	0.160	1.42↑一	1.20	20.7	1.76
P4	31.2	8.14	19.0	20.8	5	8	8.37	1.39	30.8↑二	0.012 0	0.001 68↑一	0.299↑一	0.086 9↑一	1.39	0.092	1.47↑一	2.58	13.6	2.25
P5	31.2	8.15	19.5	20.5	5	8	8.38	1.42	28.5↑二	0.010 0	0.001 91↑一	0.218↑一	0.054 4↑一	1.04	0.128	1.32↑一	1.69	18.7	2.23
P6	31.2	8.15	20.0	20.9	4	9	8.05	1.36	22.1↑二	0.009 67	0.001 56↑一	0.214↑一	0.060 0↑一	1.07	0.070	1.02↑一	1.60	19.9	0.874
P7	31.1	8.23	20.0	21.7	3	12	9.82	1.31	19.8	0.014 2	0.002 06↑一	0.222↑一	0.058 2↑一	1.07	0.120	0.851	2.18	14.8	1.34
P8	30.9	8.3	13.0	19.6	2	15	8.86	1.08	28.5↑二	0.014 2	0.001 83↑一	0.267↑一	0.020 5	1.08	0.179	0.685	2.32	9.7	1.98
P9	31.2	8.21	17.0	18.6	2	15	8.19	1.25	19.8	0.007 94	0.002 4↑一	0.218↑一	0.011 0	1.32	0.158	1.94↑一	1.50	17.0	1.04
P10	31.2	8.13	19.0	21.3	3	12	9.52	0.98	26.8↑二	0.008 18	0.001 84↑一	0.249↑一	0.043 4	1.16	0.068	1.15↑一	2.69	20.6↑一	2.35
P11	31.2	8.16	19.5	21.2	4	9	9.58	1.10	26.8↑二	0.013 5	0.001 83↑一	0.181	0.044 3	1.05	0.072	1.41↑一	1.75	22.1↑一	1.02
P12	31.2	8.15	20.0	20.6	5	8	8.06	1.40	26.5↑二	0.010 4	0.001 95↑一	0.167	0.075 6↑一	1.05	0.201	0.923	1.53	13.9	2.45
P13	31.2	8.15	20.0	19.6	5	8	8.10	1.32	36.8↑二	0.009 74	0.002 25↑一	0.179	0.054 6↑一	1.15	0.170	1.9↑一	1.52	10.3	0.734
P14	31.2	8.17	19.0	21.3	4	9	8.86	1.10	18.1↑二	0.012 3	0.001 86↑一	0.156	0.044 4	1.17	0.146	0.723	0.787	10.7	0.759
P15	31.2	8.19	19.0	20.5	4	9	8.96	1.06	30.4↑二	0.019 0	0.002 29↑一	0.161	0.042 1	1.33	0.075 5	1.12↑一	2.42	13.2	2.43
P16	31.0	8.26	26.5	18.6	2	15	8.43	1.68	28.5↑二	0.010 7	0.002 2↑一	0.316↑二	0.051 5↑一	1.21	0.174	0.66	2.48	18.3	1.21
P17	30.9	8.34	12.0	19.8	2	15	9.98	1.16	26.8↑二	0.079 9↑二	0.001 24	0.553↑四	0.063 5↑一	1.32	0.163	1.72↑一	1.15	21.4↑一	2.15
P18	31.1	8.26	14.5	20.6	2	15	9.31	2.05↑一	26.5↑二	0.087 3↑二	0.001 88↑一	0.285↑一	0.053 6↑一	1.21	0.143	0.635	0.854	16.5	2.21
P19	31.2	8.10	20.0	18.7	2	13	8.51	1.95	33.8↑二	0.046 3	0.001 51↑一	0.269↑一	0.057 6↑一	1.17	0.200	1	1.89	14.5	2.01
P20	31.2	8.17	20.0	21.2	5	8	8.51	1.45	30.8↑二	0.012 4	0.001 39	0.28↑一	0.072 2↑一	1.33	0.182	1.76↑一	1.10	19.8	2.45
P21	31.2	8.16	20.0	21.1	5	8	8.27	1.42	33.8↑二	0.011 2	0.001 5	0.188	0.059 1↑一	1.23	0.095	1.66↑一	1.45	16.1	2.68
P22	31.2	8.18	20.0	19.3	5	8	8.18	1.28	29.8↑二	0.010 2	0.001 57↑一	0.243↑一	0.058 0↑一	0.97	0.178	0.943	2.25	16.8	1.37

续表 7-37

站位	盐度	pH值	水深	温度	透明度	水色	DO	COD	悬浮物	石油类	活性磷酸盐	无机氮	汞	砷	镉	铅	铜	锌	铬
			m	℃	m	级	mg/L						μg/L						
P23	31.1	8.20	19.0	18.2	2	13	10.60	1.71	27.2↑二	0.015 3	0.001 57↑一	0.166	0.033 4	0.96	0.163	1.1↑一	2.52	17.2	2.26
P24	31.2	8.14	19.0	18.7	2	13	8.90	1.66	35.5↑二	0.020 6	0.004 45↑一	0.197	0.024 6	0.99	0.138	0.621	1.33	12.8	2.59
P25	31.2	8.17	19.0	17.9	2	13	8.62	1.93	30.5↑二	0.029 0	0.001 19	0.329↑二	0.0317 0	0.98	0.084	0.865	2.17	13.0	1.06
P26	31.1	8.18	18.0	19.9	3	13	8.72	1.49	25.5↑二	0.025 0	0.002 06↑一	0.195	0.069 9↑一	1.44	0.106	1.45↑一	1.12	17.7	1.87
P27	31.1	8.24	14.5	21.1	3	13	9.34	1.47	21.1↑二	0.077 3↑二	0.001 64↑一	0.324↑二	0.066 6↑一	1.27	0.109	0.92	0.798	13.8	2.64
P28	31.0	8.24	13.0	22.7	3	13	9.28	1.3	26.8↑二	0.089 0↑二	0.001 16	0.209↑一	0.048 7	1.20	0.094	0.679	1.03	15.9	2.23
P29	28.5	8.29	8.0	22.6	2	15	8.43	1.98	24.6↑二	0.084 0↑二	0.002 18↑一	0.198	0.063 2↑一	1.17	0.150	0.938	1.62	11.4	1.82
P30	30.8	8.29	14.0	21.7	2	15	9.02	1.69	25.8↑二	0.099 2↑二	0.001 97↑一	0.224↑一	0.066 6↑一	1.70	0.198	1.37↑一	1.45	11.6	1.89
P31	31.1	8.20	17.5	18.6	3	13	8.61	1.31	27.4↑二	0.020 8	0.002 34↑一	0.276↑一	0.063 9↑一	1.15	0.075 5	1.42↑一	2.14	15.6	1.32
P32	31.2	8.27	19.0	20.5	3	12	8.45	1.59	25.5↑二	0.018 0	0.001 87↑一	0.164	0.066 6↑一	1.06	0.089	1.64↑一	2.22	11.8	1.86
P33	31.2	8.14	20.0	19.6	3	12	8.38	1.63	27.5↑二	0.023 2	0.001 86↑一	0.093	0.042 3	1.02	0.073	1.44↑一	1.46	15.2	1.75
P34	31.2	8.19	19.0	18.9	3	12	8.19	1.87	24.5↑二	0.029 2	0.004 41↑一	0.194	0.042 6	0.99	0.153	0.569	2.24	10.6	1.90
最大值	31.2	8.34	29.0	22.7	5	15	10.60	2.05	36.8	0.099 2	0.004 45	0.553	0.086 9	1.70	0.201	1.94	2.69	22.1	2.68
最小值	28.5	8.10	8.0	17.9	2	8	7.55	0.976	18.1	0.007 94	0.001 16	0.093	0.011 0	0.96	0.068	0.569	0.787	9.7	0.734

表 7-38 烟台至威海海域 2011 年 7 月表层水质监测结果

站位	pH 值	温度	DO	COD	悬浮物	活性磷酸盐	无机氮	汞	砷	镉	铅	铜	锌	铬
		℃	mg/L					μg/L						
P2	8.18	18.8	7.74	0.960	40.1↑二	0.0021 9	0.227 0↑一	0.019 0	1.18	0.097	0.847	1.09	20.20↑一	2.45
P3	8.15	18.0	8.34	0.776	23.5↑二	0.001 53	0.220 0↑一	0.109 0↑一	1.19	0.069	0.553	1.13	19.20	1.42
P4	8.14	17.4	8.19	0.576	37.5↑二	0.001 53	0.267 0↑一	0.073 6↑一	1.05	0.087	0.654	2.41	22.20↑一	1.70
P5	8.14	17.1	8.10	0.648	29.8↑二	0.002 08	0.213 0↑一	0.081 3↑一	1.03	0.106	1.100↑一	1.41	18.70	1.56
P6	8.14	17.7	10.10	0.488	22.1↑二	0.002 11	0.241 0↑一	0.107 0↑一	1.11	0.129	1.510↑一	0.88	18.20	0.717
P7	8.13	18.8	7.68	0.336	19.5↑二	0.001 10	0.222 0↑一	0.069 6↑一	1.03	0.183	2.020↑一	1.76	20.00	1.48
P8	8.21	19.0	7.58	0.928	28.8↑二	0.001 05	0.212 0↑一		1.25	0.205	0.780	2.58	9.48	1.99
P9	8.21	18.3	7.70	1.060	31.5↑二	0.001 28	0.308 0↑二		1.16	0.187	1.940↑一	2.51	13.70	1.99
P10	8.09	18.6	9.06	0.280	24.8↑二	0.001 67	0.259 0↑一	0.047 5	1.27	0.081	1.600↑一	2.43	18.80	0.785
P11	8.15	17.4	8.40	0.328	38.1↑二	0.002 19	0.202 0↑一	0.077 8↑一	1.32	0.154	1.100↑一	1.10	8.90	2.55
P12	8.15	16.7	8.08	0.632	28.8↑二	0.001 90	0.237 0↑一	0.068 9↑一	1.05	0.083	0.608	0.83	11.20	2.39
P13	8.14	16.6	8.00	0.632	51.5↑二	0.001 97	0.242 0↑一	0.065 6↑一	1.35	0.078	1.740↑一	0.82	19.50	2.13
P14	8.21	17.4	9.07	0.320	24.5↑二	0.002 04	0.190 0	0.064 0↑一	1.12	0.109	1.690↑一	0.93	10.60	1.30
P15	8.16	18.6	8.58	0.288	33.8↑二	0.002 11	0.177 0	0.045 6	1.06	0.101	0.778	1.70	18.20	1.04
P16	8.25	16.2	8.05	0.992	33.5↑二	0.002 40	0.226 0↑一	0.043 1	1.22	0.080	1.030↑一	2.47	18.40	1.42
P17	8.16	17.3	8.13	1.090	40.5↑二	0.001 42	0.230 0↑一	0.067 2↑一	1.04	0.130	1.520↑一	2.32	21.40↑一	2.55
P18	8.28	18.3	9.26	1.940	29.8↑二	0.001 55	0.290 0↑一	0.069 5↑一	1.13	0.194	1.250↑一	2.27	9.35	1.89
P19	8.12	18.2	8.42	1.090	34.5↑二	0.003 63	0.254 0↑一	0.060 9↑一	1.03	0.205	1.870↑一	2.46	11.60	1.57
P20	8.16	18.5	8.51	0.760	29.5↑二	0.002 70	0.273 0↑一	0.094 0↑一	1.37	0.203	1.220↑一	1.14	7.85	1.32
P21	8.17	17.4	8.46	0.720	32.8↑二	0.001 70	0.184 0	0.056 4↑一	1.27	0.155	1.890↑一	1.24	21.00↑一	2.45
P22	8.18	14.6	8.10	0.680	28.1↑二	0.001 80	0.211 0↑一	0.132 0↑一	1.23	0.181	1.700↑一	0.94	13.50	0.808
P23	8.17	16.4	8.64	0.712	31.8↑二	0.002 70	0.233 0↑一	0.019 8	0.94	0.190	0.858	1.02	17.80	2.39

续表 7-38

站位	pH 值	温度	DO	COD	悬浮物	活性磷酸盐	无机氮	汞	砷	镉	铅	铜	锌	铬
		℃	mg/L					μg/L						
P24	8.11	17.0	8.43	0.784	28.1↑二	0.001 63	0.174 0	0.028 3	0.91	0.167	1.420↑一	1.61	15.10	2.47
P25	8.15	16.3	8.54	0.936	41.1↑二	0.001 97	0.139 0	0.016 0	1.03	0.093	0.640	1.82	10.90	1.40
P26	8.17	18.2	8.45	1.130	30.5↑二	0.002 07	0.255 0↑一	0.055 7↑一	1.27	0.078	1.860↑一	2.30	18.50	1.75
P27	8.18	17.2	8.58	1.180	29.1↑二	0.001 67	0.222 0↑一	0.058 0↑一	1.03	0.187	1.070↑一	2.25	10.50	2.02
P28	8.22	17.3	9.65	1.130	30.9↑二	0.001 06	0.211 0↑一	0.144 0↑一	1.11	0.065	0.693	2.65	9.66	2.04
P30	8.15	17.3	8.62	1.240	33.1↑二	0.001 77	0.234 0↑一	0.091 7↑一	1.09	0.177	0.873	1.85	13.20	0.784
P31	8.14	17.9	9.17	1.000	27.8↑二	0.001 76	0.216 0↑一	0.070 0	1.10	0.111	1.020↑一	1.88	11.90	1.79
P32	8.18	17.3	8.48	0.856	25.5↑二	0.002 33	0.112 0	0.068 9	0.96	0.164	1.890↑一	2.30	21.30	1.76
P33	8.15	16.9	8.48	0.896	44.8↑二	0.001 68	0.105 0	0.051 8↑一	0.97	0.188	0.961	2.04	15.30	1.83
P34	8.14	16.1	8.14	1.300	30.5↑二	0.001 57	0.084 0	0.016 3	0.96	0.163	0.722	1.44	8.00	1.24
最大值	8.28	19.0	10.10	1.940	51.5	0.00 363	0.308 0	0.144 0	1.37	0.205	1.890	2.65	21.40	2.55
最小值	8.09	14.6	7.58	0.280	19.5	0.001 05	0.084 0	0.016 0	0.91	0.065	0.608	0.82	7.85	0.784

表 7-39　蓬莱北部海域 2015 年 3 月水质监测结果

站位	盐度	pH 值	层次	温度	DO	COD	悬浮物	石油类	硝酸盐	亚硝酸盐	氨氮	活性磷酸盐	铜	铅	镉	汞
			m	℃	mg/L								μg/L			
PB1	30.08	8.10	0.5	3.3	11.14	1.02	23.80↑二	0.020 2	0.188	0.001 62	0.029 76	0.011 70	1.99	0.602	0.161	0.041 3
PB2	30.21	8.10	0.5	3.5	10.80	0.93	22.60↑二	0.016 4	0.209	0.001 71	0.044 60	0.010 50	4.68	1.520↑一	0.740	0.024 8
PB3	30.25	8.08	0.5	3.3	10.76	1.26	14.00↑二	0.021	0.149	0.000 85	0.061 00	0.009 92	2.04	2.190↑一	0.239	0.025 9
	30.30	8.07	31	3.2	9.56	1.47	11.20↑二	—	0.185	0.000 85	0.058 78	0.012 90	3.03	2.170↑一	0.530	0.038 0
PB4	31.02	8.08	0.5	3.4	10.48	1.06	13.40↑二	0.027 8	0.190	0.001 81	0.017 80	0.014 40	1.75	1.920↑一	0.096	0.017 4
	31.01	8.07	34	3.2	11.46	1.09	10.80↑二	—	0.152	0.001 81	0.030 90	0.014 70	1.56	0.634	0.450	0.021 4
PB5	30.78	8.09	0.5	3.3	11.13	1.26	15.80↑二	0.011 6	0.152	0.003 45	0.014 30	0.006 90	1.89	0.457	0.110	0.026 1
	30.80	8.10	9	3.2	10.02	1.13	15.20↑二	—	0.146	0.001 42	0.020 50	0.009 90	1.10	0.630	0.098	0.016 9
PB6	31.02	8.13	0.5	3.3	10.98	1.09	10.20↑二	0.021 7	0.131	0.001 62	0.006 30	0.011 40	2.94	0.692	0.721	0.013 2
	31.03	8.12	16	3.2	9.33	1.13	10.80↑二	—	0.142	0.001 04	0.009 90	0.01350	3.39	0.172	0.707	0.027 6
PB7	30.55	8.12	0.5	3.2	10.58	0.95	22.60↑二	0.02	0.133	0.002 20	0.015 70	0.009 90	2.50	0.814	0.658	0.011 2
	30.54	8.11	15.5	3.2	10.01	1.47	20.60↑二	—	0.129	0.001 91	0.008 43	0.010 20	0.80	0.023	0.722	0.024 9
PB8	31.02	8.10	0.5	3.2	10.74	1.16	14.40↑二	0.019 9	0.120	0.002 68	0.008 26	0.008 70	3.15	0.186	0.687	0.019 5
	31.04	8.11	22	3.1	9.84	1.34	16.00↑二	—	0.124	0.001 91	0.010 30	0.009 90	0.84	0.057	0.625	0.020 7
PB9	31.10	8.13	0.5	3.2	10.92	0.95	12.80↑二	0.022 6	0.170	0.002 00	0.013 30	0.011 40	1.84	0.143	0.673	0.010 2
	31.10	8.14	13	3.1	11.78	1.32	14.40↑二	—	0.164	0.005 08	0.003 65	0.013 50	3.18	0.191	0.757	0.025 0
最大值	31.10	8.14	—	3.5	11.78	1.47	23.80	0.027 8	0.209	0.005 08	0.061 00	0.014 70	4.68	2.190	0.757	0.041 3
最小值	30.08	8.07	—	3.1	9.33	0.93	10.20	0.011 6	0.120	0.000 85	0.003 65	0.006 90	0.80	0.023	0.096	0.010 2

图 7-7　山东半岛东北部海域调查站位分布示意图

表 7-40　庙岛群岛 2010 年 9 月附近海域环境质量监测站位表

站位	调查项目	站位	调查项目
1	水质、沉积物、海洋生物	9	水质
2	水质、沉积物、海洋生物	10	水质、海洋生物
3	水质、沉积物、海洋生物	11	水质
4	水质、沉积物、海洋生物	12	水质、沉积物、海洋生物
5	水质	13	水质、海洋生物
6	水质	14	水质、沉积物、
7	水质	15	水质、沉积物、海洋生物
8	水质、海洋生物	16	水质、沉积物、海洋生物

表 7-41　庙岛群岛 2015 年 3 月附近海域环境质量监测站位表

站位	调查项目	站位	调查项目
M1	水质、沉积物	M9	水质
M2	水质	M10	水质
M3	水质、沉积物	M11	水质
M4	水质、沉积物	M12	水质
M5	水质	M13	水质
M6	水质、沉积物	M14	水质
M7	水质、沉积物	M15	水质、沉积物
M8	水质		

表 7-42　庙岛群岛 2010 年 9 月附近水质监测结果表

站位	盐度	pH 值	水深	采样深度	DO	COD	活性磷酸盐	无机氮	石油类	叶绿素 a	铜	铅	锌	镉	悬浮物
			m	m	mg/L					μg/L					
1	30.038	8.11	7.8	0.5	7.48	1.00	0.003 81	0.219↑—	0.022 8	4.72	2.37	1.10↑—	16.0	0.226	9.8
2	30.665	8.04	8.8	0.5	7.16	1.56	0.004 53	0.215↑—	0.021 6	4.71	2.10	1.22↑—	12.2	0.374	8.5
3	30.612	8.02	8.0	0.5	7.17	0.84	0.003 12	0.184	0.019 9	4.64	2.22	1.12↑—	19.4	0.206	7.4
4	30.456	8.06	9.5	0.5	7.06	1.60	0.004 31	0.143	0.018 6	3.51	3.38	0.95	13.8	0.254	4.3
5	30.715	8.05	9.5	0.5	6.95	0.88	0.001 12	0.189	0.017 3		2.23	0.96	14.1	0.410	4.5
6	30.665	8.11	9.0	0.5	7.54	1.06	0.001 73	0.156	0.019 5	5.44	2.47	0.97	10.8	0.256	4.9
7	30.700	8.08	12.0	0.5	7.84	1.25	0.002 51	0.240↑—	0.020 2	4.10	2.30	0.93	15.7	0.307	3.2
7	30.725	8.01	12.0	10.0	7.00	1.56	0.002 41	0.180			2.58	0.87	15.4	0.203	4.7
8	30.668	8.09	12.5	0.5	6.87	1.32	0.002 10	0.249↑—	0.021 1	4.12	2.45	0.66	18.8	0.313	5.1
8	30.714	8.07	12.5	10.0	8.19	0.68	0.001 72	0.233↑—			3.12	0.75	17.9	0.214	3.2
9	30.726	8.04	11.0	0.5	7.29	0.88	0.002 02	0.162	0.020 6	4.89	3.10	0.78	16.8	0.302	2.3
9	30.764	8.05	11.0	10.0	6.04	0.80	0.001 85	0.255↑—			2.52	0.95	16.4	0.247	2.6
10	30.724	8.01	9.5	0.5	8.13	1.24	0.001 39	0.221↑—	0.021 9	4.24	2.98	0.89	15.4	0.269	4.2
11	30.711	8.07	9.6	0.5	7.62	1.36	0.001 98	0.197	0.023 8	5.81	3.04	1.08↑—	14.3	0.259	4.8
12	30.709	8.00	17.6	0.5	7.32	1.20	0.002 13	0.287↑—	0.017 4	4.69	4.01	1.30↑—	14.5	0.203	2.9
12	30.724	8.07	17.6	16.0	7.22	0.92	0.004 05	0.211↑—			2.56	1.23↑—	16.3	0.207	7.7
13	30.676	8.08	8.7	0.5	7.63	1.20	0.008 04	0.312↑二	0.017 2	3.89	3.12	1.20↑—	18.5	0.321	11.7↑二
14	30.695	8.04	15.4	0.5	7.57	0.72	0.004 79	0.286↑—	0.017 9	5.71	3.36	1.24↑—	19.6	0.342	5.0
14	30.790	8.03	15.4	13.0	7.24	0.88	0.005 82	0.267↑—			2.56	0.98	17.4	0.326	13.8↑二
15	30.728	8.01	19.2	0.5	8.09	0.88	0.004 20	0.203↑—	0.016 7	4.89	2.86	1.03↑—	15.4	0.328	3.9
15	30.735	8.02	19.2	18.0	7.85	0.44	0.003 46	0.179			2.78	1.25↑—	18.2	0.386	17.7↑二
16	30.701	8.10	7.0	0.5	7.42	1.05	0.002 13	0.208↑—	0.023 6	4.12	2.45	1.29↑—	19.7	0.404	10.2↑二
最大值	30.790	8.11	19.2		8.09	1.60	0.008 04	0.312	0.023 8	5.81	4.01	1.30	19.7	0.410	17.7
最小值	30.038	8.00	7.0		6.04	0.44	0.001 12	0.143	0.016 7	3.51	2.10	0.66	10.8	0.203	2.3

表 7-43　庙岛群岛 2015 年 3 月附近水质监测结果表

站号	盐度	pH 值	层次	温度	DO	COD	悬浮物	石油类	硝酸盐	亚硝酸盐	氨氮	活性磷酸盐	铜	铅	镉	汞
			m	℃	mg/L								μg/L			
M1	31.08	8.11	0.5	3.2	8.53	1.47	16.8↑二	0.034 8	0.161	0.002 20	0.024 0	0.010 8	2.35	1.50↑一	0.830	0.047 6
	31.10	8.10	12.2	3.1	9.28	1.29	20.8↑二	—	0.150	0.002 00	0.019 9	0.009 92	1.66	1.15↑一	0.240	0.020 9
M2	31.21	8.11	0.5	3.3	10.09	1.15	18.6↑二	0.032 8	0.164	0.001 91	0.023 2	0.008 13	3.18	0.841	0.566	0.019 6
	31.22	8.10	8.5	3.2	10.73	0.892	19.6↑二	—	0.166	0.002 00	0.022 6	0.009 03	3.80	0.717	0.482	0.023 4
M3	30.13	8.10	0.5	3.3	9.20	1.33	20.0↑二	0.024 4	0.153	0.001 62	0.050 9	0.013 2	4.73	1.36↑一	0.200	0.036 8
M4	30.78	8.09	0.5	3.2	11.05	0.714	19.0↑二	0.018 3	0.130	0.001 81	0.047 1	0.013 8	1.28	0.616	0.492	0.010 5
	30.80	8.07	10.0	3.2	10.62	1.01	17.2↑二	—	0.116	0.000 85	0.053 1	0.013 2	1.25	0.671	0.276	0.016 4
M5	31.02	8.08	0.5	3.3	11.29	1.33	16.0↑二	0.023 5	0.172	0.001 23	0.028 1	0.007 24	3.59	1.03↑一	0.676	0.039 0
M6	31.17	8.08	0.5	3.2	10.98	1.33	15.6↑二	0.025 7	0.156	0.000 944	0.045 26	0.010 2	0.94	0.556	0.711	0.026 1
	.31.17	8.07	14.0	3.1	11.03	1.01	12.2↑二	—	0.179	0.001 33	0.054 29	0.008 13	3.12	0.924	0.395	0.014 0
M7	30.08	8.10	0.5	3.3	11.14	1.02	23.8↑二	0.020 2	0.188	0.001 62	0.029 76	0.011 7	1.99	0.602	0.161	0.041 3
M8	30.10	8.09	0.5	3.3	8.87	0.962	16.0↑二	0.013 9	0.153	0.001 23	0.019 22	0.014 7	1.21	0.421	0.954	0.032 3
M9	31.32	8.08	0.5	3.4	10.41	1.11	15.6↑二	0.028 3	0.164	0.001 62	0.016 3	0.006 95	1.34	0.464	0.715	0.020 9
	31.32	8.08	22.5	3.3	10.74	1.16	20.0↑二	—	0.143	0.001 14	0.033 9	0.006 95	0.988	0.945	0.943	0.040 5
M10	31.28	8.10	0.5	3.3	10.75	1.25	14.8↑二	0.024 5	0.189	0.001 23	0.032 45	0.012 6	4.76	1.97↑一	0.245	0.030 2
	31.22	8.08	27.5	3.2	10.92	1.26	16.8↑二	—	0.216	0.001 33	0.026 94	0.014 7	2.46	0.830	0.489	0.022 6
M11	31.02	8.08	0.5	3.4	10.48	1.06	13.4↑二	0.027 8	0.190	0.001 81	0.017 8	0.014 4	1.75	1.92↑一	0.096	0.017 4
	31.01	8.07	34.0	3.2	11.46	1.09	10.8↑二	—	0.152	0.001 81	0.030 9	0.014 7	1.56	0.634	0.450	0.021 4
M12	31.09	8.07	0.5	3.3	9.74	1.02	19.4↑二	0.014 1	0.171	0.001 23	0.022 0	0.013 2	2.43	0.929	0.174	0.030 9
	31.06	8.08	27.5	3.2	10.76	1.16	21.0↑二	—	0.180	0.001 14	0.018 5	0.010 2	1.42	1.50↑一	0.432	0.032 4
M13	30.78	8.09	0.5	3.3	11.13	1.26	15.8↑二	0.011 6	0.152	0.003 45	0.014 3	0.006 9	1.89	0.457	0.110	0.026 1
	30.80	8.10	9.0	3.2	10.02	1.13	15.2↑二	—	0.146	0.001 42	0.020 5	0.009 9	1.10	0.630	0.098	0.016 9

续表 7-43

站号	盐度	pH 值	层次	温度	DO	COD	悬浮物	石油类	硝酸盐	亚硝酸盐	氨氮	活性磷酸盐	铜	铅	镉	汞
			m	℃	mg/L								μg/L			
M14	31.09	8.12	0.5	3.2	9.12	1.61	13.4↑二	0.017 3	0.148	0.001 23	0.008 10	0.012 9	1.10	1.25↑一	0.631	0.020 3
	31.10	8.14	8.5	3.2	9.41	1.48	16.0↑二	—	0.177	0.001 04	0.007 70	0.014 1	3.42	0.566	0.581	0.030 6
M15	31.02	8.10	0.5	3.2	10.74	1.16	14.4↑二	0.019 9	0.120	0.002 68	0.008 26	0.008 7	3.15	0.186	0.687	0.019 5
	31.04	8.11	22.0	3.1	9.84	1.34	16.0↑二	—	0.124	0.001 91	0.010 3	0.009 9	0.84	0.057	0.625	0.020 7
最大值	31.32	8.14	—	3.4	11.46	1.61	23.8	0.034 8	0.216	0.003 45	0.054 29	0.014 7	4.76	1.970	0.954	0.047 6
最小值	30.08	8.07	—	3.1	8.53	0.714	10.8	0.011 6	0.116	0.000 85	0.007 7	0.006 9	0.84	0.057	0.096	0.010 5

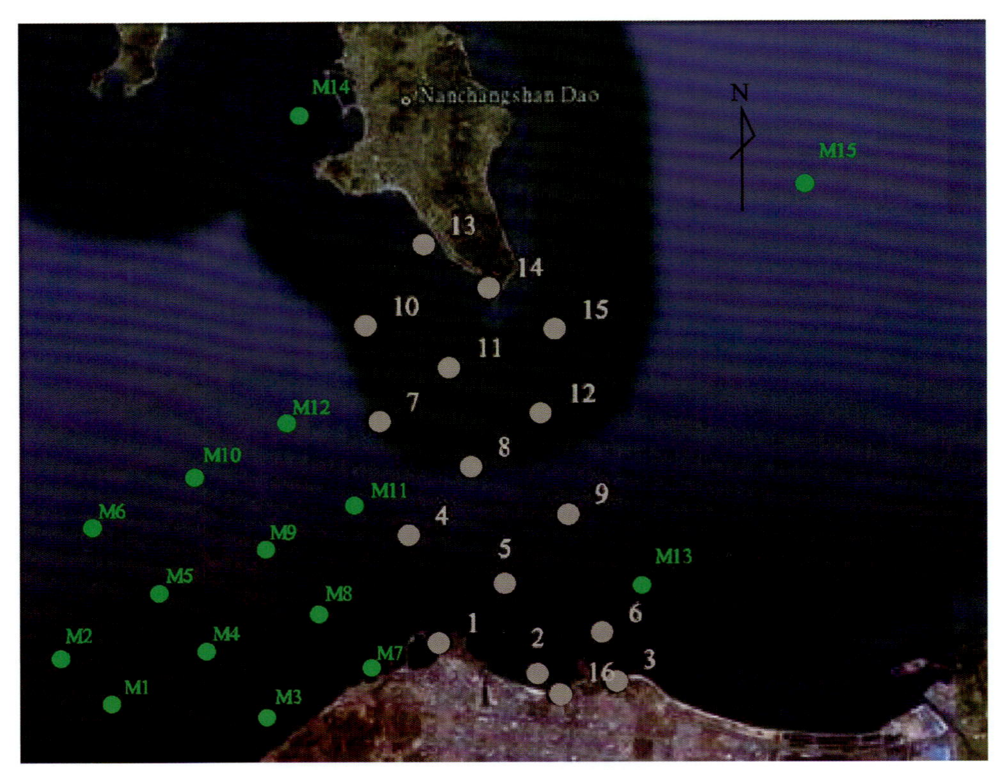

图 7-8 庙岛群岛附近调查站位分布示意图

表 7-44 龙口北部海域 2015 年 3 月调查站位坐标及项目

站位	调查项目	站位	调查项目
B01	水质	B06	水质、沉积物
B02	水质	B07	水质
B03	水质、沉积物	B08	水质、沉积物
B04	水质	B09	水质
B05	水质	B10	水质

表 7-45 潍坊老河口附近海域 2013 年 5 月调查站位坐标及项目

站位	调查项目	站位	调查项目
WF01	水质、沉积物、生物	WF14	水质
WF02	水质	WF15	水质、沉积物、生物
WF03	水质、沉积物、生物	WF16	水质、沉积物、生物
WF04	水质、沉积物、生物	WF17	水质、沉积物、生物
WF05	水质、沉积物、生物	WF18	水质
WF06	水质	WF19	水质、沉积物、生物
WF07	水质	WF20	水质、沉积物、生物
WF08	水质、沉积物、生物	WF21	水质

续表 7-45

站位	调查项目	站位	调查项目
WF09	水质	WF22	水质、沉积物、生物
WF10	水质	WF23	水质
WF11	水质、沉积物、生物	WF24	水质、沉积物、生物
WF12	水质	WF25	水质
WF13	水质、沉积物、生物		

表 7-46　滨州附近海域 2010 年 11 月调查站位坐标及项目

站位	调查项目	站位	调查项目
1	水质、沉积物、生物	16	水质
2	水质	17	水质、沉积物、生物
3	水质、沉积物、生物	18	水质
4	水质	19	水质、沉积物、生物
5	水质、沉积物、生物	20	水质
6	水质	21	水质、沉积物、生物
7	水质、沉积物、生物	22	水质
8	水质	23	水质、沉积物、生物
9	水质、沉积物、生物	24	水质
10	水质	25	水质、沉积物、生物
11	水质、沉积物、生物	26	水质、沉积物、生物
12	水质	27	水质、沉积物、生物
13	水质、沉积物、生物	28	水质、沉积物、生物
14	水质	29	水质、沉积物、生物
15	水质、沉积物、生物	30	水质、沉积物、生物

三、底质类型及海底沉积物质量现状

依据《海洋沉积物质量》(GB 18668—2002),按照海域的不同使用功能和环境保护目标,海洋沉积物质量分为三类(表 7-50):

第一类:适用于海洋渔业水域,海上自然保护区和珍稀濒危海洋生物保护区,海水养殖区、海水浴场、人体直接接触海水的海上运动或娱乐区,以及与人类食用直接有关的工业用水区。

第二类:适用于一般工业用水区,滨海风景旅游区。

第三类:适用于海洋港口水域,特殊用途的海洋开发作业区。

表 7-47　龙口北部海域 2015 年 3 月调查海域海水水质监测结果

站号	盐度	pH 值	层次	温度	DO	COD	悬浮物	石油类	硝酸盐	亚硝酸盐	氨氮	活性磷酸盐	铜	铅	镉	汞
			m	℃	mg/L								μg/L			
B01	31.15	8.10	0.5	3.4	11.12	0.91	17.4↑二	0.022 5	0.139	0.002 10	0.014 0	0.008 13	1.89	0.411	0.212	0.022 2
	31.16	8.10	10.0	3.4	10.89	1.26	13.6↑二	—	0.138	0.002 39	0.015 3	0.009 03	1.33	0.485	0.309	0.039 1
B02	31.29	8.09	0.5	3.4	10.76	0.76	18.4↑二	0.017 4	0.136	0.001 14	0.015 7	0.009 92	1.69	1.07↑一	0.511	0.029 6
	31.30	8.09	13.2	3.3	10.95	0.98	22.8↑二	—	0.136	0.001 04	0.026 7	0.012 3	1.88	0.418	0.233	0.020 6
B03	31.18	8.08	0.5	3.4	10.65	1.01	21.4↑二	0.011 8	0.147	0.000 847	0.024 0	0.009 62	1.87	0.159	0.288	0.030 5
	31.20	8.08	13.0	3.3	11.26	0.85	22.4↑二	—	0.141	0.000 944	0.039 1	0.010 2	2.70	1.01↑一	0.153	0.018 6
B04	31.20	8.06	0.5	3.3	10.64	0.95	24.0↑二	0.023 3	0.142	0.000 847	0.020 2	0.014 7	1.56	0.363	0.125	0.048 1
	31.17	8.06	15.5	3.2	11.41	1.47	26.8↑二	—	0.154	0.000 847	0.023 4	0.013 5	2.01	0.159	0.125	0.016 5
B05	30.77	8.15	0.5	3.3	11.74	1.17	20.8↑二	0.027 3	0.139	0.008 55	0.025 5	0.006 95	2.08	1.46↑一	0.154	0.043 4
B06	30.83	8.13	0.5	3.4	11.26	1.23	14.0↑二	0.020 2	0.192	0.004 41	0.016 6	0.010 2	1.77	1.75↑一	0.196	0.046 5
	30.83	8.13	9.0	3.3	11.14	1.32	15.0↑二	—	0.129	0.004 89	0.017 9	0.006 95	1.74	0.713	0.361	0.022 6
B07	30.81	8.08	0.5	3.3	8.25	0.90	24.8↑二	0.016 4	0.134	0.001 14	0.041 7	0.012 0	0.86	0.145	0.161	0.034 6
	30.83	8.07	10.5	3.1	10.86	1.13	28.2↑二	—	0.173	0.001 14	0.015 5	0.010 2	1.14	3.51↑一	0.147	0.029 1
B08	30.91	8.08	0.5	3.2	10.44	0.98	28.6↑二	0.027 1	0.140	0.000 847	0.012 4	0.011 4	1.45	0.276	0.114	0.021 6
	30.92	8.07	15.7	3.1	11.15	1.23	30.0↑二	—	0.118	0.001 04	0.013 8	0.013 8	1.92	0.618	0.696	0.028 6
B09	30.89	8.12	0.5	3.2	10.67	1.03	13.2↑二	0.035 2	0.166	0.003 35	0.019 4	0.010 5	1.01	1.05↑一	0.239	0.025 9
	30.90	8.11	11.5	3.1	9.77	1.19	16.6↑二	—	0.170	0.003 06	0.020 1	0.009 92	2.29	0.906	0.628	0.035 1
B10	31.12	8.05	0.5	3.3	10.87	1.13	18.2↑二	0.018 2	0.163	0.001 14	0.020 5	0.010 2	1.44	0.437	0.227	0.013 2
	31.13	8.06	13.0	3.1	10.85	1.00	21.4↑二	—	0.167	0.001 14	0.023 7	0.010 8	1.87	0.370	0.091	0.037 0
最大值	31.30	8.15	—	3.4	11.74	1.47	30.0	0.035 2	0.192	0.008 55	0.041 7	0.014 7	2.70	3.51	0.696	0.048 1
最小值	30.77	8.05	—	3.1	8.25	0.76	13.2	0.011 8	0.118	0.000 847	0.012 4	0.006 95	0.86	0.145	0.091	0.013 2

表 7-48　潍坊老河口附近海域海水水质监测结果

站号	pH 值	温度	COD	溶解氧	活性磷酸盐	石油类	无机氮	铜	铅	锌	镉	铬	砷
		℃	mg/L					μg/L					
WF01	7.85	20.2	1.41	8.61	0.003	0.001	0.461↑三	4.77	1.91↑一	19.45	0.35	2.54	2.77
WF02	8.26	20.5	1.32	9.33	0.009	0.005	0.458↑三	4.1	0.8	27.27↑一	0.38	2.32	2.86
WF03	8.22	20.31	1.51	8.27	0.023↑一	0.001	0.569↑四	4.25	1.41↑一	21.05↑一	0.37	2.96	2.85
WF04	8.15	20.11	1.83	8.05	0.004	0.001	0.395↑二	3.96	0.91	20.01↑一	0.38	2.61	3.26
WF05	8.23	20.57	2.06↑一	6.26	0.01	0.001	0.712↑四	3.68	1.14↑一	19.14	0.39	1.61	3.42
WF06	8.28	20.36	2.75↑一	7.69	0.031↑三	0.001	0.517↑四	4.22	1.61↑一	8.03	0.35	2.43	5.42
WF07	8.29	21.36	3.35↑二	8.62	0.048↑四	0.001	0.849↑四	3.68	0.81	18.83	0.35	2.37	4.4
WF08	8.08	20.63	2.23↑一	6.41	0.019↑一	0.001	0.427↑三	5.06↑一	1.52↑一	25.59↑一	0.35	2.66	3.95
WF09	8.16	21.37	2.82↑一	6.79	0.009	0.001	0.189	3.68	0.86	17.75	0.39	3.55	3.57
WF10	8.27	22.68	1.88	8.43	0.011	0.001	0.469↑三	3.39	0.94	19.88	0.36	2.53	3.27
WF11	8.2	20.64	1.7	6.37	0.003	0.001	0.275↑一	0.01	1.06↑一	22.39↑一	0.38	2.44	3.31
WF12	8.27	20.47	1.73	6.37	0.008	0	0.304↑二	3.16	0.87	39.57↑一	0.39	2.75	3.22
WF13	8.25	21.21	4.22↑三	7.46	0.108	0.003	0.104	4.27	1.41↑一	24.24↑一	0.31	2.53	6.52
WF14	8.29	22.2	4.17↑三	10.24	0.024↑一	0.002	0.504↑四	3.54	1.44↑一	20.9↑一	0.33	2.23	5.83
WF15	8.09	20.19	1.94	5.78	0.038	0.001	0.356↑二	4.97	1.46↑一	26.02↑一	0.35	2.52	4.16
WF16	8.1	19.7	2.05↑一	7.32	0.016↑一	0.001	0.273↑一	4.52	1.78↑一	23.97↑一	0.33	2.31	3.72
WF17	8.25	20.51	1.53	6.78	0.006	0.001	0.493↑三	3.6	1.67↑一	23.75↑一	0.39	2.79	2.79
WF18	8.27	20.73	1.83	6.74	0.006	0.001	0.126	4.09	2.04↑一	30.49↑一	0.38	2.62	3.14
WF19	8.27	20.56	1.99	6.97	0	0.001	0.222↑一	3.38	1.27↑一	27.4↑一	0.35	2.42	3.11
WF20	8.07	20.93	3.34↑二	6.51	0.039↑三	0.002	0.604↑四	4.25	1.27↑一	29.02↑一	0.35	2.45	4.53
WF21	8.13	20.08	2.24↑一	8	0.018	0.001	0.651↑四	3.47	1.15↑一	22.87↑一	0.38	3.27	3.76
WF22	7.81	20.64	2.23↑一	7.42	0.004	0.001	0.356↑二	3.52	1.61↑一	29.05↑一	0.34	3.08	2.97

续表 7-48

站号	pH 值	温度	COD	溶解氧	活性磷酸盐	石油类	无机氮	铜	铅	锌	镉	铬	砷
		℃	mg/L					μg/L					
WF23	8.27	20.2	1.65	7.05	0.001	0.001	0.273↑一	2.59	0.82	16.48	0.36	2.3	2.73
WF24	8.28	20.28	1.51	6.95	0.004	0.001	0.493↑三	3.54	1.44↑一	21.08↑一	0.38	2.51	2.69
WF25	8.28	20.45	1.56	6.89	0.021↑一	0.001	0.126	2.94	0.85	18.93	0.36	2.28	3.04
最大值	8.29	22.68	4.22	10.24	0.11	0.01	0.85	5.06	2.04	39.57	0.39	3.55	6.52
最小值	7.81	19.7	1.32	5.78	0	0	0.1	0.01	0.8	8.03	0.31	1.61	2.69

表 7-49　滨州附近海域海水水质监测结果

站号	pH 值	温度	COD	溶解氧	活性磷酸盐	石油类	无机氮	铜	铅	锌	镉	铬	砷
		℃	mg/L					μg/L					
1	8.12	6.6	1.36	10.1	0.01	0.02	0.21↑一	5.14↑一	2.2↑一	12.6	0.13	1.58	1.95
2	8.14	6.7	1.76	10	0.01	0.02	0.24↑一	7.01↑一	2.51↑一	30.8↑一	0.19	1.79	1.96
3	8.15	6.8	1.6	9.9	—	0.02	0.2	5.96↑一	2.3↑一	41	0.13	1.46	2.16
4	8.14	6.9	1.59	9.9	—	0.02	0.22↑一	3.75	1.49↑一	18.3	0.17	1.53	2.1
5	8.12	7	1.16	9.9	—	0.01	0.24↑一	4.23	3.08↑一	25.1↑一	0.16	1.34	2.08
6	8.13	7.2	1.2	9.8	—	0.02	0.19	3.33	1.67↑一	25.4↑一	0.16	1.28	2.01
7	8.12	7.1	1.44	10.1	—	0.02	0.23↑一	3.75	1.38↑一	9.87	0.17	3.12	1.99
8	8.09	7.1	1.39	10	—	0.02	0.24↑一	5.44↑一	5.3↑二	13.5	0.17	1.74	1.98
9	8.11	7	1.82	10	0.01	0.03	0.23↑一	5.27↑一	2.09↑一	16.4	0.11	3.12	2.26
10	8.12	6.5	1.52	10.1	—	0.02	0.21↑一	5.93↑一	3.86↑一	14.2	0.23	1.14	1.93
11	8.11	6.5	1.8	10.1	—	0.02	0.19	6.25↑一	9.17↑二	40.8↑一	0.14	1.85	2.04
12	8.13	7.3	2.02↑一	9.9	—	0.02	0.24↑一	3.53	1.29↑一	9.32	0.2	1.79	1.01
13	8.12	7.6	1.96	10	—	0.02	0.25↑一	4.32	1.48↑一	13	0.21	2.22	0.67

续表 7-49

站号	pH 值	温度	COD	溶解氧	活性磷酸盐	石油类	无机氮	铜	铅	锌	镉	铬	砷
		℃	mg/L					μg/L					
14	8.12	7.7	1.82	10	—	0.02	0.26↑一	4.34	1.36↑一	16.6	0.18	2.49	0.95
15	8.13	8.1	1.72	9.7	—	0.02	0.22↑一	2.76	1.26↑一	10.7	0.19	1.24	1.1
16	8.13	7.8	1.28	9.8	—	0.01	0.18	5.76↑一	4.18↑一	45.7↑一	0.14	4.97	2.6
17	8.13	6.2	1.87	10.2	—	0.02	0.24↑一	5.58↑一	2.8↑一	17.6	0.49	2.23	2.46
18	8.12	7.3	2.11↑一	10	—	0.03	0.22↑一	3.27	1.6↑一	47.9↑一	0.19	1.46	0.91
19	8.14	7.6	1.72	9.8	—	0.01	0.3↑一	3.52	1.34↑一	13.1	0.17	1.71	1.04
20	8.14	6.6	1.84	10.1	0.01	0.02	0.28↑一	3.63	1.87↑一	10.4	0.21	1.21	0.9
21	8.14	6	1.4	10.2	—	0.02	0.17	4.51	4.73↑一	15.3	0.13	1.63	2.29
22	8.13	5.9	1.94	10.6	0.01	0.02	0.23↑一	3.11	1.32↑一	20.7↑一	0.13	1.43	2.25
23	8.13	6.2	1.72	10.2	—	0.02	0.21↑一	3.11	1.06↑一	21.3↑一	0.14	2.24	2.3
24	8.13	6.9	1.56	10	—	0.01	0.18	3.93	1.53↑一	37.7↑一	0.09	1.4	2.41
25	8.13	7.8	1.27	10.1	—	0.01	0.18	4.34	1.9↑一	69.8↑二	0.11	1.59	2.58
26	8.14	7.4	1.3	9.9	0.01	0.03	0.2	3.62	1.48↑一	9.58	0.18	1.6	0.96
27	8.14	6.8	1.72	10	—	0.02	0.29↑一	3.82	1.99↑一	25.7↑一	0.21	1.39	0.57
28	8.12	6.2	1.56	10.2	0.01	0.03	0.3↑一	5.45↑一	2.6↑一	15	0.3	2.41	0.81
29	8.12	5.6	2	10.5	—	0.04	0.32↑二	5.53↑一	1.52↑一	54.6↑二	0.17	1.7	1.06
30	8.13	5.2	2.27↑一	10.6	—	0.04	0.35↑二	2.79	1.07↑一	9.36	0.1	1.65	1.24
最大值	8.15	8.1	2.27	10.6	0.01	0.04	0.35	7.01	9.17	69.8	0.49	4.97	2.6
最小值	8.09	5.2	1.16	9.7	0.01	0.01	0.17	2.76	1.06	9.32	0.09	1.14	0.57

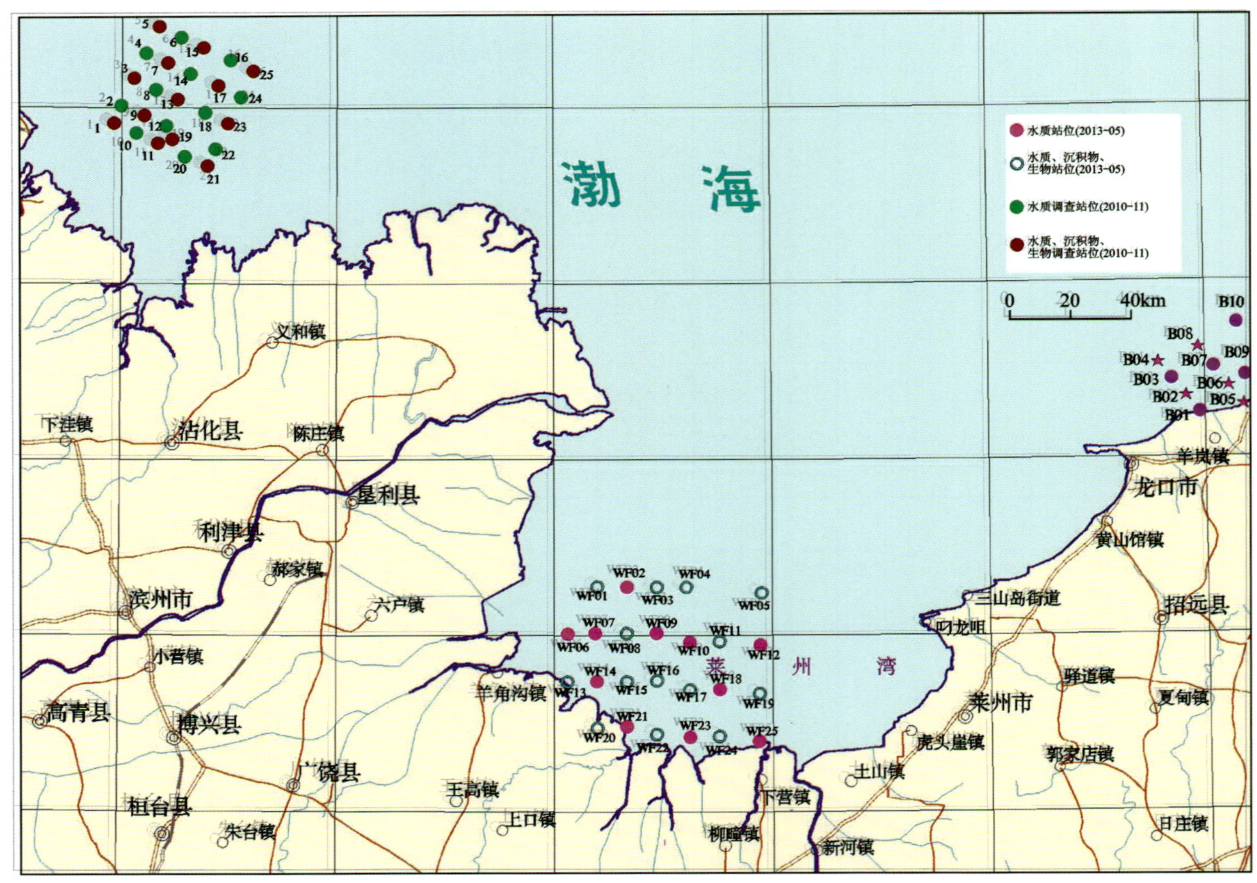

图 7-9 黄河口与山东半岛北部海域站位布设示意图

表 7-50 沉积物质量标准

污染因子	石油类 /×10⁻⁶	Pb /×10⁻⁶	Zn /×10⁻⁶	Cu /×10⁻⁶	Cd /×10⁻⁶	Hg /×10⁻⁶	硫化物 /×10⁻⁶	TOC /×10⁻²
一类标准(≤)	500	60.0	150.0	35.0	0.50	0.20	300.00	2.0
二类标准(≤)	1000	130.0	350.0	100.0	1.50	0.50	500.00	3.0
三类标准(≤)	1500	250.0	600.0	200.0	5.00	1.0	600.00	4.0

沉积物质量评价指标有:有机碳、硫化物、石油类、汞、铜、铅、镉、铬、锌、砷、六六六、滴滴涕、多氯联苯。

2013 年,山东省海洋渔业厅对全省近岸海域海洋沉积物开展了监测,监测指标包括锌、铬、汞、铜、镉、铅、砷、石油类、硫化物和有机碳等。监测结果表明:全省近岸海域 90%以上的监测站位沉积物符合第一类海洋沉积物质量标准,硫化物、有机碳、锌、铬、铜、镉、铅和砷等含量均符合第一类海洋沉积物质量标准,近岸海域沉积物质量总体良好,综合潜在生态风险低,仅有部分海域沉积物受到污染。

1. 日照市毗邻海域

日照市毗邻海域底质以黏土质粉砂、粉砂、中细砂、细砂为主,沉积物质量总体较好,全部符合一类海洋沉积物质量标准。2013 年,全市近岸海域海洋沉积物质量状况总体良好;沉积物粒度指标保持稳定，北部沿岸以粉砂为主，南部沿岸以黏土质粉砂为主；所有监测站位各沉积物质量均符合《海洋沉积物质量》(GB 18668—2002)一类海洋沉积物质量标准，其中，沉积物中镉、铬、砷和石油类等指标数值相对较高。

2. 山东半岛南部海域(威海成山头至青岛白马河口毗邻海域)

青岛底质以黏土质粉砂、粉砂为主，近岸海域沉积物中大部分质量因子符合一类沉积物质量标准，只有局部海域石油类指标数值超第一类海洋沉积物质量标准，符合二类沉积物质量标准。

烟台南部海域底质以黏土质粉砂、粉砂为主，沉积物质量总体较好，大部分指标数值符合一类海洋沉积物质量标准，近岸局部海域汞指标数值超第一类海洋沉积物质量标准。

3. 山东半岛东北部海域(即蓬莱角至威海成山头毗邻海域)

威海底质以黏土质粉砂、粉砂为主，沉积物质量总体较好，全部指标数值符合一类海洋沉积物质量标准。

烟台北部海域以细砂、砂质粉砂为主，沉积物质量总体较好，大部分指标数值符合一类海洋沉积物质量标准，近岸局部海域汞指标数值超第一类海洋沉积物质量标准。

4. 庙岛群岛附近海域

该海域以黏土质粉砂、粉砂为主，南部少许中粗砂及中细砂，沉积物质量总体较好，大部分指标数值符合一类海洋沉积物质量标准，接近陆地岸边局部海域汞指标数值超第一类海洋沉积物质量标准。

5. 黄河口与山东半岛北部海域

潍坊近岸局部海域沉积物砷指标数值超过一类沉积物质量标准，符合二类沉积物质量标准。其他质量因子符合一类沉积物质量标准。

东营底质以黏土质粉砂、粉砂、砂质粉砂为主，沉积物质量总体较好，全部指标数值符合一类海洋沉积物质量标准。

滨州底质以黏土质粉砂、粉砂、砂质粉砂为主，沉积物质量总体较好。沉积物全部以粉砂为主，粉砂含量约占粒组含量的80%左右，各粒组含量与2012年基本持平，砾石、砂、粉砂、黏土含量分别约为0%、8%、80%和12%。与2012年同期相比，有机碳、汞、镉、铅指标数值有所升高，砷指标数值有所降低，硫化物、锌、铬、铜、石油类、多氯联苯、粒度指标数值变化不大。

第三节　开发利用现状及环境敏感目标

一、日照毗邻海域砂矿开发利用现状及环境敏感目标

日照市石臼-岚山矿区：矿区位于刘家湾村以东的沿海地带，傅疃河河口南侧，南北长4.50km，东西宽0.50～1.50km，呈一北宽南窄的楔形，面积约4km^2。矿区内建有养殖场，长约1.3km，宽约0.7km，位于傅疃河河口南侧。矿区东北部约4km建有港口和较大养殖场，矿区西侧临近国家AAAA级旅游景区——刘家湾赶海园，西南侧和西北侧刘家湾村以北建有大面积盐田(图7-10)。

图 7-10　石臼—岚山矿区附近开发利用现状图

矿区附近环境敏感目标：旅游景区——刘家湾赶海园位于矿区内（图 7-11）；矿区东北侧约 4km 建有较大养殖区；矿区东侧 6km 有非规划养殖区。

图 7-11　刘家湾赶海园现状

二、山东半岛南部海域砂矿开发利用现状及环境敏感目标

1. 青岛市黄岛区柏果树矿区

矿区位于青岛市黄岛区柏果树村—隐珠街道烟台前村—海崖庄等附近约 12.00km 长的狭长的海滨地带。该矿床包括柏果树、烟台前、环海林场 3 个矿段。该 3 个矿段均位于黄岛区市区海滨地带，建筑较为密集，交通发达，并有市区主干道滨海大道从旁边通过，其中柏果树矿区目前为一海滨沙滩，附近建有养殖场，分布于矿区的东北端和西南端沿海地带，特别是山前村东南沿海和新建村南部沿海；矿区外西北侧建有世贸滨海公园(图 7-12)。烟台前矿区位于烟台前东南侧，目前被市区绿化及道路覆盖(图 7-13)。环海林场矿区位于环海林场以东，风河河口南侧，滨海大道与世纪大道交叉口东南，目前为一在建小区(图 7-14)。

矿区附近环境敏感目标：柏果树矿段附近的东北端 1.3km 和西南端沿海地带，特别是山前村东南 500m 沿海和新建村南部 200m 沿海建有养殖场；该矿段西北侧 90m 建有风景区——世贸滨海公园；烟台前矿区东北 500m 建有海滨公园；环海林场矿段南侧相公山社区建有养殖场。

2. 青岛市白沙河矿区

矿区位于青岛市双埠村—王家女姑以西，白沙河入海口，环胶州湾高速公路从矿区通过，矿区附近即白沙河两侧村庄和社区较多(图 7-15)；双埠村已为现代建筑，矿区西侧及南侧建有养殖场(图 7-16)。

矿区附近环境敏感目标：双埠村西侧矿区附近，尤其是东南侧 200m，建有养殖场；矿区毗邻城镇建成区。

3. 沙子口矿区

矿区位于青岛市沙子口东南九水河入海口处，矿区内均被现代建筑所覆盖，为青岛市区滨海地带，交通十分方便(图 7-17)。

矿区附近环境敏感目标：城镇建成区；九水河。

4. 南窑矿区

该矿区一部分位于南窑湾湾顶，烟云涧村西，从登瀛到海滩的洼地里，矿区西北部多为农田，凉水河穿过矿区，矿区之内有岭西村、小河东村等现代村庄，矿区内建有公路，西侧建有养殖场(图 7-18)；另一部分位于西麦窑村东南现代海滩上，矿区内有崂山流清河游览区，北侧为公路，交通方便，该矿体的西部及南部植被发育。

矿区附近环境敏感目标：烟云涧村西矿段西侧建有养殖场；西麦窑村东矿段矿区内有风景名胜区——崂山流清河游览区；南窑、西崖坡、岭西村、前登瀛、西登瀛、后登瀛等村庄。

5. 即墨市东台矿区

该矿区位于即墨市江家土寨以东，矿区南侧为大片养殖场，北侧为大片现代村庄(图 7-19)。

矿区附近环境敏感目标：矿区西侧为大片养殖场，东西长 1.7km，南北长 1.6km。附近有数个村庄。

图 7-12　柏果树矿段开发利用现状图

图 7-13　柏果树矿区烟台前矿段开发利用现状图

图 7-14 环海林场矿段开发利用现状图

图 7-15 白沙河矿段开发利用现状图

图 7-16 双埠村西矿段开发利用现状图

图 7-17　沙子口矿区开发利用现状图

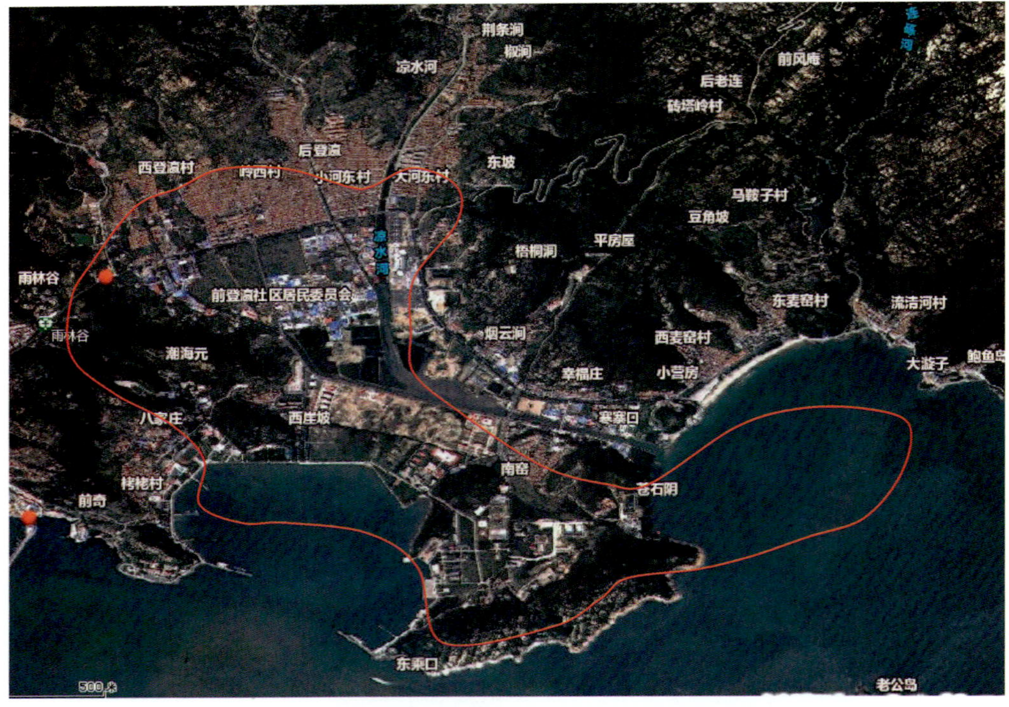

图 7-18　南窑矿区开发利用现状图

图 7-19　即墨东台矿区开发利用现状图

6. 即墨市崔戈庄矿区

该矿区位于即墨市北湾东部海岸，北起沙戈庄，南至北丁戈庄。其中一部分矿区位于崔诏村西，矿区附近的沿岸地带均建有养殖场(图 7-20)；另一部分位于大山前—北丁戈庄一带，矿区内零星分布养殖场(图 7-21)。

矿区附近环境敏感目标：崔诏村西矿区附近的沿岸地带均建有养殖场，附近分布有新安村、埠西村等多个村庄，距离崔诏村最近处为 400m。

图 7-20　崔诏村西矿段开发利用现状图

图 7-21　大山前村西矿段开发利用现状图

7. 即墨市田横岛矿区

该矿区位于即墨市营子—山东头一带，矿区东侧有驴岛、田横岛等诸多岛屿分布，为旅游区，矿区西侧沿海地带均建有海水养殖场(图 7-22)。

图 7-22　即墨市田横岛矿区开发利用现状图

矿区附近环境敏感目标：矿区东侧有驴岛、田横岛等诸多岛屿分布，为风景旅游区；矿区西侧沿海地带均建有养殖场，长 2.6km；附近有南营子等村庄。

8. 海阳市潮里—凤城矿区

该矿区位于海阳市潮里—凤城沿海一带，走向东偏北。西起马河港湾，向东至凤城。矿区南部即潮里村西南河东南建有养殖场，在东村河入海口的东南有两个岛屿，矿区西侧大阎家镇东南有盐田，潮里村北侧也有盐田分布(图 7-23)。

矿区附近环境敏感目标：矿区南部，潮里村西南和东南 400m 处均建有养殖场，临近矿区西侧大阎家镇东南有盐田，临近潮里村北侧也有盐田分布；矿区东侧有海阳国际帆船俱乐部游艇帆船码头；浅海有底播养殖区、设施养殖、池塘养殖、连理岛和海阳万米海滩海洋资源省级海洋特别保护区等。

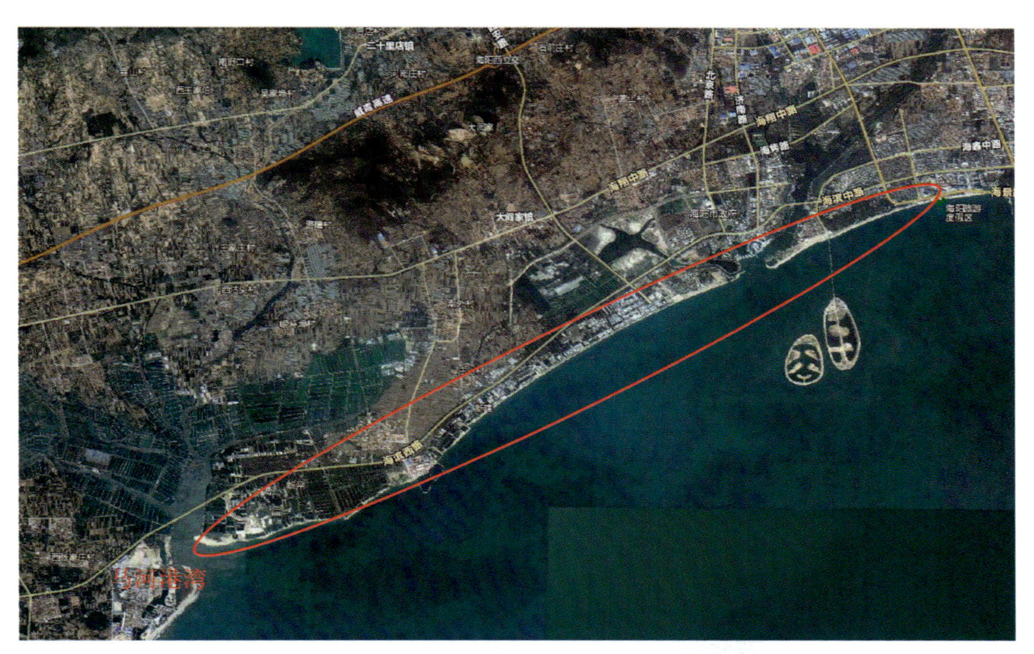

图 7-23　海阳市潮里—凤城矿区开发利用现状图

9. 海阳市远牛矿区

该矿区位于海阳市远牛村南部的现代海岸带，西起烟墩石栏，东至留格河入海口，矿区内主要为农田，矿区西南端即寨前村南部有养殖场，矿区南部海核路以南分布着养殖场，矿区东部留格河入海口处为辛家港桥(图 7-24)。

矿区附近环境敏感目标：矿区西南端即寨前村南部 700m 有养殖场，临近矿区北部海核路南部之间均分布着养殖场；矿区东侧为海阳核电站；附近有东远牛、西远牛、寨前村等村庄。

10. 海阳千里岩矿区

该矿区位于千里岩岛北偏东约 25km，海阳市凤城镇东南 26km，千里岩岛与大陆岸线之间的南黄海陆架浅海海域中。矿区西距青岛港 54 海里(1 海里＝1852m)，北距海阳市凤城港 12 海里，航运交通便利。矿区位于海域，21 世纪初曾获国土资源部颁发的采矿许可证，因砂体上覆泥层较厚，目前暂未开发利用(图 7-25)。

图 7-24　海阳市远牛矿区开发利用现状图

图 7-25　海阳市千里岩矿区开发利用现状图

矿区附近环境敏感目标：矿区南侧 20km 为海阳千里岩岛海洋生态自然保护区；矿区南侧千里岩岛附近有设施养殖区；矿区北侧 25km 为海阳万米海滩海洋资源省级海洋特别保护区。

11. 乳山市白沙滩矿区

该矿区位于乳山市白沙滩镇南部现代海滩，西起白沙口，东至宫家庄，矿区内有多个白沙滩镇所辖现代村庄，建筑密集，公路纵横，并有多个海水浴场，且有一处AAAA级银滩旅游度假区（图7-26）。

矿区附近环境敏感目标：矿区内有多海水浴场，西北端距离矿区200m有大拇指广场及银滩滨海旅游度假区，矿区西侧偏南的位置有贵和浴场；矿区西侧自北向南分布着滨海公园、大庆广场、假日广场等风景旅游区，均分布在矿区附近的海滩上。

图7-26 乳山市白沙滩矿区开发利用现状图

12. 文登市裴家岛矿区

该矿区位于文登市裴家岛以南现代海滩上，西南起自拦子西，北东至五垒岛。目前，黄垒河河口和徐家河河口之间的沿海地带建有养殖场；矿区北端五垒岛湾湾顶北部和东部有面积较大的盐田，母猪河河口西侧建有养殖场，马场村南部也建有盐田（图7-27）。

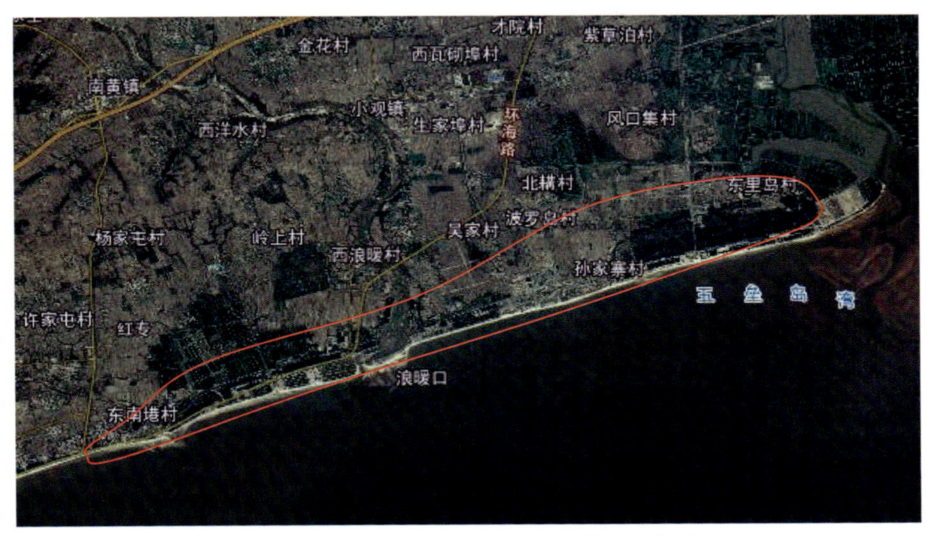

图7-27 文登市裴家岛矿区开发利用现状图

矿区附近环境敏感目标：矿区内徐家河和黄垒河河口两侧均建有养殖场，矿区中部海滩上建有南海公园和巨虫公园，矿区北部母猪河河口西侧建有养殖场。

13. 荣成市靖海矿区

该矿区位于荣成市靖海卫—窑沟以南的现代海滩上。矿区东西两端均有养殖场分布，矿区东部窑沟以南建有港口（图 7-28）。

矿区附近环境敏感目标：矿区东西两端临近矿区的位置均有养殖场分布，矿区内靖海卫村南 400m 建有小型养殖场。

图 7-28　荣成市靖海矿区开发利用现状图

14. 荣成市王家湾矿区

该矿区位于荣成市港湾街道蚧口村[illegible]家湾。南起码头，北至玄镇，西自北卧龙村，东至王家湾海岸。矿区内现代村镇建筑较密集，建有港口，较大的位于邢家嘴村东部，较小的位于矿区东侧。矿区东南侧王家岛村南有大片养殖场，矿区中段建有码头（图 7-29）。

矿区附近环境敏感目标：矿区南侧约 1km，王家岛村南侧建有养殖场。

图 7-29　荣成市王家湾矿区开发利用现状图

15. 荣成市黑泥湾东海域矿区

该矿区为黄海之近岸陆架浅海区，距陆地最近点(荣成褚岛)约 4.4km，位于海域，未进行开发利用(图 7-30)。

图 7-30　荣成市黑泥湾东海域矿区开发利用现状图

矿区附近环境敏感目标：矿区附近 4km 有大片养殖场，矿区西侧 6km 为华能山东石岛湾核电厂大件设备运输码头。

16. 荣成市碌对岛矿区

该矿区位于荣成市东南桑沟湾，南起斜口，北到荣成救生码头，西侧为海湾，东侧为桑沟湾，矿区位于现在荣成市市区，西北部绿岛湖附近有面积较大盐田，西南侧建有养殖场，东北侧有码头。矿区内有公路穿过，中部和北部有旅游区即滨海公园和观音广场(图 7-31)。

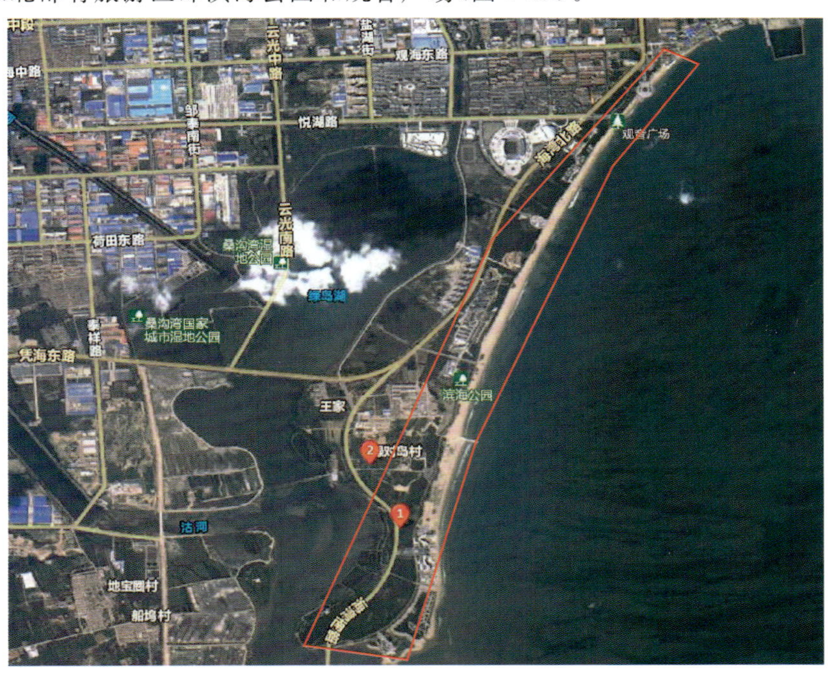

图 7-31　荣成市碌对岛矿区开发利用现状图

矿区附近环境敏感目标：矿区内西南侧建有养殖场，中部和北部有旅游区即滨海公园和观音广场，北侧 3km 为荣成市政府驻地。

17. 荣成市爱莲湾矿区

该矿区位于荣成市寻山街道至俚岛的海岸带，南起青鱼滩，北至俚岛，西自寻山岛，东到瓦屋石东海岸（图 7-32）。Ⅰ号矿体位于南侧爱莲湾湾顶，目前为现代村镇，建筑密集，矿区内诸家村南有养殖场及港口（图 7-33）；Ⅱ号矿体位于矿区中部瓦屋石湾湾顶，主要为农田，矿区北侧瓦屋石湾西侧建有养殖场（图 7-34）；在两个矿体之间，诸家村东北部 400m 有养殖场，爱莲湾湾顶东北部有两个小型港口及养殖场。

矿区附近环境敏感目标：矿区内诸家村南和东北部 400m 有小型养殖场；爱莲湾湾顶东北部和瓦屋石湾西侧均建有较小养殖场。

图 7-32　荣成市爱莲湾矿区开发利用现状图

图 7-33　荣成市爱莲湾矿区Ⅰ号矿体开发利用现状图

图 7-34　荣成市爱莲湾矿区Ⅱ号矿体开发利用现状图

三、山东半岛东北部海域砂矿开发利用现状及环境敏感目标

1. 荣城旭口石英砂矿区

该矿区位于荣成市城北 25km 的旭口村北 2km，西自北城村北，东至大西村。矿区内有多个度假村及人工湖，南侧为天鹅湖，植被覆盖率高，东部少量为农田(图 7-35)。历史上荣成旭口硅砂矿开采多年，现已经闭坑。

图 7-35　荣成旭口矿区开发利用现状图

矿区附近环境敏感目标：矿区位于荣成市好运角旅游度假区内，2015 年已完成度假区旅游基础设施、配套设施建设，共实施了 100 多项城建工程，新建 6 处公园、24km 道路，新增绿化 $180\times10^4m^2$，启用了成山污水处理厂，完成天鹅湖周边 $37km^2$ 排污治理。滨海大道（S704）从矿区穿越；矿区毗邻荣成大天鹅国家级自然保护区。

2. 牟平金山港—双岛矿区

该矿区位于烟台市牟平区北部海岸带，西起金山港，东至双岛湾，南到云溪村、酒馆村，北至海岸带。矿区内有农田以及较多的植被，沿海地带分布较多的建筑物。有东西方向的铁路和公路横穿矿区（图 7-36）。矿区西侧广河河口处为金山港大桥（图 7-37），东侧有双岛海湾大桥（图 7-38）。

图 7-36　牟平金山港—双岛矿区开发利用现状图

图 7-37　烟台东部新区金山港区开发利用现状图

图 7-38 牟平金山港—双岛矿区东侧双岛石英砂矿开发利用现状图

矿区附近环境敏感目标：矿区部分与烟台牟平砂质海岸国家级海洋特别保护区重叠。矿区北侧浅海有面积较大的人工渔礁工程；西部为烟台东部海洋文化旅游产业聚集区，其金山湾生态城、滨海旅游商务区已经开工建设；东侧为威海市双岛湾科技城；烟台至威海高速公路从矿区穿越；南侧 400m 为青烟威荣铁路。

3. 烟台开发区矿区

烟台开发区矿区即套子湾矿区，位于烟台市开发区，东起大沽夹河口，西至黄金河口，东西长约 12.00km长的狭长的海滨地带，位于烟台市区。矿区临近金沙滩旅游度假区，有较多广场、建筑以及植被(图 7-39)。

矿区附近环境敏感目标：矿区位于烟台开发区，与金沙滩公园部分重叠，矿区内海滩建设有碧海云天、怡海翠庭等房地产开发项目和多处酒店；黄河路横贯矿区，东部为夹河入海口；南侧 3km 有夹河地下水库水源地。

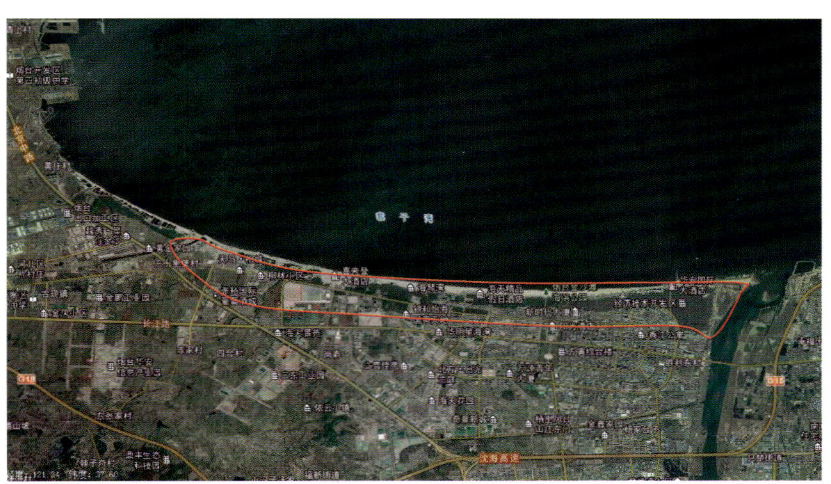

图 7-39 烟台开发区矿区开发利用现状图

四、庙岛群岛附近海域砂矿开发利用现状及环境敏感目标

烟台市长岛县庙岛南部海砂矿矿区：矿区位于渤海和北黄海交界的庙岛海峡、登州水道北侧，行政区划隶属山东省烟台市长岛县（图 7-40）。南距陆地最近点 10km，北距庙岛最近点 4km。矿区位于海域，该矿区为长岛县某公司出资勘探的建筑用海砂矿，持有国土资源部颁发的采矿证，国土资源部批准的建筑用海砂（122）+（122b）资源量 11×10^4t，开采深度 −10m～−14m，矿区面积 0.501 3km^2，采矿规模限制为 5×10^4t/a，采矿方式为抓斗式采矿船。

图 7-40 烟台市长岛县庙岛南部海砂矿矿区开发利用现状图

矿区附近环境敏感目标：矿区南距陆地最近点 10km，北距庙岛最近点 4km；矿区南侧为登州浅滩海洋生态特别保护区、蓬莱牙鲆黄盖鲽国家级水产种质资源保护区和长岛长山尾海洋地质遗迹海洋特别保护区；北侧为县级庙岛海洋自然保护区和山东长岛国家级自然保护区。

五、黄河口与山东半岛北部海域砂矿开发利用现状及环境敏感目标

1. 龙口北部矿区

矿区位于龙口至蓬莱之间的狭长的海滨地带上，东起蓬莱北沟镇的孙徐村，西至龙口市的屺姆岛，东西长约 33.0km。矿区较狭长，有数个港口，沿岸植被、建筑、住宅较多，也建有工厂（图 7-41）；在矿区中间北部的龙口市曲谭村北部约 2km 有两个扇形封闭湾，港栾村北部建有两个港口（图 7-42）。在龙口市泳汶河东北有封闭扇形湾。矿区内有东西向公路穿过。

图 7-41　龙口北部矿区开发利用现状图

图 7-42　龙口北部矿区曲谭村北部开发利用现状图

矿区附近环境敏感目标：矿区横跨龙口黄水河口海洋生态国家级海洋特别保护区，北侧有龙口依岛省级自然保护区，沿海岸分布有南山高尔夫度假村和众多酒店等旅游设施。

2. 海北咀—黄山馆矿区

矿区位于莱州海北咀至招远黄山馆之间狭长的滨海带上，东北起界河口，西南至海北咀，东西长约30km。矿区东侧为界河入海口，西部为海北咀，北濒渤海。矿区内植被覆盖率高，沿海地带均建有养殖场，矿区西部为海北咀港口，矿区东部小宋家村北部建有港口以及水上乐园，滨海广场位于水上乐园东北侧，矿区内有北东向公路穿过(图 7-43)。

矿区附近环境敏感目标：矿区与招远砂质海岸海洋特别保护区重叠；矿区内海北咀至界河河口之间的沿海地带均建有养殖场，一般规模较小。矿区西部为海北咀港口，矿区东部小宋家村北部建有港口以及水上乐园，滨海广场位于水上乐园东北侧。

图 7-43　海北咀—黄山馆矿区开发利用现状图

3. 三山岛矿区

矿区位于莱州三山岛至海北咀之间的滨海带上，东北起海北咀，西南至三山岛，东西长约 6.0km。三山岛村北侧建有港口；矿区南部临近三山岛金矿；矿区临近村落，有较多的农田，植被覆盖率也较高；沿海地区有数个养殖场；矿区北部临海，三山岛金矿位于矿区西侧。在西岭村的东北和西北沿海处均有港口(图 7-44)。

矿区附近环境敏感目标：矿区北侧的沿海地区，自 218 省道以东，西岭北侧以西之间建有数个规模较小的养殖场。矿区为《山东省渤海海洋生态红线区划定方案》划定的莱州—招远砂质岸线限制开发区。

图 7-44　三山岛矿区开发利用现状图

4. 仓上砂矿区

矿区位于莱州仓上以西及北部的滨海带上，北东起三山岛，西南至叼龙咀，折向东南经太平湾到潘家屋子，东西长约 9.0km。矿区的西端为叼龙咀渔港，东南部临近仓上金矿；矿区北部和西部沿海地区有大面积的盐田及养殖区；矿区内植被覆盖率高，农田较多；矿区内有公路穿过，呈东西向(图 7-45)。

图 7-45 仓上矿区开发利用现状图

矿区附近环境敏感目标：矿区西侧有莱州浅滩海洋生态国家级海洋特别保护区、莱州湾蛏类生态国家级海洋特别保护区等，矿区与沿海防护林带部分重叠，陆域沿海有许多海水养殖厂。

5. 东营地区贝壳矿区

山东省贝壳矿主要分布于黄河三角洲地区，以东营、垦利、无棣、沾化等地分布广、规模大。其中Ⅰ号矿体组分布在河口区新户乡小坨子一带，矿体附近多为农田，马新河从矿区内部穿过；Ⅱ号矿体组位于河口区太平乡南关庄一带，矿区附近多为农田，也有少数几个水沟；Ⅲ号矿体组分布于河口区造纸原料厂一带，附近多为农田；Ⅳ号矿体组分布于河口区六合乡广河—老爷庙一带，广河村北部和东部有河流，南部有数个水沟，村东南方向有孤河水库（图 7-46）；Ⅴ号矿体组位于垦利县西宋乡宋坨，附近农田较

图 7-46 东营贝壳矿区Ⅰ～Ⅳ号矿体组开发利用现状图

多，有数个小水沟；Ⅵ号矿体组分布在垦利县红光盐厂一带，永丰河北侧，Ⅶ号矿体组分布于垦利县下镇乡青坨子一带，永丰河南侧，Ⅷ号矿体组分布于东营区莱州湾畜牧六连一带，位于永丰河南侧Ⅶ矿体组以南，以上 3 个矿体附近分布大量的盐田；Ⅸ号矿体组分布于东营区莱州湾，广利河河口以东，矿区西侧建有盐田(图 7-47)。

图 7-47　东营贝壳矿区Ⅴ～Ⅸ号矿体组开发利用情况图

Ⅹ号矿体组分布在东营区物探三大队—五大队一带；Ⅺ号矿体组分布于广饶县丁庄乡丁屋—王署埠一带，两个矿体均位于支脉河以北，矿区附近多为农田；Ⅻ号矿体组位于广饶县丁庄，支脉河以南，矿区附近多为农田(图 7-48)。

矿区附近环境敏感目标：矿区涉及东营黄河口生态国家级海洋特别保护区、东营利津底栖鱼类生态国家级海洋特别保护区、东营河口浅海贝类生态国家级海洋特别保护区、东营莱州湾蛏类生态国家级海洋特别保护区、东营广饶沙蚕类生态国家级海洋特别保护区等。

图 7-48　东营贝壳矿区Ⅹ～Ⅻ号矿体组开发利用情况图

第四节　主要鱼类产卵场范围及产卵期

一、产卵场范围

由于黄海海域地处温带，所处的纬度跨度较大，多种水系交汇，不同季节具有独特的水文和环境条件，因此，产卵场分布随着季节的变化也各有特点，不同季节产卵密集区的分布也不同。根据前期历史资料分析卵子和仔幼鱼的总量分布、种类组成及月变化状况，整个山东近海几乎周年均有不同种类的鱼产卵，可以认为整个山东近海是一个多种鱼类的大产卵场。山东近海多数渔业资源种类的产卵场位于近海浅水区，且产卵时间主要为春、夏季，纵观山东近海周年产卵区的分布，可将山东近海产卵场划分为4处：莱州湾及渤海湾南部产卵场、烟威近海产卵场、乳山近海产卵场和海州湾产卵场，根据产卵种类数量、产卵持续时间以及卵子密度可分为主要产卵场（图7-49）和重要产卵场（图7-50）。

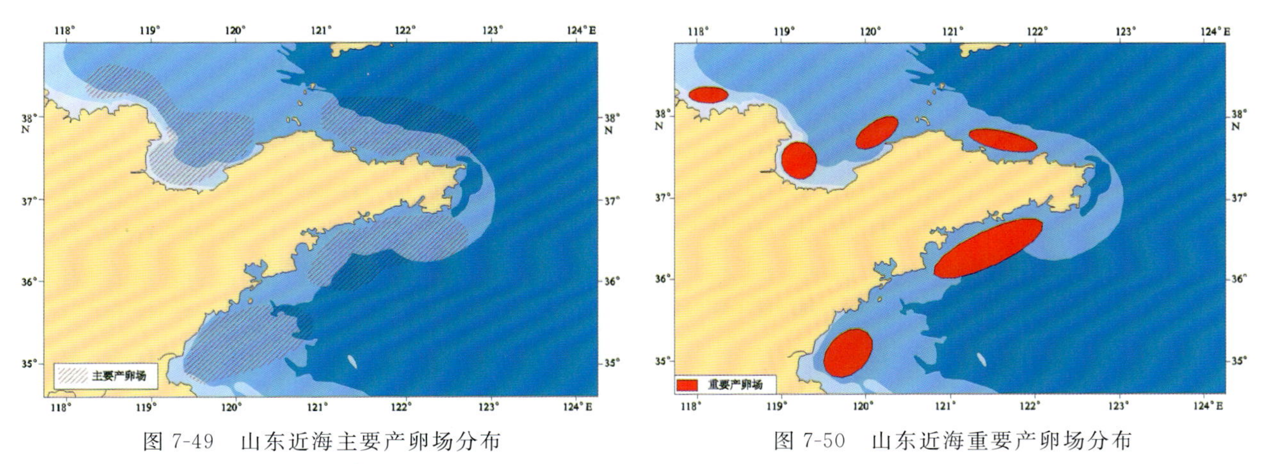

图7-49　山东近海主要产卵场分布　　　　图7-50　山东近海重要产卵场分布

主要产卵场总面积约为$4.05\times10^4 km^2$，其中莱州湾及渤海湾南部产卵场面积约为$1.12\times10^4 km^2$，烟威近海产卵场面积约为$1.02\times10^4 km^2$，乳山近海产卵场面积约为$1.02\times10^4 km^2$，海州湾产卵场面积约为$0.89\times10^4 km^2$。

重要产卵场面积约为$1.51\times10^4 km^2$，其中，莱州湾及渤海湾南部产卵场由分离的3部分组成：渤海湾南部产卵场、莱州湾西南部产卵场和莱州湾东北部产卵场。各产卵场面积分别为：莱州湾及渤海湾南部重要产卵场面积为$0.43\times10^4 km^2$，烟威近海重要产卵场面积为$0.18\times10^4 km^2$，乳山近海重要产卵场面积为$0.59\times10^4 km^2$，海州湾重要产卵场面积为$0.31\times10^4 km^2$。

二、产卵期

产卵时间和产卵期长短是种的重要属性，产卵时间和产卵场具有相对稳定性和规律性，但产卵早晚有较大的年间变化，与性腺发育的状况和产卵场的环境因素（特别是水温）密切相关，而产卵期的长短主要和种的繁殖特性、分批或不分批产卵、产卵群体的年龄组成以及产卵时期外界因子的变动相关，山东近海周年都有鱼类产卵，但不同种类产卵季节不同。同一种类即便是多个季节都能产卵，但其产卵盛期只集中在一个阶段，山东近海各月的卵子数量分布有明显的季节变化：11月至翌年2月，由于洄游性鱼类游出近海，在此期间只有少数地方性、冬季产卵的种类产卵，并多为沉性或黏性卵，浮性卵极少。从4月开始，洄游性鱼类逐渐进入山东近海产卵，从卵子数量来看，5—6月为山东近海产卵盛期，此段时间无论鱼卵、仔幼鱼种类还是数量都是全年最高的时段。

整个山东近海海域周年都有渔业资源索饵育肥，不同时期、不同区域索饵育肥的种类、密度存在着明显的时空分布上的差异。

远距离洄游种类在产卵后即在产卵场周边分散索饵，其产卵场也是该种类刚发生幼鱼的索饵场，索饵期直到越冬洄游（图7-51）。

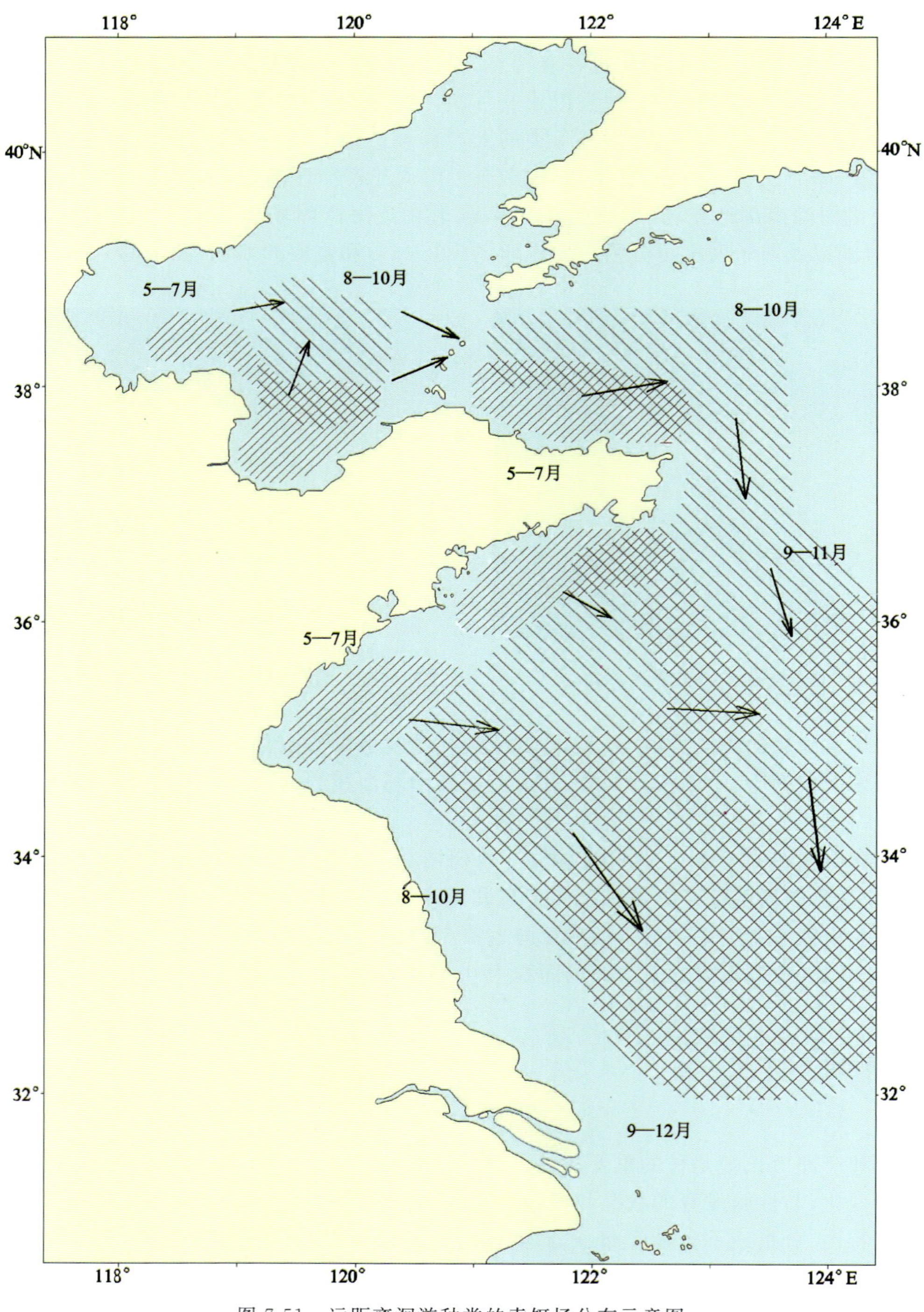

图7-51　远距离洄游种类的索饵场分布示意图

短距离洄游种类的索饵场，春、夏季在近岸浅水区，秋、冬季在深水区。

山东近海洄游种类典型索饵洄游：5—7月，当年生的稚鱼和幼鱼近岸产卵场周边浅水区索饵育肥；8月，陆续向产卵场周边深水区迁移索饵；10月，渤海的幼鱼陆续离开渤海进入黄海北部，随着气温继续下降，会同在黄海北海索饵的幼鱼进入石岛、连青石渔场；12月至翌年1月，进入黄海深水区的越冬场。

短距离洄游种类仅仅作近岸—远岸—近岸的洄游。春季，近岸水温上升，游向近岸产卵、育肥。秋季，近岸水温下降，游向深水区越冬。

第五节　山东省海洋功能区划概况

本次海洋功能区划直接采用《山东省海洋功能区划(2011—2020年)》结果，该海洋功能区划将全省海域划分成不同类型且具有特定主导功能或有一定功能顺序的海洋功能区。

一、区划范围

区划海域总面积约47 300km^2。区划范围北起鲁冀海域行政区域界线，南至鲁苏海域行政区域界线，向陆至山东省人民政府批准的海岸线，向海在南黄海至领海外部界线、在渤海和北黄海至约12海里海域。

二、功能区划分

共划分了8个类别：农渔业区、港口航运区、工业与城镇用海区、矿产与能源区、旅游休闲娱乐区、海洋保护区、特殊利用区、保留区，计329个海洋基本功能区。其中，海岸基本功能区291个，主要包括农渔业区34个、港口航运区38个、工业与城镇用海区39个、矿产与能源区9个、旅游休闲娱乐区55个、海洋保护区49个、特殊利用区47个、保留区20个；近海基本功能区38个，主要包括农渔业区4个、港口航运区9个、矿产与能源区1个、旅游休闲娱乐区1个、海洋保护区10个、特殊利用区9个、保留区4个。详见表7-51和表7-52。

表7-51　山东省海洋功能区分类

一级类	二级类
农渔业区A(B)	农业围垦区
	养殖区
	增殖区
	捕捞区
	水产种质资源保护区
	渔业基础设施区
港口航运区A(B)	港口区
	航道区
	锚地区

续表 7-51

一级类	二级类
工业与城镇用海区 A(B)	工业用海区
	城镇用海区
矿产与能源区 A(B)	油气区
	固体矿产区
	盐田区
	可再生能源区
旅游休闲娱乐区 A(B)	风景旅游区
	文体休闲娱乐区
海洋保护区 A(B)	海洋自然保护区
	海洋特别保护区
特殊利用区 A(B)	其他特殊利用区
保留区 A(B)	保留区

注:A 表示邻岸区域,B 表示近海区域。

表 7-52 山东省海洋功能区划分种类及数量概览

	子类	亚类
海洋基本功能区 329	海岸基本功能区 291	农渔业区 34
		港口航运区 38
		工业与城镇用海区 39
		矿产与能源区 9
		旅游休闲娱乐区 55
		海洋保护区 49
		特殊利用区 47
		保留区 20
	近海基本功能区 38	农渔业区 4
		港口航运区 9
		矿产与能源区 1
		旅游休闲娱乐区 1
		海洋保护区 10
		特殊利用区 9
		保留区 4

1. 农渔业区

农渔业功能区共 38 个,总面积 28 414.37km^2,岸线总长度 746.36km。其中属于海岸基本功能区的有 34 个,包括:滨州北、滨州—东营北、河口—利津、莱州湾、莱州太平湾、莱州三山岛、莱州三山岛北、莱州—招远、龙口北、长岛西、长岛东、长岛北、蓬莱东部、烟台套子湾、烟台—牟平、牟平—威海、威海北、刘公岛—鸡鸣岛、朝阳港、荣成湾、桑沟湾—莫铘岛、石岛—人和、靖海湾、五垒岛湾、文登—乳山—海阳、塔岛北、乳山湾、海阳—即墨、崂山湾—沙子口、胶州湾、黄岛—胶南、日照两城镇外侧、日照涛雒、日照岚山头等农渔业区；属于近海基本功能区的有 4 个，包括：烟台—威海北、威海—青岛东、青岛潮连岛、黄岛—日照东等农渔业区。

禁止在规定的养殖区、增殖区和捕捞区内进行有碍渔业生产、损害水生生物资源和污染水域环境的活动。其他用海活动要处理好与养殖、增殖、捕捞之间的关系，避免相互影响。

2. 港口航运区

港口航运功能区共 47 个，总面积 5 791.86km^2，占用岸线总长度 509.85km。其中属于海岸基本功能区的有 38 个，包括：滨州、东营、广利、羊口、潍坊、下营、莱州太平湾、莱州、龙口、蓬莱—长岛、烟台西、烟台、威海、威海东北、威海南、龙眼湾北、龙眼、荣成湾、俚岛湾东、俚岛、荣成、荣成东、石岛、石岛王家湾、荣成朱口、荣成朱口南、靖海湾、乳山口、乳山东南、乳山西南、海阳、鳌山湾、南姜、胶州湾、积米崖、董家口、石臼、岚山等港口航运区；属于近海基本功能区的有 9 个，包括：蓬莱—烟台、烟台西港区北、烟台西港区东北、前岛、胶州湾、董家口南、石臼、岚山、岚山港东等近海港口航运区。

禁止在港口区、锚地区、航道区、通航密集区以及规定的航路内进行与航运无关、有碍航行安全的活动，避免其他工程占用深水岸线资源，锚地区、航道区应优先在港口航运区内选划。在未开发利用的港口区内，无碍港口功能发挥的海洋开发活动应予以保留，但上述开发利用活动在港口开展建设时，应逐步予以调整和撤出。

3. 工业与城镇用海区

工业与城镇用海区共 39 个，总面积 788.48km^2，占用岸线总长度 335.62km。全部属于海岸基本功能区，包括：无棣、套尔河西岸、套尔河东岸、东营港北部、东营港南部、东营滨海、羊口、寿光北、潍北、下营、龙口湾、皂埠湾、黄石圈、马山头、临洛湾、荣成俚岛湾、荣成宁津、荣成黑泥湾、石岛湾北部、石岛湾西部、文登张家埠口、前岛、文登龙门港、人和、洋村口湾、乳山海阳所、乳山口东、乳山口西、海阳临港、青岛白沙河、红岛西、黄岛临海、前湾临海、海西湾西、海西湾东临海、灵山、横河东、横河西、奎山嘴等工业与城镇用海区。

加强功能区环境监测与评价，注重对毗邻功能区的保护，防止海岸工程、海洋工程污染海域环境。根据周边海洋功能区的环境质量要求，可适当提高工业与城镇用海区水域环境质量标准。在基本功能未利用时维持海水水质、海洋沉积物质量和海洋生物质量现状。

4. 矿产与能源区

矿产与能源区共 10 个，总面积 551.74km^2，占用岸线总长度 64.80km。其中属于海岸基本功能区的有 9 个，包括：埕北、寿光北、潍北、寒亭北、昌邑潍河西、下营、莱州、五垒岛湾东部、五垒岛湾中部等矿产与能源区；属于近海基本功能区的有 1 个，为海阳矿产与能源区。

在执行国家相关法规和不影响其他功能区运行质量的前提下，油气资源富集区，以油气开发为主导，优先保障海洋矿产与能源勘探和开发建设用海，严格控制近岸矿产与能源开发的数量、范围和强度，禁止岸滩和河口采矿活动，加强矿产与能源开发利用活动监视监测，防止海岸侵蚀、溢油等灾害和影响的发生。对现有矿产与能源开发利用区的废转，必须按有关程序上报审批。

5. 旅游休闲娱乐区

旅游休闲娱乐区共 56 个，总面积 1 502.82km^2，占用岸线总长度 934.92km。其中属于海岸基本功能区的有 55 个，包括：滨州、潍坊滨海、莱州、莱州三山岛、莱州石虎咀、招远、龙口南山东海、龙口滨海、长岛、蓬莱西海岸、蓬莱东海岸、蓬莱铜井、烟台金沙滩、烟台大沽夹河东、莱山滨海、莱山东滨海、养马岛、双岛湾、双岛湾外、威海市区北部、威海褚岛、威海湾北部、威海湾、威海沙龙王家村北、逍遥港—仙人桥北、柳夼—西霞口北、桑沟湾滨海、石岛南海村滨海、石岛湾滨海、石岛大小王家岛、荣成朱口东圈、荣成朱口西圈、前岛、南海—银滩、大乳山、丁字湾、东村河口、三平岛、横门湾西部、田横岛、鳌山湾西部、崂山东部、小管岛、太清宫口至流清河、青岛滨海、红岛、凤凰岛、丁家嘴、灵山湾、琅琊台、日照两城滨海、日照河山滨海、日照山海天、日照刘家湾、日照岚山头等旅游休闲娱乐区。属于近海基本功能区的有 1 个，为大管岛旅游休闲娱乐区。

禁止破坏自然岸线、沙滩、海岸景观、沿海防护林等工程项目建设，整治损伤自然景观，修复受损自然、历史遗迹，养护海滨沙滩浴场。

6. 海洋保护区

海洋保护区共 59 个，总面积 5 223.36km^2，占用岸线总长度 478.24km。其中属于海岸基本功能区的有 49 个，包括：滨州贝壳堤、东营河口、东营利津、黄河三角洲北部、黄河三角洲、东营莱州湾、东营广饶、寿光滨海、潍坊莱州湾、潍坊昌邑、莱州浅滩、烟台招远、烟台屺姆岛、烟台桑岛、龙口黄水河口、长岛北四岛、长岛砣矶岛、长岛斑海豹、长岛连城湾、长山岛南、登州浅滩、芝罘岛岛群、烟台山、烟台崆峒列岛、烟台逛荡河口、牟平沙质海岸、威海小石岛、威海黑岛、威海刘公岛、威海日岛、威海鸡鸣岛、荣成成山头、荣成大天鹅、花斑彩石、荣成苏山岛、荣成二山岛、青龙河口、乳山塔岛湾、乳山汇岛、海阳万米海滩、五龙河口、胶州湾滨海湿地、日照两城河河口、日照市西施舌、日照桃花岛、日照太公岛、日照梦幻沙滩、日照万平口潟湖湿地、日照岚山海上石碑等海洋保护区；属于近海基本功能区的有 10 个，包括：千里岩、长门岩岛群、青岛文昌鱼、青岛大公岛、青岛朝连岛、胶南灵山岛、日照大竹蛏、日照文昌鱼、日照金乌贼、日照前三岛等海洋保护区。

区内严格执行国家和地方自然保护区、海洋特别保护区、黄河河口容沙区等有关法律法规，加强用海活动监督与环境监测，维护、恢复、改善海洋生态环境和生物多样性，保护自然景观，提高保护水平。禁止损害保护对象、改变海域自然属性、影响海域生态环境的用海活动。加强海洋保护区功能区运行质量的监控、管理，整治区内的不合理用海工程，修复受损的海洋生态系统。保护区调整应依法报批。

7. 特殊利用区

特殊利用区共 56 个，总面积 231.00km^2，占用岸线总长度 64.72km。其中属于海岸基本功能区的有 47 个，包括：东营港、新弥河、白浪河、潍坊港、龙口湾、龙口北部、龙口东海、龙口黄水河口、平畅河口、烟台黄金河—柳林河、芝罘岛北、辛安河口、烟台山北头村、威海港西、威海港东、威海市区、荣成湾、荣成八河港水库、镆铘岛外、石岛湾、南大湾、前岛、乳山口外、丁字湾口、巉山、鳌山、鳌山湾外、王哥庄、姜格庄、麦岛、团岛、海泊河口、李村河口、胶州湾东北部、红岛、大沽河口、红石崖、鹿角湾、丁家嘴、王戈庄河、董家口嘴、日照两城河口、日照李家台、日照奎山嘴、日照港西防波堤、日照夹仓口、日照岚山等特殊利用区；属于近海基本功能区的有 9 个，包括：烟台港、烟台港外、威海褚岛北、威海东北、俚岛湾、荣成苏山岛西侧、海阳港、女岛港、崂山八仙墩外等特殊利用区。

为便于海域使用管理，排污倾倒要达标排放，同时要在特定的水动力条件强、水体交换快的海域进行，尽可能减小对海洋自然环境的影响。要加强海洋特殊利用功能区的监控、管理，严查非法排放、严禁超标排放。

8. 保留区

保留区共 24 个，总面积 4 821.77km^2，占用岸线总长度 213.70km。其中属于海岸基本功能区的有

20个，包括：滨州北海新区、套尔河口东、东营黄河口北、潍坊白浪河西岸、潍坊白浪河东岸北部、潍坊白浪河东岸南部、虞河—堤河、莱州刁龙咀北、龙口港、龙口港北部、长岛北、荣成宁津、镆铘岛、张濛港、横门湾、青岛前海、胶州湾北部、胡岛、胡家山、棋子湾等保留区；属于近海基本功能区的有4个，包括：荣成东、董家口、千里岩南、潮连岛南等保留区。

保留区应加强管理，严禁随意开发。确需改变海域自然属性进行开发利用的，应首先修改省级海洋功能区划，调整保留区的功能，并按程序报批。

第八章　海洋环境现状与主要地质灾害概述

开采海砂对海洋环境容易造成不可恢复的灾害，一是使海水质量变差，采砂活动引起海底泥质扩散，形成海洋生态损害；二是造成海底地形变化，改变海洋水动力条件，形成海岸侵蚀和海水倒灌等。海岸指海岸带自然、社会经济综合体。随着科学、技术及社会经济的发展，海岸带系统中自然和社会经济过程已经无法割裂开来，资源利用和管理是海岸带系统自然结构和社会结构的连接点，并通过一系列的反馈和负反馈机制共同推动海岸带系统自然、社会和经济的演变，这是现代海岸带呈现出的重要特征。因此，在海岸易损性研究中，要从各区域海岸出发，既要考虑到海岸带海陆相互作用的自然过程，同时还要考虑在这一地带的社会经济过程以及与之密切联系的辐散地带。

由于海岸的易损性，目前，海岸的一系列环境问题已经广泛地引起了国际社会的关注，各沿海国家在本国政府和国际组织的共同促进下开展了大量的研究工作。海岸易损性源于海岸带系统全球变化响应的敏感性，海岸带地处海洋系统和陆地系统的过渡与渗透地带，受海洋和陆地两大系统的相互作用，自然灾害频繁、种类多，包括风暴潮、洪涝灾害、海(咸)水入侵、台风、海岸侵蚀等。全球变化将可能增加灾害的频度和强度，同时，海岸带人口分布密集，是人类活动的主要场所，人口压力、资源的过度利用和污染更增加了海岸带自然系统的脆弱性。

海岸易损性可以通过海岸带对全球变化的敏感性、海岸带的自适应机制和对外界环境的抵制能力来度量。这种自适应和抵制能力主要包括地貌、生态和社会经济 3 个要素。地貌自适应和抵制能力取决于海岸带的地形、地质基础、泥砂补给和海岸动力过程，如地形较低、岩性松软、泥砂补给少，海岸动力过程被限制的海岸地形自适应能力就较弱。生态自适应机制是保持海岸带生态的天然性、区域特色、生物多样性、稀有物种的生存。社会经济自适应和抵制机制指海岸带管理和计划，其能力依赖于一个国家或地区的科学技术、经济发展、管理水平、法制和社会环境意识。这 3 个要素之间又是互相作用互相影响的，前两者为自然自适应机制，后者为人为自适应机制，目前人类社会经济发展以及海岸工程大大增强了人为自适应机制，这种增强同时在某种程度削弱了海岸带的自然自适应机制，寻求自然和社会经济相协调的模式，实现海岸带的可持续发展管理是降低海岸易损性的关键。

因此，世界上的多数国家在开采海砂前，都要进行海域使用可行性论证或海洋环境评价，这是防止海岸损害的重要措施。

历史的经验必须得到充分注意，以往浅海砂矿开采造成的危害已经为我们敲响了警钟。1993 年长岛—蓬莱的新城洲浅滩因采砂，造成耕地损失 168 亩(1 亩＝666.67m^2)，发生堤溃房倒 200 间、两个自然村全部农田被毁的悲剧。同样的原因使日照的部分海岸线已经后退了 100m。海砂开采造成海洋水动力条件的变化，加剧了海浪对海岸的破坏，风暴潮和风暴海浪对沿海的生态和经济造成了严重影响。海岸开发利用的不合理、海岸管理薄弱及人为破坏等因素，明显加剧了海岸侵蚀，海水入侵沿海地下淡水层，导致沿海土地盐渍化等海岸带地质灾害，从而造成海岸、河口、海湾自然生态环境失衡，给海岸带生态环境系统带来灾难。

海岸带位于海洋和陆地的过渡地带，是全球变化最为敏感的地带。全世界 60％以上的人口生活在沿海 60km 的陆地范围内，在资源供应、社会生产和经济活动、废物处理、人类居住和娱乐等方面起着至关重要的作用。全球变暖、海平面上升等一系列的环境变化，将广泛而深刻地影响地球生态系统与环境的演化以及人类社会的生存与发展，海平面上升、风暴潮加剧、生物多样性的减少、低洼农田盐渍化加重等作为全球环境变化在海岸地区的最主要体现，将成为海岸地区社会经济持续发展过程中不可忽视的制约因素之一。由于海平面上升影响范围大、影响过程复杂、影响程度具有累进性、成灾效应持续时间长、防止难度大，如果疏于防范，将导致严重后果，因此灾前研究非常重要。

第一节 浅海海洋环境现状综述

一、海水质量状况概述

由于城市化进程的加快，工业和城市污废水以及养殖污水大量排放，导致山东省近岸海域，尤其是胶州湾海域的水环境和沉积物环境质量下降，水体富营养化较为严重，局部区域污染严重，自然生态系统遭到破坏，已逐步演变为自然人工复合生态系统，生态脆弱性加大，重要经济鱼、虾、贝类的生息、繁殖场所消失，珍稀濒危物种濒临绝迹。

受港口建设、填海造地、固体倾废和海上养殖等活动影响，海湾海域面积缩小，水动力条件改变，滩涂大量减少，纳潮量迅速下降，自净能力削减。沿岸海岸工程占用海域逐渐增大，若再不严格控制，将会危及港口和航运安全、破坏生态环境、影响海水养殖，进而制约山东省沿海社会经济的整体发展。由于海滩违法挖砂现象严重，导致沿岸防护林面积减少，水土保持能力下降，致使部分地区岸线侵蚀现象严重，破坏了滨海景观和生态系统。

盲目的、不切实际的围垦，随意挖砂采石，乱砍滥伐防护林，都可能损害近岸的海洋环境，造成海岸后退、水土流失，破坏鱼虾等栖息、繁殖的场所，使滨海地区和生态平衡失调。

近年来，赤潮现象频发，给沿海地区渔业生产造成了重大的经济损失，并影响了旅游业的发展。另外，风暴潮、强风等自然灾害也对我省的海洋经济发展造成了较大的影响。

二、海水污染现状

山东沿海是我国经济比较发达的地区之一，改革开放以来本区经济建设发展迅速，但同时也带来了一系列环境负面影响。近年来，伴随着城市化进程的加快、近海石油的开发，以及工业“三废”的大量排放，近岸海区环境质量逐年下降，近海污染范围不断扩大，对海洋环境、海洋资源、海洋经济的发展乃至人们的健康造成了严重的影响。当前，污染和损害中国海洋环境的因素主要有陆地污染源、船舶污染、海洋石油勘探开发造成的污染、人工倾倒废物污染、不合理海洋工程的兴建和海洋开发。海洋环境污染的主要现状为：海洋水质质量有所改变，近海污染物以氮、磷、石油类为主，局部地区以有机氯农药、重金属为主；近海和远海海域的海洋沉积物质量总体上保持良好，沉积物污染的综合潜在生态风险较低，但部分近岸海域沉积物受到污染比较严重，尤其是一些河口、海湾的沉积物污染较重；海洋生态环境中，沿岸和近海海域多数传统优质油业资源日趋枯竭，导致海洋生物资源严重衰退，一些珍稀物种处于濒危状态；富营养化及营养盐失衡，生物群落结构异常；河口产卵场严重退化，部分产卵场正逐步消失、生境丧失或改变等。根据十几年来的海洋灾害公报，工矿业较发达的青岛市、烟台市、威海市、日照市及各自所辖的龙口市、蓬莱市、莱州市、牟平县、荣成市、乳山市、海阳市、即墨区、胶州市、黄岛区等县、市（区）附近海域海水污染相对较重，其中以青岛市胶州湾、烟台市区附近的芝罘湾和套子湾、龙口市的龙口湾等海湾海水污染较突出。

胶州湾是半封闭的内湾，沿岸工厂众多，将大量污染物质排入胶州湾；胶州湾沿岸尚有大小河流 20 余条，也携带大量污染物汇入胶州湾，另外油轮溢油、海上工程建设等也会对海水形成污染。胶州湾海域水质多项组分数值超过国家海水二类标准，其中以总汞和氨氮污染最重，石油类和亚硝酸盐次之。胶州湾原是一个多重鱼虾产卵、索饵场，生产多种经济鱼虾，现在产量大大下降。

芝罘湾和套子湾是烟台市工业废水和生活污水的主要排放场所，海水污染较严重，主要污染物质有 COD、BOD_5、石油类、活性磷、有机氯、无机氮、挥发酚及重金属等。石油污染在芝罘岛西端较严重。芝罘湾的水色透明度及环境质量由近岸向外逐渐变好。

龙口湾位于龙口市西，大量工业和生活污水排入湾内，近岸海水呈黄褐色、有泡沫、具较强的臭味，海水中 COD、挥发酚、石油类等数值均超过国家海水二类标准，污染较严重。COD 含量在 10mg/L 以上(标准为≤3mg/L)，挥发酚含量 0.030mg/L 左右(标准为≤0.005mg/L)，石油类含量为 0.38mg/L 左右(标准为≤0.05mg/L)。

另外，渤海的毛蚶，过去在营口、塘沽、羊角沟附近的浅水区产量最多，现在大大外移。莱州湾的小清河口附近，过去盛产河蟹及银鱼，现因小清河成为排污河，使河蟹和银鱼绝迹。

海洋污染还直接危害沿海人民的身体健康。近来，卫生部门调查指出：渤海、黄海沿岸的渔民头发中汞、镉的含量高于内地居民。北戴河、大连、青岛、烟台等地一些著名的风景游览区、疗养区和海水浴场，近几年来也有过油膜或油块污染。

三、底质中的主要污染物

底质中的主要污染物包括石油类、有机碳、铜、铅、汞、镉、锌、铬等，沉积物监测按照《海洋监测规范》(GB 17378.1—2007)执行，然后根据采砂区的海洋功能区划确定属于《海洋沉积物质量》(GB 18668—2002)中的哪一类沉积物标准，进而进行评价。通过单因子污染标准指数法计算污染因子的标准指数 P_i，其值大小反映被测样品的质量状况。比值 1.0 为基本界限，当各评价因子的污染指数小于 0.5 时，表示该评价因子对海域环境影响较小；评价因子在 0.5～1.0 之间表示海域受到一定污染，但没有超出标准；当评价因子大于 1.0 时，表示海域已超过评价标准，受到该评价因子的污染。

第二节　海洋地质灾害及危害

一、海平面上升

1. 海平面上升概况

海平面监测和分析结果表明，中国沿海海平面变化总体呈波动上升趋势。1980—2013 年，中国沿海海平面上升速率为 2.9mm/a，高于全球平均水平。2013 年，中国沿海海平面较常年高 95mm，较 2012 年低 27mm，为 1980 年以来第二高位，详见图 8-1。2013 年，中国沿海海平面变化区域特征明显。与常年相比，海平面变化呈现南北高中间低的特征，渤海和南海沿海海平面上升幅度均超过 100mm，黄海和东海沿海海平面上升幅度分别为 88mm 和 77mm。与 2012 年相比，中国沿海海平面总体降低，其中东海沿海海平面降低 45mm，渤海沿海海平面基本持平，黄海和南海沿海海平面分别降低 20mm 和 22mm，详见图 8-2。

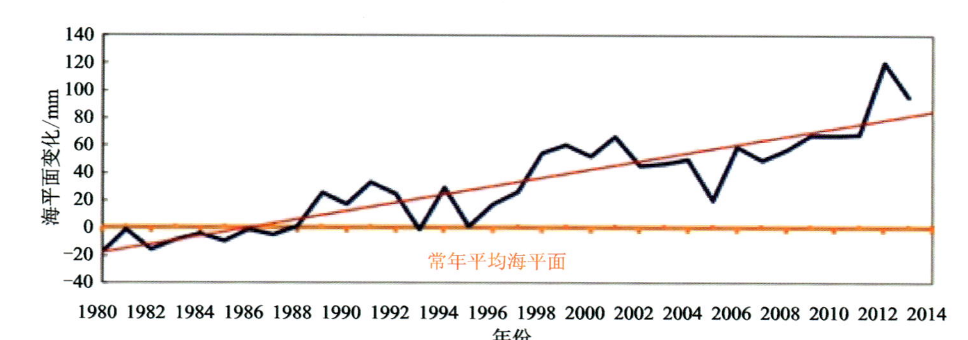

图 8-1　1980—2014 年海平面变化曲线图

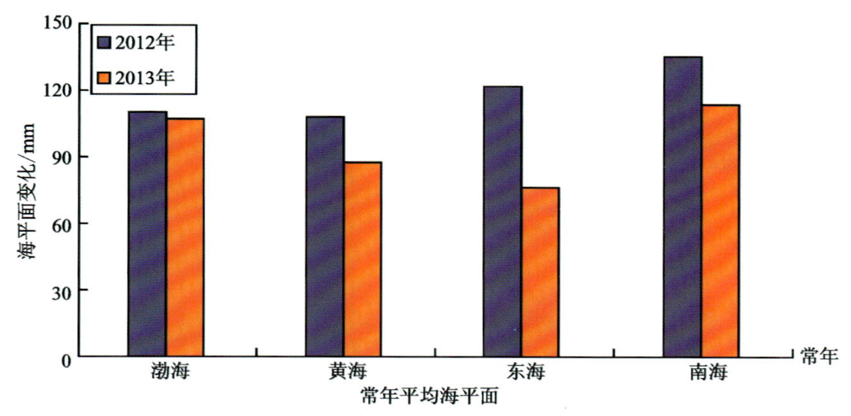

图 8-2　2012—2013 年中国沿海各海域海平面变化情况比较

根据国家海洋局发布的《2013 年中国海平面公报》，2013 年，山东沿海海平面比常年（1975—1993 年的平均海平面）高 110mm，比 2012 年低 20mm。2013 年山东北部沿海各月海平面均高于常年，其中 1 月和 5 月海平面分别高于常年 212mm 和 234mm；与 2012 年同期相比，5 月海平面高 64mm，11 月海平面低 97mm，详见图 8-3。2013 年山东南部沿海 1 月和 5 月海平面分别高于常年 145mm 和 177mm；与 2012 年同期相比，4 月和 5 月海平面分别高 52mm 和 75mm，8 月和 11 月海平面分别低 143mm 和 95mm，详见图 8-4。预计未来 30 年，山东沿海海平面将上升 85～155mm。其中，潍坊海水入侵最大距离超过 21.6km，详见图 8-5。与以往监测到的数据比较可以看出，潍坊海水入侵退了 10.5km。海温、气温、气压和季风变动等是引起海平面异常变化的重要原因。

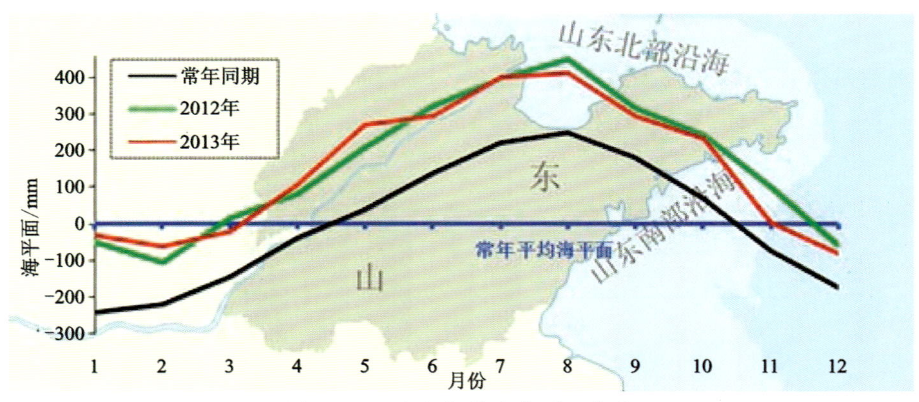

图 8-3　山东北部沿海海平面变化

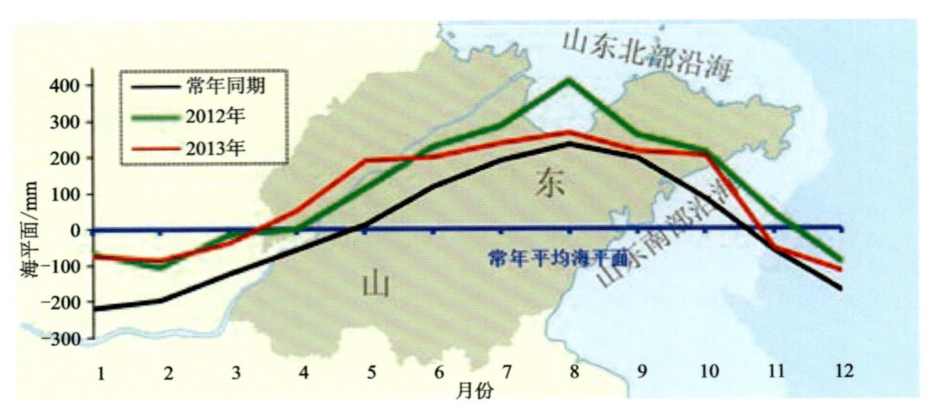

图 8-4 山东南部沿海海平面变化

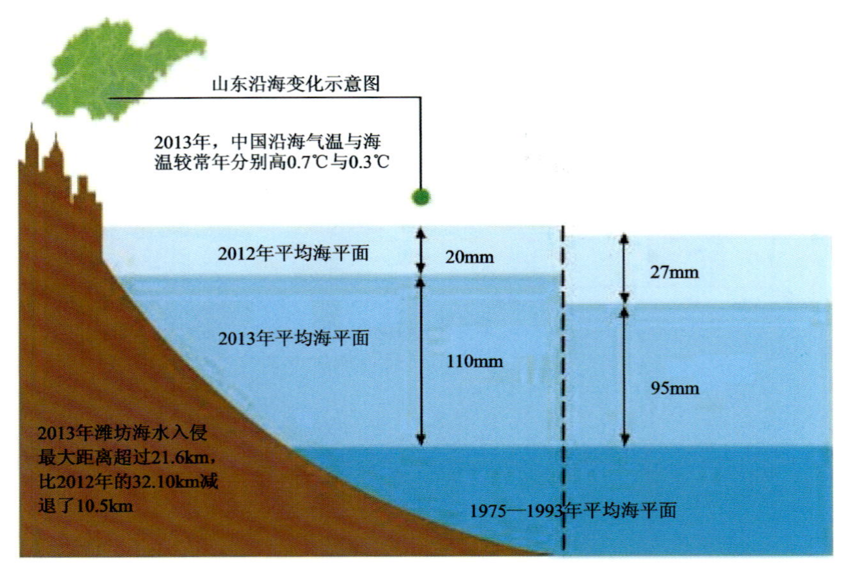

图 8-5 山东沿海海平面示意图

各海区情况如下：

1）渤海沿海

2013 年，渤海沿海海平面比常年高 107mm，比 2012 年低 3mm。预计未来 30 年，渤海沿海海平面将上升 68～140mm。

2013 年，渤海沿海各月海平面均高于常年同期，1 月和 5 月海平面分别较常年同期高 193mm 和 185mm，均达 1980 年以来同期最高值；与 2012 年同期相比，11 月海平面低 132mm，详见图 8-6。

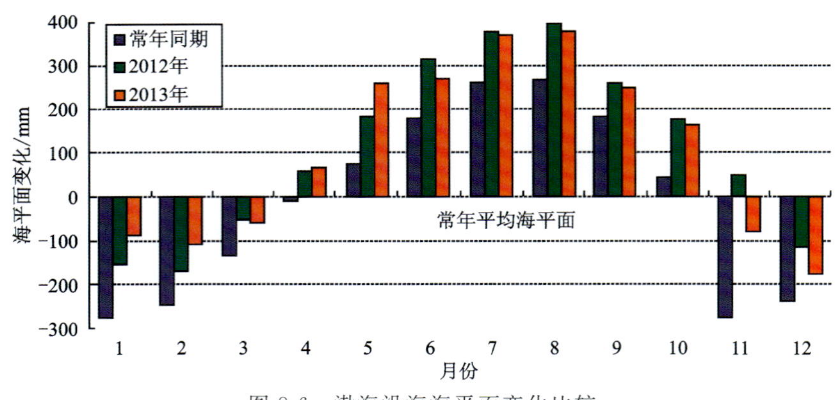

图 8-6 渤海沿海海平面变化比较

2)黄海沿海

2013 年,黄海沿海海平面比常年高 88mm,比 2012 年低 20mm。预计未来 30 年,黄海沿海海平面将上升 70～140mm。

2013 年,黄海沿海各月海平面均高于常年同期,其中,1 月和 5 月海平面分别高 136mm 和 170mm;与 2012 年同期相比,11 月海平面低 200mm,详见图 8-7。

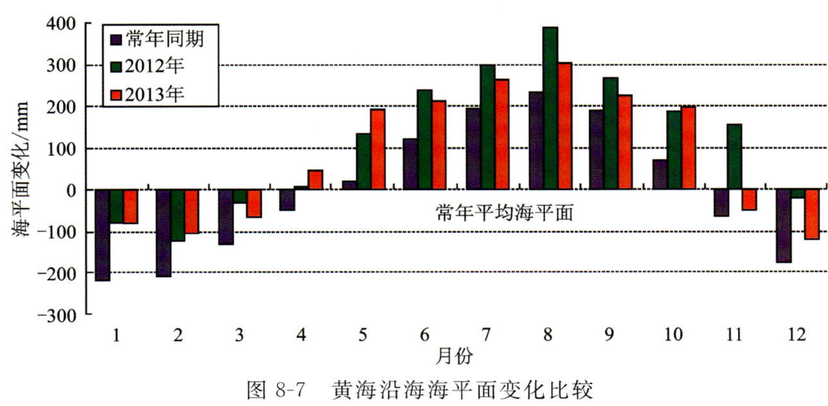

图 8-7　黄海沿海海平面变化比较

2. 海平面上升原因

海温、气温、气压和季风变动等是引起海平面异常变化的重要原因。在全球气候变化背景下,中国沿海气温与海温升高,气压降低,海平面升高。1980—2013 年,中国沿海气温与海温均呈上升趋势,速率分别为 0.34℃/10a 和 0.18℃/10a。中国沿海近 10 年平均气温与海温较 20 世纪 90 年代分别上升了 0.4℃和 0.2℃,较 20 世纪 80 年代分别上升了 1℃和 0.6℃。气压呈下降趋势,速率为 0.32hPa/10a。近 10 年中国沿海平均气压较 20 世纪 90 年代和 20 世纪 80 年代分别下降了 0.4hPa 和 0.5hPa。同期海平面呈上升趋势,速率为 2.9mm/a。近 10 年中国沿海平均海平面较 20 世纪 90 年代上升了 25mm,较 20 世纪 80 年代上升了 55mm。

3. 海平面上升的危害性

1)对海岸带的影响

从沉积学理论来讲,海平面上升导致海岸低地被淹,岸线后退。海塘、潟湖、河口因侵蚀基面升高加速河流溯源淤积而使入海泥砂减少,砂质海岸因波能增强和越滩暴风浪的增加,建立新的海滩剖面而相应蚀退。山东海岸以郯庐断裂为界分成两个不同的地质单元,即莱州虎头崖以东(特别是龙口以东)为缓慢隆起区,近百年地壳运动多为正值,胶东半岛地壳上升率都在 1～2mm/a 之间,大体与世界海平面上升速率相当,因此,世界海平面上升对半岛海岸基本无影响;虎头崖以西至冀鲁交界的漳卫新河口,超 600km 的海岸受世界海平面上升的影响将分成 3 段。

(1)虎头崖—小清河(寿光羊角沟)岸长约 200km,低平原潮上湿地区,宽 10～15km,地壳垂直运动率为－1～－3mm/a,入海河流泥砂均被水库拦截,在 21 世纪末世界海平面上升率 1.4mm/a 的灾害面前,相对海平面上升率为－2.4～－4.4mm/a,将随着风暴潮频度和高度的不断增高,海水从地上和地下逐渐侵入,今日的大片潮上湿地将成为常见低洼滩地,岸线可能向南移动。

(2)小清河口至顺江沟口海岸呈弧形突向渤海,岸长约 280km,是 150 年来黄河淤积的现代三角洲海岸,地壳升降率为－3～－5mm/a,相对海平面上升率为－4.4～－6.4mm/a,但有黄河大量输砂的补偿,至 21 世纪末有可能保持现代海岸的位置。

(3)顺江口至漳卫新河口,海岸相对平直和凹入,长约 130km,是 2000 年前黄河淤积的土体,黄河近代三角洲区,地壳沉降率为－3～－5mm/a,相对海平面上升率为－4.4～－6.4mm/a,既得不到黄河淤积的补偿，还面临地层压实、地面下沉的作用，最终又是一个快速沉降区，至21世纪末，目前的滨海潮上湿地亦将变成潮间湿地或滨浅海。

2)引发的地质灾害

海平面上升使潮差和波高增大，加重了海岸侵蚀的强度。海平面上升是一种缓发性灾害，其长期累积效应会直接造成滩涂损失、低地淹没、生态环境破坏和洪涝灾害加剧，并导致风暴潮、海岸侵蚀、咸潮、海水入侵与土壤盐渍化加重。环渤海地区是受海水入侵和土壤盐渍化影响较为严重的区域。海平面上升将导致滨海沙滩面积减少。根据青岛海平面上升预测和海滩调查成果，未来30年，青岛金沙滩和银沙滩海水浴场将因海平面上升而分别损失约 $0.9\times10^4 m^2$ 和 $0.6\times10^4 m^2$ 的沙滩面积。

(1)风暴潮：高海平面抬升了风暴增水的基础水位，增加了行洪排涝难度，加大了台风和风暴潮致灾程度；反之，低海平面使台风和风暴潮的致灾程度相对减弱。

(2)海岸侵蚀：海平面上升导致波浪和潮汐能量增加、风暴潮作用增强、海岸坡降加大、海岸沉积物组成改变，在挖砂和沿海工程修建等人类活动的共同作用下，沿海地区海岸侵蚀进一步加剧。

(3)海水入侵与土壤盐渍化：海平面上升和沿海地区地下水超采加剧了海水入侵与土壤盐渍化程度，影响沿岸生态系统和农作物生长。

山东是海水入侵与土壤盐渍化严重区域。2013年，山东滨州海水入侵最大距离超过22.4km；潍坊最大海水入侵距离超过21.6km。

(4)咸潮：咸潮入侵程度与海平面、潮汐、风暴潮、降雨和上游来水等因素密切相关。

2013年5月下旬，山东沿海海平面偏高，在温带气旋和天文大潮共同影响下，山东沿海堤防和渔业等遭受损失，直接经济损失超过1.4亿元。

二、海岸侵蚀

海岸侵蚀是指近岸波浪、潮流等海洋动力及其携带的碎屑物质和某些化学反应强的物质对海岸岩体的冲蚀、磨蚀、掏蚀、溶蚀等造成岸线后退的破坏作用。

1.海岸侵蚀概况

山东省基岩海岸主要分布于蓬莱市城区至胶南市吉利河口一带；砂砾质海岸分布在吉利河口至日照市绣针河口和莱州市虎头崖至蓬莱市城区一带；淤泥质海岸则主要分布于黄河三角洲和潍北平原一带，大致西起漳卫新河河口，东至小清河河口。山东省上述3种海岸线类型均有海岸侵蚀发生。自北而南除黄河现代入海口附近20km范围内淤长外，其他岸段以蚀退为主。

1976年黄河改道以来，大口河口至顺江沟淤泥质海岸蚀退率为1.0m/a。顺江沟至神仙沟淤泥质海岸蚀退率为100～500m/a，其中刁口河口海岸1976—1981年后退达6km。

莱州市刁龙咀—蓬莱城区段为基岩前滨海沙堤岸，近几十年来大部后退，其中莱州市三山岛一带近几十年来平均蚀退率约2m/a；蓬莱西海岸1985—1990年岸线后退40～50m，大片海滩被侵蚀殆尽，沿岸村庄、公路、工厂、良田及其他沿岸工程等塌入海中。日照棋子湾—绣针河口砂质海岸段，大部分后退，海岸平均蚀退率一般为1.3～3.5m/a，绣针河河口的老虎沙沙嘴近年来蚀低变窄，其上房屋全部倒塌。

牟平金山港—威海双岛港段以基岩港湾岸为主，原有海滩不断淤进，30多年前由淤转蚀，蚀退率约2m/a，由西向东侵蚀加重，威海海水浴场被侵蚀报废。文登五垒湾—乳山白沙湾段基岩港湾岸全线被蚀，以黄垒河口蚀退最为严重，20世纪50年代所建原距岸50m的碉堡已塌入海中，蚀退率约1.5m/a。青岛崂山八水河岸段沙滩30多年来后退100m以上，海岸沙丘被蚀，公路被迫内移。青岛汇泉海水浴场的滩坡变陡，砂粒粗化，浴场东部遭冲刷，部分沙滩被冲走。

2. 海岸侵蚀的原因

海岸侵蚀是在自然和人为活动共同作用下形成的。

1）自然因素影响

（1）海平面上升。由于海平面上升，加之沿岸土（岩）体和植被遭人类活动破坏，打破了原有的侵蚀-沉积平衡，致使陆地在海水侵蚀下不断后退，尤其是在海平面上升速率较大，地势低平的地段（如莱州湾沿岸），海岸侵蚀会更突出。

（2）风暴潮侵蚀。风暴潮对海岸的侵蚀作用具有突发性和局部性，但其危害程度十分严重，因为风暴潮海洋动力作用强烈，对海岸侵蚀非常强。

2）人类活动影响

人类活动影响在现代海岸侵蚀中起着主要作用。因为世界开发较早的发达国家比发展中国家海岸侵蚀时间长且严重，我国自20世纪50年代大规模建设以来，海岸侵蚀现象加剧，均证明人类活动与海岸侵蚀存在密切相关关系。

（1）沿岸挖砂。沿海岸挖砂破坏了海岸或海滩的海洋动力平衡，这势必造成海岸或海滩重新塑造自己的岸滩平衡剖面，造成海岸侵蚀。可以认为挖砂是导致海岸，尤其是砂岸侵蚀的主要因素。如蓬莱西北海岸外有一登州浅滩，为一落潮流三角洲，由不规则海底线性沙丘组成，是落潮流和波浪共同作用形成的，离岸3～5km，水深0.5～2m，是蓬莱西北部海岸的天然防波堤。由于1985年以来采砂船大量挖砂，水深加大到3～5m，造成当地盛行的北向浪未经破碎直接作用于海岸，使蓬莱西庄至栾家口岸段由基本稳定转为强烈侵蚀，岸线迅速后退，蚀退速率达15m/a。根据《山东省海洋功能区划》（2011—2020年），该区海砂不得开采，但普遍存在人为偷砂外运，造成砂岸迅速后退，引发海岸侵蚀灾害。

（2）海岸工程影响。沿岸漂砂遇突堤式海岸工程会在其上游一侧形成填角淤积，而在下游一侧形成侵蚀。如岚山头1970年建成700m垂直于海岸的突堤式码头，4年内已使堤南侧海滩消失，大片岩滩裸露，低潮线后退100m，其侵蚀的范围可达苏鲁交界的绣针河河口。虽然这种侵蚀是局部的，但如果发生在具有重要开发价值的岸段，其危害也颇为严重，如青岛汇泉浴场因其东部突堤的兴建而对其形成威胁。

（3）河流输砂减少的影响。河流输砂是海滩的主要来源，它维持了海岸的稳定，或使之向海淤进。本区河流入海泥砂近几十年来大量减少，已引起海岸后退。如山东半岛主要河流1958—1965年平均每年输送到海滨的泥砂达$1\,233.86\times10^4$t，而1983—1984两年年平均输砂仅为4.10×10^4t，减幅巨大，这是因为半岛地区上千座水库塘坝将入海泥砂的99%拦于库内，加上2000×10^4t/a的人工挖砂量，两项之和可达3000×10^4t/a，巨量的泥砂损失，足以引起严重的海岸侵蚀。河流入海泥砂的减少除水库拦砂外，20世纪80年代以来华北地区气候偏干旱也是因素之一。

3. 海岸侵蚀的危害性

海岸侵蚀主要有以下危害：

（1）破坏海岸工程设施。如对防潮堤、防波堤、闸门等的冲坏、掏蚀。

（2）破坏居民点，对沿岸居民生命、财产形成威胁。

（3）海滩面积缩小，质量变差。如莱州市三山岛分布的白色柔软沙滩，由于砂源减少，相对增强的海洋波浪作用把较细的海滩砂粒冲走，使海滩面积缩小，粗砂增多，沙滩质量变差。

（4）加重土壤盐渍化，严重影响农业生产和居民生活。

（5）化学腐蚀作用。海水中含有较多的Cl^-、Na^+、溶解氧和CO_2，这些组分使水利工程的钢筋锈蚀，混凝土腐蚀，建筑物整体强度丧失而破坏。

三、海(咸)水入侵

1. 海(咸)水入侵概况

山东省海(咸)水入侵始于20世纪70年代中期。近30年来,随着地下水开采量的增长,海(咸)水入侵规模不断扩大,目前从广饶至龙口整个莱州湾南岸,均有不同宽度的海(咸)水入侵。在青岛、威海、烟台、潍坊等地河口地带也出现了规模不等的海水入侵现象。

1)海水入侵现状

海水入侵主要发生在莱州—招远—龙口莱州湾东岸的堆积平原,该平原呈狭窄带状,宽3～5km,并直连丘陵山地,区内地下水径流畅通,在天然条件下,地下水水位高出海水面,部分径流排泄入海。地下水的超量开采,造成地下水水位大幅度下降,在沿岸地带低于海水水面,改变了地下水的流场方向,导致海水补给地下水,形成海水入侵。烟台、威海、青岛等市的河口地段,是当地的主要水源地,由于超量开采地下水,使得沿河两岸地下水水位大幅度下降,当地下水水位低于海水面时,海水逆河而上,并渗入补给地下水,形成海水入侵。目前全省海水入侵面积已达649.35km²。

2)咸水入侵现状

咸水入侵目前仅出现在广饶—寿光—寒亭—昌邑至平度灰埠的沿海低平原,该地地形平坦,潮滩宽10～18km,高程5m以下多为潮滩盐碱地,地下水径流迟缓,以垂直蒸发排泄为主,加之海潮影响,地下水含盐量较高,多为咸水或卤水。咸水之南为山前冲洪积平原,该区地下水径流畅通,水交替强烈,水质为低矿化度淡水,在天然条件下,地下水由南向北径流,部分排泄补给咸水。近20多年来,由于该区大量开采地下淡水,开采强度超过了天然补给能力,导致淡水区水位大幅度下降,在淡、咸水接壤处附近地带低于咸水水位,造成咸水反向补给淡水,形成咸水入侵。目前咸水入侵总面积已达524.20km²。

3)海(咸)水入侵的特点及发展态势

从山东省海(咸)水入侵分布情况来看,地势低洼的莱州湾沿岸滨海平原地带是主要分布区,如莱州、龙口、昌邑、平度几个县市海(咸)水入侵面积均在100km²以上,莱州市更是在200km²以上;而在其他岸段海水入侵则主要分布于河谷下游平原地下水集中开采水源区(如青岛市的大沽河、白沙河、墨水河、城阳河下游,烟台市的大沽夹河、辛安河、沁水河下游),其特点是入侵面积较小,一般只有几到十几平方千米,且基本为海水入侵,咸水入侵面积很小或不发生。

山东省沿海地区海(咸)水入侵已经历了近30年的发展历史,20世纪70年代中期最早出现,70年代发展比较缓慢,80年代后期迅速发展,自90年代以来又降低了发展势头。这是因为自20世纪70年代末以来,该区经济发展迅猛,形成了区内地下水长期持续过量开采的局面,地下淡水水位大幅度下降,产生了大面积的地下水漏斗区和水位负值区,改变了地下水的天然流场,使得地下水反向(向取水中心)径流,从而导致了海(咸)水在径流作用下向淡水区入侵(在天然条件下,地下水主要由陆地向海径流),这在海(咸)水入侵区表现最为突出(图8-8)。进入90年代,由于海(咸)水入侵造成了大量的水源地和取水机井报废,使沿海地区地下水的开采受到抑制,且由于人们已意识到海(咸)水入侵的危害而采取了防治措施,使海(咸)水入侵的速度变缓,呈低速发展态势。根据气候变化趋势和地下水均衡形势分析,近期内气候仍将偏干旱,地下水超采仍然广泛存在,故各地段海(咸)水入侵在今后一段时间内仍将缓慢发展。总的形势是,潍北平原和龙口盆地承受的潜在威胁仍然

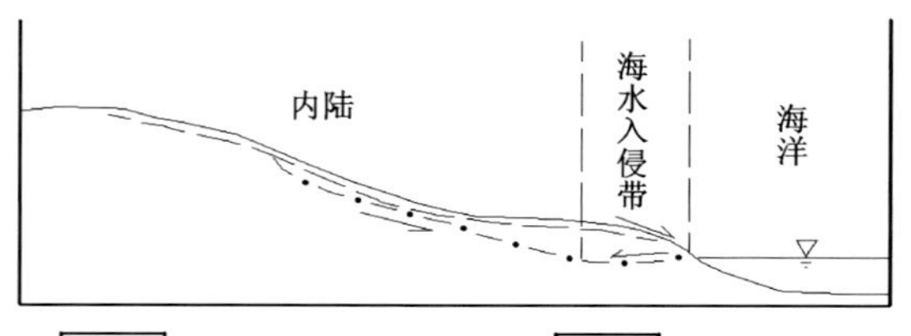

图8-8　地下水天然流场的改变导致海水入侵

较大，其中昌邑北部发展速度最快；其他地段则处于缓慢发展状态。

现以潍坊市北部沿海地区的海（咸）水入侵灾害为例，来说明海（咸）水入侵灾害的分布特点。由图8-9可以看出，潍坊市北部沿海地区由北向南（由海向陆）地下水水化学类型由Cl-Na型水，逐渐过渡为Cl・HCO_3-Ca・Na、HCO_3・Cl-Ca・Mg、HCO_3-Ca型水，水化学类型逐渐变好。Cl^-含量、Na^+含量、矿化度由大变小，据2000年监测资料，由北部的009孔到南部的010孔，Cl^-含量由1 150.85mg/L减至218.56mg/L；矿化度含量由2 641.66mg/L减至1 140.15mg/L。Cl^-含量等值线的分布与海（咸）水入侵线大致平行，且在海（咸）水入侵线附近变化较大。这说明在海（咸）水入侵区，海（咸）水入侵对地下水的影响是由陆向海使其水化学类型变差，Cl^-含量、Na^+含量、矿化度等水化学标志性指标增加，地下水水质变差。

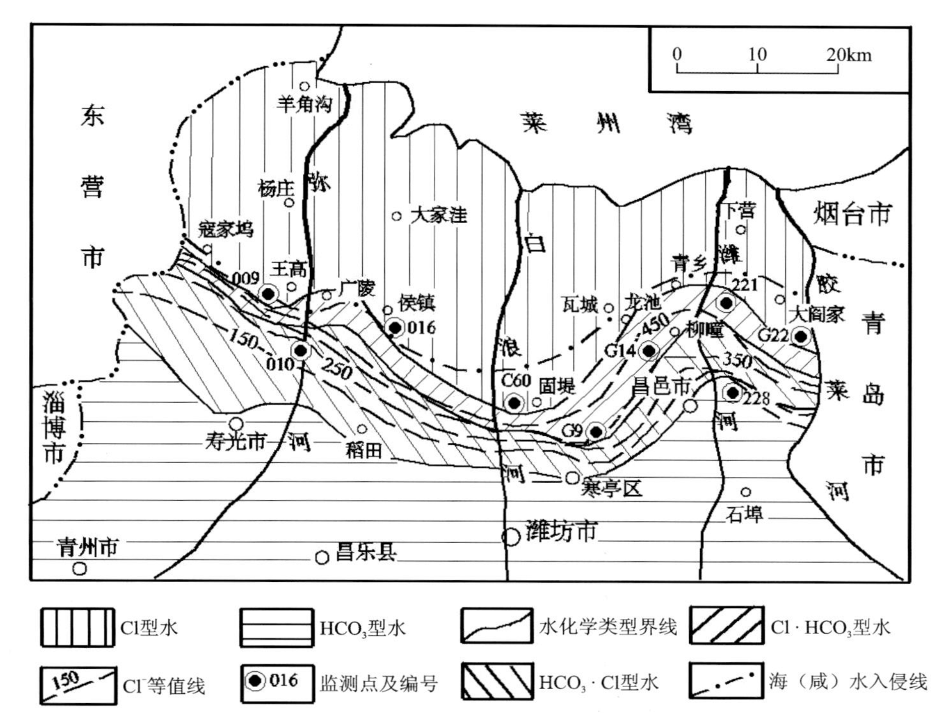

图8-9　潍坊市北部沿海地区海（咸）水入侵灾害分布状况

2. 海（咸）水入侵的原因

山东省海（咸）水入侵的发生与扩展是自然与人为复合作用的结果，以人类活动影响为主。

前已述及，地下水持续超采是形成海（咸）水入侵的主要原因。而其他人类活动也加重了海（咸）水入侵的态势，主要有：盲目发展陆地海水养殖、扩建盐田，人为将海水引向内地；入海河流上中游修建水库、塘坝，拦蓄地表径流，使下游地区地下水补给来源减少；无节制地于近海河床挖砂，致使河床标高低于潮水位，助长海水上溯侵染。

自然因素的影响主要是在近期气候条件下，本区气候偏干旱，降水偏少，不足以弥补地下水的损失，使地下水负值区持续增大。另外风暴潮等自然灾害也可使海水侵入内陆，形成海水入侵。

浅海砂矿开采对海（咸）水入侵的影响要比上述原因小，可分为浅海砂矿开采对海水、底质水与内陆地下水的水力联系有影响和无影响两种情况。当浅海砂矿开采对海水、底质水与内陆地下水的水力联系无影响时，则浅海砂矿开采对海（咸）水入侵基本无影响，此时所开采海砂砂层与内陆地下水含水层间无水力联系（即二者间存在隔水层）。当浅海砂矿开采对海水、底质水与内陆地下水的水力联系有影响时，则会出现浅海砂矿开采加重或减轻海（咸）水入侵两种情形。当浅海砂矿开采阻隔或减弱海水、底质水与内陆地下水的水力联系时，则会减轻海(咸)水入侵，此时是浅海砂矿开采后由于弱透水物质的充填而阻隔或减弱了海水、底质水与内陆地下水含水层间的水力联系。当浅海砂矿开采对沟通海水、底质水与内陆地下水的水力联系有利时，则会加重海(咸)水入侵，此时是由于浅海砂矿开采破坏了海水、底质水与内陆地下水含水层间的隔水层。可见，仅后一种情形才会加重海(咸)水入侵，在开采海砂时要充分研究开采活动对水文地质条件的改变并采取相应防治措施。

3. 海(咸)水入侵的危害

海(咸)水入侵对社会经济和生态环境会造成严重威胁，主要有：

(1)诱导灾害群发，海(咸)水入侵可引发土地盐渍化、地方病、地下水水质恶化等灾害。

(2)水资源恶化，海(咸)水入侵使地下水中 Na^{+} 含量、Cl^{-} 含量、矿化度等显著增高，水化学类型由重碳酸型向氯化物型转化，水质由好变差。使企业发展受阻，人民生活受影响。

(3)土地生产力下降，土壤盐渍化，土壤结构破坏、理化性能变差，有效肥力降低。

(4)表生景观退化。导致陆地生态环境变异，为适应其变异，其上衍生的复合植物群落则相应随之演变。

(5)海(咸)水入侵使水质恶化，人类发病率上升，可引发甲状腺肿大、氟斑牙、氟骨症等地方病。

(6)旅游业和其他相关各业受阻。

四、河口与海湾淤积

山东半岛北岸，自蓬莱市泊子村至莱州市土山镇一带为松散堆积的砂质泥岸。其大部地段有海岸侵蚀现象，如蓬莱城区至栾家口一带的黄土陡崖下部已被海水冲蚀。但在刁龙咀一带砂岸，其羽状沙丘末端海积明显，有向西南缘缓慢延伸的趋势，1952—1976 年其末端向西延伸了 100m 左右，年平均达 4.2m。位于海岸上的任家庄、娄家庄等村庄建村才几十年，而这些地方过去曾是海水淹没之处，目前这一带海岸仍有缓慢淤积上升的趋势。黄水河、界河、朱桥河、沙河等河流携砂入海，是这一带泥砂的主要来源。界河等局部河口携砂量较大，有河口向外淤积的现象。在莱州市的石虎咀—刁龙咀附近，由北东向季风引起的自蓬莱长岛附近流往刁龙咀的沿岸流与自黄河口流向莱州刁龙咀的沿岸泥砂流相遇，由于两股水体碰撞及混合作用，其挟砂能力减低，使所携带的碎屑物在此发生堆积，形成著名的莱州浅滩。

自蓬莱市泊子村往东至双岛港，海岸较平直。其中大沽夹河口和金山港以东海岸，沙坝和海滩近二十年来遭受了海水冲蚀；芝罘岛与庙岛群岛之间，潮流冲刷而成的水道，深达 20～30m，这些岛屿的东西两端及烟台市前七夼海边，由潮流作用形成的水下沙脊发育，沙脊是以岛屿为核心，顺潮流方向堆积而成。自烟台经牟平大庄、威海成山头至乳山浪暖口一带的海岸以岩岸为主，但在双岛港、林家流、龙门港、凤凰港、镆铘岛等地有连岛沙坝。沙坝海滩是受逆向强风的影响，滩坡部分的淤泥逐渐堆积到沙坝陆地一侧而形成的。桑沟湾、荣成湾等顶处，不断淤积的水下岸边，在湾口处发育有宽缓、规模较大的潮流沙脊。成山头至镆铘岛大型冲刷槽外侧，有凸型浅滩。浅滩仍处于缓慢的潮流堆积中，沉积速度为 2.5～4cm/100a。

河口与海湾淤积后，对附近的海港船只通行造成很大影响，导致船只搁浅等，必须定期进行采砂清淤以保证海港的水深。

五、风暴潮

根据《2013 年中国海洋灾害公报》，在 2013 年各类海洋灾害中，造成直接经济损失最严重的是风暴潮灾害，占全部直接经济损失的94%；人员死亡（含失踪）全部由海浪灾害造成。

风暴潮是热带气旋（热带风暴、强热带风暴、台风的统称）、温带气旋和寒潮引起的海面异常升高或降低的自然现象，亦称"风暴增减水"等，风暴潮与天文潮高潮相叠加时，常使海面迅速升高导致海水外溢而泛滥成灾。

山东沿海地区台风风暴潮灾害频繁且严重，据历史文献记载，严重或特别严重的台风风暴潮灾害，自明朝至民国年间平均十余年出现一次，1949年以来，平均8年左右出现一次，1980年以来平均4～5年发生一次（如8114台风、8509台风、8914台风、9216台风、9415台风、9711台风、0509台风）。自1959年以来最强的一次风暴潮发生在2007年3月4—5日，主要是受强冷空气和黄海气旋的共同影响。据统计，该次风暴潮受灾人口达64.15万人，损坏船只2100余艘，600多间房屋倒塌，农作物受灾面积$3.571\times10^4 hm^2$，海洋渔业、养殖业和基础设施遭受严重损失，直接经济损失达19.65亿元。

寒潮大风诱发的风暴潮发生概率最多，约占风暴潮次数的80%以上，潮位达3.0m以上，如2003年10月11日风暴潮，最高潮位达4.20m。台风是诱发渤海湾沿岸风暴潮的重要原因，这类风暴潮发生在7、8月份。台风沿海北上，穿过山东半岛，进入渤海，在其西岸登陆或在辽东半岛登陆时，影响渤海地区，造成东北大风，引起风暴潮。这种风暴潮发生概率虽小，但与天文大潮遭遇时，就会发生特大风暴潮，如1997年8月20日风暴潮，埕口站潮水位达4.56m，是1949年以来最高的一次潮水位。

影响山东省的风暴潮除台风风暴潮外，还有温带气旋风暴潮。莱州湾和渤海湾沿岸是温带风暴潮的重灾区。每年影响黄、渤海的温带气旋和强冷空气大风过程有近60次。由台风和温带气旋等大风过程产生的1m以上的风暴潮，平均每年发生14次，2m以上的严重风暴潮22次，成重灾的风暴潮平均每2年约1次。

羊口港及小清河口是莱州湾风暴潮较严重的地区，详见表8-1。从表中可以看出，1963—2003年的40年中，共发生5次较严重的风暴潮，多发生在春秋季节，以4月份最多，11月份次之，主要由东北大风引起。2003年10月12日，卧铺、稻田、纪台、道口、侯镇、羊口等乡镇遭受暴风雨袭击，其中道口、羊口镇滩涂养殖场遭受特大风暴潮灾害，冲毁堤坝15×10^4m，冲毁虾池、蟹池、海参池6.5×10^4亩，冲走、沉没大小船只42条，被水围困群众45名，倒塌大棚2500个、鸡鸭舍6个，受灾棉花5500亩，盐田25×10^4亩，损坏房屋30间，受损果树4420亩，总经济损失3500万元。

表8-1　山东沿海风暴潮灾害事件统计表

时间	性质	等级	最大增水
1992年9月1—2日	9216号台风	1级	羊角沟增水3.04m
1994年8月15—16日	9415号台风	3级	龙口增水1.33m
1997年8月18—19日	9711号台风	1级	羊角沟增水＞2m
1964年4月5—6日	黄海气旋	1级	莱州湾、渤海湾增水＞2m
1969年4月23日	强气旋	1级	羊角沟增水3.35m
1980年4月5日	江淮气旋	2级	羊角沟增水3.18m
1987年11月26—27日	低压	2级	莱州湾、渤海湾增水＞2m
2003年10月11—12日	低压槽	1级	羊角沟增水3.25m

注：资料来源于国家海洋局《海洋灾害公报》。

现分区域对风暴潮进行叙述。

1. 渤海湾西南海岸

该海岸风暴潮发生频繁，自清代至中华人民共和国成立前夕（1644—1949年），历时306年，文献记载风暴潮37次，其中清代历时268年，记载风暴潮30次，平均间隔8.9年，民国历时38年，发生风暴潮7次，平均间隔5.4年。中华人民共和国成立后至2000年，发生较大和特大风暴潮10次，平均间隔5.2年。1644—2000年渤海湾东南海岸风暴潮平均间隔7.6年一次，发生频繁。记载的37次风暴潮，16次发生在春季，4次发生在秋季，11次发生在夏季，6次季节不详；历史上(1368—1949年)12次特大风暴潮，6次发生在春季，3次发生在秋季，2次发生在夏季，1次季节不详；1949年以来的10次风暴潮，春季发生5次，秋季发生3次，夏季发生2次。每当东北大风时，该地区往往出现风暴潮，积水成灾，直接危害人民生命和财产安全。据历史资料记载，仅清代，埕口镇就发生3.10m以上风暴潮10次，3.60m以上特大风暴潮4次。在1949年以前，每次潮灾都造成惨重损失，大量人畜伤亡，大片良田被淹，沿海群众四处逃亡，流离失所。中华人民共和国成立后，特别是改革开放以来，海防建设快速发展，抗灾、防灾、救灾措施不断完善，灾情大为减少。近几年随着环渤海经济带的高速发展，国家和地方投入了大量的人力、物力和财力，进行滩涂经济开发，仅山东省无棣、沾化两县就兴建了$6.67\times10^4hm^2$的养虾池、$2.67\times10^4hm^2$以上的盐田，沿岸还有黄骅港、滨洲港、胜利油田、鲁北企业集团等，一旦被淹，损失将十分惨重，如1992年、1997年，2次特大风暴潮，仅山东滨州市直接经济损失就达15亿元。

2. 滨州市

滨州市沿海地区海岸线为平原泥砂质类型，岸坡平缓，易受季风影响，也是山东风暴潮发生年次最多的海岸线。1993年、1997年、2003年3次较大的风暴潮，共给当地带来直接经济损失20.8亿元。滨州地区的风暴潮灾害主要由温带系统导致，其次为台风系统所致。温带系统影响的风暴潮多发生在冬季，增、减水幅度在80～99cm者主要发生在10月至翌年5月间，≥100cm的增水和减水分别主要发生在10月至翌年2月间和11月至翌年3月间，台风影响的风暴潮集中在夏季7—9月，增水一般为60cm左右，强者可达100cm左右。

3. 莱州湾

莱州湾风暴潮一般发生在台风过境时，另一种情况是发生在春秋季冷暖气团最频繁的季节，北方南下的冷空气和向东北移动加深的低压对峙，形成渤海海面区域性的大风，从而诱发严重的增水现象。历史上常有海水倒灌现象，仅清代268年间就发生45次，其中较大的10次，3次特大，中华人民共和国成立后1955—1974年间，发生了5次较严重的风暴潮。

从羊角沟1961—1970年观测资料统计看，风暴增水全年各月都会发生，4月发生频次最大(25次)，其次为11月(21次)，6—8月较小；风暴减水情况则不同，频次最高为3月(10次)，6—10月几乎没有风暴减水发生。这是因为风暴减水多发生于持续的北风天气过程，而6—10月这种天气很少。羊角沟最大增水355cm，最大减水为175cm，减水量值不及增水量值的一半。风暴潮多发生于春秋季节，以4月最多，11月次之。羊角沟水文站记录的风暴潮中特大潮有3次：第一次是1969年4月23日16时记录到的，是1949年以来黄河三角洲最严重的一次风暴潮灾害，最高潮位值曾达到6.74m，超过当地平均海平面3.66m，3m以上的增水持续了8h，1m以上增水持续了38h，这次风暴潮2～3h就冲破了黄河三角洲70km长的海岸线，向陆地推进了30～40km。第二次大潮发生在1964年4月6日，最大增水3.3m，最高水位3.336m(黄海高程)。第三次发生在1992年9月1日，最高水位3.586m(黄海高程)。

4. 威海市沿海

威海市沿海地区的风暴潮灾害主要由北上台风引起，个别由寒潮大风或强温带气旋引起。1949—1998年的50年间，威海市沿海地区发生风暴潮灾害约10次左右，平均5～6年便出现一次；自1980年以来平均不足4年便出现一次。1980年后，随着沿海地区国民经济建设和经济开发的迅猛发展，风暴潮灾害的经济损失额也在随之同步增加。

5. 日照沿海

日照沿海每年都有几次到十几次大于或等于 50cm 的风暴增水过程，历史上曾有多次风暴潮灾害发生，1997 年 8 月 19 日，由于受 11 号台风强风暴潮和暴雨双重袭击，风力 8～9 级，海上阵风达 11 级以上，潮位高达 3.18m，海浪高达 4.54m，平均降雨量达 194.3mm，最大降雨量达 361.7mm。该次台风造成的潮位为 3.08m（黄海高程）。

冬季的偏北大风往往造成较强的潮位减水。

六、海冰

海冰冻结在海上建筑物上，受到潮汐升降引起的竖向力，往往造成防波堤基础的破坏，并且冰期时间长的话，还会造成海冰在防波堤周围或者岸边的堆积。山东省海域的冰情分为 5 级，即轻冰年(1 级)、偏轻冰年(2 级)、常年(3 级)、偏重年(4 级)和重冰年(5 级)。50 年内，渤、黄海平均冰级为 2.8 级，最大冰级为 5 级，出现在 1957 年和 1968 年，最小冰级出现在 1973 年，为 1 级(图 8-10)。自 1950 年以来，渤、黄海冰级呈减小趋势，减小率平均为 0.015 4。20 世纪 50 年代海冰冰级平均为 3.3 级，60 年代平均为 3.0 级，70 年代为 2.6 级，到了 80 年代略有回升，为 2.8 级，90 年代为 2.4 级。90 年代海冰冰级为近 50 年来最小。从表 8-2 的年代距平值也可以看出，20 世纪 50 年代和 60 年代为正距平，70 年代以后为负距平，到 90 年代为近 50 年来最低，达到－0.5(表 8-2)。

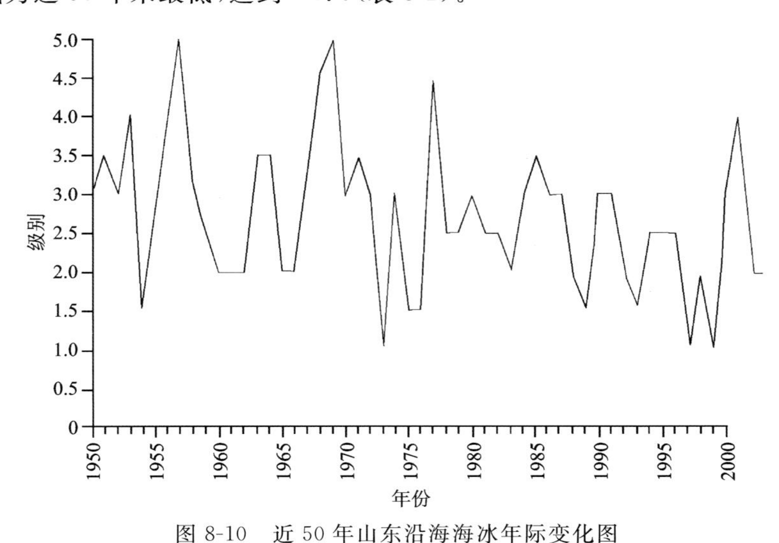

图 8-10　近 50 年山东沿海海冰年际变化图

表 8-2　1951—2000 年海冰年代距平值

年代	1950	1960	1970	1980	1990
10 年距平	0.4	0.3	－0.2	－0.2	－0.5

从漳卫新河口开始，沿渤海湾南岸经莱州湾西岸、南岸至莱州湾东岸，冰情逐渐减轻。大致可分 4 段。渤海湾和莱州湾西部沿岸、莱州湾南部和东部沿岸、屺姆岛至蓬莱高角沿岸、山东黄海沿岸，冰情强度逐渐递减。渤海湾和莱州湾西部沿岸冰情最严重，山东黄海沿岸一般年份不会出现海冰，特殊偏冷年份才有少量海冰出现。沿海各地段冰情参数如表 8-3 所示。

表 8-3　山东沿海各地冰情统计表

项目	渤海湾和莱州湾西部	莱州湾南部和东部	屺姆岛至蓬莱高角
开始时间	12 月	12 月上旬到下旬	1 月下旬
结束时间	翌年 3 月	翌年 2 月底至 3 月初	2 月中旬
冰期	3 个月	2.5～3 个月	1 个月
盛冰期	1 月下旬至 2 月中旬	1 月下旬至 2 月中旬	—
固定冰宽	1～3km	0.5km	限于岸边 2～3 海里
一般冰厚	15～25cm	10～20cm	5～10cm
最大冰厚	40cm	35cm	最厚 15cm
流冰距岸	15～25n mile	15～25n mile	2～3n mile
流冰速度	52cm/s(最大 103cm/s)	52cm/s(最大 103cm/s)	52cm/s(最大 103cm/s)

从表 8-2 和表 8-3 可以看出，山东沿海 1951—2000 年海冰年代距平在 20 世纪 70 年代开始出现负距平，且冰级呈现减小趋势。2009 年 1 月下旬至 2 月上旬，辽东湾、渤海湾、莱州湾以及黄海北部出现大面积冰封。2010 年 1 月份开始，受持续低温影响，黄渤海海冰增长迅速，冬季海水一般不结冰的胶州湾也于 1 月 3 日开始出现海冰并迅速发展，到 2010 年 1 月下旬，渤海湾海冰覆盖面积约 $1.4\times10^4\ km^2$，莱州湾约 $1.1\times10^4\ km^2$。渤海海冰灾害持续时间之长、范围之广、冰层之厚，是 40 多年来最严重的一次。往年无冰情的芝罘岛附近海域也出现了厚度约 10cm 的浮冰。2010 年 1—2 月中旬莱州湾浮冰范围 15～25 海里(1 海里≈1852m)，一般冰厚[illegible]～10cm，最大冰厚 20cm，以尼罗冰、灰冰为主。据中国海事局烟台溢油应急中心公布的卫星遥感分析[illegible]果显示，2010 年 1 月 21 日莱州湾浮冰最大外缘线约为 35 海里，冰厚大约为 10～20cm，航道内有浮冰存在。2010 年 1 月 27 日 16 时发布的海冰警报见图 8-11。2 月下旬天气开始回暖，莱州湾冰情得到了明显缓解。海冰灾情比较异常的是在(渤海)南部，莱州湾及沿海，如疏于防范，会对当地的养殖和航运造成很大影响。

七、地震

在地震活动上，胶东半岛属多震区，但多集中在半岛北部及沿海，地震特点是频度高、强度小、有感面广。在空间上多沿北部沿海的烟台-蓬莱北断裂带分布，5 级以上的地震主要集中在沂沭断裂带以西的地区。半岛内部由于地壳相对稳定，断裂规模不大，活动不甚强烈，地震能量不易集中，多以小震、群震、有感地震释放。

1. 断裂控制情况

与地震有关的胶东半岛北部断裂分布详见图 8-12。与地震密切相关的断裂情况如下：

沂沭断裂带：该断裂带是我国东部规模最大的郯庐断裂带的一段，切割深度达莫霍面，第四纪活动强烈，全新世以来，断裂以右旋走滑运动为主。断裂的水平位移和垂直位移分别为 2.0mm/a 和 0.5mm/a。

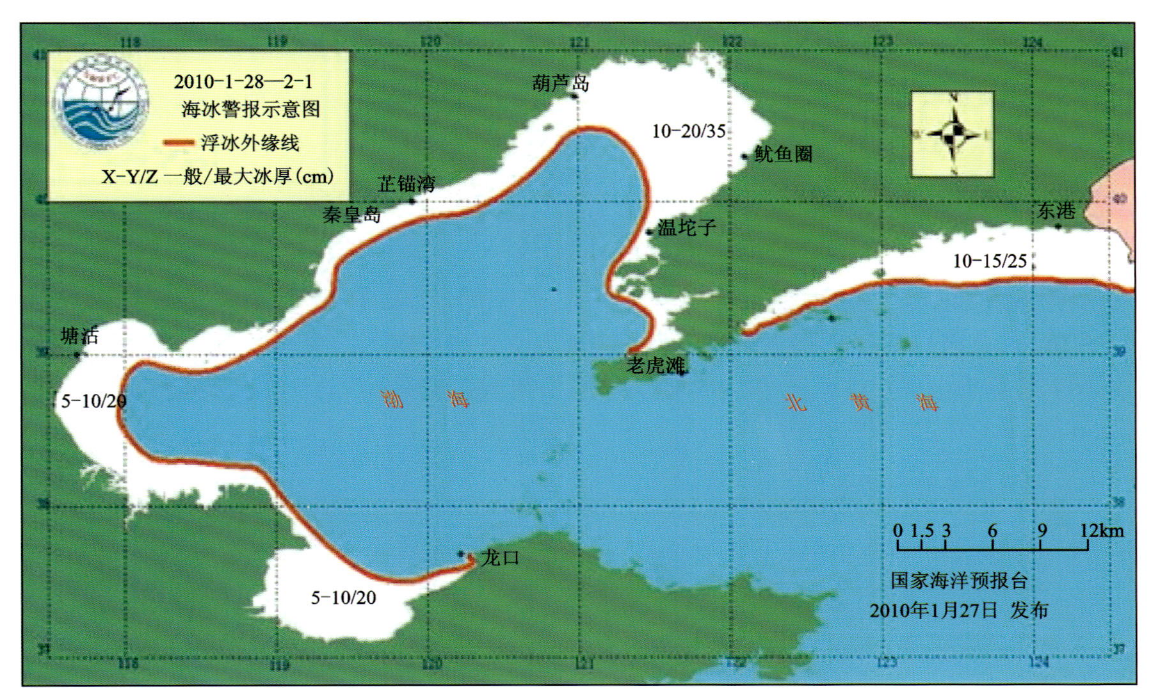

图 8-11 2010 年 1 月渤黄海湾海冰警报示意图

图 8-12 胶东半岛北部断裂分布图

蓬莱-威海断裂带:是渤海-威海断裂的一部分,呈NWW向展布,且位于芝罘岛北缘,向西北直达长山岛与蓬莱之间海底。是一条规模大、延伸长的断裂带。该断裂带内多数断裂以正断裂兼走滑运动为主,第四纪活动强烈,对渤海海峡的形成具有重要意义。以桃村断裂在海域延伸为界,蓬莱-威海断裂可分为两段:长岛-烟台段,烟台-威海段,其中蓬莱-烟台段明显错断了中更新世地层,部分错断了晚更新世地层,但未发现错断全新世地层现象;烟台-威海段为中更新世活动段,没有发现错断晚更新世地层现象。该断裂对历史地震和现代小震活动有明显控制作用。断裂自西向东活动强度由强变弱,活动时代由新到老,是未来可能发生6～7级地震的危险带。

牟平-朱吴断裂带:呈NE向展布,是一条规模大、延伸长的断裂带,断裂带宽20～100m,在郭家以北宽60～100m,走向30°～38°,断面以SE倾为主,局部直立或倾向NE,倾角60°～80°。在王格庄附近及其北,断裂切割荆山群和晋宁期、燕山晚期的侵入体;南部切割莱阳群、青山群、王氏群,沿断裂为多个断面组成的断裂破碎带,是未来可能发生6.5级地震的危险带。

2. 山东省沿海各地地震情况

山东沿海地震发生较为频繁。以无感地震为主,有感地震详见图8-13。

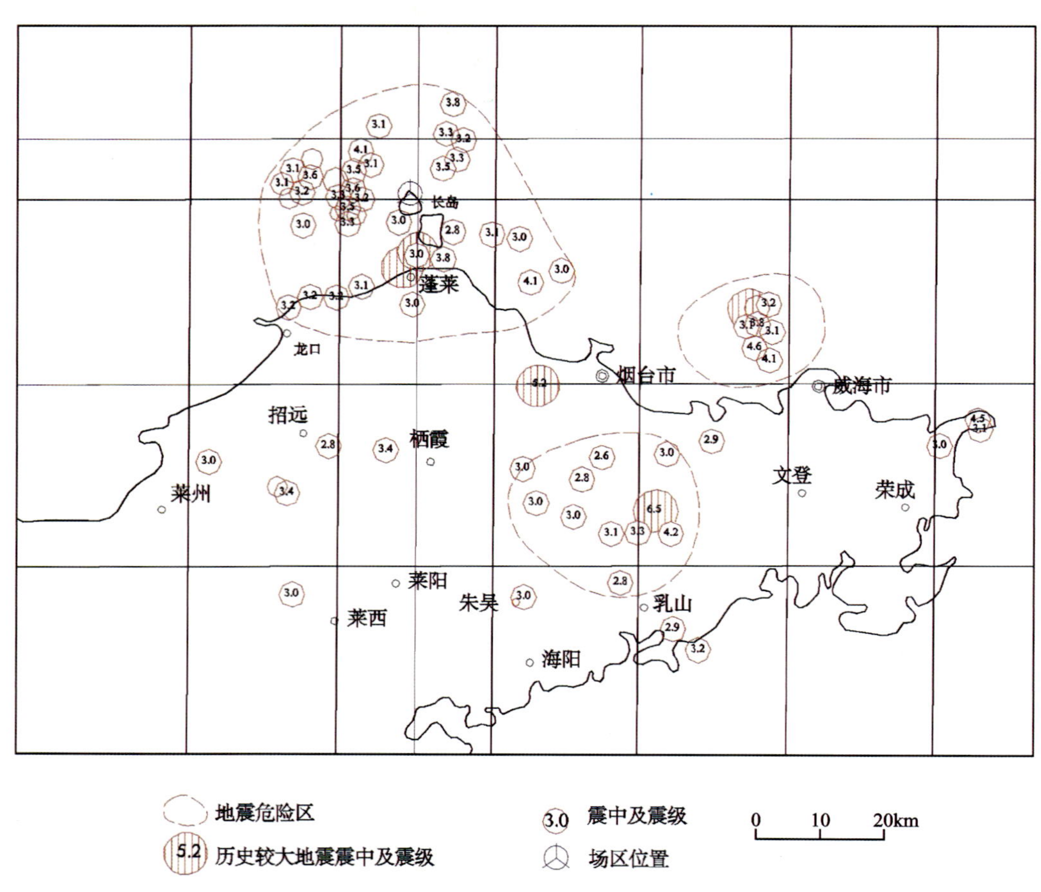

图8-13 鲁东有感地震分布图

1)滨州海域

震源在本地的地震史志上未见记载,但在临近区域发上的大地震,对本区域产生过较大的影响。据《无棣县志》记载,自1341年至1990年的649年间,县境共感受地震27次,其中有5次造成灾害,都是邻区地震波及县境造成的。波及县境的烈度为7度者两次、6度者两次、5度者一次。1668年(清康熙七年农历六月十七日、十九日、八月十三日)地震,震中分别为莒县、郯城、临沂,震级8.5级,震中烈度

12度，波及无棣县烈度7度。县志中对灾情的描述为："城堞圮、池水溢、寺塔裂"。1888年（清光绪十四年夏农历五月初四日）地震，震中为渤海，震级7.5级，波及无棣县，烈度7度。县志中对灾情的描述为："黑水涌出，大觉寺塔圮其半"。中华人民共和国成立后，1966年3月22日邢台地震，震级7.2级，震中烈度10度，波及无棣县，烈度5度，县志中对灾情的描述为："个别房屋倒塌，有的歪斜裂缝"。1969年7月28日地震，震中为渤海，震级7.4级，震中烈度7度，波及无棣县，烈度6度。1976年7月28日唐山地震，震级7.8级，震中烈度11度，波及无棣县，烈度6度。

2）东营海域

海区的地震危险主要来自邻近的三大活动断裂带的影响。这三大活动断裂带就是NNE向的郯庐断裂带、NNE—NE向的河北平原断裂带以及NWW向的燕山渤海断裂带。

3）潍坊海域

潍坊市沿海地区在地质构造上处于沂沭断裂带北段，在地震活动带上是郯庐地震带的一部分，北侧的渤海延伸交于燕山-渤海北两地震带，在地震活动特征上具有震级大而频度低的特点。

海域范围发生过1次$M_S \geqslant 4\frac{3}{4}$级的地震，即1584年3月发生的山东莱州湾5级地震；1970年到2006年11月，共发生$M_L \geqslant 2.0$级地震29次，其中2.0～2.9级地震27次，3.0～3.9级地震2次。

4）烟台海域

烟台市区位于胶东断块北缘，处于威海—烟台—蓬莱—河北唐山NW走向、与陆地平行的地震断裂带。地震发生与断裂活动有直接关系，震中分布呈带状，与活动构造一致。烟台市区周围地震活动主要集中在以下3个区域：蓬莱—龙口沿海地震区，威海西北海域地震区和乳山、牟平间巫山地震区。自公元1548年至今，该区共发生6级及6级以上地震6次（表8-4），主要位于海域。

表8-4　烟台海域$M_S \geqslant 6$级地震简表

编号	地震日期	震中位置			震级/级
		地区	东经/(°)	北纬/(°)	
1	1548-9-13	蓬莱附近	120.7	37.8	6.0
2	1568-4-25	渤海	119.0	39.0	6.0
3	1888-6-13	渤海	119.0	38.5	7.5
4	1922-9-29	渤海	120.5	39.2	6.5
5	1948-7-18	黄海	121.9	37.7	6.0
6	1969-7-18	渤海	119.22	38.12	7.4

据烟台地区地震地质特征及地震地质背景分析，可将烟台地区及沿海未来的地震趋势大致作如下估计：

（1）渤海危险区。

主要指长岛以西郯庐大断裂带中段渤海-营口活动深大断裂带东侧断裂，穿过渤海中新生代凹陷横向隆起区。据华北地震活动周期分析，这里未来100年具有发生地震的背景条件。

（2）蓬莱沿海地震危险区。

此处所处的构造位置是多组断裂的交会处，有NNE向的具有新活动的北沟-玲珑断裂、柳海断裂、草泊断裂，NW向的蓬莱-烟台沿海活动断裂。尤其与蓬莱隔海相望的长岛，位于沂沭断裂带和威海-蓬莱断裂交会处，为郯庐地震带和燕山地震带交会处，是环渤海以及周边地区地震活动的窗口。这里地震频发、震群多，震级多为1～2级，基本无破坏性地震，最大震级4.5级。地震烈度分区中南五岛为8级，北五岛为6级。尤其2017年上半年发生地震2000余次，有感地震十几次，均发生在砣矶岛。过去几十年的地震让这次震群在几个月内完成，这次震群的频次和强度达到了1976年以来的最高水平。从侧面反映了地球内部能量释放的趋势。从地震流动分布看，历史上这里就是胶东半岛地震集中区，推测在今后几十年内有可能再次发生6级中强地震。

(3)烟台、威海沿海地震危险区。

位于北部隆起与北黄海、坳陷交界地带，具有多条断裂交会，有NW向蓬莱-烟台沿海断裂在此交叉，估计今后几十年内有可能发生中强地震。

自1948年以来，在烟台附近海域发生的4级以上地震分别为：1948年发生的6.0级(这是烟台迄今为止发生的最大的一次地震)地震；1991年3月14日分别发生的4.5级、4.7级地震；1993年12月31日分别发生的4.8级、4.0级地震；1997年9月18日发生的4.8级地震；2005年5月9日在牟平东北海域(121°48′E，37°36′N)发生的4.5级地震。

5)威海海域

威海海域属华北断块区胶辽断块(Ⅰ1)之鲁东断块。对本区域强震具明显控制作用的主要活动构造带(区)有威海-蓬莱断裂带、郯庐断裂带、燕山-渤海断裂带和渤海强震构造区。

历史上沿威海-蓬莱NW向断裂在蓬莱海域发生过7级地震(1548-9-22)，在蓬莱沿海发生6.0级地震(1548-9-13)，蓬莱附近发生5.0级地震(1046-4-18)，威海西北海域5级地震(1686-1-13)，近期发生过威海西北海域6级地震(1948-5-23)，因此，该断裂带称为中强地震带。

据地震史料记载，自公元前70年以来，双岛湾周围200km范围内先后发生$M_S \geqslant 4.7$级的地震45次。其中，4.7～4.9级地震16次，5.0～5.9级地震18次，6.0～6.9级地震6次，7.0～7.9级地震5次，最大的地震为1888年6月13日渤海7.5级地震。

1968—1980年，在石岛湾附近(其范围：122°06′—122°26′E，36°28′—37°10′N)共发生地震53次，其中，震级≤1级的24次，1.1～2.0级的22次，2.1～3.0级的6次，仅有1次为4.3级。

6)青岛海域

青岛胶州湾在大地构造上位于苏北胶南断块区的北部边缘，在地震活动统计单元的划分上处于郯庐地震活动带内。区域范围内发育多组断裂，其中以NNE—NE向断裂和NWW—NW向断裂为主，近EW向断裂次之。主要活动断裂有NNE走向的沂沭断裂带(郯庐断裂带山东段)、NE走向的南黄海断裂带、NWW走向的燕山-渤海断裂带和鲁东断块内断裂构造系。胶州湾附近范围内的断裂主要有NE向的即墨-流亭断裂、沧口断裂、郝官庄-山相家断裂、胶南-日照断裂、劈石口断裂、王哥庄断裂、青岛山断裂；NEE—近EW向的百尺河断裂、红石崖断裂、胶州断裂、小涧断裂、后韩家-西黄埠断裂以及NW向的七级-马山断裂等，经断裂活动性鉴定，它们在晚更新世以来均未发现错断地表的活动。

胶州湾自公元前70年至2002年4月共发生$M_S \geqslant 4.7$级地震40次，其中4.7～4.9级地震13次，5.0～5.9级地震20次，6.0～6.9级地震5次，7.0～7.9级地震1次，8级以上的地震1次，即1668年郯城8.5级大地震。自1970年至2002年4月，胶州湾共发生$M_L \geqslant 2.0$级地震18次，其中2.0～2.9级地震15次，3.0～3.9级地震3次，最大地震为1979年2月7日胶州湾3.2级地震。据历史地震资料分析，胶州湾历史上曾多次遭受周围地震不同程度的波及，其中1668年郯城8.5级地震对胶州湾的影响烈度达8度，是胶州湾有记载的影响烈度最高的地震，其余历史记载地震对海域周围的影响烈度均不超过5度。

这些地震在空间上呈零散随机分布，没有明显的成条带状或集中分布，表明胶州湾处于相对较为稳定的地质环境之中。据地震活动周期性、迁移规律分析及统计预测，未来50年区域范围内可能发生多次5级和6级以上地震，最大地震可达7.5级，7级以上地震可能发生在沂沭断裂带中段和南黄海地震带的中部隆起和南部坳陷。

7)日照海域

日照在大地构造上位于鲁东断块的东南部，断块的边缘地带分布有活动强烈的地震活动带，主要受来自黄海、苏北及郯庐强震带的影响。构造大体可分为鲁东区和沂沭断裂区两大部分，莒县城阳镇大湖村位于昌邑-大店断裂带上，五莲县地裂缝展布于于里镇—管帅镇—汪湖镇一带。1990 年以来，日照被列为全国地震重点监视区(鲁苏交界至南黄海一带)，是中期地震预报的信号。据市地震台网近 10 年测定记录的大量地震，多为无感地震或震中稍有感。根据重新评定的鲁南地区的地震区划，日照市未来 50 年超过概率 0.1 的地震烈度值为 6 度或 7 度。

3. 沿海各地地震动参数

根据中华人民共和国国家质量监督检验检疫总局和中国国家标准化管理委员会联合发布的 1：800 万《中国地震动参数区划图》(GB 18306—2015)，山东沿海各地区陆地区域地震动峰值加速度详见图 8-14，地震动反应谱特征周期详见图 8-15。

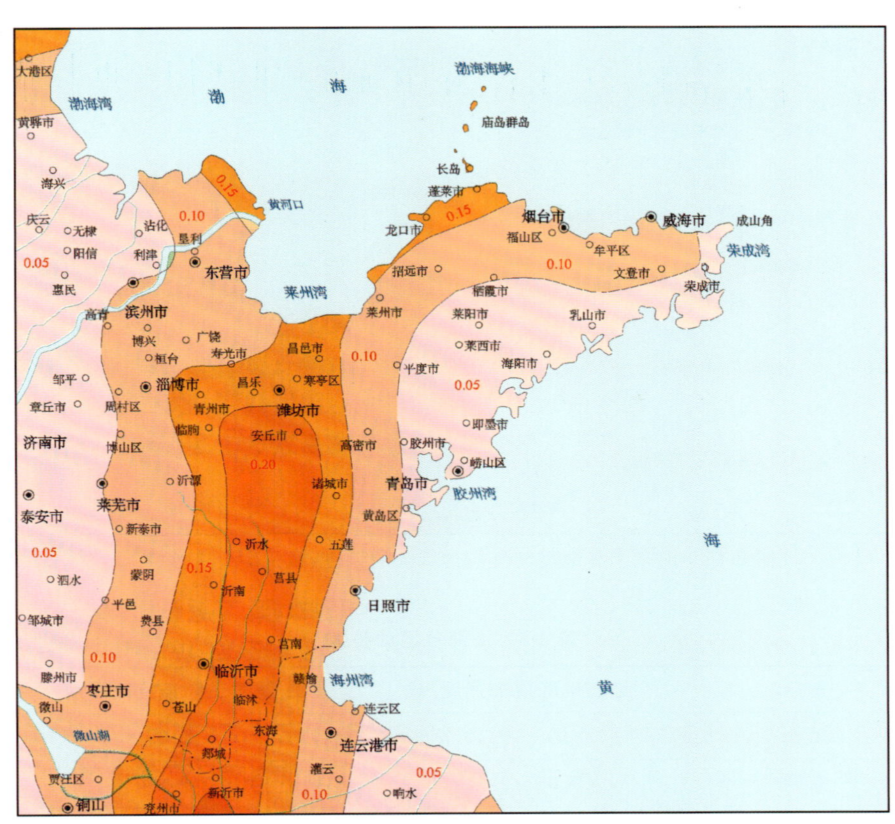

图 8-14　山东半岛地震动峰值加速度图(乳山附近有变化)

由图 8-14、图 8-15，得到沿海各地陆地所处的地震动参数，详见表 8-5。

第三节　海洋环境敏感区的划分

环境敏感区(environmental sensitive area)建设起源于 1987—1988 年的英国，是英国自然保护区 8 种类型之一，由英国农业部负责管理，英国农村委员会、自然保护委员会、遗产委员会和北爱尔兰环境局参与规划。环境敏感区需具备下列条件：对整个国家具有环境意义；具有特定方式的农业开发；改变其农牧耕作方式已经或将对环境造成危害；是维持区域经济持续稳定发展的必要条件。

《建设项目环境影响评价分类管理名录》所称环境敏感区，是指依法设立的各级各类自然、文化保护地，以及对建设项目的某类污染因子或者生态影响因子特别敏感的区域。

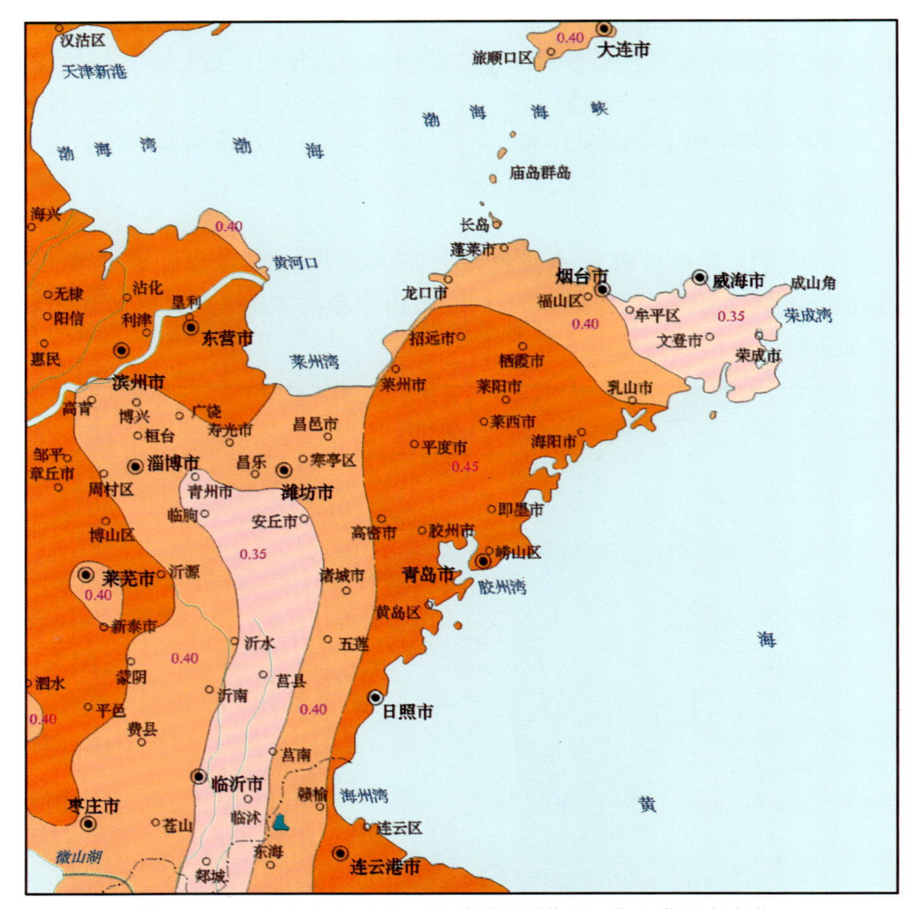

图 8-15 山东半岛地震动反应谱特征周期图(乳山附近有变化)

表 8-5 沿海各地动参数

地区	地震动峰值加速度/g	地震动反应谱特征周期/s
滨州	0.05～0.10	0.45
东营	0.05～0.15	0.45
潍坊	0.15	0.40
烟台	0.05～0.15	0.35～0.45
威海	0.05～0.10	0.35～0.40
青岛	0.05～0.15	0.40～0.45
日照	0.10～0.20	0.40～0.45

目前,对海洋环境敏感区的定义还比较模糊,没有统一的划分标准。关于海洋环境敏感区的研究工作开展较少,广度和深度不够,现有的研究成果大多集中在对海洋生态环境敏感区的研究,海洋水文动力环境敏感区、海洋水质环境敏感区等的研究报道尚不多见。

1. 海洋水文动力环境敏感区

海洋水文动力环境敏感区、亚敏感区、非敏感区,一般可以根据所在海域的地理位置、自然环境特征,或者海湾开敞度、海岸线类型等进行划分。

海洋水文动力环境敏感区可依据以下原则划分：①开敞度很小，或感潮时间长的海湾；②多年平均流量小的河口；③多年平均流量较大，且以径流作用为主的河口；④海岸线形状受海水冲刷影响极易改变的海域。

海洋水文动力环境亚敏感区可依据以下原则划分：①开敞度一般，或感潮时间较长的海湾；②多年平均流量一般，且以潮汐作用为主的河口；③多年平均流量较大，径流作用和潮汐作用交替的河口；④海岸线形状受海水冲刷影响易改变的海域。

海洋水文动力环境非敏感区可依据以下原则划分：①开敞度较大，或感潮时间短的海湾；②多年平均流量大，且以潮汐作用为主的河口；③海岸线形状受海水冲刷影响不易改变的海域；④远离大陆，面积广阔的海域。

根据上述原则划分的适用海域见表 8-6。其中，《中国海湾引论》根据开敞度将中国海湾分为 4 个类型：开敞型海湾，开敞度大于 0.2；半开敞型海湾，开敞度为 0.1～0.2；半封闭型海湾，开敞度为 0.1～0.01；封闭型海湾，开敞度小于 0.01。《环境影响评价技术导则：地面水环境》(HJ 2.3—2018)规定河流与河口，根据项目排污口附近河段的多年平均流量或平水期平均流量划分为：大河不小于 $150m^3/s$；中河 $15～150m^3/s$；小河小于 $15m^3/s$。将以上概念作为海域的划分指标。

表 8-6　海洋水文动力环境敏感区类型的划分

海洋水文动力环境敏感区类型	定义	适用海域
海洋水文动力环境敏感区	指局部流场极易改变的海域	封闭型海湾湾口；海湾中间、湾顶；半封闭型海湾湾口；半开敞型海湾湾口；开敞型海湾湾口；小河的河流近口段、河口段、口外海滨；中河的河口近口段；大河的河口近口段；淤泥质海岸线
海洋水文动力环境亚敏感区	指局部流场易改变的海域	半封闭型海湾中间；半开敞型海湾中间；开敞型海湾中间；中河的河口段、口外海滨；大河的河口段；砂砾质海岸线海域等
海洋水文动力环境非敏感区	指局部流场不易改变的海域	半封闭型海湾湾顶；半开敞型海湾湾顶；开敞型海湾湾顶；大河的口外海滨；基岩海岸线；大洋

2. 海洋水质环境敏感区

依据所处海域的海洋功能区划和保护目标，划分海洋水质环境敏感区、亚敏感区和非敏感区。

海洋水质环境敏感区可依据以下原则划分：①开发利用和养护渔业资源，发展渔业生产的区域；②以保护海洋自然环境和自然资源，使之免遭破坏为目的，在海域、岛域、海岸带、海湾和河口对选择对象划出界线加以特殊保护和管理的区域；③以珍稀濒危物种种群及自然生境作为主要保护对象的区域。

海洋水质环境亚敏感区可依据以下原则划分：①以人工培育和饲养具有经济价值生物物种为主要目的的生物资源开发利用的区域；②具有一定质和量的自然景观区，以及具有运动和娱乐价值的区域；③开发利用海水资源或直接利用地下卤水的区域；④具有一定质和量的自然景观区、人文景观区或两种景观结合的区域。

海洋水质环境非敏感区可依据以下原则划分：①可供船舶安全航行、停靠、进行装卸作业和避风的区域；②现已建设或规划近期内建设海上工程的区域。

根据上述原则划分的适用海域见表 8-7。

表 8-7 海洋水质环境敏感区类型的划分

海洋水质环境敏感区类型	定义	适用海域
海洋水质环境敏感区	指海洋水质环境功能目标很高，且遭受损害后很难恢复其功能的海域。如，执行《海水水质标准》(GB 3097—1997)第一类水质标准的海域	海洋渔业水域，海上自然保护区和珍稀濒危海洋生物保护区
海洋水质环境亚敏感区	指海洋水质环境功能目标高，且遭受损害后难于恢复其功能的海域。如，执行《海水水质标准》(GB 3097—1997)第二类、第三类水质标准的海域	水产养殖区，海水浴场，人体直接接触海水的海上运动或娱乐区，以及与人类食用直接有关的工业用水区；一般工业用水区，滨海风景旅游区
海洋水质环境非敏感区	指海洋水质环境功能目标较低，且遭受损害后可以恢复其功能的海域。如，执行《海水水质标准》(GB 3097—1997)第四类水质标准的海域	海洋港口水域，海洋开发作业区

3. 海洋生态环境敏感区

海洋生物与生态环境敏感区可依据以下原则划分：①具有特殊地理条件、生态系统、生物与非生物资源及海洋开发利用特殊需要，采取有效的保护措施和科学的开发方式进行特殊管理的区域；②抗干扰和生态恢复能力较弱的生态系统、生物资源的区域；③开发利用和养护渔业资源，发展渔业生产的区域。

海洋生物与生态环境亚敏感区可依据以下原则划分：①具有一定质和量的自然景观区，以及具有运动和娱乐价值的区域；②开发利用海水资源或直接利用地下卤水的区域；③易受自然灾害侵袭，需要采取防治措施的区域；④在某个时期内禁止任何捕捞作业或禁止部分渔具作业，以利于生物资源恢复，使资源处于良好状态的区域。

海洋生物与生态环境非敏感区可依据以下原则划分：①利用海水做冷却水、冲刷库场等的海域；②可供船舶安全航行、停靠、进行装卸作业和避风的区域。

根据上述原则划分的适用海域见表 8-8。

表 8-8 海洋生态环境敏感区类型的划分

海洋生态环境敏感区类型	定义	适用海域
海洋生态环境敏感区	指海洋生态环境功能目标很高，且遭受损害后很难恢复其功能的海域	自然保护区，一般指国家级和省市级自然保护区；重要物种(列入保护名录的、珍稀濒危的、特有的)及其生境；重要的海洋生态系统和特殊生境：海岸湿地、海湾、河口、滩地、红树林和珊瑚礁等；重要海洋生态功能区：一般指国家级和省市级海洋生态功能保护区和其他海洋生态保护区鱼类产卵场、越冬场、索饵场、洄游通道和生态示范区等；重要自然与人文遗迹(自然、历史、民俗和文化等)：风景名胜区、海岸森林、滨海沙滩、海滨浴场、海滨地质景观、海滨动植物景观和特殊景观等；生态环境脆弱区：生物资源养护区和脆弱生态系统等；重要资源区：重要渔场水域和海水增养殖区等

续表 8-8

海洋生态环境敏感区类型	定义	适用海域
海洋生态环境亚敏感区	指海洋生态环境功能目标高，且遭受损害后难于恢复其功能的海域	海滨风景旅游区，人体直接接触海水的海上运动或娱乐区；滨海养殖海水取水区，海水淡化取水区，与人类食用直接有关的工业用水区等；洪水敏感区，海岸侵蚀区；禁止捕捞区
海洋生态环境非敏感区	指海洋生态环境功能目标较低，且遭受损害后可以恢复其功能的海域	一般工业用水区、港口水域等

第九章　浅海砂矿开采海洋环境影响预测与评价

浅海砂矿开采海洋环境影响预测与评价主要是依据浅海砂矿开采所在海域的环境特征、工程规模及工程特点，预测评价浅海砂矿开采对海洋水文动力、海底地形地貌及冲淤、水质、沉积物、生态环境、环境敏感目标和重点环境保护对象等造成的影响。

第一节　浅海砂矿开采对海洋环境影响后果及程度分析

浅海砂矿是仅次于陆架石油和天然气资源的海洋矿产资源，不仅可以用于提取重要工业所需的金属和非金属原料，还可用作建筑材料和填海造陆等，同时具有重要的生态价值和景观价值。海砂一旦被过量开采，就会造成海洋生态失衡和破坏，进而影响到一些沿海鱼类的生存条件，尤其是海虾和贝类的捕捞受影响比较严重。

20 世纪 80 年代，山东省开始有经营性开采沙滩砂的活动，由于技术经济水平的限制，作业方式通常是拖拉机运输，利用铁锹加铁丝网筛子进行人工开采，采挖量较少；80 年代后期出现用挖掘机加小型吸砂泵的作业方式；90 年代中期，随着经济的发展，砂石需求量急剧上升，出现了抓斗式采砂船、链斗式采砂船和大型真空泵采砂船，采砂规模和采砂量迅速扩大。大型真空泵吸砂船和中型抓斗式、链斗式采砂船是目前较普遍使用的采砂机械。破坏力较大的是大型真空泵采砂船，20 世纪 90 年代末期，大的吸砂船的吸砂泵功率约 300kW。到 2003 年，已出现了 1000kW 的双泵“吸砂王”。吸砂泵采砂船功率大、吸管长，可以穿透海床表层的黏土或淤泥，伸入砂层开采，利用柴油机动力将砂水混合物吸至船上，吸管作业时一般与河床成 60°夹角，可伸入河床表层以下 10～12m，按水下河床稳定坡度 1∶14～1∶20 计算，影响底床半径可达 160～220m，对海底的破坏力极大。鉴于大型真空泵吸砂船对河床的破坏力，建议采砂许可时规定，浅海砂矿限采区所有采砂船的功率不得超过 450kW，吸管不得长于 30m、管径不得大于 50cm。不同种类的采砂船作业程序是相似的。采砂首先通过吸管、畚斗、抓斗将床砂采起，经过船上的筛选设备过滤后，黄砂下沉至沉箱，再经水洗后从沉箱内挖起通过传送带送至运砂船运出；筛选出来的卵砾石通过出口掉落至传送带送至另一只运输船运出，或者直接丢弃海中。

采砂有两种主要的设备，一为抛锚停泊采砂设备，二为拖曳式采砂设备。前者用于船舶抛锚定锚时采砂，后者用于采砂船行驶过程中采砂。这两种采砂设备都采用巨大的离心泵从吸砂管中抽取沙石和砾石。通常使用的吸砂管的直径长达 1m、质量高达 60t。采砂的操作系统也分为以下两种主要类型，即机械操作系统和液压操作系统。根据采砂区域的具体特征，每种操作系统都各有利弊。例如，液压采砂系统适合在比较坚实的沙石、砾石、黏土和松软岩石等泥砂层作业。

重砂矿和建筑用海砂矿主要集中于砂质海岸和基岩海岸，海砂开采可能使海底沙脊降低或造成断口，使越过沙脊（或断口）传向岸边的流场和波浪场发生变化，增加海岸动力作用，从而加剧海岸泥砂冲淤活动。为避免海砂开采造成海岸线及海底地形变化，因此在开采之前，应进行波浪折射、绕射模拟计算和流场模拟计算，预测各种不同开采地点、开采方式及开采数量，可能对海岸及海底地形造成的影响，再配合现场调查、观测，以选择最佳的开采方案。

一、破坏海洋生态环境

随着海砂需求的剧增，海砂开采引发的问题越来越突出。无序滥采海砂使海域环境遭受严重破坏，并引起海岸侵蚀、海水入侵，底床破坏又可能给工程环境、航运、管道缆线和水产养殖带来消极影响。日本已认识到大量的海砂开采将引起环境问题，多个县已颁布法令加强近岸海砂开采管理，如广岛县从1998年起，全面禁止在濑户内海采砂。20世纪90年代中期至2005年，我国珠江口每天有100多艘采砂船，1000多艘运砂船，每天采砂量超过10×10^4t。采砂使海底地形急剧起伏，凹凸不平，海底的不稳定因素增加。无节制的海砂开采改变了水动力特征，对环境造成了恶劣的影响，生态平衡被打破，许多鱼类、贝类产卵场和栖息地被破坏，珠江口成为全国第二大污染海域。海砂开采虽然给沿海工程建设提供了物质来源，但无序滥采也带来了灾害和环境问题。如沿海堤坝易损毁崩塌；海底原有的地形地貌被破坏，生态环境系统随之改变；采砂活动搅起了海底沉积的重金属等有害物质，破坏了海水环境。因此，采砂之前必须对开采区进行灾害评估和环境影响分析，以有计划、合理地开采。

开采海砂的行为会破坏海洋地质环境。在海浪的冲刷下，海底的砂砾会按照一定规律自然分布于不同区域，这些砂石对海浪和潮汐的冲击有着重要的防护作用，可以大大削减海浪的动能，在水下构成一道保护海堤、海岸的天然屏障。毫无节制地开采海砂，会使海堤、海岸逐渐丧失这道天然屏障的保护，进而发生海水倒灌以及海岸坍塌、倒退等严重的地质灾害。例如，由于盗挖海砂严重，1994年，青岛近海二号锚地的海水深度是7m见砂，到2009年，在海平面30m以下才能见砂，青岛二号锚地古沙丘是国家二级保护动物文昌鱼以及面条鱼、梭子蟹的自然繁衍区，随着海砂被盗采，这些海洋生物的栖息环境遭到严重破坏，数量急剧下降。

二、侵蚀海岸地貌

开采海砂会使成千上万年形成的海底地质地貌发生重大改变，导致水动力环境发生变化，加剧海岸泥砂冲淤活动，不仅使海岸线遭到不同程度的侵蚀，甚至会造成港口淤积、岸堤坍塌、海堤溃决等严重后果。胶州湾外航道南侧大沙丘是浮山湾的拦门沙，对外来海浪的冲击力有明显的削减作用，保护了沿岸的岸滩堤坝。该沙体是距今一万年前形成的古沙丘，是不可再生的自然资源。海砂被过度开采后，沙滩的砂子将会随潮汐回填，将使海岸线后退，影响海岸防波工程的安全，减弱抗灾减灾能力。根据文献资料，蓬莱西海岸1985—1990年间岸线后退40～60m，而据1990年1月29—30日和2月23—24日两次的实测结果得到，在强烈的NNE—NNW向风浪的袭击下，两天中岸线后退了20多米。大片海滩被侵蚀，沿岸村庄、公路、农田及沿岸工程塌入海中。引起海岸后退的原因主要是登州浅滩人为采砂造成的。蓬莱市岸外的登州浅滩，原为水深0.5～2m的落潮流三角洲，距岸3～5m，是该处海岸起消浪作用的天然浅滩。但自1985年以来，许多采砂船大量挖砂，使水深加大到3～5m。在盛行的北向波浪作用下，未破碎的波浪几乎直接而强烈地侵蚀海岸，引起岸线迅速后退，速率达15m/a。在蓬莱西庄至栾家口10m岸线上，到处留下了海岸侵蚀后退的痕迹。此现象说明海岸均衡状态的破坏是造成海岸侵蚀后退的主要原因。据统计，2008年度山东省受侵蚀海岸线长度超过1200km，占全省海岸线总长度的1/3，滨海地形地貌和旅游景观受到严重影响，盗挖海砂曾使山东省日照市的海岸线后退了100m。

三、影响海上航行安全

无序开采海砂会破坏海上安全设施，影响通航安全。加之盗采海砂船舶多为三无船舶，其中又有部分船舶作业区域从内河转为海洋，这些船舶多为平底船，不仅干舷低、抗风能力差，而且基本没有货舱舱盖或舱盖不水密，遇到大风浪等恶劣天气时极易造成甲板上浪、货舱进水、倾覆沉没。部分船员缺乏基本的航海知识和经验，不了解海上航行特点和货物载运要求，不熟悉气象海况变化规律，致使大风浪中作业的风险增大；船上人员普遍缺乏系统的海上求生和救生训练，海上应急处置能力差，一旦发生险情事故，往往因无法组织起有效的自救互救行动而导致船毁人亡。如 2010 年，渤海水域共发生砂石运输船事故 22 起，死亡失踪 37 人，沉船 18 艘，同比分别增长 12.1％和 12.5％。砂石运输船事故死亡人数占到了海上事故总死亡人数的 41.1％，沉船数更是达到 56.3％，远远高于全国平均水平，已成为渤海水域水上安全生产的一大隐患。

四、科学开采海砂，减少海洋环境影响

随着社会的发展，人们越来越重视浅海砂矿开采及港口航道疏浚挖泥对环境影响的研究。由于挖泥时的机械扰动、溢流和洒漏等原因，会导致施工区附近海域海水悬浮物浓度和混浊度升高，水体透明度下降。由于挖泥船种类和施工工艺的不同，施工过程中悬浮疏浚物的发生源强、扩散影响范围也存在着较大差异。另外，海水中泥砂沉降累加到一定厚度时会影响底栖生物的生存环境。因此，采砂及疏浚工程的环境影响评价需考虑施工悬浮泥砂对水体水质和底栖生物的影响。

采砂船开采、水力机械开采和露天机械开采是砂矿开采的 3 种主要方法。对于滨海砂矿，大多是采用采砂船进行开采。采矿船舶通常是用大型退役油轮、军舰加以改装。依据船体采掘与提升方式的不同有链斗式采矿船法、流体式采矿船法（包括吸扬式和气升式）和钢索斗采矿船法（包括抓斗式和拖斗式）。滨海砂矿开采的发展方向是大型化和多功能化，即研制大功率多功能的链斗式采矿船，建立全自动具有采选功能的海底机器人，从而使开采系统具有采选一体化、生产效率高、环境破坏小等优点。

1. 采砂船开采

采砂船是一种开采水下砂矿的浮动式采选联介装置，利用安装在船上的机构采掘矿砂，并提升到船上的料仓，经过圆筒筛碎散、洗涤、分筛后，筛下含矿的细粒物料自流进入粗选溜槽或跳汰机粗选，尾矿经溜槽排于船后采空区。由于此种漂浮装置最初在新西兰用于开采砂金，故得名采金船，后来还用于开采砂铂、锡石、金刚石、金红石、独居石、锆石、硫磺、磷酸盐、煤、银、钛铁矿、含银铅锌矿、铁砂、铌、钽、钍等矿产和建筑用砂砾。凡是用采砂船开采有用矿物的方法统称为采砂船开采，简称船采。实践表明，采砂船开采的作业成本约为水力机械开采成本的 80％，劳动生产率高 3～4 倍。装配式采砂船的出现，改变了采砂船只适合开采资源量较大的砂矿的习惯认识。

砂矿经开采回填后，矿区海底表面将会随潮汐和海流的作用得以恢复，且由于经海上粗选后 98％以上的矿石都排回了海底，海底表面下降几乎为零，对海水深度的改变、坡度的改变可以忽略。因为开采活动仅限于砂层，对底板结构损害极小，开采后海底表面变化不大，不会造成海岸线的侵蚀。

在开采过程中，采用重力选矿，不添加任何化学药剂，对水体不会产生化学污染。但由于开采的搅拌作用和排尾时的水流作用，在开采点和排尾点附近，水体将出现短时间的混浊。在对有细泥砂覆盖的矿块进行开采时，含泥浊液则需要较长时间才能澄清，虽说在澄清过程中，可能影响矿区边沿的海水，使水体暂时变浊，但不影响海水的化学成分，而且在排放时，可降低矿浆浓度，稀释水体，减轻影响。此外，

采砂船尽量考虑增设生活污水处理系统，使排放达标。精选厂一般采用电磁和重力选矿，漂洗精矿的淡水也将随尾矿一起回填处理，污水经处理合格后外排当地受纳水体，对水体无污染。

2. 水力机械开采

水力机械开采是在高压水射流冲击、渗透等多种作用下，碎散矿砂，形成一定浓度的浆体，浆体经运矿沟或砂泵运往选矿处。可采用基坑开拓法和堑沟开拓法。采矿方法有逆向冲采法、顺向冲采法、逆-顺向冲采法。

我国是较早使用水力机械方法开采砂矿的国家之一。20 世纪 60 年代，全国锡产量的 50%，黄金产量的 13%，铌、钽、锆、钛等产量的 90%是用水力机械方法开采的。

水力机械开采砂矿或冲积土岩的主要优点是准备工程少，建设速度快，机械化程度高，使用的设备简单，基建投资低；工艺连续，工时利用率高，生产能力大，劳动生产率高，作业成本低；技术比较简单和易于掌握，工作安全可靠；能为洗矿、选矿创造有利条件，有效地回收细粒矿物，回采率高。该方法的缺点是使用条件局限于能为低压水射流破碎的土岩；水和动力的消耗量大；受气候影响大，严寒地区作业期短；需认真考虑水系的污染和恢复。

水力机械开采的使用条件是：沉积的次生矿床或土岩，有廉价的动力和充足的水源，有足够容量的尾矿池或水力排土场，无长期冰冻的气候条件。

在开采过程中，不添加任何化学药剂，对水体不产生化学污染。但由于高压水射流等冲击作用，在开采点和排尾点附近，水体将出现混浊。在对有细泥砂覆盖的矿块进行开采时，含泥浊液则需要更长时间才能澄清，虽说在澄清过程中，可能影响矿区边沿的海水，使水体暂时变浊，但不影响海水的化学成分。

第二节　环境影响预测评价模型的建立

随着社会经济的发展和人民生活水平的提高，水环境问题越来越受到人们的关注和重视，水质模拟是预测评价水环境问题的重要手段之一。近几十年来，国内外许多学者已开展了大量的研究工作，针对所研究的问题的不同，提出许多水质模型。水质数学模型（简称水质模型）是描述参加水循环的水体中各水质组分所发生的物理、化学、生物和生态学等诸多方面变化规律和相互影响关系的数学方法，是水环境污染治理规划决策分析中不可缺少的重要工具。

自从 1952 年 Hansen 提出用数值计算的方法求解潮汐方程以来，数值计算方法在国外已有了长足的发展，在国内也得到了越来越多的应用。潮流数值模型是海岸带数值模拟中应用最广泛的模型之一。潮流数值模型就是利用数值离散通过求解潮流运动控制方程组来模拟潮流运动，近年来有大量的研究成果产生。利用二维数值模型来分析时，采用分步法，将原来比较复杂的问题求解分解成若干比较简单的连续求解过程。海岸带悬浮泥砂输移计算等问题是港口海岸工程研究的重要组成内容。研究近岸区泥砂的输移及岸滩的演变是海岸研究中最困难的课题之一，用数学模型来计算泥砂的输移是近几十年发展起来的。目前，二维泥砂模型广泛应用于悬砂及底砂输移和底床的演变研究中，在三维泥砂模拟中因参数的确定比较困难，因此，三维泥砂模型还很难适用于近岸区大范围泥砂的研究。随着计算机技术的发展，很多复杂的、不能求分析解的问题都得以解决，并且取得广泛运用，尤其是通过与地理信息系统（GIS）的结合，大大开拓了潮流数值模拟的应用范围。

本书在大于 30m 水深的海区略去非线性平流加速度的影响；在浅海，当未扰动水位之上的水表面高度可与平均水深相比拟时，平流项不省略。计算时水深采用 1∶10 万～1∶15 万的海图水深，潮位收集最新的近岸工程海洋环境评价的实测数据。

一、环境影响预测评价方法的比较与选择

1. 二维水质模型

1)FESWIMS 模型

有限元表面水模型系统,模型最初是为美国联邦高速公路管理局开发的,用来模拟流经许多人工构筑物如堤坝、桥梁的河口和河流的水动力情况。现在由美国地质调查局(USGS)支持和发布。

2)MIKE21 模型

该模型由丹麦水动力研究所(HDI)开发,是 MIKE11 的升级版模型,属于平面二维自由表面流模型。丹麦水力研究所不断采用 MIKE21 作为研究手段,在应用中发展和改进该软件。20 多年来,MIKE21 在世界范围内大量工程应用经验的基础上持续发展起来,在平面二维自由表面流数值模拟方面具有强大的功能。模型可以提供多种水质变化过程,在全世界得到了广泛应用。

3)RMA2/RMA4/SED-2D 模型

该模型由美国资源管理协会开发,是被美国陆军工程兵团使用的 TASB 模型系统的一部分,在 SMS(the surface water modeling system,表面水建模系统)中执行,RMA2 是有限元水动力模型,RMA4 是能模拟最多 6 个用户定义组分传输的水质模型,SED-2D 是底泥传输模型。

4)CE-QUAL-W2 模型

该模型由美国陆军工程兵团开发。与大部分二维模型不同,该模型是横向平均的,即它只模拟纵向和垂向。模型可用来模拟湖泊和水库,尤其是相对狭长的湖泊和分层水库,模型的水质模拟效果极佳,该模型同时也适合模拟一些具有湖泊特性的河流。

2. 模型维数的选取

属宽浅型水域且潮混合较强烈、各要素垂向分布较均匀的近岸海域或河口、海湾,可采用二维数值模型近似描述海水的三维运动;其余情况则宜采用三维数值模型。浅海砂矿开采项目利用二维模型即可很好模拟,所以一般不采用三维模型。

3. 模型计算域范围

(1)一般情况下,近岸和小海湾、河口海域应将整个海湾作为计算域,且应满足项目预测范围的需要。

(2)开阔海域的计算范围应满足不同水界位相调和常数差别要足够大的条件,且应满足建设项目预测范围的需要。

二、模型建立依据

潮流数值计算是研究评价海域现状潮流场及计算潮流场分布的一个重要内容,是浅海砂矿开采海洋环境影响预测的基础。对于沿岸浅海,特别是半封闭海湾,其基本运动是由外来潮波引起的潮汐运动,即协振潮。因此,潮流数值模型选用一个固着“f-平面”上的直角坐标系(XOY 平面)和静止海面重合,组成右手坐标系,Z 轴向上为正,建立二维流场模型。这种近似描述,适用于水平范围远小于地球半径的海域,此时可以不考虑地球曲率的影响。对于采砂活动来说,其水平范围显然远小于地球半径,因此,该二维流场模型适合于模拟采砂活动。

二维潮流模型的建立和应用应符合以下要求：

(1)具有满足需求的实测资料，包括：开边界端点的潮位数据(用于模型的边界条件)，计算域内至少2个站的潮位数据(用于模型潮位验证)，计算域内2～6个测点的海流周日连续观测数据(用于模型潮流验证)。

(2)潮流的调和分析应按《海洋调查规范》(GB/T 12763.7—2007)中海洋调查资料处理所列方法和步骤进行。

(3)岸界和水深应从最新出版的海图上摘取，同时应注意海图水深与平均海平面之间的转换，海图上没有标定的应进行实地测量。摘取岸界数据时应注意当地虾池、盐田和围海造地等的实际范围以及引起岸线改变和地形改变的详细情况。

(4)数值计算选取的网格大小应有足够的空间分辨率，并应考虑海洋水质、地形地貌与冲淤、海洋生态环境、海洋沉积物环境等的预测需求。

(5)进行数值计算时，应考虑对模型使用的数据资料的不确定性分析，进行输入对输出的敏感性分析，同时对模型的输出结果进行概率分析，并明确相应的置信区间。

本书没有系统的实测潮流，数值模拟计算的数据均为收集近年来各地海洋环境影响评价的实测数据。

第三节　浅海砂矿开采对海洋环境影响的预测与评价

根据《海砂开采环境影响评价技术规范》，浅海砂矿开采环境影响评价的主要内容包括：海洋水文动力环境影响，地形地貌、冲淤环境和岸滩、岸线稳定性影响，海水水质、沉积物环境质量、生物质量影响，海洋生态环境的影响和生物资源影响，周边海域环境敏感目标和环境保护对象影响，环境风险分析与风险防范对策措施，环境污染防治对策措施，环境保护对策措施和跟踪监测方案，浅海砂矿开采量控制。

依据浅海砂矿开采所在海域的环境特征，按各单项评价内容划分为1级、2级、3级3个评价等级。海洋水文动力、海洋水质、海洋沉积物、海洋生态、地形地貌与冲淤的各单项环境影响评价等级，依据浅海砂矿开采所在区域的环境特征和生态环境类型进行判定。评价等级具体判定见表9-1。

表9-1　单项环境影响评价等级判据

工程规模	工程所在海域和生态环境类型	单项环境影响评价等级				
		水文动力环境	水质环境	沉积物环境	生态环境	地形地貌与冲淤环境
所有规模	环境敏感区	1	1	1	1	1
	近岸海域	2	2	2	1	1
	其他海域	3	3	3	2	1

注：环境敏感区既包括海洋生态环境敏感区，还包括对浅海砂矿开采活动敏感的社会活动关注区。社会活动关注区主要包括港口、航道开发利用区、通航密集区、海洋能源开发利用区、海水增养殖区、特殊利用区、国家重要设施所在区、海上娱乐运动区、跨海桥梁区、海底隧道管线区、海堤，以及可能对海岸线、海岸防护林造成侵蚀危害的区域等。

一、浅海砂矿开采对海洋水文动力环境的影响

首先，进行海洋水文动力环境现状调查。调查站位应满足数值模拟的边界控制和验证要求。按照

网格式布站的要求进行布站，有特殊情况，可作出具体调整。布设的调查断面和站位应基本均匀分布于整个评价海域或区域。1 级评价一般不少于 6 个调查站位，2 级评价一般不少于 4 个调查站位，3 级评价一般不少 2 个调查站位。为满足数值模拟的边界控制和验证要求，应至少布设 2 个潮位观测站，可与潮流（流速、流向）进行同步观测。根据当地的水文动力特征和海域环境特征，确定海域水文动力的调查时间。一般选在大潮期。季节变化较大的海域应收集不同季节观测资料。调查内容主要包括潮位、潮流（流速、流向）、悬浮物等项目。此外，还应收集有代表性的波浪、潮位、气温、降水、风速、风向、海冰等的长期历史统计数据。

预测分析内容包括潮流和余流的时间、空间分布性质与变化。应明确代表月份，进行不少于一个月的连续计算；包括涨、落潮流和余流的最大值及方向，涨、落潮流和余流历时，涨、落潮流和余流随潮位（涨、落潮）变化的运动规律及旋转方向等。浅海砂矿开采后引起水深地形变化，对采砂海域波浪场会有一定的影响，应对常浪向、强浪向、平均波高以及多年一遇波高等的变化给出定量分析。

山东省沿海海砂所处海域一般为宽浅型水域且潮混合较强烈、各要素垂向分布较均匀的近岸海域或河口、海湾，可采用二维数值模型近似描述海水的三维运动。二维潮流模型建立方程组为：

$$\begin{cases}\dfrac{\partial\eta}{\partial t}+\dfrac{\partial(Hu)}{\partial x}+\dfrac{\partial(Hv)}{\partial y}=0\\ \dfrac{\partial u}{\partial t}+u\dfrac{\partial u}{\partial x}+v\dfrac{\partial u}{\partial y}-fv+g\dfrac{\partial\eta}{\partial x}=\dfrac{\tau_s^x-\tau_b^x}{\rho_w H}\\ \dfrac{\partial v}{\partial t}+u\dfrac{\partial v}{\partial x}+v\dfrac{\partial v}{\partial y}+fu+g\dfrac{\partial\eta}{\partial y}=\dfrac{\tau_s^y-\tau_b^y}{\rho_w H}\end{cases}$$

式中，η 为平均海平面以上的水位（m）；h 为净水深（m）；H 为总水深（m），$H=h+\eta$；u、v 为深度平均速度的东分量和北分量（m/s）；x、y 为空间坐标（m）；t 为时间坐标（s）；f 为 Coriolis 参数（1/s）；g 为重力加速度（m/s^2）；τ_s^x、τ_s^y 为风应力分量；τ_b^x、τ_b^y 为底应力分量；ρ_w 为海水密度（kg/m^3）。

$$\frac{\vec{\tau}_b}{\rho H}=\frac{g\left|\vec{V}\right|}{C_z{}^2H}\vec{V}$$

式中，C_z 为谢才系数，$C_z=\frac{1}{n}H^{\frac{1}{6}}$，其中 n 为曼宁系数。

1. 潮波边界条件

潮波计算，采用下列边界条件。沿闭边界，垂直海岸的流通量等于零：

$$\boldsymbol{Vn}=0$$

其中，$\boldsymbol{V}=(u,v)$，$\boldsymbol{n}$ 是指向边界外的单位法向量。

沿开边界，用水位控制：

$$\eta(x,y,t)=\sum_i f_iA_i(x,y)\times\cos[\sigma_i t+v_i+u_i-g_i(x,y)]$$

式中，A_i 为第 i 个分潮的振幅；σ_i 为第 i 个分潮的角频率；g_i 为第 i 个分潮的迟角；v_i 为第 i 个分潮的初位相；f_i、u_i 为第 i 个分潮交点因子及交点的改正角。

关于对流项，在开边界当海水向计算区域流进时，法向流速的导数等于零。

2. 风海流边界条件

风海流计算，采用下述边界。风应力可表示为：

$$\tau=b\rho_a u^2$$

式中，u 为风速；ρ_a 为空气密度；b 为比例系数。

在实际计算中，无论二维还是三维，由于浅海较强的湍耗散作用，总是取零值作为初始条件，因为任何初始能量经过一定时间后总要耗散掉，故当计算达到一定时间长度以后，初始效应总会消失。

二维模型的数值解法按网格形状可分为：三角形、正方形、长方形、四边形、曲线坐标网格及各种形状的组合等。按计算方法可分为：有限差分法、有限元素法及破开算子法等。推荐采用长方形有限差分法或三角形有限元素法。可根据项目的具体要求确定采用何种方法。

最后，进行计算结果验证，以计算结果绘出的同潮时线和等振幅线与实测资料的分析结果或已有的工作成果相比较，验证潮波系统。对不确定度要求如下：潮位差应≤10％；潮流流速差应≤20％；流向差应≤15°，最大不能超过20°。

二、浅海砂矿开采对泥砂冲淤及岸滩稳定的影响预测评价

预测浅海砂矿开采对海岸、滩涂、海床等地形地貌的影响程度。预测浅海砂矿开采海域的形态变化（包括海岸、滩涂、海床等地形地貌），预测评价海域冲刷与淤积的范围和程度，并重点关注浅海砂矿开采对海域周围环境敏感保护目标的影响，具体分析采砂是否会影响周围敏感目标的边坡稳定性、底质环境稳定性和安全稳定性等。

利用采砂区所在海域多年水下地形图采用套绘分析，根据实测潮流资料采用成熟的计算模式，给出采砂区附近海域冲淤性质和演变趋势，并分析采砂对周围海域的冲淤影响。预测方法可采用模拟实验法和经验系数法。

1. 浅海砂矿开采对海域形态的影响

1）浅海砂矿开采对海底地形的影响

采砂一方面将造成海滩砂源减少，另一方面携砂沿岸流释能减少，水动力增强，需要补充携砂，其结果就是在采砂的若干年内造成该海岸海滩侵蚀。一定尺度的海滩能够有效地消耗波能，对于它的上部海滩起到保护作用，所以，如果附近有合适的泥砂，可以采用机械或水力方法充填造成一定宽度的海滩，是解决海岸侵蚀问题的一个很好方法。人工淤滩造成的海滩在海中地位突出一些，因此泥砂流失会多一些。在第一次充填以后，一般都要求定期加入补充，这种方法不会减少对下游的输砂量，因而不会对下游造成不利影响。另外，还可用水利机械将截断沿岸输砂通路的海岸工程建筑物或自然形成的阻隔物上游的泥砂输送到下游去，从而避免上游的淤积及下游的冲刷，这也是解决海岸侵蚀问题的一个好方法。

2）浅海砂矿开采对海岸的侵淤作用

采砂后，在潮汐、风浪、河流等水动力条件的长期作用下，采砂区乃至海湾及两岸又将形成新的动力平衡，一方面由于潮汐通道水动力条件增强，湾内沉积物可能逐渐冲刷减少；另一方面，海源泥砂在波浪、潮汐作用下随着携砂沿岸流继续在湾口波影区淤积，直至达到新的动力平衡。

3）浅海砂矿开采对海上构筑物和护岸设施的影响

沙坝消失后就不能有效地消耗波能，对挡浪坝和沿海公路的保护作用也就不复存在，而且大面积的水深变化迅速改变了湾口原有的波流动力环境，采砂后采砂边界砂泥体将形成一定的天然坡度角，这将在一定程度上加大涨落潮时潮流的流速，延缓波浪释能，特别是在落潮时有可能形成对公路桥桥基上覆土层的冲蚀。于挡浪坝而言，这些都将在采砂后较短时间内造成波流对坝基的冲刷、掏蚀。

2. 影响预测评价方法

工作方法为研究利用沉积物取样分析、海流观测等方法，结合水深地形、工程资料、波浪资料、风速资料，运用MIKE21模型模拟潮流、波浪作用条件下采砂区周围海域海底地形的演化。模型方程如下：

1）泥砂运动控制方程

海岸带附近泥砂来源有4个方面：河流来砂；由邻近岸滩搬运而来；由当地崖岸侵蚀而成；海底

来砂。

砂质海岸的泥砂运移形态有推移和悬移两种。淤泥砂海岸的泥砂运移形态以悬移为主，底部可能有浮泥运动或推移运动。海岸带泥砂运动方式可分为与海岸线垂直的纵向运动和与海岸线平行的横向运动。

采用标准 Galerkin 有限元法进行水平空间离散，在时间上，采用显式迎风差分格式离散动量方程与输运方程。

泥砂控制方程为：

$$\frac{\partial \bar{c}}{\partial t}+\mu\frac{\partial \bar{c}}{\partial x}+\upsilon\frac{\partial \bar{c}}{\partial y}=\frac{1}{h}\frac{\partial}{\partial x}(h\cdot D_x\cdot\frac{\partial \bar{c}}{\partial x})+\frac{1}{h}\frac{\partial}{\partial y}(h\cdot D_y\cdot\frac{\partial \bar{c}}{\partial y})+Q_L C_L\frac{1}{h}-S$$

式中，$\bar{c}$ 为悬浮泥砂平均浓度(g/m^3)；μ、υ 为水深平均流速(m/s)；D_x、D_y 为分散系数(m^2/s)；h 为水深(m)；S 为沉积/侵蚀源汇项[$g/(m^3\cdot s)$]；Q_L 为单位水平区域内点源排放量[$m^3/(s\cdot m^2)$]；C_L 为点源排放浓度(g/m^3)。

2)沉积物沉积和侵蚀公式

(1)黏性土沉积和侵蚀。

沉降速率根据 Krone 等(1962)提出的方法计算黏性土沉积，公式如下：

$$S_D=w_s\cdot c_b\cdot p_d$$

式中，S_D 为沉降速率；w_s 为沉降速度(m/s)；c_b 为底层悬浮泥砂浓度(kg/m^3)；p_d 为沉降概率。

沉降速度 w_s 计算公式：

$$w_s=\begin{cases}kc^{\gamma}, c\leqslant 10kg/m^3\\ w_r\left(1-\frac{c}{c_{gel}}\right)^{w_n}, c>10kg/m^3\end{cases}$$

式中，c 为悬浮泥砂浓度；k、γ 为系数，γ 取值为 1～2；w_r 为沉降速度系数；w_n 为组分能量常数；c_{gel} 为泥砂絮凝点。

沉降概率 p_d 公式：

$$p_d=\begin{cases}1-\frac{\tau_b}{\tau_{cd}}, \tau_b\leqslant\tau_{cd}\\ 0, \tau_b>\tau_{cd}\end{cases}$$

式中，τ_b 为海底剪应力(N/m^2)；τ_{cd} 为沉积临界剪应力(N/m^2)。

①泥砂浓度分布。

泥砂浓度分布计算包括 Teeter 公式和 Rouse 公式 2 种。

Teeter 公式：

$$c_b=\bar{c}\beta$$

$$\beta=1+\frac{P_e}{1.25+4.75{P_b}^{2.5}}$$

$$P_e=\frac{w_s h}{D_z}=\frac{6w_s}{kU_f}$$

$$U_f=\sqrt{\tau_b/\rho_s}$$

式中，$\bar{c}$ 为悬浮泥砂平均浓度；k 为 Von Karman 常数(0.4)；U_f 为摩擦速度；ρ_s 为泥砂干密度；β 为扩散因子；P_e 为 Peclet 系数；w_s 为沉降速度；h 为水深；τ_b 为海底剪应力。

Rouse 公式：

$$-\varepsilon\frac{dc}{dz}=w_s c$$

$$\varepsilon=kU_f z\left(1-\frac{z}{h}\right)$$

$$c = c_a \left[\frac{a}{h-a} \cdot \frac{h-z}{z}\right]^R, a \leqslant z \leqslant h$$

$$R = \frac{w_s}{kU_f}$$

底层悬浮泥砂浓度公式：

$$c_b = \frac{\bar{c}}{Rc}$$

式中，ε 为扩散系数；c 为悬浮泥砂浓度；z 为垂向笛卡尔坐标；h 为水深；c_a 为深度基准面处的悬浮泥砂浓度；a 为深度基准面处高程；$\bar{c}$ 为悬浮泥砂平均浓度；R 为 Rouse 参数。

②底床侵蚀。

根据底床密实程度，底床侵蚀计算可以分为 2 种方式。

密实、固结底床侵蚀计算公式：

$$S_E = E\left(\frac{\tau_b}{\tau_{ce}} - 1\right)^n, \tau_b > \tau_{ce}$$

式中，S_E 为底床侵蚀速度；E 为底床侵蚀度[$kg/(m^2 \cdot s)$]；τ_b 为底床剪切力(N/m^2)；τ_{ce}为侵蚀临界剪切力(N/m^2)；n 为侵蚀能力。

软、部分固结底床侵蚀计算公式：

$$S_E = E\exp[\alpha\,(\tau_b - \tau_{ce})^{1/2}], \tau_b > \tau_{ce}$$

式中，S_E 为底床侵蚀速度；E 为底床侵蚀度[$kg/(m^2 \cdot s)$]；τ_b 为底床剪切力(N/m^2)；τ_{ce}为侵蚀临界剪切力(N/m^2)；α 为参考系数。

(2)非黏性土沉积和侵蚀。

①无量纲颗粒参数的确定。

根据 Van Rijn 等(1984)提出的方法计算非黏性土再悬浮，公式如下：

$$d = d_{50}\left[\frac{(s-1)g}{\nu^2}\right]^{\frac{1}{3}}$$

式中，d 为非黏性土颗粒粒径；s 为非黏性土密度；g 为重力加速度；ν 为黏滞系数；d_{50} 为中值粒径。

②底床临界起动流速。

泥砂悬浮的判定通过实际摩擦流速 U_f 和临界摩擦流速 $U_{f,cr}$的比较得以实现。其主要通过两种方式，一种是利用泥砂运移阶段参数 T，另一种是利用临界摩擦流速 $U_{f,cr}$和沉降速度 w_s 的比值。

a. 泥砂运移阶段参数 T：

$$T = \begin{cases} \dfrac{U_f}{U_{f,cr}} - 1, U_f > U_{f,cr} \\ 0, U_f \leqslant U_{f,cr} \end{cases}$$

$$U_f = \sqrt{ghI} = \frac{\sqrt{g}}{C_z}|V|$$

式中，g 为重力加速度；h 为水深；I 为能量梯度；C_z 为谢才系数($m^{\frac{1}{2}}/s$)；$|V|$ 为流速(m/s)。

b. 临界摩擦流速 $U_{f,cr}$和沉降速度 w_s 的比值：

$$\frac{U_{f,cr}}{w_s} = \begin{cases} \dfrac{4}{d}, 1 < d \leqslant 10 \\ 0.4, d > 10 \end{cases}$$

③沉降速度。

非黏性土沉降速度公式：

$$w_s=\begin{cases}\dfrac{(s-1)gd^2}{18v},d\leqslant 100\mu m\\ \dfrac{10v}{d}\left\{\left[1+\dfrac{0.01(s-1)gd^3}{v^2}\right]^{0.5}-1\right\},100<d\leqslant 1000\mu m\\ 1.1\left[(s-1)gd\right]^{0.5},d>1000\mu m\end{cases}$$

式中，d 为非黏性土颗粒粒径；s 为非黏性土密度；v 为黏滞度；g 为重力加速度。

④悬移质运移。

悬移质泥砂平衡浓度 c_e 计算公式：

$$\bar{c}_e=\frac{q_s}{\bar{u}h}$$

$$q_s=\int_a^h c\cdot dy$$

$$a=k_s=2d_{50}$$

式中，$\bar{u}$ 为水流平均流速(m/s)；q_s 为悬移质运移量[kg/(m・s)]；c 为距离底床 y(m)处的悬浮泥砂浓度(kg/m³)；u 为距离底床 y(m)处的流速(m/s)；h 为水深(m)；a 为底床分层厚度(m)；k_s 为等效粗糙高度(m)；d_{50} 为中值粒径。

⑤非黏性土浓度分布。

非黏性土浓度分布主要取决于湍流扩散系数 ε_s 和沉降速度 w_s。

a. 湍流扩散系数计算公式为：

$$\varepsilon_s=\beta\Phi\varepsilon_f$$

$$\beta=\begin{cases}1+\left(\dfrac{w_s}{U_f}\right)^2,\dfrac{w_s}{U_f}<0.05\\ 1,0.05\leqslant\dfrac{w_s}{U_f}<0.25\\ \text{不悬浮},\dfrac{w_s}{U_f}\geqslant 2.5\end{cases}$$

式中，β 为扩散因子；Φ 为阻尼系数；ε_f 为平均流体扩散系数。

b. 非黏性土浓度分布。

非黏性土浓度分布由 Peclet 系数 P_e 确定：

$$P_e=\frac{C_{rc}}{C_{rd}}$$

式中，C_{rc} 为 Courant 对流系数，$C_{rc}=w_s\Delta t/h$；C_{rd} 为 Courant 扩散系数，$C_{rd}=\varepsilon_f\Delta t/h^2$；$\varepsilon_f$ 为平均流体扩散系数。

⑥非黏性土沉积。

$$S_d=-\left(\frac{\bar{c}_e-\bar{c}}{t_s}\right),\bar{c}_e<\bar{c}$$

$$t_s=\frac{h_s}{w_s}$$

$$\bar{c}_e=10^6\cdot F\cdot c_a\cdot s$$

$$F=\frac{c}{c_a}$$

式中，S_d 为沉降速率；$\bar{c}_e$ 为平衡浓度；$\bar{c}_e$ 为悬浮泥砂平均浓度；c 为悬浮泥砂浓度；s 为非黏性土密度；w_s 为沉降速度；h_s 为非黏性土深度；t_s 为非黏性土沉积时间。

⑦非黏性土侵蚀。

$$S_e = -\left(\frac{\overline{c_e} - \bar{c}}{t_s}\right), \overline{c_e} > \bar{c}$$

式中，S_e 为非黏性土侵蚀速度，其他参数含义同上。

3)输入参数确定

根据对采砂区周边沉积物调查结果及周边海域历史资料，确定沉积物类型、性质、粒度特征等相关参数。然后根据采砂区附近海域风资料的统计结果，即可模拟静风及较大可能风向、风况情况下采砂前后周边海域的蚀淤变化情况。其他参数如侵蚀临界剪应力根据该海域沉积物粒度特征取值，曼宁系数根据海底沉积物组成和粒度特征确定。

三、浅海砂矿开采对海洋水质的影响预测评价

首先，进行现状调查，调查范围应覆盖全部评价海域。调查站位应按照网格式布站的要求进行布站，有特殊情况，可作出具体调整。1 级评价的调查站位不少于 20 个，2 级评价的调查站位不少于 12 个，3 级评价的调查站位不少于 8 个。采砂区位于环境敏感区等环境要素变化梯度较大的海域时，调查站位应加密布设。

然后，需要根据实际情况建立水质预测模型。潮流是海域污染物进行稀释扩散的主要动力因素，在获得可靠的潮流场基础上，通过添加水质预测模块(平面二维非恒定的对流-扩散模型)，可进行水质预测计算。

采取如下二维悬砂扩散方程：

$$\frac{\partial(HS)}{\partial t} + \frac{\partial(HuS)}{\partial x} + \frac{\partial(HvS)}{\partial y} + \alpha\omega(S - S_*) = D_x \frac{\partial^2(HS)}{\partial x^2} + D_y \frac{\partial^2(HS)}{\partial y^2}$$

式中，η 为水位(m)；D 为水深(m)；H 为总水深(m)，$H = \eta + D$；u 为 x 方向的流速分量(m/s)；v 为 y 方向的流速分量(m/s)；α 为风摩擦系数；C_z 为谢才系数，$C_z = \frac{1}{n} H^{\frac{1}{6}}$；$\omega$ 为沉速(m/s)；S 为含砂量(kg/m^3)；S_* 为挟砂力(kg/m^3)；D_x 为 x 方向的泥砂紊动扩散系数(m^2/s)；D_y 为 y 方向的泥砂紊动扩散系数(m^2/s)；

1. 参数计算

1)紊动扩散系数 D_x、D_y

由试验确定，或采用 Elder 公式：

$$\begin{cases} D_x = 5.93 H \sqrt{g} \, |u| / C_z \\ D_y = 5.93 H \sqrt{g} \, |v| / C_z \end{cases}$$

式中各参数意义同上。

2)挟砂力 S_*

经验公式较多，可采用如下几个常用公式。

张瑞瑾公式：

$$S_* = K \left(\frac{U^3}{gR\omega}\right)^m$$

式中，S_* 为挟砂力(kg/m^3)；K 为系数；U 为流速(m/s)；R 为水力半径；ω 为沉降速度(m/s)；m 为经验系数；g 为重力加速度(m/s^2)。

刘家驹公式：

$$S_* = \alpha\gamma_0 \frac{(|u| + 0.02|v|)^2}{gH}$$

式中，S_*为挟沙力(kg/m³)；α 为系数；γ_0为泥砂干容重(kg/m³)；u 为流速(m/s)；v 为海平面上 10m 处风速(m/s)；H 为水深(m)；g 为重力加速度(m/s²)。

窦国仁公式：

$$S_* = 0.023 \frac{\rho_w \rho_s}{\rho_s - \rho_w}\left[\frac{n^2 (u^2 + v^2)^{3/2}}{H^{4/3}\omega} + 0.0004 \frac{H_w^2}{HT\omega}\right]$$

式中，S_*为挟砂力(kg/m³)；ρ_s 为泥砂密度(kg/m³)；ρ_w 为海水的密度(kg/m³)；n 为曼宁系数；u 为流速(m/s)；v 为海平面上 10m 处风速(m/s)；H_w为波高(m)；H 为水深(m)；ω 为沉降速度(m/s)；T 为水温(℃)。

曹祖德公式：

$$S_* = \alpha \frac{(|\vec{u}_c| + \beta|\vec{u}_w|)^3}{gd\omega}$$

式中，S_*为挟砂力(kg/m³)；α 为系数；β 为扩散因子；$\vec{u}_c$ 为流速(m/s)；$\vec{u}_w$ 为波速(m/s)；d 为粒径(mm)；ω 为沉降速度(m/s)。

2. 初始条件和边界条件

1)初始条件

$$u(x,y,t)|_{t=0} = u_0(x,y)$$
$$v(x,y,t)|_{t=0} = v_0(x,y)$$
$$S(x,y,t)|_{t=0} = S_0(x,y)$$

2)固边界条件

泥砂通量：

$$\frac{\partial S}{\partial \vec{n}} = 0$$

3)开边界条件

悬砂流入：

$$S(x,y,t)|_\Gamma = S^*(x,y,t)$$

悬砂流出：

$$\frac{\partial S}{\partial t} + V_n \frac{\partial S}{\partial \vec{n}} = 0$$

式中，下标“0”代表已知初始值或假定初始值；Γ 代表开边界；上标“ * ”代表已知值。

四、浅海砂矿开采对海洋沉积物环境的影响预测评价

首先，进行现状调查，调查站位应在评价范围内按照网格式布站的要求进行布站，有特殊情况，可作出具体调整。沉积物调查时间应与海洋水质调查同步进行，一般进行一次现状调查。调查站位数应不少于水质调查站位的 50%。调查内容包括有机碳、石油类、重金属(总汞、铜、铅、镉、锌、铬、砷)、硫化物、挥发酚等。为评估砂源的环境质量，应结合浅海砂矿开采区的地质钻探资料，对砂源进行钻孔样品分析。表层砂应对典型砂层进行取样分析；浅层砂除了对典型砂层进行取样分析外，还需对上部覆盖层

进行取样分析。钻孔样品的分析应包括对铜、铅、总汞和镉等重金属进行溶出实验。

然后，根据工程分析和浅海砂矿开采区表层沉积物质量分析结果，预测悬浮泥砂扩散及采砂坑塌陷对沉积物环境的影响范围和程度。采用的预测方法应满足环境影响评价的要求。1级评价应尽量采用定量或半定量预测方法，2级和3级评价可采用半定量或定性预测方法。

海洋沉积物的评价方法常采用标准指数法。沉积物中调查项目的标准指数按下式计算：

$$P_i = C_i / C_{si}$$

式中，P_i为污染因子i的标准指数；C_i为污染因子i的实测值；C_{si}为污染因子i的评价标准值，根据《海洋沉积物质量》(GB 18668—2002)中相关标准确定。

P_i是无量纲量，其大小描述被测样品的质量状况。1.0是评价因子的基本界限。当各评价因子的污染指数小于0.5时，表明该评价因子对海域环境影响较小；评价因子在0.5～1.0之间时表明海域受到一定程度的污染，但没有超出标准；当评价因子大于1.0时，表明已超过评价标准，受到该评价因子的污染。

五、浅海砂矿开采对海洋生态环境的影响预测评价

首先，进行现状调查，调查站位应按照网格式布站的要求进行布站，有特殊情况，可作出具体调整。布站尽量与水质调查断面和站位一致，调查站位数量应不低于水质调查站位的60%。

海洋生态现状调查要素（因子）应包括浮游植物、浮游动物（含鱼卵、仔幼鱼）、游泳生物、底栖生物等的组成和数量分布（包括生物种类、生物密度、生物量、丰度、均匀度、多样性指数等）以及叶绿素a的分布；还应包括珍稀濒危生物和重要经济生物的数量及其分布。评价范围内如含潮间带的采砂项目，还应进行潮间带生物调查。

然后，根据调查情况预测悬浮物扩散和底床扰动对海洋生态环境的影响。主要包括浅海砂矿开采活动对珍稀濒危生物、底栖生物、浮游生物、游泳生物、水产养殖、渔业捕捞、生物群落与结构等产生的影响。分析浅海砂矿开采活动对海洋动物产卵场、索饵场和育幼生长区的影响。浅海砂矿开采对海洋生态环境的影响主要发生在采砂过程中，包括直接影响和间接影响两个方面。直接影响主要限定在采砂范围内，采砂过程中将直接破坏底栖生物生存环境，并造成海洋生物的直接死亡。间接影响主要指采砂工作致使水域的悬浮物浓度增加，导致水质变差而造成的影响。

1. 浅海砂矿开采对海洋生态环境的影响方面

1)对浮游生物的影响

悬浮泥砂对浮游生物的影响主要为采砂过程中产生的悬浮泥砂会导致水体的浑浊度增大，透明度下降，溶解氧含量降低，对浮游植物的光合作用产生不利影响，进而抑制浮游植物的细胞分裂和生长，降低浮游植物的生物量和海域的初级生产力。此外还表现在对浮游动物生长率、摄食率的影响等。根据长江口航道疏浚悬浮泥砂对水生生物毒性效应的试验结果，当悬浮泥砂浓度达到9mg/L时，将影响浮游动物的存活率和浮游植物光合作用。在嵊泗洋山深水港中，中国水产科学研究院东海水产研究所（简称东海水产所）曾做过疏浚泥砂对海洋生态系统的影响实验，实验结果表明虽然疏浚泥砂对海洋生态系统无显著影响，但也会使浮游动植物生物量有所下降。根据东海水产所对长江口疏浚泥砂所做的不同暴露时间动态悬砂对微绿球藻（*Nannochloropsis oculata*）和牟氏角毛藻（*Chaetoceros muelleri*）的生长影响试验结果，进行统计回归分析，结果表明海水中悬砂浓度的增加对浮游植物的生长有明显的抑制作用。采砂过程会降低水体的透明度，影响浮游植物的光合作用继而导致初级生产力下降，大量的悬浮物出现在局部水域可能会堵塞仔幼鱼的腮部造成窒息死亡。在自然环境中，悬砂量的增加会影响以浮游植物为食的浮游动物的丰度，间接影响蚤状幼体和大眼幼体的摄食率，最终影响其正常发育。研究表

明，悬浮物含量增多将使得桡足类的存活和繁殖受到明显的抑制。过量悬浮物会使其食物过滤系统和消化器官堵塞，大量的悬浮颗粒黏附在动物体表，会干扰其正常的生理功能。当悬浮物含量达到300mg/L以上时，影响特别显著，其中又以黏性污染危害最大，泥土和细砂次之。

2）对游泳生物的影响

悬浮物含量增高，对游泳生物的分布也有一定影响。游泳生物是海洋生物中的一大类群，海洋鱼类是其典型代表，它们往往具有发达的运动器官和很强的运动能力，从而具有回避污染的效应。室内生态试验表明，悬浮物含量为300mg/L水平，而且每天做短时间的搅拌，鱼类仅能存活3～4周；悬浮物含量在200mg/L以下水平的短期影响，鱼类不会直接死亡。只要采砂过程中不产生悬浮物含量高浓度区，就不会造成成体鱼类死亡，且鱼、虾、蟹等游泳能力较强的海洋生物将主动逃避，游泳生物的回避效应会使该海域的生物量有所下降，从而影响该区域内生物群落的种类组成和数量分布。至于经济鱼类等，由于移动性较强，更不至于造成明显影响。随着采砂工作的结束，游泳生物的种类和数量会逐渐得到恢复。因此，采砂期间产生的悬浮物不会对游泳生物造成较大影响。

3）对底栖生物的影响

采砂过程中悬浮物含量增高，会影响底栖生物的生存环境，如果悬浮物覆盖厚度超过2cm，还会对底栖生物造成致命性损害。

4）对渔业资源的影响

悬浮物对鱼类和其他水生生物的影响可分为两大类：一类是悬浮固体在水中的影响，另一类是悬浮固体沉降到水底后产生的影响。

欧洲内陆渔业咨询委员会评价了悬浮固体对鱼类的影响。把悬浮固体对鱼类和鱼类饵料生物种群产生的不良影响分成4种：直接影响鱼类在有悬浮固体的水体中游泳，造成鱼类死亡或者是降低鱼类的生长速率、对疾病的抵抗力等；妨碍鱼卵和幼体的良好发育；限制鱼类的正常运动和洄游；使鱼类得不到充分的食物。

覆盖在水底的沉淀物会损害无脊椎动物种群，堵塞产卵的砾石层，而且如果存在有机物的话，还会消耗其上面水体的溶解氧。当沉淀固体堵塞了鱼类产卵的砾石层时，鱼卵就会大量死亡。无机悬浮物的增加还会妨碍光线向水体的投射，会减少透光层深度，从而减少初级生产量并减少鱼类的饵料。美国国家科学院建议，光透射深度不得减少10%。同时，由于颗粒物吸收了较多的热量，从而使水体趋于稳定，阻止了上下水混合，致使近表层水被加热，上下水混合程度的减少，也减少了溶解氧和营养物向水体下部的扩散。长期生活在高浑浊水中的海洋生物，其鳃部会被悬浮物质充满而影响呼吸和发育，甚至引起窒息死亡。此外，水中悬浮物质长期过量会妨碍海洋生物的卵及幼体的正常发育，破坏其栖息环境，并抑制水生生物的光合作用，减少海洋动物的饵料。

水域悬浮物含量超标，对渔业资源的影响是多方面的，它不仅影响鱼类的存活和生长，而且会对鱼卵和仔幼鱼造成损害。由于悬浮性泥砂颗粒黏附在鱼卵的表面，会妨碍鱼卵的呼吸，阻碍与水体之间氧、二氧化碳的充分交换，可能导致鱼卵大量死亡；影响幼体的发育，发育不健康的仔幼鱼生存能力将大大降低；悬浮物含量超标能使浮游生物繁殖受阻，导致水域基础生产力下降，减少鱼类的饵料生物，从而影响到鱼类的正常索饵；另外，悬浮物超标还会改变鱼类的洄游和摄食行为。

根据有关资料，海水中泥砂含量在25mg/L以下时对渔业无害；25～80mg/L时有轻微影响，但不及一次大风浪扰动时泥砂含量；80～400mg/L时会影响某些鱼类生长；大于400mg/L时有较大影响，海水含氧量（DO）大幅降低，不适于网箱养鱼。中国科学院海洋研究所刘广远等（1998）曾展开过疏浚物对栉孔扇贝急性致死量的试验研究，在悬浮物含量为0mg/L、500mg/L、1000mg/L、2500mg/L、5000mg/L、8000mg/L、10 000mg/L、160 000mg/L的不同浓度组中，经过96h的观察实验，结果是除0mg/L浓度组的扇贝肠道几乎为空肠外，其他各组活力都比较好，一直观察到20d，各组扇贝仍然活着，只是活力下降，尤其是10 000mg/L和160 000mg/L浓度组，扇贝反应缓慢，腮腔附泥多。这些试验结果表明，养殖贝对悬浮物有较强的耐受能力。概括起来，浅海砂矿开采对渔业资源的影响表现在以下几个方面：

(1)造成生物栖息环境的改变或破坏，引起食物链(网)的生态结构的逐步变化，导致生物多样性和生物丰度下降。

(2)造成水体溶解氧、透光率和可视性下降，使光合作用强度和初级生产力发生变化，影响某些种类的生长发育(如鱼卵和幼体)。

(3)浑浊的水体使某些种类的游动、觅食、躲避敌害、抵抗疾病和繁殖的能力下降，降低生物群体的更新能力。

(4)影响基础饵料生物生长，使鱼类得不到充足的食物。

(5)影响鱼类的正常活动和洄游。

5)对海洋生态系统服务功能的影响

我国近海生态系统服务功能划分为供给功能、调节功能、文化功能和支持功能四大类。

浅海砂矿开采对海洋生态系统服务功能的影响表现为对供给功能的食品生产和支持功能中初级生产力、物种多样性造成影响。

(1)对食品生产功能的影响。食品生产功能是指海洋生态系统提供给人类的贝类、鱼类、虾蟹、海藻等海产品的功能。海洋是一个巨大的食物库，从藻类到鱼虾贝类数十万种生物在其中繁衍生息。海洋是全球蛋白质的重要来源。采砂过程中产生的悬浮泥砂会对贝类、鱼类、虾蟹、海藻造成影响，从而对海洋的食品生产功能产生影响，但随着采砂的结束，悬浮泥砂对海域的影响将随之消失。

(2)对初级生产力的影响。初级生产是指通过浮游植物、其他海洋植物和细菌固定有机碳，为海洋生态系统提供物质和能量来源。采砂过程会对浮游植物和其他海洋生物造成影响，从而影响海洋服务系统的支持功能。

(3)对物种多样性的影响。海洋不仅生活着丰富的生物种群，还为其提供重要的产卵场、越冬场和避难所等庇护场所，进而维持了物种的多样性。因此，采砂工程的设立要避开海域中重要的产卵场、越冬场等，同时要远离需要保护的珍稀海洋生物生存海域。

2. 含油污水对海域生态环境的影响

石油类污染是目前海洋环境污染中的几大问题之一，它对海洋水生生物的影响是多方面的：①石油类对浮游植物的致死浓度范围为0.1～10mg/L，对浮游动物的急性中毒致死浓度范围为0.1～15mg/L，致死的主要原因为浮游植物会因细胞溶化、藻体分解而死亡，浮游动物也会在石油的毒性和缺氧条件下大量死亡；②石油块(粒)覆盖生物体表后会影响动物的呼吸和进水系统；③石油随悬浮物沉降在潮间带和浅水区后，会使底栖生物的幼虫与孢子失去合适的固着基质，甚至发生严重的化学毒性效应。

在一定的海域范围内过量排放含油污水或直接排放未经处理的高浓度含油污水，将会给海洋生态环境造成极大的危害。尤其是石油组分中的芳香烃类会对海洋生物构成威胁和危害，其特点是不论高、低沸点的组分对一切生物均有毒性。实验证明石油烃会破坏浮游植物细胞，油膜会阻碍海-气交换，影响光合作用。海洋浮游植物石油急性中毒致死浓度为0.1～10mg/L，一般约为1.0mg/L。对于更加敏感的种类，石油浓度低于0.1mg/L时，同样会影响细胞的分裂与生长速率。即使是达标排海的含油污水，在大量集中排放时仍然会对排放口周边水体中的浮游生物造成影响。

浮游动物的石油急性中毒致死浓度一般在0.1～15mg/L之间，当水体中的油含量为0.05mg/L，小型拟哲水蚤 *Paracalanus* sp. 的半致死时间为4d。一般情况下，浮游动物的幼体对油污染的敏感程度要大于成体。

底栖生物对石油浓度的适应程度会因种类和体积不同而产生差异，多数底栖生物的石油烃急性中毒致死浓度范围在2.0～15mg/L之间(幼体的致死浓度范围更接近其下限)。例如，0.01mg/L的石油可以使牡蛎产生明显的油味，甚至可以使耐油污性很差的海胆、海盘车等底栖生物死亡。当海水中石油浓度在0.01～0.1mg/L之间时，对藤壶幼体和蟹幼体就有明显的毒效。

长期处于低浓度含油废水中会影响鱼类的摄食和繁殖，使渔获物产生油臭味而影响其食用价值。据相关报道，20号燃料油对黑鲷(*Sparus macrocephaius*)的20d生长试验结果表明，其最低影响浓度和无影响浓度分别为0.096mg/L和0.032mg/L。例如20号燃料油的浓度为0.004mg/L时，5d就能使对虾产生油味，14d使文蛤产生异味。

采砂过程中施工船舶较少，其产生的含油污水不排入工程区附近海域，均集中收集处理，因此只要严格施工管理，一般不会发生污染，不会对海域生态环境产生不良影响。

第四节　浅海砂矿开采分区海洋影响预测与评价

《山东省海洋功能区划(2011—2020年)》将山东省海域划分为5个海域单元，即日照市毗邻海域、山东半岛南部海域、山东半岛东北部海域、庙岛群岛附近海域和黄河口与山东半岛北部海域。现按5个海域选取有代表性的海砂矿区进行开采环境影响预评价，为将来浅海砂矿开采提供参考和依据。

一、日照市毗邻海域浅海砂矿开采环境影响预评价

日照市毗邻海域区域内具有优良的砂质岸线，我国北方最大的潟湖及桃花岛、太公岛等近岸岛礁。已建有全国十大枢纽海港之一的日照港，拥有省级旅游度假区和国家级滨海森林各一处，是港口、旅游发展的重点区。

该区主要功能为旅游休闲娱乐、农渔业、海洋保护、港口航运。北部从白马河至万平口，主要发展滨海旅游休闲娱乐业，建设国家海洋公园，保护两城河口生态湿地；从万平口至绣针河口，发展港口航运、精品钢铁等临港产业建设。加强对港口区、旅游区、渔业水域、海岛及周围海域的统筹管理，保证港口、旅游、渔业用海，满足海州湾北部临港产业聚集区用海需求。保护海洋环境和鸟类、重要生物种质资源，加强对日照两城至万平口近岸岛群、潟湖、优质沙滩资源的保护，建立近岸海域岛群自然保护区。严禁采砂等破坏地质地貌的活动，发展运动休闲等特色旅游，增殖和恢复渔业资源。

海砂特点：该区的海砂矿主要分为沿岸海砂区和浅海海砂矿区。沿岸海砂区面积大，海岸线长，海水浅，砂的粒度变化较大，属于细—中—粗砂，含泥量变化也比较大，沙滩含泥量一般为0.3%～5%。

该区沿岸主要是变质岩、岩浆岩组成的平缓丘陵区，广泛分布着20～40m的新近系、古近系剥蚀夷平面，晚更新世晚期冰期低海面时，本区海水曾退出陆架，后期海侵，至距今8000多年时海水接近本区，并于7ka B P左右，海水进侵到最高，当时的岸线位于现岸线以西4～5km，并被淹没成岬湾海岸，随后于5～6ka B P，岸外普遍生长了沙坝和坝内的潟湖，沙坝不断淤宽使岸线向海淤长，平均淤长率约0.7m/a，比较山东各砂质岸段，这一速率还是比较快的，然而直到20世纪末的几十年里，才由淤长变成侵蚀。

日照地区海岸侵蚀机理主要是海滩砂在沿岸流的作用下，使砂漂移到其他地段，其次是海岸坍塌引起的海岸侵蚀。

海岸海滩砂在中—晚全新世的数千年里，曾以平均0.4m/a的速率淤长过。20世纪70年代以来均转淤为蚀，往日海滩上的测量架标，电线杆和房屋相继倒入海中，如今高3～4m的砂质侵蚀陡坎(砂质海蚀崖)连绵十数千米，后滨的沙丘也常被切割成半，防风林也片片被毁。

根据20余年的海滩定位观测，海岸线蚀退率约为1.1m/a。

本区海岸持续蚀退的原因，不是局部和短期的(例如一次暴风浪引起的)因素，而是海滩砂长期失去收支平衡的结果。造成砂收支失衡的主要原因为：

(1)河流向海输砂枯竭。

入日照海洋的河流有付疃河、巨峰河和龙王河等,总流域面积约 1656km²,用侵蚀模数[t/(a·km²)]计算 1958—1965 年平均输砂量为 53.49×10^4 t/a,1986—1990 年平均为 0.05×10^4 t/a。1990—2000 年输砂量并未比 1986—1990 年高。

(2)人为大量采砂外运。

日照海滩砂以粗中砂为主,是理想的建筑材料,而且距苏北、上海较近,20 世纪 80—90 年代是采砂旺季夜间偷砂现象严重,按采砂点和船数计算,采砂量约为 15.13×10^4 t/a,内陆架海底采砂尚未计入。

海岸是发展沿海经济的依托,海岸地形的变化,因为受到风、流、波浪等动力影响,产生输砂作用而使海底地形出现侵蚀及淤积,以及海岸线的前进、后退变化。这些变化将关系到国土资源保护及海岸建筑物的安定性,河流河口水流是否流畅。海岸地形变化估算,早期主要系由水工模型试验及工程经验推估出结果,近年来,由于计算机记忆容量及计算速度俱增,计算时能考虑更多因子,从而使准确性大幅提升、计算时间缩短,且海岸地形变迁理论日渐完善,由数值仿真计算来了解复杂的海岸地形变迁过程,日益盛行。

运用丹麦水力研究所的 MIKE21 模型来计算海砂矿区海岸的波浪场、海流场、输砂量,及其所造成的海底地形变化;运用美国陆军兵团的 Genesis 模型来仿真海砂矿区海岸输砂量及海岸线变化,以及仿真海砂矿区开采后,其海底地形及海岸线变化。探讨出海砂矿区开采所造成的海岸地形冲淤影响程度,并提出应变措施。

1. MIKE21 地形变化模型

MIKE21 地形变化模型分为 3 个子模型,即波场模型、流场模型、漂砂及地形变动模型。波场模型主要用于海域波浪场的计算,而流场模型则模拟潮流、河川流及沿岸流共同作用下的流场,至于漂砂模型则引用流场及波场模型计算所得水理参数作为估算漂砂率依据,再输入地形变动模型泥砂连续方程式计算出海岸地形的变动过程。MIKE21 地形变化模型,经丹麦水力研究所(DHI)开发成功后,曾经丹麦、埃及、澳大利亚及中国台湾云林离岛工业区等实际应用,计算结果与实际比较吻合。近岸波浪模型的基本方程式分述如下。

1)控制方程式

近岸波浪模型的控制方程式是波谱守恒方程式:

$$\begin{cases}\dfrac{\partial(C_{gx}m_0)}{\partial x}+\dfrac{\partial(C_{gy}m_0)}{\partial y}+\dfrac{\partial(C_\theta m_0)}{\partial\theta}=T_0\\[2mm]\dfrac{\partial(C_{gx}m_1)}{\partial x}+\dfrac{\partial(C_{gy}m_1)}{\partial y}+\dfrac{\partial(C_\theta m_1)}{\partial\theta}=T_1\end{cases}$$

式中,$m_0(x,y,\theta)$为作用波谱第零次矩;$m_1(x,y,\theta)$为作用波谱第一次矩;C_{gx}、C_{gy}为群波速度之 x、y 方向分量;C_θ为 θ 方向之波浪传递速度;x、y 为笛卡尔坐标;θ 为波浪传递方向;T_0、T_1为 Source 项。

波浪应力方程式由下式计算:

$$\begin{cases}S_{xx}=\rho\dfrac{g}{2}[\displaystyle\int_0^{2\pi}\cos^2(\theta)(1+G)E(\theta)\mathrm{d}\theta+\int_0^{2\pi}GE(\theta)\mathrm{d}\theta]\\[2mm]S_{xy}=\rho\dfrac{g}{2}\displaystyle\int_0^{2\pi}\sin(\theta)\cos(\theta)(1+G)E(\theta)\mathrm{d}\theta\\[2mm]S_{yy}=\rho\dfrac{g}{2}[\displaystyle\int_0^{2\pi}\sin2(\theta)(1+G)E(\theta)\mathrm{d}\theta+\int_0^{2\pi}GE(\theta)\mathrm{d}\theta]\end{cases}$$

式中,$G=\dfrac{2kd}{\sinh(2kd)}$;$k$ 为波数;$GE(\theta)$为各方向的能量分布函数。

2)碎波

波浪从深海传递至浅海时,由于水深变浅,波形尖锐度渐增,可能成为碎波。因碎波所引起的能量消散率,由下式计算:

$$\frac{\mathrm{d}E}{\mathrm{d}t}=\frac{-\alpha}{8\pi}Q_{\mathrm{b}}\omega H_{\mathrm{m}}^{2}$$

式中，E 为波浪能量；ω 为频率；H_{m} 为最大容许波高；Q_{b} 为碎波能量消散百分比；α 为可调整常数。

上式中 Q_{b} 是影响碎波能量消散的主要参数，其值可由下式利用迭代法计算得到：

$$\frac{1-Q_{\mathrm{b}}}{\ln(Q_{\mathrm{b}})}=-\left[\frac{H_{\mathrm{rms}}}{H_{\mathrm{m}}}\right]^{2}$$

式中，H_{rms} 为波高均方根。

最大容许波高 H_{m} 可依下式计算：

$$H_{\mathrm{m}}=r_{1}k^{-1}\tanh(r_{2}kd/r_{1})$$

式中，k 为波数；d 为水深；r_1 为控制波形尖锐度的参数；r_2 为控制极限水深的参数。

故只要给予 r_1、r_2 及 α 的值，即可决定波浪能量消散率。

3)床底摩擦

由于波浪受床底摩擦的影响而使其能量消散，随着波浪的传递距离、波高、周期和水深渐浅，波浪能量随之消散。床底摩擦所引起的能量消散可根据二次摩擦定律计算：

$$\frac{\mathrm{d}E}{\mathrm{d}t}=\frac{1}{6\pi}\frac{C_{\mathrm{fw}}}{g}\left[\frac{\omega H}{\sinh(kd)}\right]^{3}$$

式中，E 为波浪能量；ω 为频率；H 为波高；k 为波数；d 为水深；C_{fw} 为波浪摩擦因子。

计算波浪摩擦因子的经验式如下：

$$\begin{cases}C_{\mathrm{fw}}=0.12,\alpha_{\mathrm{b}}/k_{\mathrm{N}}<2\\ C_{\mathrm{fw}}=\dfrac{1}{2}\exp[-5.977+5.213\,(\alpha_{\mathrm{b}}/k_{\mathrm{N}})^{-0.194}],\alpha_{\mathrm{b}}/k_{\mathrm{N}}\geqslant 2\end{cases}$$

式中，k_{N} 是 Nikuradse 粗糙系数，其值约等于 $2.5d_{50}$；α_{b} 是床底水粒子移动振幅。

4)水理模型基本理论

水理模型是一般数值模型系统，可用以模拟湖泊港湾及海域的二维流场随时间及空间的变化情形，其控制方程式主要是二维动量守恒方程式与质量守恒方程式：

$$\begin{cases}\dfrac{\partial p}{\partial t}+\dfrac{\partial}{\partial x}\left(\dfrac{pp}{h}\right)+\dfrac{\partial}{\partial y}\left(\dfrac{pq}{h}\right)+gh\dfrac{\partial\zeta}{\partial x}+\dfrac{gp\ \sqrt{p^{2}+q^{2}}}{c^{2}h^{2}}-\dfrac{1}{\rho_{\mathrm{w}}}\left[\dfrac{\partial}{\partial x}(h\tau_{yy})+\dfrac{\partial}{\partial y}(h\tau_{xy})\right]-\\ \qquad\Omega q-fvv_{x}+\dfrac{h}{\rho_{\mathrm{w}}}\dfrac{\partial}{\partial y}(p_{\mathrm{a}})=0\\ \dfrac{\partial p}{\partial t}+\dfrac{\partial}{\partial y}\left(\dfrac{q^{2}}{h}\right)+\dfrac{\partial}{\partial x}\left(\dfrac{pq}{h}\right)+gh\dfrac{\partial\zeta}{\partial y}+\dfrac{gq\ \sqrt{p^{2}+q^{2}}}{c^{2}h^{2}}-\dfrac{1}{\rho_{\mathrm{w}}}\left[\dfrac{\partial}{\partial y}(h\tau_{yy})+\dfrac{\partial}{\partial x}(h\tau_{xy})\right]-\\ \qquad\Omega p-fvv_{y}+\dfrac{h}{\rho_{\mathrm{w}}}\dfrac{\partial}{\partial y}(p_{\mathrm{a}})=0\\ \dfrac{\partial\zeta}{\partial t}+\dfrac{\partial p}{\partial x}+\dfrac{\partial q}{\partial y}=0\end{cases}$$

式中，h 为水深；ζ 为水位；p、q 为 x、y 方向流束密度；c 为科西底床摩擦系数；g 为重力加速度；f 为风阻系数；v、v_x、v_y 为风速及其 x、y 方向分量；Ω 为科氏力系数；p_{a} 为大气压力；ρ_{w} 为水体密度；x、y 为笛卡尔坐标；t 为时间；τ_{xx}、τ_{xy}、τ_{yy} 为有效剪应力分量。

5)漂砂传输模型基本理论

本模型的控制方程式主要是漂砂底质连续方程式，依此式可决定海底底床变化率。其方程式如下：

$$\begin{cases}\dfrac{\partial z}{\partial t}+C_{x}\dfrac{\partial z}{\partial x}+C_{y}\dfrac{\partial z}{\partial y}=0\\ C_{x}=\dfrac{1}{1-n}\dfrac{\partial q_{x}}{\partial z}\\ C_{y}=\dfrac{1}{1-n}\dfrac{\partial q_{y}}{\partial z}\end{cases}$$

式中，z 为水深或海底底床高程；q_x、q_y 为模拟期间 x、y 方向平均漂砂传输率；n 为底质孔隙率；x，y 为笛卡尔坐标；t 为时间；C_x 为底床受扰动所引起的 x 方向速度分量；C_y 为底床受扰动所引起的 y 方向速度分量。

上式为一个纯粹传输方程式，由上式可知，求解海底底床变化率之前必先得知漂砂传输率 q_x、q_y。

而海岸漂砂的移动型态可分为底载（bed load）与悬浮载（suspended load），此两项相加即为漂砂总输砂载（total load），以下分别介绍其基本方程式。

（1）底载。

$$q_x = \Phi_b \sqrt{(s-1)gd^3}$$

式中，q_x 为底载；Φ_b 为无因次底摩擦率；s 为底质相对速度；d 为过筛 50％的颗粒粒径；g 为重力加速度。

无因次底摩擦率 Φ_b 可由下式计算得到：

$$\begin{cases} \Phi_b = 5p(\sqrt{\theta'} - 0.7\sqrt{\theta_c}) \\ \theta' = \dfrac{U_f^2}{(s-1)} \\ p = \left[1 + \left(\dfrac{\frac{\pi}{6}\beta}{\theta' - \theta_c}\right)^4\right]^{-\frac{1}{4}} \end{cases}$$

式中，θ' 为平面底床的 shield 参数；θ_c 为 shield 参数的临界值；U_f 为摩擦速度；β 为动摩擦速度；p 为边界层砂粒移动概率。

（2）悬浮载。

任意时间的悬浮载可由下式得到：

$$q'_s(t) = \int_{2d}^{D} U(y,t) \cdot c(y,t)\mathrm{d}y$$

式中，$c(y,t)$ 为砂粒浓度；$U(y,t)$ 为瞬时流速；q'_s 为任意时间的悬浮载。

上式中的瞬时流速可由下式计算得到：

$$U(y,t) = \left[U_{fo}^2 \frac{1}{k^2}\ln^2\left(\frac{y}{k/30}\right) + 2U_{fo}\frac{1}{k}\ln\left(\frac{y}{k/30}\right)U_{im}\sin(\alpha t)\cos\gamma + U_{im}^2\sin^2(\alpha t)\right]^{\frac{1}{2}}$$

$$U(y,t) = U_f \frac{1}{k}\ln\left(\frac{y}{k/30}\right)$$

$$U(y,t) = \left[U_{fc}^2 \frac{1}{k^2}\ln^2\left(\frac{y}{k/30}\right) + 2U_{fc}\frac{1}{k}\ln\left(\frac{y}{k/30}\right)U_{im}\sin(\alpha t)\cos\gamma + U_{im}^2\sin^2(\alpha t)\right]^{\frac{1}{2}}$$

对于 $y > \delta(t)$，$y \geqslant \delta_m$

对于 $y < \delta(t)$，$y < \delta_m$

式中，U_f 为摩擦速度；U_{fc} 为平均水深下的摩擦速度，$U_{fc} = \sqrt{\frac{1}{T}\int_0^T U_f^2\cos\varphi \mathrm{d}t}$；$U_{fo}$ 为边界层内流体的摩擦速度；U_{im} 为最大水粒子速度；Φ 为边界层瞬时流速与平均流速的夹角；ω 为角频率；γ 为波项与流向间的夹角；δ 为边界层瞬时厚度；δ_m 为边界层平均厚度；k 为 Von Karman 常数；K 为底床摩擦系数。

任意时间的悬浮载公式中砂粒浓度 $c(y,t)$ 可由下式计算得到：

$$\varepsilon\frac{\mathrm{d}c}{\mathrm{d}y} + w_s c = 0$$

式中，c 为砂粒浓度；w_s 为悬浮颗粒的沉降速度，$w_s = 1.1[(s-1)gd]^{0.5}$；ε 为平均涡流黏滞系数。

任意时间的悬浮载公式中悬浮颗粒沉降速度可由下式得到：

$$w_s = \frac{10v}{d}\left\{\left[1 + \frac{0.01(s-1)gd^3}{v^2}\right] - 1\right\}, d > 1000\mu\mathrm{m}$$

以上式为依据，Rijn（1984）、Yalin（1972）、Englund、Fredsoe（1976）所提出的判断方程式：

$$w_s = \frac{(s-1)gd^2}{10v}, d > 1000\mu\text{m}$$

整个波浪周期之悬浮载可由下式计算而得：

$$q_s = \frac{1}{T}\int_0^T q'_s(t)\mathrm{d}t$$

由上述的底载与悬浮载相加，即为漂砂总砂载，其方程式如下：

$$q_T = q_x + q_s$$

式中，q_T为漂砂总输砂载；q_x为漂砂底载；q_s为漂砂悬浮载。

2. 海岸线变迁数学模型

本数学模型是美国陆军工程团开发的Genesis模型，其考虑波浪造成海岸的输砂运动，形成海岸变迁，由本数学模型可了解海岸的输砂方向及输砂量，海岸变迁的趋势及程度，各种形式海岸结构物将会受到何种程度的影响，以便事先采取预防措施。理论如下：

(1)本模型仅探讨海岸线的前进或后退。

(2)沿岸漂砂运输的动力来自于碎波的作用。

(3)输砂率的计算。

1)海岸线变化控制方程式

单线输砂海岸线模型的控制方程式是砂量守恒方程式。x为沿海岸线方向的坐标，y为向外海方向的坐标，y^*为海岸线的位置。假设在时间间隔Δt，其净输砂进入或移出这一段海岸，而这一段海岸线的长度是Δx，高程为D_B，这一段末段水深为D_C。

这一段体积的变化是$\Delta V = \Delta x\Delta y(D_B + D_C)$，由进入本段的砂量而定。而砂量的进出是由沿岸输砂率ΔV之差所产生，净输砂体积变化为$\Delta Q\Delta t = \Delta V\Delta x\Delta t$。另外砂由外海方向输入$g_0$及输出至外海方向$g_s$亦造成$y$方向输砂$g = g_0 + g_s$，其体积变化为$\Delta g\Delta x\Delta t$，即整体输砂量的变化：

$$\Delta V = \Delta x\Delta y(D_B + D_C) = (\frac{\partial Q}{\partial X})\Delta x\Delta t + q\Delta x\Delta t$$

最终可导出海岸线位置变化的方程式为：

$$\frac{\partial Y}{\partial T} + \frac{1}{(D_B + D_C)}(\frac{\partial Q}{\partial X} - q) = 0$$

2)输砂率方程式

采用经验输砂率计算公式：

$$\begin{cases} Q = (H^2C_g)_b\ (a_1\sin 2\theta_{bs} - a_2\cos\theta_{bs}\dfrac{\partial H}{\partial X})_b \\ a_1 = \dfrac{K_1}{16(s-1)(1-p)\ (1.416)^{7/2}} \\ a_2 = \dfrac{K_2}{8(s-1)(1-p)\ (1.416)^{7/2}} \end{cases}$$

式中，H为波高；C_g为群波速度；B为代表碎波情形；θ_{bs}为碎波与海岸的夹角；$K_1 = 1.416$；$s = \dfrac{\rho_s}{\rho}$，ρ_s为砂密度，ρ为水密度；K_2为经验值；p为底砂孔隙率；$\tan\beta$为平均底床坡度。

3. 资料收集

本模型所需的资料及来源：海岸及海底地形采用中华人民共和国海军海洋测量局出版的水道图(1993)；潮位资料来自国家海洋局1991年1月1日至2003年12月31日的实测资料；波浪采用国家海洋局海洋监测中心于1991年10月至1993年4月间在日照的观测结果，经统计其代表波浪为冬季$H_{1/3} = 1.3\text{m}$，$T_{1/3} = 6\text{s}$，夏季$H_{1/3} = 0.75\text{m}$，$T_{1/3} = 5\text{s}$；风速资料采用山东省气象局实测资料，经统计冬季风速为10.5m/s,风向为NNE,夏季风速为65m/s,风向为SW;砂粒粒径分析采用山东省第一地质矿产勘查院实验室2004年的实测结果($d_{50}=0.20$mm)。

4. 海底地形模拟结果

本书数学模拟以MIKE21及Genesis模型为主,分别进行海岸线变化数值模拟,波浪场、波导流场、海流流场、海岸输砂场模拟及港区抽砂所引起的扩散模拟等。各模拟采用的网格位置见图9-1。MIKE21的大网格范围为由海岸岚山港至董家口,网格距离为375.2m,而MIKE21的小网格距离为岚山港附近至涛雒海岸北侧,网格距离为93.8m。Genesis网格为由岚山港至日照,网格距离为187.5m。

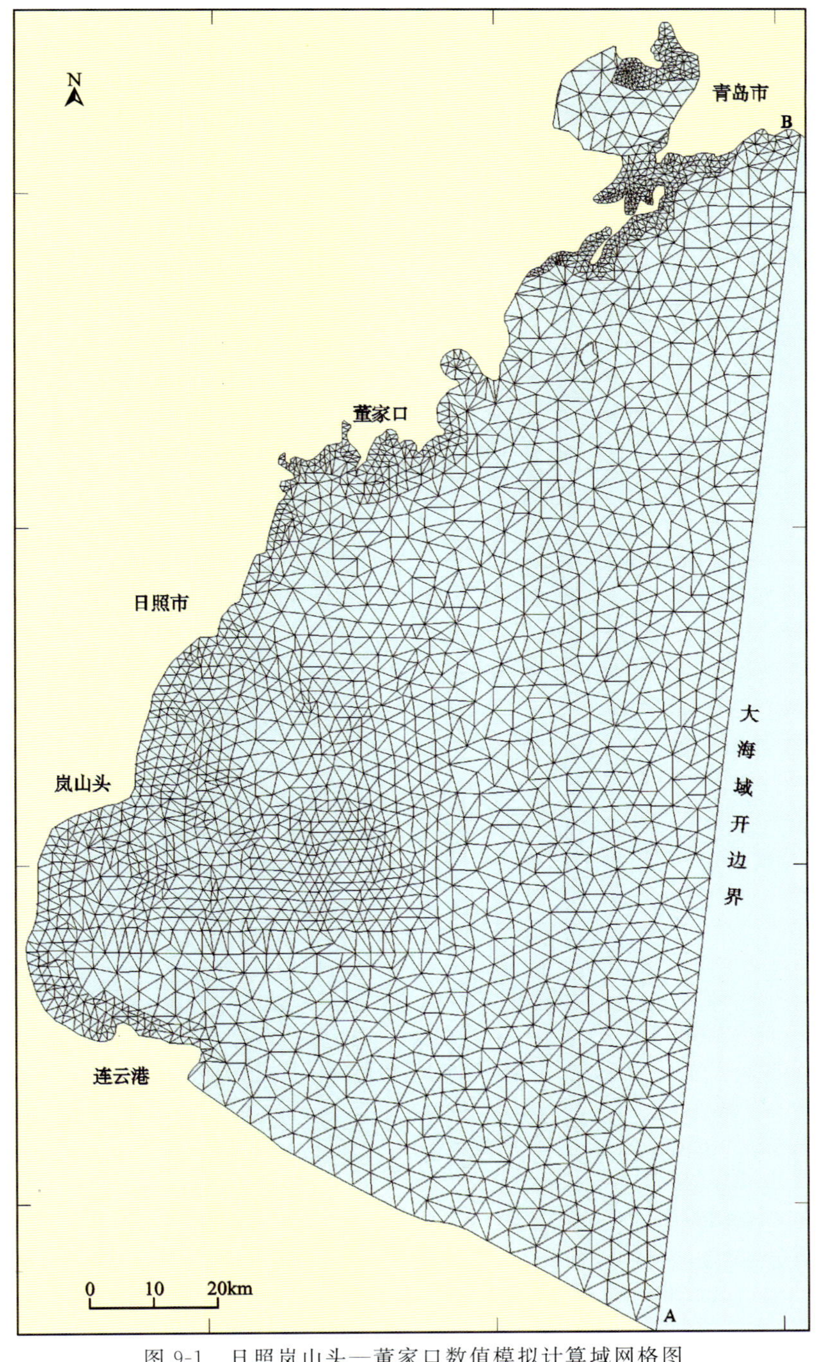

图9-1 日照岚山头—董家口数值模拟计算域网格图

1)海流

本水域的海流模拟是先用图 9-1 之 MIKE21 大网格水域,其范围为岚山港至董家口港海岸,以及海岸至外海 18km 之水域,网格距离为 375.2m,运用岚山港至董家口的实际观测水位,为南、北、东开口边界输入资料。以中国人民解放军海军海道测量局的海图中海岸为陆地边界,外海开口边界假设为没有水流流进流出,海底摩擦系数经校正为曼宁系数(Manning number)取 $26m^{1/3}/s$,涡流扩散系数(smagorinsky factor)取 0.6,其值为运用计算后再实际观测 A 及 B 站(图 9-2)的海流模拟结果与观测结果校正得出。

图 9-2 日照海域数值模拟验证点位置

再取图 9-1 中 MIKE21 小网格水域,其范围为自岚山港附近至涛雒海岸,共 18km,由海岸至外海约

11km，网格距离为93.8m。本模型所输入的开口边界资料，由MIKE21大网格模拟结果取出。各方案的计算结果说明如下：

没有海滩挖砂、岚山港及排水设施时，其涨潮主要流向为由东北向西南流动，退潮为西南向东北流动，其流速以越近海岸流速会变小为特征，其退潮流要比涨潮流大些，最大退潮流流速约为1.2m/s，而最大涨潮流流速约为1.1m/s，其计算结果见图9-3、图9-4。即本水域海流在近岸由波导流主导，海岸外由潮流主导，大洋由海洋环流主导。

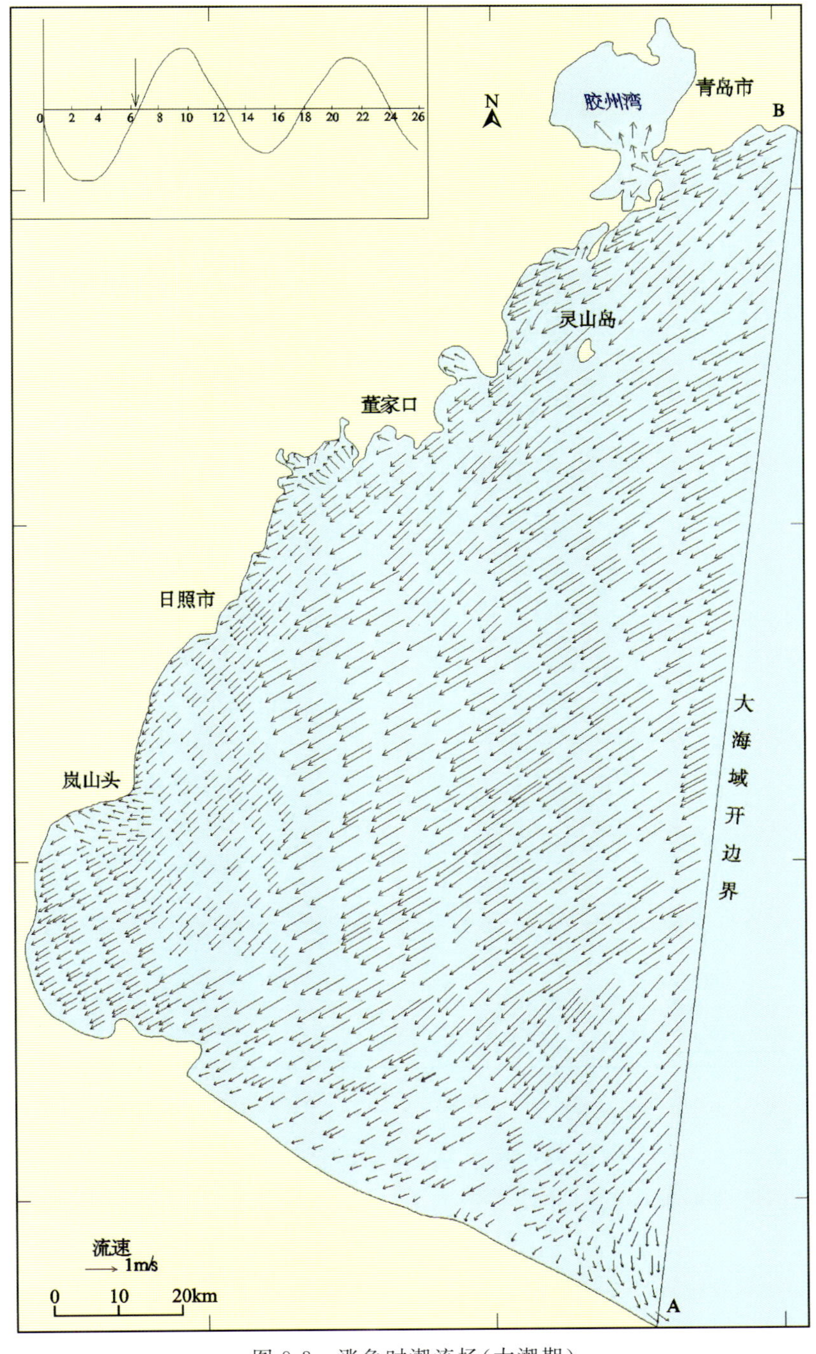

图9-3　涨急时潮流场（大潮期）

在海岸500m内，其海流除采砂矿区附近外，其余与未采砂海岸设施相近。在港区内海流变得很

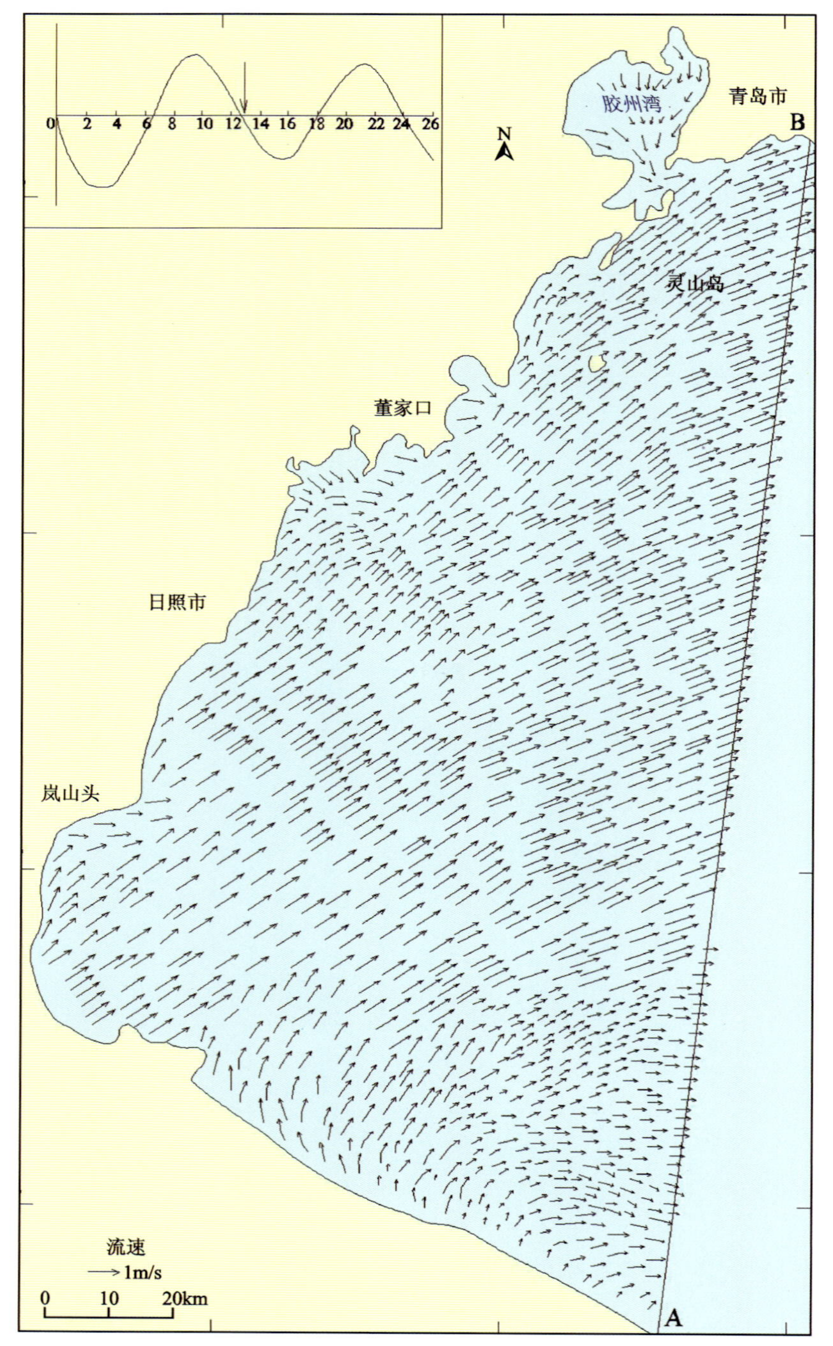

图 9-4　落急时潮流场(大潮期)

小,在采砂处有强涡流产生。将各时间的海流流场,在采砂矿区前后相减可知,采砂前后海流的主要差异均集中在港湾附近,防波堤堤头的海流差异最大可达 1.6m/s 之多。其余水域的海流差均在 20cm/s 以下。

2)波导流场

以冬季波浪场来模拟其所引起的海流流场,其波导流集中在海岸附近,而涛雒以南的波导流变得很小。在采砂后,采砂矿区附近的波导流变为沿着采砂矿区边界流动,采砂矿区的波导流是很小的。

以夏季的波浪场来模拟其所引起的海流流场,其波导流集中在涛雒以南的海岸地带。采砂前后的差异为，采砂后其在采砂矿区附近的波导流改为沿采砂矿区的海岸边界流动，采砂矿区内的波导流变得很小。

3)输砂模拟

将风、流、波浪动力及砂颗粒分布等资料输入MIKE21输砂模拟模型，计算出输砂及海底底床地形变化结果为：冬季输砂方向为由东北向西南方向输送，在日照以北，其海岸输砂相对较低。因此其输砂运动以日照以南的海岸为主，在涛雒南北海岸水域，其海底侵淤量相当大，有高达每年0.8m的淤积及0.5m的侵蚀。最大输砂量为650m^3/a。

夏季输砂方向为由南南西向北北东方向运输，输砂量较大的海岸为付疃河口附近，外海也有相当大的输砂量。输砂所造成的地形变化以涛雒附近海岸较明显，涛雒附近最大淤积可达0.14m/a，最大侵蚀可达0.197m/a，其最大输砂量为240m^3/a。其侵淤量及地形变化量均较冬季低，可以认为本水域的输砂及地形变化是受冬季的季风主导。海岸年净输砂方向亦是沿海岸由北北东向南南西运输。

在采砂后，因港湾地形影响海流的流况，以及冬季的输砂及地形变化，在日照港北侧海岸输砂活动剧烈，尤其在采砂处，海流侵淤活动剧烈，而在采砂外海方向处呈现为淤积，内陆方向处是侵蚀的，在近日照以北海岸亦是侵蚀与淤积互见，外海方向处呈现为淤积，内陆方向处是侵蚀的。

夏季的输砂及地形变化，日照港内淤积并不明显，沿岸工程侵淤剧烈，而在采砂处也是侵淤剧烈，靠外海处呈淤积，靠陆地处呈侵蚀。

以每年4个月冬季波浪及4个月夏季波浪来计算一年的海底底床变动，可知未采砂前该海域最大净侵淤约为0.65m，在海岸线网格陆地边界附近，其侵淤最大影响水深可达20m，采砂后与采砂前海底底床变动最大差异在于采砂附近水域，日照、岚山港区内侵淤量已减少很多，而在涛雒附近侵淤甚为剧烈。因模拟模型限制将海岸线视成为矩形，因此模拟结果不能令人满意，而以Genesis模拟模型来计算。

4)海岸线变化模拟

海岸线变化模拟又称单线模拟，采用美国陆军工兵团研发的Genesis模型，该模型于1988年发展建立后，经多次修订，并运用于日本、美国等地(Hanson,1991)。该模型考虑主要动力为波浪及波浪浅化、折射、波浪破碎所生发沿岸流及其产生的输砂作用，最后再计算海岸线的变化。所用波浪采用青岛海洋大学(现中国海洋大学)1996年观测的示性波高及周期资料(庄振业,2004)，波向在夏季采用西南方向，而在冬季采用东北方向。其海岸及海底地形采用海军海洋测量局1995年出版的水道图，砂粒粒径分析采用1997年实测结果为$d_{50}=0.20$mm。

模拟的范围为自岚山港至董家口南侧，网格之海岸线原点为日照港南方海岸线1.3km处(图9-1)，沿海岸线向北延伸，共取100个网格，其模拟网格的距离采用187.5m，即包含了18.75km的海岸线，波浪资料输入的间距为12h，本次模拟为探讨在2004年开始采砂，其在采砂前及采砂后5年(2009年)、10年(2014年)及15年(2019年)的输砂量及海岸线变化，并以人造卫星遥感图像的海岸变迁与本模拟结果比较作为该模拟模型的验证，以及与青岛海洋大学1998年的水工模型试验结果比较，进行以下2种布置分别予以计算及讨论。

布置1:现况海岸线位置及海岸位置；布置2:采砂后海岸。

5.现况海岸的输砂及海岸线变化

以中国人民解放军总参谋部测绘导航局2000年出版的1∶5万地形图所标示的岚山港至董家口港间海岸地形，以Genesis模型，将1998年青岛海洋大学所观测的波浪输入计算，计算得出2004年海岸地形，再以布置1的现况海岸，即海岸主要设施为日照港，用Genesis模型来计算逐年输砂及海岸线变化，其各年各位置之漂砂净输砂结果，最大年输送量为$68\times10^4 m^3$，且其净输送方向均为沿海岸向南，因此本海岸侵淤已逐渐达到平衡。该海岸净输砂极大值发生于涛雒以北1.5km处及以南2.5km处，第5年(即2009年)分别为$68\times10^4 m^3$/a及$46\times10^4 m^3$/a，输砂量逐年减少，到第15年(即2019年)分别为

$58\times10^4 m^3/a$及$40\times10^4 m^3/a$，极大值发生位置大致相同，而极小值发生在涛雒附近，显示到目前日照港的净输砂已逐渐稳定，而采砂矿区的第5年净输砂（不含采出的砂）仅为$33\times10^4 m^3/a$。但到第15年净输砂量增加到$40\times10^4 m^3/a$。

根据模型中预测的2009年、2014年及2019年海岸线变化可知每年海岸线净变化均在15m以内，是一相对安定的海岸，日照港附近仍是呈现淤积，与2004年相比，2014年海岸线向外海延伸100m。但日照港预定海岸属于微淤，而在日照港以南预定海岸却是本海岸侵蚀极大值位置。采砂可以侵蚀日照地区的南段海岸造成日照及岚山港的淤积。

6. 模型验证

将1988年、1992年、1998年、2002年日照港至董家口海岸地形经潮位校正后，得出本地区海岸线地形，将1988年的本水域海岸线地形，输入Genesis海岸地形模型，计算出1992—1998年，以及1998—2002年海岸线变化。模拟1992—2002年间海岸线变化与人造卫星观测结果比较，在坐标间及10～11km间计算所得结果有局部淤积，稍高于观测值，其余位置大致是吻合的。

由以上比较可知模型计算结果与观测结果是大致吻合的，尤其是在本书主要范围日照港至董家口预定海岸间水域，其计算结果与观测结果更是吻合。因此运用本模型来模拟探讨采砂对海岸线变化及输砂的影响是可行的。

7. 讨论

运用MIKE21模型计算出来的结果，其海流与观测结果甚为吻合。而海底的侵蚀淤积，计算结果与青岛海洋大学于1996—1998年海底地形测量结果相比，淤积与侵蚀发生位置均吻合。运用MIKE21模型探讨采砂后流场变化及侵淤位置，侵淤程度有一定的参考价值。然而MIKE21模型是基于有限差分法，在海岸不规则边界时，其边界常会被处理成齿状，所计算出的结果不尽理想。

计算结果显示：本水域海底地形变化主要为风、波浪及海流等动力所造成，海流在退潮时为向北北东流，最大流速约为1.2m/s，涨潮时为向南南西流，最大流速约为1.12m/s，由于本水域以冬季东北季风及波浪主导本水域的输砂，未采砂时，在傅疃河口海底底床侵淤活动较为频繁。

就海岸线变化而言，该海域的海岸线每年变化仅5～15m而已，算是相当安定的海岸。在日照到涛雒区间海岸为侵蚀，海岸线向内陆退缩，在涛雒至岚山区间海岸是淤积，在岚山港与绣针河口海岸为侵蚀。此与青岛海洋大学1998年的研究结果相吻合。

经过人造卫星TM遥测海岸线位置验证后，运用MIKE21及Genesis模型来模拟海岸地形变化是可行且快速的方法。

二、山东半岛南部海域浅海砂矿开采环境影响预评价

该海域指从威海成山头至白马河口海域。海域内礁石岸线居多，具有海珍品养殖及建设临港工业的良好条件。拥有连绵几十千米的优质沙滩海岸及清澈蔚蓝的海水，具有优良的港口资源、旅游资源及渔业资源。

该区域主要海洋功能为海洋保护、旅游休闲娱乐、港口航运和工业与城镇用海。成山头至五垒岛湾海域主要发展海洋渔业；荣成近岸海域兼顾区域性港口建设和滨海旅游开发，适度发展临海工业；五垒岛湾至青岛海域主要发展滨海旅游业，建设生态宜居型海滨城镇，禁止破坏旅游区内自然岩礁岸线、沙滩等海岸自然景观，加强潟湖、海湾等生态系统保护，加强荣成成山头、大天鹅、胶州湾、千里岩岛等海洋保护区建设；青岛西南部海域合理发展港口航运，环胶州湾打造以海洋高技术产业和现代服务业为特点的海湾经济区，建设青岛西海岸海洋经济新区。规划建设威海南海海洋经济新区、董家口港口物流产业

聚集区、丁字湾海洋文化旅游产业聚集区等集中集约用海片区。开展石岛湾、五垒岛湾、胶州湾、丁字湾等海湾综合治理。

该海域以海阳市千里岩海域砂矿区为例进行浅海砂矿开采环境影响评价。对某一海区的海水动力或污染扩散进行数值模拟。首先，应对该海区的水动力状况进行测量，作为数值模拟验证资料，另外，还应在计算域的边界测量水位或流速，作为定解条件。本海域为预评价，对本海域的数值模拟采用了如下简化：

(1)采砂区离岸线远达 50 多千米，因此岸线对施工区水动力影响很小，可近似将其忽略。

(2)忽略岸线影响后的海区，可以用一矩形、四面邻海的区域所代替。

(3)以上条件下，可以在矩形海域内模拟一流场，其流速大小类似于千里岩附近海域，变化频率为半日分潮周期，然后以此流场为动力，预测挖砂区悬浮砂的扩散浓度及范围。

1. 模型海域流体动力学数值模拟

1)流体动力学方程

经垂向平均的浅水运动方程组为：

$$\begin{cases}\dfrac{\partial\zeta}{\partial t}+\dfrac{\partial(H\mu)}{\partial x}+\dfrac{\partial(H\upsilon)}{\partial y}=0\\ \dfrac{\partial\mu}{\partial t}+\mu\dfrac{\partial\mu}{\partial x}+\upsilon\dfrac{\partial\mu}{\partial y}+g\dfrac{\partial\zeta}{\partial x}-f\upsilon+\dfrac{g}{{C_z}^2}\dfrac{\sqrt{\mu^2+\upsilon^2}}{H}\mu=0\\ \dfrac{\partial\upsilon}{\partial t}+\mu\dfrac{\partial\upsilon}{\partial x}+\upsilon\dfrac{\partial\upsilon}{\partial y}+g\dfrac{\partial\zeta}{\partial x}-f\mu+\dfrac{g}{{C_z}^2}\dfrac{\sqrt{\mu^2+\upsilon^2}}{H}\upsilon=0\end{cases}$$

式中，μ、υ 分别为对应于 x、y 轴的流速分量；t 为时间坐标；g 为重力加速度；f 为科氏参数，$f=2\Omega\sin\Phi$，Ω 为地转角速度，Φ 为地理纬度；ζ 为自静止水面算起的水位高度；h 为自静止水面算起的水深；$H=h+\zeta$；C_z 为谢才系数（$cm^{\frac{1}{2}}/s$）；在陆边界：$\mu\cos\alpha+\upsilon\cos\beta=0$；在开边界：$\zeta=\zeta'$，$t=0$ 时，$\vec{\upsilon}=\vec{\upsilon}_0$，$\zeta=\zeta_0$。

这样就构成了二维浅海潮波的完整方程。

2)数值方法

采用三角形网格的分步杂交方法，在前半分步用特征线方法，后半分步用集中质量有限元方法求解方程。

3)计算域和网格设置

计算域为长 210km、宽 143km 的矩形海域。水深：工程海域周围约 $10km^2$ 范围内水深为 29.5m，工程海域向北延伸，水深逐渐减小，最浅处 6m。

计算域共有节点 1340 个，单元 2151 个，采砂区附近最小网格距离为 700m。

4)计算结果

计算流场表明具有半日潮特征。图 9-5～图 9-8 给出 4 个代表性时刻的潮流场，计算流场表明具有半日潮特征，分别代表低潮时、涨潮中间时、高潮时和落潮中间时。图 9-5 为低潮时流场，说明工程海域正处在转流时期，流速均较小。图 9-6 为涨潮中间时流场，此时流速较大，最大流速位于计算域左上方，最大流速为 35cm/s 左右。图 9-7 为高潮时流场，流速较小。图 9-8 为落潮中间时流场，此时，流场结构与图 9-6 相同，只是流向相反，最大流仍位于计算域左上方，流速为 30cm/s 左右。说明该模拟海域的水动力状况与千里岩附近海域水动力状况基本特征相符。

2. 悬浮物浓度预测

根据一般采砂工艺和该海域海砂含泥量分析，采砂作业期间按照最大可能的泥砂进入海洋，即按 10%的泥砂由于过筛、冲洗等过程而进入海洋，该类物质为颗粒态。一般情况下，颗粒态物质在随海水水平运移的同时，也会发生沉降而落入海底，与此同时，海底泥砂由于海水运动的冲刷，在海流速度达到一定大小时，也会悬浮起来而进入水中。在该海域，由于悬浮物水质标准仅规定了由于工程实施所造成悬浮物的增量，因而，在预测中，忽略海底泥砂的起浮。

1）泥砂运动方程

泥砂输运方程为：

$$\begin{cases}\dfrac{\partial c}{\partial t}+\mu\dfrac{\partial c}{\partial t}+\upsilon\dfrac{\partial c}{\partial y}-\dfrac{\partial}{\partial x}(D_x\dfrac{\partial c}{\partial x})-\dfrac{\partial}{\partial y}(D_x\dfrac{\partial c}{\partial y})=S_c\\ S_c=\alpha w_s(\beta S^*-\gamma c)\\ \beta=1,\quad \mu,\upsilon\geqslant\mu_c\\ \beta=0,\quad \mu,\upsilon<\mu_c\\ \gamma=1,\quad \mu,\upsilon\leqslant\mu_f\\ \gamma=0,\quad \mu,\upsilon>\mu_f\end{cases}$$

式中，w_s 为泥砂颗粒沉速；μ_f 为悬浮流速；μ_c 为起动流速，μ_f、μ_c 根据 Hjulstrom 曲线确定；c 为含砂量；S^* 为水流挟砂能力。

水流挟砂能力 S^* 采用下式计算：

$$S^*=0.027\,3\rho_s\frac{\upsilon^3}{gH}$$

式中，υ 为潮流速度；ρ_s 为泥砂密度。

采用三角形网格的分步杂交法对以上方程进行求解。

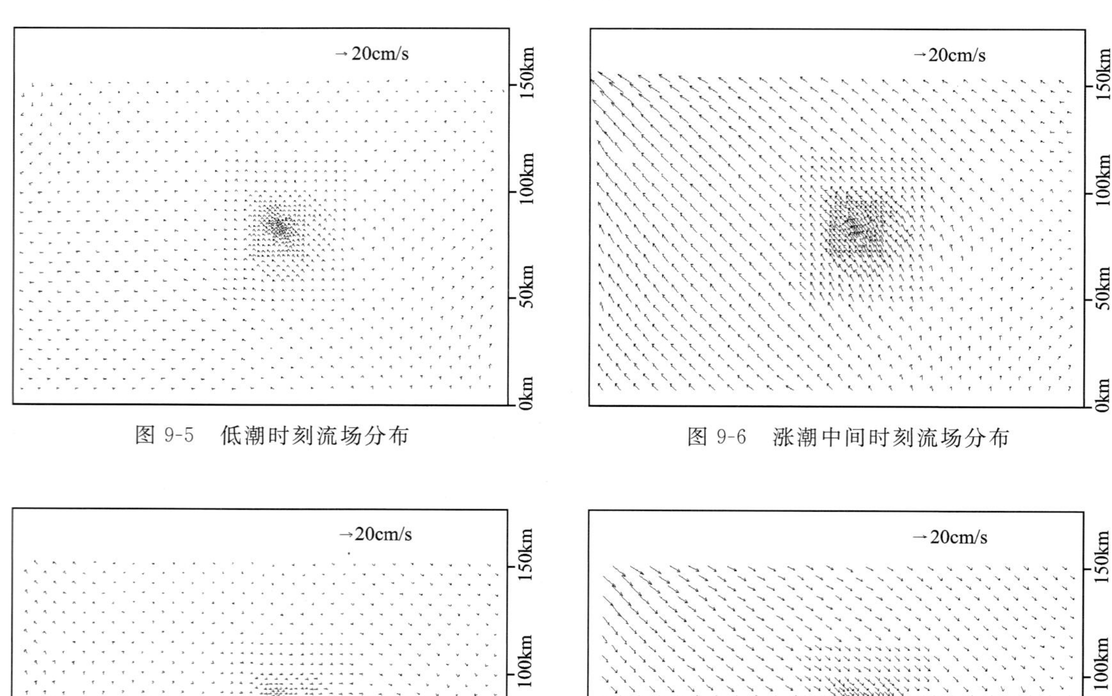

图 9-5　低潮时刻流场分布

图 9-6　涨潮中间时刻流场分布

图 9-7　高潮时刻流场分布

图 9-8　落潮中间时刻流场分布

2)泥砂入海量及泥砂参数的选取

据工程勘探,采砂区含砂量较高,可达90%以上,因而采出砂石经过筛选、冲洗而进入海洋的不足10%,即150m^3/h。据国家海洋局第一海洋研究所勘探报告,该处泥砂由砾砂、粉砂、黏土组成,其平均中值粒径为4.05φ(0.25～0.063mm)。预测时,取0.09mm。

3)预测结果

图9-9～图9-12给出了4个代表性时刻的悬浮物浓度分布图。由图可见,4个时刻等值线形状均类似椭圆,这是由潮流作用而形成的,椭圆长轴最大距离(1.0mg/L等值线)为55km左右,短轴最大距离(1.0m/L等值线)为17km左右。在潮流的作用下,椭圆整体有所移动,如图9-9中椭圆偏向右下方,而图9-11中椭圆偏向左上方。图9-10和图9-12基本重合。

计算低潮时(图9-10)悬浮物最高浓度为1.86mg/L,涨潮中间时(图9-9)最高浓度为1.85mg/L,高潮时(图9-12)最高浓度为1.84mg/L,落潮中间时(图9-11)最高浓度为1.80mg/L,满足二类水质(10mg/L)的要求。

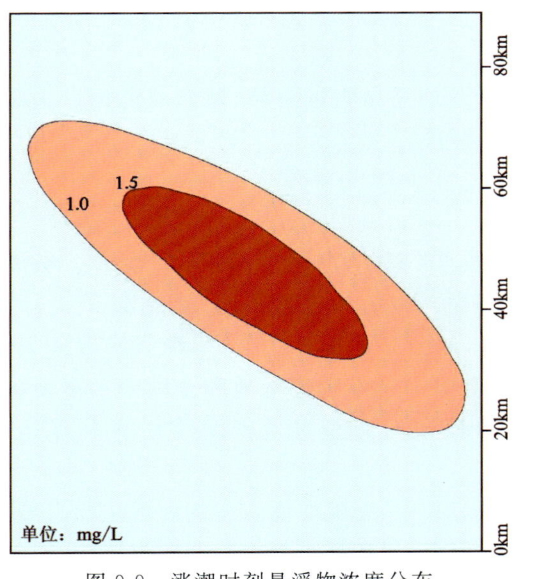

图9-9　涨潮时刻悬浮物浓度分布

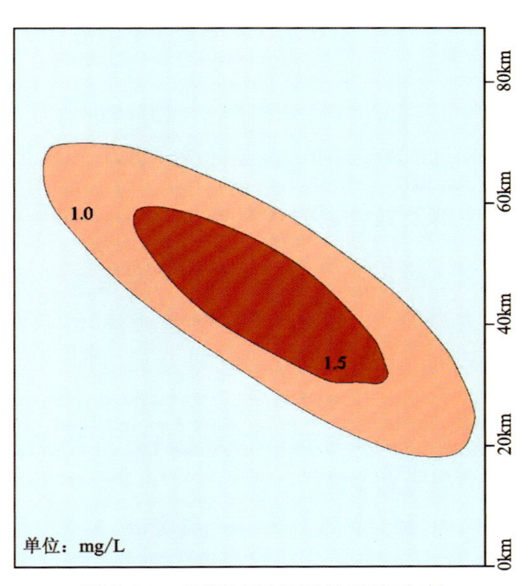

图9-10　低潮时刻悬浮物浓度分布

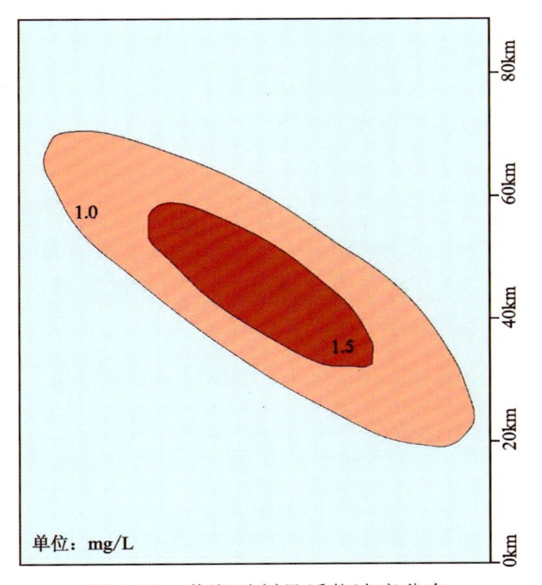

图9-11　落潮时刻悬浮物浓度分布

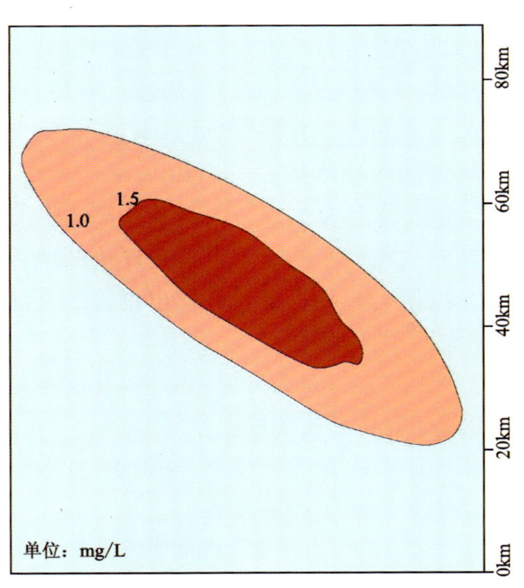

图9-12　高潮时刻悬浮物浓度分布

三、山东半岛东北部海域浅海砂矿开采环境影响预评价

该区域从蓬莱角至威海成山头毗邻海域。近海分布有套子湾、芝罘湾、四十里湾、威海湾等较大的海湾，是发展海上运输、滨海旅游和海水养殖的良好水域。近海水质较清洁，自然分布的经济生物100余种，是我国开发历史较早的渔业养殖区。

该区域主要海洋功能为农渔业、港口运输、旅游休闲娱乐和海洋保护。蓬莱角至平畅河海域重点发展滨海旅游、海洋渔业；套子湾西北部、芝罘湾海域重点发展港口航运；烟台市区至成山头近岸海域主要发展滨海旅游与现代服务业。区域内协调海洋开发秩序，维护长山水道、成山头航道、烟台近岸航路等港口航运功能。严格禁止近岸浅海砂矿开采和砂质海岸地区围填海活动。规划建设烟台东部海洋文化旅游产业聚集区等集中集约用海片区。重点保护崆峒列岛、成山头、牟平砂质海岸、刘公岛等海洋生态系统。开展芝罘湾、威海湾、养马岛、金山港等海域综合治理，保持海洋生态环境的良性循环和可持续发展。

由于本海域海湾较多，根据不同海湾的特点，以威海及刘公岛附近海域、威海双岛湾口采砂矿区和烟台市区邻近海域为例分别进行浅海砂矿开采影响预测评价。

1.威海湾及刘公岛附近海域

本区域范围包括刘公岛及威海湾附近海域，海岸线长35.8km，海域总面积约75km^2。威海湾是威海市区最大海湾，北起北山嘴，中经连林岛、黄岛、刘公岛、大红、小红等岛礁，南迄鬼子头，海岸线长29km，面积59.5km^2。湾内有对外开放口岸——威海港，刘公岛面积3.15km^2，距威海市区2.1海里，是国家级风景名胜区和国家级文物保护单位所在地，为全国青少年教育基地和全国中小学爱国主义教育基地。威海湾的主要污染物为无机氮和磷、石油类，同时，由于渔业养殖密度过大，妨碍航运、影响海上旅游的问题也很突出。

威海湾内泥砂来源主要有河流输砂、侵蚀、人工堆积。其中，在威海湾入海的河流主要有城南河、望岛河、长峰河和徐家河，这些河流均为短小的山溪性雨源河流，仅在夏季暴雨季节向海湾输送泥砂，年输砂量(1.81～3.02)×10^4t；海湾有不少海岸为基岩海岸，经波浪侵蚀，每年向海供应一部分泥砂，另外，海流侵蚀海底也提供有限数量的海砂；经济发展过程中，改造海岸、填海造地等人为因素都会向海输送一部分泥砂，工程排污、城市垃圾也提供少量有限泥砂来源。由此可见，威海湾内没有较强的沿岸泥砂流和河流输砂，因而没有外部固定输砂。海岸总体处于侵蚀环境，海岸后退，但由于基岩裸露，岩石滩较发育而侵蚀下来的物质有限，泥砂基本处于动态平衡，所以威海湾处于较稳定的状态。

1)海域流场数值模拟

潮流数值计算是研究评价海域现状潮流场及预测潮流场分布的一个重要内容，是海洋环境影响评价工作的基础。在此基础上可以预测评价海域因入海污染源及岸线变化而引起的海水水质及水动力条件的变化。以便对工程的可行性作出正确的论证和评价，并为有关部门提供科学的管理依据。

(1)平均运动方程组。

对于沿岸浅海，特别是半封闭海湾，其基本运动是由外来潮波引起的潮汐运动，即协振潮。因此，我们主要研究潮波、潮流及潮致余流等。

描述潮流运动的参考坐标系，被置于“f-平面”，即不考虑地球曲率的影响。这种近似描述，适用于水平范围远小于地球半径的海域。

选用一个固着于“f-平面”上的直角坐标系(XOY平面)和静止海面重合，组成右手坐标系，Z轴向上为正，于是描述正压海洋的深度平均运动方程组为：

$$\begin{cases}\dfrac{\partial\zeta}{\partial t}+\dfrac{\partial(H\mu)}{\partial x}+\dfrac{\partial(Hv)}{\partial y}=0\\ \dfrac{\partial\mu}{\partial t}+\mu\dfrac{\partial\mu}{\partial x}+v\dfrac{\partial\mu}{\partial y}=-g\dfrac{\partial\zeta}{\partial x}+fv-\dfrac{g}{C_z^{\ 2}}\dfrac{\sqrt{\mu^2+v^2}}{H}\mu+\dfrac{t_{sx}}{\rho_w H}+\varepsilon\left(\dfrac{\partial^2\mu}{\partial x^2}+\dfrac{\partial^2\mu}{\partial y^2}\right)\\ \dfrac{\partial v}{\partial t}+\mu\dfrac{\partial v}{\partial x}+v\dfrac{\partial v}{\partial y}=-g\dfrac{\partial\zeta}{\partial y}+f\mu-\dfrac{g}{C_z^{\ 2}}\dfrac{\sqrt{\mu^2+v^2}}{H}v+\dfrac{t_{sx}}{\rho_w H}+\varepsilon\left(\dfrac{\partial^2 v}{\partial x^2}+\dfrac{\partial^2 v}{\partial y^2}\right)\end{cases}$$

式中，H 为水深，$H=\zeta+H_0$；H_0 为从平均海面算起的水体深度；ζ 为从平均海面算起的水面高度；x、y 为笛卡尔坐标，在这里分别取向东和向北为正；f 为科氏系数，$f=2\omega\sin F$（ω 为地球自转角速度，F 为地理纬度）；g 为重力加速度，取 $9.81\mathrm{m/s^2}$；ε 为水平涡动黏滞系数；t_{sx} 为水面上的风应力，$t_{sx}=r^2\rho_a W^2\cos\theta$（$W$ 为风速，ρ_a 为空气密度，θ 为风的方向角，r 为风应力系数，它的值约为 0.002 6）；μ、v 为海流速度沿 x、y 分量从海底到海面的平均值；t 为时间坐标；ρ_w 为海水密度；C_z 为谢才系数（cm/s）。

定解条件为：

初始条件：$t=0$ 时，$u=u_0$，$v=v_0$，$\zeta=\zeta_0$；

边界条件：开边界 $\zeta=\zeta'$；岸边界 $\boldsymbol{v}\cdot\boldsymbol{n}=0$（沿岸移动，$\boldsymbol{n}$ 为边界法线）。

在实际计算中，无论二维还是三维，由于浅海较强的湍耗散作用，总是取零值作为初始条件，因为任何初始能量，经过一定时间后，总要耗散掉，故当计算达到一定时间长度以后，初始效应总会消失，而只是由 ζ' 这一协振潮的唯一强迫函数在起作用，对于 ζ' 的取值，要求具有满意的精度。

（2）分步杂交解法。

由于海域实际边界的复杂性，运动方程中包含了非线性项，求解它的解析解十分困难，一般情况下是无法实现的，故目前求解这一方程组基本上采用数值求解。当然，在适定的边界条件和初始条件（或称定解条件）下，数值求解方程组的方法很多，有边值法、有限元法、ADI 法等。我们采用在海洋界应用较多的分裂算子法——分步杂交法。

①分步杂交法。

目前较为流行的求解法是 ADI 方法（或称隐式方向交替法），这种方法的特点是稳定性较好，积累误差小。它也有本身的缺点，其一是它的计算网格为矩形网格，对岸界的模拟不尽如人意；其二是对于确定的计算域，当减少空间步长时，网格点的增加较大，因此不能随意地根据人们的需要减小（像排污口附近）或增大空间步长（远离岸边的开边界）。分步杂交法采用可以大小随意的三角形网格，其优点是对边界拟合较好，对流效应模拟良好，特别适合于地形复杂、岛屿众多的海域。不过这个模型也有它的不足之处，主要是时间步长较短，运算时间长，令人欣慰的是，随着计算机技术的迅速发展，这一缺点可以克服。

利用分步方法将平均运动方程组分解：

在前半分步：$n\Delta t<t=(n+1/2)\Delta t$。用特征线方法求解方程：

$$\frac{1}{2}\frac{\partial\mu^{(1)}}{\partial t}+\mu^{(1)}\frac{\partial\mu^{(1)}}{\partial x}+v^{(1)}\frac{\partial\mu^{(1)}}{\partial y}=0$$

$$\frac{1}{2}\frac{\partial v^{(1)}}{\partial t}+\mu^{(1)}\frac{\partial v^{(1)}}{\partial x}+v^{(1)}\frac{\partial v^{(1)}}{\partial y}=0$$

在后半分步：$(n+1/2)\Delta t<t=(n+1)\Delta t$。用集中质量有限元方法求解方程：

$$\frac{1}{2}\frac{\partial\mu^{(2)}}{\partial t}=-g\frac{\partial\zeta}{\partial x}+fv^{(2)}-\frac{g}{C_z^{\ 2}}\frac{\sqrt{\mu^2+v^2}}{H}\mu^{(2)}+\frac{t_{sx}}{\rho_w H}+\varepsilon\left(\frac{\partial^2\mu^{(2)}}{\partial x^2}+\frac{\partial^2\mu^{(2)}}{\partial y^2}\right)$$

$$\frac{1}{2}\frac{\partial v^{(2)}}{\partial t}=-g\frac{\partial\zeta}{\partial y}+f\mu^{(2)}-\frac{g}{C_z^{\ 2}}\frac{\sqrt{\mu^2+v^2}}{H}v^{(2)}+\frac{t_{sx}}{\rho_w H}+\varepsilon\left(\frac{\partial^2 v^{(2)}}{\partial x^2}+\frac{\partial^2 v^{(2)}}{\partial y^2}\right)$$

式中参数含义同上。

②差分方程组。

在分步杂交方法中，用改型特征线方法计算对流部分，前半分步中方程的离散格式为：

$$U_i^{n+\frac{1}{2}} = \sum_{a=1}^{3} \bar{L}_a \mu_a^{ei}(n\Delta t)$$

$$V_i^{n+\frac{1}{2}} = \sum_{a=1}^{3} \bar{L}_a \nu_a^{ei}(n\Delta t)$$

式中，$\bar{L}_a(a=1,2,3)$ 为点 $\bar{P}_i(\bar{X}_i,\bar{Y}_i)$ 在三角形单元(ei)内的面积坐标；$\mu_a^{ei}(n\Delta t)$、$v_a^{ei}(n\Delta t)$，$(a=1,2,3)$ 分别为$(n\Delta t)$时刻 μ、v 在三角形单元(ei)的 3 个结点上的值。

对后半分步方程组先以时间半稳式差分，得：

$$\frac{\mu^{n+1}-\mu^{n+\frac{1}{2}}}{2\cdot\dfrac{\Delta t}{2}} = -g\frac{\partial \zeta^{n+1}}{\partial x} + f\nu^{n+1} - g\left(\frac{\sqrt{\mu^2+\nu^2}}{C_z{}^2 H}\right)^{n+\frac{1}{2}\mu^{n+1}} \left(\frac{t_{sx}}{\rho_w H}\right)^{n+\frac{1}{2}} + \varepsilon\left(\frac{\partial^2\mu}{\partial x^2}+\frac{\partial^2\mu}{\partial y^2}\right)^{n+\frac{1}{2}}$$

$$\frac{v^{n+1}-v^{n+\frac{1}{2}}}{2\cdot\dfrac{\Delta t}{2}} = -g\frac{\partial \zeta^{n+1}}{\partial x} + f\mu^{n+1} - g\left(\frac{\sqrt{\mu^2+v^2}}{C_z{}^2 H}\right)^{n+\frac{1}{2}v^{n+1}} \left(\frac{t_{sx}}{\rho_w H}\right)^{n+\frac{1}{2}} + \varepsilon\left(\frac{\partial^2 v}{\partial x^2}+\frac{\partial^2 v}{\partial y^2}\right)^{n+\frac{1}{2}}$$

再利用集中质量有限元方法求解上述方程，后半分步第二个方程表示在水体的每个体积元中质量守恒，在一整步中采用于 μ、v 时间交错的有限体积（集中质量区域）守恒格式，有：

$$\frac{\zeta_i^{n+\frac{1}{2}}-\zeta_i^{n-\frac{1}{2}}}{\Delta t}A_i = \frac{H_i^{n+\frac{1}{2}}-H_i^{n-\frac{1}{2}}}{\Delta t}A_i = -fr_i H^{n-\frac{1}{2}} v^n \cdot \bar{n} d\Gamma$$

式中，A_i 为结点(X_i,Y_i)的集中质量区域的面积；G_i 为结点(X_i,Y_i)的集中质量区域的边界。

(3)威海湾海域潮流场计算。

①计算域及水深。

本计算域由赵北嘴(A 点)和刘公岛的南岸中间偏东(B 点)连线，刘公岛的西端(C 点)、黄泥湾南端(D 点)连线，包括了威海湾在内的两个水边界以及岸线所围的范围(图 9-13)。计算域内水深根据中国人民解放军海军航海保证部出版的海图摘取，海图编号为 11981。

本次潮流数值计算使用的是三角形网格的变边界数值模型，具有较强的灵活性，根据需要对重点评价海域进行任意加密；另一个优点是岸界拟合较好，它可以将比较复杂的海岸及岛屿形状真实地呈现出来，这是矩形网格无法比拟的。本数值模型的三角形网格单元为 1683，网格节点为 997，最小网格连线间距约 80m，计算网格见图 9-14。

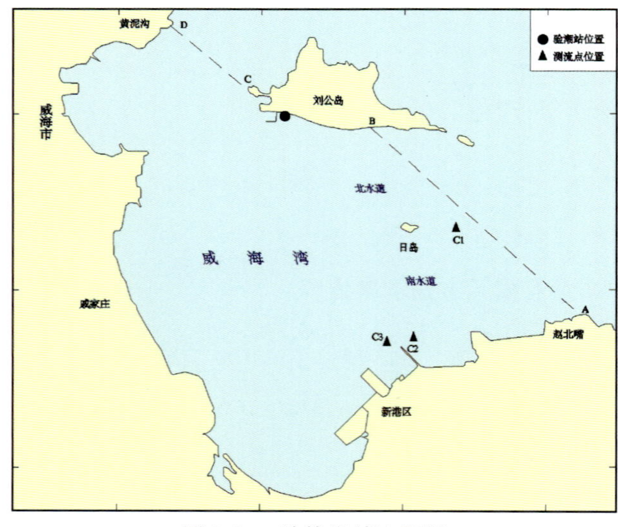

图 9-13　计算海域边界图

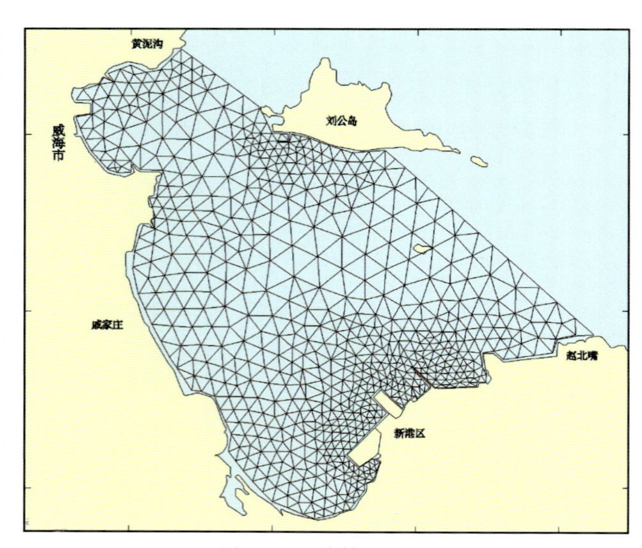

图 9-14　计算网格图

②参数的选取。

根据分步杂交方法计算的稳定性条件：$\Delta t=\min(d_j/v_j)$，其中 d_j 是所有三角形单元中最小的垂线距离，$v_j=(u_j^2+v_j^2)/2$ 为各网格点上流速的大小，作为保守的估算，取 $v_{\max}=1.0\text{m/s}$，$d_{\min}=80\text{m}$，则 $\Delta t=d_{\min}/v_{\max}=80\text{s}$。本次数值模型选取时间步长为 $\Delta t=2.5875\text{s}$，计算 5 个半日潮周期即趋于稳定。

③开边界强迫水位。

由于威海湾海域基本为半日潮海域，水界按 M2 分潮调和方程输入，即：

$$\zeta(t)=H_{M2}\cos(\sigma_{M2}t-g_{M2})$$

式中，H_{M2} 为 M2 分潮调和常数振幅；g_{M2} 为 M2 分潮调和常数迟角；σ_{M2} 为 M2 分潮角速度；ζ 为水位；t 为时间。

由此得到的计算潮流场为具有代表性的模型海域平均潮流场。

④潮位验证。

图 9-15 是数值计算的潮位验证曲线，是以刘公岛验潮站（位置见图 9-13）的观测数据作为实测值，与该位置相应点的计算值进行比较。从图中可以看出，实测值曲线与计算结果曲线吻合良好，数值计算得到的潮位变化与实际海域的涨落潮变化是一致的，这说明了模拟计算结果的正确性。

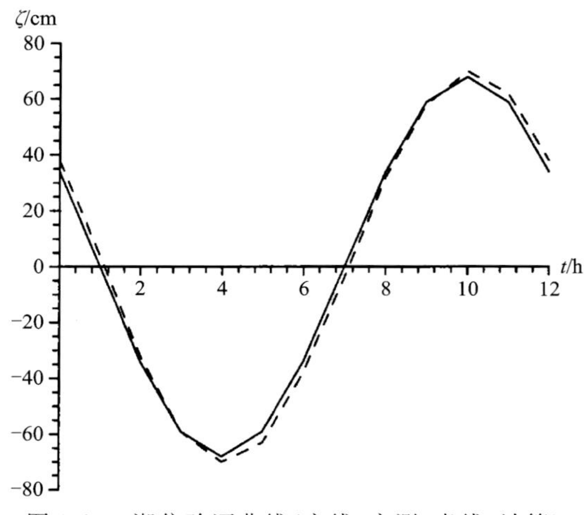

图 9-15　潮位验证曲线（实线：实测；虚线：计算）

⑤潮流验证。

图 9-16 是 Cl、C2 及 C3 三个潮流观测流点（位置见图 9-13）的潮流验证玫瑰图，从图中可以看出，两个点的潮流实测值与计算值在最大流发生时刻、方向、大小及旋转方向都是基本一致的，吻合良好。潮流基本为往复流。由潮位和潮流的验证可以说明，本海域建立的数值模型是正确的，由此得到的计算结果能够较真实地反映该海域海水的运动规律。

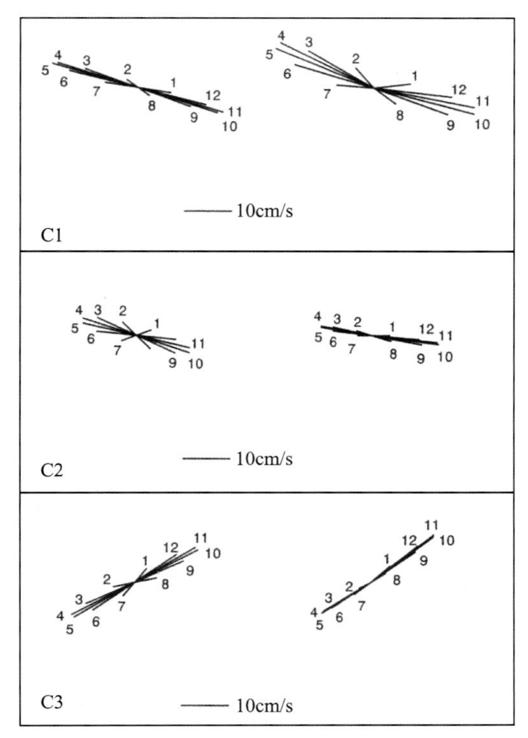

图 9-16　潮流验证玫瑰图

⑥计算结果分析。

图 9-17 和图 9-18 是以刘公岛验潮站为参考港，一个潮周期内涨急和落急时刻的计算潮流场。由图 9-17 中可以看到，此时刻刚开始涨潮，涨潮流由赵北咀至刘公岛东端水界以东流入威海湾，从刘公岛西端与大陆连线的水界流出威海湾；由日岛南水道进入的涨潮流分成两部分，接近新港区的涨潮流向港区西南以及威海湾南部湾底流去，离新港区远些的涨潮流流向威海湾西北。从潮流场的流速分布来看，日岛南水道以及刘公岛西端流速普遍较大，近岸海域和威海湾老港区附近海域的流速则很小，图 9-18 给出落急时刻的计算潮流场，落潮流分布及流速大小与涨潮流情况相似，落潮流流向与涨潮流相反。

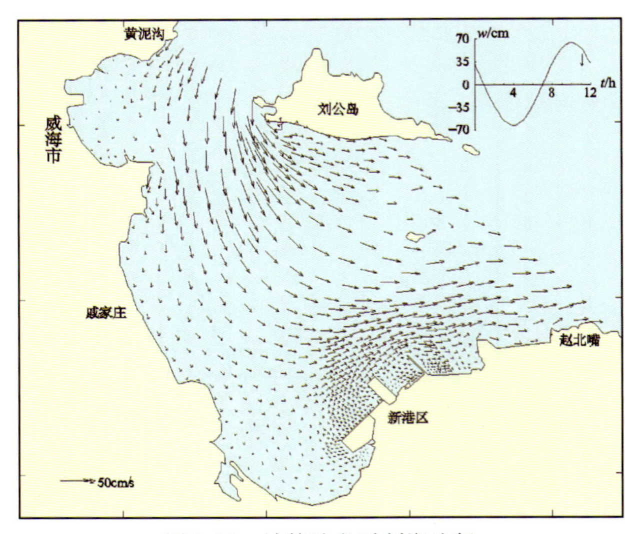

图 9-17　计算涨急时刻潮流场

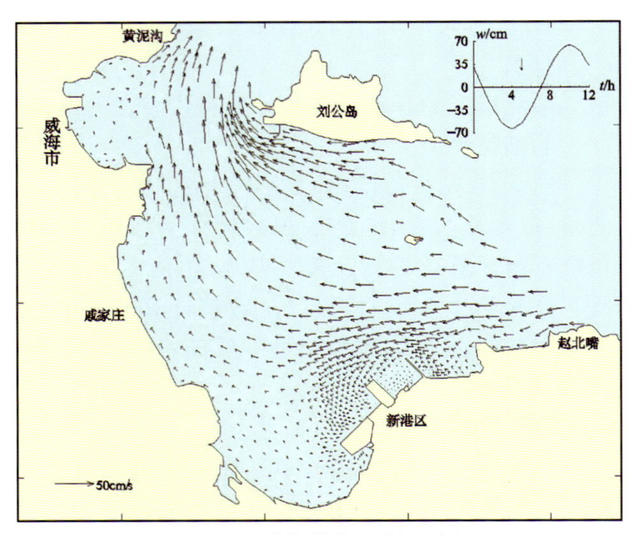

图 9-18　计算落急时刻潮流场

2)采砂对水质环境影响分析

采砂造成的生态影响主要发生在施工期，施工期生态影响包括直接影响和间接影响两个方面。直接影响主要限定在采砂的施工范围之内，这些作业内容将直接破坏生物生境，并造成海洋生物的直接死亡。间接影响主要指采砂致使施工水域的悬浮物浓度增加，导致水质变差而造成的影响。从小范围来讲，会对海域环境造成一定影响，但施工结束后，悬浮泥砂污染会很快消失。

3)采砂对海洋生态影响分析

(1)项目用海对浮游生物的影响分析。

水中所含悬浮物质的多少，是衡量水环境影响质量的指标之一，也是浮游植物生存的水体空间的环境要素之一。国家的《海水水质标准》(GB 3097—1997)和《渔业水质标准》(GB 11607—89)都分别规定了水体中悬浮物的人为增量。在施工过程中，一部分泥砂与海水混合，形成悬浮泥砂含量很高的水团，从而大大增加了水中悬浮物质的含量。从水生生态学的角度来看，悬浮物质的增多，会对浮游植物产生诸多负面影响，最直接的影响是削弱了水体的真光层厚度，从而降低海洋初级生产力，使浮游植物生物量下降。在水生食物链中，除了初级生产者——浮游藻类以外，其他营养级上的生物既是消费者也是上一营养级生物的饵料，因此，浮游植物生物量的减少，会使以浮游植物为饵料的浮游动物在单位水体中拥有的生物量也相应地减少。以这些浮游动物为食的一些鱼类，会由于饵料的贫乏而导致资源量下降。同样，以捕食鱼类为生的一些高级消费者，会由于低营养级生物数量的减少，而难以觅食。可见，水体中悬浮物质含量的增多，对整个水生生态食物链的影响是多环节的。其次，悬浮物质的增多也会对浮游动物产生一定影响。据有关资料，水中浮游物质含量的增多，对浮游桡足类动物的存活和繁殖有明显的抑制作用。过量的浮游物质会堵塞浮游桡足类动物的食物过滤和消化器官，尤其是其含量水平达到 300mg/L 以上时，这种危害特别明显。而在悬浮物质中，又以黏性淤泥的危害最大，泥土及细砂泥次之。

采砂产生的悬浮物扰动可能会对所在海域浮游生物造成影响，但产生的悬浮物对浮游生物的影响在时间尺度上是暂时的，施工期结束后，水体中悬浮物含量会很快恢复到施工前的水平，浮游生物也会很快恢复。

(2)项目用海对游泳生物的影响分析。

游泳生物是海洋生物中的一大类群，海洋鱼类是其典型代表，它们往往具有发达的运动器官和很强的运动能力，从而能够主动回避污染。工程施工在采取一定的环保措施后悬浮物浓度较小，扩散出来的悬浮物泥砂浓度不会太大。上述影响在地基处理施工结束时，工程产生的悬浮物影响也会消失。项目实施过程中由于施工作业，会惊扰或影响部分仔幼鱼索饵、栖息活动，但绝大部分游泳生物逃逸能力较强，一般会主动避开人为干扰，不至于造成明显影响。施工结束后，游泳生物大都会重新回到原来生活的海域，它们的种类和数量也会逐渐得到恢复。

对于部分游泳生物来讲，悬浮物的扩散可能会对其造成影响。悬浮物可以黏附在动物身体表面干扰动物的感觉功能，有些黏附甚至可引起动物表皮组织的溃烂；通过动物呼吸，悬浮物可以阻塞鱼类的鳃组织，造成呼吸困难；某些滤食性动物，只有分辨颗粒大小的能力，只要颗粒合适就会吸入体内，若吸入体内主要为泥砂，则动物有可能因饥饿而死亡；水体的浑浊还会降低水中溶解氧的含量，进而对游泳生物产生不利影响，甚至引起死亡。但大部分游泳生物的活动能力较强，在施工期间会逃离。因此，采砂对游泳生物的影响较小。同时，随着施工的结束，悬浮泥砂会很快消失。施工导致悬浮泥砂的增加只是暂时性的和小区域的，随着施工阶段的结束，海域将恢复正常。因此，对鱼卵、仔幼鱼的影响是暂时的，不会导致海域渔业资源产生明显变化。

(3)项目用海对底栖生物的影响分析。

施工期对占用海域内的底栖生物产生的影响，主要是指上述施工行为引起的水中悬浮物增加并在一定区域内扩散，悬浮物扩散区内底栖生物的变化情况。

施工过程中，海域的底栖生物也将因局部海域悬浮物浓度增加受到一定影响。大量泥砂沉积可能引起底栖生物，特别是蛤、蛏等双壳类动物水管受到堵塞致死，这种影响主要集中于采砂区悬浮泥砂含量较高的局部区域内，且随着施工结束而结束。

2. 威海双岛湾口采砂矿区

威海市双岛湾口属于滨岸沙滩，沙滩东西长约20km，宽一般为400～2700m。采砂区海水深度为0～5m，淤砂主要分布在威海市双岛渔船避风港近南北向航道内，是著名双岛石英砂矿区的中东部，砂的主要粒度为0.3～0.7mm，砂的SiO_2含量可达85%以上，砂的磨圆好，经过简易处理可达到铸型砂或Ⅲ级玻璃用石英砂的工业要求。

该采砂区的砂资源量约$400\times10^4m^3$，由于采砂区周围均为巨厚层的砂体，且砂为容易流动的堆积物，实际可采砂资源量大于$400\times10^4m^3$。采砂区向北1km处海水深度能达到10余米。

淤积成因：

(1)物质来源：砂矿区的泥砂来源主要有潮流、沿岸流带来的海源砂及少量河流带来的陆源砂、风成砂。

(2)水动力条件：影响砂矿区的水动力条件主要为沿岸流、潮流、波浪及河流。

(3)基本原理：航道不淤需要一定的纳潮量。纳潮量指涨潮时进入港口上游陆地的水量，纳潮量越大，落潮时冲刷并携带的港池中的泥砂越多，越利于维持航道的水深条件，相反就不利于港池航道的正常使用。

大岛和小岛及中间的沙体组成连岛沙洲，大岛的背后存在波影区，为波浪和潮流都不能影响的或影响弱的区域，即水动力条件差，利于砂的淤积。

(4)成因：参考《中国海湾志》第三分册有关双岛湾的海岸地貌资料可了解到双岛湾湾口发育拦湾坝，使海湾日趋封闭；湾内淤积变浅，岸滩淤长。至今拦湾坝已成为宽阔的沙坝平原，湾内则为潮滩，构成典型的复式夷平岸。拦湾坝海岸目前已基本稳定，岸滩多年变化不大，湾内潮滩继续淤长。近些年来，湾内大规模围滩养虾，纳潮量骤减，潮汐通道迅速淤浅，加剧了湾内的淤积过程，加快了海湾的消亡速度。湾口西侧正是大岛、小岛的波影区，又是潮流和河流相互影响区，水动力弱，这是湾口西侧淤积的一个重要原因。

挡浪坝位置原为一片自然形成的第四系风成-海积的细砂沙滩，万亩虾池挡浪坝的修建，使维持航道即潮汐通道的水动力降低，加剧了淤积过程。正如当地渔民反映，自从修建挡浪坝后，砂矿区明显淤浅，沙滩出露水面。综合分析以上原因，砂矿区近10年来的迅速淤积，主要是由于湾内大量建设养虾池减少纳潮量的长期效应，以及修建挡浪坝降低了潮汐通道水动力条件。

1)海域流场数值模拟

(1)数学模型的建立。

鉴于该海域水深较浅，故采用深度平均的二维流场模型：

$$\begin{cases}\dfrac{\partial\mu}{\partial t}+\mu\dfrac{\partial\mu}{\partial x}+\upsilon\dfrac{\partial\mu}{\partial y}-f\mu=-g\dfrac{\partial\zeta}{\partial x}+\dfrac{\partial}{\partial x}(A_{\mathrm{H}}\dfrac{\partial\mu}{\partial x})+\dfrac{\partial}{\partial y}(A_{\mathrm{H}}\dfrac{\partial\mu}{\partial y})-\dfrac{\tau_{\mathrm{bx}}}{H}\\ \dfrac{\partial\upsilon}{\partial t}+\mu\dfrac{\partial\upsilon}{\partial x}+\upsilon\dfrac{\partial\upsilon}{\partial y}+f\mu=-g\dfrac{\partial\zeta}{\partial y}+\dfrac{\partial}{\partial x}(A_{\mathrm{H}}\dfrac{\partial\upsilon}{\partial x})+\dfrac{\partial}{\partial y}(A_{\mathrm{H}}\dfrac{\partial\upsilon}{\partial y})-\dfrac{\tau_{\mathrm{bx}}}{H}\\ \dfrac{\partial\zeta}{\partial t}+\dfrac{\partial(H\mu)}{\partial x}+\dfrac{\partial(H\upsilon)}{\partial y}=0\end{cases}$$

式中，t 为时间；x、y 为笛卡尔坐标，在这里分别取向东和向北为正；H 为总水深，$H=d+\zeta$；ζ 为水位；d 为未扰动水深；μ、υ 为海流速度沿 x、y 分量的从海底到海面的平均值；f 为 Coriolis 参数；g 为重力加速度，取 $9.81\mathrm{m/s^2}$；A_{H}为水平扩散系数；τ_{bx}、τ_{by}为底摩擦应力沿 x、y 方向分量；$\vec{\tau}_{\mathrm{b}}=\rho_{\mathrm{w}}C_{\mathrm{b}}\mid\vec{\mu}\mid\vec{\mu}$，其中 C_{b}是摩擦系数，ρ_{w}为海水密度，取 $1.025\mathrm{g/cm^3}$。

(2)边界条件。

闭边界处法向流速为0，即 $\boldsymbol{n}\cdot\boldsymbol{\mu}=0$，$\boldsymbol{n}$ 是闭边界法向向量；开界处输入潮波：$\zeta=\sum_{i=1}^{N}\{f_iH_i\cos[\sigma_it+(V_{oi}+V_i)-G_i]\}$

这里 f_i、σ_i 是第 i 个分潮（这里共取四分潮：M2、S2、O1、K1）的交点因子和角速度；H_i 和 G_i 是调和常数，分别为分潮的振幅和迟角；$V_{oi}+V_i$是分潮的幅角。

(3)计算域的设置。

流场模拟区域范围为：东经 121°30′00″—122°00′00″，北纬 37°18′00″—37°48′00″，网格距为 1/600 经纬度。岸边用验潮站观测资料求得潮汐调和常数输入计算，开边界从调和常数分布图上求值输入计算。

(4)流场数值模拟结果的检验。

在得出流场数值模拟结果后，必须利用实测资料对结果进行验证，以确保数值模拟结果可信。

图 9-19 为实测海流与数值模拟结果的比对，由图可以看出：流场数值模拟结果，无论是流速还是流向，都与实测资料比较吻合，数值模拟结果可信。

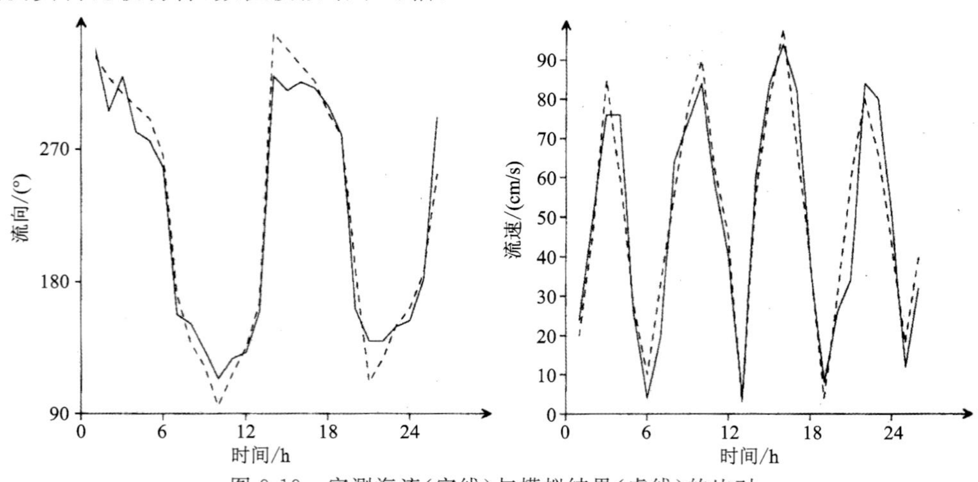

图 9-19 实测海流（实线）与模拟结果（虚线）的比对

(5)流场数值模拟结果。

图 9-20～图 9-23 为工程海域流场数值模拟结果，由图可以看出，涨潮时，双岛外海的潮流为偏 W 向流，工程海域(湾口处)潮流为偏 S 向流；落潮时，双岛外海的潮流为偏 E 向流，工程海域(湾口处)潮流为偏 N 向流。湾四处涨、落潮最大流速可达 90cm/s 以上，外海域涨潮流流向近 W 向，落潮流流向近 E 向。

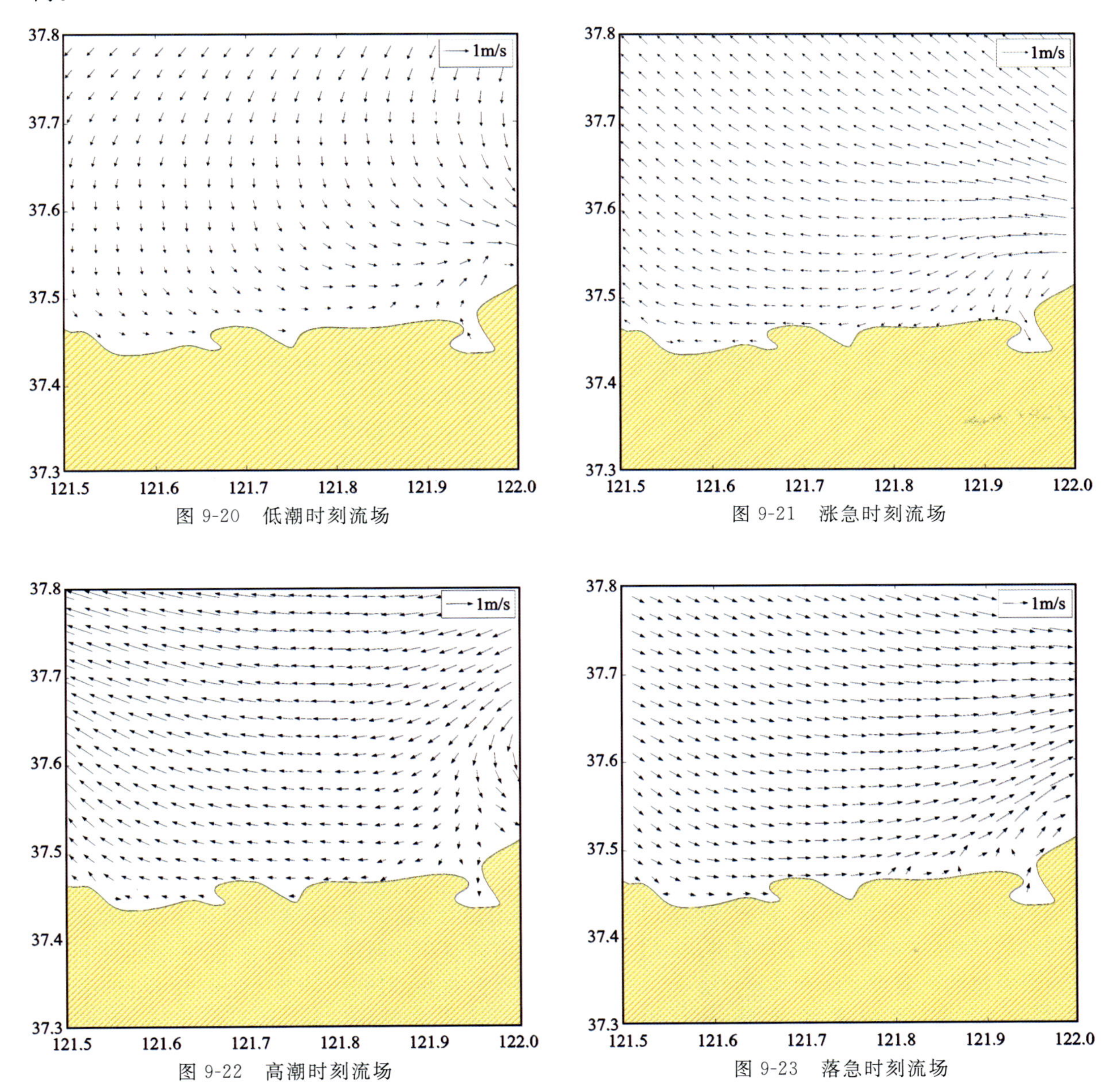

图 9-20　低潮时刻流场

图 9-21　涨急时刻流场

图 9-22　高潮时刻流场

图 9-23　落急时刻流场

2)浅海砂矿开采悬浮物迁移影响预测

由图 9-24 可以看出，双岛附近海域沿岸流大致自西向东顺岸流动，在大岛南侧，由于大岛的阻隔分流作用，有一小股沿岸流携砂向大岛与小岛之间流动，且流速变缓，在大岛与小岛之间形成淤积。另外一大股沿岸流绕过大岛继续向东流动，由于大岛的阻隔(加之丰水期河川径流的入射作用)，该股沿岸流在双岛湾入海口处形成凸向外海的弧形流动，在大岛东侧又分为两股，其中一小股围绕大岛做顺时针流动，流速减缓形成淤积，并与大岛与小岛之间的淤积区连成一片。另外一股沿岸流则绕过双岛湾口继续向东流动，并在湾东侧形成淤积。

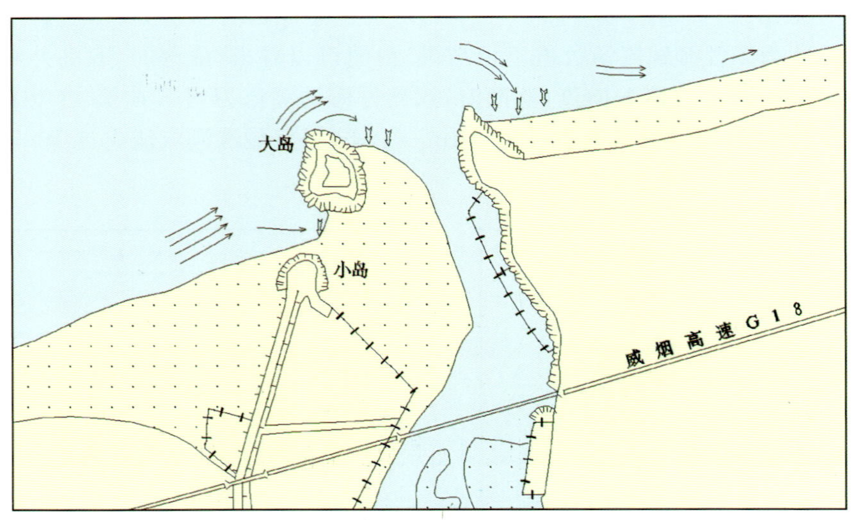

图 9-24 沿岸流携砂沉降现状模拟示意图

根据工程海域流场数值模拟结果，涨潮时工程海域（湾口处）潮流为偏南向流，由于沿岸流的逆冲作用和大岛及其东南侧淤积区的波影屏蔽作用，流速一般降至 50cm/s 以下，特别是在大岛—小岛东侧的淤积区流速更小，故涨潮时工程掀扬起的悬浮物虽然会向双岛湾内做一定程度的移动，但影响范围较小，不会对湾内环境造成显著影响。落潮时工程海域（湾口处）潮流为偏北向流，此时潮流将携带悬浮物向外海移动，更不会对湾内环境造成影响。

3）开采方式

采用抓斗式采矿船或抽吸式采砂船进行浅海砂矿开采，挖泥船上配备有实时差分 GPS 定位导航系统、超声流量计、水深显示计、船体保护等，在采砂工作时，采砂船完全自驱动。

4）采砂对环境影响分析

（1）对海底地形的影响。

工程结束后，在潮汐、风浪等水动力条件的长期作用下，砂矿区乃至整个双岛湾及两岸又将形成新的动力平衡，一方面由于潮汐通道水动力增强，湾内沉积物可能逐渐冲刷减少，特别是砂矿区附近湾口中部的心滩可能减小甚至消失；另一方面，海源泥砂在波浪、潮汐作用下，随着携砂沿岸流继续在湾口大岛、小岛波影区淤积，直至达到新的动力平衡。

（2）对海岸的侵蚀作用。

工程结束后，在潮汐、风浪、河流等水动力条件的长期作用下，砂矿区乃至整个双岛湾及两岸又将形成新的动力平衡，一方面由于潮汐通道水动力条件增强，湾内沉积物可能逐渐冲刷减少，特别是砂矿区附近湾口中部的心滩可能减少甚至消失；另一方面，海源泥砂在波浪、潮汐作用下随着携砂沿岸流继续在湾口大岛、小岛波影区淤积，直至达到新的动力平衡。

采砂后沿岸流携砂在波影区大量沉积，这一方面将造成双岛湾口岬角以东沿岸亏砂，即砂源减少，另一方面携砂沿岸流释能减少，水动力增强，需要补充携砂加大释能以消耗水动力能量，这就会带走双岛湾岬角以东沿岸部分海砂，综合以上方面影响，其最终结果就可能造成采砂后若干年内双岛湾岬角以东沿岸沙滩侵蚀，如图 9-25 所示。

（3）对海洋环境质量的影响分析。

依据以往类似的采砂项目工程分析，结合本项目工程特点，工程区周围的环境敏感区主要是双岛湾内万亩养虾池以及湾外海域。在施工过程中，污染物主要是由于采砂作业搅起的沉积物，可能使该海域的海水悬浮物增加，影响湾内水质。施工海域底质情况良好，不会出现污染物二次溶出毒害海洋生物的问题，也不会对湾外鱼类资源产生明显的负面影响。由于采砂工程自身的特性，施工过程中会暂时影响

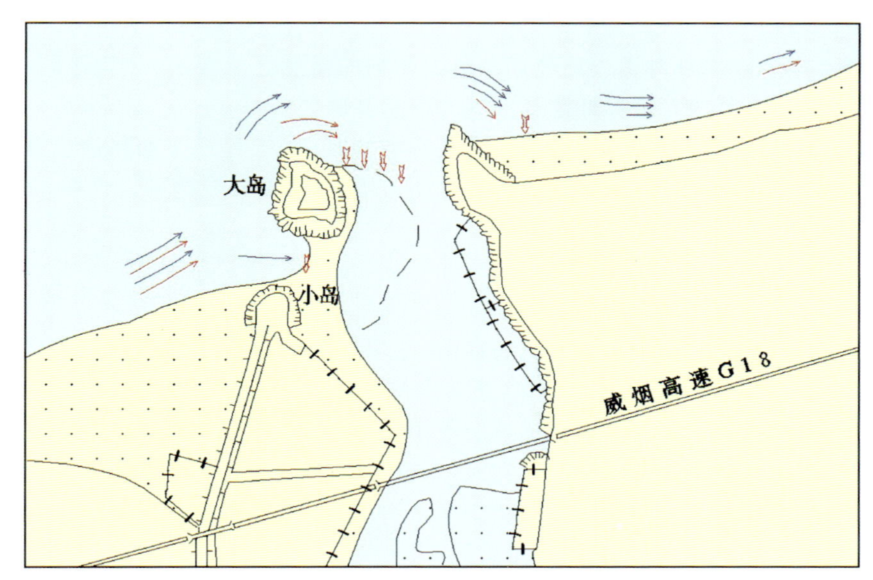

图 9-25　采砂后沿岸流携砂沉降模拟示意图

栖息生物，但采砂后的航道依然可作为各种底栖生物的栖息地。

5）海洋功能区划

根据《山东省海洋功能区划（2011—2020 年）》，浅海砂矿开采区位置如图 9-26 所示，位于双岛湾外旅游休闲娱乐区（A5-19）。采砂活动符合海洋功能区划要求，周边邻近海洋功能区为双岛湾旅游休闲娱乐区（A5-18）、牟平沙质海岸海洋保护区（A6-26）、威海小石岛海洋保护区（A6-27）和烟台—威海北近海农渔业区（B1-1）。

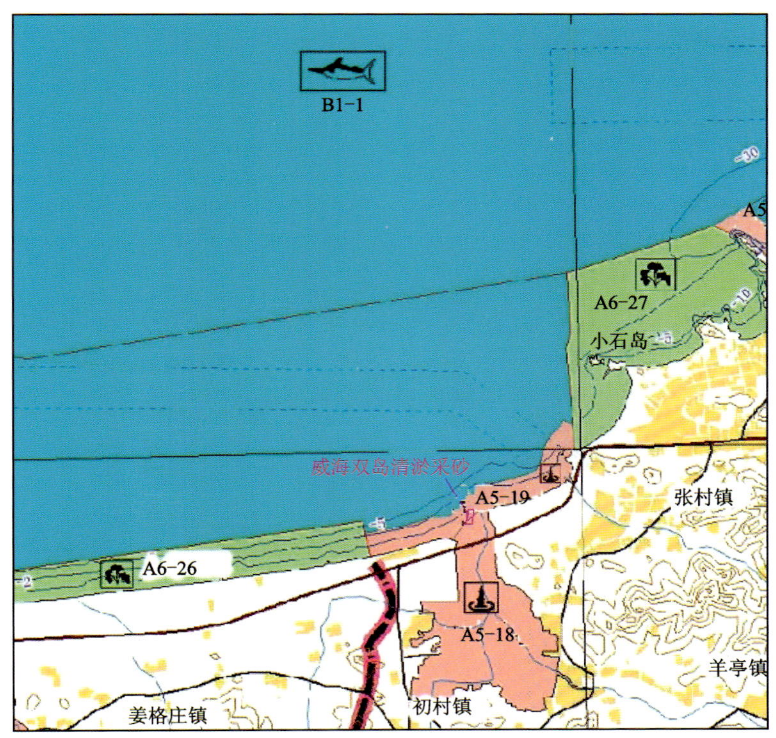

图 9-26　浅海砂矿开采及邻近区域海洋功能区划图

6)项目敏感区分析

通过以上分析，本采砂项目对周边环境存在负面影响的敏感区主要有：工程区附近海岸地貌（主要是双岛湾湾口以东海岸）、湾内万亩养虾池及一些海珍品养殖区。

依据前文对采砂工程可能造成的海岸侵淤变化影响的预测，工程一方面将造成双岛湾湾口以东海岸海滩砂源减少，另一方面携砂沿岸流释能减少，水动力增强，需要补充携砂。这样，其结果是在采砂后的若干年内会造成该海岸海滩侵蚀。

3. 烟台市区邻近海域

烟台市区邻近海域范围包括烟台市所属的福山、芝罘、莱山、牟平 4 个行政区和烟台经济技术开发区的海岸带及毗邻海域。海岸线长 167.6km，近海分布有套子湾、芝罘湾和四十里湾 3 个较大的海湾，15m 等深线以内海域面积 1130km^2。区内港口资源丰富，烟台港是我国北方的主要枢纽港，八角北部近海是条件良好的深水大港预留区。区内气候宜人，景色秀美，自然、人文旅游资源丰富，景点达 20 余处。近海水质肥沃，污染较轻，自然分布的经济生物 100 余种，是我国开发历史较早的渔业养殖区。本区海域开发利用早、程度高，各产业、单位间用海矛盾较多。

1)项目用海对水文动力环境影响分析

(1)水动力模型简介。

采用平面二维数值模型来研究工程海域的潮流场运动及海域污染物扩散影响，采用非结构三角网格剖分计算域，三角网格能较好地拟合陆边界，网格设计灵活且可随意控制网格疏密。采用标准 Galerkin 有限元法进行水平空间离散，在时间上，采用显式迎风差分格式离散动量方程与输运方程。

①模型控制方程。

质量守恒方程：

$$\frac{\partial \zeta}{\partial t}+\frac{\partial}{\partial x}(hu)+\frac{\partial}{\partial y}(h \qquad 0$$

x 向动量方程：

$$\frac{\partial u}{\partial t}+u\frac{\partial u}{\partial x}+v\frac{\partial u}{\partial y}-fv=-g\frac{\partial \zeta}{\partial x}-\frac{gu\sqrt{u^2+v^2}}{{C_z}^2h}+\frac{\partial}{\partial x}(N_x\frac{\partial u}{\partial x})+\frac{\partial}{\partial y}(N_y\frac{\partial u}{\partial y})$$

y 向动量方程：

$$\frac{\partial v}{\partial t}+u\frac{\partial v}{\partial x}+v\frac{\partial v}{\partial y}+fu=-g\frac{\partial \zeta}{\partial y}-\frac{gv\sqrt{u^2+v^2}}{{C_z}^2h}+\frac{\partial}{\partial x}(N_x\frac{\partial v}{\partial x})+\frac{\partial}{\partial y}(N_y\frac{\partial v}{\partial y})$$

式中，t 为时间(s)；x、y 为原点 O 置于某一水平基面的直角坐标系坐标；u、v 为流速矢量 $\vec{V}$ 沿 x、y 方向的分量(m/s)；ζ 为相对于 XOY 坐标平面的水位(m)；h 为总水深(m)，$h=d+\zeta$；d 为相对于 XOY 坐标平面的水深；N_x、N_y 为 x、y 向水流紊动黏性系数(m^2/s)；f 为科氏参量；g 为重力加速度(m/s^2)；C_z 为谢才系数，$C_z=\frac{1}{n}h^{\frac{1}{6}}$；$n$ 为曼宁糙率系数。

②定解条件。

初始条件：

$$\zeta(x,y,t)|_{t=0}=\zeta_0(x,y)$$
$$u(x,y,t)|_{t=0}=u_0(x,y)$$
$$v(x,y,t)|_{t=0}=v_0(x,y)$$
$$s(x,y,t)|_{t=0}=s_0(x,y)$$

式中，ζ_0、u_0、v_0 分别为 ζ、u、v 的初始值。

边界条件：

固定边界取法向流速为零，即 $\mathbf{V}\cdot\boldsymbol{n}=0$；在潮滩区采用动边界处理。

(2)计算域和网格设置。

①计算域设置。

海域数学模型计算域范围见图 9-27,即为图中 A(八角)、B(褚岛)两点以及岸线围成的海域。坐标范围为东经 119°05′42″—120°33′52″,北纬 34°17′50″—36°16′11″。

模拟采用非结构三角网格,工程计算域现状潮流场模拟采用网格分布见图 9-27,整个模拟区域内由 12 604 个节点和 22 999 个三角单元组成,最小空间步长约为 10m。

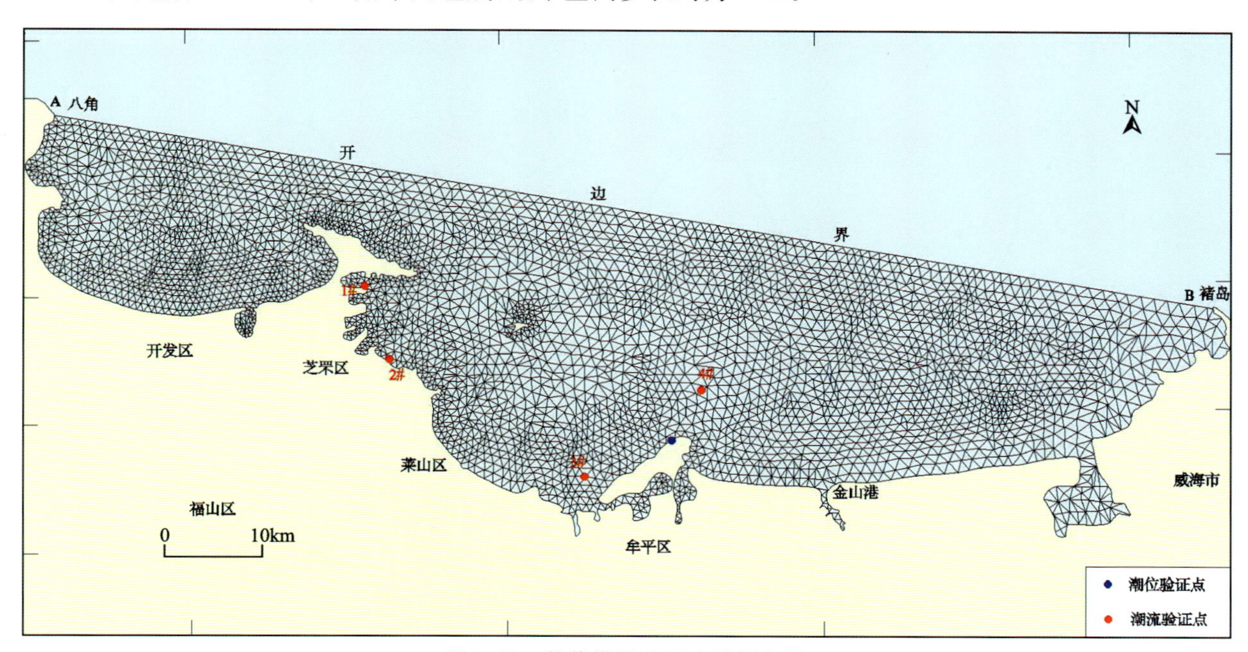

图 9-27　数值模拟验证点及网格图

②水深和岸界。

水深和岸界根据中国人民解放军海军航海保证部制作的 11940 和 11961 号海图以及工程周边实测水深和岸线确定。

③模型水边界输入。

开边界:引用八角(A 点)、褚岛(B 点)多年潮位观测资料调和求得的 M2、S2、K1 和 O1 四个主要分潮调和常数值输入计算。

$$\zeta = \sum_{i=1}^{N} \{ f_i H_i \cos[\sigma_i t + (V_{oi} + V_i) - G_i] \}$$

式中,f_i、σ_i 为第 i 个分潮(这里共取四分潮:M2、S2、O1 和 K1)的交点因子和角速度;H_i 和 G_i 为调和常数,分别为分潮的振幅和迟角;$V_{oi}+V_i$ 为分潮的幅角。

闭边界:以大海域和工程周边岸线作为闭边界。

④计算时间步长和底床糙率。

模型计算时间步长根据 CFL 条件进行动态调整,确保模型计算稳定进行,最小时间步长 0.3s。底床糙率通过曼宁系数进行控制,曼尼系数 n 取 40～60$\mathrm{m}^{1/3}$/s。

⑤水平涡动黏滞系数。

采用考虑亚尺度网格效应的 Smagorinsky 公式计算水平涡黏系数,表达式如下:

$$A = c_s^2 l^2 \sqrt{2S_{ij}S_{ij}}$$

式中,c_s 为常数;l 为特征混合长度,由 $S_{ij} = \frac{1}{2}\left(\frac{\partial u_i}{\partial x_j} + \frac{\partial u_j}{\partial x_i}\right)$,$(i,j=1,2)$计算得到。

(3)潮流数值模型及验证。

①潮位验证。

采用养马岛多年潮位观测资料调和求得的调和常数数据进行潮位预报，与数值模拟提取的养马岛对应时刻潮位数据进行对比验证，验证点位置见图 9-27，验证曲线见图 9-28。根据《海洋工程环境影响评价技术导则》(GB/T 19485—2014)，水动力数值模拟计算结果验证潮位差应小于(或等于)10%；验证结果表明，模拟结果符合《海洋工程环境影响评价技术导则》(GB/T 19485—2014)的要求，对应观测点上潮位模拟结果与实测潮位资料吻合较好，能够较好地反映用海区周边海域潮位状况。

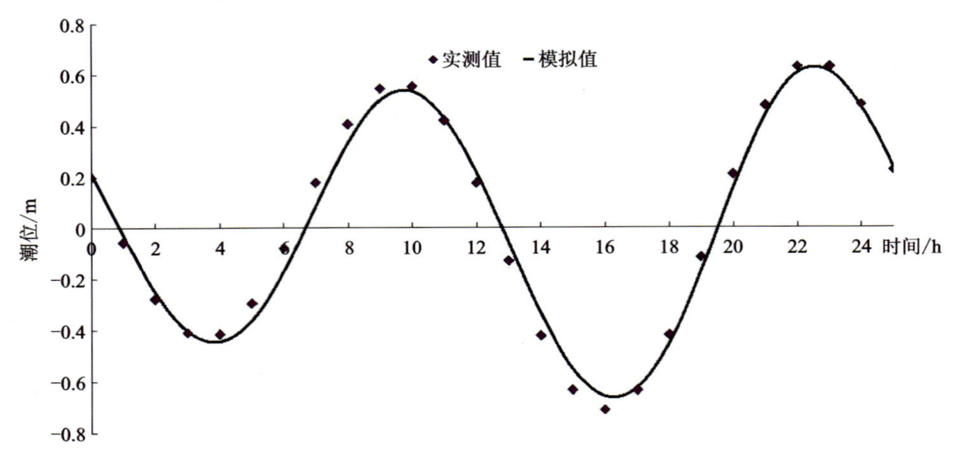

图 9-28 潮位验证曲线(养马岛)

②潮流验证。

利用中国海洋大学 2004 年 10 月 15 日—10 月 16 日(1＃站位)、2003 年 5 月 2 日—3 日(2＃站位)的实测海流资料和国家海洋局北海环境监测中心 2010 年 5 月 14 日—5 月 15 日(3＃站位和 4＃站位)实测海流资料，经调和分析后，选用 M2、S2、K1、O1 四个分潮的调和常数预报出大潮期的潮流与计算结果进行验证。潮流验证点位置见图 9-27，验证曲线见图 9-29～图 9-32。根据《海洋工程环境影响评价技术导则》(GB/T 19485—2014)，潮流流速差应小于(或等于)20%；流向差应小于(或等于)15°，最大不能超过 20°。验证结果表明，模拟结果符合《海洋工程环境影响评价技术导则》(GB/T 19485—2014)的要求，对应观测点上潮流模拟结果与实测潮流资料吻合较好，能够较好地反映用海区周边海域潮流状况。

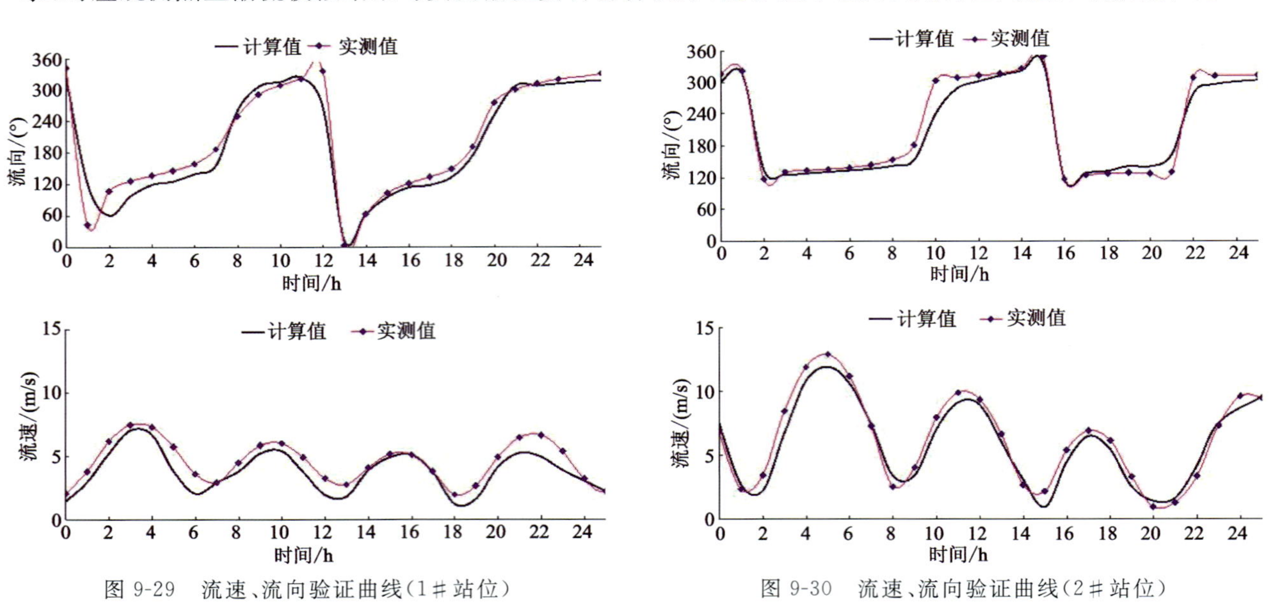

图 9-29 流速、流向验证曲线(1＃站位)

图 9-30 流速、流向验证曲线(2＃站位)

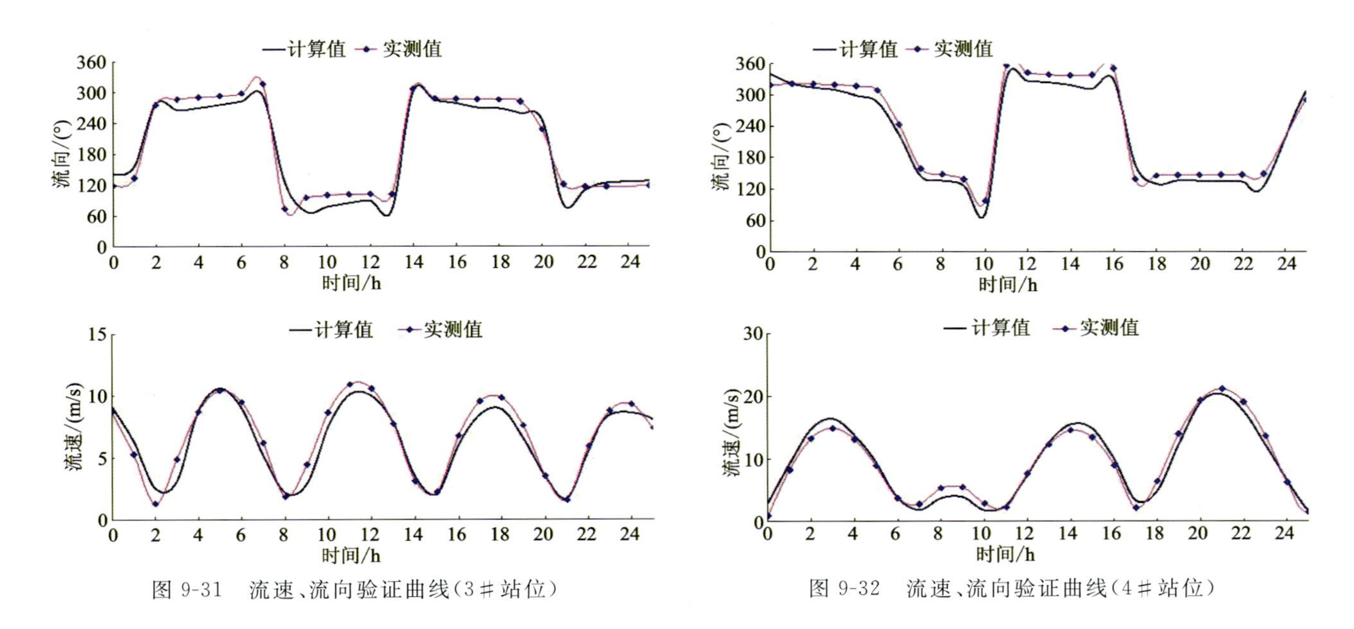

图 9-31　流速、流向验证曲线(3#站位)　　　图 9-32　流速、流向验证曲线(4#站位)

(4)潮流计算结果分析。

①大海域潮流场数值模拟。

大海域大潮期间潮流场模拟结果见图 9-33、图 9-34。

图 9-33 是大海域涨急时刻潮流场,计算域内的潮流整体由 W 往 E 流,四十里湾流速集中在 10～20cm/s 之间;养马岛北侧流速集中在 35～45cm/s 之间,金山港北侧海域流速集中在 15～25cm/s 之间。

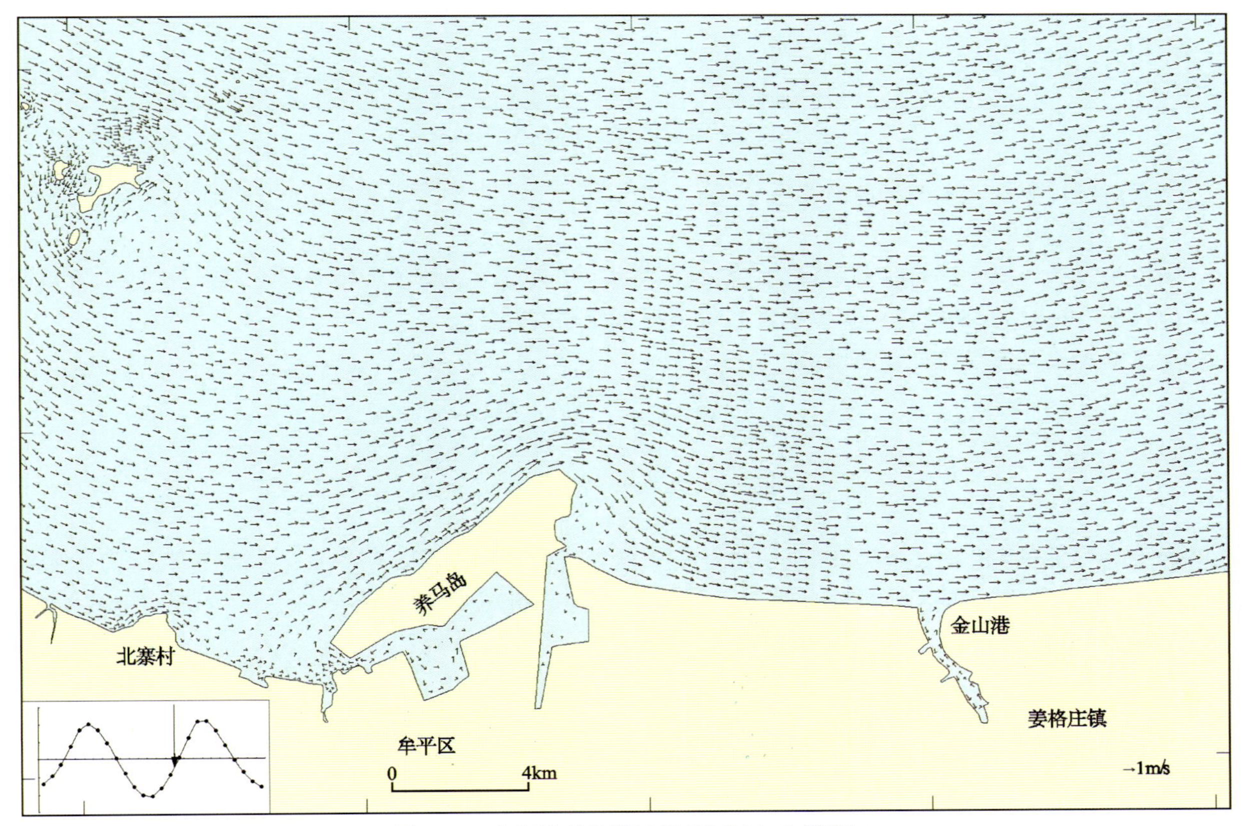

图 9-33　大海域现状潮流场(涨急时,大潮期)

图 9-34 是大海域落急时刻潮流场，计算域内的潮流整体由 SE 往 NW 流，受养马岛阻挡，四十里湾内流速一般小于 10cm/s；养马岛北侧流速集中在 20～25cm/s 之间，金山港北侧海域潮流整体由 E 往 W 流，流速集中在 15～25cm/s 之间。

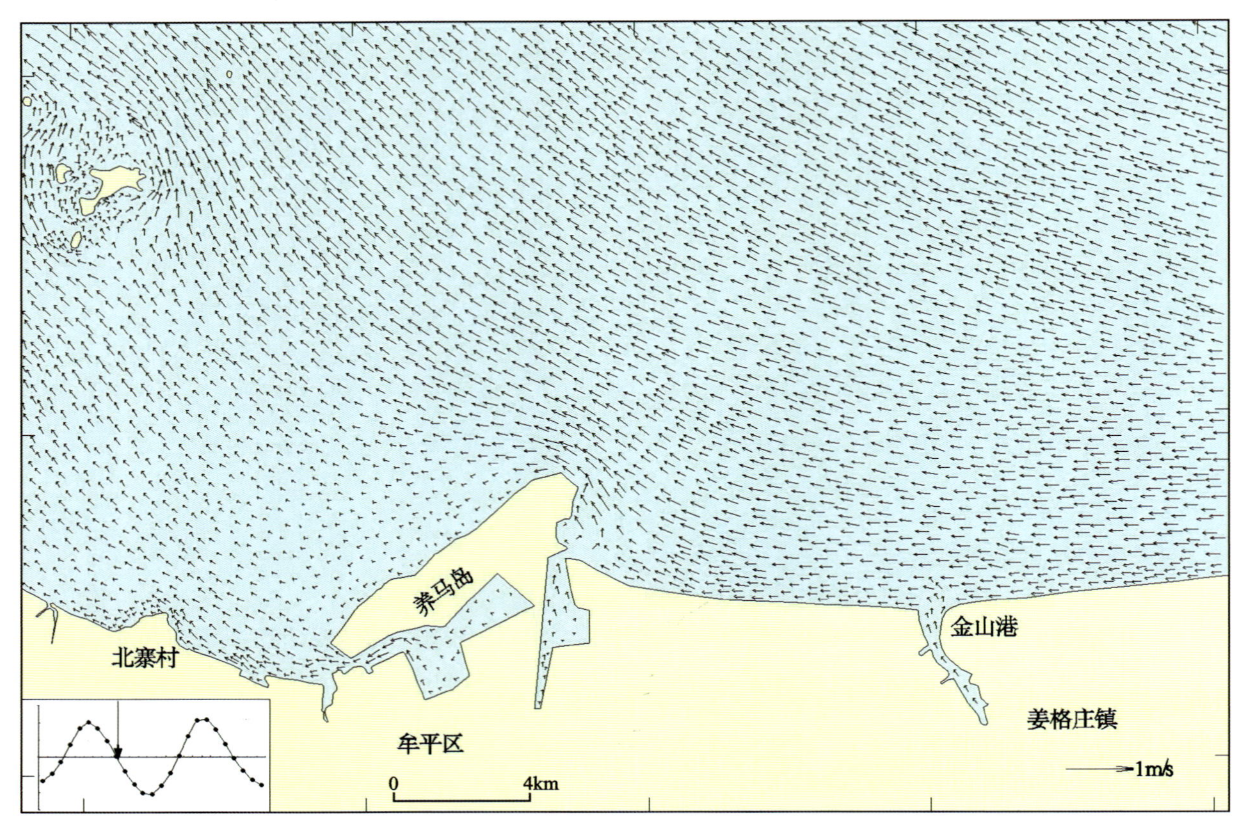

图 9-34　大海域现状潮流场(落急时，大潮期)

2)水质环境影响预测与评价

(1)水质预测模型。

潮流是海域污染物进行稀释扩散的主要动力因素，在获得可靠的潮流场基础上，通过添加水质预测模块(平面二维非恒定的对流—扩散模型)，可进行水质预测计算。

①二维水质对流扩散控制方程。

$$\frac{\partial}{\partial t}(hc)+\frac{\partial}{\partial x}(uhc)+\frac{\partial}{\partial y}(vhc)=\frac{\partial}{\partial x}(hD_x\frac{\partial c}{\partial x})+\frac{\partial}{\partial y}(hD_y\frac{\partial c}{\partial y})-Fc+s$$

$$s=Q_s c_s$$

$$F=p\omega$$

式中，c 为悬浮泥砂浓度($\mathrm{kg/m^3}$)；u、v 分别为 x、y 向流速分量；D_x、D_y 为 x、y 向分散系数；s 为污染物排放源强；Q_s 为单位面积内点源排放量[$\mathrm{m^3/(s/m^2)}$]，c_s 为污染物排放浓度($\mathrm{kg/m^3}$)；F 为衰减系数；p 为沉降概率(无量纲)；ω 为沉降速度(m/s)。

②边界条件。

岸边界条件：浓度通量为零；开边界条件：入流：$c|_\Gamma=c_0$，其中 Γ 为水边界，c_0 为边界浓度，模型仅计算增量影响，取 $c_0=0$。出流：$\frac{\partial c}{\partial t}+V_n\frac{\partial c}{\partial n}=0$，其中 V_n 边界法向流速。

③初始条件。

$$c(x,y)|_{t=0}=0$$

(2)悬浮泥砂源强及发生点位置。

采砂采用 $8m^3$ 抓斗式挖泥船，疏浚产生悬浮泥砂源强为 1.41kg/s。位置为采砂区及其附近。

(3)预测悬浮泥砂浓度增量分布。

根据模型运行结果，求取单个泥砂增量发生点周边各个网格点一个潮周期(24h)内悬浮泥砂浓度的最大值，根据每个网格点悬砂浓度的最大值进行内插，形成等值线图，即该泥砂发生点悬浮泥砂扩散影响的最大范围包络线，根据多个泥砂发生点的影响范围包络线，将包络线外边缘线进行连接，即可形成整个施工过程造成的最大影响范围。

3)地形地貌与冲淤环境影响预测与评价

研究利用沉积物取样分析、海流观测等方法，结合水深地形、工程地质、风速资料，运用 MIKE21 模型模拟潮流、波浪(施加风)作用条件下工程周围海域海底地形的演化。

(1)海岸带泥砂运动规律。

砂质海岸的泥砂运移形态有推移和悬移两种。淤泥砂海岸的泥砂运移形态以悬移为主，底部可能有浮泥运动或推移运动。海岸带泥砂运动方式可分为与海岸线垂直的纵向运动和与海岸线平行的横向运动。

(2)泥砂特征。

①泥砂来源。

河流来沙：芝罘湾沿岸有 8 条小河入海，但河流范围均限于市区以内，流域面积小，实际上都是烟台市的排污渠道，作为沉积物的一个来源，基本没有携带泥砂的能力。夹河在历史上曾经是湾内沉积物的主要来源，但当芝罘连岛坝形成后，切断了泥砂来路。

侵蚀海岸来沙：芝罘岛沿岸、崆峒群岛及烟台山、东山附近均为基岩侵蚀岸，这些海岸侵蚀产生的物质均参与湾内沉积，总体上看，侵蚀海岸来砂，数量甚微。

②泥砂运移。

波浪、海流是造成泥砂运动的主要动力。大部分泥砂运动发生在波浪破碎区内，波浪破碎可以卷跃、崩顶、激散或坍滚方式发生。当波浪的传播方向与海岸斜交时，波浪破碎后所产生的沿岸流将带动泥砂顺岸移动。顺岸输砂方向直接与波浪行进方向和到达海滨所成的角度有关，顺岸输砂率取决于波浪行进角度和能量。

芝罘湾系天然“U”形海湾，自从芝罘湾西侧连岛沙洲形成以后(距今 3000～5000 年)，由连岛沙洲西北侧套子湾内夹河自然输运到芝罘湾的泥砂完全被切断，致使芝罘湾的沉积环境发生了根本的转变，套子湾南以及东南岸不断发育。芝罘湾北面，由于芝罘岛南坡的工程建设，泥砂由坡面向湾中冲积的可能性已不复存在；芝罘湾南面，有烟台山伸入湾内，阻挡了湾外物质向湾内运动。另外，湾内沿岸有 5 条小河入海，这些小河都是市区狭长地形范围内的径流，汇水面积甚小，没有携带泥砂的能力。根据芝罘湾波浪年统计资料显示，湾内 N、NNE、NE、NW、NNW 向浪较大，其次是 S、W、WNW 向浪，其中仅 S 向浪有可能对工程海域产生影响。由于烟台港逐年扩建，延伸的码头阻挡了 S 向浪进入工程海域。因此，工程海域内风浪的能量均不足以引起沿岸泥砂的运动。由于陆域无大量泥砂下泄，湾内海流流速小、波浪强度不大，所以湾内海域淤积较轻。

③悬砂特征。

根据 2013 年海流调查期间芝罘湾的同步悬砂水样分析，含砂量一般特征见表 9-2，芝罘湾海域水体含砂量较小，最大值仅 23.00mg/L，位于 1＃站位，整个海域含砂量平均为 14.00～14.70mg/L。

涨落潮期间含砂量统计见表 9-3，涨潮期间平均值在 12.61～16.26mg/L 之间，最大值为 23.00mg/L；落潮期间平均值在 12.49～15.53mg/L 之间，最大值为 20.60mg/L。整体特征表现为落潮含砂量大于涨潮，1＃站位表层含砂量小于底层，2＃站位表底层含砂量相差不大。

表 9-2　芝罘湾含砂量一般特征分析　　单位:mg/L

站位		最大	最小	平均
1#	表层	20.40	8.40	14.40
	底层	23.00	6.40	14.70
2#	表层	19.20	8.80	14.00
	底层	19.60	8.40	14.00

表 9-3　涨落潮含砂量特征分析　　单位:mg/L

潮期	站位	1#		2#	
	统计	表层	底层	表层	底层
涨潮	平均值	15.58	16.26	13.56	12.61
	最大值	20.40	23.00	16.80	17.00
落潮	平均值	12.49	12.60	15.53	15.24
	最大值	18.20	20.60	19.20	19.60

④烟台海湾历史变化分析。

A. 海岸线变化。

利用目视解译遥感影像,对烟台芝罘湾海岸线近 20 年来的时空演变特征进行时代对比。

根据图 9-35 和图 9-36,分析对比不同年份海岸线长度和海湾面积,总体特征表现为:海岸线长度呈增加的趋势,自 1986 年到 2004 年,龙口湾、套子湾、芝罘湾海岸线分别增加 7.6km、12.09km、6.21km,分别占 1986 年的 21.33%、31.22%、25.[illegible]%,3 个海湾面积则呈减少趋势,分别减少 5.6km^2、1.74km^2、3.15km^2,分别占 1986 年的 6.7%、1.0%[illegible].3%。所研究的相邻两个年份的海岸线的长度呈波动状态,所测相邻两个年份的海岸线变化可能是由于填海造田、围海养殖所导致。原本平直的海岸线由于填海造田、围海建养殖区或海上娱乐场所而变成凸出的多边形,从而导致海岸线加长;如果养殖区是建立在弯曲的海岸线上则可能导致人工地对海岸线裁弯取直,使海岸线比原来缩短。

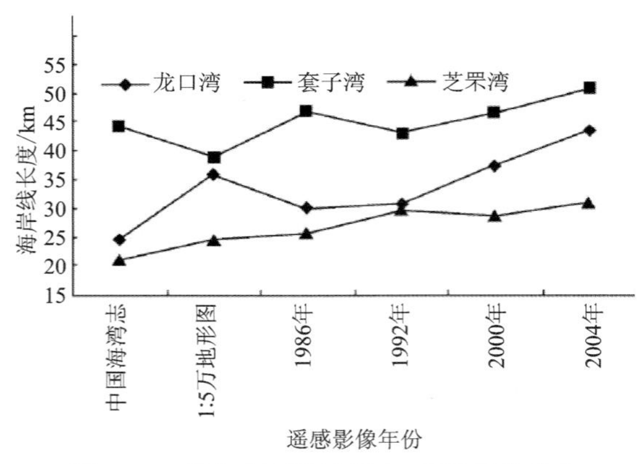

图 9-35　烟台主要海湾近 20 年海岸线变化

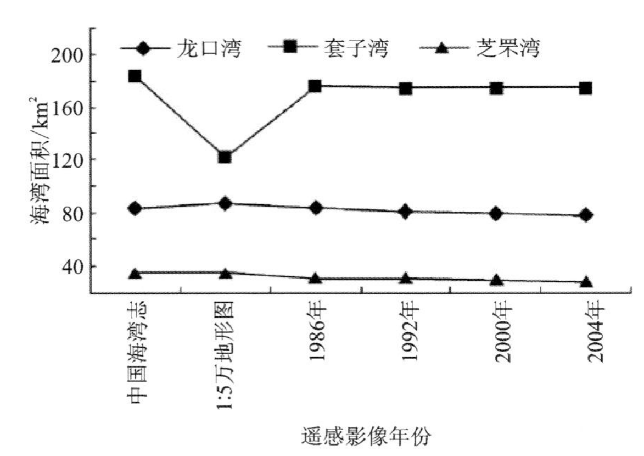

图 9-36　烟台主要海湾近 20 年海湾面积变化

芝罘湾的海岸分布特点:基岩侵蚀岸分布于芝罘岛沿岸、烟台山、东炮台、雨岱山等岸段及湾口崆峒岛岛群的岛岸,该类型海岸目前均处于侵蚀后退过程,但其后退速度缓慢;相对稳定的沙坝海岸分布于芝罘湾西岸的连岛沙坝岸段,即芝罘村至烟台港岸段,因地处芝罘湾的湾顶,海洋动力较弱,附近又基本无河流注入,海岸基本稳定;稳定的砂质海岸分布于烟台山至东炮台西,海滩发育,由于地处烟台市区,已辟为海水浴场,海滩后缘有人工堤墙护岸,海岸稳定。

根据上述分析，本工程所在芝罘湾西侧，尽管海岸线长度和海湾面积近些年来受人工开发影响变化较大，但海岸线基本保持稳定，从侧面反映出工程区海域海底冲淤变化保持在一个平衡的状态。

B. 水深等值线变化。

本书收集了芝罘湾1960年和2000年两期海图，对海图数字化提取了水深等值线的信息，通过对等值线的变化来定性研究芝罘湾海底冲淤变化。

水深等值线变化见图9-37，图中绿色线为1960年5m（理论深度基准，下同）等深线，褐色线为2000年5m等深线，蓝色和红色线代表1960年和2000年10m等深线，对比不同颜色等深线的分布可以看出：等深线总体位置没有较大的变化，5m等深线变幅要大于10m等深线，由于改革开放使得我国沿海海洋经济发展迅速，20世纪60年代之后，芝罘湾沿岸港口发展迅速，使得近岸滩涂被充分利用，至2000年时芝罘湾沿岸几乎都变成人工岸线。10m等深线呈一舌状由北向南伸入，自1960年到2000年等深线有向东南方向延伸的趋势，其东南边有一定的侵蚀，侵蚀最大的位置靠近宁海砣子，而西侧及西北侧保持稳定。5m等深线变化较为复杂，多处位置由于港口航运建设，进行了航道开挖，使得等深线伸向岸边；北侧靠近芝罘岛东南角的5m等深线变化不大，以保持稳定为主；四突堤东侧位置5m等深线向陆移动，发生了侵蚀；四突堤往南，5m等深线向海侧移动，表现为以淤积为主。

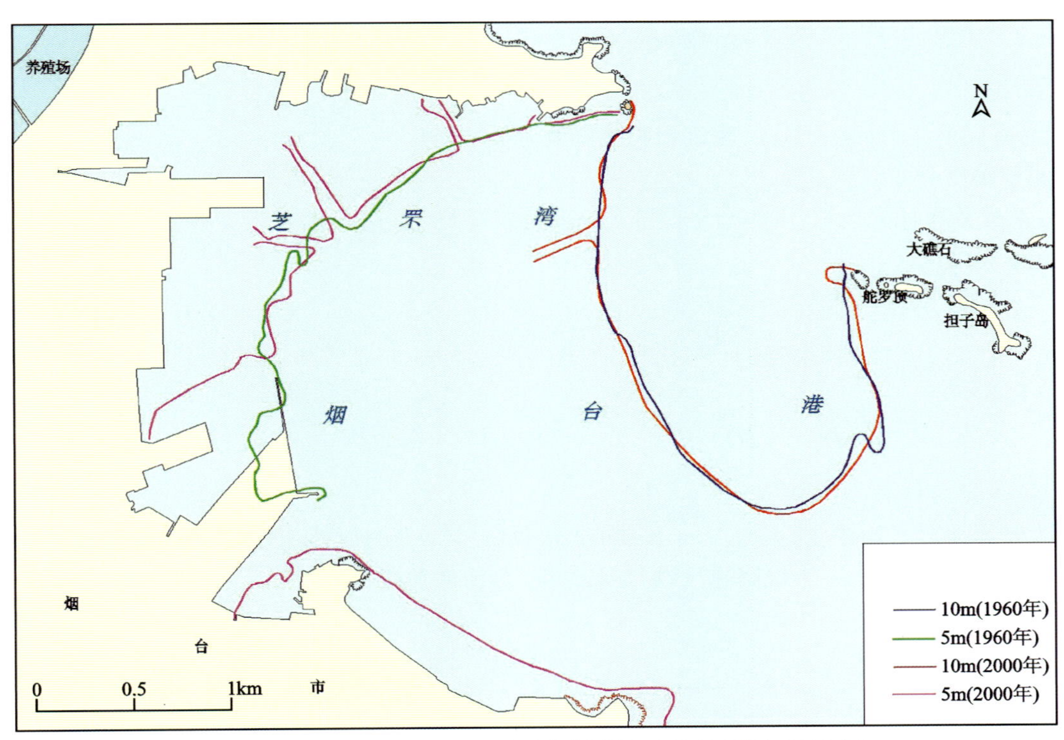

图9-37　芝罘湾1960—2000年水深等值线变化（底图为2000年）

根据上述分析，2000年之前芝罘湾海底地形自然演变特点表现为：西侧以淤积为主，西北侧有一定侵蚀，北侧靠近芝罘岛东南角的海域以保持稳定为主，10m等深线有向东南延伸的趋势。

(3)泥砂运动控制方程。

数学模型采用标准Galerkin有限元法进行水平空间离散，在时间上，采用显式迎风差分格式离散动量方程与输运方程。

泥砂控制方程为：

$$\frac{\partial \bar{c}}{\partial t}+\mu\frac{\partial \bar{c}}{\partial x}+\upsilon\frac{\partial \bar{c}}{\partial y}=\frac{1}{h}\frac{\partial}{\partial x}(h\cdot D_x\cdot\frac{\partial \bar{c}}{\partial x})+\frac{1}{h}\frac{\partial}{\partial y}(h\cdot D_y\cdot\frac{\partial \bar{c}}{\partial y})+Q_L C_L\frac{1}{h}-S$$

式中，$\bar{c}$为悬浮泥砂平均浓度(g/m^3)；μ、υ为水深平均流速(m/s)；D_x、D_y为分散系数(m^2/s)；h为水深

(m)；S 为沉积/侵蚀源汇项[$g/(m^3 \cdot s)$]；Q_L 为单位水平区域内点源排放量[$m^3/(s \cdot m^2)$]；C_L 为点源排放浓度(g/m^3)。

(4)沉积物沉积和侵蚀公式

①黏性土沉积和侵蚀。

沉降速率根据 Krone 等(1962)提出的方法计算黏性土沉积，公式如下：

$$S_D = w_s \cdot c_b \cdot p_d$$

式中，S_D 为沉降速率；w_s 为沉降速度(m/s)；c_b 为底层悬浮泥砂浓度(kg/m^3)；p_d 为沉降概率。

沉降速度 w_s 计算公式：

$$w_s = \begin{cases} kc^{\gamma}, c \leqslant 10kg/m^3 \\ w_r\left(1 - \dfrac{c}{c_{gel}}\right)^{w_n}, c > 10kg/m^3 \end{cases}$$

式中，c 为悬浮泥砂浓度；k、γ 为系数，γ 取值为 1～2；w_r 为沉降速度系数；w_n 为组分能量常数；c_{gel} 为泥砂絮凝点。

沉降概率 p_d 公式：

$$p_d = \begin{cases} 1 - \dfrac{\tau_b}{\tau_{cd}}, \tau_b \leqslant \tau_{cd} \\ 0, \tau_b > \tau_{cd} \end{cases}$$

式中，τ_b 为海底剪应力(N/m^2)；τ_{cd} 为沉积临界剪应力(N/m^2)。

A. 泥砂浓度分布。

泥砂浓度分布计算包括 Teeter 公式和 Rouse 公式 2 种。

Teeter 公式：

$$c_b = \bar{c}\beta$$

$$\beta = 1 + \frac{P_e}{1.25 + 4.75P_b^{2.5}}$$

$$P_e = \frac{w_s h}{D_z} = \frac{6w_s}{kU_f}$$

$$U_f = \sqrt{\tau_b/\rho_s}$$

式中，$\bar{c}$ 为悬浮泥砂平均浓度；k 为 Von Karman 常数(0.4)；U_f 为摩擦速度；ρ_s 为泥砂干密度；β 为扩散因子；P_e 为 Peclet 系数；w_s 为沉降速度；h 为水深；τ_b 为海底剪应力。

Rouse 公式：

$$-\varepsilon \frac{dC}{dz} = w_s c$$

$$\varepsilon = kU_f z\left(1 - \frac{z}{h}\right)$$

$$c = c_a\left[\frac{a}{h-a} \cdot \frac{h-z}{z}\right]^R, a \leqslant z \leqslant h$$

$$R = \frac{w_s}{kU_f}$$

底层悬浮泥砂浓度公式：

$$c_b = \frac{\bar{c}}{Rc}$$

式中，ε 为扩散系数；c 为悬浮泥砂浓度；z 为垂向笛卡尔坐标；h 为水深；c_a 为深度基准面处的悬浮泥砂浓度；a 为深度基准面处高程；$\bar{c}$ 为悬浮泥砂平均浓度；R 为 Rouse 参数。

B. 底床侵蚀。

根据底床密实程度，底床侵蚀计算可以分为 2 种方式。

密实、固结底床侵蚀计算公式：

$$S_E = E\left(\frac{\tau_b}{\tau_{ce}} - 1\right)^n, \tau_b > \tau_{ce}$$

式中，S_E 为底床侵蚀速度；E 为底床侵蚀度[kg/(m² · s)]；τ_b 为底床剪切力（N/m²）；τ_{ce}为侵蚀临界剪切力（N/m²）；n 为侵蚀能力。

软、部分固结底床侵蚀计算公式：

$$S_E = E\exp[\alpha(\tau_b - \tau_{ce})^{1/2}], \tau_b > \tau_{ce}$$

式中，S_E 为底床侵蚀速度；E 为底床侵蚀度[kg/(m² · s)]；τ_b 为底床剪切力（N/m²）；τ_{ce}为侵蚀临界剪切力（N/m²）；α 为参考系数。

②非黏性土沉积和侵蚀。

A. 无量纲颗粒参数的确定。

根据 Van Rijn 等（1984）提出的方法计算非黏性土再悬浮，公式如下：

$$d = d_{50}\left[\frac{(s-1)g}{\nu^2}\right]^{\frac{1}{3}}$$

式中，d 为非黏性土颗粒粒径；s 为非黏性土相对密度；g 为重力加速度；ν 为黏滞系数；d_{50} 为中值粒径。

B. 底床临界起动流速。

泥砂悬浮的判定通过实际摩擦流速 U_f 和临界摩擦流速 $U_{f,cr}$的比较得以实现。其主要通过两种方式，一种是利用泥砂运移阶段参数 T，另一种是利用临界摩擦流速 $U_{f,cr}$和沉降速度 w_s 的比值。

a. 泥砂运移阶段参数 T：

$$T = \begin{cases} \dfrac{U_f}{U_{f,cr}} - 1, U_f > U_{f,cr} \\ 0, U_f \leqslant U_{f,cr} \end{cases}$$

$$U_f = \sqrt{ghI} = \frac{\sqrt{g}}{C_z}|V|$$

式中，g 为重力加速度；h 为水深；I 为能量梯度；C_z 为谢才系数（$m^{\frac{1}{2}}/s$）；$|V|$ 为流速（m/s）。

b. 临界摩擦流速 $U_{f,cr}$和沉降速度 w_s 的比值：

$$\frac{U_{f,cr}}{w_s} = \begin{cases} \dfrac{4}{d}, 1 < d \leqslant 10 \\ 0.4, d > 10 \end{cases}$$

C. 沉降速度。

非黏性土沉降速度公式：

$$w_s = \begin{cases} \dfrac{(s-1)gd^2}{18v}, d \leqslant 100\mu m \\ \dfrac{10v}{d}\left\{\left[1 + \dfrac{0.01(s-1)gd^3}{v^2}\right]^{0.5} - 1\right\}, 100 < d \leqslant 1000\mu m \\ 1.1[(s-1)gd]^{0.5}, d > 1000\mu m \end{cases}$$

式中，d 为非黏性土颗粒粒径；s 为非黏性土密度；v 为黏滞度；g 为重力加速度。

D. 悬移质运移。

悬移质泥砂平衡浓度 $\bar{c}_e$ 计算公式：

$$\bar{c}_e = \frac{q_s}{\bar{u}h}$$

$$q_s = \int_a^h c \cdot \mathrm{d}y$$

$$a = k_s = 2d_{50}$$

式中，$\bar{u}$ 为水流平均流速(m/s)；q_s 为悬移质运移量[kg/(m·s)]；c 为距离底床 y(m)处的悬浮泥砂浓度(kg/m^3)；u 为距离底床 y(m)处的流速(m/s)；h 为水深(m)；a 为底床分层厚度(m)；k_s 为等效粗糙高度(m)；d_{50} 为中值粒径。

E. 非黏性土浓度分布。

非黏性土浓度分布主要取决于湍流扩散系数 ε_s 和沉降速度 w_s。

a. 湍流扩散系数计算公式为：

$$\varepsilon_s = \beta \Phi \varepsilon_f$$

$$\beta = \begin{cases} 1 + \left(\dfrac{w_s}{U_f}\right)^2, \dfrac{w_s}{U_f} < 0.05 \\ 1, 0.05 \leqslant \dfrac{w_s}{U_f} < 0.25 \\ \text{不悬浮}, \dfrac{w_s}{U_f} \geqslant 2.5 \end{cases}$$

式中，β 为扩散因子；Φ 为阻尼系数；ε_f 为平均流体扩散系数。

b. 非黏性土浓度分布。

非黏性土浓度分布由 Peclet 系数 P_e 确定：

$$P_e = \frac{C_{rc}}{C_{rd}}$$

式中，C_{rc} 为 Courant 对流系数，$C_{rc} = w_s \Delta t / h$；$C_{rd}$ 为 Courant 扩散系数，$C_{rd} = \varepsilon_f \Delta t / h^2$；$\varepsilon_f$ 为平均流体扩散系数。

F. 非黏性土沉积。

$$S_d = -\left(\frac{\bar{c}_e - \bar{c}}{t_s}\right), \bar{c}_e < \bar{c}$$

$$t_s = \frac{h_s}{w_s}$$

$$\bar{c}_e = 10^6 \cdot F \cdot c_a \cdot s$$

$$F = \frac{c}{c_a}$$

式中，S_d 为沉降速率；$\bar{c}_e$ 为平衡浓度；$\bar{c}_e$ 为悬浮泥砂平均浓度；c 为悬浮泥砂浓度；s 为非黏性土密度；w_s 为沉降速度；h_s 为非黏性土深度；t_s 为非黏性土沉积时间。

G. 非黏性土侵蚀。

$$S_e = -\left(\frac{\bar{c}_e - \bar{c}}{t_s}\right), \bar{c}_e > \bar{c}$$

式中，S_e 为非黏性土侵蚀速度，其他参数含义同上。

(5)输入参数确定。

①沉积物类型、粒度特征参数：根据该区近期和历史表层沉积物调查资料。

②风的资料输入：根据芝罘岛海洋站 1981—1992 年的风况资料统计，本海区全年最多风向为 NNW，频率为 11%，大于 6 级的大风，冬季最多，春季次之，夏季最少；在各季节里大于 6 级的偏 N 风，秋、冬季较强，特别是冬季偏 N 大风占绝对优势；大于 6 级的偏 S 风，春季最多。历年极大风速 40.0m/s，风向 NW。模拟时按照一年中各向风各月发生频率的设定模型的风场，模拟工程周边海域一年总的蚀淤变化情况。

③其他输入参数：根据该海域沉积物粒度特征，侵蚀临界剪应力取值介于 0.75～1.5N/m^2之间；根据海底沉积物组成和粒度特征，曼宁系数取 45～58$m^{\frac{1}{3}}/s$。

采砂对水质环境影响分析及对海洋生态影响分析，与本章第四节第三小节第 1 点“威海湾及刘公岛附近海域”中分析一致。

四、庙岛群岛附近海域浅海砂矿开采环境影响预评价

该区域位于庙岛群岛海域，庙岛群岛 32 个基岩岛屿分布于整个渤海海峡，区位优势突出。该区域是我国刺参、盘鲍、栉孔扇贝、紫海胆、魁蚶等海珍品的主要产地。该区是闻名遐迩的旅游胜地。庙岛群岛有鸟类 247 种，还拥有世界上 12 个国家的国鸟 7 种，属国家级鸟类自然保护区。

该区主要海洋功能为旅游休闲娱乐、农渔业。重点发展生态高效品牌渔业、海洋新能源产业及旅游业，保障长岛国际休闲度假岛、渤海海峡的跨海通道、连岛工程等重大工程的建设用海。加强庙岛群岛原生态的海洋自然环境及鸟类栖息地的保护，维护长山水道航运功能。积极开展潮汐能等海洋清洁能源，统筹安排、协调海洋保护、渔业、旅游交通及海洋新能源开发用海。

本海域的环境预评价根据国家海洋局烟台海洋监测中心的现场调查资料，对实测流场进行流体动力学模式、拉格朗日余流模式的数值模拟计算，并根据工程海域的主要污染物和负荷量，用平流-扩散模式分析该工程所产生悬浮泥砂对海洋环境的影响进行数值预测。

1. 工程海域潮流场的数值模拟

潮流场的计算模式采用传统的浅水潮波方程：

$$\begin{cases}\dfrac{\partial \zeta}{\partial t}+\dfrac{\partial Du}{\partial x}+\dfrac{\partial Dv}{\partial y}=0\\ \dfrac{\partial u}{\partial t}+u\dfrac{\partial u}{\partial x}+v\dfrac{\partial u}{\partial y}+g\dfrac{\partial \zeta}{\partial x}-fv+ru-\varepsilon\left(\dfrac{\partial^2 u}{\partial x^2}+\dfrac{\partial^2 u}{\partial y^2}\right)=0\\ \dfrac{\partial v}{\partial t}+u\dfrac{\partial v}{\partial x}+v\dfrac{\partial v}{\partial y}+g\dfrac{\partial \zeta}{\partial y}+fu+rv-\varepsilon\left(\dfrac{\partial^2 v}{\partial x^2}+\dfrac{\partial^2 v}{\partial y^2}\right)=0\end{cases}$$

右手直角坐标系确定在平均海平面上。

式中，u、v 分别为 x 和 y 方向上平均流速分量；D 为总水深，$D=\zeta+h$，h 为平均海平面，ζ 为从平均海平面起算的自由海面高度；ε 为水平涡动黏滞系数；f 为科氏参数，$f=2\omega\sin\varphi$，ω 为地转角速度，φ 是工程海域所在地平均地理纬度；g 为重力加速度；t 为时间变量；r 为海底摩擦系数。

上述潮流方程求解的边界条件有开边界、闭边界。在闭边界上，采用含边界阻力的自由滑移或准自由滑移条件，规定法向速度为零。在开边界上，以给定的潮位条件控制，即：

$$\zeta(x,y,t)=\sum_{i=1}^{n} f_i H_i(x,y)\cos[\sigma_i t+v_i+u_i-g_i(x,y)]$$

式中，H_i为分潮 i 的振幅；σ_i为分潮 i 的角频率；g_i为分潮 i 的迟角；v_i为分潮 i 的初位相；f_i和 u_i分别为分潮 i 的交点因子和交点的改正角。

采用 C 网格离散模式方程，得到如下代数方程组：

$$[A]\{\underset{u}{\zeta}\}^{(k+\frac{1}{2})}=[C]^k$$

$$[B]^{(k+\frac{1}{2})}\{\underset{v}{\zeta}\}^{(k+1)}=[D]^{(k+\frac{1}{2})}$$

在前半时间步长$(k+\dfrac{1}{2})\Delta t$，按行、列交替进行迭代，逐行解出$\{\zeta,\mu\}^{k+\frac{1}{2}}$，然后用显式差分公式算出 $v^{k+\frac{1}{2}}$；在后半时间步长$(k+1)\Delta t$，用同样方法逐列算出$\{\zeta,v\}^{k+1}$，再用显式差分公式算出各点 μ^{k+1}。

(1)计算网格:取长方形交错式网格系统,取 $\Delta X=12''\approx M,\Delta Y=12''\approx 370.4M$,网格数 $=890\times 126=11\ 214$。

(2)时间步长:$\Delta t=120\text{s}$。

(3)平均纬度:$\varphi=37°34'$。

(4)水深:从海图上读取,并校正到平均海平面。

(5)开边界水位:根据附近验潮站的潮汐调和常数并参照同潮时图插值求得。

2. 潮流场计算结果分析

潮流分析:利用本海区 2 个测流点的实测海流资料,对潮流模型进行验证,结果表明,数值计算的结果与实测结果相当吻合。证明潮流场的计算结果达到了预期的计算精度。图 9-38、图 9-39 给出了该海域潮流矢量的计算结果。

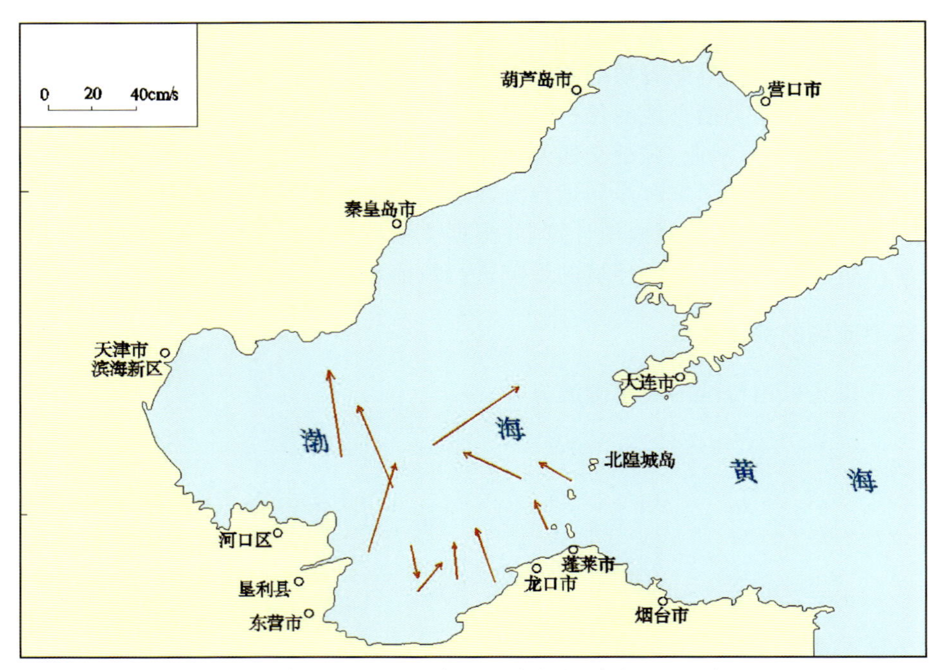

图 9-38 实测海流流图(龙口港为主港,高潮后 3h,表层)

为了证明计算海区的潮流分布特征和对污染物质的输运能力,给出一个半日潮周期内的 4 个典型潮时的潮流矢量分布图,这 4 个时刻是:落潮中间时、低潮时、涨潮中间时和高潮时(图 9-40~图 9-43)。这 4 幅图展示了该海区潮流的空间分布和在潮周期内的变化过程。

图 9-40 为落潮中间时刻的潮流分布,此时落潮流达到最大值,在西、北部开阔水域,形成比较一致的东南向流动,流速由西向东是均匀递减的趋势,西部流动较强,流向渐变为东向流。图 9-41 为低潮时刻的潮流分布,此刻亦处于转流时期,全海域流动极弱。图 9-42 为涨潮中间时刻的潮流分布,此时涨潮流达到最强。西、北部开阔海域形成比较一致的西北向流动,潮流强度及其分布状况与落潮中间时基本相同。图 9-43 为高潮时刻的潮流分布,此时为转流期,全海域流动极弱。

拉格朗日余流分析概况:海水水质点在潮汐的作用下,经过一个潮周期的运动后,不再回到起始位置而有了一段净位移,这种在潮汐的非线性效应作用下产生的海水周期性的平均运动称拉格朗日潮致余流。

潮流和潮余流对海湾及沿岸海域污染物质的输运和分散起着重要作用,它导致湾内的海水循环,促进与外海水的交换,加快溶解在海水中的以悬浮体形式存在的污染物质的输运,这种运动与水质点的运动一样具有拉格朗日性质,计算出拉格朗日余流即可知道污染物质的输运途径。

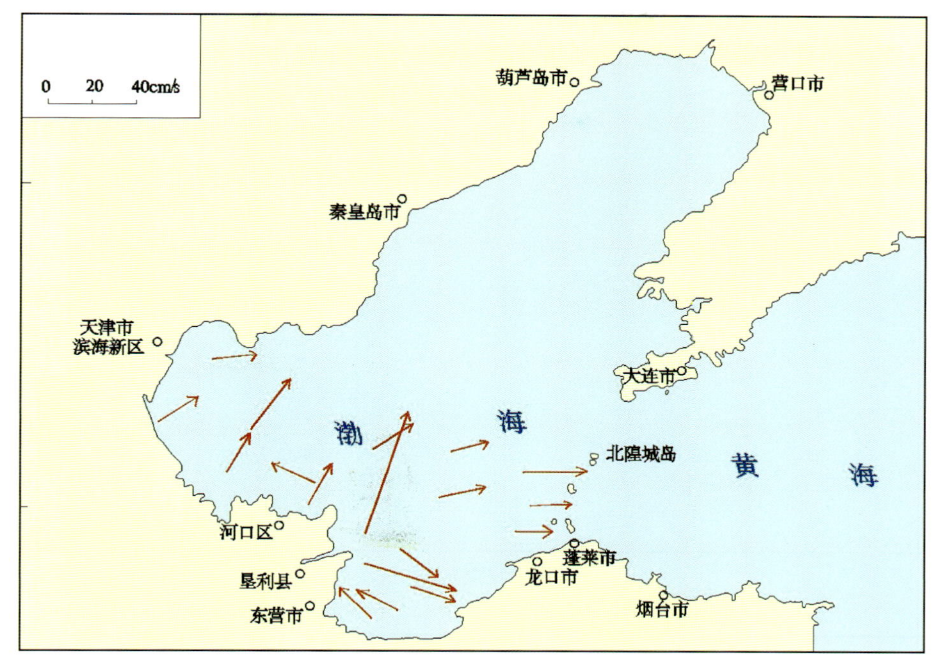

图 9-39 余流图(表层)

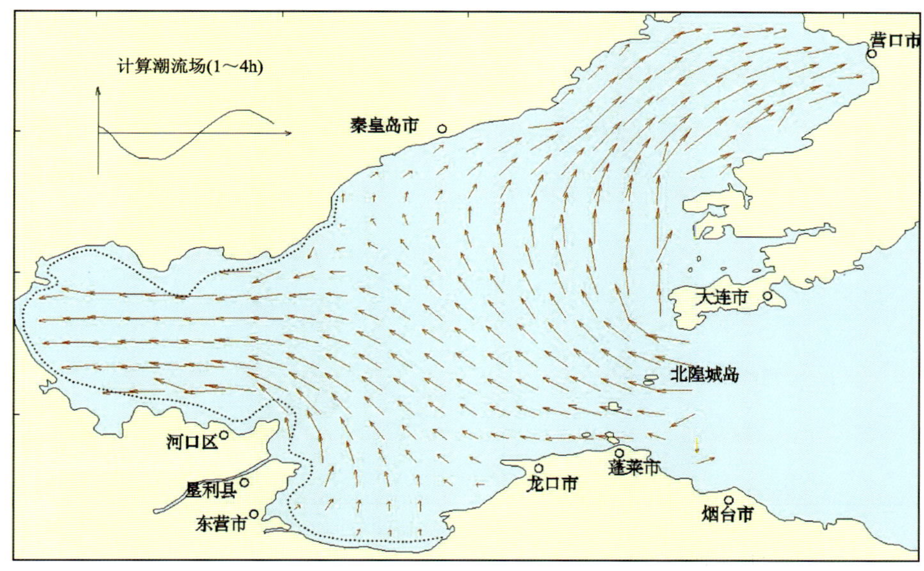

图 9-40 计算潮流场(落潮中间时)

从图 9-44 和图 9-45 可以看出在工程海域拉格朗日余流流向为西和西偏北向,流速为 5～6cm/s,其污染物随着余流向西稍偏北扩散,进入莱州湾和渤海湾。

3. 悬浮泥砂对环境影响的数值预测

本节采用数值模拟的方法预测工程掀扬的悬浮泥砂所形成的影响浓度场,为工程的环境影响评估提供依据。

1)预测模型

工程掀扬起的海底悬浮泥砂扩散模式,在通用二维输移-扩散方程的基础上,还应纳入悬浮物的沉降和再悬浮效应。在垂直混合充分的浅海,悬浮物输移-扩散过程由以下方程表示:

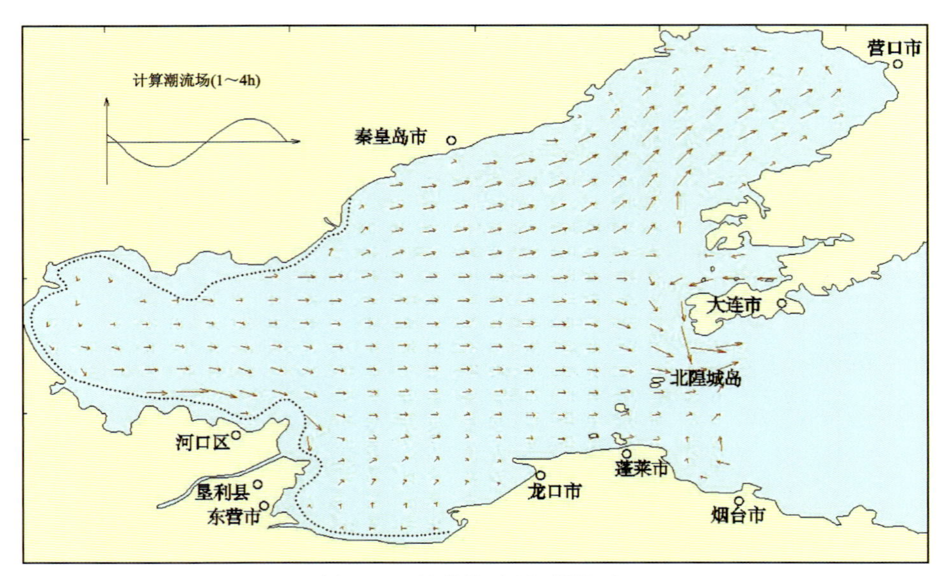

图 9-41 计算潮流场(低潮时)

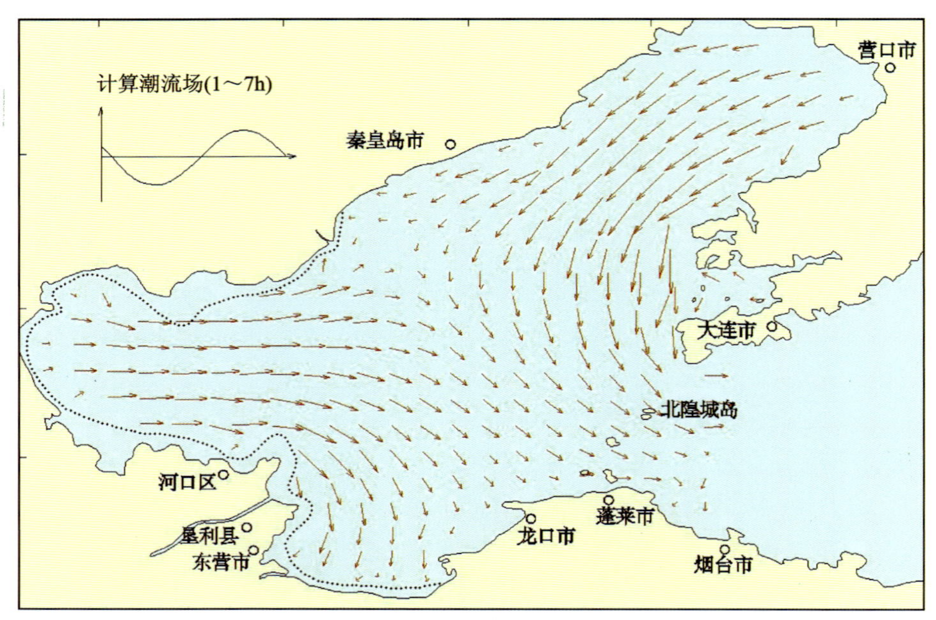

图 9-42 计算潮流场(涨潮中间时)

$$\frac{\partial P}{\partial t}+u\frac{\partial P}{\partial x}+v\frac{\partial P}{\partial y}=\frac{\partial}{\partial x}\left(D_x\frac{\partial P}{\partial x}\right)+\frac{\partial}{\partial y}\left(D_y\frac{\partial P}{\partial y}\right)+S_m-S_v$$

式中，$\{u,v\}$是流场，由前述流场模拟结果提供；P 为悬浮物浓度(mg/L)；D_x、D_y 分别是 x 和 y 方向上的水平涡动扩散系数，由 Elder 公式给出：

$$(D_x,D_y)=5.93Hg^{\frac{1}{2}}C^{-1}(|\bar{\mu},\bar{\nu}|) \qquad C=\frac{1}{n}(h+\zeta)^{\frac{1}{6}}$$

式中，h 为水深；ζ 为水位高度；S_m-S_v是源项，其中 S_m是悬浮物排入的源强，而 S_v是悬浮物的海底垂直通量，表示由于沉降和再悬浮随机过程对源强的修正：

$$S_v=\alpha w(\beta S_*-\gamma P)$$

式中，α 为悬浮颗粒沉降概率，决定于湍流强度和悬浮质点粒径；w 是悬浮颗粒的沉降速度。

粒径为 d_i的颗粒的沉降速度为 w_i：

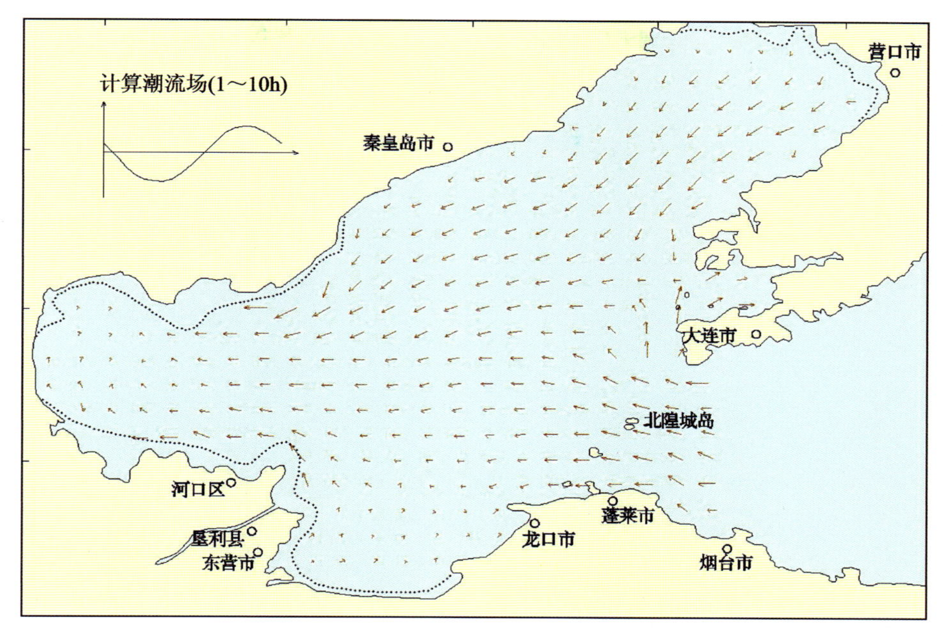

图 9-43　计算潮流场(高潮时)

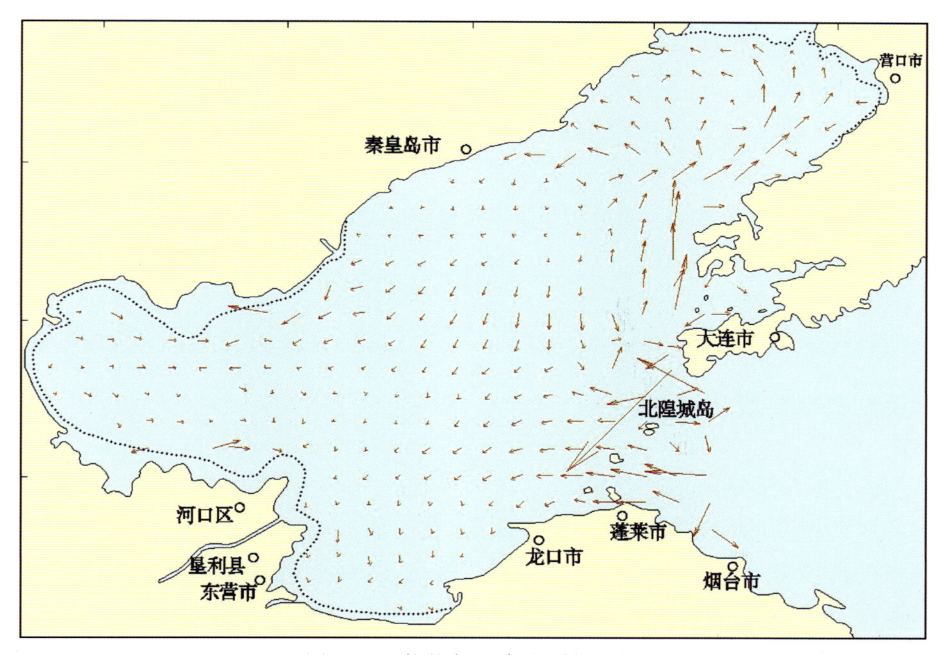

图 9-44　拉格朗日余流(低潮时)

$$w_i=\sqrt{13.95\frac{\eta}{d}+1.09gd_i}-13.95\frac{\eta}{d_i}$$

式中，η 为海水运动黏滞性系数；d_i 为泥砂颗粒粒径。

悬浮泥砂平均沉降速度：

$$w=\int_0^H\sum w_iP_i\mathrm{d}z\Big/\int_0^H\sum P_i\mathrm{d}z$$

S_* 为水流挟砂能力；α、β、γ 是由水流速度和悬浮颗粒性质决定的系数。

当 $u,v\geqslant u_k$ 时，$\beta=1$，再悬浮存在；当 $u,v\leqslant u_k$ 时，$\beta=0$，再悬浮不存在；当 $u,v\leqslant u_f$ 时，$\gamma=1$，沉降发

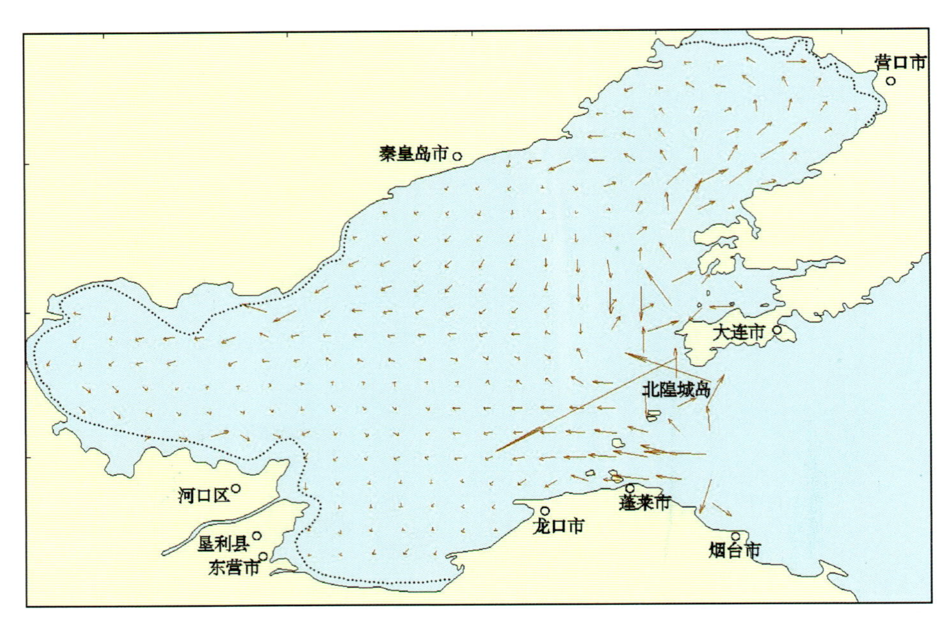

图 9-45 拉格朗日余流(高潮时)

生;当 $u,v>u_f$时,$\gamma=0$,沉降不发生。

u_k和 u_f分别是起动流速和扬动流速。据窦国仁公式:

$$v_k = 2.72\sqrt{(\rho_s-\rho)/\rho\cdot gd + 0.19(\varepsilon_k + g\delta H)/d}$$

悬浮物的淤落条件,决定于水流速度和悬浮颗粒的扬动流速,利用扬动流速 v_f的计算公式:

$$v_f = 12.76\sqrt{(\rho_s-\rho)/\rho\cdot gd}$$

不难算出泥砂颗粒的扬动流速。通过以上讨论,悬浮物影响浓度场预测的模式方程简化为

$$\frac{\partial P}{\partial t}+u\frac{\partial P}{\partial x}+v\frac{\partial P}{\partial y}=\frac{\partial}{\partial x}\left(D_x\frac{\partial P}{\partial x}\right)+\frac{\partial}{\partial y}\left(D_y\frac{\partial P}{\partial y}\right)+S_m-\alpha\omega P$$

边界条件:闭边界上,$\frac{\partial P}{\partial n}=0$;开边界上,$\frac{\partial P}{\partial t}+V_n\frac{\partial P}{\partial n}=0$(出流时段),$P(x,y,t)=P_o^*(x,y)$(入流时段),$P^*$为开边界上的浓度。

2)预测内容

本项预测工作分两个部分:

(1)工程进程中所掀扬的细颗粒泥砂进入水体后,在一段时间内处于悬浮态,当浓度超过某一限值时,将对工程海域的环境带来一定程度的不良影响。因此,需对作业中所形成的悬浮泥砂浓度场的时间进行定量预测,以便结合本海区的环境敏感状况具体分析其环境影响,评估工程的可行性和采取相应的环保措施。

(2)作业时悬浮泥砂影响浓度场的预测。在作业过程中,含水量较高的泥砂很容易与海水掺混而使悬浮泥砂进入水体,形成影响浓度场。预测的目的是定量地计算影响浓度场,为保护水产资源、保护海洋环境提供可靠的依据。

3)预测方案的确定

根据本预测工作的内容,确定数值预测的工作方案。

(1)工程影响预测:从数值模拟的角度讲,把海砂续采点视为连续移动点源。由于工程采砂面积较小,时间距离较长,为了计算工作的方便,同时不失其代表性,可将其视为固定连续点源来处理,这样可以大大简化计算,而所得计算结果完全能够反映出整个工程海域的环境影响的全貌。

(2)作业环境影响预测:预测的时间尺度通过数值试验来确定。在该海区,从预测开始时间尺度模

拟达到3天，所形成的影响浓度场即趋于稳定平衡状态。数值试验表明，第4天的浓度分布与第3天的浓度分布无太大差别，因此，数值模拟的时间尺度定为3d。

4）源强的确定

正确预测悬浮泥砂进入水体中负荷强度，是个非常重要但又十分困难的问题，也是决定数值预测结果精确与否的关键问题之一，对于不同的作业方式，源强预测也应用不同的方法来进行。

（1）作业区的源强预测。

作业过程中，挖砂机械将海底表面的泥砂搅起进入水体呈悬浮态。其中粗颗粒部分会很快淤落到海底，而细颗粒部分在海洋湍流的作用下会长期悬浮在水体之中，随流漂移，当水体中悬浮泥砂浓度达到一定限值时，便形成污染。对于作业的源强估算采取用下面的公式：

$$S_m = F \cdot Q_0$$

式中，S_m为搅起水体的泥砂质量；Q_0为挖砂量；F为掀扬系数，取0.027。

根据该次工程的挖方量，利用上式即可计算出工程的污染源强。

（2）采砂作业源强预测。

作业中进入水体的泥砂总量按下式计算：

$$Q_{ss} = \frac{挖砂量 \times 湿容重 \times 干湿比 \times 入水比例}{作业时间}$$

挖砂量按每日600t，每日工作16h计；入水比例取10%；湿容重取1.66；干湿比取0.36。据此算出，挖砂作业使泥砂入水的数量为2.2t/h。

悬浮泥砂在海水中的运动过程主要经历平流、扩散、沉降和再悬浮等过程。细颗粒泥砂沉降到海底之后，由于达不到起动流速很难再悬浮到水体之中。沉降过程除了与颗粒自身尺寸有关之外还与海水的湍动有关。细颗粒泥砂在强流区可以长期悬浮在水体中随流漂移，在弱流区会很快沉降到海底。

潮流加强，悬浮泥砂在水体中悬浮的时间加长，其漂移的距离也相应增大，相对而言，停留在水体中的悬浮泥砂的数量加大。因此，表现为污染区的面积增大，污染区的分布形势明显受潮流支配，潮流进一步加强，悬浮泥砂受潮流的影响就进一步显著。

4. 对海水质量的影响评价

通过数值模拟可知：悬浮泥砂影响范围为0.5km^2（4h后），中级影响较大，但这些悬浮泥砂可在短时间内沉降，海水也可在很短的时间内恢复到原来的质量状况。又由于采砂区距离市区较远，附近无工业矿产，故表层沉积物中有毒有害物质较少，造成二次污染的可能性不大，因此，对海水质量影响时间较短，范围也较小。

第十章　浅海砂矿的保护和开发利用规划建议

第一节　开发利用建议依据

本次浅海砂矿开发利用建议依据，即采区划分原则包括：①与山东省和地方政府用海政策相协调；②符合山东省海洋功能区划；③符合港口规划、城市规划等相关规划；④禁止在海洋自然保护区和特别保护区、海洋生态特别保护区内开采；⑤山东省渤海海洋生态红线范围内禁止开采；⑥考虑海水入侵情况。详述如下：

《山东省海洋功能区划(2011—2020年)》将山东省海域划分为5个海域单元，即日照市毗邻海域、山东半岛南部海域、山东半岛东北部海域、庙岛群岛附近海域和黄河口与山东半岛北部海域。本书结合海砂矿产分布情况，按照这5个海域的范围划分建议禁止开采区、限制开采区及可开采区。划分建议禁采区、限采区、可采区时参考以下各方面进行划定，如某一区域为禁采区则将该范围划为建议禁止开采区，如有的区域为禁采区有的区域为限采区则划为建议禁止开采区，以此类推，以要求严格者为准。只有从各方面考虑均可采的区域才划为可采区。

国土资源部《关于加强海砂开采管理的通知》(国土资发〔2007〕190号)规定对海砂(砾)实行采矿权固定年限出让制度。海砂采矿权有效期每次最长为2年，到期后按本通知规定的方式重新设置采矿权。对海砂(砾)实行开采总量控制制度。海砂采矿许可证上注明年度开采总量和采矿许可证2年有效期内的开采总量，严禁超总量开采。企业海砂(砾)开采量达到核定的总量时，采矿权同时废止。因疏浚航道而采挖出的海砂(砾)用于销售或工程建设的，可凭航道管理部门的批准文件、海洋环境影响评估报告等资料，经省级人民政府自然资源主管部门提出初审意见并评估采矿权价款后，报自然资源部依法办理采矿许可证，有效期为1年。

因海洋工程建设而采挖出的海砂(砾)用于销售或工程建设的，可凭对海洋工程建设项目的批准文件、海洋环境影响评估报告等资料，经省级人民政府自然资源主管部门提出初审意见并评估采矿权价款后，报国土资源部依法办理采矿许可证，有效期为1年。

《国家海洋局关于全面实施以市场化方式出让海砂开采海域使用权的通知》(国海管字〔2012〕895号)明确规定在海洋自然保护区、军事用海区、海底电缆管道保护区、航道锚地、船舶定线制海区和重要的海洋生物产卵场、索饵场、越冬场及栖息地等区域禁止实施海砂开采用海活动。在可能危及跨海桥梁、海底隧道、海堤、海底电缆管道、海上油气开采等涉海工程安全的海域，以及可能对海岸线、海岸防护林带造成侵蚀危害的海域，严格限制海砂开采用海活动。鼓励和引导发展深海海砂开采技术，促进海砂开采向深远海区域发展。

海砂开采海域使用权由沿海省(区、市)海洋行政主管部门以拍卖挂牌等市场化方式出让。沿海省(区、市)海洋行政主管部门按规定组织编制拟出让海域拍卖挂牌方案，经国家海洋局审查同意，报省人民政府批准后，严格按照《海域使用管理法》《拍卖法》及国家有关法律法规要求组织实施，并负责办理海域使用权登记发证手续。海砂开采海域使用权一次性出让，年限最长不超过3年。

《关于进一步规范海洋特别保护区内开发活动管理的若干意见》（国海发〔2006〕26号）要求：海洋自然保护区内禁止进行破坏性开发活动，严格控制一般性开发活动。《国民经济和社会发展第十一个五年规划纲要》明确规定，国家级自然保护区属于禁止开发区域。因此，各级海洋行政主管部门要加强对海洋自然保护区内各类开发活动的监管，严格执行相应的审批程序，依法规范开发行为，明确禁止围填海和海砂开采等改变海域自然属性的开发行为。

山东省政府2004年下发通知要求，从严控制围填海和开采海砂活动，限制在距海岸线12海里以内开采海砂。军事用海区、海底电缆管道保护范围、航道、锚地、船舶定线制海区和重要海洋生物的产卵场、索饵场、越冬场、栖息地及海洋自然保护区、生态保护区、风景区禁止采砂。以上海洋功能区划根据最新的《山东省海洋功能区划（2011—2020年）》确定范围。即12海里内海洋功能区划编号为A(B)1农渔业区、A(B)2港口航运区、A(B)5旅游休闲娱乐区、A(B)6海洋保护区的均为禁采区（A表示邻岸区域，B表示近海区域）；其他为限采区。

根据《山东省海洋功能区划（2011—2020年）》中要求，将禁止进行浅海砂矿开采的区域划为建议禁止开采区，可以适当开采区域划为建议限制开采区。

根据"山东省渤海海洋生态红线区控制图"，将红线区范围内的"禁止开发区"和"限制开发区"均作为本次浅海砂矿开采的建议禁止开采区。详见图10-1。

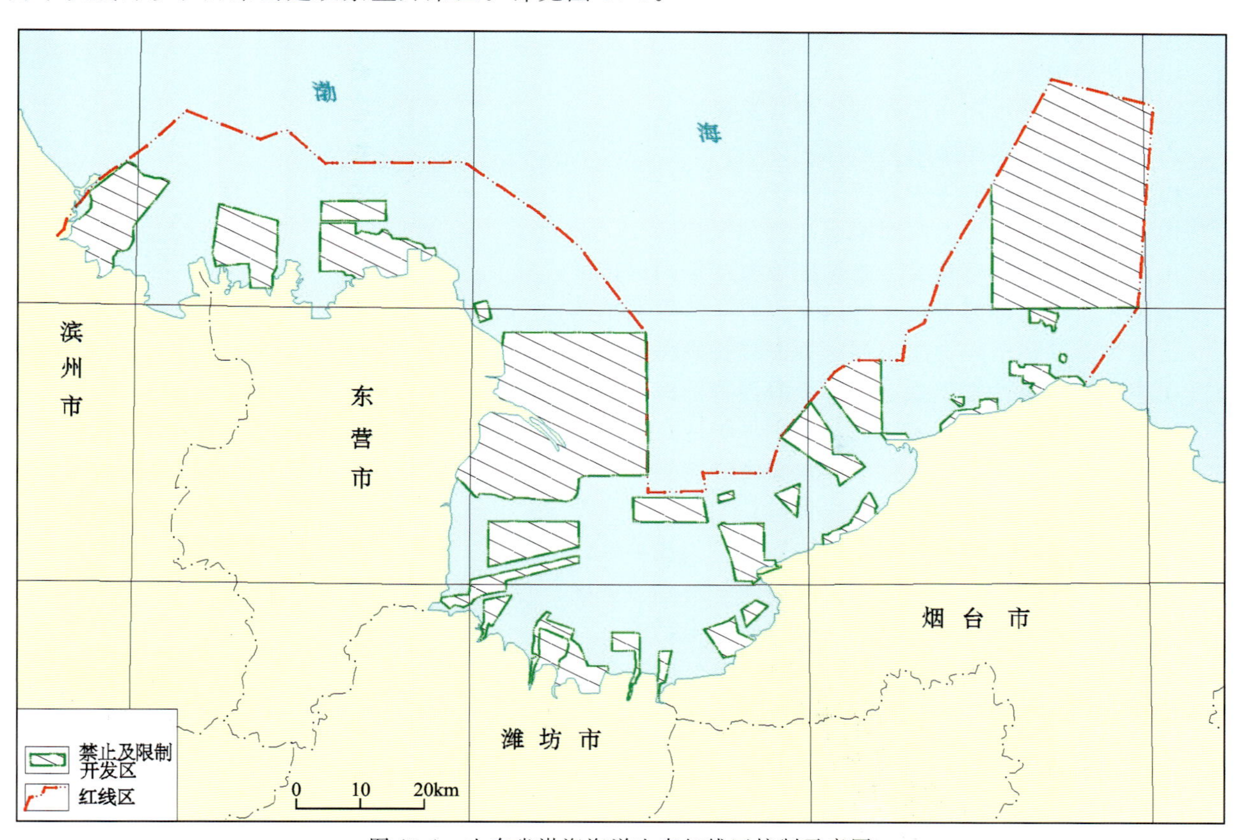

图10-1　山东省渤海海洋生态红线区控制示意图

根据山东沿海区域海水入侵情况，将浅海砂矿开采可引发或加剧海水入侵的区域也划为建议禁采区。

此外，地方政府也积极开展规范滨、浅海采砂活动，如日照市政府出台了《关于进一步加强海砂资源管理的意见》，威海市发布了《威海市沙滩保护管理办法（征求意见稿）》，提出要建立沙滩保护管理机制，使沙滩保护管理逐步精细化，有效地保护沙滩生态环境。

另外，各级政府设置的自然保护区、特别保护区、水产种质资源保护区均列为建议禁止开采区。包括：9个国家级海洋公园、21个国家级自然保护区和特别保护区、21个省级海洋自然保护区和特别保护区、29个国家级和省级水产种质资源保护区以及3个市级自然保护区。

1. 国家级海洋公园

刘公岛国家级海洋公园；
日照国家级海洋公园；
山东大乳山国家级海洋公园；
山东长岛国家级海洋公园；
山东烟台山国家级海洋公园；
山东蓬莱国家级海洋公园；
山东招远砂质黄金海岸国家级海洋公园；
山东青岛西海岸国家级海洋公园；
山东威海海西头国家级海洋公园。

2. 国家级自然保护区和特别保护区

山东黄河三角洲国家级自然保护区；
山东长岛国家级自然保护区；
山东滨州贝壳堤岛与湿地国家级自然保护区；
山东荣成大天鹅国家级自然保护区；
山东昌邑国家级海洋生态特别保护区；
山东东营黄河口生态国家级海洋特别保护区；
山东东营利津底栖鱼类生态国家级海洋特别保护区；
山东东营河口浅海贝类生态国家级海洋特别保护区；
山东东营莱州湾蛏类生态国家级海洋特别保护区；
山东东营广饶沙蚕类生态国家级海洋特别保护区；
山东文登海洋生态国家级海洋特别保护区；
山东龙口黄水河口海洋生态国家级海洋特别保护区；
山东烟台芝罘岛群海洋特别保护区；
山东威海刘公岛海洋生态国家级海洋特别保护区；
山东乳山市塔岛湾海洋生态国家级海洋特别保护区；
山东烟台牟平沙质海岸国家级海洋特别保护区；
山东莱阳五龙河口滨海湿地国家级海洋特别保护区；
山东海阳万米海滩海洋资源国家级海洋特别保护区；
山东威海小石岛国家级海洋生态特别保护区；
莱州浅滩海洋生态国家级海洋特别保护区；
蓬莱登州浅滩国家级海洋特别保护区。

3. 省级海洋自然保护区和特别保护区

青岛大公岛岛屿生态系统自然保护区；
胶南灵山岛省级自然保护区；
青岛市文昌鱼水生野生动物市级自然保护区；
庙岛群岛斑海豹自然保护区；

海阳千里岩岛海洋生态自然保护区；
荣成成山头省级自然保护区；
烟台崆峒列岛自然保护区；
龙口依岛省级自然保护区；
莱州浅滩海洋资源特别保护区；
胶州湾滨海湿地省级海洋特别保护区；
烟台山海洋生态特别保护区；
长岛长山尾地质遗迹海洋特别保护区；
日照市大竹蛏—西施舌生态系统海洋特别保护区；
蓬莱市登州浅滩海洋资源省级海洋特别保护区；
烟台逛荡河口海洋生态特别保护区；
招远砂质海岸海洋特别保护区；
莱阳五龙河湿地省级自然保护区；
龙口黄水河河口湿地省级自然保护区；
龙口依岛省级自然保护区；
即墨大小管岛岛群生态系统省级海洋特别保护区；
烟台沿海防护林省级自然保护区。

4. 国家级和省级水产种质资源保护区

崆峒列岛刺参国家级水产种质资源保护区；
长岛皱纹盘鲍光棘球海胆国家级水产种质资源保护区；
海州湾大竹蛏国家级水产种质资源保护区；
莱州湾单环刺螠近江牡蛎国家级水产种质资源保护区；
靖海湾松江鲈鱼国家级水产种质资源保护区；
马颊河文蛤国家级水产种质资源保护区；
蓬莱牙鲆黄盖鲽国家级水产种质资源保护区；
黄河口半滑舌鳎国家级水产种质资源保护区；
灵山岛皱纹盘鲍刺参国家级水产种质资源保护区；
靖子湾国家级水产种质资源保护区；
乳山湾国家级种质资源保护区；
前三岛海域国家级水产种质资源保护区；
小石岛刺参国家级水产种质资源保护区；
桑沟湾国家级水产种质资源保护区；
荣成湾国家级水产种质资源保护区；
套尔河口海域国家级水产种质资源保护区；
千里岩海域国家级水产种质资源保护区；
日照海域西施舌国家级水产种质资源保护区；
广饶海域竹蛏国家级水产种质资源保护区；
黄河口文蛤国家级水产种质资源保护区；
长岛许氏平鲉国家级水产种质资源保护区；
荣成褚岛藻类国家级水产种质资源保护区；
日照中国对虾国家级水产种质资源保护区；
无棣中国毛虾国家级水产种质资源保护区；

威海刘公岛浅海藻类种质资源保护区；
威海日岛太平洋鲱省级水产种质资源保护区；
环翠石鲽省级水产种质资源保护区；
长岛县车由岛刺参省级水产种质资源保护区；
省级无棣卤虫种质资源保护区。

5. 市级自然保护区

山东莱州湾（湿地）市级自然保护区；
烟台大沽夹河湿地市级自然保护区；
日照前三岛市级自然保护区。

第二节　浅海海砂的合理开发利用规划建议

海砂资源是重要的、不可再生的海洋矿产资源，浅海砂矿开采是全球仅次于海洋油气开采的海洋开采产业。但浅海砂矿开采属于一种改变海域自然属性的生产活动，同时也是对其他海洋生产活动影响较大的生产活动。从20世纪80年代以来，我国沿海由于浅海砂矿开采而引发的社会、环境和海上安全问题层出不穷。海洋管理部门从海域使用角度出发，以保护海砂资源、保护生态环境和保护海洋设施为前提划出海砂禁采区，是十分必要和适时的。这里的海砂矿泛指不分矿种的滨、浅海砂矿。

《山东省海洋功能区划（2011—2020年）》将山东省海域划分为5个海域单元，即日照市毗邻海域、山东半岛南部海域、山东半岛东北部海域、庙岛群岛附近海域和黄河口与山东半岛北部海域。本书结合海砂矿产分布情况，按照这5个海域的范围划分建议禁止开采区、限制开采区及可开采区，详见图10-2。

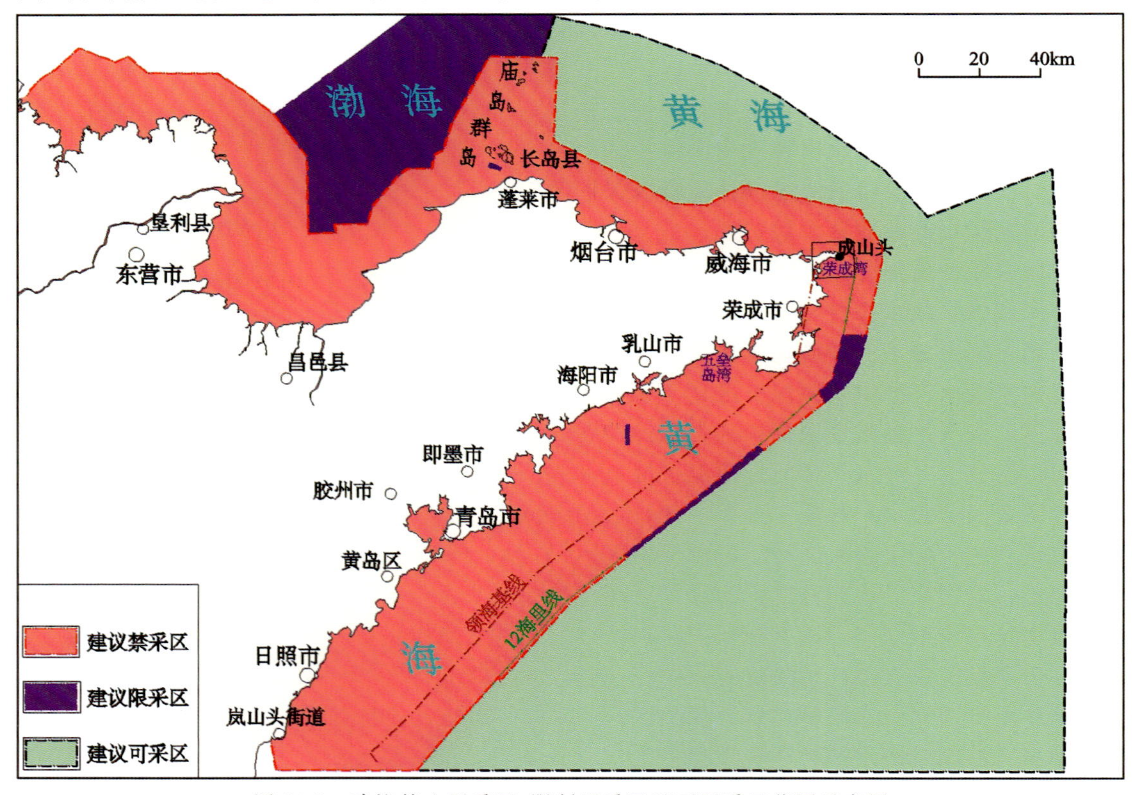

图10-2　建议禁止开采区、限制开采区及可开采区范围示意图

一、建议禁止开采区

指浅海砂矿开采会破坏原有的地形地貌，并对海洋生态环境及海洋功能造成破坏或较大影响，故在此范围内严格禁止海砂的开采。

1.禁采区选划标准

2004年，国务院发出《关于进一步加强海洋管理工作若干问题的通知》(国务院国发〔2004〕24号)，通知指出："……开采海砂是改变海域自然属性的行为，必须严格管理……开采海砂必须依法取得采矿许可证。自本通知下发之日起，距海岸线12海里以内的海域限制采砂，军事用海区、海底电缆管道保护范围、航道、锚地、船舶定线制海区和重要海洋生物的产卵场、索饵场、越冬场及栖息地禁止采砂……"。

本书根据山东省实际，确定了17类浅海砂矿禁采区(表10-1)。军事用海禁采区位置及范围因涉及保密原因，未包括在内。本书浅海砂矿禁采区其底土不论是否为砂，均属禁采范围。这里禁采是指不得以滨、浅海砂矿(包括围填海)为目的，开采滨、浅海砂矿(底土)从事经营活动。

表10-1　海砂禁采区划分标准

序号	类型	禁采范围	依据
1	岸滩和河口	理论最低潮面以上	《中华人民共和国海洋环境保护法》第46条防止海岸侵蚀，《山东省海洋功能区划(2011—2020年)》第21条
2	未勘查、未经国务院地质矿产主管部门审批的砂矿区	全部	《中华人民共和国矿产资源法》第16条
3	港口、码头区	码头前沿2.5倍设计船长至400m的大值，侧向1倍设计船长至400m的大值	《中华人民共和国港口法》第37条，《海港总平面设计规范》(JTJ 211—1999)，《装卸油品码头防火设计规范》(JTJ 237—1999)，《液化天然气码头设计规程》(JTJ 304—2003)
4	航道定线制海区	全部	《国务院关于进一步加强海洋管理工作若干问题的通知》第2条，《中华人民共和国航道管理条例》第13条，《中华人民共和国海上交通安全法第22条》，《通航海轮桥梁通航标准》(JTJ 311—1997)中航道宽度设计标准，海港总平面设计规范，海籍调查规程
	航道区	港内航道为设计航道外扩200m，港外航道为设计航道外扩500m	
5	锚地区	全部并向四周外扩200～500m	
6	航标周围海域	2.3倍水深加20m	《中华人民共和国航标条例》第17条
7	桥梁、隧道保护区	两侧各最大通航船只船长的4倍	《通航海轮桥梁通航标准》2.0.3
8	海底电缆管道保护区	宽阔海域500m，狭窄海域100m，海港内50m	《海底电缆管道保护规定》第7条，《石油天然气管道保护条例》第14条，《国务院中央军委关于保护通信线路的规定》第7条，《电力设施保护条例》第10条

续表 10-1

序号	类型	禁采范围	依据
9	重要海洋生物产卵场、索饵场、越冬场及栖息地	全部	《中华人民共和国海洋环境保护法》第 20 条、第 95 条,《国务院关于进一步加强海洋管理工作若干问题的通知》第 2 条
10	自然保护区	全部	《中华人民共和国自然保护区条例》第 26 条
11	风景旅游区	全部	《中华人民共和国海洋环境保护法》第 18 条,《风景区名胜区建设管理规定》第 4 条
12	其他禁采区	人工鱼礁区及已核发海域使用证	《中华人民共和国海域使用管理法》第 6 条、第 23 条
13	领海基点保护范围	全部	《领海基点保护范围选划与保护办法》第 6 条
14	水域军事禁区	全部	《中华人民共和国军事设施保护法》第 16 条
15	渤海海洋生态红线区	全部	《山东省渤海海洋生态红线区划定方案》
16	近岸海域	全部	《山东省海洋功能区划(2011—2020 年)》第 14 条
17	海岸保护设施保护范围	全部	《中华人民共和国防治海岸工程建设项目污染损害海洋环境管理条例》第 25 条

1)海滩砂

海滩是一种松散沉积物(砂、砂砾和卵石等)的堆积体,主要由激浪流作用形成,其范围从理论最低潮面开始向陆延伸到特大波浪作用的上限。海滩一般发育有潟湖、海岸沙丘或海蚀崖、滩肩、滩坎、滩肩顶、滩面、沿岸槽谷及沿岸(水下)沙坝等地貌形态,如图 10-3 所示。

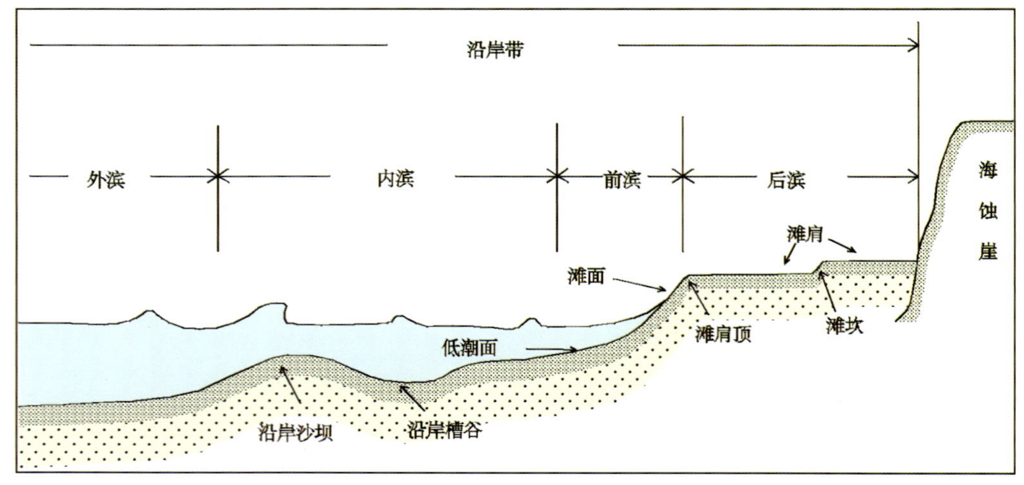

图 10-3 海岸带地貌划分示意图

海滩是海陆相互作用较激烈的地带,也是相互作用的产物,保留海滩剖面的完整性,可保护海岸免遭侵蚀,所以,《中华人民共和国海洋环境保护法》第 46 条规定:"严格限制在海岸采挖砂石。"同时海滩还是人们休息游乐的场所,也可能是滨海砂矿的富集地。

当海滩剖面后滨向陆侧为海岸沙丘或非基岩海蚀崖时，采砂可能导致海岸侵蚀，所以禁止开采海滩砂。海滩砂禁采区下界为理论最低潮面。经论证认定为以下两类砂体，均全部划为本类禁采区：与海滩砂有共源关系的砂体和对海岸具有保护作用的砂体。

2)有特殊矿产资源的砂体

在有些地区的海砂中，还往往富集有重要经济价值的金属和非金属矿物，如锆石、钛铁矿、磁铁矿、金红石、砂金、贝壳、球石、稀有稀土矿物等。根据《中华人民共和国矿产资源法》第16条第4款的规定："领海及中国管辖的其他海域的矿产资源"依据砂矿勘查报告，由国务院地质矿产主管部门审批，并颁发采矿许可证，同时国土资源部要求对未经探明的资源不得随意动用，上述砂矿的任何一种达到工业开采标准含量且未经勘查时，就划为海砂禁采区。

3)港口码头区

《中华人民共和国港口法》第37条规定："禁止在港口水域内从事养殖、种植活动。不得在港口进行可能危及港口安全的采掘、爆破等活动；……禁止向港口水域倾倒泥土、砂石以及违反有关环境保护的法律、法规的规定排放超过规定标准的有毒有害物质。"港口码头区可分为：

(1)一般港区：按照海域使用面积界定办法，一般码头的海域使用面积计算，外界址为码头前沿线垂直向外0.8～2.0倍设计船长，侧向为1倍设计船长。根据《海港总平面设计规范》(JTJ 211—1999)，码头前沿水域应由码头前沿停泊水域、转头区域和回旋水域组合而成，综合考虑回旋水域和停泊水域的要求，取码头前沿线垂直向外2.5倍设计船长，侧向取1倍设计船长为海砂禁采区。

(2)危险品港区：油品码头根据《海港总平面设计规范》(JTJ 211—1999)，油品码头前沿水域应由码头前沿停泊水域、转头区域和回旋水域组合而成，其长度不应小于3倍设计船长；《装卸油品码头防火设计规范》第4.2.1规定："油品泊位与其他泊位的船舶间距不小于300m。"因此油品泊位海砂禁采区为码头前沿起，垂直向外3倍设计船长或300m的大值，侧向取1倍设计船长或300m的大值。

液化天然气码头根据《海港总平面设计规范》(JTJ 211—1999)和《液化天然气码头设计规程》(JTJ 304—2003)第5.2.2条："液化天然气和液化石油气码头前沿水域应由码头前沿停泊水域、转头区域和回旋水域作具体组合，不应小于3倍船长"；《液化天然气码头设计规程》(JTJ 304—2003)第5.3.2条："液化天然气和液化石油气泊位与其他泊位的船舶净距不应小于400m"。因此液化天然气和液化石油气泊位海砂禁采区为码头前沿起垂直向外3倍设计船长或400m的大值，侧向为400m。

(3)对减载过驳作业区：以过驳设施周围延伸2倍船长距离为界。

(4)对有防波堤的港区：除港内全部划分为禁采区外，为保护防波堤安全，从防波堤迎水坡脚起向外延伸70m为海砂禁采区。

4)航道区

航道是船舶通航的水域，是重要的交通基础设施，其中最特殊的一类为船舶定线制海区，根据国务院国发〔2004〕24号文《国务院关于进一步加强海洋管理工作若干问题的通知》(以下简称国务院24号文)第2条，船舶定线制海区禁止采砂。船舶定线制海区是船舶航行最频繁的海区，一般由警戒区、分隔带(或分隔线)和通航航道组成，警戒区的范围、分隔带及通航带的宽度都有明确规定，在上述海区应全线禁止采砂活动。

山东省《成山角水域船舶定线制(2015)》自2015年7月1日起实施(图10-4)。

由于航道在海上交通运输方面的重要性，《中华人民共和国航道管理条例》第13条规定："航道和航道设施受国家保护，任何单位和个人均不得侵占或者破坏"。国务院24号文第2条规定"航道内禁止采砂"。

根据交通部1998年5月1日起施行的《通航海轮桥梁通航标准》(JTJ 311—1997)，桥下通航宽度设计计算公式为：

$$B_{\text{航道宽度}} = K \times [A + 2C]$$

$$B_{\text{双航道宽度}} = K \times [2A + b + 2C]$$

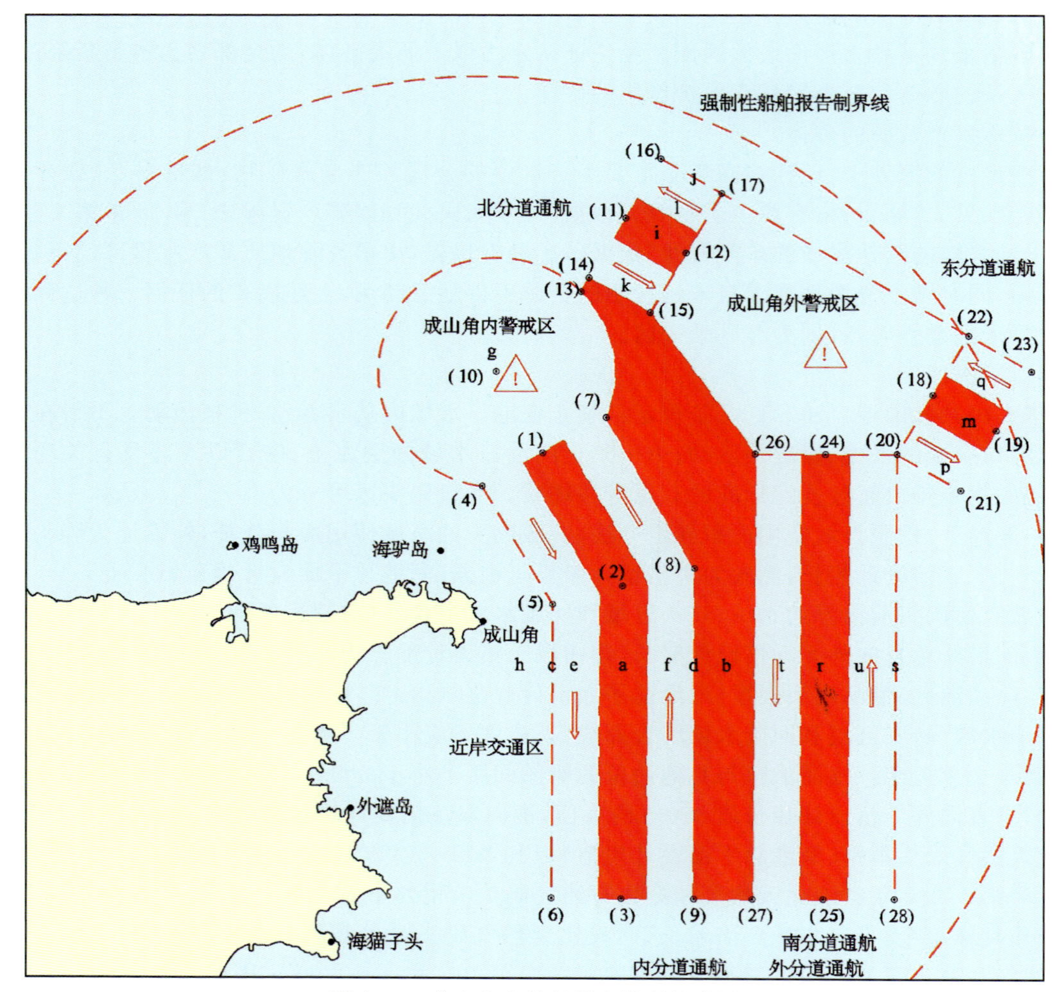

图 10-4　成山角水域船舶定线制航路图

式中，K 为扩大系数，取 1.5；A 为航迹带宽度，$A=n/(B_s+L\sin\gamma)$，n 为船舶漂移倍数，根据横流流速取 1.81、1.69、1.59 或 1.05，B_s 为船舶宽度(m)，L 为船舶长度(m)，γ 为风、流压偏角(°)，取 3°、7°、10°或 14°；b 为两船搓船的航迹带之间的富余宽度，取设计船宽；C 为航迹带与航道有效宽度边缘间的富余宽度，根据船舶种类和航速取 0.5 倍、0.75 倍或 0.50 倍船宽，散货船取 1 倍船宽。

由于各处自然条件不同，上式计算较复杂，且仅适用于人工航道。根据实际提出航道宽度与通航船只吨位的关系，如表 10-2 所示。

表 10-2　通航船只吨位与通航宽度关系

最大通航船只	航道宽度/m
1×10^4 t 级	500
5×10^4 t 级	600
10×10^4 t 级	700
15×10^4 t 级	800
30×10^4 t 级	1000

根据《海籍调查规程》(HY/T 124—2009)，航道用海原则上按设计范围向两侧外扩 100m 或 50m 为界，根据《海港总平面设计规程》4.7.3.1 规定："锚地的边缘距航道边线的安全距离：港外锚地不应小

于2～3倍船长；港内锚地采用单锚或单浮筒系锚时，不应小于1倍设计船长”。因此规定港内航道以设计航道宽度向两侧外扩200m，港外航道以设计航道宽度向两侧外扩500m划定为海砂禁采区。

5)锚地区

《中华人民共和国海上交通安全法》第22条的规定：“未经主管机关批准，不得在港区、锚地、航道、通航密集区以及主管机关公布的航路内设置、构筑设施或者进行其他有碍航行安全的活动”。国务院〔2004〕24号文第2条中规定“航道锚地等禁止采砂”。

锚地的位置及范围，应按照港口主管部门公布和批准的锚地。根据《海籍调查规程》，锚地用海原则上按设计范围向四周外扩100m或50m为界，根据《海域总平面设计规范》4.7.3.1规定：“锚地的边缘距航道边线的安全距离：港外锚地不应小于2～3倍设计船长；港内锚地采用单锚或单浮筒系泊时，不应小于1倍设计船长”。因此确定港外锚地外扩500m，港内锚地外扩200m为海砂禁采区。

6)航标周围海域

根据《中华人民共和国航标条例》第17条的规定：“禁止下列影响航标工作效能的行为：(一)在航标周围20m内或者在埋有航标地下管道、线路的地面钻孔、挖坑、采掘土石、堆放物品或进行明火作业”。海上航标锚链长度通常为水深的2.5倍，在锚链被拉直的情况下，航标离中心点的最大距离为水深的2.3倍，所以航标周围海域禁采范围为2.3倍水深加20m。

7)桥梁、隧道区

《通航海轮桥梁通航标准》(JTJ 311—1997)2.0.3规定：“桥址应远离航道弯道、滩险、汇流口、渡口、港口作业区和锚地，其距离应能保证船舶安全通航……跨越海域的桥梁上、下游均为不得小于代表船型长度的4倍，……”桥位选择时，要满足这一要求，在桥梁、隧道建成后，其他的开发活动应按该安全距离避让。桥梁、隧道区海砂禁采范围应按最大的通航船只船长的4倍来确定。

8)海底电缆管道保护区

对海底电缆管道的保护，不同时期，不同部门提出了不同的要求。最早出台的是1982年9月20日《国务院、中央军委关于保护通信线路的规定》，第7条第4款规定：“不准在海图上标明的海底电缆位置两侧各2海里(港内为两侧各100m)水域内抛锚、拖锚、拖网捕鱼或进行其他危及海底电缆安全的作业。”1987年9月15日《电力设施保护条例》第10条第2款规定：“电力电缆线路保护区：地下电缆为线路两侧各0.75m所形成的两平行线内的区域；海底电缆一般为线路两侧各2海里(港内为两侧各100m)，江河电缆一般不小于线路两侧各100m(中、小河流一般不小于各50m)所形成的两平行线内的水域。”2004年1月9日中华人民共和国国土资源部令第24号《海底电缆管道保护规定》第7条规定：“国家实行海底电缆管道保护区制度。省级以上人民政府海洋行政主管部门应当根据备案的注册登记资料，商同级有关部门划定海底电缆管道保护区，并向社会公告。海底电缆管道保护区的范围，按照下列规定确定：(一)沿海宽阔海域为海底电缆管道两侧各500m；(二)海湾等狭窄海域为海底电缆管道两侧各100m；(三)海港区内为海底电缆管道两侧各50m。海底电缆管道保护区划定后，应当报送国务院海洋行政主管部门备案”。划定海砂禁采区时选用最小海域即根据《海底电缆管道保护规定》确定的保护区范围是合适的，在该海域以外，是否能开采海砂，还需参照海域使用论证相关规定。

9)山东省渤海海洋生态红线区

《山东省渤海海洋生态红线区划定方案》中规定的禁止开发区，它“指海洋生态红线区内禁止一切开发活动的区域，主要包括自然保护区的核心区和缓冲区、海洋特别保护区的重点保护区和预留区。共划定禁止开发区23个”。“自然保护区禁止开发区。在已审批自然保护区范围内，自然保护区的核心区和缓冲区两部分划定为自然保护区禁止开发区。”“海洋特别保护区禁止开发区。在已审批海洋特别保护区范围内，海洋特别保护区的重点保护区和预留区两部分划定为特别保护区禁止开发区。”“禁止在高潮线向陆一侧500m或第一个永久性构筑物或防护林以内构建永久性建筑和围填海活动。在砂质海岸向海一侧3.5海里内禁止采挖海砂”。

“自然保护区按照《中华人民共和国自然保护区条例》管理，在自然保护区的核心区和缓冲区，不得建设任何生产设施，无特殊原因，禁止任何单位或个人进入。海洋特别保护区按照《海洋特别保护区管理办法》管理，重点保护区内，禁止实施各种与保护区无关的工程建设活动；预留区内，严格控制人为干扰，禁止实施改变区内自然生态条件的生产活动和任何形式的工程建设活动”。

重要河口生态系统限制开发区禁止采挖海砂；重要滨海湿地限制开发区禁止海砂资源开发；特殊保护海岛限制开发区禁止采挖海砂；重要砂质岸线及邻近海域限制开发区“禁止在高潮线向陆一侧500m或第一个永久性构筑物或防护林以内构建永久性建筑和围填海活动。在砂质海岸向海一侧3.5海里内禁止采挖海砂”；砂源保护海域限制开发区禁止从事可能改变或影响砂源保护海域的开发建设活动；重要滨海旅游区限制开发区禁止从事可能改变和影响滨海旅游的开发建设活动。

10）重要海洋生物产卵场、索饵场、越冬场及栖息地

《中华人民共和国海洋环境保护法》第20条规定：“国务院和沿海地方各级人民政府应当采取有效措施，保护红树林、珊瑚礁、滨海湿地、海岛、海湾、入海河口、重要渔业水域等具有典型性、代表性的海洋生态系统，珍稀、濒危海洋生物的天然集中分布区，具有重要经济价值的海洋生物生存区域及其重大科学文化价值的海洋自然历史遗迹和自然景观”。并在第10章附则第95条第5款规定：“渔业水域，是指鱼虾类的产卵区、索饵场、越冬场、洄游通道和养虾、贝、藻类的养殖场”。在渔业水域采砂，将会破坏生态环境，从而影响产量，所以在国务院〔2004〕24号文第2条规定：“重要海洋生物的产卵场、索饵场、越冬场和栖息地禁止采砂”。

11）自然保护区、海洋特别保护区、水产种质保护区、国家海洋公园

《中华人民共和国自然保护区条例》第26条规定：“禁止在自然保护区内进行砍伐、放牧、狩猎、捕捞、采药、开垦、烧荒、开矿、采石、捞砂等活动”。一般自然保护区分为核心区、缓冲区和实验区三部分，第27条规定：“禁止任何人进入自然保护区的核心区。”第28条规定：“禁止在自然保护区的缓冲区开展旅游活动和生产经营活动。”第29条规定：“在国家级自然保护区的实验区开展参观旅游活动的，由自然保护区管理机构提出方案，经省、自治区、直辖市人民政府有关自然保护区行政主管部门审核后，报国务院有关自然保护区行政主管部门批准。”由此可见，自然保护区（包括实验区）内不能从事参观旅游以外的开发活动。

根据《海洋自然保护区管理办法》第15条规定：“在海洋自然保护区内禁止下列活动和行为：1.擅自移动、搬迁或破坏界碑、标志物及保护设施；2.非法捕捞、采集海洋生物；3.非法采石、挖砂、开采矿藏；4.其他任何有损保护对象及自然环境和资源的行为。”自然保护区的全部范围禁止采砂。

根据海洋功能区划导则的规定，海洋自然保护区（B3.1），包括生态系统自然保护区（B3.1.1）、湿地和沼泽地生态系统自然保护区（133.1.1.3）、汇聚流生态系统自然保护区（B3.1.1.4）、珍稀与濒危生物自然保护区（B3.1.2）、珍稀与濒危动物自然保护区（B3.1.2.1）、珍稀与濒危植物自然保护区（B3.1.2.2）、历史遗迹自然保护区（B3.1.3）、自然历史遗迹保护区（B3.1.3.1）、人类活动历史遗迹保护区（B3.1.3.2）、典型海洋景观自然保护区（B3.1.4）。上述保护区的范围根据《山东省海洋功能区划》和《山东省渤海海洋生态红线区划定方案》确定。如《山东省海洋功能区划》和《山东省渤海海洋生态红线区划定方案》对上述保护区没有明确界定核心区、缓冲区和实验区，则遵循《中华人民共和国自然保护区条例》第30条的规定：“自然保护区的内部未分区的，依照本条例有关核心区和缓冲区规定管理。”

12）风景旅游区

《中华人民共和国环境保护法》第18条规定：“在国务院、国务院有关主管部门和省、自治区、直辖市人民政府划定的风景名胜区、自然保护区和其他需要特别保护的区域内，不得建设污染环境的工业生产设施”；《风景名胜区建设管理规定》第4条规定：“在风景名胜区及其外围保护地带内，不得建设工矿企业、铁路、站场、仓库、医院等同风景和游览无关以及破坏景观、污染环境、妨碍游览的项目和设施”。滨海风景名胜区内的沙滩，按海滩砂禁采外，在风景旅游区内的游艇活动区，冲浪区、帆板区、游钓区等海上游览海域也禁止采砂。

13）领海基点保护范围

《领海基点保护范围选划与保护办法》规定“第六条　领海基点保护范围外边界距离领海基点所在位置原则上不小于300m”。“第十一条　禁止在领海基点保护范围内进行工程建设以及其他可能改变该区域地形、地貌的活动”。领海基点保护范围均为滨、浅海砂矿禁采区。

山东省境内共有8个领海基点，即：①山东高角(1)，北纬37°24.0′、东经122°42.3′；②山东高角(2)，北纬37°23.7′、东经122°42.3′；③镆耶岛(1)，北纬36°57.8′、东经122°34.2′；④镆耶岛(2)，北纬36°55.1′、东经122°32.7′；⑤镆耶岛(3)，北纬36°53.7′、东经122°31.1′；⑥苏山岛，北纬36°44.8′、东经122°15.8′；⑦朝连岛，北纬35°53.6′、东经120°53.1′；⑧达山岛，北纬35°00.2′、东经119°54.2′。

14）军事用海区

《中华人民共和国军事设施保护法》“第十六条　在水域军事禁区内，禁止建造、设置非军事设施，禁止从事水产养殖、捕捞以及其他妨碍军用舰船行动、危害军事设施安全保密和使用效能的活动”。“第二十四条　在没有划入军事禁区、军事管理区的军事设施一定距离内进行采石、取土、爆破等活动，不得危害军事设施的安全和使用效能”。《中华人民共和国海域使用管理法》规定“保障国防安全，保证军事用海需要”。开采海砂应征求军区级以上军事机关的意见。“第二十四条　在没有划入军事禁区、军事管理区的军事设施一定距离内进行采石、取土、爆破等活动，不得危害军事设施的安全和使用效能。”所以军事用海区均为浅海砂矿禁采区。

15）海底输油管道保护区

根据《中华人民共和国石油天然气管道保护法》，“在管道线路中心线两侧各200m和本法第五十八条第一项所列管道附属设施周边500m地域范围内，进行爆破、地震法勘探或者工程挖掘、工程钻探、采矿”。所以海底输油管道保护区为浅海砂矿禁采区。

16）其他海砂禁采区

《中华人民共和国海域使用管理法》第6条规定：“国家建立海域使用权登记制度，依法登记的海域使用权受法律保护。”第23条规定：“海域使用权人依法使用海域并获得收益的权利受法律保护，任何单位和个人不得侵犯。”所以，凡依法申请，已颁发海域使用权证书(海砂开采海域使用权证书除外)的海域，应禁止采砂。人工渔礁及其他水下构筑物海域也禁止采砂。

《国务院关于进一步加强海洋管理工作若干问题的通知》(国发〔2004〕24号)中指出：“海砂开采必须依法取得采矿许可证。自本通知下发之日起，距海岸线12海里以内的海域限制采砂，军事用海区、海底电缆管道保护范围、航道、锚地、船舶定线制海区和重要海洋生物的产卵场、索饵场、越冬场及栖息地禁止采砂。”凡在上列禁采区以外海区或在禁采区内从事科研、整治等活动开采海砂，应根据国土资发〔1999〕399号《关于开展对勘查开采海砂等矿产资源监督检查的通知》、国海管发〔1999〕370号“关于印发《海砂开采使用海域论证管理暂行办法》的通知”等文件精神，办理海砂开采的相关手续，获得许可后，方可进行开采活动。

《国家海洋局关于全面实施以市场化方式出让海砂开采海域使用权的通知》要求“在海洋自然保护区、军事用海区、海底电缆管道保护区、航道锚地、船舶定线制海区和重要的海洋生物产卵场、索饵场、越冬场及栖息地等区域禁止实施海砂开采用海活动”。

《山东省海洋功能区划(2011—2020年)》第十四条规定山东半岛东北部海域“严格禁止近岸海砂开采”。第二十一条规定矿产与能源区“禁止岸滩和河口采矿活动”。

《中华人民共和国防治海岸工程建设项目污染损害海洋环境管理条例》第25条“禁止在海岸保护设施管理部门规定的海岸保护设施的保护范围内从事爆破、采挖砂石、取土等危害海岸保护设施安全的活动”。

2. 建议禁止开采区

(1)根据《山东省海洋功能区划(2011—2020年)》要求，建议禁止开采区有日照毗邻海域、山东半岛东北部海域(即蓬莱角至威海成山头毗邻海域)及山东半岛南部海域中五垒岛湾至青岛海域。

(2)距离海岸12海里内海洋功能区划为农渔业区、港口航运区、旅游休闲娱乐区、自然保护区、海洋特别保护区、海洋公园、水产种质保护区均划为建议禁止开采区。

(3)表10-1中17处用海均划为建议禁止开采区。另外,由于渤海为内水,达不到所在海域水质要求的海域作为禁止开采区。

(4)莱州—招远—龙口莱州湾东岸的堆积平原海水入侵严重,海砂的无限制开采将进一步加剧海水的入侵,由于该堆积平原宽3～5km,故将莱州—招远—龙口一线离岸5km范围内也划为建议禁止开采区。莱州市刁龙咀—蓬莱城区段为基岩前滨海沙堤岸,近几十年来大部后退,1985年以来采砂船大量挖砂,沿海岸挖砂破坏了海岸或海滩的海洋动力平衡,造成海岸或海滩重新塑造自己的岸滩平衡剖面,势必导致海岸侵蚀。可以认为采砂是导致海岸,尤其是砂岸侵蚀的主要因素。因此将莱州市刁龙咀—蓬莱城区离岸5km范围内也划为建议禁止开采区。综合以上,将莱州—蓬莱城区范围离岸5km范围合并后划为建议禁止开采区。

(5)山东省沿海的城市建成区和城市规划区也列为建议禁止开采区。

(6)将"山东省渤海海洋生态红线区控制图"中红线区范围内的"禁止开发区"和"限制开发区"均作为本次浅海砂矿开采的建议禁止开采区。

(7)所有军事用海区列为禁止开采区,但本书未列出具体位置,也不作说明。

(8)平均高潮线上下2km范围内均列为禁止开采区,即潮间带、潮上带、潮下带为禁止开采区。

(9)除滨、浅海建筑用砂外,未经勘查、未列入国家储量平衡表的其他金属砂矿、非金属砂矿赋存地带划为禁止开采区。

(10)根据中华人民共和国交通运输部公告第19号《成山角水域船舶定线制(2015)》和《成山角水域强制性船舶报告制(2015)》,要求凡在该水域航行、停泊、作业和从事各类活动的所有船舶、设施必须严格遵守定线制规定。船舶定线制海区划为禁止采砂区。

(11)山东省境内设置的9个国家级海洋公园、21个国家级自然保护区和特别保护区、21个省级海洋自然保护区和特别保护区、29个国家级和省级水产种质资源保护区和3个市级自然保护区均划为滨、浅海砂矿禁止开采区。

(12)《海洋工程环境影响评价技术导则》提出的海洋生态环境敏感区和海洋生态环境亚敏感区划为禁采区,海洋生态环境敏感区是指海洋生态环境功能目标很高,且遭受损害后很难恢复其功能的海域,包括海洋渔业资源产卵场、重要渔场水域,海水增养殖区,滨海湿地,海洋自然保护区,珍稀濒危海洋生物保护区,典型海洋生态系统等。海洋生态环境亚敏感区是指海洋生态环境功能目标高,且遭受损害后难于恢复其功能的海域,包括海滨风景旅游区,人体直接接触海水的海上运动或娱乐区,与人类食用直接有关的工业用水区等。

(13)《山东省海洋环境保护条例》第十二条规定:开发利用海洋资源,应当符合海洋功能区划、海洋环境保护规划以及重点海域环境保护专项规划。任何单位和个人不得在半封闭海湾、河口兴建影响潮汐通道、行洪安全、降低水体交换能力以及增加通道淤积速度的工程建设项目。采挖海砂、砾石或者开发海岛及周围海域资源的,应当采取严格的生态保护措施,不得擅自改变海岛地形、岸滩及海岛周围海域生态环境。因此,对可能改变海岛地形、岸滩及海岛周围海域生态环境的海域划为禁采区。

根据以上原则,山东省境内已经查明、基本查明的32个砂矿区,划为滨、浅海砂矿的禁采区,详见表10-3。

表10-3　山东省滨、浅海砂矿建议禁采区一览表

序号	矿区	所属行政区划	与山东省海洋功能区划符合性
1	石臼-岚山近海建筑用砂矿	日照市	A1-33(日照涛雒农渔业区)、A3-39(奎山嘴工业与城镇用海区)、A5-54(日照刘家湾民俗旅游休闲娱乐区)、A7-46(日照夹仓口特殊利用区)

续表 10-3

序号	矿区	所属行政区划	与山东省海洋功能区划符合性
2	柏果树锆石砂矿	青岛市黄岛区	A3-36(灵山工业与城镇用海区)、A5-48(丁家嘴旅游休闲娱乐区)、A5-49(灵山湾旅游休闲娱乐区)
3	白沙河锆石砂矿	青岛市	A3-30(青岛白沙河工业与城镇用海区)
4	胶州湾口海域建筑用砂矿	青岛市	A2-34(胶州湾港口航运区)
5	沙子口建筑用砂矿	青岛市	A1-29(崂山湾-沙子口农渔业区)
6	沙子口锆石砂矿	青岛市	A1-29(崂山湾-沙子口农渔业区)
7	南窑建筑用砂矿	青岛市	A1-29(崂山湾-沙子口农渔业区)
8	江家土寨建筑用砂矿	即墨市	A5-42(崂山东部风景旅游休闲娱乐区)、A7-26(鳌山特殊利用区)
9	傕诏建筑用砂矿	即墨市	A2-32(鳌山湾港口航运区)
10	营子建筑用砂矿	即墨市	A1-29(崂山湾-沙子口农渔业区)、A5-40(田横岛旅游休闲娱乐区)、A8-15(横门湾保留区)
11	潮里-风城建筑用砂矿	海阳市	A2-31(海阳港口航运区)、A5-36(丁字湾旅游休闲娱乐区)、A6-40(海阳万米海滩海洋保护区)
12	潮里-风城锆石砂矿	海阳市	A2-31(海阳港口航运区)、A5-36(丁字湾旅游休闲娱乐区)、A6-40(海阳万米海滩海洋保护区)
13	远牛建筑用砂矿	海阳市	A3-29(海阳临港工业与城镇用海区)
14	白沙滩建筑用砂矿	乳山市	A5-34(南海-银滩旅游休闲娱乐区)
15	白沙滩锆石砂矿	乳山市	A5-34(南海-银滩旅游休闲娱乐区)
16	白沙滩贝壳矿	乳山市	A5-34(南海-银滩旅游休闲娱乐区)
17	裴家岛建筑用砂矿	文登市	A1-24(五垒岛湾农渔业区)、A5-34(南海-银滩旅游休闲娱乐区)
18	靖海建筑用砂矿	荣成市	A3-24(人和工业与城镇用海区)
19	王家湾建筑用砂矿	荣成市	A2-24(石岛王家湾港口航运区)
20	王家湾锆石砂矿床	荣成市	A2-24(石岛王家湾港口航运区)
21	黑泥湾东海域建筑用砂矿	荣成市	A1-21(桑沟湾-镆铘岛农渔业区)、A8-12(荣成宁津保留区)、B8-1(荣成东近海保留区)
22	碌对岛建筑用砂矿	荣成市	A1-21(桑沟湾-镆铘岛农渔业区)、A2-21(荣成港口航运区)、A5-27(桑沟湾滨海旅游休闲娱乐区)
23	碌对岛锆石砂矿	荣成市	A1-21(桑沟湾-镆铘岛农渔业区)、A2-21(荣成港口航运区)、A5-27(桑沟湾滨海旅游休闲娱乐区)
24	爱莲湾建筑用砂矿	荣成市	A1-20(荣成湾农渔业区)
25	旭口大型玻璃砂矿	荣成市	A1-17(威海北农渔业区)、A1-19(朝阳港农渔业区)、A2-13(威海港口航运区)、A5-25(逍遥港-仙人桥北旅游休闲娱乐区)
26	金山港-双岛铸型砂矿	烟台市牟平区	A5-17(养马岛旅游休闲娱乐区)、A5-18(双岛湾旅游休闲娱乐区)、A5-19(双岛湾外旅游休闲娱乐区)、A6-26(牟平沙质海岸海洋保护区)

续表 10-3

序号	矿区	所属行政区划	与山东省海洋功能区划符合性
27	套子湾建筑用砂矿	烟台市	A5-13(烟台金沙滩旅游休闲娱乐区)
28	龙口北部建筑用砂矿	龙口市、蓬莱市	A2-9(龙口港口航运区)、A6-13(烟台屺姆岛海洋保护区)、A7-6(龙口北部特殊利用区)、A5-7(龙口南山东海旅游休闲娱乐区)、A7-7(龙口东海特殊利用区)、A1-9(龙口北农渔业区)、A7-8(龙口黄水河口特殊利用区)、A6-15(龙口黄水河口海洋保护区)、A5-8(龙口滨海旅游休闲娱乐区)、A2-10(蓬莱-长岛港口航运区)
29	海北咀-黄山馆建筑用砂矿	莱州市	A1-8(莱州-招远农渔业区)、A3-11(龙口湾工业与城镇用海区)、A5-5(莱州石虎咀旅游休闲娱乐区)、A5-6(招远旅游休闲娱乐区)、A6-12(烟台招远海洋保护区)
30	三山岛建筑用砂矿	莱州市	A5-4(莱州三山岛旅游休闲娱乐区)、A2-8(莱州港口航运区)
31	仓上建筑用砂矿	莱州市	A1-5(莱州太平湾农渔业区)、A5-4(莱州三山岛旅游休闲娱乐区)、A6-11(莱州浅滩海洋保护区)
32	东营地区贝壳矿区	东营市	—
33	滨州地区贝壳矿区	滨州市	—

二、建议限制开采区

除滨、浅海砂矿禁采区外，某些地段　　或砂矿，在保证对海洋环境影响可容忍范围内，允许适度开采，即限制开采区。也就是说，浅海砂矿开采有可能对该区地形地貌造成一定的影响，或者对海洋生态环境及海洋功能造成一定的破坏，但是如果仅是少量开采并且为短时间作业，其对海洋的影响将很快消失。

国务院国发〔2004〕24 号《关于进一步加强海洋管理工作若干问题的通知》规定“距海岸线 12 海里以内的海域限制采砂”，而非禁止采砂。所以将距海岸线(领海基线为准)12 海里以内的、对海洋环境影响在可容忍范围的非海砂矿禁采区划为海砂限采区。

根据分析，山东半岛南部海域中镆铘岛—爱莲湾领海基线向外 12 海里以外的海域、海阳千里岩古河道及烟台市长岛县庙岛南部地区海砂矿 3 处作为建议限制开采区。

国家海洋局关于全面实施以市场化方式出让海砂开采海域使用权的通知要求，在海洋自然保护区、军事用海区、海底电缆管道保护区、航道锚地、船舶定线制海区和重要的海洋生物产卵场、索饵场、越冬场及栖息地等区域禁止实施海砂开采用海活动。在可能危及跨海桥梁、海底隧道、海堤、海底电缆管道、海上油气开采等涉海工程安全的海域，以及可能对海岸线、海岸防护林带造成侵蚀危害的海域，严格限制海砂开采用海活动。鼓励和引导发展深海海砂开采技术，促进海砂开采向深远海区域发展。

根据海洋功能区划技术导则 B2.1.2 禁渔区作出规定：“指在某个时期内禁止任何捕捞作业或禁止部分渔业作业，以利于生物资源恢复，使资源处于良好状态的海域。其划区条件为：①重要经济水产动物产卵、繁殖、索饵、幼体集中分布的水域；②经过论证，并经某一级政府批准认定需要保护，已划为海洋自然保护区，对区内某种资源或珍稀和濒危物种禁捕的海区；③国家和地方政府规定的常年或阶段性禁止捕捞的资源恢复保护区；④国际渔业协定规定的某种鱼类或某时期临时性禁捕的资源恢复保护区。”《山东省海洋功能区划(2011—2020 年)》中的整个“特殊利用区”和“保留区”的范围均应禁采滨、浅海砂矿。

限制开采区是指根据各海域的不同情况，限制开采时间、限制开采量、限制方式、限制开采方法等。限制开采时间是为避免采矿产生大量悬浮泥砂对该海域主要经济鱼类的产卵及索饵造成影响。前述砂矿区划入建议限制开采区的有7个，详见表10-4。

千里岩古河道埋藏型浅海建筑用砂矿为企业出资勘查矿区，其资源量级别为控制的预可采储量(122)＋基础储量(122b)；由于砂体表层有很厚的覆盖泥层，开采砂矿时，会搅动海底表层沉积物产生大量的悬浮泥砂，采砂船污水严禁直接排海；所以除限制其开采范围为采矿证限定的坐标范围和开采标高外；限制开采时间为9—11月，是为了避免采矿产生大量悬浮泥砂对该海域主要经济鱼类的产卵及其索饵造成影响。

庙岛南部地区海砂矿区曾为企业出资勘查矿区，国土资源部颁发有采矿证，面积0.501 3km^2，开采标高－10～－14m，生产规模3.33×10^4 m^3/a，其资源量级别为控制的预可采储量(122)＋基础储量(122b)；经采矿工程海洋环境影响评价，采矿对海洋环境影响在可容忍范围内。为避免采矿产生大量悬浮泥砂对该海域主要经济鱼类的产卵及索饵造成影响，限制开采时间在每年的8—11月。

渤海中部残留砂远景砂矿区位于渤海内，未定海洋功能区划；勘查程度为调查，其资源量为预测级潜在矿产资源量，砂的粒度较细，可作为建筑用砂；为减少采砂对海洋环境的影响，限制开采量为50×10^4 m^3/a。

大钦岛西部残留砂远景砂矿区位于渤海内，未定海洋功能区划；勘查程度为调查，其资源量为预测级潜在矿产资源量，砂的粒度较细，可作为建筑用砂；为减少采砂对海洋环境的影响，限制开采量为50×10^4 m^3/a。

砣矶岛西部残留砂远景砂矿区位于渤海内，未定海洋功能区划；勘查程度为调查，其资源量为预测级潜在矿产资源量，砂的粒度较细，可作为建筑用砂；为减少采砂对海洋环境的影响，限制开采量为50×10^4 m^3/a。

朝连岛北部海域残留砂远景砂矿区位于黄海内，山东省海洋功能区划为B1-2威海—青岛东近海农渔业区的东部边缘海域；勘查程度为调查，其资源量为预测级潜在矿产资源量，砂的粒度较粗，可作为建筑用砂；为减少采矿引起的悬浮泥砂，限制开采范围含泥量低的砂体中部；为避免采矿产生大量悬浮泥砂对该海域主要经济鱼类的产卵及索饵造成影响，限制开采时间在每年的8—10月。

灵山岛西南海域残留砂远景砂矿区位于黄海内，山东省海洋功能区划为B1-2威海—青岛东近海农渔业区；勘查程度为调查，其资源量为预测级潜在矿产资源量；砂的粒度较粗，为避免采矿产生大量悬浮泥砂对该海域主要经济鱼类的产卵及索饵造成影响，限制开采时间在每年的3－7月。

三、建议可开采区

矿产资源是自然资源中的一部分，是人类社会赖以生存和发展的重要物质基础；自从现代化工业、现代化农业出现以来，矿产资源更成为一个社会取得繁荣、一个国家得以富强的决定性因素之一，矿产资源的丰富程度，基本上反映着一个国家的实力。浅海砂是一种重要的矿产资源，合理利用矿产资源是实施国家一系列重大战略的基点、是地区经济持续发展的现实选择，而环境保护是我国的基本国策，因此，必须在保护环境的前提下，合理利用矿产资源。

21世纪是发展海洋经济的时代，浩瀚的海洋是资源和能源的宝库，也是人类实现可持续性发展的重要基地。当今世界人类正面临着日趋严峻的陆地资源和能源危机威胁，世界各国都把经济进一步发展的希望寄托在占地球表面积71%的海洋上，越来越多的国家都把合理、有序地开发利用海洋资源和能源，以及保护海洋环境作为求生存、求发展的基本国策。海洋中蕴藏着丰富的各类矿产资源、能源和生物资源。各国科学家的积极努力使人类极大地增长了对海洋资源的认识，目前全球已兴起一个开发利用和保护海洋资源、攻克海洋开发高新技术的热潮，海洋经济已成为世界经济发展新的增长点。

表 10-4　山东省浅海砂矿建议限采区一览表

序号	矿区	海洋功能区划	说明	建议限制指标	表 5-7 中编号
1	千里岩古河道埋藏型浅海建筑用砂矿区(部分)	B4-1(海阳矿产与能源区)	企业出资勘查矿区、国土资源部曾颁发采矿证、符合海洋功能区划,距千里岩岛 25km,距海岸 26km,水深 24m,国土资源部批准控制的经济基础储量(122b)711×10^4 m^3	限制开采范围为采矿证范围和开采标高、限制开采时间 9—11 月、采砂船污水严禁直接排海	C26
2	庙岛南部地区海砂矿区(部分)	A5-9(长岛旅游休闲娱乐区)	企业出资勘查矿区、国土资源部颁发有采矿证、限量开采 3.33×10^4 m^3/a,水深 11～14m,对海洋环境影响在可容忍范围内,国土资源部批准控制的经济基础储量(122)+(122b)128.85×10^4 m^3	限制开采量 3.33×10^4 m^3/a,限制开采标高－10～－14m,限制开采时间为 8—11 月,限用抓斗式采砂船	C1
3	渤海中部残留砂远景砂矿区	未定海洋功能区划	渤海内,距黄河口海岸最近 46km,距屺姆岛最近 52km,水深 25m,勘查程度为调查,黄灰色—褐灰色长石石英质细砂,含少量砾石、钙质结核、铁锰质结核	限制开采量 50×10^4 m^3/a	C5
4	大钦岛西部残留砂远景砂矿区	未定海洋功能区划	渤海内,距海岸最近 86km,距大钦岛最近 75km,水深 22m,黄灰色—褐灰色长石石英质细砂	限制开采量 50×10^4 m^3/a	C6
5	砣矶岛西部残留砂远景砂矿区	未定海洋功能区划	渤海内,距海岸最近 57km,砣矶岛西 34km,水深 19.2～28m;勘查程度为调查,黄灰色长石石英质细砂,分选较好	限制开采量 50×10^4 m^3/a	C7
6	大黑山岛西部海域残留砂远景砂矿区	未定海洋功能区划	渤海内,距海岸最近 28km,大黑山岛西 23km,水深 16～18m;勘查程度为调查,黄灰色长石石英质细砂	限制开采量 50×10^4 m^3/a	C8
7	北隍城岛残留砂远景砂矿区(部分)	A8-11(长岛北保留区)	渤海与黄海分界线海域,整个远景区包括北隍城岛、南隍城岛及小钦岛及其周边海域,限采区为远景区内北隍城岛以北海域,水深 30～42m;勘查程度为调查,黄灰色—褐灰色长石石英质细砂,含岩屑	限制开采量 50×10^4 m^3/a	C9

近几十年来，由于经济的发展对矿产资源需求的急速增长，海洋沿岸及浅海陆架区的砂矿成为矿业中具有重要经济价值的矿产资源，如：金、铂、锡、钍、铬、钛、铌、钽、锆、金刚石、琥珀和石英砂、砾石等都是具有商业价值的开采对象。这些滨、浅海砂矿作为矿产资源的经济价值在逐年增长。在20世纪60—70年代，世界沿海国家从滨海砂矿中开采的钛铁矿占世界总产量的30%，独居石占80%，金红石占98%，锆石占100%，锡石占50%以上。虽然目前大规模开采的主要是滨海地带的矿床，但在最近20～30年间，由于地质勘探和采矿工业技术方法的改进，开采水下砂矿已变得更为有利，开采水深已达到50～100m，因而浅海陆架区砂矿资源所占比重有所增大。

我国虽仍未形成一项专门的海洋矿产资源法，但《中华人民共和国矿产资源法》第二条规定"在中华人民共和国领域及管辖海域勘查、开采矿产资源，必须遵守本法。"因此各种矿产资源法的规定都适用于海洋矿产资源。

国务院《关于进一步加强海洋管理工作若干问题的通知》(国发〔2004〕24号)要求"要严格规范海域使用权的招标拍卖行为，禁止拍卖国家公布的军事用海区、海洋自然保护区、重要渔业区以及生态脆弱区等水域""距海岸线12海里以内的海域限制采砂，军事用海区、海底电缆管道保护范围、航道、锚地、船舶定线制海区和重要海洋生物的产卵场、索饵场、越冬场及栖息地禁止采砂"。根据2012年12月28日《国家海洋局关于全面实施以市场化方式出让海砂开采海域使用权的通知》精神，鼓励和引导发展深海海砂开采技术，促进海砂开采向深远海区域发展。以上规定的禁止采砂区和限制采砂区外，可以划为浅海砂矿的可采区。

我国近浅海砂矿开发应主要考虑以下6种因素：①浅海砂矿的主要类型；②浅海砂矿的分布与资源量；③浅海砂矿开采的经济性需求；④浅海砂矿开采的环境限制；⑤矿政管理与管辖海域区域地质调查规划海洋功能区划的衔接，海洋矿产资源勘查要服从和服务于我国国民经济与社会发展的需要；⑥对海洋环境的影响(水文动力环境影响、地形地貌与冲淤环境影响、水质环境影响、生态环境影响)在可容忍范围内。综合考虑上述6种影响因素，本书将山东省管辖海域划出8个建议可采区(表10-5)。分别位于长山列岛群岛东部北黄海海域、成山角东部南黄海海域、海州湾东部南黄海海域，在以上海域开采浅海砂矿对海洋环境影响在可容忍范围内，远离海岸和海岛，不会引起海岸蚀退、海水入侵陆地等海洋地质灾害；开采砂矿引起的悬浮泥砂平均源强约为5.80kg/s，悬浮泥砂10mg/L浓度最大扩散距离约1.21km，不会造成大面积悬浮泥砂扩散，海洋环境风险较小。

海砂可采区开采前应对水质、沉积物、生态环境、岸滩稳定性、保护区及采砂工艺等进行详细的调查和分析，以生态承载力、环境承载力和资源承载力为依据，根据浅海砂矿开采对周边水质环境、生态环境、水动力环境、地形地貌与冲淤环境、环境敏感目标、叠加效应等影响评价结果，提出合理的浅海砂矿开采方式，给出浅海砂矿开采层次和开采深度的控制指标，规划不会对以上各海洋环境造成较明显影响的合理开采量，制订浅海砂矿开采的日最大开采量、日平均开采量、月最大开采量、月平均开采量，年开采控制总量等指标。并且保证浅海砂矿开采量不对采砂工作结束后的海洋生态平衡造成大的改变，基本不改变海域的自然属性，对海域水文动力环境、水质环境、地形地貌与冲淤环境、沉积物环境的影响范围和程度是可以接受的，不引起海岸后退及侵蚀等。同时，在采砂期间，要加强水深地形、悬浮泥砂和生态监测，如发现悬浮泥砂对周边敏感目标产生影响、生物量发生明显改变、海底地形地貌发生明显改变，应停止采砂作业，查明原因，采取有效措施控制影响范围和程度。并且要根据上一年度的采砂监测和影响情况，确定是否继续下一年的开采活动。

表 10-5　山东省浅海砂矿建议可采区概况一览表

序号	分布位置/°		面积/km^2	平均厚度/m	远景资源量/$\times 10^4 t$	地质特征简述	表 5-7 中编号
	东经	北纬					
1	123.67	37.50	286.52	>0.2	9 512.46	成山角东部海域残留砂体，南黄海中韩维持现有渔业活动水域，海图水深 56～63m，西距成山角 85km，东距朝鲜白翎岛 95km；勘查程度为调查，砂体沉积物具滨岸高能沉积物的特点，灰褐色细砂，主要矿物成分为长石和石英，砂粒度 0.2～1mm，部分被水动力改造，属西朝鲜湾潮流沙脊群的西延部分。未定海洋功能区划	C2
2	120.97	38.40	1 075.87	>0.2	36 149.23	渤海与黄海分界线海域，整个远景区包括北隍城岛、南隍城岛和小钦岛及其周边海域，可采区为远景区内北隍城岛东北至东南方向范围内海域，水深 25～42m；勘查程度为调查，可采区范围内未定海洋功能区划	C9（部分）
3	121.43	38.44	35.31	2.8	16 510.96	北黄海中国专属经济区内，老铁山水道东南侧潮流沙脊，北距辽宁海岸 38km，西距北隍城岛 43km，海图水深 43～45m；勘查程度为预查，砂粒度 0.4～1.3mm，主要矿物成分为长石和石英，砂体沉积物具现代潮流沙脊特征，砂体表层砂粒度较粗，分选中等；砂体边部相对粒度较细。未定海洋功能区划	C10
4	121.37	38.15	37.45	>0.2	1 258.32	北黄海中国专属经济区内，残留砂体，西南最近距大竹山岛 39km，南距大季家海岸最近点 52km，海图水深 38m，勘查程度为调查，主要矿物成分为长石和石英，粒度 0.1～0.5mm，分选较好。未定海洋功能区划	C11
5	121.44	37.92	76.58	>0.2	2 557.78	中国专属经济区内，北黄海残留砂体，南距芝罘岛最近点 33km，西北距大竹山岛最近点 45km，西北距辽东半岛最近点 90km，海图水深 30m，勘查程度为调查，砂粒度 0.05～0.5mm。未定海洋功能区划	C12
6	120.58	35.15	8 693.66	>0.2	288 629.51	中国专属经济区，内南黄海残留砂体，西距平岛最近点 60km，海州湾中部残留砂，海图水深 34～35m，勘查程度为调查，黄褐色细砂，主要矿物成分为长石、石英和少量岩屑，局部产较多的钙质结核，砂粒度 0.1～0.5mm。未定海洋功能区划	C24
7	121.14	35.11	566.01	>0.2	18 791.53	中国专属经济区内，南黄海残留砂体，海图水深 29～30m，西距平岛最近点 112km，西南距江苏海岸最近点 118km，海州湾中部残留砂体，勘查程度为调查，黄褐色细砂，主要矿物成分为石英、长石和少量岩屑，砂粒度 0.2～0.6mm，弱固结。未定海洋功能区划	C25
8	122.78	37.08	5.34	8.5	7 534.74	中国专属经济区内，南黄海潮流沙脊，领海基线东 23km，西距褚岛最近 27km，桑沟湾外海域潮流沙脊，海图水深 28～32m，勘查程度为预查，沙脊东西宽度约 1km，南北长约 4.5km，上部为分选较差的中粗砂，下部粒度较细，厚度 5～16m，平均厚度 8.3m。未定海洋功能区划	C29

第三节　浅海砂矿开采对海洋环境的主要影响

一、浅海砂矿开采对海洋环境的影响概述

浅海砂矿是一种重要的矿产资源，作为工业原料，现已探明具有工业开采价值的浅海砂矿矿物质有9种，其中有可用于玻璃工业原料的石英砂，有可用于制造特殊合金、耐火材料、显像管及首饰的锆石、贵重金属砂金、磁铁矿；作为建筑材料，海砂可广泛用于大型工程项目建设和填海造陆。同时，海砂又是一种重要的海洋生态环境要素，它与海水、岩石、生物以及地形、地貌等要素一起维持了海洋生态的平衡。海砂资源主要包括分布在近岸的海岸砂和陆架的浅海砂。由于浅海砂矿资源具有重要的工业价值和经济价值，而且比较容易开采，近20年来，世界海洋砂矿资源开发业发展很快，其产值目前仅次于海底石油和天然气的产值，已成为第二大海洋矿产开采业。虽然海砂开采具有疏通航道的作用，但近岸海砂的开采，使海岸的水下天然"防波堤"被破坏，波浪、潮流直接作用于海岸，易引起海岸蚀退、海水入侵等地质灾害；或者破坏滨海沙滩旅游资源，使平坦宽阔的沙滩下蚀、缩窄。河口区采砂还会影响河床稳定，危及堤防的稳固以及使海水上溯，导致土地盐碱化，影响淡水资源。

采砂对环境的潜在威胁还包括改变水深、改变海洋底层构造、降低海水质量、威胁海洋哺乳类动物和鱼类生存、影响商业和休闲渔业活动以及破坏考古资源。从地质角度看，浅滩取砂会移动海底物质，因此它会完全改变海底地形特征。在平坦沙滩上的采砂会改变地貌，重新形成新的地形特征，例如，形成新的地坑和新的海底洼地。采砂海域形成的凸凹不平的海底地形会影响海流的特征，如改变海流冲力和海流流动方向。海流冲力和海流方向的变化会改变海洋悬浮物的沉积模式，并对鱼类以及海洋哺乳类种群带来有害影响。采砂对水质的影响主要表现为因采砂导致悬浮沉积物含量升高引起的海水浑浊度增大。海水浑浊度的变化因采砂区域的砂质颗粒规格和分布而异，还因采砂机器设备的类型与规模而异，也因采砂区域的海水运动状态而异。虽然，采砂会引起上述变化，但变化通常是暂时的。即使如此，采砂也会导致海洋生物遭受混浊水环境的影响进而引起海洋生物摄食通道堵塞以及呼吸系统疾病。

采砂活动对周围生态环境产生的影响，主要是采砂过程中产生的悬浮物会使附近水域水体变得浑浊、透明度下降，破坏原来相对稳定的生态环境，使附近的水生生物质量受到一定影响。采砂作业会产生一定数量的悬砂，导致底栖生物的栖息环境受到在一定程度的影响，对具有行动能力的底栖生物，当其栖息环境受到外在破坏时，能够主动逃窜回避从而免受损。在采砂作业过程中，一些栖息于该海域的底栖生物由于来不及逃离被采砂设备击中而死亡或被抽砂泵抽入船舱后被填埋掉。采砂作业后，开采区底栖生物的栖息环境将会受到一定程度的破坏，其生态环境的恢复需要较长时间，可能在几年内开采区的底栖生物种类和生物量都偏于贫乏。

水中大量存在的悬浮物对生物的毒理危害首先表现为堵塞或破坏海洋生物的呼吸器官，从而造成窒息死亡。大颗粒悬浮物在沉降过程中还将直接覆盖海洋底栖生物，如贝类、甲壳类尤其是它们的稚幼体。长时期的累积覆盖影响将导致底栖生物减产或死亡。

鱼类和其他水生生物较易适应海水环境的缓慢变化，对环境的急剧变化敏感。采砂作业使作业区和附近水域水中悬浮物量增加，海水的浑浊度起了变化，从而导致鱼类和其他游泳动物的行为变化，多数鱼类喜爱清水环境而规避浑浊水域，此外还有作业工程产生的挠动、噪声等干扰因素，采砂作业会对这些鱼类动物产生"驱赶效应"，从而产生回避反应。

水体中过高的和细小的悬浮物颗粒会黏附于鱼卵表面，妨碍鱼卵的呼吸，不利于鱼卵的成活、孵化，从而影响鱼类繁殖。水中悬浮颗粒物的含量过高还将减缓鱼类的繁殖速率，某些鱼类对悬浮物耐受的临界值为75～100mg/L，超过临界值时繁殖速率将大大降低。本书划出的建议可采区采砂引起的较高悬浮物含量的范围较小，因此在这方面影响比较小。

水中悬浮颗粒的增加阻碍了光的透射，减弱真光层厚度，影响光合作用，因而使水域的浮游植物量减少、初级生产力下降，以浮游植物为饵料的浮游动物生物量下降，而捕食浮游动物为生的鱼类由于饵料减少，其丰度也会随之下降，掠食鱼类的大型鱼类又因上一级生产者资源下降寻觅不到食物。同样，采砂行为对局部底栖动物也将造成毁灭性的破坏，致使绝大部分底栖动物死亡。但对游泳动物来说，由于其具有自动逃避的生物学本能，所以采砂活动对游泳动物影响甚微。

综上所述，本书建议的限采区、可采区采砂作业虽然会产生一定数量的悬砂，会对采砂作业区域内的底栖生物、浮游生物和鱼类的生长繁殖产生一定的干扰，导致其数量及种类略有下降，但由于采砂区内大部分区域的悬砂增量小于20mg/L，浓度不高，影响范围不大，因此，本书建议的限采区、可采区采砂作业对海洋生态环境的影响不显著。

二、浅海砂矿开采用海风险性分析

鉴于吸砂船开采浅海砂矿时，会产生比抓斗式采砂船更多的悬浮泥砂，本书推荐使用抓斗式采砂船开采砂矿，但弱固结的残留砂体，需要使用带绞刀的吸砂船。抓斗式采砂船浅海砂矿开采的主要环境影响要素为：采砂过程中产生的悬浮泥砂影响水质；采砂区施工期间对周边海上交通安全的影响；采砂结束后引起水下地形地貌和冲淤环境的变化以及由此带来的生态影响；溢油风险事故对海域水质和生态环境的影响等。根据采砂工程的特点，结合砂矿区海域的环境特征，采砂施工期间主要环境影响体现在以下几方面：①采砂施工过程中产生的悬浮泥砂随潮流扩散对海洋水质环境的影响；②施工队伍产生的生活废水对海洋环境的影响；③施工船舶、维修时产生的含油废水对海洋环境的影响。

根据采砂工程的特点，采砂生产非污染环境影响主要是：①采砂区海床塌陷对海底地形地貌和海床边坡稳定的影响；②采砂施工改变海床地形地貌后对水动力条件的影响；③潮流场改变对附近海域冲淤环境的影响；④采砂施工后对所在海域海洋生态的影响；⑤采砂施工期对所在海域通航环境的影响；⑥采砂作业对周边环境敏感区和主要环境保护目标的影响。

浅海砂矿形成的悬浮泥砂主要在以下3个环节产生：①对于抓斗船采砂，抓斗通过自身重力沉入海底，与海床的撞击过程掀起少量悬砂，泥砂的起悬与工艺、水深和底质均有一定的关系。抓斗撞击海床的冲击力相对较大，但是由于开采的表层砂颗粒相对较粗，不容易起悬，这一环节产生的悬砂源强很小。②抓斗抓起一斗海砂，从海底吊起这一过程，从抓斗上滑落并随海流扩散的悬砂。由于砂质的底质较泥质硬，抓斗下沉到海床以下相对较浅，再加上砂质本身在水下的休止角较小，因此抓斗抓起的砂不会很满，与泥质相比，在用抓斗从水下抓起来这一过程，砂质散落量相对较小。③没有卸到运砂船而粘在抓斗上的泥砂，再次入水后随海流扩散而产生悬砂。由于砂的附着力比淤泥小得多，粘在抓斗上的砂很少。对比一般清淤项目，浅海砂矿引起的污染相对小一些。

三、浅海砂矿开采对水质环境的影响

吸砂船海砂开采对海域水质产生影响的决定因素主要是采砂过程悬浮泥砂的产生量和该海域的自净能力。通常，采砂量越大，水质越混浊，对水质的影响也就越大。再则，其影响程度还取决于海域的环境容量（负荷限度），即海域的地理条件和水体的活跃程度。后者主要是指海流的输运、扩散能力和海水的更新率。一般来说，海域越封闭，水域容积越小，海水交换能力越弱，稀释能力越低，环境负荷能力也就越低。

根据《海岸与河口潮流泥沙模拟技术规程》(JTS/T 231-2-2010)及有关研究方法,建立浅海砂矿开采海域二维潮流泥砂输运扩散模型。用差分方法对二维潮流泥砂输运扩散基本方程组进行离散,得到离散方程组,根据潮流模型计算出的水位、流速,从而得出在潮流动力作用下的水体含砂量分布。

据吸砂船采砂工艺分析,3个产污环节中总的悬砂散落的量,按照《港口建设项目环境影响评价规范》(JTS 105-1-2011)中提出的悬浮泥砂扩散公式进行估算。对于一艘功率1000kW、吸管80cm的吸砂船,在山东省最不利的海域(如表10-5的2号砂矿)海砂开采过程中悬浮泥砂增量大于10mg/L(超一、二类海水水质标准数值)、大于20mg/L、大于50mg/L、大于100mg/L(超三类海水水质标准数值)、大于150mg/L(超四类海水水质标准数值)的海域面积分别为3.3km^2、1.5km^2、0.7km^2、0.4km^2、0.2km^2。由此可知,在采砂过程中,出现了超100mg/L(超三类海水水质标准数值)、超150mg/L(超四类海水水质标准数值)的水体。对水质环境的影响较小。

除了在吸抽海床泥砂的作业过程中将造成采砂区附近局部水域水体悬浮物浓度增加,影响水体的感官性状外。在吸抽泥砂过程中扰动了原先相对稳定的海床,造成泥砂中吸附的重金属重新释放,也可能对水体产生重金属的二次污染。另外,挖泥船的含油污水,生活污水和船舶垃圾的排放,将对采砂区及其附近水域的水质产生污染。

四、浅海砂矿开采对水文动力环境的影响

根据《海岸与河口潮流泥沙模拟技术规程》(JTS/T 231-2-2010)的要求,本书建立了浅海砂矿开采海域的潮流数值模型,以预测浅海砂矿开采对海洋水动力场的影响。

为了分析浅海砂矿开采所在区域采砂实施前后的动力场变化情况,本书给出了部分采砂海区涨急、落急时刻的流场图。涨潮落潮流向多基本与岸线平行。涨潮时为渤海海峡、成山角东部海域涨潮流,最大涨潮流速可达到150cm/s左右,流向为由东南向西北和由南向北;落潮时由渤海湾而来的落潮流与北黄海海峡落潮流汇合,流速可达到100cm/s。流向为由西向东。因此,这两个海区的潮流动力还是较强的。本书建议的限采区、可采区的余流场均较小,基本都在15cm/s以下,出现一定的落潮优势,即来自渤海海峡的涨潮流出渤海海峡后水动力变弱,来自北黄海的落潮流汇合渤海海峡落潮流而增强且持续时间较长,因而余流方向自北向南,反映了落潮优势。

以表10-5的2号砂矿为例,采砂前和采砂后的流场改变最大的区域在采砂坑的周围和采砂坑内部。采砂坑的西、东两侧流速略增,增加幅度在15cm/s以下,采砂坑内的流速减幅略大,减小了30cm/s左右。这种现象出现的原因在于采砂坑被挖深2.8m,形成一个大的水坑,位于坑内的水体流速较小,在二维垂直平均流速上就表现出较小的流速。从采砂区及周边海域的流速变化情况来看,流速增加的范围远小于流速减小的范围。由以上的分析可知,由于采砂前后不存在岸线变迁,采砂对于附近海区的水动力场影响是较小的。

五、浅海砂矿开采对冲淤环境的影响

采砂工程(以表10-5的2号砂矿为例)结束后,将在采砂区形成平均挖深为2.8m的采砂坑,水动力模拟显示,采砂完成以后,由于采砂坑导致的平均淤积强度大约为0.40m/a,最大值出现在采砂坑的东部,可达到0.48m/a左右,采砂坑口周围海区的淤积强度在0.20m/a以下。由于在此只考虑到悬砂的淤积强度,未考虑到海底推移质泥砂的淤积,因此,采砂坑内的实际淤积强度要大于预测的淤积强度。以平均淤积强度0.40m/a、拟采砂的深度2.8m进行计算,估计在采砂项目完成后大约7年,采砂坑方可恢复至采砂前的水深。采砂活动实施后,在砂源一定的情况下,由于采砂活动对周围整个海区潮流场

的影响较小,对比采砂前、后的冲淤变化可发现,采砂实施后只是对采砂所在位置冲淤状况产生一些影响,不会对周边大范围水域产生较大影响。

综上所述,可预测项目开采海砂不会导致所在海域沉积物环境质量发生明显变化。砂层被抽走后,采砂区的垂直沉积物将出现断砂层,沉积物垂直结构也发生变化。抽砂过程中溢流的泥浆水主要成分为粉砂和黏土,与海域表层沉积物粒度类型接近,并将随水流、波浪向周围海域扩散、沉降。溢流产生的悬浮物浓度增量仅在采砂区与本底浓度值为同一数量级,而在其余海域相对海水本底浓度值而言很小,基本不会改变其悬浮物浓度,因此,吸附到悬浮泥砂上的污染物基本不会改变采砂区以外海底的沉积物特征。采砂作业结束后,采砂区将通过相当长的一段时间重新建立新的相对稳定的沉积物环境。

六、异常情况预测及应急对策

采砂作业过程中,工程区内将会产生海水悬浮物浓度增加、机油及含油污水泄漏、生活污水排放等问题,不免增加海域环境压力。采砂虽属工程用海,但由于毗邻增养殖区,因此,采砂用海期间除局部范围外,都要按国家二类海水水质标准及有关的法律法规对环境污染因子加以严格控制。制定安全、清洁生产的规章制度,采用先进的施工技术及设备、作业船只设置围油栏等必要的预防措施,最大限度地减少污染因子对海域资源、环境的损害。通过施工期跟踪监测,及时发现问题,及时解决问题。

根据采砂作业性质,水域主要控制污染因子为pH值、悬浮物、石油类、化学需氧量、无机氮、活性磷酸盐等,上述因子含量水平应保持与邻近海区相近。

采砂期保持工作区水质清洁,水面无油膜,无浮沫和其他漂浮物;海水中的悬浮物不得形成明显水团和泥砂晕。海水不可有异味、异色、异臭。

采砂作业时,海水悬浮物会出现短时间内剧增,装满海砂的船只周围海水的悬浮物含量也会激增,其人为增加量可能远超过150mg/L,届时,必须调整采砂泵的工作时间,保证不致因采砂而导致海区产生泥砂晕或泥砂水团,海区在停工3h后,悬浮物含量会逐渐恢复到正常水平。

第四节　浅海砂矿开采用海对利益相关者的影响分析

1978年以来,我国沿海地区的政治、经济、社会环境发生了巨大的变化,海洋经济得到大力发展。各地采取放权让利的政策,鼓励私人、半公共主体参与沿海资源开发利用,不同的组织和群体都踊跃地参与其中,利益主体日渐多元,利益关系日趋复杂。但是,随着海洋经济的迅速发展,涉及的利益群体越来越广,利益相关者之间的矛盾也越来越表面化,为沿海经济的发展带来负面影响。国外成功的海洋管理经验表明,如果在海洋资源开发与管理过程中,不考虑所有主要利益集团参与,那么他们有可能反对与之有关的计划和部门;海洋管理计划是否成功地被采纳和执行,通常与利益相关者的沟通协调、支持计划的程度密切相关。由此应该认识到,科学、合理地进行利益相关者分析有利于减少用海冲突,提高项目成功实施的可能性,提高海域使用管理的效果。

1.利益相关者的界定原则

(1)由于项目用海使相邻用海权属人的利益受到不同程度影响,所有受其影响的其他用海权属人均应列入该用海项目的利益相关者名录,利益相关者的界定范围一般情况下应大于项目用海范围。

(2)利益相关者的界定范围应根据不同用海类型、论证等级及对自然环境条件的最大影响范围来确定。

应明确利益相关者与项目用海之间的位置关系,对于确定的利益相关者及其类别应在项目用海宗海图上明确标示，包括权属人、权属范围、使用人、使用年限、用海功能等信息。

2. 利益相关者影响分析

（1）应根据收集或调研获取的数据和资料，重点分析项目用海对利益相关者的不利影响，一般应包括：影响范围、影响强度、影响时间以及影响强度的时空变化过程。

（2）应把项目用海对利益相关者的影响范围和强度进行量化，一般采用数值模拟、理论分析和推断相结合的方式来描述影响强度的演变过程。

（3）对于分阶段实施的项目用海，必须按照项目用海的每个实施阶段分别分析论证对利益相关者的影响，并给出总体影响的论证结论。

（4）对于浅海砂矿开采的项目用海，应根据不同项目用海的特点和施工工艺分析论证对利益相关者用海功能的影响，应以对所有利益相关者的综合总量损失最小为原则明确给出对施工工艺的论证意见或建议。

（5）应确定利益相关者的利益损失总量，一般应包括：对利益相关者用海功能的影响及直接导致的利益损失、产品质量下降导致的经济损失、恢复或维持原功能所产生的费用等，并依据申请用海年限或预测的影响强度时间序列变化，确定评估损失总量。

（6）应确定周边利益相关者对本用海项目的影响，包括正面影响和负面影响。

3. 与利益相关者的协调方案

对于确定的利益相关者，分析论证项目用海与利益相关者用海功能的一致性。根据利益相关者的类型，逐条列出项目用海与利益相关者的协调方案，并用附件形式说明具体的协调意见或补偿方案以及当事双方签订的书面协议。还需论证利益相关者协调方案的合理性、可行性，对协调方案逐件进行评价，阐明方案的可操作性以及是否符合国家、地方有关的法律和规定。

对于处于协调中的利益相关者，必须明确完成所有协调方案或协议的时间表、责任人（法定代表人），一般应包括：补偿方式、实施方案、监督措施等。对于需要进一步协调的，应提出建议性协调方案。

4. 对国家权益、国防安全的影响分析

分析项目用海与国家权益、国防安全之间的关系，论证用海项目是否有碍于国家权益、国防安全。如果项目无碍于国家权益、国防安全，在充分保障国家权益、国防安全的前提下，合理协调二者的用海关系。若用海项目有碍于国家权益、国防安全，则应调整或取缔。

5. 对军事活动的影响分析

分析项目用海与军事活动之间的关系，论证用海项目是否有碍于军事活动的开展。在充分保障军事活动顺利开展的前提下，合理协调二者的用海关系。若有碍于军事活动的开展，则应调整或取缔。

第五节　浅海砂矿开采预防或减轻不良影响的措施

一、采砂作业防污措施

（1）在进行采砂作业中，采砂单位应合理安排采砂船舶数量、位置，以尽量减少采砂作业流失的悬浮物。

（2）采砂作业应分片、有计划地进行开采。采砂作业时可将采砂区分成若干小区，均匀、依次开采，这样能够防止形成大面积的深坑而造成上部淤泥层的坍塌，既便于管理，又能够使泥砂污水扩散范围缩小，进而减小海洋生物资源的损失。

(3)在水深允许的情况下，采砂船溢流泄水排放尽量改为通过溢流管进行水底排放的形式，以利于悬浮物沉降，减少悬浮泥砂对表层水体的影响。

(4)委托相关的具有相应资质的环境监测单位对采砂区周边环境进行监测，对发现的具体问题采取必要的措施。

(5)采砂应尽可能选择在大潮期和中潮期，利用潮流动力扩散悬浮物，降低悬浮物浓度；同时减少在底栖生物、鱼类的产卵期、浮游动物的快速生长期及鱼卵、仔鱼、幼鱼的高密度季节的作业强度，主要原因是幼年生物对采砂施工造成的污染和干扰较敏感。

(6)在采砂过程中做好采砂设备的日常维修检查工作，保持吸砂设备的良好运行和密闭性，发生故障后应及时予以修复。

(7)在采砂船溢流泄水口上安装拦污栅，以阻挡较大的泥块排出，采砂过程中产生的泥、石块应运到陆上进行统一填埋处理。

(8)在海砂开采区周围的浑水区投放设置防污帘，防止高浓度泥水大面积扩散。

二、船舶碰撞风险防范

山东省所辖海域是比较繁忙的水域。根据本书建议的限采区、可采区采砂作业的特点，采砂作业时，采砂和运砂船是在相对固定的采砂区内工作的，由于采砂和运砂船距离航道或作业的渔船较近，出现撞船事故的概率相对较高。

为避免采砂期间发生船舶碰撞，建议采取如下的船舶碰撞风险防范措施：

(1)在采砂期间，采砂船和运砂船应停泊在采砂施工区域，并设置明显的施工标志，但当运砂船需进出施工区域时，应注意避让附近航行的船舶。

(2)采砂单位应加强与海事部门的沟通联系，并密切留意所在海域的航行通告，以便随时掌握所在和附近水域船舶航行的动态情况，针对一些特殊的船舶，采取相应的防碰撞对策措施。

(3)采砂单位应加大对采砂船和运砂船等驾驶人员航行安全教育的力度，制定切实可行的船舶避让安全措施。

(4)当运砂船需横越航道时，应加强瞭望，并密切注意避让正常航行的各种船舶，这样可大大减小运砂船与其他船舶碰撞的概率。

(5)运砂船装舱不应过量，以避免由风浪等原因引起的船舶倾斜造成海砂外溢，防止运砂过程中漏砂。

因此，采砂过程中要加强安全，应提前制定突发事件的应急处理措施。

三、溢油污染事故的风险防范

本书建议的限采区、可采区周围海域的环境敏感目标较多，一旦发生溢油污染事故，会对环境和生态产生比较严重的影响，因此，建立突发性事故预防机制很重要。为此针对性地提出如下对策：

(1)采砂单位应加强对采砂施工作业和船舶航行的管理，应对作业船只进行安全检查，严格按照《海上交通安全法》和《海上避碰章程》的规定航行和作业，防止事故发生，包括对重要机械、装备和有关资质的检查和确认。

(2)采砂船的有关情况要到海监部门备案。采砂单位须在获得当地海事局颁发的水上水下施工作业许可证和通航公告后再正式进场进行采砂作业，同时向海事部门申请派巡逻船加强现场监管工作，随时向海上海事部门通报采砂施工船的航行与作业情况，与施工及船运单位保持联系，切实加强进出港船舶航行和停泊的指导。

(3)制定防范恶劣天气和海况措施，船舶航行和海上采砂作业应在适航的天气条件下进行。

(4)采砂单位应制定预防不同海况船舶事故和溢油等用海风险的应急预案，加强对船舶溢油及其他风险事故的防范，落实购置常备的应急设施。一旦发生溢油事故，及时向有关主管部门报告，同时利用船上应急设施迅速采取有效措施防止溢油扩散。

(5)在采砂区内进行挖砂作业时，严格控制采砂船只的活动范围，严格遵守海上交通安全规程，尽量在远离航道的位置进行作业，避免影响水上交通运输。

(6)采砂船应悬挂正确的旗号和号灯，以确保航运安全。夜航和视线不良时，航行船舶的驾驶人员要最大限度地发挥好夜间航行、避让的经验和视线不良条件下安全航行的经验。应该迅速判明深水区、浅水区、采砂区、主航道、上水航路、下水航路，从而决定航行路线和避让方案，并密切注意航路上采砂船与其他航行船舶的动态，加强联系，取得一致的会让意图，控制好速度与船位，安全顺利地通过采砂区域。

(7)严禁采砂船超载，严格按海事部门的相关规定运营，以免发生事故。

四、溢油污染控制措施

配备完整的溢油处理系统对于溢油污染控制是十分必要的。目前，国际上较多采用的溢油处理方法是物理清除法和化学清除法。物理清除法主要机械设备是围油栏和回收设备，首先是利用围油栏将溢油围在一定的区域内，然后采用回收装置回收溢油；化学清除法则是向浮油喷洒化学药剂——消油剂，使溢油分解消散，一般是在物理清除法不能使用的情况下使用。

采取污染控制措施，目的是为了减轻溢油对环境造成的影响。无论是围油栏围油，还是撇油器回收溢油，都受到海况的制约，因此，定期对海域环境参数进行监测，设置溢油漂移路径数值模拟实时预报系统，对准确而迅速地布置围油栏，控制油污染以及保护海洋环境十分有益。此外，建立完整的监测与通讯联络系统，对于及时发现，及早采取有效的污染控制措施也十分必要。

五、施工船舶防污措施

从20世纪80年代起，船舶实行“三废”回收，经油水分离器处理后油污水含油量小于100mg/L。处理后的浓缩油污水及生活污水由回收船回收。施工船舶按规定安装油水分离机及报警装置等防污染设备并取得相应的检验证书，采砂施工船上的生活污水和含油污水将分别收集，建议在施工船上建容积不小于20m^3的生活污水收集仓，产生的生活污水应设置简易有效的隔油池。还应建容积不小于2m^3的含油污水收集仓。按每船每天产生生活污水2m^3计算，船上的收集设施可以储存10天产生的生活污水；按每船每天产生含油污水60kg计算，2m^3的含油污水收集仓可以储存1个月产生的含油污水。为统一安排，将按每10天至少一次由相关资质单位对施工船的废水进行回收处理。

在采砂过程中做好采砂设备的日常维修检查工作，保持采砂设备的良好运行和密闭性，发生故障后应及时予以修复。各种采砂船要防止严重漏油，禁止在运转过程中产生的油污水未经处理就直接排放，或维修施工机械时将油污直接排放。在维修船时需清理油舱、机舱残油舱，先向港监部门申请，经批准后方能进行，且必须带回陆地交由有资质单位进行处理。

采砂期间施工船舶应防止溢油事故的发生。一旦发生事故，立即报告船舶污染管理部门，以便及时采取措施，收集溢油，缩小溢油的污染范围。采砂过程中采砂船要配备适量的化学消油剂、吸油剂等物资，以备不时之需。

采砂施工船平时停泊在采砂区内，船上的固体废弃物主要是生活垃圾。为防止乱扔垃圾造成海洋环境污染，每艘施工船上应设置多个生活垃圾桶，以便收集船上人员的生活垃圾；此外，固体废弃物应集中收集、集中管理，定时把收集到的垃圾交由有资质单位处理后达标排放。

六、采砂期的生态环境保护

采砂期间应采取的生态环境保护措施主要包括以下几个方面：

(1)浅海砂矿开采实行动态监测制度，浅海砂矿开采后每6个月必须监测一次，以分析浅海砂矿开采对海洋资源、生态环境、海洋设施以及海岸、海底地形变化等产生的影响。并依据污染状况调整作业方案，如改变采砂强度和采砂船只数量。

(2)合理安排施工进度，注意保护生态环境及敏感目标，黄渤海区域的禁渔期是6月1号到9月1号，为减轻采砂可能对鱼虾繁育生长造成的不利影响，在此期间应禁采或将采砂量减半。平时，应对整个采砂过程进行合理规划，尽量缩短工期，以减轻采砂可能对禁渔区生态环境带来的影响。采砂应尽可能选择在大潮期和中潮期，利用潮流动力扩散悬浮物，降低悬浮物浓度；同时降低在底栖生物、鱼类的产卵期、浮游动物的快速生长期及鱼卵、仔鱼、幼鱼的高密度季节的作业强度。

(3)生物栖息地的保护措施，对水生生物栖息地造成影响的作业主要是采砂造成的悬浮泥砂增加及噪声等。采砂作业会对水生生物栖息地造成破坏，应尽可能防止超出采砂范围及不可恢复的破坏和影响。采砂作业应预先制定合理的施工计划，减小对底质环境的扰动强度和范围。

(4)采砂过程中须密切注意采砂区及其周边海域的水质变化。如发现因抽砂施工引起水质变化而对周围海域海洋生物产生不良影响，则应立即采取措施，必要时可短暂停工。

(5)根据国土资发〔2007〕190号文，我国对海砂实行开采总量控制制度，严禁超总量开采。为了减轻采砂可能对鱼卵及幼鱼发育生长的不利影响，在鱼类产卵、繁殖期间应尽量减少采砂活动等。在增殖投苗的时候也要降低海砂作业的开采强度，以减小浅海砂矿开采产生的悬浮泥砂对海洋保护区的影响。除了限定年开采量外，尽量减少采砂船只数或缩短采砂作业时间，以尽可能减少采砂活动对海洋生物的影响。

(6)采砂对开挖区域内的底栖生物和渔业资源造成一定程度的破坏，应采取增殖放流等生态补偿措施对海洋生物资源的损失进行补偿。

(7)对水生生物栖息地造成影响的作业主要是采砂造成的悬浮泥砂增加及噪声等。采砂作业会对水生生物栖息地造成破坏，应尽可能防止超出采砂范围及不可恢复的破坏和影响。采砂作业应预先制订合理的施工计划，减少对底质环境的扰动强度和范围。采取措施，控制悬浮物再悬浮的范围和强度，减小对浮游生物和渔业资源的影响。采砂将对水下采砂区域内的底栖生物造成一定程度的破坏，采砂单位应按规定缴纳生态补偿金。

第十一章　结论与建议

第一节　结　论

在多人多年的努力下，山东省海洋砂矿调查与采矿环境影响预评价工作取得了较为丰富的成果和重要进展主要如下。

(1)查明了山东省管辖海域浅海砂矿的资源分布、质量、数量，分析研究了浅海砂矿开采对环境产生污染和破坏的基本规律，并提出防治方案。将近海矿产资源的调查与海岸带功能划分相结合，综合分析，划出了山东省沿海地区砂矿的建议禁止开采区、建议限制开采区和建议可采区，为合理开采浅海砂矿资源、保障国家建设发展、保护海洋生态环境提供了重要参考。

(2)查明了浅海砂矿体及其周围区域的自然条件，包括自然海底地质条件、海底地貌条件、海洋水文和气候条件等，较详细地阐述了滨海砂矿形成的地质地貌条件和因素，研究了各岸段的水动力特点、砂的物质成分和粒度特征，为进一步开展浅海砂矿资源勘查工作提供了较可靠的基础资料。

(3)基本查明了滨海砂矿及其周围的海洋资源开发利用现状，提出了浅海砂矿保护和开发利用规划建议。

(4)基本查明了山东省浅海砂矿的地质特征、矿种、分布范围和成矿远景，通过初步野外调查和极少量的工程验证，与地质特征相似的已知矿床类比，提出了矿化潜力较大地区，为普查工作提供了依据，估算了资源量。

(5)山东省的浅海砂矿主要矿种有：建筑用砂、填海工程用砂、锆石、砂金、玻璃石英砂、铸型砂、贝壳砂、球石、磁铁矿、金红石、钛铁矿。经估算山东省滨海建筑用砂及填海工程用砂资源量 428 559.49$\times 10^4$t、贝壳砂资源量 97 214.94$\times 10^4$t、锆石 3.97$\times 10^4$t，浅海建筑用砂资源量 2 251.96$\times 10^4$t。其中，本书调查建筑砂砾分布总面积 13 672.17km^2，新增资源量 62.46$\times 10^8$t。山东省浅海砂矿潜在经济价值超过 8000 亿元。

(6)建立了浅海砂矿开采水动力数值模型，进行了采矿海域环境质量影响预测。计算了悬浮泥砂和再释放污染物浓度变化、扩散和输运途径。对照水质保护目标，进行了环境质量影响范围预测。

(7)阐述了未来浅海砂矿开采活动对海洋生物资源与环境的影响，提出了避免或减轻有害影响的对策或措施，为全面实施以市场化方式出让海砂开采海域使用权提供了基本资料和科学依据。

第二节　存在的问题及建议

(1)本书仅对浅海砂矿作出了初步调查和前人资料的归纳总结，具体到某一处浅海砂矿开采，仍需按相关规范要求进行勘查，获得矿产资源主管部门的批准并经海洋环境影响评价后，在海洋环境影响可容忍范围内，方可进行开采。

（2）本书仅针对局部地区采砂影响进行了底质取样，未在近岸浅海区系统部署底质取样，致使在总结滨海砂矿成矿规律和海岸物质迁移规律时的科学依据不充分。

（3）虽然预测了浅海砂矿开采对海域的影响，但是模型的建立大多较为理想化，实际开采情况较复杂，并且时刻发生着变化，这是模型无法预测的，因此，在采砂过程中要加强对海域环境的实时监测，根据实际情况调整采砂进程及方式方法，将对海洋环境的影响降低到最小。

（4）山东省管辖海域内电缆、油气管道纵横交错，从节约用海和便于管理角度，建议开展山东省海域管道、电缆管理系统建设，统一规划、设立管线走廊带集中布置。

（5）建议海洋环境主管部门适时制定海洋环境敏感度指标，将浅海砂矿对海洋环境的影响程度从定性评价逐渐变为定量。

（6）荣成石岛锆石砂矿床1959年完成勘探并建立滨海砂矿厂，曾是中国北方最大的锆石砂矿床，本书在各原矿体上取样17件，锆石品位均远小于其边界品位，说明这些锆石砂矿体或已经开采完，或已发生了搬运和迁移未能在新的地点富集成矿，原因待查。

主要参考文献

蔡乾忠，2005.中国海域油气地质学[M].北京：海洋出版社.

曹雪晴，谭启新，张勇，等，2007.中国近海建筑砂矿床特征[J].岩石矿物学杂志，26(2)：164-170.

陈亮，刘振湖，金庆焕，等，2008.北黄海盆地东部坳陷中新生代构造演化[J].大地构造与成矿学，32(3)：308-316.

程鹏，高抒，2000.北黄海西部海底沉积物的粒度特征和净输运趋势[J].海洋与湖沼，31(6)：604-615.

方长青，尹素芳，孙立功，等，2002.山东省近海砂矿资源类型划分及开发前景[J].山东地质，18(6)：26-32.

高顺莉，周祖翼，2014.南黄海盆地东北凹侏罗纪地层的发现及其分布特征[J].高校地质学报(2)：286-293.

国家海洋局北海环境监测中心，2013.沾化县潮间带高地海域整治修复工程海域使用论证报告书[R].青岛：国家海洋局北海环境监测中心.

国家海洋局北海环境监测中心，2014.威海市双岛湾渔耕文化休闲公园工程项目海域使用论证报告书[R].青岛：国家海洋局北海环境监测中心.

国家海洋局北海预报中心，2013.日照港岚山港区中区罐区陆域吹填工程海域使用论证报告书[R].青岛：国家海洋局北海预报中心.

国家海洋局北海预报中心，2014.东营港东营港区北防波堤工程海域使用论证报告书[R].青岛：国家海洋局北海预报中心.

国家海洋局第一海洋研究所，2010.长岛县邱-长Ⅱ回海底电缆工程海洋环境影响报告书[R].青岛：国家海洋局第一海洋研究所.

国家海洋局第一海洋研究所，2011.东营港东营港区＃3、＃4液体化工品泊位工程海洋环境影响报告书[R].青岛：国家海洋局第一海洋研究所.

国家海洋局第一海洋研究所，2011.华能山东石岛湾核电厂大件设备运输码头工程海洋环境影响报告书[R].青岛：国家海洋局第一海洋研究所.

国家海洋局第一海洋研究所，2013.日照市创景人工鱼礁项目海域使用论证报告书[R].青岛：国家海洋局第一海洋研究所.

国家海洋局第一海洋研究所，2013.烟台乐天游艇俱乐部项目用海方案调整海域使用论证报告表[R].青岛：国家海洋局第一海洋研究所.

国家海洋局第一海洋研究所，2014.威海市双岛湾科技城黄泥岛生态公园工程海洋环境影响报告书[R].青岛：国家海洋局第一海洋研究所.

国家海洋局第一海洋研究所，2015.烟台港栾家口港区航道工程海洋环境影响报告书[R].青岛：国家海洋局第一海洋研究所.

海洋图集编委会，1993.渤海·黄海·东海海洋图集：水文[M].北京：海洋出版社.

孔庆祥，金秉福，刘春暖，2014.莱州浅滩表层沉积物重矿物分布特征及物源识别[J].海洋科学

(12):86-93.

孔祥淮,刘健,张勇,等,2013.南黄海西部滨浅海区埋藏古河道研究[J].海洋科学进展,31(3):367-376.

李凡,张秀荣,唐宝珏,1998.黄海埋藏古河道及灾害地质图集[M].济南:济南出版社.

李福林,夏东兴,王文海,等,2005.登州浅滩的形成、动态演化及其可恢复性研究[J].海洋学报(中文版),26(6):65-73.

李洪奎,王虹,刘瑄,等,2011.山东半岛蓝色经济区矿产资源专项规划思路及建议[J].山东国土资源(2):10-13.

李虎,2013.山东半岛典型海域生态系统健康综合评价研究[D].青岛:中国科学院海洋研究所.

李乃胜,赵松龄,瓦西里耶夫,2000.西北太平洋边缘海地质[M].哈尔滨:黑龙江教育出版社.

李荣升,赵养伦,2002.山东海洋资源与环境[M].北京:海洋出版社.

刘世昊,丰爱平,杜军,等,2014.莱州湾东岸三山岛段砂质海岸沉积物运移动力机制[J].海洋科学进展,32(3):343-354.

柳永刚,赵立春,2004.浅谈矿山企业矿石损失与贫化指标的确定[J].矿产保护与利用(6):9-11.

马德毅,侯英民,2013.山东省近海海洋环境资源基本现状[M].北京:海洋出版社.

苗丰民,2007.海域使用论证技术研究与实践[M].北京:海洋出版社.

潘燕俊,崔汝勇,林明坤,等,2017.海南岛周边浅海砂矿资源潜力浅析[J].海洋通报,36(4):458-467.

乔方利,甘子钧,王东晓,等,2012.中国区域海洋学:物理海洋学[M].北京:海洋出版社.

乔淑卿,石学法,王国庆,等,2010.渤海底质沉积物粒度特征及输运趋势探讨[J].海洋学报(中文版),32(4):139-147.

秦亚超,李日辉,姜学钧,2014.黄海中北部和渤海东部表层沉积物轻矿物特征及其指示意义[J].第四纪研究,34(3):611-622.

青岛环海海洋工程勘察研究院,2012.文登市南海新区污水处理厂排海管道工程路由调查报告书[R].青岛:青岛环海海洋工程勘察研究院.

青岛环海海洋工程勘察研究院,2013.青岛市胶州湾海底天然气管道工程(海底管道段)路由调查报告书[R].青岛:青岛环海海洋工程勘察研究院.

青岛环海海洋工程勘察研究院,2013.潍坊港中港区西作业区#24、#25液化品泊位工程海域使用论证报告书[R].青岛:青岛环海海洋工程勘察研究院.

青岛环海海洋工程勘察研究院,2015.青岛西海岸海洋生态乐园项目海域使用论证报告书[R].青岛:青岛环海海洋工程勘察研究院.

任迪康,2012.浙江省海砂区海域使用调查与研究[M].北京:海洋出版社.

山东省地方史志编纂委员会,1993.山东省志·海洋志[M].北京:海洋出版社.

山东省海洋水产研究所,2013.烟台港芝罘湾港区三突堤43#～46#通用码头项目海域使用论证报告书[R].青岛:山东省海洋水产研究所.

山东省科学技术委员会,1995.山东海岛研究[M].济南:山东科学技术出版社.

沈文周,2006.中国近海空间地理[M].北京:海洋出版社.

孙振娟,2010.全球海洋地质调查史[D].北京:中国地质大学(北京).

仝长亮,黎刚,陈飞,等,2018.海南岛东北部海域海砂资源特征及成因[J].海洋地质前沿,34(1):12-19.

仝长亮,孙龙飞,黄仕锐,2020.海南省海洋地质调查主要进展与成果[J].中国地质调查,7(1):60-70.

王鹏,2010.辽宁省海岸带开发活动的环境影响及可持续发展能力研究[D].青岛:中国海洋大学.

王庆，战超，商杰，等，2011. 山东莱州浅滩地区沉积特征与沉积作用[J]. 海洋与湖沼，42(3)：337-342.

王颖，2012. 中国区域海洋学海洋地貌学[M]. 北京：海洋出版社.

王颖，刘瑞兰，苏纪兰，2013. 中国海洋地理[M]. 北京：科学出版社.

吴伦宇，王兴，熊学军，2013. 渤海海峡潮流能高分辨率数值估算[J]. 海洋科学进展，31(1)：12-21.

武桂秋，孟祥东，1997. 关于登州浅滩作用的研究[J]. 海洋与湖沼(4)：419-425.

谢和平，2002. 21 世纪高新技术与我国矿业的发展与展望[J]. 中国矿业(1)：15-22.

许东禹，刘锡清，张训华，等，1997. 中国近海地质[M]. 北京：地质出版社.

杨子赓，2000. 海洋地质学[M]. 青岛：青岛出版社.

曾呈奎，徐鸿儒，王春林，2003. 中国海洋志[M]. 郑州：大象出版社.

曾江宁，2013. 中国海洋保护区[M]. 北京：海洋出版社.

张训华，2008. 中国海域构造地质学[M]. 北京：海洋出版社.

赵保仁，方国洪，1994. 渤、黄、东海潮汐潮流的数值模拟[J]. 海洋学报(中文版)(5)：1-10.

郑光膺，1991. 黄海第四纪地质[M]. 北京：科学出版社.

中国海湾志编纂委员会，1991. 中国海湾志・第三分册・山东半岛北部和东部海湾[M]. 北京：海洋出版社.

中国海洋大学，2010. 滨州港海港区防波堤工程海域使用论证报告书[R]. 青岛：中国海洋大学.

中国海洋大学，2011. 山东乳山港航道工程海洋环境影响报告书[R]. 青岛：中国海洋大学.

中国海洋大学，2011. 中国海监山东省总队养马岛维权执法基地维修改造项目海洋环境影响报告书[R]. 青岛：中国海洋大学.

中国海洋大学，2013. 滨州港套尔河港区东岸♯1～♯6 通用泊位工程海洋环境影响报告书[R]. 青岛：中国海洋大学.

中国海洋大学，2013. 莱州海洋休闲健身中心工程海洋环境影响报告书[R]. 青岛：中国海洋大学.

中国海洋大学，2013. 日照港岚山港区岚南♯12、♯16 泊位工程海洋环境影响报告书[R]. 青岛：中国海洋大学.

中国海洋大学，2013. 潍坊港西港区寿光作业区♯4、♯5、♯6、♯7 液化品泊位工程海洋环境影响报告书[R]. 青岛：中国海洋大学.

中国海洋大学，2014. 海阳国际帆船俱乐部游艇帆船码头工程海洋环境影响报告书[R]. 青岛：中国海洋大学.

中国海洋石油物探编写组，2001. 中国海洋石油物探(1996—1998)[M]. 北京：地质出版社.

周良勇，薛春汀，刘健，等，2013. 山东半岛东、北部海滩动力地貌特征及影响因素[J]. 海洋科学进展，31(1)：83-94.

朱伟林，米立军，2010. 中国海域含油气盆地图集[M]. 北京：石油工业出版社.

庄振业，李从先，1989. 山东半岛滨外坝沙体沉积特征[J]. 海洋学报(中文版)(4)：470-480.

Garnett R H T，2014. Vertical grade profiles of offshore and coastal placers[J]. Applied Earth Science，123(3)：164-178.